CBAC Bioleg ar gyfer UG

Ail Argraffiad

Marianne Izen

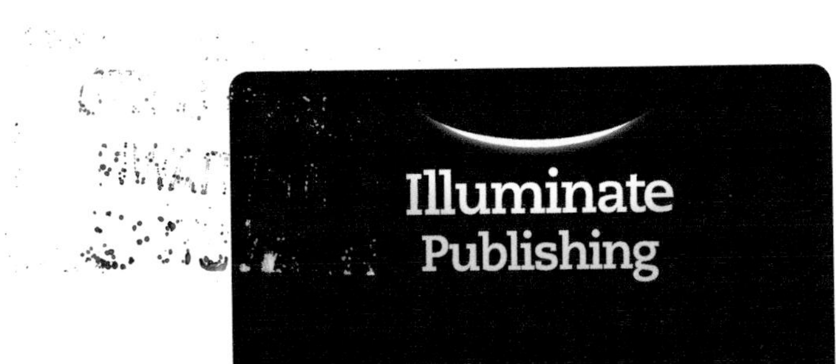

CBAC Bioleg ar gyfer UG Ail Argraffiad

Addasiad Cymraeg o *WJEC Biology AS Level 2nd Edition* a gyhoeddwyd yn 2020 gan Illuminate Publishing Limited, argraffnod Hodder Education, cwmni Hachette UK, Carmelite House, 50 Victoria Embankment, London EC4Y 0DZ.

Archebion: Ewch i www.illuminatepublishing.com neu anfonwch e-bost at sales@illuminatepublishing.com

Cyhoeddwyd dan nawdd Cynllun Adnoddau Addysgu a Dysgu CBAC

Data Catalogio Cyhoeddiadau y Llyfrgell Brydeinig

Mae cofnod catalog ar gyfer y llyfr hwn ar gael gan y Llyfrgell Brydeinig.

ISBN 978-1-912820-84-9

Argraffwyd gan: Severn, Swydd Gaerloyw

10.21

Gosodiad y llyfr Cymraeg:
Neil Sutton, Cambridge Design Consultants

Dyluniad a gosodiad gwreiddiol: Nigel Harriss a Neil Sutton

Dyluniad y clawr: Shutterstock: Aqua Images

Cydnabyddiaeth ffotograffau

t1 Aqua Images; t8(b) PR. PHILIPPE VAGO, ISM/SCIENCE PHOTO LIBRARY; t8(gch) SeDmi; t8(gd) lantapix; t9 Sundry Photography; t12 Vasilius; t13(b) Leonid Andronov; t13(g) Emre Terem; t15(ch) Vadim Petrakov; t15(d) welcomia; t19(g) Wedi'i addasu o www.i.imgur.com; t20(b) BIOPHOTO ASSOCIATES/SCIENCE PHOTO LIBRARY; t23(b) Magcom; t23(g) StudioMolekule; t31 StudioMolekule; t32 D. Kucharski K. Kucharska; t34 DR JEREMY BURGESS/SCIENCE PHOTO LIBRARY; t35 DON W. FAWCETT/SCIENCE PHOTO LIBRARY; t36(b) DR GEORGE CHAPMAN, VISUALS UNLIMITED/SCIENCE PHOTO LIBRARY; t36(g) Jose Luis Calvo; t37(b) Encyclopaedia Britannica; t37(g) Sakurra; t38 DON W. FAWCETT/SCIENCE PHOTO LIBRARY; t41 Kataryna Kon; t42(b) Tinydevil; t42(g) YR ATHRO P.M. MOTTA AC E. VIZZA/SCIENCE PHOTO LIBRARY; t43(b) BlueRingMedia; t43(g) Christopher Meade; t44(b) DR KEITH WHEELER/SCIENCE PHOTO LIBRARY; t44(gch) Lightspring; t44(gd) Dandi_lion_studio; t46 Kallayanee Naloka; t48(b) Lebendkulturen.de; t48(g) DON W. FAWCETT/SCIENCE PHOTO LIBRARY; t49 Cultura Creative (RF)/Alamy Stock Photo; t50(bch) BIOPHOTO ASSOCIATES/SCIENCE PHOTO LIBRARY; t50(bd) BIOPHOTO ASSOCIATES/SCIENCE PHOTO LIBRARY; t50(cch) Jose Louis Calvo; t50(cd) SCIENCE PHOTO LIBRARY; t50(gch) DR JEREMY BURGESS/SCIENCE PHOTO LIBRARY; t50(gd) DR JEREMY BURGESS/SCIENCE PHOTO LIBRARY; t51(b) SCIENCE STOCK PHOTOGRAPHY/ SCIENCE PHOTO LIBRARY; t51(g) Yr Athro Howie Bonnett; t53 raydingoz; t67(b) Jose Louis Calvo; t67(g) Jose Louis Calvo; t73 Marchu Studio; t93 Emre Terem; t94 Artistdesign29; t98 Alex Staroseltsev; t100(b) alice-photo; t100(c) alice-photo; 100(g) DR JEREMY BURGESS/SCIENCE PHOTO LIBRARY; t103 DR JEREMY BURGESS/SCIENCE PHOTO LIBRARY; t105 Alila Medical Media; t109(ch–d) SCIENCE PHOTO LIBRARY, Science Photo Library/Alamy Stock Photo, pertarg; t109(g) Jose Louis Calvo; t111 darnell_vfx; t112 POWER AND SYRED/SCIENCE PHOTO LIBRARY; t113 DR JEREMY BURGESS/SCIENCE PHOTO LIBRARY; t114 DR JEREMY BURGESS/SCIENCE PHOTO LIBRARY; t115 DR JEREMY BURGESS/SCIENCE PHOTO LIBRARY; t118(ch) Jose Louis Calvo; t118(d) Jose Louis Calvo; t124(b) Shutterstock; t124(g) DR JEREMY BURGESS/SCIENCE PHOTO LIBRARY; t125 DR JEREMY BURGESS/SCIENCE PHOTO LIBRARY; t126(i gyd) DR JEREMY BURGESS/SCIENCE PHOTO LIBRARY; t127(b) DR JEREMY BURGESS/SCIENCE PHOTO LIBRARY; t127(gch) Jubal Harshaw; t127(gd) Rattiya Thongdumhyu; t128(b–g) Jose Louis Calvo, agefotostock/Alamy Stock Photo, agefotostock/Alamy Stock Photo, Jose Louis Calvo; t129(b) BIOPHOTO ASSOCIATES/SCIENCE PHOTO LIBRARY; t129(c) Jose Louis Calvo; t129(g) SCIENCE PHOTO LIBRARY; t130 blickwinkel/Alamy Stock Photo; 131(t) Carmen Rieb; 131(g) Grobler du Preeze; t133(y ddau) CBAC; t134 CBAC; t135 CBAC; t136 Brum; t137(ch–d) bergamont, 137 THEPALMER/iStock; irvingnsaperstein/iStock, Eiddo cyhoeddus: t140(b) © Hans Hillewaert o dan drwydded Creative Commons Attribution-Share Alike 4.0 International; t140(c) Creativeeye89/iStock; t140(g) Creative Commons Attribution-Share Alike 3.0 Unported license; t142(bch) afhunta/iStock;t142(bd) cinoby/iStock; t142(c) SciePro; t142(gch–d) Lebendkulturen.de, Spicywalnut/Eiddo cyhoeddus, David J. Patterson/Creative Commons Attribution 4.0 International license, Kristian Peters/Creative Commons Attribution-Share Alike 3.0 Unported license; t143(bch) leezsnow/iStock; t143(bd) groveb/iStock; t143(gch) Science Photo Library/Alamy Stock Photo; t143(gc) witoldkr1/iStock; t143(gd) 4FR/iStock; t144(ch) David Havel; t144(d) Eric Gaevert; t147(b) Rainer von Brandis /iStock; t147(cch) kodda/iStock; t147(cd) dcdr/iStock; 147(g) Jonathan Tichon/Alamy Stock Photo; t148(bch) Wouter_Marck/iStock; t148(bd) NightAndDayImages/iStock; t148(g) GNU Free Documentation License, Version 1.2; 149(ch–d) coldimages/iStock, hadynyah/iStock, Focus_on_Nature/ iStock, ifish/iStock, t149(g) Emre Terem; t150 Minden Pictures/Alamy Stock Photo; t151 Dr M. S. Izen; t153 Alila Medical Media; t154(b) RealityImages; t154(g) Ivonne Wierink; t155(ch) Przemyslaw Muszynski; t155(d) Luciano Salvatore; t162 nwdph; t164 Magic mine; t167(b) Reptiles4All; t167(c) Nathan Clifford; t167(g) Christopher Ewing; t168 Stubblefield Photography; t169 Shaun Wilkinson; t171 Daniel Petrescu; t174 Jubal Harshaw; t176 Jubal Harshaw; t178 Barbol; t179(i gyd) Jubal Harshaw; t182 Jubal Harshaw, t184(ch) Jubal Harshaw; t184(d) Jose Louis Calval; t185(b) Martin Fowler; t185(g) Lang Bart; 187 illus_man; t196 Jarun Ontakrai; t203(b) Jose Louis Calvo; t203(g) SCIENCE STOCK PHOTOGRAPHY/SCIENCE PHOTO LIBRARY; t205 staticflikr. com; t208 Tomas Buzek; t209(b) Mike Rosescope; t209(g) Carolina K. Smith MD; t210 DR KEITH WHEELER/SCIENCE PHOTO LIBRARY; t211(bch) DR KEITH WHEELER/SCIENCE PHOTO LIBRARY; t211(bc) XUNBIN PAN/Alamy Stock Photo; t211(bd) STEVE GSCHMEISSNER/SCIENCE PHOTO LIBRARY; t211(g) DR JEREMY BURGESS/SCIENCE PHOTO LIBRARY; t214 MARTYN F. CHILLMAID/SCIENCE PHOTO LIBRARY; t217 Tetiana Dickens; t218 DR KEITH WHEELER/SCIENCE PHOTO LIBRARY; t220(ch) BIOPHOTO ASSOCIATES/SCIENCE PHOTO LIBRARY; t220(d) J.C. REVY, ISM/SCIENCE PHOTO LIBRARY; t221 STEVE GSCHMEISSNER/SCIENCE PHOTO LIBRARY; t227(b) DR KEITH WHEELER/SCIENCE PHOTO LIBRARY; t227(g) Zulashai; t228 arieskey; t230 WIM VAN EGMOND/SCIENCE PHOTO LIBRARY; t231 Rattiya Thongdumhyu; t238(ch) DR KEITH WHEELER/SCIENCE PHOTO LIBRARY; t238(d) BIOPHOTO ASSOCIATES/SCIENCE PHOTO LIBRARY; t244(ch) Katerina Kon; t244(d) SciePro; t246(bch) QUINCY RUSSELL, MONA LISA PRODUCTION/SCIENCE PHOTO LIBRARY; t246(bd) Nigel Cattlin/Alamy Stock Photo; t246(g) Nigel Cattlin/Alamy Stock Photo; t248(y ddau) CBAC; t249(y ddau) CBAC; t253 SCIENCE STOCK PHOTOGRAPHY/ SCIENCE PHOTO LIBRARY

[Allwedd: b = brig, c = canol, g = gwaelod, ch = chwith, d = de]

Cydnabyddiaethau

Dymuna'r awdur ddiolch i Dr Colin Blake, Dr Meic Morgan, Marsha Callister a Meinir Cheadle am eu cyngor wrth baratoi'r llyfr hwn, i'r Athro Howie Bonnett am y ffotograff o *Vaucheria* ac i Mr John Mburu am y trafodaethau cemeg.

Cynnwys

Beth sydd yn y llyfr hwn

Mae cynnwys y llyfr hwn yn cyfateb i fanyleb Bioleg UG CBAC. Mae'n cynnig gwybodaeth a chwestiynau enghreifftiol a fydd yn eich helpu i baratoi ar gyfer yr arholiadau ar ddiwedd y flwyddyn. Mae'r llyfr hwn yn rhoi sylw i'r canlynol:

- Y tri Amcan Asesu sy'n ofynnol ar gyfer cwrs Bioleg CBAC. Mae disgrifiad pellach o'r rhain isod.
- Mathemateg bioleg, fydd yn cynrychioli o leiaf 10% o'ch asesiad, ac sy'n darparu esboniadau ac enghreifftiau wedi'u cyfrifo.
- Gwaith ymarferol. Mae asesu eich sgiliau ymarferol a'ch dealltwriaeth o fioleg arbrofol yn cynrychioli o leiaf 15%; bydd defnyddio'r llyfr hwn yn datblygu hynny hefyd. Mae rhai tasgau ymarferol wedi'u cynnwys yn y testun ac mae arbrofion pwysig yn cael eu trafod yn fanwl ar ddiwedd y bennod berthnasol. Hefyd, rhoddir cyngor ynglŷn â sut i gynllunio dull, sut i ddadansoddi a gwerthuso canlyniadau a sut i gynllunio gwaith pellach.

Mae cynnwys y llyfr yn cael ei rannu'n glir yn ôl unedau'r cwrs. Mae'r deunydd yn y llyfr hwn yn berthnasol i ddisgyblion sy'n astudio ar gyfer arholiad UG, h.y. Uned 1 – Biocemeg Sylfaenol a Threfniadaeth Celloedd, ac Uned 2 – Bioamrywiaeth a Ffisioleg Systemau'r Corff.

Mae pob uned yn cael ei rhannu'n destunau ac mae pob pennod yn y llyfr yn rhoi sylw i un testun. Mae pob testun wedi'i rannu'n nifer o isdestunau, sydd wedi'u rhestru ar ddechrau pob pennod. Gallwch chi feddwl am y rhestr fel amcanion dysgu. Ar ddiwedd pob pennod, mae un neu fwy o gwestiynau Profwch eich hun, sydd wedi'u llunio i'ch helpu chi i ymarfer ar gyfer yr arholiadau ac i atgyfnerthu'r hyn rydych chi wedi'i ddysgu. Mae atebion i'r cwestiynau hyn yng nghefn y llyfr, ar dudalennau 253–258. Nid y timau sy'n paratoi papurau arholiad sydd wedi ysgrifennu'r cwestiynau yn y llyfr hwn, a dydy'r cwestiynau hyn ddim wedi mynd drwy'r broses werthuso fel y mae papurau arholiad, ond byddant yn ddefnyddiol i chi wrth i chi baratoi ar gyfer eich arholiad. Ar ddiwedd pob uned, fe welwch chi gwestiynau sydd wedi'u dewis o bapurau arholiad CBAC dros y blynyddoedd diwethaf, ac mae atebion i'r rhain ar dudalennau 260–263.

Nodweddion ymyl y dudalen

Mae ymyl pob tudalen yn cynnwys amrywiaeth o bethau i'ch helpu i ddysgu:

Termau allweddol

Hydroffilig: Polar; moleciwl neu ïon sy'n gallu rhyngweithio â moleciwlau dŵr oherwydd ei wefr.

Hydroffobig: Amholar; moleciwl neu ïon sydd ddim yn gallu rhyngweithio â moleciwlau dŵr oherwydd nad oes ganddo wefr.

▲ **Termau allweddol**: termau y mae angen i chi wybod sut i'w diffinio. Maen nhw wedi'u hamlygu'n las yng nghorff y testun ac yn ymddangos yn yr Eirfa yng nghefn y llyfr hwn. Hefyd, fe welwch chi dermau eraill yn y testun mewn teip trwm, sydd wedi'u hesbonio yn y testun, ond heb eu diffinio yn yr ymyl. Mae defnyddio termau allweddol yn bwysig oherwydd bod papurau arholiad yn gallu cynnwys nifer o dermau y bydd angen i chi eu diffinio.

1.7 Gwirio gwybodaeth

Ar gyfer A–Ch, nodwch ai adeiledd cynradd, eilaidd, trydyddol neu gwaternaidd sy'n cael ei ddisgrifio.

A. Plygu'r polypeptid mewn siâp 3D.

B. Bondiau hydrogen yn dal yr helics-α at ei gilydd.

C. Dilyniant yr asidau amino yn y gadwyn polypeptid.

Ch. Y cyfuniad o ddwy neu fwy o gadwynau polypeptid ar ffurf drydyddol, yn gysylltiedig â grŵp dibrotein.

▲ **Gwirio gwybodaeth**: cwestiynau byr i brofi eich dealltwriaeth o'r pwnc, gan roi cyfle i chi ddefnyddio'r wybodaeth rydych chi wedi ei dysgu. Mae'r cwestiynau hyn yn cynnwys llenwi bylchau mewn darn ysgrifenedig, cyfateb termau â brawddegau sy'n benodol i'r pwnc dan sylw, a chyfrifiadau byr. Mae'r atebion yng nghefn y llyfr.

Pwynt astudio

Rydyn ni'n defnyddio'r gair 'cellwlos' i gyfeirio at gadwynau β-glwcos, h.y. y moleciwlau cellwlos, a hefyd wrth sôn am y defnydd swmp maen nhw'n ei wneud.

▲ Wrth i chi astudio, caiff **pwyntiau astudio** eu darparu i'ch helpu chi i ddeall a defnyddio cynnwys y wybodaeth. Yn y deunydd hwn, efallai y caiff gwybodaeth ffeithiol ei phwysleisio, neu ei hailddatgan i wella eich dealltwriaeth.

Ymestyn a herio

Mae swyddogaethau eraill lipidau'n cynnwys rhai hormonau, e.e. oestrogen mewn anifeiliaid a rhai ffytohormonau mewn planhigion, e.e. giberelin. Mae rhai fitaminau, fel fitamin A, yn seiliedig ar lipidau.

▲ Gall y blychau **Ymestyn a herio** ddarparu gwybodaeth ychwanegol sydd ddim yn y prif destun, ond sy'n berthnasol iddo. Gall ddarparu mwy o enghreifftiau, ond nid yw'n cynnwys gwybodaeth a gaiff ei phrofi mewn arholiad.

Cyngor

Pan fyddwch chi'n defnyddio sleid microsgop i wneud lluniad chwyddhad uchel, rhaid i'r celloedd yn eich lluniad fod yn hawdd eu hadnabod yn y sbesimen. Dylai rhywun sy'n edrych i lawr eich microsgop allu adnabod yr union gelloedd rydych chi wedi eu lluniadu.

▲ Mae'r blychau **Cyngor** yn darparu cyngor cyffredinol neu benodol i'ch helpu chi i baratoi ar gyfer yr arholiad. Darllenwch rhain yn ofalus iawn.

Cyswllt

Mae disgrifiad o effeithiau tymheredd ar actifedd ensymau ar t78.

▲ **Cyswllt**: mae unrhyw gyswllt at rannau eraill o'r cwrs wedi'u hamlygu ar ymyl y dudalen, yn agos at y testun perthnasol. Bydd rhain yn eich cyfeirio chi at feysydd lle mae perthynas rhwng adrannau. Gall fod o fudd i chi ddefnyddio'r Cysylltau hyn i daro golwg arall dros destun, cyn dechrau astudio'r testun presennol.

7 Gwirio theori

1. Enwch y bondiau sy'n cynnal siâp safle actif ensym.
2. Pam gallai pH isel leihau cyfradd adwaith sy'n cael ei reoli gan ensymau?
3. Pam gallai pH uchel leihau cyfradd adwaith sy'n cael ei reoli gan ensymau?
4. Mae pectinas yn treulio pectin. Sut gallai hyn effeithio ar ddarn o feinwe planhigyn?

▲ Bydd cwestiynau byr **Gwirio theori** yn profi eich dealltwriaeth o fioleg mewn perthynas â'r dasg ymarferol dan sylw, gan roi cyfle i chi ddefnyddio'r wybodaeth rydych chi wedi ei dysgu. Mae'r atebion i'r cwestiynau hyn yng nghefn y llyfr.

Gweithio'n wyddonol

I fesur maint ribosomau, mae gwyddonwyr yn gweld pa mor gyflym maen nhw'n suddo drwy hydoddiant sy'n cael ei droelli'n gyflym iawn mewn uwchallgyrchydd. Mae adeileddau cymharol fawr a dwys yn suddo'n gyflymach. Rydyn ni'n mesur y gyfradd gwaddodi mewn unedau S. (Mae S yn sefyll am Svedberg, y gwyddonydd o Sweden a ddyfeisiodd yr uwchallgyrchydd.)

▲ Mae nodweddion **Gweithio'n wyddonol** yn eich helpu chi i ddeall rhywbeth am wyddoniaeth ei hun, sut rydyn ni wedi cael gwybodaeth wyddonol, pa mor ddibynadwy yw hi o ganlyniad i hynny a beth yw ei chyfyngiadau. Gallai hefyd eich helpu chi i ddatblygu gwell ymwybyddiaeth o sut rydyn ni'n defnyddio gwyddoniaeth i wella ansawdd ein bywyd. Mae'n bwysig deall y broses wyddonol, gwybod sut cafodd tystiolaeth ei chasglu a sut i'w gwerthuso hi. Bydd y deunydd hwn yn eich helpu chi i ddatblygu'r arfer o gwestiynu, wrth ymdrin â thystiolaeth wyddonol. Mae trafodaeth fanylach am weithio'n wyddonol ar dudalen 6.

Cyngor mathemateg

Mae lens gwrthrychiadur ×10 yn chwyddo delwedd 10 gwaith. Mae lens gwrthrychiadur ×40 yn chwyddo delwedd 40 gwaith. Felly gyda lens gwrthrychiadur ×40, mae'r ddelwedd $40/10 = 4$ gwaith yn fwy na gyda lens gwrthrychiadur ×10.

▲ Mae **Cyngor mathemateg** yn rhoi esboniad pellach o'r fathemateg sy'n cael ei disgrifio yn y testun.

Gweithio'n wyddonol

Pan welwn ni wyddoniaeth yn ystod bywyd bob dydd, mae'n ddiddorol oherwydd ei fod yn ein helpu ni i ddeall rhywfaint am ymddygiad y byd naturiol. Mae'n bwysig gwerthfawrogi effaith gwybodaeth wyddonol ar gymdeithas yn gyfan gwbl, ac yn fwy a mwy, ein bod ni'n gallu gwahaniaethu rhyngddi a'r ffug-wyddoniaeth sydd ym mhobman yn ein diwylliant. Mae angen i chi gwestiynu'r hyn sy'n digwydd yn y wyddoniaeth sy'n effeithio ar eich amgylchedd a'ch bywyd. Er mwyn gwneud hyn, dylech chi werthfawrogi'r canlynol:

- Mae tystiolaeth, sef data o arsylwadau a mesuriadau, yn bwysig iawn.
- Gallai esboniad da ein galluogi ni i ragfynegi beth fydd yn digwydd mewn sefyllfaoedd eraill, gan roi cyfle i ni brofi ein dealltwriaeth.
- Gall fod yna gydberthyniad rhwng ffactor a chanlyniad; dydy cydberthyniad ddim yr un peth ag achos.
- Dydy llunio a phrofi esboniad gwyddonol ddim yn broses syml. Allwn ni byth fod yn hollol siŵr o'r data. Gall arsylwad fod yn anghywir neu'n annibynadwy oherwydd cyfyngiadau dyluniad yr arbrawf, y cyfarpar mesur neu'r unigolyn sy'n ei ddefnyddio.
- Mae cynhyrchu esboniad ar gyfer canlyniadau yn gam creadigol. Mae'n ddigon posibl i wahanol bobl gyflwyno esboniadau gwahanol am yr un data.
- Mae gan y gymuned wyddonol weithdrefnau i brofi a gwirio canfyddiadau a chasgliadau gwyddonwyr unigol a chytuno â'i gilydd. Mae gwyddonwyr yn adrodd am eu canfyddiadau mewn cynadleddau ac mewn cyhoeddiadau arbennig.
- Mae defnyddio gwybodaeth wyddonol mewn technolegau, defnyddiau a dyfeisiau newydd yn gwella ein bywydau'n fawr, ond gall fod sgil effeithiau anfwriadol ac annymunol i hyn hefyd.
- Mae defnyddio gwyddoniaeth yn gallu creu goblygiadau cymdeithasol, economaidd a gwleidyddol, a rhai moesegol hefyd.

Mae 'gweithio'n wyddonol' yn cael ei ddatblygu yn y pwnc hwn mewn testunau perthnasol, a bydd yn eich helpu chi i ddatblygu'r sgiliau perthnasol sydd eu hangen i ddeall sut mae gwyddonwyr yn gweithio ac i werthuso eu canfyddiadau. Bydd hyn yn caniatáu i chi ddatblygu gwell ymwybyddiaeth o sut gallwn ni ddefnyddio gwyddoniaeth i wella ein hansawdd bywyd. Mae rhai enghreifftiau wedi'u rhoi yma, ond mae rhestr lawn ar gael yn Atodiad D, ar ôl cynnwys y cwrs yn eich manyleb:

- Mae data o arsylwadau a mesuriadau yn hanfodol bwysig: Profi am siwgr rhydwythol (t17).
- Gall arsylwad fod yn anghywir oherwydd cyfyngiadau'r cyfarpar mesur neu'r unigolyn sy'n ei ddefnyddio: Arsylwadau microsgopeg golau a microsgopeg electronau (t45).
- Defnyddio damcaniaethau, modelau a syniadau i ddatblygu esboniadau gwyddonol: Modelau actifedd ensymau (t75–76).
- Mae cynnig damcaniaeth yn gallu egluro data: Yr adeiledd DNA a gafodd ei gynnig gan Watson a Crick (t98).
- Defnyddio uwchallgyrchydd i ddeall dyblygu DNA (t102).
- Ystyried materion moesegol wrth drin bodau dynol, organebau eraill a'r amgylchedd: Ystyriaethau moesegol wrth samplu meinweoedd (t118).
- Yr angen i ddefnyddio amrywiaeth o dystiolaeth o wahanol ffynonellau er mwyn llunio casgliadau gwyddonol dilys: Asesu graddau perthynasrwydd organebau i'w gilydd (t145–146).
- Nid yw llunio a phrofi esboniad gwyddonol yn broses syml: Defnyddio tystiolaeth o ddefnyddio $^{14}CO_2$ i ddeall trawsleoliad, gan nad oedd y ddamcaniaeth màs-lifiad yn esbonio rhai o nodweddion y broses (t221).

Gofynion mathemategol

Mae asesu eich sgiliau mathemategol yn bwysig iawn ac mae rhai enghreifftiau cyffredin o ddefnyddio mathemateg mewn bioleg wedi'u cynnwys yn y llyfr hwn. Nid oes unrhyw beth sy'n anodd yma. Paratoi ar gyfer arholiad bioleg ydych chi, nid arholiad mathemateg, ond mae dadansoddi rhifiadol yn dal i fod yn bwysig, a bydd yr enghreifftiau hyn yn eich helpu chi i wneud hynny. Mae'r gofynion mathemategol i'w gweld yn Atodiad C, ar ddiwedd cynnwys y cwrs yn y fanyleb. Mae lefel y ddealltwriaeth yn cyfateb i Lefel 2, neu TGAU Mathemateg, ar wahân i'r ystadegau sydd eu hangen yn ystod ail flwyddyn y cwrs, sy'n cyfateb i Lefel 3 neu Safon Uwch.

Asesu

Amcanion Asesu

Mae arholiadau yn profi eich gwybodaeth am y pwnc a'r sgiliau sy'n gysylltiedig â sut rydych chi'n defnyddio'r wybodaeth honno. Mae'r Amcanion Asesu yn disgrifio'r sgiliau hyn. Caiff cwestiynau arholiad eu hysgrifennu i adlewyrchu'r amcanion hyn, a dyma gyfran y marciau a roddir am bob amcan:

	AA1	AA2	AA3
UG	35%	45%	20%

Rhaid i chi fodloni'r Amcanion Asesu hyn yng nghyd-destun cynnwys y pwnc, sydd wedi'i nodi'n fanwl yn y fanyleb. Mae manyleb Bioleg UG yn pwysleisio pwysigrwydd eich gallu i ddewis gwybodaeth a syniadau a'u cyfleu nhw gan ddefnyddio termau gwyddonol priodol. Caiff hyn ei brofi o fewn pob Amcan Asesu. Caiff yr Amcanion Asesu eu hesbonio isod, gydag enghreifftiau o ffyrdd o'u profi nhw. Mae cynlluniau marcio'r cwestiynau hyn ar gael ar dudalen 259.

Amcan Asesu 1 (AA1)

Dangos gwybodaeth a dealltwriaeth o syniadau, prosesau, technegau a gweithdrefnau gwyddonol.

Mae'r AA hwn yn profi beth rydych chi'n ei wybod, ei ddeall a'i gofio. Mae'n profi pa mor dda gallwch chi alw pethau i gof ac esbonio beth sy'n berthnasol. Dyna pam mae'n hanfodol eich bod chi'n dysgu ffeithiau, cysyniadau a gwybodaeth ar eich cof. Hefyd, mae angen corff o wybodaeth er mwyn gallu deall cysyniadau mwy cymhleth.

Gwnewch yn siŵr eich bod chi'n gwybod cynnwys y fanyleb, e.e. drwy wneud rhestri, a thrwy luniadu ac anodi diagramau o'ch cof. Darllenwch eich nodiadau a'u hailadrodd nhw'n uchel; profwch eich ffrindiau a'ch perthnasau; gofynnwch iddyn nhw eich profi chi; darllenwch yr un wybodaeth mewn o leiaf dri gwahanol werslyfr, gan gynnwys rhai sydd wedi'u cynllunio ar gyfer byrddau arholi eraill. Bydd pob llyfr yn esbonio pethau ychydig yn wahanol, ac efallai y gwelwch chi fod un o'r esboniadau hynny'n gweddu'n well i'ch ffordd chi o feddwl.

Mae'r cwestiynau sy'n profi'r AA hwn yn aml yn gwestiynau ateb byr sy'n defnyddio geiriau fel 'nodwch', 'esboniwch' neu 'disgrifiwch'. Dyma ddwy enghraifft:

AA1 Dangos gwybodaeth

Mae haint *Salmonella* yn gallu achosi gwenwyn bwyd. Mae gan *Salmonella*, fel bacteria eraill, gellfur o gwmpas ei gellbilen, sy'n cadw'r cytoplasm a'r deunydd genynnol i mewn. Disgrifiwch y gwahaniaethau rhwng deunydd genynnol *Salmonella* a'r deunydd genynnol sydd yng nghnewyllyn y celloedd dynol mae'n eu heintio. [3]

Mae'r cwestiwn hwn yn profi AA1, oherwydd ei fod yn gofyn i chi alw gwybodaeth ffeithiol i gof.

AA1 Dangos dealltwriaeth o syniadau gwyddonol

Esboniwch pam rydyn ni'n galw maltos (α-glwcos-α-glwcos) a lactos (glwcos-galactos) yn isomerau adeileddol.[1]

Mae'r cwestiwn hwn yn profi AA1, oherwydd ei fod yn gofyn am esboniad sy'n seiliedig ar eich gwybodaeth ffeithiol.

Amcan Asesu 2 (AA2)

Cymhwyso gwybodaeth a dealltwriaeth o syniadau, prosesau, technegau a gweithdrefnau gwyddonol:

- **mewn cyd-destun damcaniaethol**
- **mewn cyd-destun ymarferol**
- **wrth drin data ansoddol**
- **wrth drin data meintiol.**

Mae AA2 yn profi sut rydych chi'n defnyddio eich gwybodaeth ac yn ei chymhwyso mewn gwahanol sefyllfaoedd, yn y bedair ffordd bosibl sydd i'w gweld uchod. Efallai y bydd cwestiwn yn cyflwyno sefyllfa nad ydych chi wedi ei gweld o'r blaen, ond yn rhoi digon o wybodaeth i chi, i allu defnyddio'r hyn rydych chi'n ei wybod eisoes i roi ateb.

Gwnewch yn siŵr eich bod chi'n deall dull pob arbrawf rydych chi wedi ei wneud. Ar gyfer pob un, gwnewch yn siŵr eich bod chi'n gallu enwi'r newidynnau annibynnol, y newidynnau dibynnol a'r newidynnau rheolydd, y rheolydd arbrawf, a'r risgiau a'r peryglon a sut i leihau'r rhain. Gofalwch eich bod chi'n deall sut i wneud yr holl gyfrifiadau sydd eu hangen i brosesu'r canlyniadau.

Wrth brofi AA2, efallai y bydd cwestiwn yn defnyddio geiriau gorchymyn fel 'Gan ddefnyddio eich gwybodaeth am…' neu 'Esboniwch…'.

Dyma ddwy enghraifft:

AA2 Mewn cyd-destun damcaniaethol

Mae disgybl yn profi dail mynawyd y bugail am bresenoldeb startsh. Mae'r weithdrefn yn cynnwys cymryd y dail o ddŵr berw a'u rhoi nhw mewn ethanol ar 50°C am 20 munud. Gan ddefnyddio eich gwybodaeth am adeiledd pilenni biolegol, esboniwch pam mae ethanol yn achosi i'r pigmentau ollwng o'r celloedd. [2]

Mae 'Gan ddefnyddio eich gwybodaeth' yn golygu y dylech chi ddefnyddio eich gwybodaeth a'ch dealltwriaeth ddamcaniaethol i esbonio arsylwad biolegol.

AA2 Mewn cyd-destun ymarferol

Safle mewn perthynas ag allfa carthion	Crynodiad nitrad / mg dm^{-3}	Cyfradd llif / m s^{-1}	Arddwysedd golau / lwcs	Nifer cymedrig y llyngyr lledog ym mhob sampl
I fyny'r afon	0.9	0.8	3000	9
I lawr yr afon	15.1	5.2	800	23

Mae'r tabl yn dangos data disgybl o arbrawf i ganfod y berthynas rhwng crynodiad nitrad a nifer y llyngyr lledog mewn nant dŵr croyw. Casgliad yr arbrawf oedd bod cydberthyniad rhwng crynodiad nitrad uwch a chynnydd yn nifer y llyngyr lledog. Esboniwch pam mae'r data ar gyfer cyfradd llif ac arddwysedd golau yn gwneud y casgliad yn llai dilys. [3]

Mae hwn yn AA2 oherwydd bod angen i chi esbonio effaith ffactorau ffisegol ar ddata ymarferol.

AA2 Wrth drin data ansoddol

Mae'r ddelwedd isod yn dangos cromosomau o gell ddynol.

Lluniadwch gylch, wedi'i labelu'n A, o gwmpas y cromosomau sy'n dangos bod y gell yn dod o fenyw.

Lluniadwch gylch, wedi'i labelu'n B, o gwmpas y cromosomau sy'n dangos bod gan yr unigolyn syndrom Down. [2]

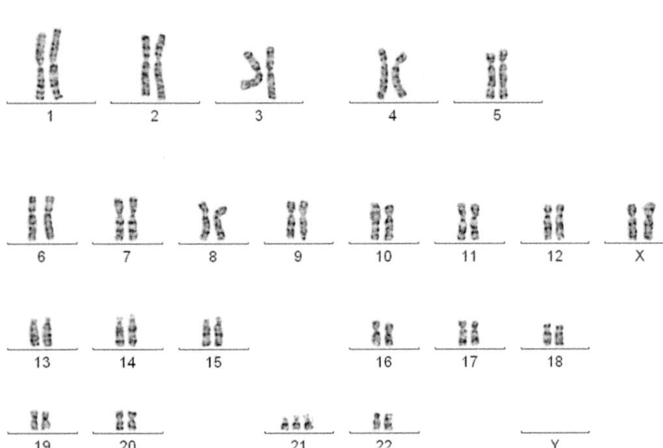

Mae'r ffotograff hwn yn darparu'r data. Llun sy'n rhoi'r data, nid rhifau, ac felly mae'r data'n ansoddol.

AA2 Wrth drin data meintiol

Mewn arbrawf i ganfod potensial dŵr celloedd moron, mae sglodion cortecs moron yn cael eu torri â'r dimensiynau 35mm × 3mm × 3mm, fel mae'r diagram yn ei ddangos. Cyfrifwch gyfanswm arwynebedd arwyneb pob sglodyn. [3]

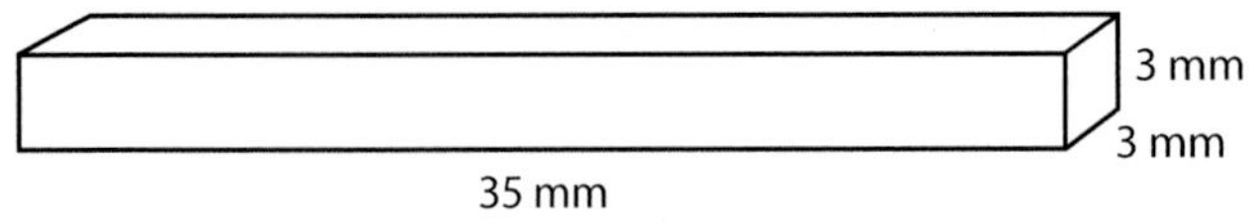

Mae'r mesuriadau'n rhoi gwybodaeth feintiol, ac mae angen i chi ddefnyddio dull rhifyddol i gynhyrchu casgliad.

Amcan Asesu 3 (AA3)

Dadansoddi, dehongli a gwerthuso gwybodaeth, syniadau a thystiolaeth wyddonol er mwyn:

- **llunio barn a dod i gasgliadau**
- **datblygu a mireinio dyluniadau a gweithdrefnau ymarferol.**

Mae'r marciau AA3 ar bapur yn cael eu rhoi am ddatblygu a mireinio dyluniadau a gweithdrefnau ymarferol, am lunio barn ac am ddod i gasgliadau. Mae'n bosibl y bydd gofyn i chi feirniadu dull neu ddadansoddiad neu gynnig ffyrdd o'i wella. Efallai y bydd gofyn i chi lunio dull i brofi rhagdybiaeth benodol, neu ddweud pam byddech chi'n defnyddio prawf ystadegol penodol. Efallai y bydd gofyn i chi ddehongli prawf ystadegol neu ddod i gasgliad ynglŷn â thystiolaeth sydd wedi'i rhoi i chi.

Bydd cwestiynau arholiad yn rhoi gwybodaeth mewn sefyllfaoedd newydd. Fel cwestiynau AA2, efallai y caiff senarios anghyfarwydd eu cyflwyno i chi, ond cewch chi eich profi yn ôl eich gallu i ddefnyddio eich gwybodaeth i'w deall a'u dehongli nhw.

Ar gyfer pob arbrawf rydych chi wedi'i wneud, gwnewch yn siŵr eich bod chi'n gwybod sut i wella cywirdeb eich dull ac ailadroddadwyedd darlleniadau. Wrth ffurfio casgliad biolegol o'ch canlyniadau, esboniwch sut mae hyn wedi rhoi mantais ymaddasol i'r organeb dan sylw.

Yn aml, bydd cwestiynau AA3 yn werth mwy o farciau na chwestiynau AA1 ac AA2. Maen nhw'n tueddu i ddefnyddio geiriau fel 'gwerthuswch', 'awgrymwch' neu 'cynlluniwch' ac yn aml yn gofyn i chi drin data arbrofol.

Dyma ddwy enghraifft:

AA3 Llunio barn a dod i gasgliadau

Mae'r lluniau isod yn dangos dail afal a dail India corn.

Cangen afal â dail

Planhigyn India corn ifanc yn dangos dail

Mae'r tabl yn dangos niferoedd y stomata i bob mm^2 ar ddwy ochr y dail afal ac India corn. Defnyddiwch y lluniau i ddehongli'r data ac awgrymu'r cyfraddau trydarthu cymharol o ddwy ochr y dail India corn ac o ddwy ochr y dail afal. Defnyddiwch y ffotograffau i awgrymu pam gallai'r dosbarthiadau stomata hyn fod yn ddefnyddiol i'r planhigion hyn. [4]

Rhywogaeth	Nifer y stomata / cm^{-2}	
	Arwyneb uchaf (adechelinol)	Arwyneb isaf (allechelinol)
Afal	0	29400
India corn	2500	2300

Mae hwn yn gwestiwn AA3 oherwydd ei fod yn gofyn i chi ffurfio casgliad am gyfraddau cymharol trydarthu o ddwy ochr y dail, a defnyddio'r data i ffurfio casgliad.

AA3 Datblygu a mireinio dyluniadau a gweithdrefnau ymarferol

Mae'r llun yn dangos llysiau'r cryman, *Anagallis arvensis.* Mae'r planhigyn bach llysieuol hwn yn tyfu mewn dolydd.

Llysiau'r cryman

Mewn astudiaeth wedi'i chynllunio i gymharu niferoedd llysiau'r cryman mewn cae â phridd clai, â'r nifer mewn cae â phridd tywodlyd, mae deg cwadrad 0.25 m^2 yn cael eu gosod ar hap mewn grid 10 m × 10 m ym mhob cae, ac mae nifer y cwadradau sy'n cynnwys llysiau'r cryman yn cael ei gyfrif.

Awgrymwch **ddwy** ffordd o wneud y gymhariaeth yn fwy dilys. [2]

Mae hwn yn gwestiwn AA3 oherwydd bod gofyn am ddull i wneud yr arbrawf yn fwy dilys, yn gofyn i chi sut i fireinio dyluniad yr arbrawf.

Arholiadau

Bydd arholiadau ar gyfer dwy uned o fewn Safon UG. Bydd yr arholiadau'n para 1 awr 30 munud yr un, ac yn cynnwys cwestiynau atebion byr, cwestiynau hirach, strwythuredig ac un cwestiwn sy'n gofyn am ateb mewn rhyddiaith estynedig. Bydd pob cwestiwn yn orfodol a bydd y ddau bapur yn cynnig cyfanswm o 80 marc.

Dyma grynodeb o'r asesiad ar ffurf tabl:

Lefel	Arholiad	Amser	Marciau
UG	Uned 1	1 awr 30	80
	Uned 2	1 awr 30	80

Cwestiynau arholiad

- Yn ogystal â gallu cofio ffeithiau biolegol ac enwi ffurfiadau a disgrifio eu swyddogaethau, mae angen i chi hefyd ddeall egwyddorion sylfaenol y pwnc a deall cysyniadau a syniadau cysylltiedig. Mewn geiriau eraill, mae angen i chi ddatblygu sgiliau er mwyn gallu defnyddio'r hyn rydych chi wedi'i ddysgu, efallai mewn sefyllfaoedd nad ydych chi wedi'u gweld o'r blaen.
- Efallai y bydd gofyn i chi gydgyfnewid rhwng data rhifiadol a graffiau, dadansoddi a gwerthuso data rhifiadol neu wybodaeth fiolegol ysgrifenedig, dehongli data, ac esbonio canlyniadau arbrawf. Mae'r cwestiynau mathemategol hyn yn werth o leiaf 10% o gyfanswm y marciau.
- Mae gwaith ymarferol yn rhan hanfodol o fioleg, a byddwch chi'n gwneud tasgau ymarferol drwy gydol eich cwrs. Caiff eich gwybodaeth a'ch dealltwriaeth ymarferol eu hasesu mewn arholiadau ysgrifenedig, ac mae hyn yn cynrychioli 15% o gyfanswm y marciau sydd ar gael.

Bydd disgwyl i chi ateb gwahanol fathau o gwestiynau, er enghraifft:

- Cwestiynau atebion byr – yn aml, bydd rhain yn gofyn am ateb byr fel enw ffurfiad a'i swyddogaeth, am un marc, neu am gyfrifiad syml.
- Cwestiynau strwythuredig – mae'r rhain yn gallu bod mewn sawl rhan, ac fel arfer byddan nhw'n ymwneud â thema gyffredin. Byddan nhw'n mynd yn anoddach wrth i chi weithio eich ffordd drwodd. Gall cwestiynau strwythuredig fod yn fyr, gan ofyn am ateb cryno, neu gallan nhw roi cyfle am ysgrifennu estynedig. Mae nifer y llinellau gwag a'r marciau sy'n cael eu rhoi ar ddiwedd pob rhan o'r cwestiwn yno er mwyn eich helpu. Maen nhw'n nodi hyd yr ateb a ddisgwylir. Os oes tri marc ar gael, mae'n rhaid i chi roi o leiaf dri phwynt gwahanol.
- Cwestiynau rhyddiaith estynedig – bydd papurau arholiad yn cynnwys un cwestiwn, sy'n werth naw marc, ac sy'n gofyn am ateb ar ffurf rhyddiaith estynedig. Nid traethawd yw hwn, felly does dim angen strwythur cyflwyniad – corff – casgliad. Yn aml mae ymgeiswyr yn rhuthro i ateb cwestiynau o'r

fath. Dylech chi gymryd eich amser i ddarllen y cwestiwn yn ofalus i ganfod yn union beth mae'r arholwr yn chwilio amdano yn yr ateb, ac yna i lunio cynllun. Bydd hyn nid yn unig yn eich helpu chi i drefnu eich meddyliau'n rhesymegol, ond hefyd yn rhoi rhestr wirio i chi y gallwch chi gyfeirio ati wrth ysgrifennu eich ateb. O wneud hyn, byddwch chi'n llai tebygol o ailadrodd, o grwydro oddi ar y pwnc neu o anghofio pwyntiau pwysig. Efallai yr hoffech chi ddefnyddio diagramau wedi'u hanodi i egluro eich ateb; os ydych chi'n gwneud hyn, gwnewch yn siŵr eu bod nhw wedi'u lluniadu'n dda ac wedi'u hanodi'n llawn. Dydy arholwyr ddim yn rhoi marciau am eitemau gwybodaeth unigol. Maen nhw'n defnyddio dull mwy cyfannol:

- I gael 7–9 marc, dylech chi ddarparu'r rhan fwyaf o'r wybodaeth ffeithiol berthnasol gyda rhesymu gwyddonol clir. Bydd darn ysgrifenedig sy'n ateb y cwestiwn yn uniongyrchol, gan ddefnyddio brawddegau graenus a therminoleg fiolegol addas, ac sy'n bodloni pob un o'r tri Amcan Asesu, yn cael 9 marc. Ond pe bai ateb yn rhoi'r un wybodaeth gyda sillafu neu ramadeg gwael, neu gyda darnau amherthnasol, dim ond 7 marc fyddai'n ei gael.
- Caiff 4–6 marc eu rhoi os oes rhai pethau pwysig wedi'u hepgor.
- Caiff 1–3 marc eu rhoi os nad oes llawer o ffeithiau wedi'u hadalw ac os nad oes llawer o bwyntiau dilys, ac os oes prinder geirfa wyddonol.
- Rhoddir marc o 0 os nad oes ymgais i ateb y cwestiwn neu os nad oes unrhyw bwyntiau perthnasol wedi'u gwneud.

Mae geiriau cwestiynau arholiad yn cael eu dewis yn ofalus iawn i sicrhau eu bod yn glir a chryno. Mae'n hanfodol peidio â cholli marciau drwy ddarllen cwestiynau'n rhy gyflym neu'n rhy arwynebol. Cymerwch eich amser i feddwl am union ystyr pob gair yn y cwestiwn er mwyn i chi allu llunio ateb cryno, perthnasol ac eglur. Er mwyn ennill yr holl farciau sydd ar gael, mae'n hanfodol eich bod yn dilyn y cyfarwyddiadau'n fanwl. Dyma rai geiriau sy'n cael eu defnyddio'n aml mewn arholiadau:

- *Anodwch* Mae hyn yn golygu rhoi disgrifiad byr o swyddogaeth rhan o ddiagram sydd wedi'i labelu, neu wneud pwynt perthnasol am ei hadeiledd.

  Enghraifft: Anodwch y diagram o'r gell planhigyn â swyddogaethau'r rhannau sydd wedi'u labelu.

- *Cymharwch* Os oes gofyn i chi gymharu, gwnewch hynny. Gwnewch gymhariaeth glir ym mhob brawddeg, yn hytrach nag ysgrifennu paragraffau ar wahân am y pethau rydych chi'n eu cymharu.

  Er enghraifft, os bydd gofyn i chi gymharu deintiad cath a dafad, ysgrifennwch frawddegau sy'n nodi'r gwahaniaeth rhwng y ddau, fel 'mae gan gath gigysddaint ond does gan ddafad ddim'.

- *Disgrifiwch* Gall y term hwn gael ei ddefnyddio lle bydd angen i chi roi disgrifiad cam wrth gam o beth sy'n digwydd. Mewn cwestiwn graff, er enghraifft, os oes gofyn i chi adnabod tuedd neu batrwm syml, dylech chi hefyd ddefnyddio'r data a roddwyd i chi i ategu eich ateb. Ar y lefel hon, nid yw'n ddigon i ddweud bod 'y graff' neu 'y llinell' yn mynd i fyny ac yna'n gwastadu. Mae disgwyl i chi ddisgrifio beth sy'n mynd i fyny, yn nhermau'r newidyn dibynnol, h.y. y ffactor sydd wedi'i blotio ar yr echelin fertigol, ac esbonio eich ateb drwy ddefnyddio ffigurau a disgrifiad o raddiant y graff.

  Enghraifft: Disgrifiwch yr amrywiad yng nghynnwys DNA drwy gydol cylchred y gell.

- *Gwerthuswch* Nodi'r dystiolaeth o blaid ac yn erbyn cynnig a ffurfio casgliad ynglŷn ag a yw'n debygol bod y cynnig yn ddilys ai peidio.

  Enghraifft: Gwerthuswch y gosodiad bod gan ddail planhigion seroffytig arwynebedd arwyneb llai na dail mesoffytau.

  Mewn amgylchedd sych, mae'n debygol bod dail wedi esblygu ag arwynebedd arwyneb llai i gyfyngu ar drydarthiad. Gallech chi ddefnyddio nodwyddau coed conwydd, neu ddail hir tenau moresg, fel tystiolaeth i ategu eich dadl.

- *Esboniwch* Gall cwestiwn ofyn i chi ddisgrifio a hefyd i esbonio. Chewch chi ddim marciau llawn am ddisgrifio beth sy'n digwydd yn unig – mae angen esboniad biolegol hefyd.

  Enghraifft: Defnyddiwch y graff i ddisgrifio ac esbonio effaith crynodiad copr sylffad ar gyfradd adwaith amylas.

- *Cyfiawnhewch* Byddwch chi'n cael gosodiad a dylech chi ddefnyddio eich gwybodaeth fiolegol fel tystiolaeth i ategu'r gosodiad hwnnw. Dylech chi hefyd nodi unrhyw dystiolaeth i'r gwrthwyneb a ffurfio casgliad ynglŷn ag a ellir derbyn y gosodiad gwreiddiol.

  Enghraifft: Cyfiawnhewch y gosodiad mai rhyngffas yw cyfnod hiraf cylchred y gell.

  Dylai eich ateb gyfeirio at ddelweddau microsgop o feristem gwreiddyn sy'n dangos bod y rhan fwyaf o'r celloedd, ar unrhyw un adeg, mewn rhyngffas.

- *Enwch* Mae angen i chi roi ateb heb fod yn fwy nag un gair. Does dim rhaid i chi ailadrodd y cwestiwn na rhoi eich ateb mewn brawddeg. Byddai hynny'n gwastraffu amser.

  Enghraifft: Enwch yr organyn cell sy'n gyfrifol am gynhyrchu ffibrau'r werthyd mewn mitosis.

- *Nodwch* Rhowch ateb byr, cryno, heb esboniad.

  Enghraifft: Nodwch enw'r model adeiledd pilen a gynigiodd Singer a Nicolson.

- *Awgrymwch* Mae'r gair hwn yn aml yn dechrau isadran olaf cwestiwn. Efallai nad oes ateb pendant i'r cwestiwn, ond mae disgwyl i chi gynnig syniad call yn seiliedig ar eich gwybodaeth fiolegol.

  Enghraifft: Awgrymwch sut byddai'r protein yn y diagram wedi'i leoli mewn pilen blasmaidd.

Sut i ddefnyddio'r llyfr labordy'n effeithiol

Drwy gydol y cwrs Bioleg Safon Uwch, byddwch chi'n gwneud llawer o waith ymarferol ac yn ei ddefnyddio i ddatblygu llawer o sgiliau. Byddwch chi'n cofnodi eich gwaith ymarferol mewn llyfr labordy – mae hwn yn gofnod hanfodol o beth rydych chi'n ei wneud. Mae eich llyfr labordy yn ddogfen weithio. Mae wedi'i lunio i fod yn gofnod parhaus o'r tasgau ymarferol rydych chi'n eu gwneud; gan gynnwys yr holl wallau a'r cywiriadau y mae hyn yn ei awgrymu. Mae'n cofnodi eich cynnydd wrth ddatblygu technegau ymarferol, wrth gofnodi, wrth wneud lluniadau a mesuriadau, plotio graffiau, gwneud dadansoddiadau mathemategol, gwerthuso a ffurfio casgliadau. Mae disgwyl i chi ysgrifennu'n uniongyrchol yn eich llyfr labordy, nid ar bapur sgrap i'w ysgrifennu'n iawn wedyn. Disgwylir staeniau ac olion.

Cewch chi ddefnyddio llyfr labordy CBAC, neu cewch chi ddefnyddio llyfr labordy sydd wedi'i gynhyrchu gan eich athrawon. Bydd deunydd y pwnc yn union yr un fath, a bydd y ddau yn eich paratoi chi ar gyfer arholiad Bioleg Safon Uwch CBAC.

Ar dudalennau 1–2 yn llyfr labordy CBAC, mae taenlen â rhestr o'r tasgau ymarferol penodol. Mae'n bwysig eu gwneud nhw i gyd, oherwydd gallai'r arholiad ofyn cwestiynau amdanynt neu am arbrofion tebyg iawn. Dylech chi ysgrifennu'r dyddiad y gwnaethoch chi'r arbrawf. Mae lle wedi'i roi ar gyfer nodiadau a sylwadau. Defnyddiwch y man hwn i'ch atgoffa eich hun o faterion penodol y gwnaethoch chi feddwl amdanyn nhw er mwyn i chi gofio, wrth adolygu ar gyfer eich arholiadau, pa rannau o'r arbrofion oedd yn bwysig neu'n heriol i chi ar y pryd.

Darllenwch y Nodiadau Canllaw (tudalennau 3–11) yn llyfr labordy CBAC, bob tro rydych chi'n gwneud arbrawf. Wnaiff hi ddim cymryd amser hir i chi ddod yn gyfarwydd iawn â nhw. Maen nhw'n sôn am ddylunio arbrofion, asesiadau risg, sut i arddangos darlleniadau a sut i blotio graffiau. Maen nhw hefyd yn rhestru agweddau ar gyfer dadansoddi eich canlyniadau. Maen nhw'n esbonio sut i raddnodi microsgop, yn rhoi cyfarwyddiadau clir ynglŷn â gwneud lluniadau biolegol ac yn disgrifio sut i gyfrifo chwyddhad eich lluniad. Rydych chi'n cael rhestr o sleidiau y dylech chi ddefnyddio'r microsgop i edrych arnynt. Gwnewch yn siŵr eich bod chi'n deall beth rydych chi'n edrych arno. Efallai y cewch chi gwestiwn amdanynt, neu ffotomicrograff ohonynt, mewn arholiad.

Ar gyfer pob arbrawf, caiff dull ei roi i chi. Efallai y cewch chi hefyd

- Y data rhifiadol gofynnol i brosesu canlyniadau, e.e. Canfod potensial dŵr (t22)
- Ffotomicrograffau i'ch helpu chi i adnabod beth sydd i'w weld yn y microsgop, e.e. Canfod potensial hydoddyn (t28)
- Sail ddamcaniaethol yr arbrawf, e.e. Ymchwiliad i athreiddedd cellbilenni (t34)
- Diagram o sut i drefnu eich cyfarpar, e.e. Gwneud lluniadau gwyddonol o gelloedd o sleidiau wedi'u paratoi o flaenwreiddiau (t50)
- Tabl canlyniadau a hafaliadau, e.e. Asesu bioamrywiaeth infertebratau (t58)
- Ffotograff i gynorthwyo â dyrannu, e.e. Dyrannu pen pysgodyn (t67).

Fydd eich athro/athrawes ddim yn marcio eich llyfr labordy, ond efallai y bydd yn darllen beth rydych chi wedi'i ysgrifennu ac yn rhoi cyngor i chi. Ar y llaw arall, efallai y bydd gofyn i chi asesu llyfr labordy rhywun yn eich dosbarth, a'u bod nhw'n asesu eich un chi. Dylech chi eich dau fod yn feirniadol. Gallwch chi drafod unrhyw beth sydd wedi'i hepgor gan y naill neu'r llall, ac yna gallwch chi eich dau ysgrifennu adroddiad labordy gwell y tro nesaf.

Mae'r llyfr labordy yn gofnod pwysig o'ch gwaith ac yn offeryn adolygu gwerthfawr.

1.1

Elfennau cemegol a chyfansoddion biolegol

Mae organebau wedi'u gwneud o foleciwlau biolegol sy'n hanfodol i'r ffordd maen nhw'n gweithio. Mae'r moleciwlau mawr, y macrofoleciwlau, sy'n gwneud adeileddau celloedd byw ac yn rheoli eu hadweithiau, yn cynnwys carbohydradau, lipidau a phroteinau. Maen nhw'n gweithio ar y cyd ag ïonau anorganig. I ddeall sut mae systemau byw yn gweithio, rhaid i ni ddeall y moleciwlau hyn.

Cynnwys y testun

Erbyn diwedd y testun hwn, byddwch chi:

- Yn gwybod swyddogaethau rhai elfennau ac ïonau allweddol mewn organebau byw.
- Yn gwybod priodweddau dŵr a'r berthynas rhwng y rhain a'i swyddogaeth mewn organebau byw.
- Yn gwybod adeiledd, priodweddau a swyddogaethau carbohydradau.
- Yn gwybod adeiledd, priodweddau a swyddogaethau triglyseridau a ffosffolipidau.
- Yn deall goblygiadau brasterau yn y deiet i iechyd bodau dynol.
- Yn gwybod adeiledd a swyddogaethau asidau amino a phroteinau.

Ïonau anorganig

Mae angen amrywiaeth o ïonau **anorganig** ar organebau byw i oroesi. Rydyn ni hefyd yn galw ïonau anorganig yn electrolytau neu fwynau, ac maen nhw'n bwysig i lawer o brosesau celloedd gan gynnwys cyfangiad cyhyrau, cyd-drefniant nerfol a chynnal potensial dŵr mewn celloedd a gwaed. Mae yna ddau grŵp: macrofaetholion, sydd eu hangen mewn crynodiadau bach, a microfaetholion, sydd eu hangen mewn crynodiadau bach iawn (mymryn), e.e. copr a sinc. Byddwn ni'n disgrifio pedwar macrofaetholyn yma.

- Mae magnesiwm (Mg^{2+}) yn rhan bwysig o gloroffyl ac felly mae'n hanfodol ar gyfer ffotosynthesis. Dydy planhigion heb fagnesiwm yn eu pridd ddim yn gallu gwneud cloroffyl ac felly mae'r dail yn felyn, cyflwr o'r enw clorosis. Yn aml bydd eu twf nhw wedi'i rwystro oherwydd diffyg glwcos. Mae angen magnesiwm ar famolion ar gyfer eu hesgyrn.

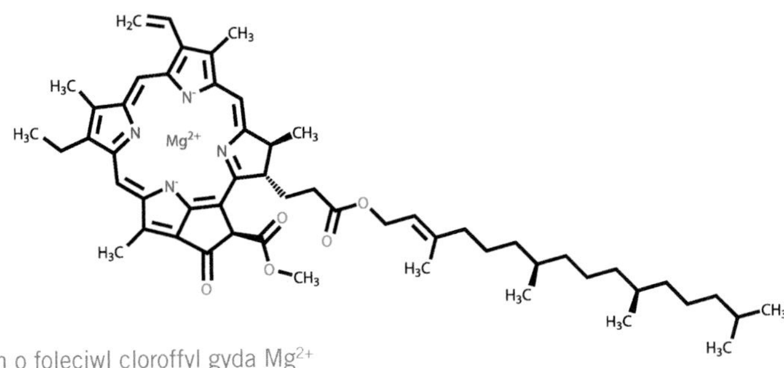

Diagram o foleciwl cloroffyl gyda Mg^{2+}

- Mae haearn (Fe^{2+}) yn bresennol mewn haemoglobin, sy'n cludo ocsigen yng nghelloedd coch y gwaed. Os nad yw pobl yn cael digon o haearn yn y deiet, mae hyn yn gallu arwain at anaemia.

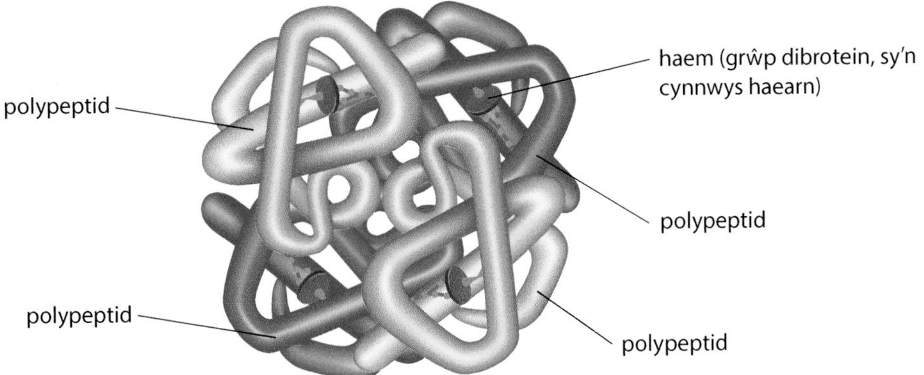

Moleciwl haemoglobin

- Mae ïonau ffosffad (PO_4^{3-}) yn cael eu defnyddio i wneud niwcleotidau, gan gynnwys ATP, ac mae'r rhain yn bresennol mewn ffosffolipidau, sy'n bodoli mewn pilenni biolegol.

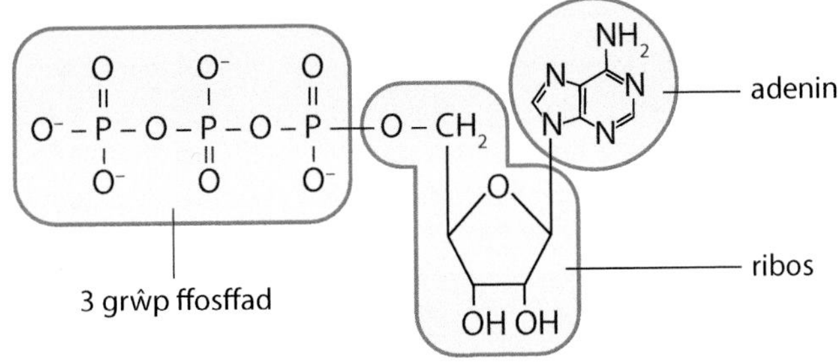

Moleciwl ATP

- Mae calsiwm (Ca^{2+}), fel ffosffad, yn gydran adeileddol bwysig yn esgyrn a dannedd mamolion ac mae'n un o gydrannau cellfuriau planhigion; mae'n rhoi cryfder.

Term allweddol

Anorganig: Moleciwl neu ïon heb fwy nag un atom carbon

Nodyn

Cofiwch fod termau mewn glas wedi'u diffinio yn yr Eirfa, sy'n dechrau ar t264.

Ymestyn a herio

Yn wreiddiol, roedd 'organig' yn golygu rhywbeth a oedd yn deillio o organebau byw ac 'anorganig' yn golygu rhywbeth nad oedd yn deillio o ddefnydd byw. Dydy ystyr 'organig' yn y term 'bwyd organig' ddim yn ymwneud ag adeiledd moleciwlau'r bwyd.

Cyswllt

Mae disgrifiad o adeiledd pilen ar t54–55.

Mae disgrifiad manylach o adeiledd niwcleotid ar t95.

Cyngor

Dysgwch un swyddogaeth mewn organebau byw i bob un o'r bedair elfen ganlynol: magnesiwm, haearn, ffosfforws a chalsiwm.

Dŵr

Termau allweddol

Deupol: Moleciwl polar sydd â gwefr bositif a gwefr negatif, a'r ddwy wefr yn agos iawn at ei gilydd.

Bond hydrogen: Y grym atynnol gwan rhwng y wefr bositif rannol ar atom hydrogen mewn un moleciwl a'r wefr negatif rannol ar atom arall – ocsigen neu nitrogen fel arfer.

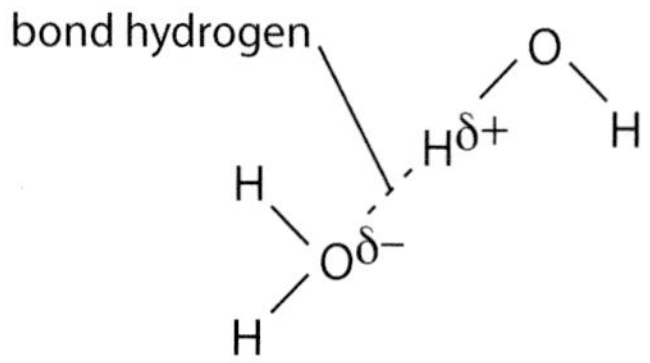

Moleciwlau dŵr yn dangos bondiau hydrogen

Ymestyn a herio

Mae gwres cudd anweddu uchel dŵr o fudd i organebau dyfrol. Gan fod angen cymaint o egni i anweddu'r holl ddŵr, anaml iawn y mae cynefinoedd dyfrol yn anweddu i ffwrdd yn llwyr.

Termau allweddol

Adwaith cyddwyso: Proses gemegol lle mae dau foleciwl yn cyfuno i ffurfio moleciwl mwy cymhleth, gan ddileu moleciwl dŵr.

Hydrolysis: Y broses o dorri moleciwlau mawr yn foleciwlau llai drwy ychwanegu moleciwl dŵr.

Gwres cudd anweddu: Yr egni sydd ei angen i drawsnewid 1 g o hylif yn anwedd ar yr un tymheredd.

Cynhwysedd gwres sbesiffig: Yr egni sydd ei angen i godi tymheredd 1 g o sylwedd 1 C°.

Cyswllt

Mae disgrifiad o effeithiau tymheredd ar actifedd ensymau ar t78.

Mae dŵr yn gyfrwng ar gyfer adweithiau metabolaidd ac yn ansoddyn pwysig mewn celloedd – mae'n cyfrif am 65–95% o fàs llawer o blanhigion ac anifeiliaid. Dŵr yw tua 70% o bob bod dynol unigol.

Mae'r moleciwl dŵr yn **ddeupol**, sy'n golygu bod ganddo ben â gwefr bositif (hydrogen) a phen â gwefr negatif (ocsigen), ond does dim gwefr gyffredinol ganddo. Moleciwl 'polar' yw un lle mae gwefrau wedi'u gwahanu. Mae'r gwefrau'n fach iawn ac rydyn ni'n eu hysgrifennu nhw fel ∂^+ a ∂^-, i wahaniaethu rhyngddyn nhw a gwefrau llawn, sy'n cael eu hysgrifennu fel + a –. Mae **bondiau hydrogen** yn gallu ffurfio rhwng y ∂^+ ar atom hydrogen un moleciwl a'r ∂^- ar atom ocsigen mewn moleciwl arall. Mae bondiau hydrogen yn wan, ond mae'r nifer mawr iawn ohonynt sy'n bresennol mewn dŵr yn ei gwneud hi'n anodd gwahanu'r moleciwlau ac yn rhoi ystod eang o briodweddau ffisegol i ddŵr sy'n hanfodol i fywyd.

Mae priodweddau dŵr yn ei wneud yn hanfodol i fywyd, fel rydyn ni'n ei ddeall.

- Fel hydoddydd: mae organebau byw yn cael eu helfennau allweddol o hydoddiant dyfrllyd. Mae dŵr yn hydoddydd rhagorol. Gan fod moleciwlau dŵr yn ddeupolau, maen nhw'n atynnu gronynnau â gwefr, fel ïonau, a moleciwlau polar eraill, fel glwcos. Mae'r rhain yna'n hydoddi mewn dŵr, felly mae adweithiau cemegol yn digwydd mewn hydoddiant. Mae dŵr yn gweithredu fel cyfrwng cludo, e.e. mewn anifeiliaid, mae plasma'n cludo sylweddau wedi hydoddi ac mewn planhigion, mae dŵr yn cludo mwynau yn y sylem, a swcros ac asidau amino yn y ffloem. Dydy moleciwlau amholar, fel lipidau, ddim yn hydoddi mewn dŵr.

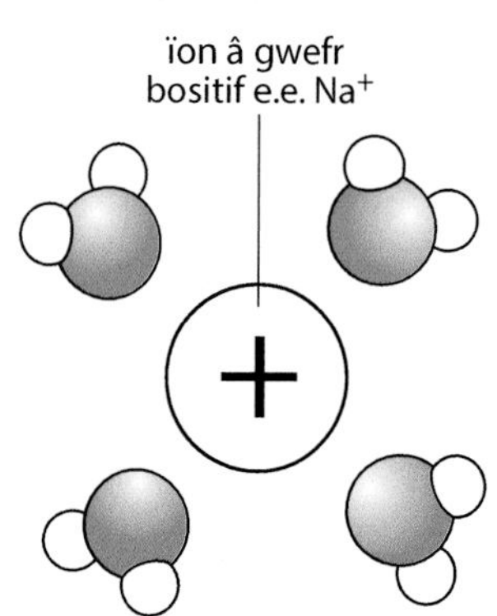

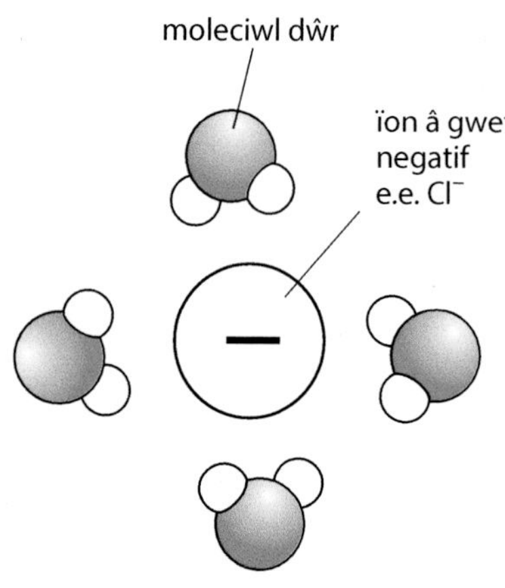

Mae moleciwlau dŵr yn trefnu eu hunain o gwmpas ïonau mewn hydoddiant

- Mae dŵr yn fetabolyn: mae dŵr yn cael ei ddefnyddio mewn llawer o adweithiau biocemegol fel adweithydd, e.e. gyda charbon deuocsid i gynhyrchu glwcos mewn ffotosynthesis. Mae llawer o adweithiau yn y corff yn cynnwys **hydrolysis**, lle mae dŵr yn hollti moleciwl, e.e. maltos + dŵr ⟶ glwcos + glwcos.
  Mewn **adweithiau cyddwyso**, mae dŵr yn gynnyrch, e.e. glwcos + ffrwctos ⟶ swcros + dŵr.
- **Cynhwysedd gwres sbesiffig** uchel: mae hyn yn golygu bod angen llawer o egni gwres i gynyddu ei dymheredd. Mae hyn oherwydd bod y bondiau hydrogen rhwng moleciwlau dŵr yn cyfyngu ar eu symudiad, gan wrthsefyll cynnydd mewn egni cinetig ac felly'n gwrthsefyll cynnydd mewn tymheredd. Mae hyn yn atal amrywiadau mawr yn nhymheredd dŵr, sy'n bwysig i gadw cynefinoedd dyfrol yn sefydlog, fel nad oes rhaid i organebau addasu i dymheredd eithafol. Mae hyn hefyd yn caniatáu i ensymau mewn celloedd weithio'n effeithlon.
- **Gwres cudd anweddu** uchel: mae hyn yn golygu bod angen llawer o egni gwres i'w newid o hylif i anwedd. Mae hyn yn bwysig, er enghraifft, wrth reoli tymheredd, lle mae gwres yn cael ei ddefnyddio i anweddu dŵr o chwys ar y croen neu oddi ar arwyneb deilen. Wrth i'r dŵr anweddu, mae'r corff yn oeri.

- **Cydlyniad:** mae moleciwlau dŵr yn atynnu ei gilydd ac yn ffurfio bondiau hydrogen. Yn unigol, mae'r rhain yn wan, ond gan fod llawer ohonynt, mae'r moleciwlau'n glynu at ei gilydd mewn dellten (*lattice*). Enw'r glynu hwn yw cydlyniad. Mae'n golygu bod colofnau o ddŵr yn gallu cael eu tynnu i fyny pibellau sylem mewn planhigion.
- Tyniant arwyneb uchel: mae cydlyniad rhwng moleciwlau dŵr ar yr arwyneb yn cynhyrchu tyniant arwyneb. Ar dymheredd cyffredin, dŵr sydd â'r tyniant arwyneb uchaf o unrhyw hylif heblaw mercwri. Mewn pwll, mae cydlyniad rhwng moleciwlau dŵr ar yr arwyneb yn cynhyrchu tyniant arwyneb sy'n gallu cynnal corff pryfyn, fel rhiain y dŵr.

Mae gan ddŵr dyniant arwyneb uchel

Caiff colofnau dŵr cydlynol eu tynnu at uchder mawr

- Dwysedd uchel: mae dŵr yn ddwysach nag aer, ac fel cynefin i organebau dyfrol, mae'n darparu cynhaliaeth a hynofedd (*buoyancy*). Mae dwysedd dŵr ar ei uchaf ar 4 °C. Mae iâ yn llai dwys na dŵr hylifol, oherwydd bod y bondiau hydrogen yn dal y moleciwlau'n bellach oddi wrth ei gilydd nag y maent yn yr hylif. Felly mae iâ yn arnofio ar ddŵr. Mae'n ynysydd da ac mae'n atal cyrff dŵr mawr rhag colli gwres a rhewi'n gyfan gwbl, felly mae organebau o dan y dŵr yn goroesi.
- Mae dŵr yn dryloyw ac yn gadael i olau deithio drwyddo. Mae hyn yn golygu bod planhigion dyfrol yn gallu cyflawni ffotosynthesis yn effeithiol.

Carbohydradau

Cyfansoddion **organig** yw carbohydradau, ac fel mae'r enw'n ei awgrymu, maen nhw'n cynnwys yr elfennau carbon, hydrogen ac ocsigen. Mewn carbohydradau, monosacarid yw'r uned sylfaenol. Mae dau fonosacarid yn cyfuno i ffurfio deusacarid. Mae llawer o foleciwlau monosacarid yn cyfuno i ffurfio polysacarid.

Monosacaridau

Moleciwlau organig bach yw **monosacaridau** a'r rhain yw'r blociau adeiladu sy'n gwneud y carbohydradau mawr. Fformiwla gyffredinol monosacaridau yw $(CH_2O)_n$ ac mae eu henwau'n dibynnu ar nifer yr atomau carbon (n) yn y moleciwl. Mae tri atom carbon mewn siwgr **trios**; mae pump mewn **pentos** ac mae chwech mewn **hecsos**. Mae glwcos yn siwgr hecsos. Mae atomau carbon hecsos wedi'u rhifo o 1–6, fel a ddangosir ar y dudalen nesaf.

Mae pob siwgr hecsos yn rhannu'r fformiwla $C_6H_{12}O_6$ ond mae'r adeiledd moleciwlaidd yn amrywio. Mae atomau carbon monosacaridau'n gwneud cylch wrth i'r siwgr gael ei hydoddi mewn dŵr, ac maen nhw'n gallu rhwymo mewn ffordd wahanol i wneud cadwynau syth, lle mae'r cylchoedd a'r cadwynau mewn ecwilibriwm. Mae gan glwcos ddau **isomer**, α-glwcos a β-glwcos, yn seiliedig ar safleoedd grŵp (OH) ac atom (H) fel a ddangosir yn y diagram ar t16. Mae'r ffurfiau gwahanol hyn yn achosi gwahaniaethau biolegol wrth iddynt ffurfio polymerau, fel startsh a chellwlos.

Term allweddol

Cydlyniad: Atyniad moleciwlau dŵr at ei gilydd, oherwydd adeiledd deupol dŵr, sy'n cynhyrchu bondiau hydrogen rhwng y moleciwlau.

Gwirio gwybodaeth 1.1

Parwch y geiriau allweddol â'r rhesymau canlynol pam mae'r priodweddau dŵr hyn yn bwysig i organebau byw:

1. Ffotosynthesis
2. Cludiant
3. Ynysu
4. Oeri

A. Hydoddydd cyffredinol
B. Gwres cudd anweddu uchel
C. Metabolyn
Ch. Llai dwys mewn cyflwr solid

Ymestyn a herio

Pe na bai dŵr yn dryloyw, mae'n debygol y byddai golwg wedi esblygu'n wahanol.

Termau allweddol

Organig: Moleciwlau â chyfran uchel o atomau carbon.

Monosacarid: Un moleciwl siwgr unigol.

Trios: Monosacarid sy'n cynnwys tri atom carbon.

Pentos: Monosacarid sy'n cynnwys pum atom carbon.

Hecsos: Monosacarid sy'n cynnwys chwe atom carbon.

Isomerau: Moleciwlau â'r un fformiwla gemegol, ond â'r atomau wedi'u trefnu'n wahanol.

Yr arfer yw defnyddio diagram o'r enw fformiwla adeileddol i ddangos trefniad yr atomau.

neu, yn symlach

Fformiwla adeileddol siwgr trios, $C_3H_6O_3$

Fformiwla adeileddol ribos, siwgr pentos, $C_5H_{10}O_5$

Cyngor

Ni fydd gofyn i chi luniadu fformiwlâu adeileddol carbohydradau mewn arholiad, ond efallai y bydd gofyn i chi eu hadnabod nhw ac ateb cwestiynau amdanynt, felly mae'n bwysig eu deall nhw.

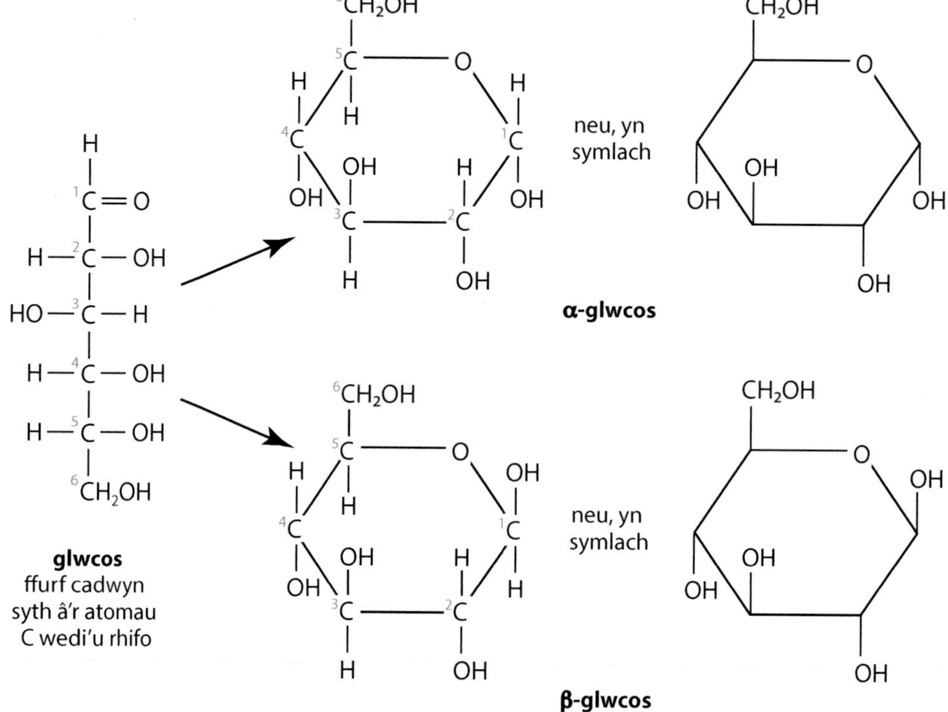

Fformiwlâu adeileddol ffurfiau cadwyn syth a ffurfiau cylch glwcos, siwgr hecsos

Ymestyn a herio

Mae moleciwl yn adeiledd tri dimensiwn, ond mae fformiwla adeileddol mewn dau ddimensiwn ar y dudalen. Pan mae bond wedi'i luniadu'n pwyntio tuag i fyny, mae'n golygu bod y grŵp y mae'n cydio wrtho uwchben plân y lluniad, ac os yw wedi'i luniadu'n pwyntio tuag i lawr, mae'r grŵp o dan y plân. Edrychwch ar yr atomau sydd ynghlwm wrth atom carbon 1 (C1) ar α-glwcos ac ar β-glwcos a disgrifiwch y gwahaniaeth.

Cyswllt

Byddwch chi'n dysgu am adweithiau resbiradaeth a ffotosynthesis yn ystod ail flwyddyn y cwrs hwn.

Mae gan fonosacaridau lawer o swyddogaethau. Maen nhw'n gallu gweithredu fel:

- Ffynhonnell egni mewn resbiradaeth. Mae bondiau carbon–hydrogen a bondiau carbon–carbon yn cael eu torri i ryddhau egni, sy'n cael ei drosglwyddo i wneud adenosin triffosffad (ATP).
- Blociau adeiladu i wneud moleciwlau mwy. Mae glwcos, er enghraifft, yn cael ei ddefnyddio i wneud y polysacaridau startsh, glycogen, cellwlos a chitin.
- Rhyngolynnau mewn adweithiau, e.e. mae siwgrau trios yn rhyngolynnau yn adweithiau resbiradaeth a ffotosynthesis.
- Ansoddion niwcleotidau, e.e. deocsiribos mewn DNA, ribos mewn RNA, ATP ac ADP.

Deusacaridau

Mae deusacaridau wedi'u gwneud o ddwy uned monosacarid sydd wedi'u bondio gyda'i gilydd drwy ffurfio bond glycosidaidd a thrwy ddileu dŵr. Mae hyn yn enghraifft o adwaith cyddwyso.

Mae'r diagram yn dangos dŵr yn cael ei ddileu rhwng C4 un moleciwl glwcos ac C1 y llall. Bond glycosidaidd yw'r bond sy'n cael ei ffurfio rhwng moleciwlau glwcos. Mae'r bond rhwng C1 ac C4, felly rydyn ni'n ei alw'n fond glycosidaidd-1,4. Gan fod y moleciwl deusacarid yn syth a ddim yn ddirdro, mae'r bond yn fond glycosidaidd-α-1,4.

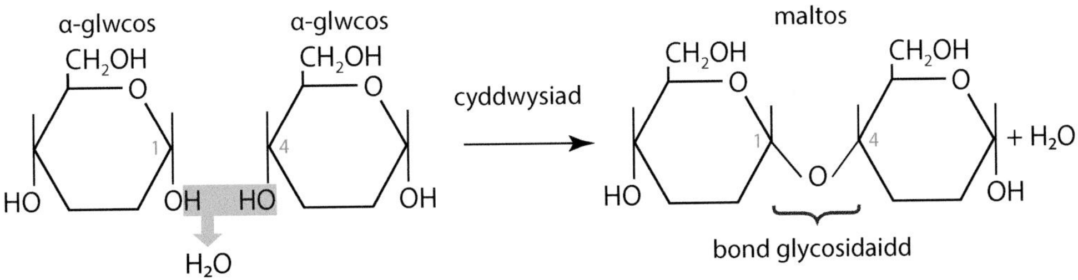

Ffurfio bond glycosidaidd rhwng dau foleciwl glwcos i wneud maltos

Hydrolysis y bond glycosidaidd mewn maltos

Mae'r tabl yn crynhoi gwybodaeth am ddeusacaridau:

Deusacarid	Cydrannau monosacarid	Swyddogaeth fiolegol
maltos	glwcos + glwcos	mewn hadau sy'n egino
swcros	glwcos + ffrwctos	cludiant yn ffloem planhigion blodeuol
lactos	glwcos + galactos	mewn llaeth mamolion

Wrth ysgrifennu enw cemegyn, rhowch gysylltnod (-) rhwng gair a rhif; rhowch goma (,) rhwng rhifau.

Pwynt astudio

Mae enwau siwgrau'n cael eu byrhau gan ddefnyddio tair llythyren gyntaf yr enwau Saesneg:

glu = glwcos,

fru = ffrwctos,

gal = galactos,

mal = maltos,

suc = swcros,

lac = lactos.

Profi am bresenoldeb siwgrau

Siwgrau sy'n gallu rhoi electron yw siwgrau rhydwythol. Mae prawf Benedict yn canfod siwgrau rhydwythol mewn hydoddiant. Mae'r siwgr rhydwythol yn rhoi electron i rydwytho ïonau copr (II) mewn hydoddiant copr sylffad, sy'n las. Mae'r ïonau Cu (II) yn cael eu rhydwytho i ffurfio ïonau Cu (I) mewn copr (I) ocsid coch.

$$Cu^{2+} + e^- \text{------>} Cu^+$$

glas coch

Mae'r prawf yn cael ei gynnal fel hyn:

Mae cyfeintiau hafal o adweithydd Benedict a'r hydoddiant sy'n cael ei brofi yn cael eu gwresogi i o leiaf 70°C. Os oes siwgr rhydwythol, fel glwcos, yn bresennol, bydd yr hydoddiant glas yn troi'n wyrdd, yna'n felyn ac yna'n oren, tan yn y diwedd, bydd gwaddod lliw brics coch yn ffurfio. Dydy'r prawf hwn ddim yn rhoi union grynodiad y siwgr rhydwythol, felly rydyn ni'n dweud ei fod yn brawf ansoddol.

Pwynt astudio

Mae siwgrau rhydwythol yn cynnwys pob monosacarid a rhai deusacaridau, e.e. maltos.

Mae arbrawf sy'n defnyddio hydoddiant Benedict mewn prawf meintiol ar t28.

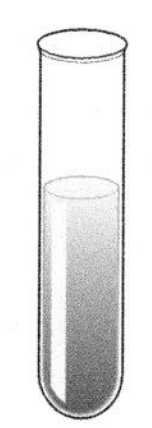
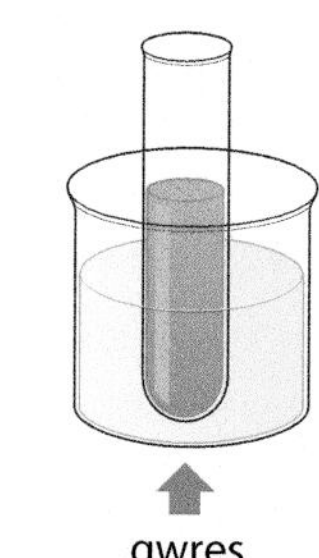
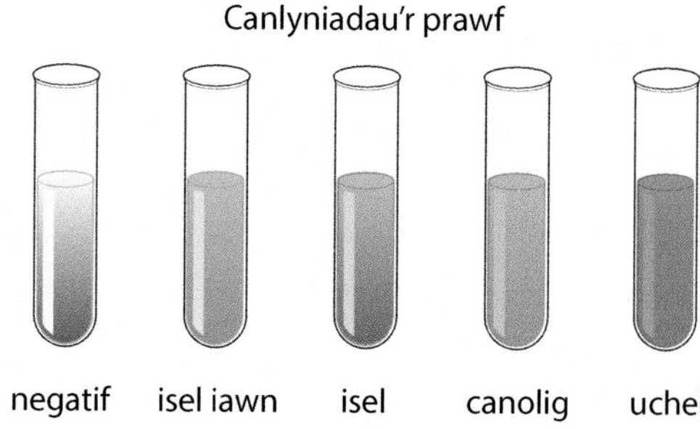
Canlyniadau'r prawf
Ychwanegu cyfaint hafal o adweithydd Benedict at sampl glwcos wedi'i hydoddi mewn dŵr.
gwres
Ei wresogi mewn baddon dŵr. Os oes siwgr rhydwythol yn bresennol, mae'r hydoddiant yn newid lliw.
negatif
isel iawn
isel
canolig
uchel
Mae'r lliw yn dibynnu ar grynodiad y siwgr rhydwythol sy'n bresennol yn y sampl.

Prawf Benedict

Mae rhai deusacaridau, fel swcros, yn siwgrau anrydwythol ac yn rhoi canlyniad negatif, h.y. mae'r hydoddiant yn aros yn las. Yr unig ffordd o ganfod swcros yw drwy ei ymddatod yn gyntaf i'r monosacaridau sy'n ei ffurfio, er enghraifft drwy ei wresogi ag asid hydroclorig. Mae angen amodau alcalïaidd ar adweithydd Benedict i weithio, felly byddwn ni'n ychwanegu alcali. Yna, caiff adweithydd Benedict ei ychwanegu a'i wresogi fel o'r blaen. Os yw'r hydoddiant nawr yn troi'n goch, roedd siwgr anrydwythol yn bresennol i ddechrau.

Ffordd arall o ganfod swcros fyddai defnyddio swcras, ensym sy'n hydrolysu swcros gan ffurfio glwcos a ffrwctos. Bydd prawf Benedict yna'n rhoi canlyniad positif. Fodd bynnag, mae ensymau'n benodol. Dim ond swcros gaiff ei hydrolysu gan swcras, felly bydd siwgrau anrydwythol eraill yn dal i roi canlyniad negatif.

Mae mesur crynodiad y siwgr yn fanwl gywir yn llawer mwy defnyddiol. Rydyn ni'n disgrifio hyn fel mesur meintiol, a gan ddefnyddio **biosynhwyrydd**, gallwn ni gael mesuriad manwl gywir. Mae hyn yn bwysig wrth fonitro cyflyrau meddygol fel diabetes, lle mae angen mesur crynodiad glwcos yn y gwaed yn fanwl gywir.

Polysacaridau

Polymerau mawr cymhleth yw polysacaridau. Maent yn cael eu ffurfio o niferoedd mawr iawn o unedau monosacarid, sef eu **monomerau**, wedi'u cysylltu â bondiau glycosidaidd.

Glwcos yw prif ffynhonnell yr egni mewn celloedd ac mae'n rhaid ei storio ar ffurf briodol. Mae'n hydawdd mewn dŵr ac felly byddai'n cynyddu crynodiad cynnwys y gell, ac o ganlyniad, yn tynnu dŵr i mewn drwy gyfrwng osmosis. Y ffordd o osgoi'r broblem hon yw trawsnewid y glwcos yn startsh mewn celloedd planhigyn neu yn glycogen mewn celloedd anifail. Mae startsh a glycogen yn gynhyrchion storio. Polysacaridau ydyn nhw. Maen nhw'n fwy addas na glwcos ar gyfer storio oherwydd:

- Maen nhw'n anhydawdd, felly does dim effaith osmotig.
- Dydyn nhw ddim yn gallu tryledu allan o'r gell.
- Maen nhw'n foleciwlau cryno ac yn gallu cael eu storio mewn lle bach.
- Maen nhw'n cludo llawer o egni yn eu bondiau C–H a C–C.

Startsh

Startsh yw prif stôr glwcos planhigion. Mae crynodiad uchel o ronynnau startsh mewn hadau ac organau storio fel cloron tatws.

Mae startsh wedi'i wneud o foleciwlau α-glwcos wedi'u bondio â'i gilydd mewn dwy ffordd wahanol, gan ffurfio'r ddau bolymer, amylos ac amylopectin.

- Mae amylos yn foleciwl llinol heb ganghennau â bondiau glycosidaidd -α-1,4 yn ffurfio rhwng yr atom carbon cyntaf (C1) ar un monomer glwcos a'r pedwerydd atom carbon (C4) ar yr un nesaf. Mae hyn yn ailadrodd i ffurfio cadwyn sy'n torchi mewn helics.

Cyngor

Wrth ddisgrifio prawf Benedict, peidiwch ag anghofio dweud:

- Mae'r sampl yn cael ei gymysgu ag adweithydd Benedict a'i wresogi'n gryf.
- Mae'r lliw yn newid o las i wyrdd / oren / coch.

Pwynt astudio

Os yw dau hydoddiant â chrynodiadau gwahanol yn cael yr un driniaeth yn y prawf Benedict, bydd mwy o newid lliw i'w weld yn yr hydoddiant mwyaf crynodedig. Dydy'r prawf ddim mewn gwirionedd yn mesur y crynodiad, ond yn hytrach yn dangos pa hydoddiant yw'r mwyaf crynodedig. Felly, gallwn ni ei ddisgrifio fel prawf lled-feintiol.

Pwynt astudio

Gwnewch yn siŵr eich bod chi'n gallu dweud y gwahaniaeth rhwng y tri therm hyn:

Ansoddol – mae'n dweud wrthych chi os yw moleciwl yn bresennol.

Lled-feintiol – mae'n dweud wrthych chi beth yw crynodiadau cymharol hydoddiannau, ond ddim yn rhoi gwerthoedd go iawn.

Meintiol – mae'n rhoi gwerth rhifiadol ar gyfer y crynodiad.

Termau allweddol

Biosynhwyrydd: Dyfais sy'n cyfuno biofoleciwl, fel ensym, â thrawsddygiadur, i gynhyrchu signal trydanol sy'n mesur crynodiad cemegyn.

Polymer: Moleciwl mawr sy'n cynnwys unedau sy'n ailadrodd, sef monomerau, wedi'u bondio â'i gilydd.

Monomer: Un uned sy'n ailadrodd mewn polymer.

Cyswllt

Mae disgrifiad o effeithiau osmosis ar t61.

Pwynt astudio

Os yw cell yn amsugno gormod o ddŵr, bydd crynodiad ei hydoddion yn amhriodol i adweithiau'r gell. Pe bai gormod o ddŵr yn cael ei amsugno i gell anifail, byddai'r gell yn byrstio.

- Mae amylopectin hefyd yn cynnwys cadwynau o fonomerau glwcos wedi'u huno â bondiau glycosidaidd-α-1,4. Maen nhw wedi'u trawsgysylltu â bondiau glycosidaidd-α-1,6 ac yn ffitio y tu mewn i'r amylos. Pan fydd bond glycosidaidd yn ffurfio rhwng yr atom C1 ar un moleciwl glwcos a'r atom C6 ar un arall, bydd cangen ochr i'w gweld. Mae hyn yn digwydd bob 24–30 o foleciwlau glwcos. Mae bondiau glycosidaidd-α-1,4 yn parhau o ddechrau'r gangen.

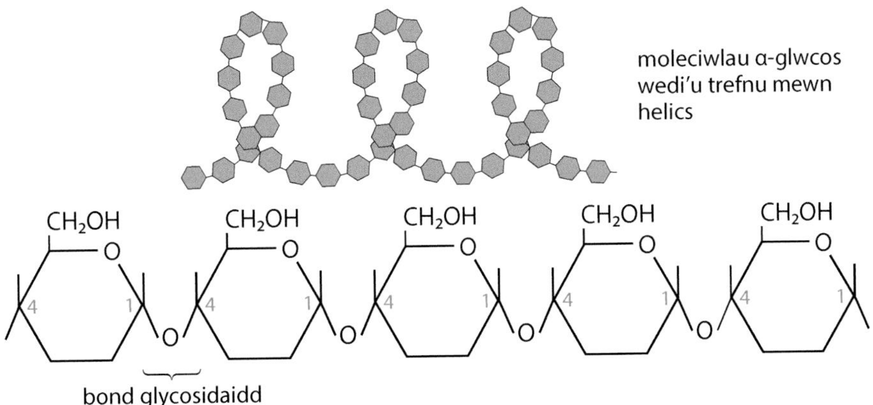

Adeiledd moleciwl amylos

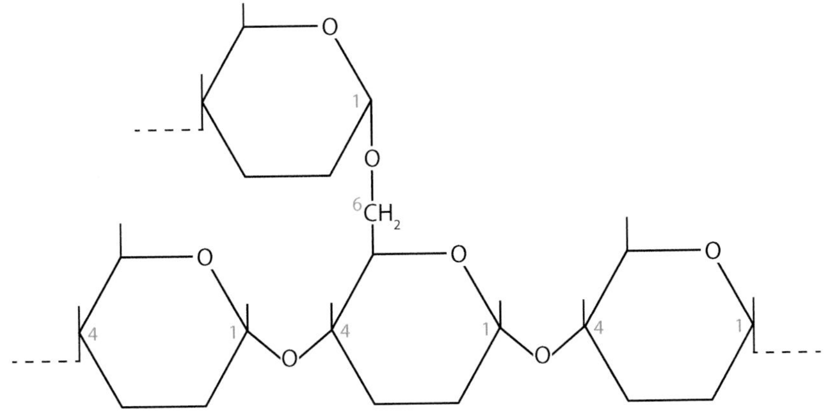

Bondiau α-1,4 ac α-1,6 mewn amylopectin a glycogen

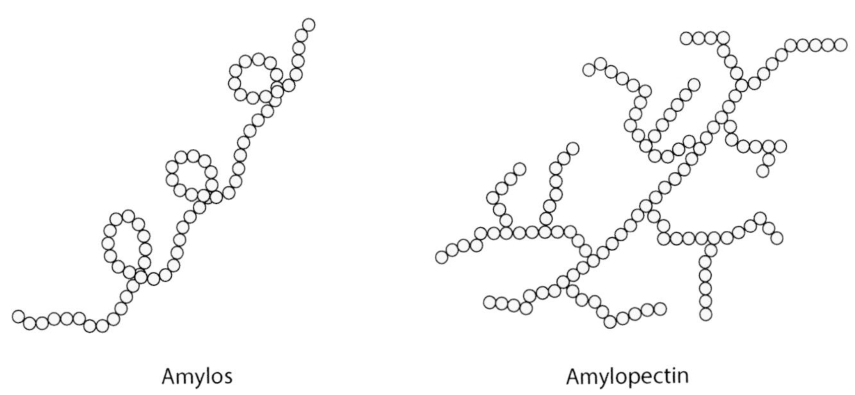

Cymharu amylos ac amylopectin

Profi am bresenoldeb startsh: prawf ïodin / potasiwm ïodid

Mae hydoddiant ïodin (ïodin wedi'i hydoddi mewn potasiwm ïodid dyfrllyd) yn rhyngweithio â startsh. Mae'r hydoddiant ïodin yn newid lliw o oren-frown i las/du. Mae dyfnder y lliw glas/du yn dangos crynodiad cymharol y startsh. Dydy hi ddim yn bosibl mesur crynodiad manwl gywir, felly fel y prawf Benedict, prawf ansoddol yw hwn.

Pwynt astudio

Mae moleciwlau amylos yn cynnwys bondiau glycosidaidd-α-1,4 ac mae moleciwlau amylopectin yn cynnwys bondiau glycosidaidd-α-1,4 ac -α-1,6.

Gwirio gwybodaeth 1.2

Parwch y profion 1–4 â'r lliwiau A–Ch, lliwiau terfynol yr hydoddiannau prawf:

1. Glwcos + prawf Benedict
2. Swcros + prawf Benedict
3. Glwcos + ïodin / potasiwm ïodid
4. Startsh + ïodin / potasiwm ïodid

A. Oren-frown
B. Coch bricsen
C. Glas/du
Ch. Glas

Cyngor

Os yw crynodiad yr ïodin neu'r startsh yn isel iawn, mae'n cynhyrchu lliw fioled yn hytrach na glas/du.

Ymestyn a herio

Wrth i dymheredd gynyddu, mae arddwysedd y lliw yn lleihau, felly dros tua 35°C, dydy'r prawf hwn ddim yn ddibynadwy. Dydy'r prawf ddim yn ddibynadwy ar pH isel iawn chwaith, gan fod y startsh yn cael ei hydrolysu.

Pwynt astudio

Mae startsh a glycogen yn cael eu torri i lawr yn rhwydd drwy hydrolysis i roi α-glwcos, sy'n hydawdd ac sy'n gallu cael ei gludo i ble bynnag y mae angen egni.

Glycogen

Glycogen yw'r prif gynnyrch storio mewn anifeiliaid. Roedden ni'n arfer ei alw'n startsh anifeiliaid gan ei fod yn debyg iawn i amylopectin. Mae hefyd yn cynnwys bondiau α-1,4 ac α-1,6, fel sydd i'w gweld ar t19. Y gwahaniaeth yw bod y bondiau α-1,6 mewn glycogen yn digwydd bob 8–10 moleciwl glwcos. Mae hyn yn golygu bod y cadwynau â chysylltiadau-α-1,4 yn fyrrach mewn glycogen nag ydyn nhw mewn amylopectin ac felly mae'n fwy canghennog.

Cyswllt

Mae disgrifiad o dreuliad carbohydradau ar t234.

Cyswllt

Mae trafodaeth am swyddogaeth y cellfur wrth gynnal planhigion drwy gadw eu celloedd yn chwydd-dynn ar t61.

Cellwlos

Polysacarid adeileddol yw cellwlos ac mae ei bresenoldeb mewn cellfuriau planhigion yn golygu mai dyma'r moleciwl organig mwyaf helaeth ar y Ddaear. Gallwn ni feddwl am adeiledd cellwlos ar wahanol lefelau:

- Mae moleciwl cellwlos unigol yn cynnwys cadwyn hir o unedau β-glwcos. Mae bondiau glycosidaidd β-1,4 yn cysylltu'r monomerau glwcos hyn i wneud cadwyn syth, heb ganghennau. Mae'r cyswllt β yn cylchdroi moleciwlau glwcos cyfagos drwy 180°.
- Mae bondiau hydrogen yn ffurfio rhwng y grwpiau (OH) mewn cadwynau paralel cyfagos ac yn sefydlogi adeiledd cellwlos. Mae'r moleciwlau cellwlos paralel hyn yn cael eu trawsgysylltu'n dynn gan fondiau hydrogen i ffurfio sypyn o'r enw microffibrolyn.
- Mae'r microffibrolion, yn eu tro, wedi'u dal mewn sypynnau o'r enw ffibrau.
- Mae llawer o haenau o ffibrau mewn cellfur, ac maen nhw'n baralel o fewn haen ond ar ongl i'r haenau cyfagos. Mae'r adeiledd laminedig hwn hefyd yn cyfrannu at gryfder y cellfur. Mae cellwlos yn athraidd, oherwydd y gwagleoedd rhwng y ffibrau. Mae dŵr a'i hydoddion yn gallu treiddio drwy'r gwagleoedd hyn yn y cellfur, yr holl ffordd at y gellbilen.

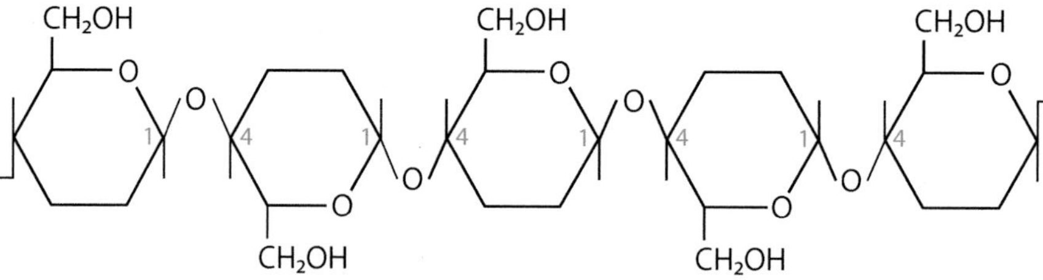

Adeiledd moleciwl cellwlos

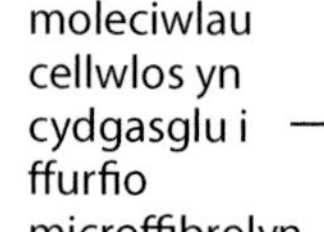
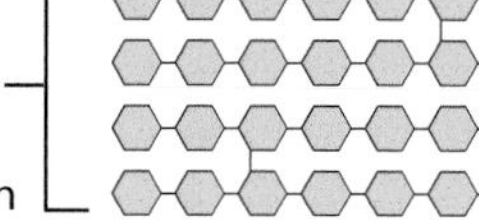
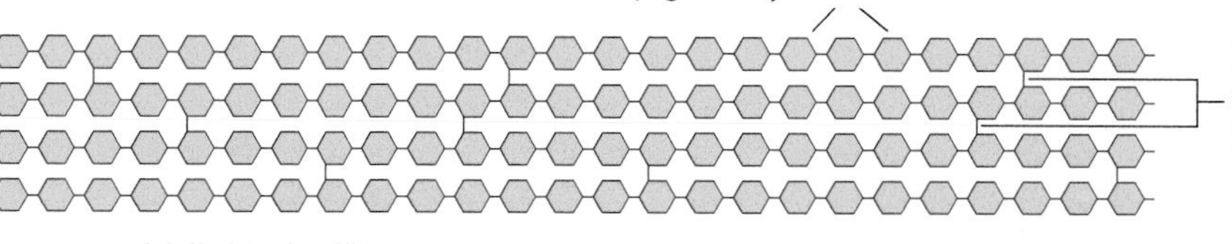

Adeiledd microffibrolyn

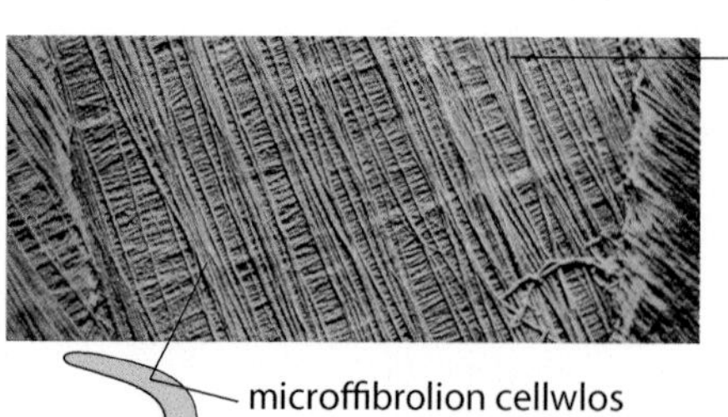

Cellwlos yn y cellfur planhigyn

Cyngor

Wrth ysgrifennu am gellwlos yn y cellfur, cofiwch ddweud 'cellfur planhigyn' yn hytrach na dim ond 'cellfur', oherwydd does dim cellwlos yng nghellfuriau ffyngau na'r rhan fwyaf o brocaryotau.

Pwynt astudio

Rydyn ni'n defnyddio'r gair 'cellwlos' i gyfeirio at gadwynau β-glwcos, h.y. y moleciwlau cellwlos, a hefyd wrth sôn am y defnydd swmp maen nhw'n ei wneud.

Citin

Polysacarid adeileddol yw citin sy'n bodoli yn sgerbwd allanol pryfed ac mewn cellfuriau ffyngau. Mae'n debyg i gellwlos, â'i gadwynau hir o fonomerau â chysylltiadau β-1,4, ond mae hefyd yn cynnwys grwpiau sy'n deillio o asidau amino, i ffurfio heteropolysacarid. Mae'n gryf, yn wrth-ddŵr ac yn ysgafn. Fel cellwlos, mae'r monomerau wedi'u cylchdroi drwy 180° i'r rhai cyfagos, ac mae'r cadwynau paralel hir wedi'u trawsgysylltu â'i gilydd drwy fondiau hydrogen, gan ffurfio microffibrolion.

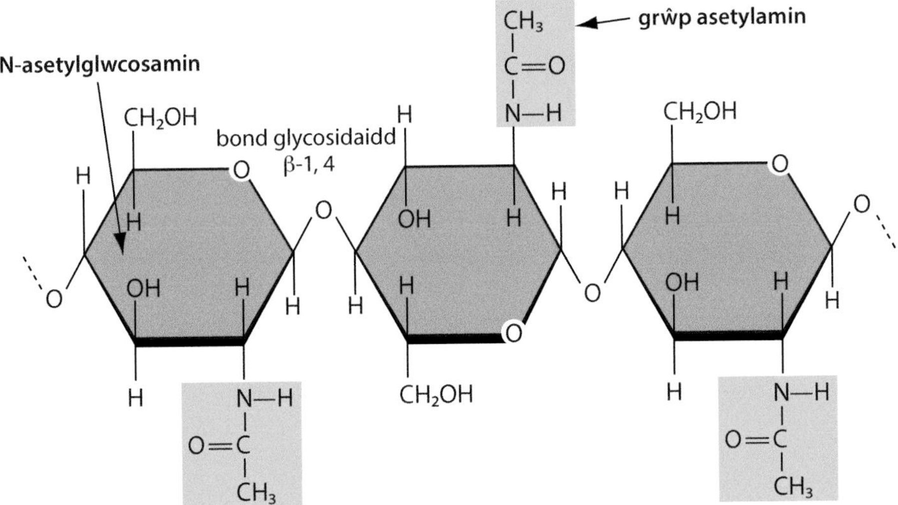

Adeiledd moleciwl citin

Gwirio gwybodaeth 

Nodwch y gair neu'r geiriau coll:

Mae cellwlos yn foleciwl ffibrog. Mae'n garbohydrad ac yn brif gydran .... planhigion. Mae cellwlos yn cynnwys cadwynau o foleciwlau glwcos .... wedi'u huno â bondiau .... 1,4. Mae pob moleciwl glwcos cyfagos wedi'i gylchdroi drwy ....° gan greu cadwyn. Caiff cadwynau eu dal at ei gilydd gan fondiau .... i ffurfio grwpiau o gadwynau o'r enw ....

Lipidau

Fel carbohydradau, mae lipidau yn cynnwys carbon, hydrogen ac ocsigen, ond maen nhw'n cynnwys llawer llai o ocsigen o'u cymharu â'r carbon a'r hydrogen. Mae'r cyfansoddion hyn yn amholar felly maen nhw'n anhydawdd mewn dŵr, ond yn hydoddi mewn hydoddyddion organig, fel propanon ac alcoholau.

Triglyseridau

Mae triglyseridau yn cael eu ffurfio drwy uno un moleciwl glyserol a thri moleciwl asid brasterog. Mae'r moleciwl glyserol mewn lipid yr un fath bob amser ond mae'r gydran asid brasterog yn amrywio. Mae'r asidau brasterog yn uno â glyserol mewn adweithiau cyddwyso, lle caiff tri moleciwl dŵr eu dileu a chaiff **bondiau ester** eu ffurfio rhwng y glyserol a'r asidau brasterog.

Term allweddol

Bond ester: Atom ocsigen sy'n cysylltu dau atom, ac un o'r rhain yn atom carbon sy'n ffurfio bond dwbl ag atom ocsigen arall.

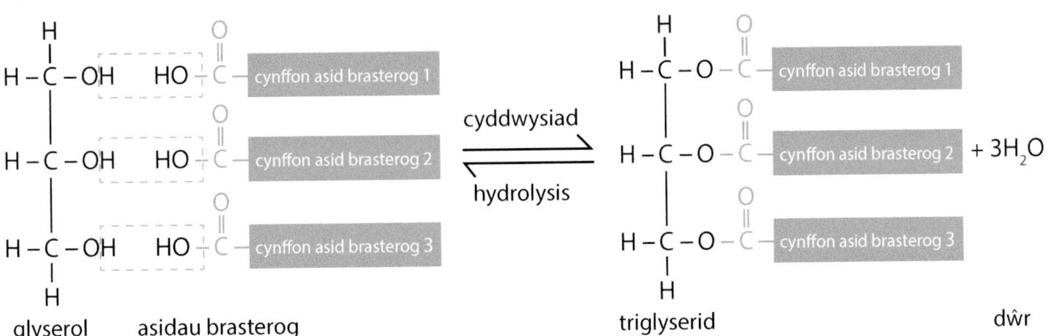

Asidau brasterog a thriglyseridau

Cyswllt

Mae disgrifiad o gellbilenni ar t54.

Pwynt astudio

Nodwch sut i sillafu hydroffilig. Mae yna 'ff' yn y canol ac 'g' ar y diwedd.

Termau allweddol

Hydroffilig: Polar; moleciwl neu ïon sy'n gallu rhyngweithio â moleciwlau dŵr oherwydd ei wefr.

Hydroffobig: Amholar; moleciwl neu ïon sydd ddim yn gallu rhyngweithio â moleciwlau dŵr oherwydd nad oes ganddo wefr.

Asid brasterog **dirlawn**: Mae pob bond carbon–carbon yn fond sengl.

Asid brasterog **annirlawn**: Mae yna o leiaf un bond carbon–carbon sydd ddim yn sengl.

1.4 Gwirio gwybodaeth

Parwch y termau 1–4 â'u hystyron A–Ch:

1. Hydroffilig
2. Hydroffobig
3. Dirlawn
4. Annirlawn

A. Amholar; ddim yn gallu rhyngweithio â moleciwlau dŵr.
B. Mae'n cynnwys o leiaf un bond carbon–carbon sydd ddim yn sengl.
C. Mae pob bond carbon–carbon yn fond sengl.
Ch. Polar; yn gallu rhyngweithio â moleciwlau dŵr.

Ymestyn a herio

Mae moleciwl ag un bond C–C sydd ddim yn sengl yn foleciwl monoannirlawn. Mae'r triglyseridau mewn olew olewydd yn cynnwys llawer o'r asidau brasterog hyn. Mae moleciwl â llawer o fondiau carbon–carbon sydd ddim yn sengl yn foleciwl amlannirlawn. Mae'r triglyseridau mewn olew blodau'r haul ac mewn pysgod olewog, fel eog, yn cynnwys llawer o'r asidau brasterog hyn.

Ffosffolipidau

Mae ffosffolipidau yn fath arbennig o lipid. Mae gan bob moleciwl y briodwedd anarferol o fod ag un pen sy'n hydawdd mewn dŵr ac un sydd ddim. Mae'r diagram yn dangos bod un pen o'r moleciwl yn cynnwys llawer o atomau ocsigen, yn y grŵp glyserol a'r ffosffad, felly mae'r pen hwn o'r moleciwl yn rhyngweithio â dŵr ac yn **hydroffilig**. Rydyn ni'n ei alw'n ben polar y moleciwl. Fel mewn triglyseridau, dydy'r cynffonau asid brasterog ddim yn cynnwys unrhyw atomau ocsigen a dydyn nhw ddim yn rhyngweithio â dŵr, felly maen nhw'n **hydroffobig** ac yn amholar.

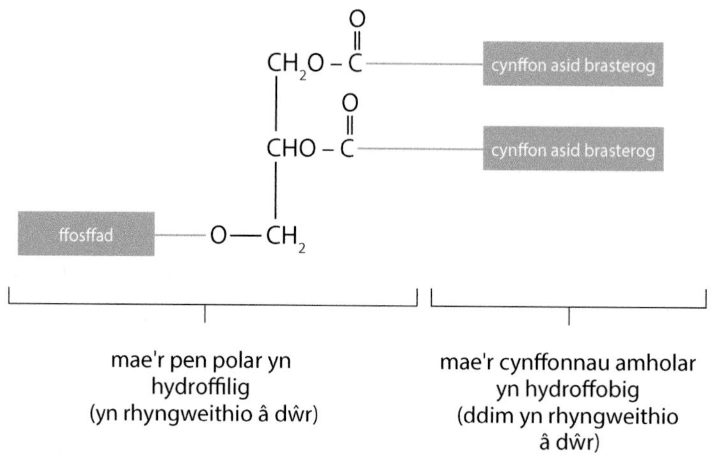

Adeiledd ffosffolipid

Cwyrau

Lipidau yw cwyrau ac maen nhw'n ymdoddi dros tua 45 °C. Mae ganddyn nhw rôl ddiddosi (*waterproofing role*) mewn anifeiliaid, fel yn sgerbwd allanol pryfed, ac mewn planhigion, yng nghwtigl y ddeilen.

Priodweddau lipidau

Mae gan frasterau ac olewau briodweddau gwahanol oherwydd amrywiadau yn yr asidau brasterog. Os mai dim ond bondiau sengl carbon–carbon sydd yn y gadwyn hydrocarbon, mae'r asid brasterog yn **ddirlawn**, oherwydd bod yr atomau carbon i gyd wedi'u cysylltu â'r nifer mwyaf posibl o atomau hydrogen. Hynny yw, maen nhw'n ddirlawn ag atomau hydrogen. Mae'r gadwyn asid brasterog yn gadwyn syth igam-ogam, fel mae'r ffotograff o'r model ar t23 yn ei ddangos, ac mae'r moleciwlau'n gallu trefnu eu hunain yn rhwydd, felly mae brasterau'n solid. Maen nhw'n aros yn lled-solid ar dymheredd y corff ac maen nhw'n ddefnyddiol ar gyfer storio mewn mamolion. Mae lipidau anifeiliaid yn aml yn cynnwys asidau brasterog dirlawn.

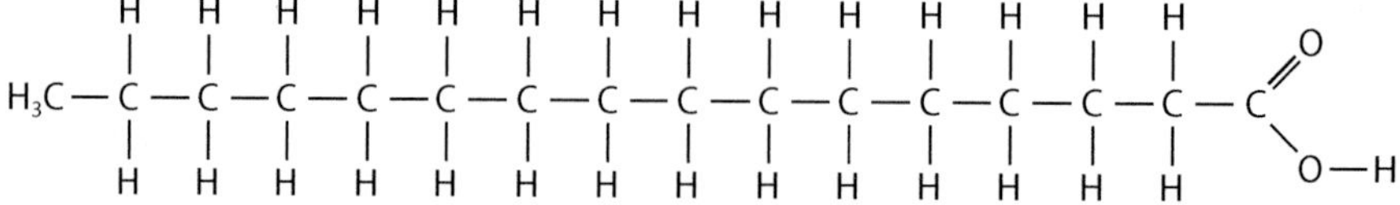

Asid brasterog dirlawn, $CH_3(CH_2)_{14}COOH$, asid palmitig

Os yw unrhyw fond carbon–carbon ddim yn fond sengl, mae'r moleciwl yn **annirlawn** ac mae'r gadwyn yn cincio. Dydy'r moleciwlau ddim yn gallu trefnu eu hunain yn unffurf a dydy'r lipid ddim yn ymsolido'n rhwydd. Dyma'r rheswm pam mai olewau ydy lipidau annirlawn, ac maen nhw'n aros yn hylif ar dymheredd ystafell. Mae lipidau planhigion yn aml yn annirlawn ac yn bodoli fel olewau, e.e. olew olewydd ac olew blodau'r haul. Os oes un bond dwbl carbon–carbon yn bresennol, mae'r lipidau'n rhai monoannirlawn, ac os oes llawer o fondiau dwbl carbon–carbon yno, rydyn ni'n dweud bod y lipidau'n rhai amlannirlawn.

Asid brasterog monoannirlawn, $CH_3(CH_2)_7CH{=}CH(CH_2)_7COOH$, asid olëig

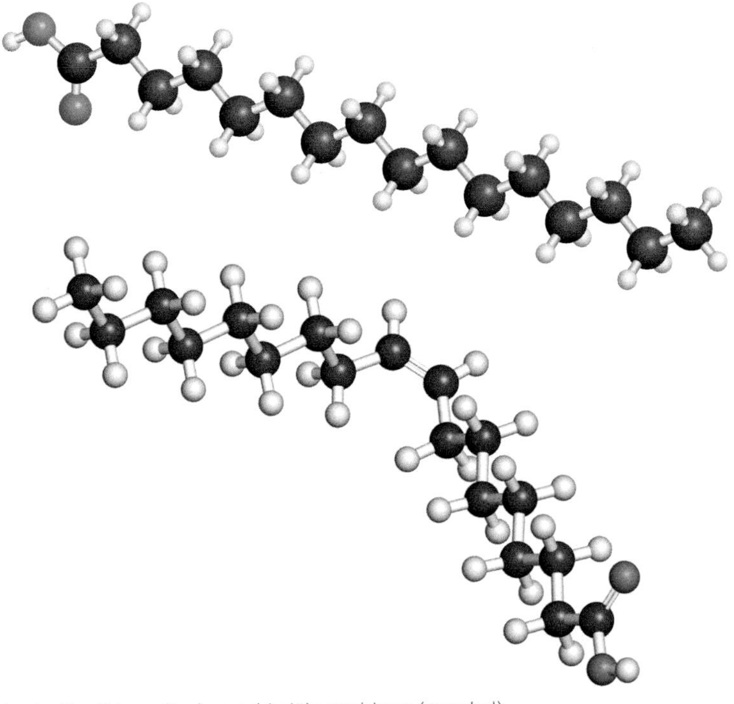

Modelau o asid palmitig dirlawn (top) ac asid olëig annirlawn (gwaelod)

Swyddogaethau lipidau

Mae llawer o wahanol fathau o lipidau ac mae gan lipidau lawer o wahanol swyddogaethau mewn organebau byw. Mae'r swyddogaethau'n cael eu crynhoi yma mewn perthynas â natur gemegol y moleciwlau lipid.

Moleciwl	Swyddogaeth	Sylw
Triglyseridau	Cronfeydd egni	Mewn planhigion ac anifeiliaid, oherwydd bod lipidau'n cynnwys mwy o fondiau carbon–hydrogen na charbohydradau.
	Ynysu thermol	Pan fydd lipidau wedi'u storio o dan y croen, maen nhw'n ynysu rhag colli gwres yn yr oerfel, neu rhag ennill gwres pan mae'n boeth iawn.
	Amddiffyn	Yn aml caiff braster ei storio o gwmpas organau mewnol bregus fel yr arennau, i'w hamddiffyn nhw rhag niwed ffisegol.
	Cynhyrchu **dŵr metabolaidd**	Dŵr sy'n cael ei ryddhau o adweithiau cemegol y corff yw dŵr metabolaidd. Mae triglyserid yn cynhyrchu llawer ohono pan mae wedi'i ocsidio.
Ffosffolipidau	Adeileddol	Mewn pilenni biolegol.
	Ynysiad trydanol	Y bilen fyelin o gwmpas acsonau nerfgelloedd.
Cwyrau	Diddosi	Mewn organebau daearol, mae cwyrau yn lleihau colledion dŵr, er enghraifft, yn sgerbwd allanol pryfed ac yng nghwtigl planhigion.

Cyngor

Does dim disgwyl i chi gofio enwau a fformiwlâu yr asidau brasterog sydd i'w gweld yma.

Gwirio gwybodaeth 1.5

Nodwch y gair neu'r geiriau coll:

Pan gaiff triglyseridau eu hydrolysu, maen nhw'n ffurfio asidau brasterog a .... Rydyn ni'n dweud bod asid brasterog sy'n cynnwys un neu fwy o fondiau dwbl carbon–carbon yn .... Mae ffosffolipidau'n fath arbennig o lipid lle mae grŵp .... yn cymryd lle un o'r grwpiau asid brasterog. Mae ffosffolipidau yn gydran bwysig mewn cell....................

Ymestyn a herio

Mae swyddogaethau eraill lipidau'n cynnwys rhai hormonau, e.e. oestrogen mewn anifeiliaid a rhai ffytohormonau mewn planhigion, e.e. giberelin. Mae rhai fitaminau, fel fitamin A, yn seiliedig ar lipidau.

Term allweddol

Dŵr metabolaidd: Dŵr sy'n cael ei ryddhau yng nghelloedd organeb gan ei hadweithiau metabolaidd.

Cyngor

Gwnewch yn siŵr eich bod chi'n gallu esbonio sut i gynnal a dehongli'r prawf am frasterau ac olewau.

Prawf am frasterau ac olewau – y prawf emwlsio

Mae'r sampl i'w brofi yn cael ei gymysgu ag ethanol pur, sy'n hydoddi unrhyw lipidau sy'n bresennol. Mae'n cael ei ysgwyd â'r un cyfaint o ddŵr. Mae'r lipidau sydd wedi hydoddi yn gadael yr hydoddiant, gan eu bod nhw'n anhydawdd mewn dŵr. Maen nhw'n ffurfio emwlsiwn, gan wneud y sampl yn wyn llaethog.

Goblygiadau brasterau dirlawn i iechyd bodau dynol

Y prif bethau sy'n achosi clefyd y galon yw dyddodion brasterog ar wal fewnol y rhydwelïau coronaidd (atherosglerosis) a phwysedd gwaed uchel (gorbwysedd). Mae deiet sy'n cynnwys llawer o frasterau dirlawn, ysmygu, diffyg ymarfer corff a heneiddio i gyd yn ffactorau sy'n cyfrannu at y rhain, a gallwn ni addasu pob un heblaw heneiddio i leihau'r risg o gael y clefyd. Difrod i'r galon a'r pibellau gwaed sy'n achosi'r nifer mwyaf o farwolaethau yn y Deyrnas Unedig.

Cyswllt

Mae disgrifiad o amsugno bwyd wedi'i dreulio yn y coluddyn bach ar t237.

Pan fydd bwyd wedi cael ei amsugno yn y coluddyn bach, bydd lipidau a phroteinau yn cyfuno i wneud lipoproteinau, sy'n teithio o gwmpas y corff yn llif y gwaed.

Pwynt astudio

Mae LDL yn cyfrannu at atherosglerosis ac rydyn ni weithiau'n ei alw'n 'golesterol drwg'. Mae HDL yn cludo braster oddi wrth waliau rhydwelïau ac rydyn ni weithiau'n ei alw'n 'golesterol da'.

- Os yw'r deiet yn cynnwys llawer o frasterau dirlawn, bydd lipoprotein dwysedd isel (*low density lipoprotein*: LDL) yn cronni ac yn achosi niwed. Mae defnydd brasterog o'r enw atheroma yn cael ei ddyddodi yn y rhydwelïau coronaidd, gan gyfyngu ar lif y gwaed ac felly, ar yr ocsigen sy'n cael ei gludo i'r galon. Mae'n gallu achosi angina, ac os yw'r bibell wedi'i blocio'n llwyr, bydd cnawdnychiad myocardiaidd (*myocardial infarction*) neu drawiad ar y galon yn digwydd.
- Ond os yw'r deiet yn cynnwys cyfran uchel o frasterau annirlawn, bydd y corff yn gwneud mwy o lipoprotein dwysedd uchel (*high density lipoprotein:* HDL), sy'n cludo brasterau niweidiol i ffwrdd i'r afu/iau i'w gwaredu. Yr uchaf yw cymhareb HDL : LDL yng ngwaed unigolyn, yr isaf yw ei risg o glefyd cardiofasgwlar a chlefyd coronaidd y galon.

Ymestyn a herio

Atherosglerosis yw atheroma'n cronni. Mae hyn yn wahanol i arteriosglerosis, sef y rhydwelïau'n caledu o ganlyniad i hyn.

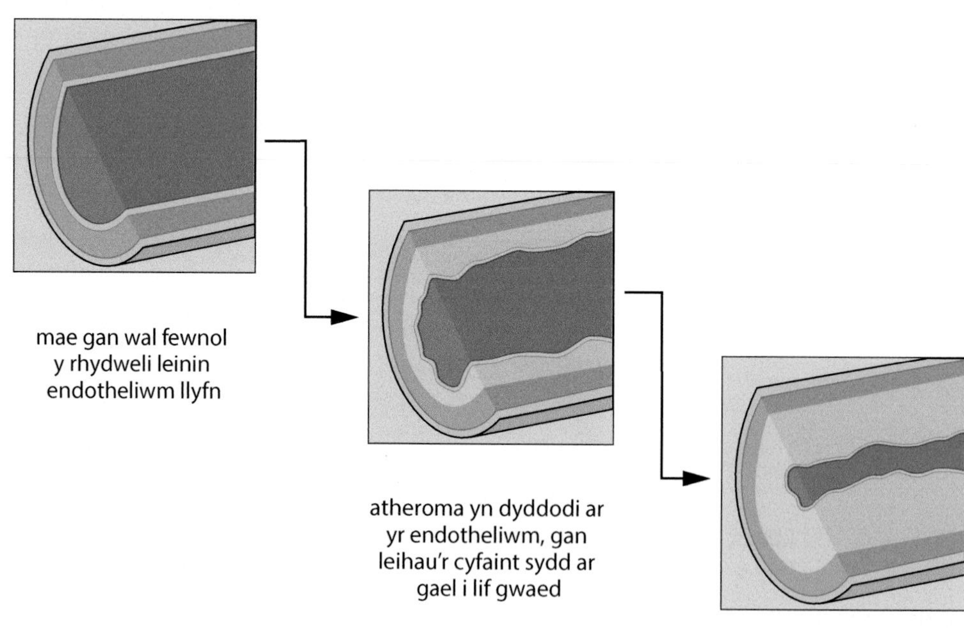
mae gan wal fewnol y rhydweli leinin endotheliwm llyfn
atheroma yn dyddodi ar yr endotheliwm, gan leihau'r cyfaint sydd ar gael i lif gwaed
lwmen y rhydweli wedi'i flocio bron yn llwyr ag atheroma

Proses atherosglerosis

Ymestyn a herio

Os oes atheroma yn rhywle, mae tolchenni gwaed yn gallu ffurfio yno. Rydyn ni'n galw hyn yn thrombosis. Weithiau, mae rhan o'r dolchen yn gallu torri'n rhydd a chael ei chludo yn y cylchrediad a blocio pibell waed sy'n bell oddi wrth lle cafodd ei ffurfio. Mae blocio pibell waed yn yr ymennydd yn achosi strôc. Mae blocio pibell waed yn wal y galon yn gallu arwain at drawiad ar y galon.

Proteinau

Mae proteinau'n wahanol i garbohydradau a lipidau, oherwydd yn ogystal â charbon, hydrogen ac ocsigen, maen nhw bob amser yn cynnwys nitrogen. Mae llawer o broteinau hefyd yn cynnwys sylffwr ac mae rhai'n cynnwys ffosfforws.

Polymerau yw proteinau ac maen nhw wedi'u gwneud o fonomerau o'r enw asidau amino. Rydyn ni'n galw'r cadwynau o asidau amino yn bolypeptidau. Mae tua 20 o wahanol asidau amino'n cael eu defnyddio i wneud proteinau. Mae miloedd o wahanol broteinau'n bodoli ac mae eu siâp yn dibynnu ar ddilyniant penodol yr asidau amino yn y gadwyn.

Mae adeiledd sylfaenol pob asid amino yr un fath. Mae'r canlynol yn bondio ag atom carbon canolog:

- Grŵp amino, $-NH_2$, ar un pen i'r moleciwl; rydyn ni'n galw hwn yn N-terfynol.
- Grŵp carbocsyl, –COOH, ar ben arall y moleciwl; rydyn ni'n galw hwn yn C-terfynol.
- Atom hydrogen.
- Y grŵp R, sy'n wahanol ym mhob asid amino.

Adeiledd cyffredinol asid amino

Asid amino fel switerïon

Mae'r grŵp amino yn fasig. Ar pH 7, sef pH y gell, mae'n ennill H ac yn cael gwefr bositif. Mae'r grŵp carbocsyl yn asidig ac ar pH 7, mae'n colli H ac yn cael gwefr negatif. Felly ar pH 7, mae gan asid amino wefr bositif a gwefr negatif. Rydyn ni'n galw ïon o'r fath yn 'switerïon'.

Ffurfio bond peptid

Dilyniannau llinol o asidau amino yw proteinau. Mae grŵp amino un asid amino, yn adweithio â grŵp carbocsyl un arall, gan ddileu dŵr. **Bond peptid** yw'r bond sy'n cael ei ffurfio yn yr adwaith cyddwyso hwn, a deupeptid yw'r cyfansoddyn sy'n cael ei ffurfio.

bond peptid

asid amino + asid amino → deupeptid + H_2O (dŵr)

Ffurfio deupeptid

Gallwn ni ysgrifennu'r deupeptid fel $NH_2.CHR_1.COO\text{-}NH.CHR_2.COOH$. Ond pe bai'r asidau amino'n bondio'r ffordd arall, bydden nhw'n ffurfio'r deupeptid $NH_2.CHR_2.COO\text{-}NH.CHR_1.COOH$. Mae hwn yn ddeupeptid gwahanol â phriodweddau gwahanol.

Pwynt astudio

Gwnewch yn siŵr eich bod chi'n cofio'r elfennau mewn macrofoleciwlau:

carbohydradau – C, H, O

lipidau – C, H, ychydig o O

proteinau – C, H, O, N

Pwynt astudio

Y grŵp amino a'r grŵp carbocsyl sy'n rhoi'r enw asid amino.

Term allweddol

Bond peptid: Y bond cemegol sy'n cael ei ffurfio mewn adwaith cyddwyso rhwng grŵp amino un asid amino, a grŵp carbocsyl un arall.

Cyngor

Gwnewch yn siŵr eich bod chi'n cyfeirio at fond 'peptid' ac nid bond 'deupeptid'.

Gwirio gwybodaeth 1.6

Enwch y mathau o fondiau sy'n cael eu ffurfio o ganlyniad i adweithiau cyddwyso rhwng:

A. Dau foleciwl glwcos.

B. Asidau brasterog a glyserol.

C. Dau asid amino.

Mae esboniad o'r berthynas rhwng DNA ac adeiledd protein ar t105.

Adeiledd protein

Gallwn ni feddwl am adeiledd protein ar wahanol lefelau trefniadaeth:

Adeiledd cynradd: Dyma drefn yr asidau amino mewn cadwyn polypeptid. Mae polypeptidau'n cynnwys hyd at 20 o wahanol fathau o asidau amino. Mae unrhyw nifer ohonynt yn gallu uno mewn unrhyw drefn ac unrhyw gyfuniad, felly mae yna nifer enfawr o bolypeptidau posibl. Mae'r adeiledd cynradd yn dibynnu ar y dilyniant basau ar un edefyn yn y moleciwl DNA.

Adeiledd eilaidd: Dyma siâp y gadwyn polypeptid o ganlyniad i fondio hydrogen rhwng yr =O ar grwpiau –CO a'r –H ar grwpiau –NH yn y bondiau peptid ar hyd y gadwyn. Mae hyn yn achosi i'r gadwyn polypeptid hir gael ei dirdroi i siâp 3D. Y siâp sbiral yw'r helics-α. Trefniant arall llai cyffredin yw'r llen bletiog β. Mae'r protein ceratin yn cynnwys cyfran uchel o helics-α ac mae'r protein ffibroin, mewn sidan, yn cynnwys cyfran uchel o llen bletiog β.

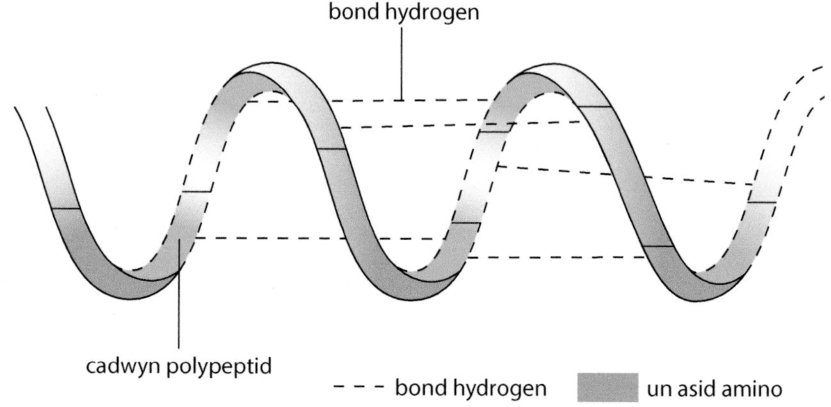

Adeiledd helics-α

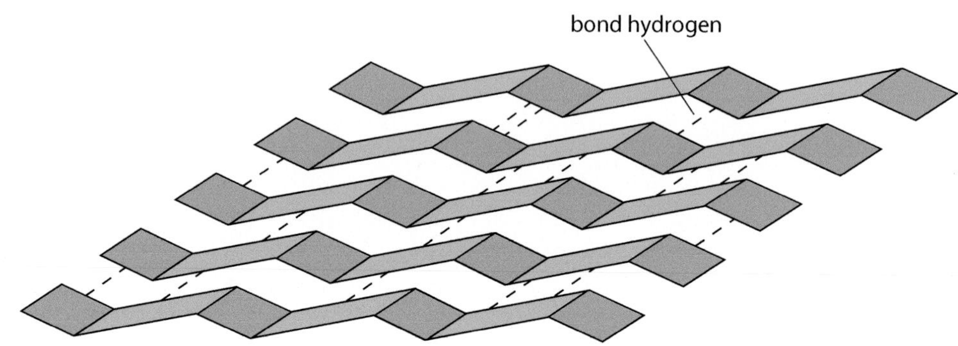

Adeiledd llen bletiog β

1.7 Gwirio gwybodaeth

Ar gyfer A–Ch, nodwch ai adeiledd cynradd, eilaidd, trydyddol neu gwaternaidd sy'n cael ei ddisgrifio.

A. Plygu'r polypeptid mewn siâp 3D.
B. Bondiau hydrogen yn dal yr helics-α at ei gilydd.
C. Dilyniant yr asidau amino yn y gadwyn polypeptid.
Ch. Y cyfuniad o ddwy neu fwy o gadwynau polypeptid ar ffurf drydyddol, yn gysylltiedig â grŵp dibrotein.

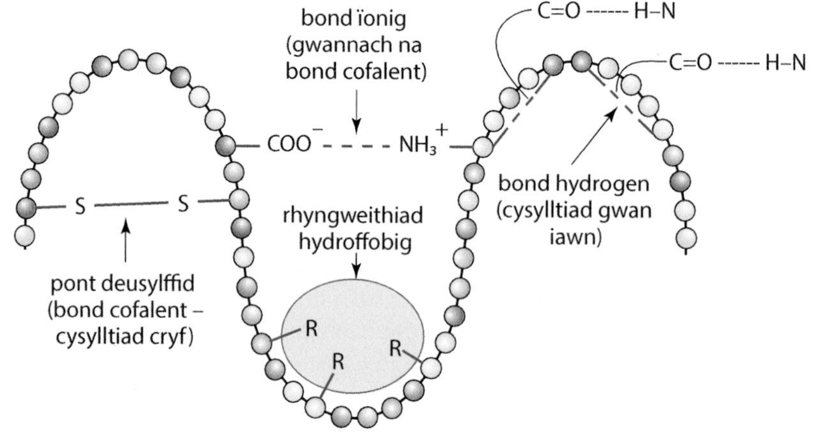

Bondiau cemegol mewn polypeptid

Adeiledd trydyddol

Adeiledd trydyddol: Mae helics-α yr adeiledd protein eilaidd yn gallu plygu a dirdroi i roi adeiledd 3D mwy cymhleth, cryno. Hwn yw'r adeiledd trydyddol. Mae'r siâp yn cael ei gynnal gan:

- Fondiau hydrogen.
- Bondiau ïonig.
- Bondiau deusylffid.
- Rhyngweithiadau hydroffobig.

Mae'r bondiau hyn yn bwysig i siâp proteinau crwn, e.e. ensymau.

Math o fond	Lefel adeiledd protein		
	Cynradd	Eilaidd	Trydyddol
Peptid	✔	✔	✔
Hydrogen		✔	✔
Ïonig			✔
Deusylffid			✔
Rhyngweithiad hydroffobig			✔

Bondiau cemegol ac adeiledd protein

Adeiledd cwaternaidd: Dydy rhai cadwynau polypeptid ddim yn gweithio, oni bai eu bod nhw mewn cyfuniad. Mewn rhai achosion, byddan nhw'n cyfuno â chadwyn polypeptid arall, fel y moleciwl inswlin, sy'n cynnwys dwy gadwyn. Maen nhw hefyd yn gallu cysylltu â grwpiau dibrotein (*non-protein*) a ffurfio moleciwlau mawr, cymhleth, fel haemoglobin.

Ymestyn a herio

Mae grwpiau R rhai asidau amino yn cynnwys grwpiau $-CH_3$ a $-C_2H_5$, sy'n hydroffobig. Mae'r grwpiau hyn yn clystyru yng nghanol y moleciwl protein. Rydyn ni'n galw'r ffordd maen nhw'n dod at ei gilydd, oddi wrth foleciwlau dŵr, yn rhyngweithio hydroffobig.

Ymestyn a herio

Mae'r grŵp haem yn y dosbarth o foleciwlau dibrotein o'r enw cylchoedd porffyrin. Mewn cloroffyl, mae cylch porffyrin hefyd yn cyfuno â phrotein, ond yr ïon metel ynddo yw magnesiwm, nid haearn.

Proteinau crwn a ffibrog

Mae swyddogaethau proteinau'n dibynnu ar siâp y moleciwlau.

- Mae moleciwlau proteinau ffibrog yn hir a thenau ac mae eu siâp yn eu gwneud nhw'n anhydawdd mewn dŵr, felly mae ganddyn nhw swyddogaethau adeileddol, fel mewn esgyrn. Mae'r polypeptidau mewn cadwynau neu mewn llenni paralel, gyda nifer o drawsgysylltau'n ffurfio ffibrau hir, er enghraifft ceratin, y protein mewn gwallt. Mae proteinau ffibrog yn gryf ac yn wydn. Mae colagen yn brotein ffibrog, sy'n darparu'r cryfder a'r gwydnwch sydd ei angen mewn tendonau. Mae un ffibr, sydd weithiau'n cael ei alw'n dropocolagen, yn cynnwys tair cadwyn polypeptid unfath wedi'u dirwyn o gwmpas ei gilydd, fel rhaff. Mae bondiau hydrogen yn cysylltu'r tair cadwyn, sy'n gwneud y moleciwl yn sefydlog iawn.
- Mae proteinau crwn yn gryno ac wedi'u plygu'n foleciwlau sfferig. Mae hyn yn eu gwneud nhw'n hydawdd mewn dŵr ac felly mae ganddyn nhw lawer o wahanol swyddogaethau, gan gynnwys ensymau, gwrthgyrff, proteinau plasma a hormonau. Mae haemoglobin yn brotein crwn, sy'n cynnwys pedair cadwyn polypeptid wedi'u plygu, a'r grŵp sy'n cynnwys haearn, sef haem, yng nghanol pob un.

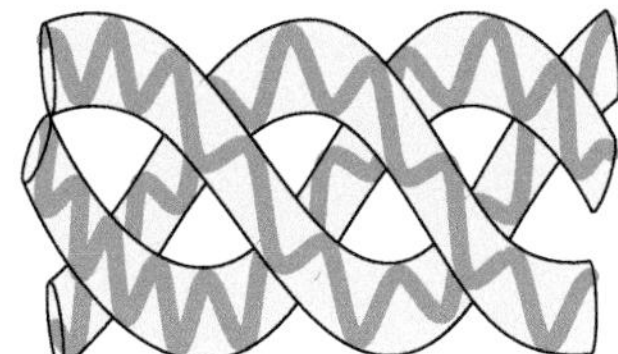

Adeiledd colagen, protein ffibrog

Cyngor

Dysgwch ar eich cof y pedair ffordd o gynnal adeiledd trydyddol proteinau: bondiau hydrogen, ïonig a deusylffid a rhyngweithiadau hydroffobig.

Mae adeiledd haemoglobin wedi'i ddangos ar t13.

Prawf am brotein – y prawf biwret

I brofi hydoddiant am brotein, byddwn ni'n ychwanegu rhai diferion o adweithydd biwret (sodiwm hydrocsid a chopr(II) sylffad), er, mae'n bosibl eu hychwanegu nhw ar wahân hefyd. Mae'r sodiwm hydrocsid a'r copr sylffad yn adweithio i wneud copr hydrocsid glas. Os oes protein yn bresennol, mae'r copr hydrocsid yn rhyngweithio â'r bondiau peptid yn y protein i wneud biwret, sy'n borffor. Felly, y newid lliw mewn prawf biwret positif yw glas -----> porffor.

Ar grynodiad protein isel, mae'n anodd gweld y newid lliw gyda'r llygad. Y mwyaf crynodedig fydd y protein, y tywyllaf fydd y lliw porffor, felly prawf ansoddol yw hwn. Byddai'n bosibl ei ddefnyddio fel prawf lled-feintiol drwy gymharu arddwysedd y lliw porffor mewn dau hydoddiant sy'n cael eu trin yn union yr un fath.

Mae mesur amsugniad y biwret porffor mewn colorimedr, gan ddefnyddio hidlydd melyn (580 nm), yn rhoi amcangyfrif rhifiadol o grynodiad cymharol y proteinau sy'n bresennol mewn sampl. Mae hwn hefyd yn brawf lled-feintiol, gan na fydd crynodiad gwirioneddol y protein yn cael ei fesur. Er mwyn mesur y crynodiad gwirioneddol ac i wneud y prawf yn un meintiol, mae angen biosynhwyrydd.

Gwirio gwybodaeth 

Parwch y macrofoleciwlau â'r is-unedau:

A. Glycogen
B. Ffosffolipid
C. Haemoglobin
Ch. Cellwlos

1. Asidau amino + haem
2. α-glwcos
3. Glyserol + asidau brasterog + ffosffad
4. ß-glwcos

Gwnewch yn siŵr eich bod chi'n gallu esbonio sut i gynnal a dehongli'r prawf am broteinau.

Pwynt astudio

Cofiwch y dair rhan ar gyfer asesiad risg:

- Perygl – pam gallai gwrthrych neu gemegyn fod yn niweidiol.
- Risg – y weithred yn yr arbrawf a allai achosi niwed.
- Mesur rheoli – sut i leihau neu atal niwed.

Termau allweddol

Newidyn annibynnol: Y newidyn sy'n cael ei newid yn fwriadol gan yr arbrofwr er mwyn profi'r newidyn dibynnol.

Newidyn dibynnol: Darlleniad, cyfrif neu fesuriad arbrofol, neu gyfrifiad o'r rhain – mae ei werth yn dibynnu ar werth y newidyn annibynnol.

Newidyn rheolydd: Ffactor sy'n cael ei gadw'n gyson drwy gydol arbrawf, er mwyn osgoi effeithio ar y newidyn dibynnol.

Gwaith ymarferol

Mesur crynodiad glwcos

Sail resymegol

Mae prawf Benedict yn canfod presenoldeb neu absenoldeb siwgrau rhydwythol, felly mae'n ansoddol. Mae'n gallu dangos crynodiadau cymharol gwahanol hydoddiannau, felly mae'n lled-feintiol. Gallwn ni ddefnyddio cromlin graddnodi i'w wneud yn feintiol: caiff amsugniad copr (I) ocsid coch ei fesur mewn colorimedr ar gyfer hydoddiannau glwcos â chrynodiad hysbys. Mae plot o amsugniad yn erbyn crynodiad yn cynhyrchu cromlin graddnodi neu gromlin safonol. Caiff y prawf ei ailadrodd gan ddefnyddio hydoddiant â chrynodiad anhysbys, ac o'i amsugniad, gallwn ni ddarllen crynodiad y glwcos oddi ar y graff.

Cynllun i blotio cromlin safonol

Ffactor arbrofol	Disgrifiad	Gwerth
Newidyn annibynnol	crynodiad y siwgr rhydwythol glwcos	0, 0.2, 0.4, 0.6, 0.8, 1.0 mol dm^{-3}
Newidyn dibynnol	amsugniad golau ar 440 nm	UM
Newidynnau rheolydd	cyfaint hydoddiant Benedict	4 cm^3
	crynodiadau hydoddiant Benedict	wedi'i baratoi'n fasnachol
	amser magu	8 munud
	tymheredd	80 °C
Dibynadwyedd	cyfrifo cymedr tri darlleniad ar bob crynodiad glwcos; gweler Pwynt astudio ar t90 a'r Term allweddol ar t65	
Perygl	mae tymereddau dros 60 °C yn gallu sgaldio; mae hydoddiant Benedict yn gallu bod yn llidus i'r croen a'r llygaid	

Cyfarpar

- Hydoddiant glwcos â chrynodiad anhysbys
- Hydoddiant Benedict
- Baddon dŵr wedi'i osod ar 80 °C
- Hydoddiannau glwcos â'r crynodiadau canlynol: 0.2, 0.4, 0.6, 0.8, 1.0 mol dm^{-3}
- Dŵr distyll
- Colorimedr
- Tiwbiau profi
- Dysglau (*cuvettes*)
- Chwistrellau
- Amserydd

Dull

1. Ym mhob un o'r 7 tiwb profi, cymysgwch:
   - 4 cm^3 o'r pum hydoddiant â chrynodiad hysbys, dŵr distyll neu'r hydoddiant prawf
   - 4 cm^3 o hydoddiant Benedict.
2. Rhowch bob tiwb yn y baddon dŵr 80 °C am 8 munud.
3. Gyda hidlydd glas (440 nm) yn y colorimedr, defnyddiwch ddŵr i osod y colorimedr ar sero.
4. Ar gyfer pob tiwb, gwnewch ddaliant o'r gwaddod a rhowch yr hydoddiant mewn dysgl.
5. Darllenwch yr amsugniad i fesur faint o gopr (I) ocsid sy'n bresennol.

Canlyniadau

Wrth gyflwyno darlleniadau'r arbrawf, dylai cynllun y tabl ddilyn y patrwm hwn:

- Rhowch y newidyn annibynnol yn y golofn ar y chwith, gan gynyddu wrth fynd i lawr.
- Dangoswch eich canlyniadau ailadrodd a'r cymedr sydd wedi'i gyfrifo ohonynt i gyd o dan yr un pennawd colofn, sy'n dangos eich newidyn dibynnol.
- Dim ond ym mhenawdau'r colofnau y dylech chi roi unedau.

Crynodiad y glwcos / mol dm^{-3}	Amsugniad yr hydoddiant / UM			
	1	2	3	Cymedr
0				
0.2				
0.4				
0.6				
0.8				
1.0				

Pwynt astudio

Ffactor arbrofol sy'n gallu bod â gwerthoedd gwahanol yw newidyn.

Mae newidynnau rheolydd yn ffactorau 'wedi'u rheoli' oherwydd rydych chi'n eu rheoli nhw. Mae hyn yn wahanol i 'arbrawf rheolydd'.

Graff

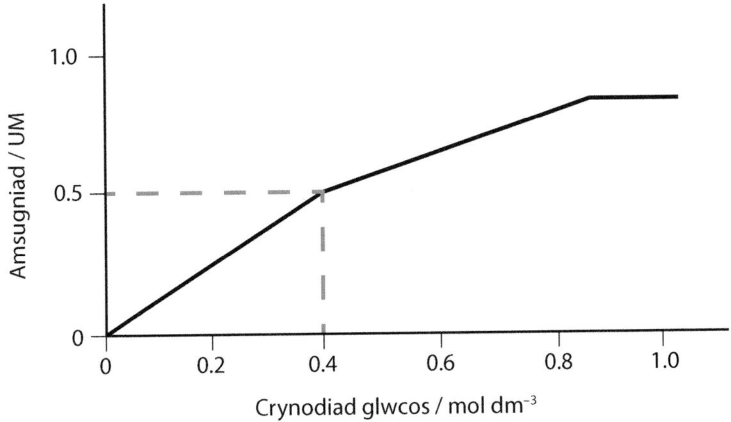

Cromlin safonol amsugniad a chrynodiad glwcos

Pwynt astudio

Mae'r newidyn annibynnol yn cael ei blotio ar yr echelin lorweddol.

Mae'r newidyn dibynnol yn cael ei blotio ar yr echelin fertigol.

Dadansoddiad

Dylai eich dadansoddiad roi esboniad o gefndir yr arbrawf, sef esboniad o'r prawf Benedict yn yr achos hwn.

Ar gyfer yr arbrawf hwn, mae angen cynnwys y syniad bod unrhyw ormodedd o adweithydd Benedict, yn golygu bod bob amser mwy o Cu^{2+} nag sy'n gallu cael ei rydwytho gan y glwcos sy'n bresennol. Mae hyn yn golygu y bydd crynodiad y copr (I) ocsid mewn cyfrannedd â chrynodiad y glwcos.

Bydd y rhan fwyaf o arbrofion rydych chi'n eu gwneud yn cynhyrchu data y gallwch chi eu plotio mewn graff. Dylech chi nodi'r duedd, gan gynnwys unrhyw frig, sy'n awgrymu gwerth optimwm i'r newidyn annibynnol, ac unrhyw wastadu. Nodwch os yw'r graddiant yn bositif neu'n negatif a nodwch os yw'n newid. Nodwch os yw'r llinell yn mynd drwy'r tarddbwynt ai peidio. Disgrifiwch y duedd yn nhermau'r newidyn dibynnol, yn hytrach na thrafod 'y llinell' neu 'y graff'.

Wrth ddefnyddio'r graff i wneud cyfrifiad, esboniwch beth rydych chi'n ei wneud. Yn yr enghraifft hon, os yw amsugniad hydoddiant â chrynodiad anhysbys yn 0.5 UM, mae'n bosibl darllen ei grynodiad. Yn yr achos hwn, mae'r llinellau toredig coch ar y graff yn dangos bod y crynodiad yn 0.40 mol dm^{-3}.

Gwirio theori 1

1. Ysgrifennwch hafaliad i ddangos sut mae'r hydoddiant copr sylffad glas yn cynhyrchu gwaddod coch yn y prawf Benedict.
2. Pam rydyn ni'n galw siwgrau rhydwythol yn 'rhydwythol'?
3. Enwch siwgr rhydwythol sydd:
   (i) Yn cael ei gludo yng ngwaed mamolion.
   (ii) Yn cael ei echdynnu o hadau barlys i wneud cwrw.
   (iii) Yn bresennol mewn RNA.
   (iv) I'w gael mewn crynodiad uchel mewn llawer o ffrwythau.
4. Ydy'r siwgr sy'n cael ei gludo yn y ffloem planhigion blodeuol yn rhydwythol neu'n anrydwythol?
5. Os nad yw prawf Benedict ar siwgr yn cynhyrchu'r gwaddod coch, ac felly'n dangos ei fod yn anrydwythol, pa gamau gallech chi eu cymryd i ddangos bod y sylwedd yn siwgr?

Dylech chi nodi ffynonellau cyfeiliornad, ac awgrymu ffyrdd o'u cywiro nhw, fel mae'r tabl yn ei ddangos.

Ffynonellau cyfeiliornad	Cywiriadau
Cromlin safonol ddim yn gywir	Defnyddio mwy o grynodiadau glwcos i lunio cromlin safonol
Lliw yn dal i newid ar ôl tynnu'r tiwb profi o'r baddon dŵr	Rhoi'r tiwbiau profi mewn baddon dŵr rhew i stopio'r adwaith
	Gwresogi'r tiwbiau un ar y tro, er mwyn gallu gwneud darlleniad yn syth ar ôl tynnu'r tiwb profi o'r baddon dŵr
Copr ocsid yn gwaddodi	Gwneud yn siŵr bod y copr ocsid i gyd mewn daliant, cyn rhoi'r hylif yn y ddysgl (*cuvette*)
	Gwneud y darlleniad mor gyflym â phosibl fel nad oes unrhyw waddodi yn y ddysgl

Gwaith pellach

Gallwch chi amcangyfrif crynodiad siwgrau rhydwythol, e.e. glwcos mewn sudd ffrwythau neu mewn hydoddiannau siwgr sydd wedi'u gwneud drwy falu bwydydd, fel bisgedi, mewn dŵr.

Profwch eich hun

1 Mae Llun 1.1 yn dangos model o'r protein prion dynol, HPrP. Mae mwtaniadau'r protein hwn yn gysylltiedig â chlefydau'r system nerfol. Ei adeiledd cynradd yw trefn ei asidau amino.

(a) (i) Nodwch ddwy lefel adeiledd uwch sydd i'w gweld yn y model hwn ac esboniwch ystyr y ddwy lefel adeiledd hyn. (4)

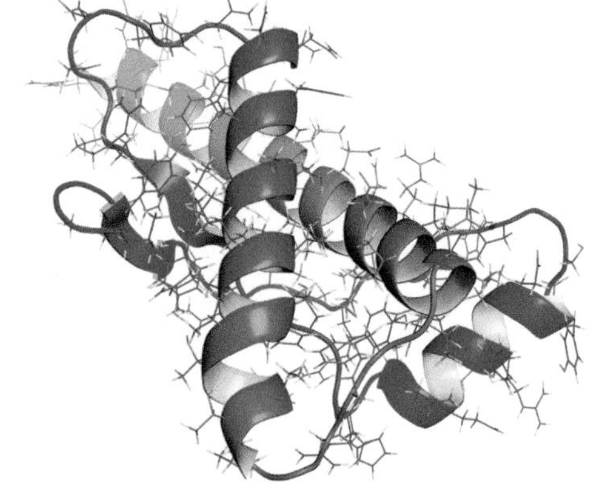

Llun 1.1

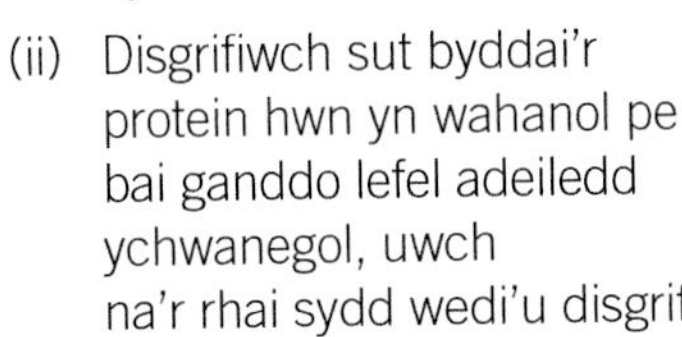

(ii) Disgrifiwch sut byddai'r protein hwn yn wahanol pe bai ganddo lefel adeiledd ychwanegol, uwch na'r rhai sydd wedi'u disgrifio yn (a)(i). Rhowch enghraifft o brotein â'r math hwn o adeiledd. (2)

(b) Mae dadansoddi dilyniant asidau amino HPrP yn dangos yr asidau amino cystein ac asparagin ar bwys ei gilydd, yn safleoedd 179 a 180, yn ôl eu trefn. Mae Llun 1.2 yn dangos hyn: mae R yn cynrychioli'r grŵp ochr cystein ac R' yn cynrychioli'r grŵp ochr asparagin.

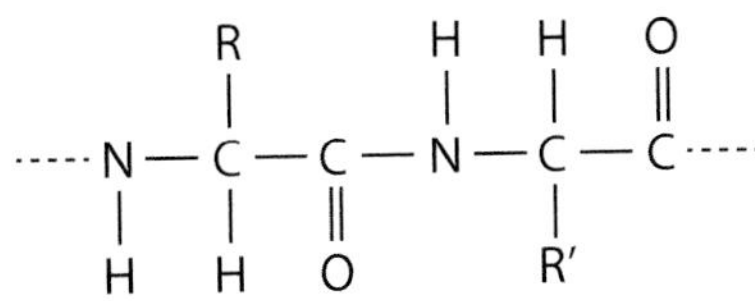

Llun 1.2

(i) Lluniadwch saeth i labelu'r bond byddai endopeptidas yn gallu ei dorri. Labelwch y saeth ag enw'r bond. (2)

(ii) Enwch y math o adwaith sy'n digwydd wrth i'r bond hwn gael ei dorri. (1)

(iii) Lluniadwch ddiagram i ddangos cynhyrchion y math hwn o adwaith. (2)

(c) Ar ôl prawf biwret i asesu crynodiad protein, roedd gan bum hydoddiant yr amsugniad canlynol mewn colorimedr yn cynnwys hidlydd 550 nm:

Hydoddiant	Amsugniad ar 550 nm / UM
1	0.55
2	0.39
3	0.84
4	0.87
5	0.15

(i) Awgrymwch ddau ffactor y mae'n rhaid eu rheoli wrth gynnal y prawf hwn, i sicrhau bod y gymhariaeth rhwng y darlleniadau'n ddilys. (2)

(ii) Rhowch yr hydoddiannau yn nhrefn eu crynodiad, gan roi'r mwyaf gwanedig yn gyntaf a'r mwyaf crynodedig yn olaf, ac esboniwch sut gwnaethoch chi ddewis y drefn hon (3)

(Cyfanswm 16 marc)

1.2

Adeiledd a threfniadaeth celloedd

Celloedd yw unedau sylfaenol bywyd, ac ynddyn nhw mae adweithiau metabolaidd yn digwydd. Rydyn ni'n galw adeiledd manwl cell, fel y mae'n edrych dan y microsgop electronau, yn uwchadeiledd. Dim ond un gell sydd mewn organebau syml. Mae organebau mwy cymhleth yn cynnwys llawer o gelloedd ac maen nhw'n amlgellog. Mae gan rhain gelloedd arbenigol sy'n cyflawni swyddogaethau penodol. Er bod celloedd yn rhannu rhai nodweddion, mae eu hadeiledd mewnol yn wahanol, yn unol â'u swyddogaethau gwahanol. Mae dau fath o gell: celloedd procaryotig a chelloedd ewcaryotig. Mae gan gelloedd ewcaryotig gnewyllyn amlwg ac organynnau â philen. Mae celloedd bacteria yn enghraifft o gelloedd procaryotig ac mae eu hadeiledd yn fwy syml, er enghraifft, does dim cnewyllyn.

Cynnwys y testun

Erbyn diwedd y testun hwn, byddwch chi'n gallu gwneud y canlynol:

- Adnabod, disgrifio ac esbonio swyddogaethau adeileddau cellog: y cnewyllyn, gan gynnwys yr amlen gnewyllol, y cromatin a'r cnewyllan, reticwlwm endoplasmig garw a llyfn, mitocondria, cloroplastau, ribosomau, lysosomau, organigyn Golgi, centriolau, gwagolyn, cellfur a phlasmodesmata.
- Disgrifio'r gydberthynas rhwng organynnau.
- Disgrifio adeiledd celloedd procaryotig a firysau.
- Disgrifio sut mae celloedd procaryotig ac ewcaryotig yn debyg ac yn wahanol i'w gilydd.
- Disgrifio'r gwahaniaethau rhwng celloedd planhigion a chelloedd anifeiliaid.
- Esbonio lefelau trefniadaeth organebau byw ac ystyron y termau 'meinwe', 'organ' a 'system', gan roi enghreifftiau mewn planhigion ac anifeiliaid.
- Dehongli lluniadau a ffotograffau o gelloedd planhigion a chelloedd anifeiliaid, fel maen nhw'n edrych drwy ficrosgop electronau a microsgop golau.
- Gwybod sut i raddnodi microsgop golau a mesur maint ffurfiadau.
- Gwybod sut i gyfrifo chwyddhad delwedd.

Celloedd a'u trefniadaeth

Adeiledd celloedd

Mae pob cell wedi'i hamgylchynu gan bilen sydd wedi'i gwneud o ffosffolipidau a phroteinau. Mae pilenni biolegol mor denau, allwn ni ddim gweld eu hadeiledd dan y microsgop golau, ac maen nhw'n ymddangos fel llinell sengl dan y microsgop electronau.

Mae celloedd ewcaryotig yn cynnwys **organynnau** â philen, sef mannau caeedig yn y cytoplasm. Y fantais yw bod cemegion a allai fod yn niweidiol, fel ensymau, yn cael eu harunigo a bod moleciwlau â swyddogaethau penodol, fel cloroffyl, yn gallu cronni mewn un ardal. Mae pilenni'n darparu arwynebedd arwyneb mawr i'r ensymau sy'n ymwneud â phrosesau metabolaidd allu cydio wrtho, ac maen nhw'n darparu system gludiant y tu mewn i'r gell.

Wrth edrych ar ddelweddau o gelloedd, mae'n bwysig deall yr unedau mesur. Yr uned mesur safonol yw'r metr (m). Mae bioleg yn gweithio ar raddfa o nanometrau (nm), wrth ystyried moleciwlau, i gilometrau (km), wrth ystyried ecosystemau. Ond ar gyfer celloedd ac organynnau, micrometrau, µm, yw'r uned fwyaf cyfleus.

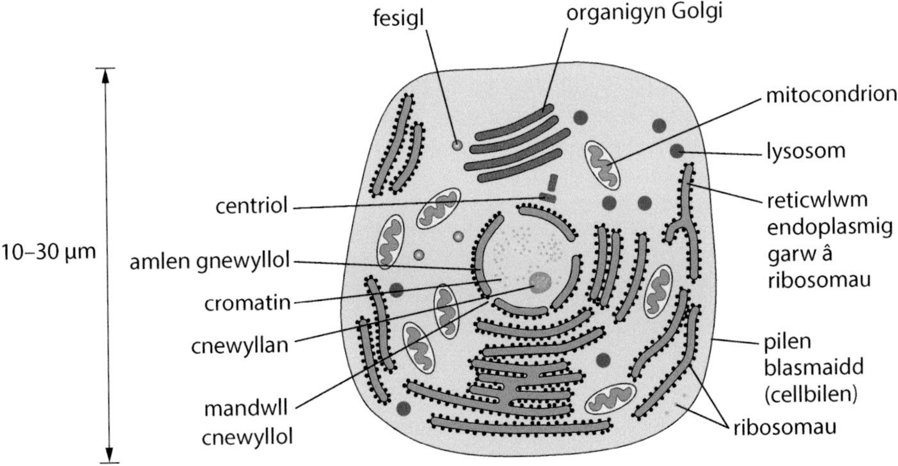

Adeiledd cyffredinol cell anifail

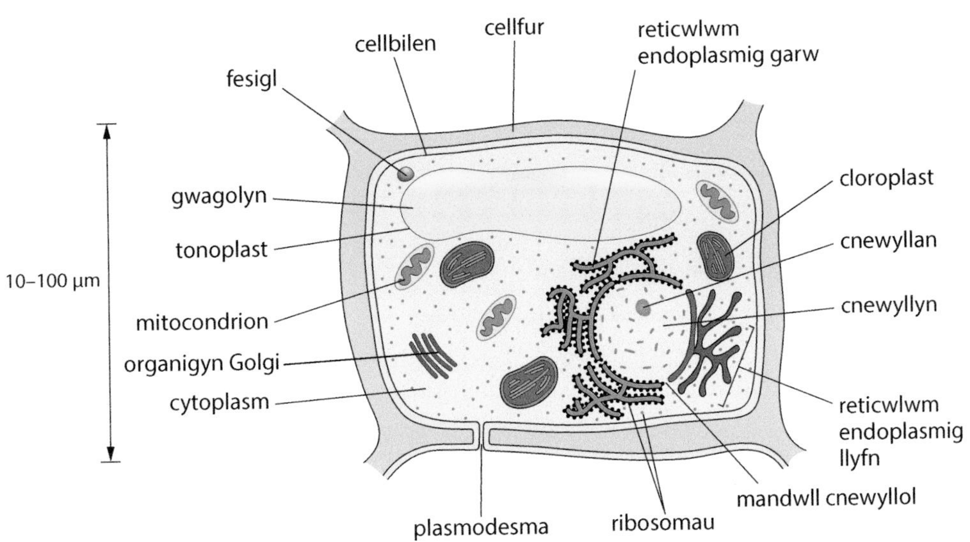

Adeiledd cyffredinol cell planhigyn

Cyswllt

Mae disgrifiad o adeiledd pilenni biolegol ar t54–55.

Term allweddol

Organyn: Ffurfiad arbenigol sydd â swyddogaeth benodol y tu mewn i gell.

Ymestyn a herio

Tair egwyddor damcaniaeth celloedd yw:

- Mae pob organeb fyw wedi'i gwneud o un neu fwy o gelloedd.
- Y gell yw uned sylfaenol bywyd.
- Mae celloedd newydd yn dod o gelloedd sy'n bodoli eisoes.

Gweithio'n wyddonol

Mae'r cysyniad o gelloedd yn dyddio yn ôl i'r 1660au ac mae wedi datblygu gyda gwelliannau i dechnoleg microsgopau a chemeg staeniau.

2.1 Gwirio gwybodaeth

1. Roedd diamedr cell anifail yn mesur 0.035×10^{-3} m. Trawsnewidiwch y diamedr hwn i µm.
2. Roedd hyd pibell sylem yn mesur 295 000 µm. Trawsnewidiwch ei hyd i fetrau, gan ei fynegi ar ffurf safonol.
3. Roedd hyd bacteriwm yn mesur 0.000 002 85 m. Trawsnewidiwch ei hyd i µm.
4. Beth yw diamedr moleciwl DNA mewn nm os yw'n mesur 0.002 µm ar draws?

Cyswllt

Mae disgrifiad o drawsgrifiad ar t106–107.

Cyngor

Nid yw'n gywir dweud bod y cnewyllyn yn cynhyrchu proteinau. Fodd bynnag, mae'n gywir dweud bod DNA yn codio ar gyfer eu cynhyrchu nhw.

Pwynt astudio

Cyfeiriwch at yr 'amlen gnewyllol' yn hytrach na'r 'bilen gnewyllol' oherwydd bod yna ddwy bilen o gwmpas y cnewyllyn.

Cyswllt

Mae disgrifiad o adeiledd asidau niwcléig ar t98–99.

Unedau

Mae SI yn sefyll am Système Internationale, y system sy'n diffinio pa unedau i'w defnyddio ar gyfer cyfathrebu gwyddonol. Dyma unedau SI hyd:

Mesuriad	Symbol	Nifer i bob metr	Nifer o fetrau	Gwrthrych i'w fesur
cilometr	km	0.001	10^3	ecosystemau
metr	m	1	1	organebau mwy
milimetr	mm	1000	10^{-3}	meinweoedd
micrometr / micron	µm	1 000 000	10^{-6}	celloedd ac organynnau
nanometr	nm	1 000 000 000	10^{-9}	moleciwlau

Maen nhw'n hawdd i'w cofio:

1000 nm = 1 µm

1000 µm = 1 mm

1000 mm = 1 m

1000 m = 1 km

Cnewyllyn

Y cnewyllyn yw'r nodwedd amlycaf mewn cell. Mae fel arfer yn sfferig â diamedr o tua 10–20µm. Mae'n cynnwys DNA sydd, ynghyd â phrotein, yn gwneud y cromosomau. Y cromosomau sy'n cyfarwyddo synthesis protein, oherwydd y cromosomau yw safle trawsgrifiad. Mae'r DNA hefyd yn darparu templed i ddyblygu DNA.

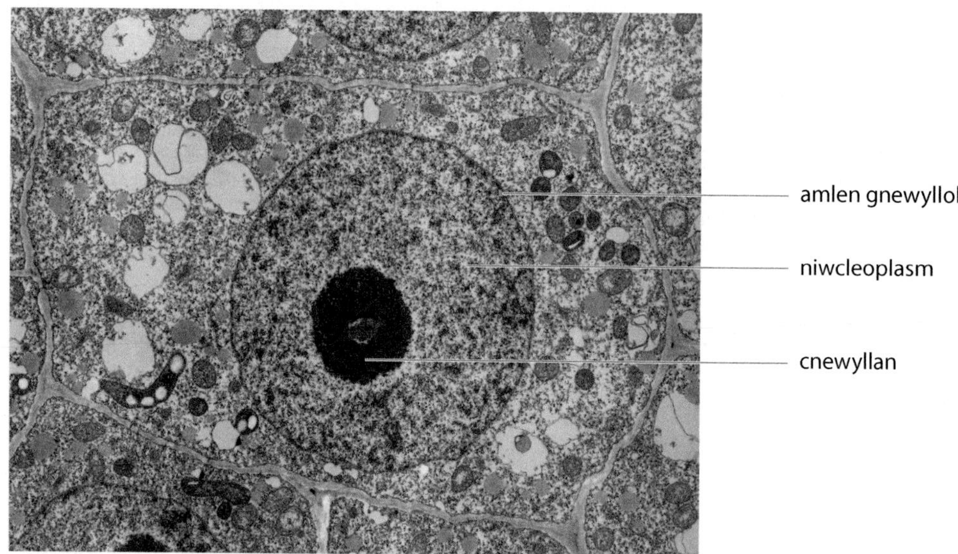

Micrograff electronau o'r cnewyllyn

Mae gan y cnewyllyn nifer o gydrannau:

- Mae dwy bilen o'i gwmpas, sef yr **amlen gnewyllol**, sy'n cynnwys **mandyllau** sydd yn gadael i foleciwlau mawr, fel mRNA, a ribosomau fynd drwodd allan o'r cnewyllyn. Mae'r bilen allanol yn barhaus â'r reticwlwm endoplasmig.
- **Niwcleoplasm** yw'r defnydd gronynnog yn y cnewyllyn. Mae'n cynnwys **cromatin**, sydd wedi'i wneud o dorchau DNA wedi rhwymo i brotein. Yn ystod cellraniad, mae cromatin yn cyddwyso i ffurfio cromosomau.
- Y tu mewn i'r cnewyllyn mae un neu fwy o gyrff sfferig bach. Yr enw ar un o'r rhain yw **cnewyllan**. Dyma lle mae rRNA yn cael ei ffurfio, sef un o gydrannau ribosomau.

Mitocondria

Mae mitocondria yn aml yn silindrog ac mae eu hyd rhwng 1–10 μm. Maen nhw wedi'u gwneud o'r canlynol:

- Dwy bilen, a **gofod rhyngbilennol** cul llawn hylif rhwng y ddwy. Mae'r bilen fewnol wedi'i phlygu tuag i mewn i ffurfio **cristâu**.
- **Matrics** organig, sef hydoddiant sy'n cynnwys llawer o gyfansoddion, gan gynnwys lipidau a phroteinau.
- **Cylch DNA** bach, fel bod mitocondrion yn gallu dyblygu a chodio ar gyfer rhai o'i broteinau ac RNA.
- **Ribosomau (70S)** bach sy'n caniatáu synthesis proteinau.

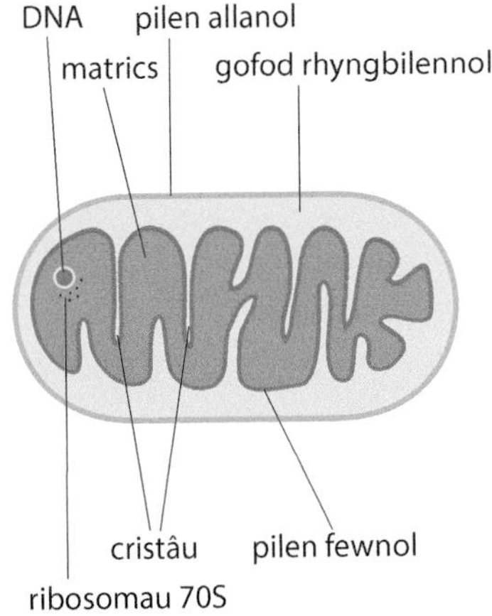

Diagram o doriad drwy fitocondrion

Swyddogaeth mitocondria yw cynhyrchu ATP ym mhroses resbiradaeth aerobig. Mae rhai o'r adweithiau yn digwydd yn y matrics ac eraill ar y bilen fewnol. Mae'r cristâu yn darparu arwynebedd arwyneb mawr, i'r ensymau sy'n ymwneud â resbiradaeth allu cydio wrtho.

Mae celloedd metabolaidd actif, fel celloedd cyhyr, yn defnyddio llawer o ATP. Maen nhw'n cynnwys llawer o fitocondria i adlewyrchu'r holl weithgarwch metabolaidd sy'n digwydd.

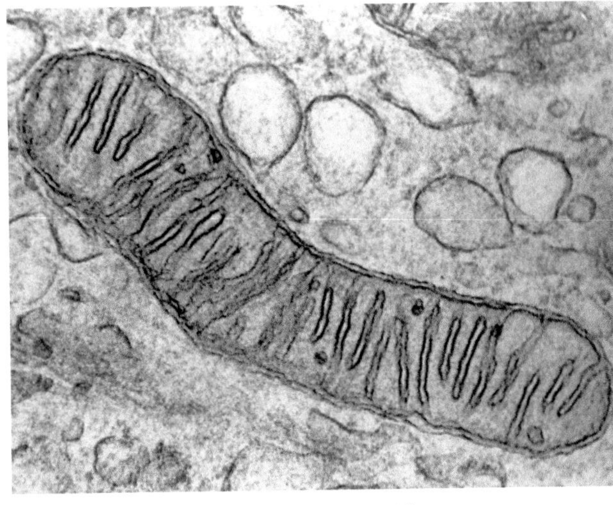
Micrograff electronau o doriad drwy fitocondrion

Gan fod mitocondria'n silindrog, mae eu harwynebedd arwyneb yn fwy na sffêr sydd â'r un cyfaint; mewn geiriau eraill, mae eu cymhareb arwynebedd arwyneb i gyfaint yn fwy. O'i gymharu â sffêr, mae gan silindr bellter tryledu llai o'r ymyl i'r canol, sy'n gwneud resbiradaeth aerobig yn fwy effeithlon.

Cyngor mathemateg

Os oes gan sffêr a silindr yr un cyfaint, mae radiws y silindr yn llai.

Ar gyfer silindr â hyd, $l = 1.0$ μm a diamedr, $d = 0.5$ μm:

$d = 2 \times$ radiws ∴ radiws, $\mathbf{r = 0.25}$ **μm**

Cyfaint, $V = \pi r^2 l = \pi \times 0.25^2 \times 1.0 = 0.20\ \mu m^3$ (2 l.d.)

Ar gyfer sffêr â chyfaint 0.20 μm^3

$$V = 0.20 = \frac{4}{3}\pi r^3 \therefore r^3 = \frac{0.20 \times 3}{4\pi} \therefore \mathbf{r = 0.36\ \mu m} \text{ (2 l.d.)}$$

Felly os oes gan sffêr a silindr yr un cyfaint, mae radiws y silindr yn llai.

Cloroplastau

Mae cloroplastau yn bodoli yng nghelloedd meinweoedd sy'n cyflawni ffotosynthesis. Mewn llawer o blanhigion, mae'r crynodiad uchaf i'w gael yn y celloedd mesoffyl palis, ychydig o dan arwyneb uchaf y ddeilen.

- Mae pob cloroplast wedi'i amgylchynu gan **ddwy bilen**, sef amlen y cloroplast.
- Mae'r **stroma** yn llawn hylif ac mae'n cynnwys rhai o gynhyrchion ffotosynthesis, gan gynnwys defnynnau lipid a gronynnau startsh, sy'n gallu llenwi rhan fawr o'r stroma.
- Fel mitocondria, mae cloroplastau'n cynnwys **ribosomau 70S** a **DNA cylchol** sy'n eu galluogi nhw i wneud rhai o'u proteinau eu hunain ac yn eu galluogi i hunan-ddyblygu.

Pwynt astudio

Dydy pob cell planhigyn ddim yn cynnwys cloroplastau. Does dim pwrpas iddynt mewn celloedd gwreiddiau, er enghraifft, gan eu bod nhw dan ddaear.

Ymestyn a herio

Mae micrograffau electronau yn dangos bod y bilen thylacoid yn fewnblygiad o bilen fewnol yr amlen cloroplastau.

- O fewn y stroma mae llawer o godennau fflat, caeedig o'r enw **thylacoidau**. Pentwr o thylacoidau yw **granwm**. Mae pob granwm yn cynnwys rhwng dau a chant o godenni paralel. Mae'r pigmentau ffotosynthetig, fel cloroffyl, yn y thylacoidau. Mae'r trefniant hwn yn cynhyrchu arwynebedd arwyneb mawr sy'n dal egni golau'n effeithlon.

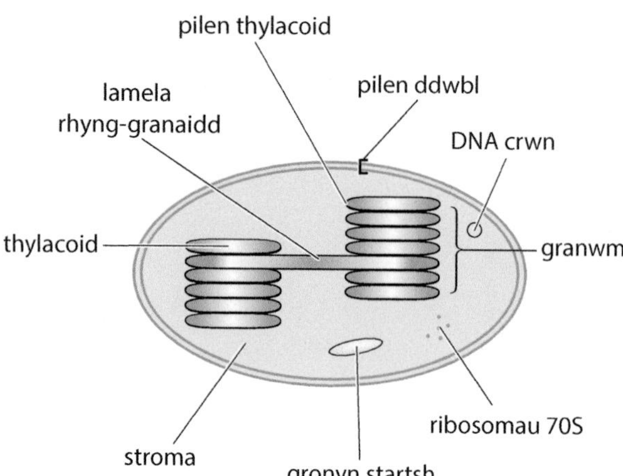

Adeiledd sylfaenol cloroplast

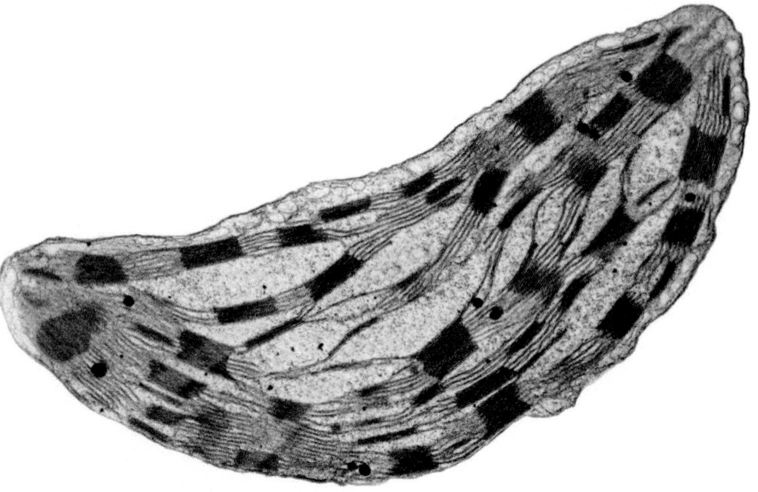

Micrograff electronau o gloroplast

Term allweddol

Damcaniaeth: Yr esboniad gorau ar gyfer ffenomen, gan ystyried yr holl dystiolaeth. Damcaniaeth yw'r statws uchaf posibl i gysyniad gwyddonol.

Y ddamcaniaeth endosymbiotig

Damcaniaeth yw endosymbiosis, sy'n disgrifio tarddiad cloroplastau a mitocondria. Mor bell yn ôl ag 1883, roedd rhaniad cloroplastau'n edrych yn debyg iawn i raniad cyanobacteria sy'n byw'n rhydd. Yn yr 1920au, cafodd syniad ei awgrymu hefyd bod mitocondria'n arfer bod yn facteria annibynnol.

Mae mitocondria a chloroplastau'n cynnwys ribosomau 70S a DNA cylchol. Yr awgrym yw, o leiaf 1.5×10^9 o flynyddoedd yn ôl, bod rhai bacteria hynafol â philenni hylifol iawn wedi amlyncu rhai eraill a chynnal perthynas symbiotig â nhw. Roedd rhai o'r rhai a gafodd eu hamlyncu yn dda iawn am droi glwcos ac ocsigen yn ATP, ac esblygodd rhain yn y pen draw i fod yn fitocondria. Roedd rhai yn gallu troi carbon deuocsid a dŵr yn glwcos, ac esblygodd rhain yn y pen draw i fod yn gloroplastau. Yn 1967, cyhoeddodd Lynn Margulis bapur dan y teitl *'On the origin of mitosing cells'* i gadarnhau syniad endosymbiosis. Nawr, mae gan fiolegwyr lawer o dystiolaeth bod cloroplastau a mitocondria wedi deillio o brocaryotau sy'n byw'n rhydd.

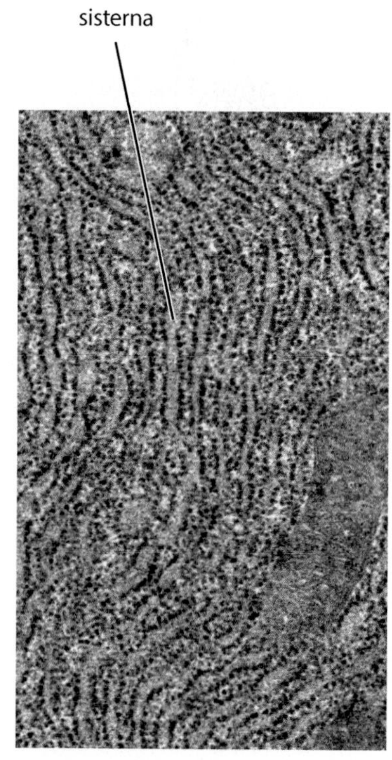

Reticwlwm endoplasmig

Reticwlwm endoplasmig (ER)

Mae'r reticwlwm endoplasmig (*ER: endoplasmic reticulum)* yn system gymhleth o bilenni dwbl paralel, sy'n ffurfio codenni fflat â gofod llawn hylif wedi'u trawsgysylltu rhyngddynt, o'r enw **sisternâu**. Mae'r ER wedi'i gysylltu â'r amlen gnewyllol. Mae'r system hon yn caniatáu cludiant defnyddiau drwy'r gell. Mae dau fath o ER:

- Mae gan **ER garw** (RER) **ribosomau** ar yr arwyneb allanol ac mae'n cludo'r proteinau sy'n cael eu gwneud yno. Mae symiau mawr o RER yn bresennol mewn celloedd sy'n gwneud llawer o brotein, fel celloedd sy'n gwneud amylas yn y chwarennau poer.
- Mae **ER llyfn** (SER) yn cynnwys pilenni heb ribosomau. Mae'n gysylltiedig â synthesis a chludiant lipidau.

Mae llawer o ER mewn celloedd sy'n storio mesurau mawr o garbohydradau, proteinau a brasterau, gan gynnwys celloedd yr afu/iau a chelloedd secretu.

Ribosomau

Mae ribosomau'n llai mewn celloedd procaryotig nag ydyn nhw mewn celloedd ewcaryotig. Mewn celloedd procaryotig, mae eu maint yn 70S, ond mae'r rhai sydd yn y cytoplasm mewn celloedd ewcaryotig yn 80S, ac yn bodoli'n sengl neu'n cydio wrth bilenni ar yr RER. Mae ribosomau wedi'u gwneud o un is-uned fawr ac un is-uned fach. Maen nhw'n cael eu cydosod yn y cnewyllan o RNA ribosomol (rRNA) a phrotein. Maen nhw'n bwysig i synthesis protein, oherwydd nhw yw safle trosiad, lle caiff mRNA a tRNA eu defnyddio i gydosod y gadwyn polypeptid.

Mae ribosomau'n llawer llai na'r cnewyllyn a'r mitocondria. Maen nhw'n aml yn edrych fel dotiau du ar ficrograff electronau. Mewn diagramau, maen nhw'n aml yn cael eu dangos fel hyn:

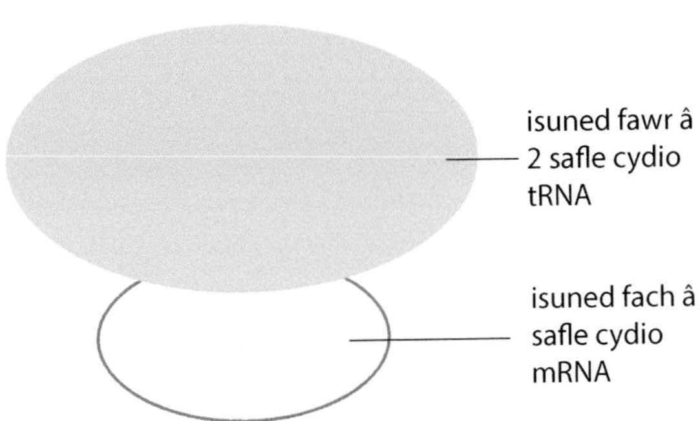

Diagram o ribosom

Micrograff electronau o doriad drwy organigyn Golgi

Organigyn / cyfarpar / cymhlygyn Golgi

Mae adeiledd yr organigyn Golgi yn debyg i adeiledd ER, ond mae'n fwy cryno. Mae fesiglau sy'n cynnwys polypeptidau yn pinsio i ffwrdd o'r RER ac yn asio â'r pentwr o bilenni sy'n gwneud yr organigyn Golgi. Mae proteinau'n cael eu haddasu a'u pecynnu yn yr organigyn Golgi. Ar ben arall yr organigyn Golgi, mae fesiglau sy'n cynnwys y proteinau wedi'u haddasu yn pinsio i ffwrdd. Gall y rhain gludo proteinau i fannau eraill yn y gell neu symud i'r gellbilen ac asio â hi, gan secretu'r proteinau wedi'u haddasu drwy gyfrwng ecsocytosis.

Mae swyddogaethau organigyn Golgi yn cynnwys:

- Cynhyrchu ensymau secretu wedi'u pecynnu mewn fesiglau secretu.
- Secretu carbohydradau, e.e. i ffurfio cellfuriau planhigion.
- Cynhyrchu glycoprotein.
- Cludo a storio lipidau.
- Ffurfio lysosomau, sy'n cynnwys ensymau treulio.

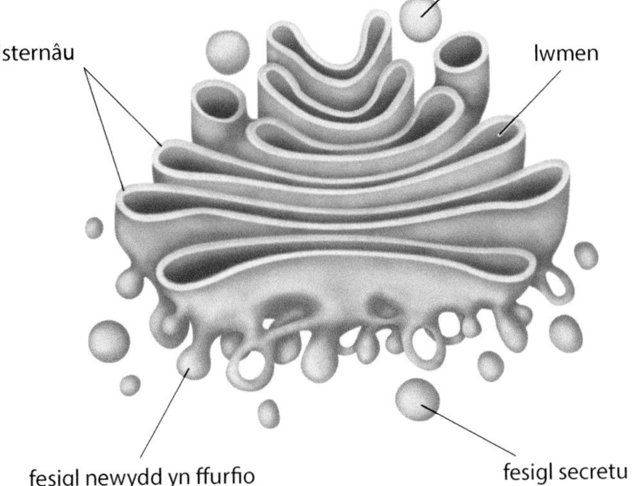

Model o doriad drwy organigyn Golgi

Lysosomau

Gwagolynnau bach dros dro yw lysosomau gydag un bilen o'u cwmpas, ac sy'n cael eu ffurfio drwy gael eu pinsio i ffwrdd o'r organigyn Golgi. Maen nhw'n dal ensymau treulio a allai fod yn niweidiol ac yn eu hynysu nhw oddi wrth weddill y gell. Maen nhw'n rhyddhau'r ensymau hyn pan fydd angen i'r gell ailgylchu organynnau sydd wedi treulio. Mae'r ensymau mewn lysosomau hefyd yn gallu treulio defnyddiau sydd wedi dod i mewn i'r gell, e.e. mae lysosomau'n asio â'r fesigl sy'n ffurfio wrth i gell wen y gwaed amlyncu bacteria drwy ffagocytosis a threulio'r bacteria â'i hensymau.

Cyswllt

Mae manylion am synthesis protein ar t105–108.

Gweithio'n wyddonol

I fesur maint ribosomau, mae gwyddonwyr yn gweld pa mor gyflym maen nhw'n suddo drwy hydoddiant sy'n cael ei droelli'n gyflym iawn mewn uwchallgyrchydd. Mae adeileddau cymharol fawr a dwys yn suddo'n gyflymach. Rydyn ni'n mesur y gyfradd gwaddodi mewn unedau S. (Mae S yn sefyll am Svedberg, y gwyddonydd o Sweden a ddyfeisiodd yr uwchallgyrchydd.)

Pwynt astudio

Byddwch chi'n dysgu am yr ensym lysosym yn ystod ail flwyddyn y cwrs hwn. Peidiwch â drysu rhwng lysosom a lysosym.

Ymestyn a herio

Mae rhai celloedd wedi'u rhaglennu i farw mewn proses o'r enw apoptosis, fel yn y gofod rhwng y bysedd a'r bysedd traed yn yr embryo. Mae lysosomau a'u hensymau yn chwarae rhan hanfodol yn y broses hon.

Mae disgrifiad o swyddogaeth centriolau mewn cellraniad ym Mhennod 1.6.

2.2 Gwirio gwybodaeth

Parwch y ffurfiadau 1-4 â'r disgrifiadau o'u swyddogaethau A-Ch:

1. Ribosom
2. Cnewyllyn
3. Mitocondria
4. Organigyn Golgi

A. Yn cynnwys y deunydd genynnol
B. Safle synthesis protein
C. Yn addasu proteinau ar ôl eu cynhyrchu
Ch. Safle resbiradaeth aerobig

Gweler t61 am ddisgrifiad o osmosis mewn celloedd planhigion.

Pwynt astudio

Mae celloedd anifeiliaid yn cynnwys gwagolynnau ond, yn wahanol i gelloedd planhigion, fesiglau bach dros dro yw'r rhain ac mae niferoedd mawr ohonynt yn gallu bodoli.

Term allweddol

Plasmodesma (lluosog = plasmodesmata): Llinynnau tenau o gytoplasm sy'n ymestyn drwy fandyllau mewn cellfuriau planhigion, i gysylltu cytoplasm un gell â cytoplasm cell arall.

Mae disgrifiad o adeiledd cellwlos ar t20.

Mae trafodaeth bellach am y llwybr symplast ar t212.

Centriolau

Mae centriolau yn bodoli ym mhob cell anifail ac yn y rhan fwyaf o brotoctistau, ond nid yng nghelloedd planhigion uwch. Maen nhw wedi'u lleoli ychydig y tu allan i'r cnewyllyn. Mae centriolau wedi'u gwneud o ddau gylch o ficrodiwbynnau, sy'n gwneud silindrau gwag ar ongl sgwâr i'w gilydd. Gyda'i gilydd, maen nhw weithiau'n cael eu galw'n **centrosom**. Yn ystod cellraniad, centriolau sy'n trefnu'r microdiwbynnau sy'n gwneud y werthyd.

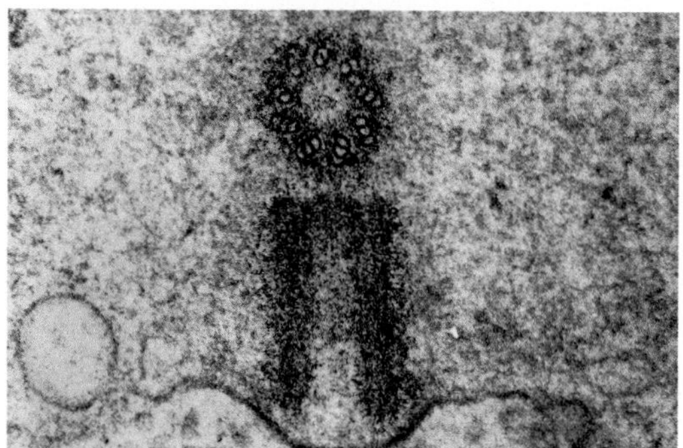

Micrograff electronau o bâr o gentriolau

Gwagolyn

Mae gan y rhan fwyaf o gelloedd planhigion wagolyn mawr parhaol sy'n cynnwys coden llawn hylif mewn pilen sengl, y tonoplast. Mae gwagolynnau'n cynnwys cellnodd, hydoddiant sy'n storio cemegion fel glwcos, asidau amino a mwynau, ac sy'n gallu storio fitaminau a phigmentau, fel mewn orenau. Mae gwagolynnau'n chwarae rhan bwysig wrth gynnal meinweoedd meddal planhigion.

Cellfur

Mae cellfur cell planhigyn wedi'i wneud o gellwlos yn bennaf. Mae moleciwlau cellwlos yn cael eu dal gyda'i gilydd mewn microffibrolion, sy'n cael eu cydgasglu mewn ffibrau, a'u mewnblannu mewn matrics polysacarid o'r enw pectin. Mae gan y cellfur y swyddogaethau canlynol:

- Cludiant – mae'r gwagleoedd rhwng y ffibrau cellwlos yn golygu bod y cellfur yn gwbl athraidd i ddŵr a moleciwlau ac ïonau mewn hydoddiant. Enw'r gofod hwn y tu allan i'r celloedd y mae hydoddiant yn symud drwyddo yw'r apoplast. Y llwybr apoplast yw'r brif ffordd y mae dŵr yn croesi gwreiddyn y planhigyn.
- Cryfder mecanyddol – mae adeiledd microffibrolion cellwlos a'u trefniant laminedig yn gwneud y cellfur yn gryf iawn. Pan mae'r gwagolyn yn llawn hydoddiant, mae cynnwys y gell yn gwthio yn erbyn y cellfur, sy'n gwrthsefyll ehangu ac mae'r gell yn mynd yn chwydd-dynn, gan gynnal y planhigyn.
- Cyfathrebu rhwng celloedd – mae gan gellfuriau fandyllau, neu fân-bantiau, ac mae llinynnau cytoplasm, sef **plasmodesmata** (unigol – plasmodesma), yn gallu mynd drwy'r rhain. Mae'r plasmodesma'n bodoli lle nad oes cellwlos yn tewychu rhwng dwy gell. Mae'r llinyn cytoplasm yn rhedeg o un gell i'r gell nesaf. Enw'r rhwydwaith cytoplasm mewn celloedd cysylltiedig yw'r symplast. Mae'r llwybr symplast yn bwysig i gludiant dŵr drwy blanhigyn.

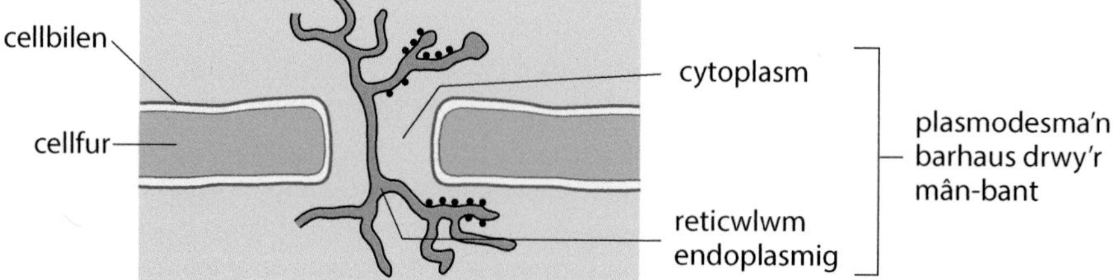

Adeiledd plasmodesma

Gwahaniaethau rhwng celloedd planhigion a chelloedd anifeiliaid

Yn gyffredinol, mae gan gelloedd planhigion a chelloedd anifeiliaid gnewyllyn, cytoplasm a chellbilen. Mae'r tabl isod yn dangos y gwahaniaethau rhyngddynt.

	Cell anifail	Cell planhigyn
Cellfur	absennol	presennol – amgylchynu'r gellbilen
Cloroplastau	absennol	presennol – mewn celloedd uwchben y ddaear
Plasmodesmata	absennol	presennol
Gwagolyn	presennol – bach, dros dro; wedi'u gwasgaru drwy'r gell i gyd	presennol – mawr, parhaol, canolog; llawn cellnodd
Centriolau	presennol	absennol
Stôr egni	glycogen	startsh

Ymestyn a herio

Mae gan bob cell planhigyn hyd at tua 100 000 o blasmodesmata sy'n eu cysylltu nhw â chelloedd eraill, gyda thua 10 ohonynt i bob μm^2. Does dim system nerfol gan blanhigion, ac mae'n bosibl bod y cysylltedd uchel hwn drwy'r cytoplasm yn gallu cyflawni swyddogaeth debyg i'r system nerfol.

Y gydberthynas rhwng organynnau

Rydyn ni wedi disgrifio organynnau ar wahân yma, ond yn aml, mae eu swyddogaethau o fewn y gell yn perthyn i'w gilydd:

- Mae'r cnewyllyn yn cynnwys cromosomau lle mae'r DNA yn amgodio proteinau.
- Mae mandyllau cnewyllol yn yr amlen gnewyllol yn caniatáu i foleciwlau mRNA, sydd wedi'u trawsgrifio oddi ar y DNA, adael y cnewyllyn a chydio wrth ribosomau yn y cytoplasm neu wrth yr ER garw.
- Mae ribosomau yn cynnwys rRNA, wedi'i drawsgrifio o DNA sydd wedi'i leoli yn y cnewyllan.
- Mae synthesis protein yn digwydd ar ribosomau, gan gynhyrchu proteinau ag adeiledd cynradd.
- Mae polypeptidau sydd wedi'u gwneud ar y ribosomau yn symud drwy'r RER ac yn cael eu pecynnu mewn fesiglau. Mae'r fesiglau yn blaguro oddi ar yr RER ac yn cludo'r polypeptidau i'r organigyn Golgi, lle maen nhw'n cael eu haddasu'n gemegol a'u plygu.
- Mae'r organigyn Golgi yn cynhyrchu fesiglau sy'n cynnwys proteinau newydd eu syntheseiddio. Mae'r rhain yn gallu bod yn lysosomau, sy'n cynnwys ensymau treulio, i'w defnyddio o fewn y gell. Maen nhw'n gallu bod yn fesiglau secretu, sy'n cludo'r proteinau i'r gellbilen ar gyfer ecsocytosis.
- Mae ffosffolipidau a thriglyseridau yn symud drwy'r reticwlwm endoplasmig llyfn i wahanol fannau yn y gell.

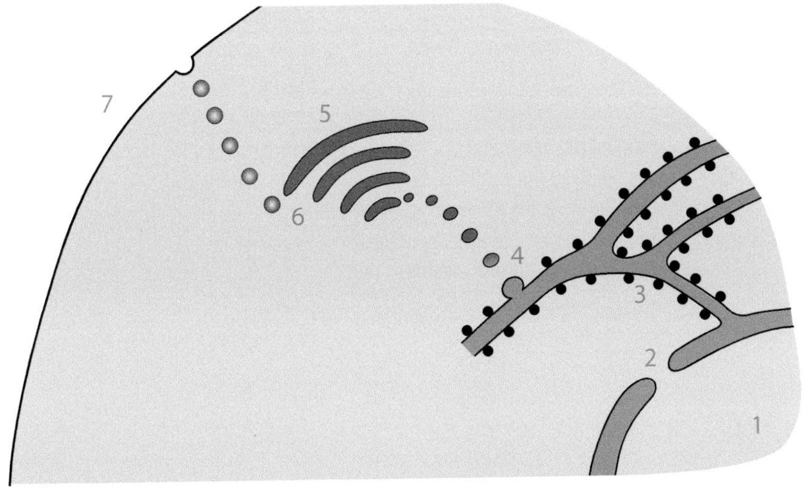

1. cnewyllyn
2. mandwll cnewyllol
3. RER
4. fesigl
5. organigyn Golgi
6. fesigl secretu
7. cellbilen

Y gydberthynas rhwng organynnau

Gwirio gwybodaeth 2.3

Nodwch y gair neu'r geiriau coll:

Mae celloedd planhigion ac anifeiliaid yn rhannu llawer o nodweddion, ond yn agos i'w cnewyllyn, mae gan gelloedd anifeiliaid bâr o .... , sydd ddim yn bresennol mewn celloedd planhigion. Hefyd, mae gan gelloedd planhigion .... mawr, canolog wedi'i amgylchynu â philen o'r enw ...., ... cellwlos ac mae gan gelloedd ffotosynthetig ....

Gwirio gwybodaeth 2.4

Parwch yr adeileddau 1–3 â'r disgrifiadau o'u swyddogaethau A–C:

1. Cloroplast
2. Cellfur
3. Gwagolyn

A. Yn darparu cynhaliad mecanyddol
B. Safle ffotosynthesis
C. Mae ei weithgarwch osmotig yn rheoli chwydd-dyndra cell

Celloedd procaryotig, celloedd ewcaryotig a firysau

Termau allweddol

Procaryot: Organeb ungellog heb organynnau â philen, fel cnewyllyn; mae ei DNA yn rhydd yn y cytoplasm.

Ewcaryot: Organeb sy'n cynnwys celloedd ag organynnau â philen; mae ei DNA mewn cromosomau yn y cnewyllyn.

Mae'n bosibl bod celloedd **procaryotau** yn debyg i'r celloedd byw cyntaf. Mae'r ffosiliau hynaf o brocaryotau yn dod o greigiau a gafodd eu ffurfio 3.5 biliwn o flynyddoedd yn ôl, felly mae'n rhaid eu bod nhw wedi esblygu cyn hynny, o fewn y biliwn o flynyddoedd cyntaf yn hanes y Ddaear. Mae'n debygol bod celloedd **ewcaryotau** wedi esblygu o gelloedd procaryotig ac mae'r enghreifftiau hynaf o ffosiliau yn dod o greigiau tua 2.1 biliwn o flynyddoedd oed. Mae ffyngau, protoctista, planhigion ac anifeiliaid i gyd yn cynnwys celloedd ewcaryotig.

Dydy firysau ddim wedi eu gwneud o gelloedd a dydyn ni ddim yn eu dosbarthu nhw gydag organebau byw. Ymddengys eu bod nhw'n bodoli ar y rhyngwyneb rhwng systemau byw ac anfyw.

Celloedd procaryotig

Mae disgrifiad o Archaea ar t141.

Mae disgrifiad o ddosbarthiad organebau byw ar t137.

Mae bacteria ac Archaea yn enghreifftiau o gelloedd procaryotig. Prif nodwedd wahaniaethol celloedd procaryotig yw'r ffaith nad oes ganddyn nhw gnewyllyn, na philenni mewnol, felly'n wahanol i gelloedd ewcaryotig, does ganddyn nhw ddim organynnau â philen. Mewn rhai procaryotau, mae'r gellbilen yn plygu tuag i mewn ar ffurf mesosom neu lamelâu ffotosynthetig, i gynyddu arwynebedd arwyneb y bilen. Anaml y mae procaryotau'n ffurfio adeileddau amlgellog, ac rydyn ni'n aml yn dweud eu bod nhw'n 'ungellog'. Does dim ffordd o isrannu'r celloedd, felly weithiau byddwn ni'n eu galw nhw'n 'anghellog'. Mae'r tabl yn rhoi crynodeb o'u hymddangosiad.

Pob procaryot	Rhai procaryotau
Moleciwl DNA yn rhydd yn y cytoplasm	Côt o lysnafedd
Cellfur peptidoglycan (mwrein)	Fflagela (un, rhai neu lawer)
ribosomau 70S	Lamelâu ffotosynthetig yn dal pigmentau ffotosynthetig
Cytoplasm	Mesosom – safle posibl i resbiradaeth aerobig
Cellbilen	Plasmidau

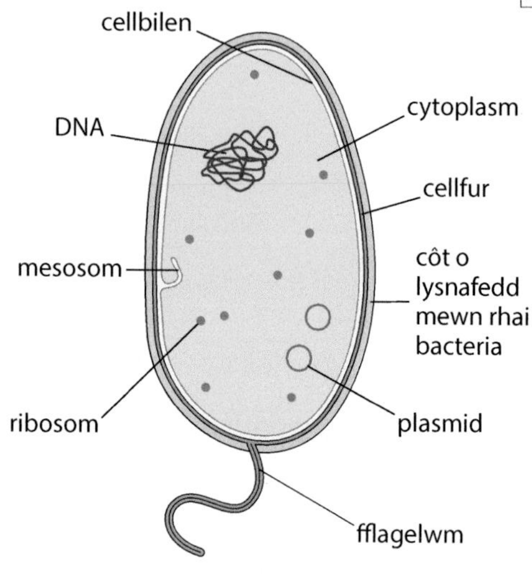

Diagram o gell facteriol gyffredinol

Mae'r tabl isod yn crynhoi'r gwahaniaethau rhwng celloedd ewcaryotig a phrocaryotig.

	Procaryotau	Ewcaryotau
Hyd	bach: 1–10 µm	mwy: 10–100 µm
Organynnau	dim	â philen
DNA	rhydd yn y cytoplasm	wedi'i gyfuno â phrotein mewn cromosomau
Amlen gnewyllol	dim	pilen ddwbl
Plasmidau	gallu bod yn bresennol	absennol
Cellfur	peptidoglycan (mwrein)	cellwlos mewn planhigion; citin mewn ffyngau
Cloroplastau	dim, ond yn gallu defnyddio lamelâu ffotosynthetig ar gyfer ffotosynthesis	mewn planhigion a rhai Protoctista
Mitocondria	dim, ond yn gallu defnyddio'r mesosom i gyflawni resbiradaeth aerobig	presennol
Mesosom	presennol mewn rhai	absennol
Ribosomau	70S; rhydd yn y cytoplasm	80S; rhydd yn y cytoplasm neu'n cydio wrth ER

Firysau

Mae firysau mor fach fel nad oes modd eu gweld nhw dan y microsgop golau. Maen nhw'n mynd drwy hidlyddion sy'n gallu dal bacteria ac er bod arbrofion ar ddiwedd y bedwaredd ganrif ar bymtheg wedi awgrymu eu bod nhw'n bodoli, doedd dim modd eu gweld nhw nes i'r microsgop electronau gael ei ddyfeisio.

Cyngor

Gwnewch yn siŵr eich bod chi'n gallu lluniadu a labelu diagram o gell brocaryotig syml.

Dydy firysau ddim wedi eu gwneud o gelloedd, felly rydyn ni'n eu galw nhw'n 'anghellog'. Does dim organynnau, dim cromosomau a dim cytoplasm. Y tu allan i gell fyw, mae firws yn bodoli fel 'firion' difywyd. Fodd bynnag, pan mae firysau'n meddiannu cell, maen nhw'n gallu rheoli metabolaeth y gell a lluosogi y tu mewn i'r gell letyol. Mae pob gronyn firws wedi'i wneud o graidd asid niwclëig, naill ai DNA neu RNA, wedi'i amgylchynu â chot o brotein, y capsid. Mewn rhai firysau, mae pilen sy'n deillio o'r gell letyol yn amgylchynu'r capsid.

Mae celloedd o bob grŵp o organebau yn gallu cael eu heintio â firysau. Enw'r firysau sy'n ymosod ar facteria yw bacterioffagau. Un bacterioffag adnabyddus yw T2, sy'n ymosod ar *Escherichia coli (E. coli).*

Mae'n bosibl grisialu firysau – nid yw hon yn briodwedd sy'n gysylltiedig ag organebau byw. Yr unig nodwedd o fywyd y mae firysau'n ei dangos yw eu gallu i atgynhyrchu, sy'n cyfrannu at y ddadl hir ynglŷn ag a allwn ni ystyried eu bod nhw'n fyw.

Ymestyn a herio

Mae maes newydd paleofiroleg yn archwilio esblygiad firysau. Mae'r firysau hyn yn debygol o fod wedi ymddangos ar sawl achlysur yn gynnar iawn yn hanes bywyd.

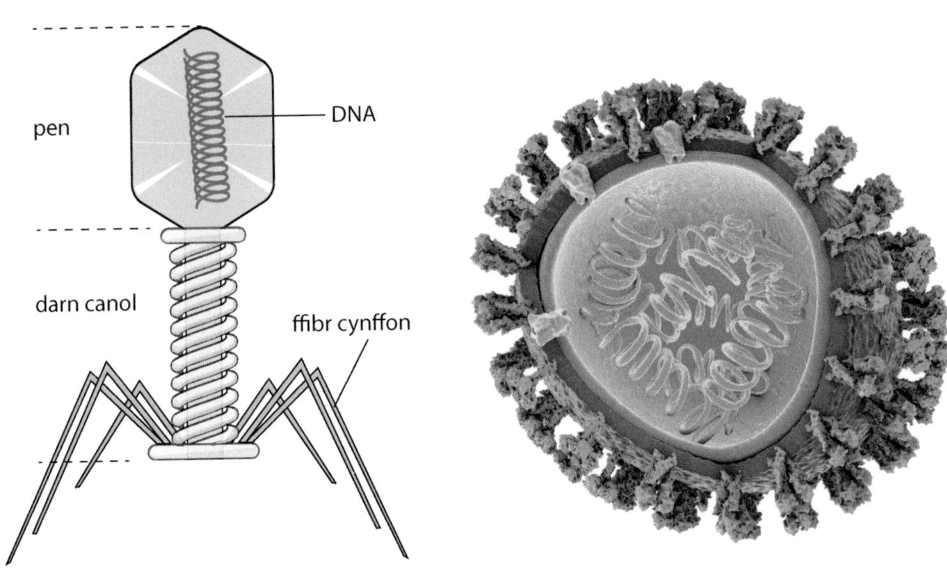

Bacterioffag T2, firws DNA

Lluniad yn dangos adeiledd y firws ffliw, firws RNA

Mae firysau'n achosi amrywiaeth o glefydau heintus. Mae'r tabl isod yn enwi rhai:

Organeb letyol	Enghreifftiau o firysau heintus
Pobl	ffliw, brech yr ieir, annwyd, HIV, clwy'r pennau, rwbela, Ebola
Planhigion	firws dail brith tybaco; firws dail brith blodfresych
Adar	ffliw adar
Mamolion eraill	ffliw moch, brech y fuwch, firws lewcemia cathod

Lefelau trefniadaeth

Gwahaniaethu ac arbenigo

Mae organebau ungellog yn cyflawni holl swyddogaethau bywyd o fewn un gell. Mae gan organebau amlgellog gelloedd arbenigol, sy'n ffurfio meinweoedd ac organau â gwahanol adeileddau a swyddogaethau. Mae gan fôn-gelloedd y potensial i fod yn unrhyw fath o gell yn y corff. **Gwahaniaethu** yw enw proses datblygiad cell i fath penodol. Wrth i gelloedd wahaniaethu, mae eu hadeiledd a'r adweithiau cemegol maen nhw'n eu cyflawni yn mynd yn arbenigol.

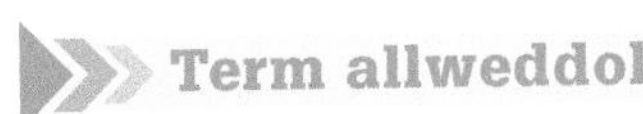

Gwahaniaethu: Datblygiad cell i fath penodol.

Term allweddol

Meinwe: Grŵp o gelloedd sy'n cydweithio gan rannu adeiledd, swyddogaeth a tharddiad yn yr embryo.

Cyswllt

Byddwch chi'n dysgu mwy am feinweoedd planhigion ym Mhennod 2.3b.

Cyswllt

Byddwch chi'n dysgu mwy am neffronau a'u gwaith yn ystod ail flwyddyn y cwrs hwn.

Ymestyn a herio

Mae rhai celloedd mewn oedolion, sydd heb arbenigo (*unspecialised*) sef bôn-gelloedd, ac mae ganddynt y potensial i wneud mathau eraill o gelloedd, e.e. mae bôn-gelloedd mewn mêr esgyrn yn gallu gwahaniaethu i fod yn unrhyw fath o gell gwaed.

Meinweoedd

Mae celloedd sy'n agos at ei gilydd yn yr embryo yn aml yn gwahaniaethu yn yr un ffordd ac yn grwpio gyda'i gilydd fel **meinwe**.

Meinweoedd mamolion

Mae gan famolion sawl math o feinwe gan gynnwys meinwe epithelaidd, meinwe cyhyrau a meinwe gyswllt.

Meinwe epithelaidd

Mae meinwe epithelaidd yn ffurfio haen barhaus sy'n gorchuddio neu'n leinio arwynebau mewnol ac allanol y corff. Does dim pibellau gwaed mewn epithelia, ond maen nhw'n gallu cynnwys terfynau nerfau. Mae'r celloedd yn eistedd ar **bilen waelodol** sydd wedi'i gwneud o golagen a phrotein ac mae eu siâp a'u cymhlethdod yn amrywio. Yn aml, mae ganddynt swyddogaeth amddiffyn neu secretu.

- Y ffurf symlaf yw epitheliwm ciwboid syml; mae ganddo gelloedd siâp ciwb (ciwboid) a dim ond un gell (syml) yw trwch y feinwe. Mae i'w weld yn nhiwbyn troellog procsimol neffron yr aren ac yn nwythellau'r chwarennau poer.

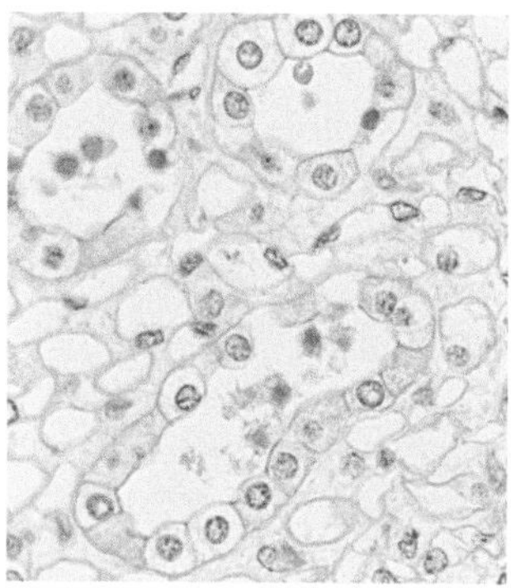

Epitheliwm ciwboid

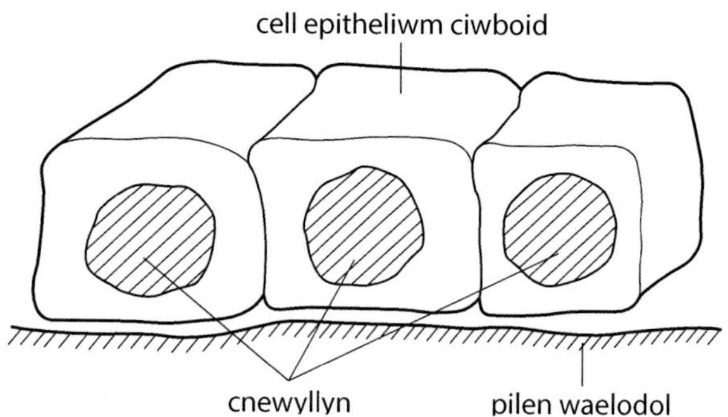

Diagram o epitheliwm ciwboid

- Mae gan epitheliwm colofnog gelloedd hirach. Mae cilia ar y rhai sy'n leinio tiwbiau sydd â sylweddau'n symud drwyddynt, fel y ddwythell wyau (tiwb Fallopio) a'r tracea.

Micrograff electronau lliw o epitheliwm colofnog ciliedig yn y ddwythell wyau

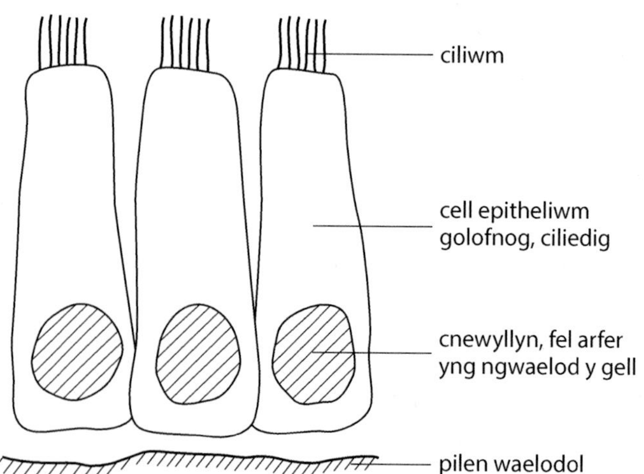

Diagram o epitheliwm colofnog ciliedig

- Mae epitheliwm cennog wedi'i wneud o gelloedd fflat ar bilen waelodol. Maen nhw'n ffurfio waliau'r alfeoli ac yn leinio cwpan arennol (Bowman) y neffron.

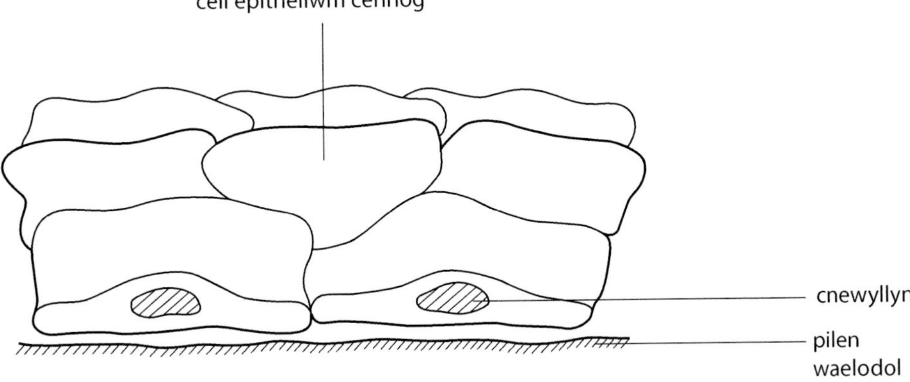

Diagram o epitheliwm cennog

Cyngor

Pan fyddwch chi'n defnyddio sleid microsgop i wneud lluniad chwyddhad uchel, rhaid i'r celloedd yn eich lluniad fod yn hawdd eu hadnabod yn y sbesimen. Dylai rhywun sy'n edrych i lawr eich microsgop allu adnabod yr union gelloedd rydych chi wedi eu lluniadu.

Meinwe cyhyrau

Mae tri phrif fath o feinwe cyhyr, ac mae eu hadeileddau a'u swyddogaethau ychydig bach yn wahanol i'w gilydd:

- Mae **cyhyr sgerbydol** yn cydio wrth esgyrn ac yn cynhyrchu ymsymudiad mewn mamolion. Mae'n cynnwys bandiau o gelloedd hir, neu ffibrau, sy'n rhoi cyfangiad pwerus, ond mae'r cyhyr yn blino'n rhwydd. Gallwch chi ddewis cyfangu'r cyhyrau hyn neu beidio, felly rydyn ni'n eu galw nhw'n gyhyrau gwirfoddol. Gan eich bod chi'n gallu gweld rhesi arnyn nhw dan y microsgop, rydyn ni hefyd yn eu galw nhw'n gyhyrau rhesog.
- Mae **cyhyr anrhesog** yn cynnwys celloedd unigol siâp gwerthyd sy'n gallu cyfangu'n rhythmig, ond maen nhw'n cyfangu'n llai pwerus na chyhyr sgerbydol. Maen nhw i'w gweld yn y croen, yn waliau pibellau gwaed ac yn y llwybrau treulio a resbiradu. Allwch chi ddim rheoli'r cyhyrau hyn, felly rydyn ni'n eu galw nhw'n gyhyrau anwirfoddol. Does dim rhesi arnyn nhw, a dyna pam rydyn ni hefyd wedi eu galw nhw'n gyhyrau llyfn.
- Dim ond yn y galon y mae **cyhyr y galon** yn bodoli. Mae ei adeiledd a'i briodweddau rhywle rhwng cyhyr sgerbydol a chyhyr llyfn. Mae rhesi ar y celloedd, ond does dim ffibrau hir fel cyhyr sgerbydol. Maen nhw'n cyfangu'n rhythmig, heb unrhyw ysgogiad gan nerfau na hormonau, er bod rhain yn gallu addasu eu cyfangiad. Dydy cyhyr y galon ddim yn blino.

Cyswllt

Mae mwy o fanylion am adeiledd cyhyr sgerbydol yn Opsiwn B, Anatomi Cyhyrsgerbydol, yn ail flwyddyn y cwrs hwn.

Cyswllt

Mae disgrifiad pellach o swyddogaeth cyhyr y galon ar t192.

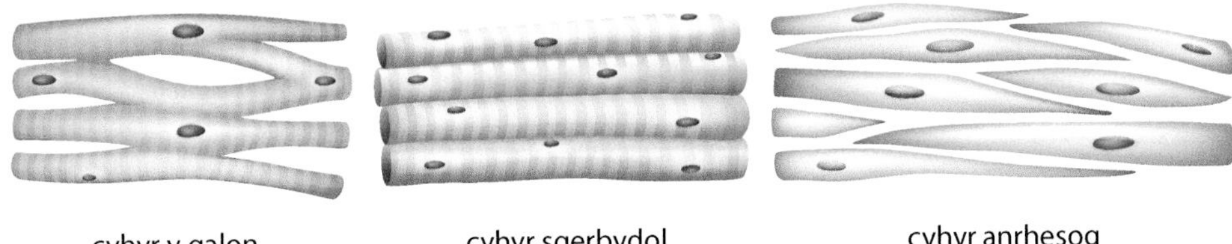

Tri math o ffibr cyhyr

Ymestyn a herio

Mae gwaed, esgyrn a chartilag hefyd yn cael eu dosbarthu fel meinweoedd cyswllt.

Meinwe gyswllt

Mae meinwe gyswllt yn cysylltu, yn cynnal neu'n gwahanu meinweoedd ac organau. Mae'n cynnwys ffibrau elastig a ffibrau colagen mewn hylif allgellol neu fatrics. Rhwng y ffibrau mae celloedd sy'n storio braster (adipocytau) a chelloedd y system imiwn.

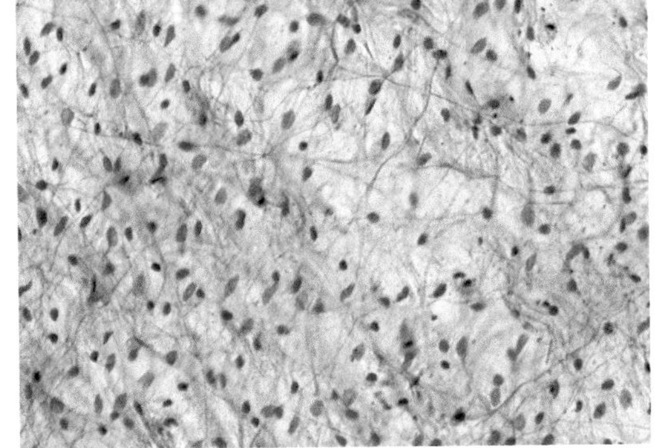

Meinwe gyswllt yn dangos ffibrau colagen a chelloedd y system imiwn

Gwirio gwybodaeth 

Nodwch y gair neu'r geiriau coll:

Mae celloedd ag adeiledd a swyddogaeth debyg yn ffurfio .... Y feinwe sy'n gorchuddio neu'n leinio ffurfiadau yw meinwe .... Mae tri math o feinwe ...., ac mae'r tri yn gallu cyfangu a llaesu. Enw'r feinwe â swyddogaeth o gynnal a rhwymo yw meinwe ....

Term allweddol

Organ: Grŵp o feinweoedd mewn uned adeileddol, sy'n cydweithio i gyflawni swyddogaeth benodol.

Organau

Mewn **organ**, mae llawer o feinweoedd yn gweithio gyda'i gilydd i gyflawni swyddogaeth benodol. Mewn bodau dynol, er enghraifft, mae'r llygad yn cynnwys meinweoedd nerfol, cyswllt, cyhyr ac epithelaidd ac yn ein galluogi ni i weld. Mewn planhigion, mae'r ddeilen yn cynnwys meinwe epidermaidd, meinwe fasgwlar a meinwe pacio neu feinwe 'daearol' rhwng y sypynnau fasgwlar, ac mae wedi arbenigo ar gyfer ffotosynthesis.

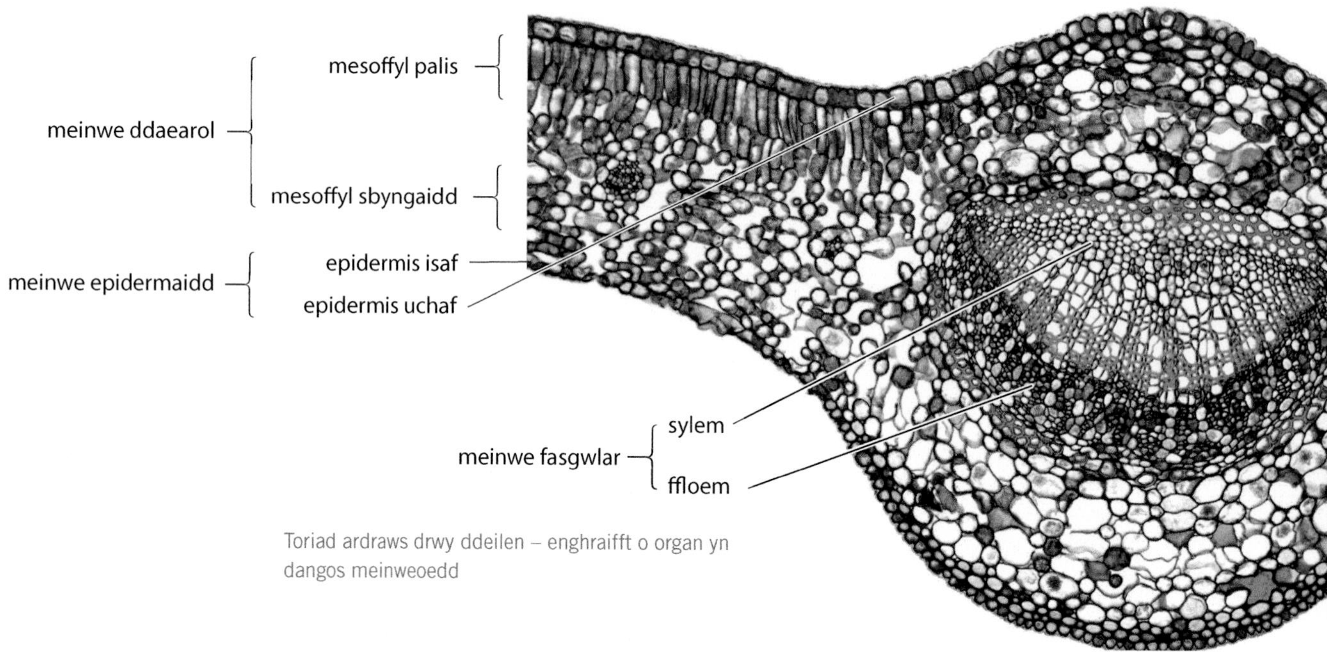

Toriad ardraws drwy ddeilen – enghraifft o organ yn dangos meinweoedd

Systemau organau

Grŵp o organau sy'n cydweithio i gyflawni swyddogaeth benodol yw system organau. Mae'r tabl ar y chwith yn dangos rhai enghreifftiau o systemau organau mamolion.

System	Rhai organau
treulio	stumog, ilewm
ysgarthu	aren, pledren
sgerbydol	creuan, ffemwr
cylchrediad	calon, aorta
atgenhedlu	ofari, caill
resbiradol	tracea, ysgyfant
nerfol	ymennydd, madruddyn y cefn

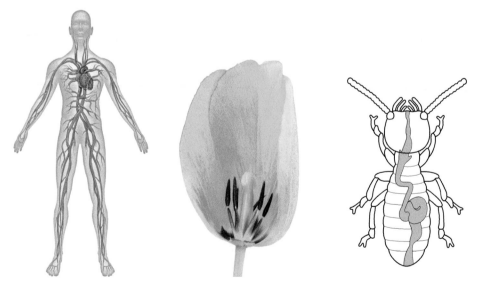

System cylchrediad dynol

System genhedlu planhigyn blodeuol

System dreulio morgrugyn gwyn

Cyngor

Dysgwch yr hierarchaeth cymhlethdod cynyddol hon:

organyn > cell > meinwe > organ > system organau > organeb

Organebau

Mae holl systemau'r corff yn cydweithio i wneud organeb, sef unigolyn arwahanol.

Gwaith ymarferol

Microsgopeg

Rydyn ni'n defnyddio microsgopau i edrych ar adeiledd manwl celloedd ac i fesur adeileddau y tu mewn iddynt.

Microsgopau golau a microsgopau electronau

Y ffordd symlaf o chwyddo delwedd yw defnyddio lens llaw, sy'n gallu rhoi **chwyddhad** o 10- i 20-gwaith. Mae dwy neu fwy o lensys gyda'i gilydd yn creu microsgop cyfansawdd sy'n gallu chwyddo'n fwy. Mae rhai microsgopau golau modern yn gallu chwyddo delweddau hyd at 2000 gwaith, ond mae uchafswm o ×400 neu ×1000, yn fwy cyffredin mewn labordai ysgol. Cafodd y microsgop electronau ei ddatblygu yn yr 1930au. Mae'n defnyddio electronau yn lle golau gweladwy i weld defnyddiau ac mae'n gallu cynhyrchu chwyddhad llawer mwy. Mae llawer ohonynt yn chwyddo delweddau dros filiwn gwaith ac mae rhai offerynnau ymchwil yn cyflawni dros ddeg miliwn.

Term allweddol

Chwyddhad: Sawl gwaith yn fwy y mae delwedd na'r gwrthrych y mae'n deillio ohono.

Cydraniad

Mae **cydraniad** microsgopau electronau yn fwy na microsgopau golau oherwydd bod tonfedd electronau'n llawer byrrach na golau gweladwy, felly maen nhw'n gwahaniaethu rhwng gwrthrychau sy'n llai ac yn agosach at ei gilydd. Mae cydraniad microsgop yn dweud wrthych chi pa mor agos y mae dau bwynt yn gallu bod at ei gilydd a bod y microsgop yn gallu gwahaniaethu rhyngddynt, yn hytrach na'u gweld nhw fel un ddelwedd. Mae'n dweud wrthych chi faint o fanylder sydd i'w weld. Mae cydraniad microsgop golau tua 0.2 µm. Wrth ddefnyddio microsgop golau, y mwyaf yw chwyddhad y ddelwedd, y mwyaf o fanylder allwch chi ei weld ynddi, ond wrth chwyddo i weld pellteroedd llai na 0.2 µm, fydd y manylder ddim yn gwella. Mae'r microsgop golau wedi cyrraedd terfyn ei gydraniad. Mae microsgop electronau'n gallu gwahaniaethu rhwng pwyntiau 0.1 nm ar wahân.

Term allweddol

Cydraniad: Y pellter lleiaf sy'n gallu cael ei wahaniaethu fel dau bwynt ar wahân mewn microsgop.

Mae'n bosibl defnyddio microsgop golau i weld y cnewyllyn a'r cnewyllan mewn cell anifail nodweddiadol. Mae'r cytoplasm yn edrych yn ronynnog ac efallai y bydd mitocondria i'w gweld. Drwy ddefnyddio microsgop electronau, mae'n bosibl gweld llawer mwy o fanylder, gan gynnwys ribosomau ar y reticwlwm endoplasmig garw.

Paratoi celloedd byw i'w harchwilio nhw â microsgop

Pwynt astudio

Fel rhan o'ch gwaith labordy, byddwch chi'n paratoi sleidiau ac o'r rhain, yn lluniadu celloedd byw. Byddwch chi'n cyfrifo eu maint a chwyddhad eich lluniad.

Epidermis winwnsyn

- Torrwch winwnsyn gwyn yn fertigol a thynnwch ddeilen ohono.
- Rhowch efel fain i mewn ychydig o dan yr epidermis ar yr arwyneb adechelinol, sef arwyneb uchaf darn o winwnsyn sy'n crymu tuag i fyny.
- Daliwch y tensiwn ar yr haen o gelloedd sy'n dod i ffwrdd, torrwch hi i ffwrdd â siswrn a rhowch hi ar sleid microsgop.
- Defnyddiwch siswrn i dorri sgwâr o epidermis heb ei blygu, â phob ochr yn mesur tua 5 mm.
- Rhowch ddau ddiferyn o fethylen glas neu ïodin mewn hydoddiant potasiwm ïodid ar y sbesimen a rhowch arwydryn arno.

Epidermis winwnsyn coch a riwbob

- Rhowch efel fain i mewn ychydig o dan epidermis petiol riwbob neu epidermis adechelinol deilen winwnsyn coch a gan ddal y tensiwn, tynnwch yr haen epidermis i ffwrdd.
- Rhowch hi dros sleid microsgop a defnyddiwch siswrn i dorri sgwâr o epidermis heb ei blygu, â phob ochr yn mesur tua 5 mm.
- Rhowch ddau ddiferyn o ddŵr ar y sbesimen a rhowch arwydryn arno.

Pwynt astudio

Os yw bwlb eich microsgop yn un gwynias yn hytrach nag un fflwroleuol, mae ei wres yn debygol o niweidio'r *Amoeba* ar ôl rhai munudau.

Cyngor mathemateg

Os ydych chi'n defnyddio lens gwrthrychiadur ×40 a lens sylladur ×10, chwyddhad y ddelwedd rydych chi'n ei gweld yw 40 × 10 = 400.

Cyngor mathemateg

Mae lens gwrthrychiadur ×10 yn chwyddo delwedd 10 gwaith. Mae lens gwrthrychiadur ×40 yn chwyddo delwedd 40 gwaith. Felly gyda lens gwrthrychiadur ×40, mae'r ddelwedd 40/10 = 4 gwaith yn fwy nag yw gyda lens gwrthrychiadur ×10.

Cyngor

Dylai lluniad chwyddhad uchel gynnwys dwy neu dair cell a dylai'r celloedd hyn gynrychioli'r holl adeileddau rydych chi'n gallu eu gweld wrth ffocysu i lawr drwy sbesimen. Fydd pob un ddim mewn ffocws ar yr un pryd ond dylai pob un ymddangos yn y lluniad.

Amoeba

- Defnyddiwch bibed i dynnu dau ddiferyn allan o feithriniad hylifol sy'n cynnwys yr *Amoeba* a'i roi ar sleid microsgop.
- Ychwanegwch un diferyn o glyserol. Mae hyn yn cynyddu'r gludedd i arafu symudiad yr *Amoeba*, ond nid yw'n achosi niwed.
- Rhowch arwydryn ar y sleid.

Edrych drwy'r microsgop

- Gostyngwch lwyfan y microsgop mor bell â phosibl.
- Rhowch y sleid ar y llwyfan.
- Gyda'r lens gwrthrychiadur ×10 yn ei le, codwch y llwyfan yn araf nes bod y ddelwedd mewn ffocws.
- Symudwch y sleid ychydig bach fel bod darn addas o'r sbesimen yng nghanol y rhan rydych chi'n gallu ei gweld.
- Addaswch arddwysedd y golau â'r diaffram iris o dan y llwyfan.
- Symudwch y lens gwrthrychiadur ×40 i'w le a ffocysu eto gyda'r rheolydd ffocws manwl.
- Addaswch arddwysedd y golau unwaith eto.
- Wrth archwilio gan ddefnyddio'r lens gwrthrychiadur ×40, trowch y rheolydd ffocws manwl yn gyson i'r naill gyfeiriad a'r llall, er mwyn gweld holl ddyfnder y sbesimen.

Lluniadau o ddelweddau microsgop

- Daliwch bensil HB finiog yn dynn a phwyswch eich elin ar y bwrdd rydych chi'n gweithio arno.
- Edrychwch ar eich sbesimen gan astudio ei gyfrannau'n ofalus iawn.
- Pan fyddwch chi'n barod i luniadu, gwnewch linellau cryf mewn strociau unigol. Os yw rhan yn gaeedig, gwnewch yn siŵr bod eich llinellau'n cyfarfod yn union.
- Lluniadwch amlinellau a pheidiwch â thywyllu'r lluniadau.
- Sicrhewch bod eich lluniad yn llenwi o leiaf hanner arwynebedd y dudalen.

Dydy cynllun chwyddhad isel ddim yn cynnwys unrhyw gelloedd unigol. Cynllun meinwe ydyw a dylech chi luniadu ffiniau'r holl feinweoedd rydych chi'n gallu eu hadnabod â llinellau sengl.

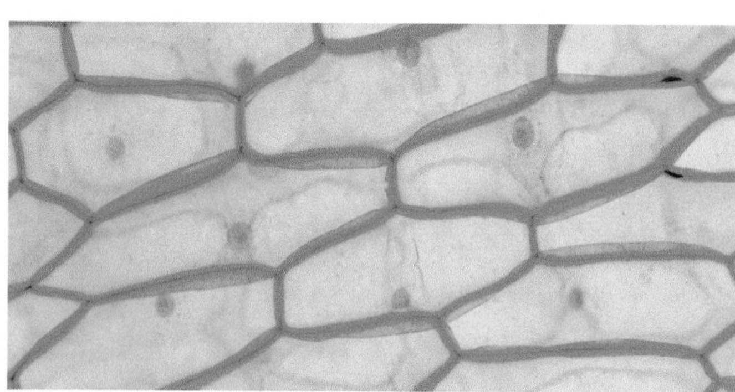

Celloedd epidermaidd winwnsyn

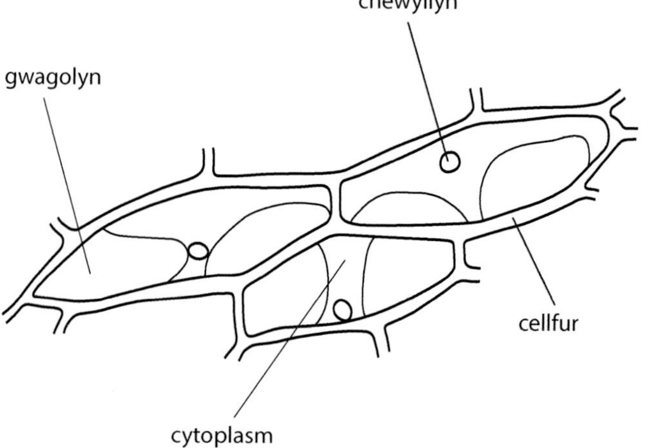

Lluniad chwyddhad uchel o dair cell epidermis winwnsyn

Labelu

- Dylai llinellau labelu fod yn llinellau syml, nid saethau na llinellau'n diweddu â dot.
- Dylech chi ddefnyddio pren mesur i luniadu'r llinellau.
- Dylai'r llinellau ddiweddu y tu mewn i'r ffurfiad maen nhw'n cyfeirio ato, yn hytrach na dim ond cyffwrdd yr ymyl allanol.
- Dylai'r llinellau fod yn baralel, ond os yw'r diagram yn grwn, mae llinellau rheiddiol yn addas.
- Dylai'r llinell ddiweddu'n bell oddi wrth y lluniad fel nad yw'r label yn cuddio unrhyw beth sydd wedi'i luniadu.

Graddnodi'r microsgop

Mae graddnodi microsgop yn caniatáu i chi fesur hyd ffurfiadau yn y microsgop. Mae angen:

- Sylladur graticiwl. Mae hwn yn edrych yr un fath ym mhob lens gwrthrychiadur oherwydd bod y graticiwl yn y sylladur. Felly gyda lensiau gwrthrychiaduron â gwahanol chwyddhad, bydd y rhaniadau ar y graticiwl yn cynrychioli gwahanol hydoedd. Y cryfaf yw'r lens gwrthrychiadur, y lleiaf fydd yr hyd y mae pob rhaniad ar y graticiwl yn ei gynrychioli. Felly, rhaid graddnodi ar gyfer pob lens gwrthrychiadur.
- Micromedr llwyfan. Sleid microsgop yw hwn lle mae'r gwrthrych yn llinell 1 mm o hyd. Mae degfed a chanfed rhannau o filimetr wedi'u marcio arno.

Gosodwch sero'r sylladur graticiwl gyferbyn â rhaniad mawr ar y micromedr llwyfan, gan wneud yn siŵr bod y llinellau graddio'n baralel. Edrychwch ar hyd y graddfeydd i weld lle maen nhw'n cyd-daro eto.

Mae'r diagram yn dangos, gyda lens gwrthrychiadur ×40, bod 20 o raniadau'r micromedr llwyfan yn cyd-daro'n union gydag 80 o raniadau bach y sylladur.

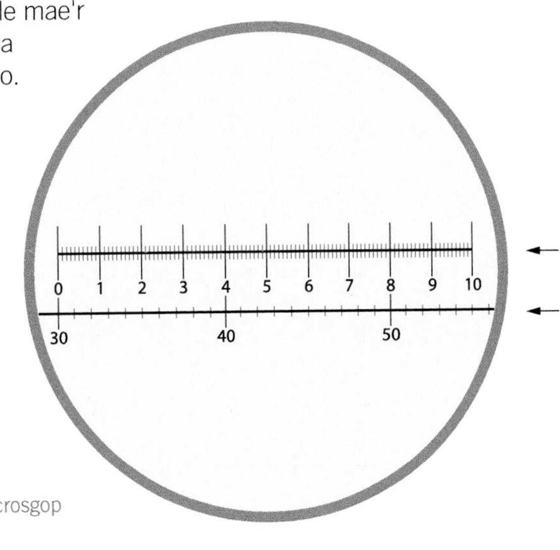

Graddnodi microsgop

Cyngor mathemateg

Hyd y rhaniadau lleiaf ar y micromedr yw 0.01 mm = 10 µm.

Mae hyd y rhaniadau ar y sylladur graticiwl yn dibynnu ar y lens gwrthrychiadur rydych chi'n ei ddefnyddio i edrych arnynt.

Mae tri cham i'r cyfrifiad hwn:

Gyda lens gwrthrychiadur ×40:

1. 80 uned sylladur (us) = 20 uned micromedr llwyfan (umll) $\therefore$ 1 us = $\frac{20}{80}$ umll
2. 1 umll = 0.01 mm
3. 1 us = $\frac{20}{80}$ umll

$$= \frac{20}{80} \times 0.01 \text{ mm}$$

$$= 0.0025 \text{ mm}$$

Mae'n well mynegi niferoedd bach iawn o mm fel micrometrau (µm), felly gallwch chi gwblhau'r cyfrifiad fel hyn: 1 us = 0.0025 × 1000 µm
= 2.5 µm

Cyngor

Cofiwch roi allwedd ar gyfer talfyriadau:
us = unedau sylladur;
umll = unedau micromedr llwyfan.

Cyswllt

Mae esboniad o sut i gyfrifo arwynebedd y darn rydych chi'n gallu ei weld ar t180.

Cyngor mathemateg

Wrth wneud cyfrifiadau, defnyddiwch eich sgiliau rhifyddeg meddyliol i wirio bod yr ateb yn gwneud synnwyr. Mae celloedd *Amoeba proteus* yn fawr iawn felly dydy hyd o 247.5 μm ddim yn afresymol.

Gwneud mesuriad

- Dewiswch ffurfiad i'w fesur a symudwch y sleid fel bod y ffurfiad yng nghanol y darn rydych chi'n gallu ei weld.
- Cylchdrowch y sylladur graticiwl i fod yn baralel â'r llinell rydych chi'n bwriadu mesur ar ei hyd, fel y mae'r llinell drwy hyd mwyaf *Amoeba proteus* yn ei ddangos ar y ffotomicrograff.
- Cyfrwch nifer yr unedau sylladur bach sy'n gwneud y mesuriad.
- Ar ôl graddnodi'r microsgop, rydych chi'n gwybod pa bellter y mae pob uned sylladur yn ei gynrychioli ar gyfer pob lens gwrthrychiadur.

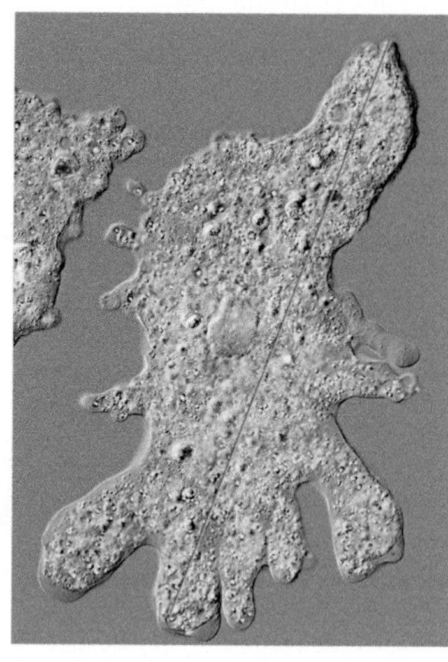

Amoeba proteus

Gan ddefnyddio'r gwrthrychiadur ×40, hyd mwyaf *Amoeba proteus* = 99 us

Ar gyfer y lens gwrthrychiadur ×40, 1 us = 2.5 μm

∴ hyd yr *Amoeba* = 99 × 2.5 = 247.5 μm

Chwyddhad lluniad

Mae chwyddhad delwedd yn dweud wrthych chi faint yn fwy neu'n llai na'r gwrthrych ydyw, a'r fformiwla ar ei gyfer yw: $\text{chwyddhad} = \dfrac{\text{maint delwedd}}{\text{maint gwrthrych}}$.

Pwynt astudio

Os yw'r ddelwedd yn fwy na'r gwrthrych, mae'r chwyddhad yn fwy nag 1. Os yw'r ddelwedd yn llai na'r gwrthrych, mae'r chwyddhad yn llai nag 1.

Ar luniad o sbesimen microsgop, mesurwch, mewn mm, hyd rydych chi wedi'i fesur yn y microsgop, gan ddefnyddio'r sylladur graticiwl a graddnodiad.

Gan ddefnyddio'r *Amoeba* hwn fel enghraifft, gadewch i ni ddweud bod y pellter yn y lluniad rydych chi wedi'i wneud, sydd i'w weld fel llinell goch ar y ffotomicrograff uchod, yn 105 mm.

Pwynt astudio

Gwnewch yn siŵr eich bod chi wedi trawsnewid yr holl fesuriadau i'r un unedau.

Mae'n rhaid trawsnewid hwn yn μm: 1 mm = 1000 μm ∴ 105 mm = 105 000 μm

O'r cyfrifiadau uchod, mae'r hyd gwirioneddol = 247.5 μm

$$\text{chwyddhad} = \frac{\text{maint delwedd}}{\text{maint gwrthrych}} = \frac{105\,000}{247.5} = 424 \text{ (0 ll.d.)}$$

Mesur oddi ar ficrograffau electronau

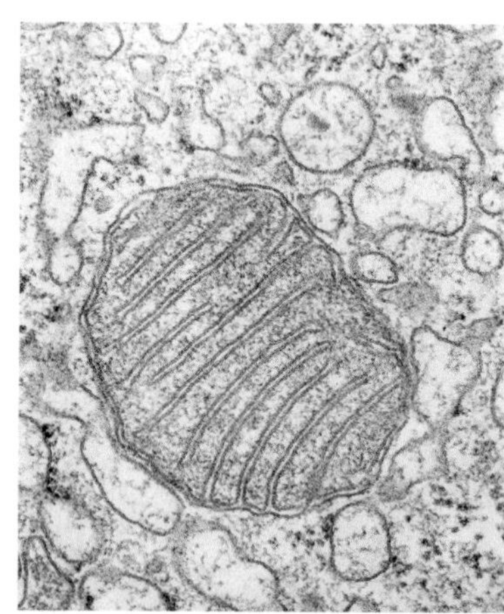

Mitocondrion

Os yw'r mitocondrion yn y llun hwn wedi'i chwyddo 57 000 gwaith, gallwn ni gyfrifo ei ddiamedr mwyaf gwirioneddol drwy fesur ei ddiamedr mwyaf ar y micrograff electronau ac aildrefnu'r hafaliad:

$$\text{maint y gwrthrych} = \frac{\text{maint delwedd}}{\text{chwyddhad}}$$

chwyddhad = 57 000

diamedr mwyaf wedi'i fesur = 34 mm.

Dylech chi drawsnewid y mesuriad yn ficrometrau, fel uned addas i organynnau:

diamedr mwyaf wedi'i fesur = 34 × 1000 μm

$$\therefore \text{maint y gwrthrych} = \frac{\text{maint delwedd}}{\text{chwyddhad}} = \frac{34 \times 1000}{57\,000} = 0.6\ \mu\text{m (1 ll.d.)}$$

Nifer y lleoedd degol

Mae nifer y lleoedd degol rydych chi'n eu defnyddio yn dangos pa mor fanwl gywir yw ffigur: mae 3.0 yn golygu bod y rhif rhwng 2.9 a 3.1 ac yn gywir i ± 0.1; mae 3 rhwng 2 a 4, yn gywir i ± 1.

Mewn cyfrifiad, ddylech chi ddim rhoi mwy o leoedd yn yr ateb nag sy'n bresennol yn y data crai, oherwydd nid oes modd i'r ateb fod yn fwy manwl gywir na'r ffigurau a gafodd eu defnyddio i'w gyfrifo. Os oes gan yr ateb lai o leoedd degol na'r data a gafodd eu defnyddio i'w gyfrifo, nid yw mor fanwl gywir ag y gallai fod.

Talgrynnu i fyny neu i lawr i roi'r nifer cywir o leoedd degol

Os yw'r digid terfynol rhwng 0 a 4, mae angen talgrynnu i lawr, e.e. 3.01 (2 l.d.) = 3.0 (1 ll.d.); 7.83 (2 l.d.) = 7.8 (1 ll.d.)

Os yw'r digid terfynol rhwng 5 a 9, mae angen talgrynnu i fyny, e.e. 12.87 (2 l.d.) = 12.9 (1 ll.d.); 6.55 (2 l.d.) = 6.6 (1 ll.d.)

Os oes gennych chi rif i lawer o leoedd degol ond bod angen ei dalgrynnu i un, mae'r un egwyddorion yn berthnasol: 34.2167 (4 ll.d.) = 34.2 (1 ll.d.); 17.8649 (4 ll.d.) = 17.9 (1 ll.d.).

Cyngor mathemateg

Wrth dalgrynnu 0.6667 i 2 l.d., yr ateb yw 0.67, nid 0.66 (camgymeriad cyffredin iawn). Wrth wirio eich gwaith, os ydych chi'n gweld rhif wedi'i dalgrynnu sy'n gorffen â 6, byddwch yn amheus.

Cyngor

Cofiwch ddangos eich gwaith cyfrifo. Weithiau gallwch chi gael marciau, hyd yn oed os gwnewch chi gamgymeriad.

Ffigurau ystyrlon

- mae digidau sydd ddim yn sero yn ystyrlon
- mae unrhyw sero rhwng dau ddigid ystyrlon yn ystyrlon
- dydy sero arweiniol (h.y. ar ochr chwith y rhif) byth yn ystyrlon
- os nad oes pwynt degol, dydy sero ôl (h.y. ar ochr dde y rhif) ddim yn ystyrlon
- mae sero ôl sy'n dilyn digid i'r dde o bwynt degol yn ystyrlon

Enghreifftiau
1 ff.y.: 1; 01; 0.1; 0.01; 10
2 ff.y.: 12; 120; 1.2; 0.20; 0.020
3 ff.y.: 123; 1.23; 1.02
4 ff.y.: 1234; 1.234; 1.203
5 ff.y.: 12345; 1.2345; 1.2003; 1.2340

Cyngor mathemateg

Mae'r digidau mewn coch yn ystyrlon, dydy'r digidau mewn du ddim yn ystyrlon
0103
0.1030
10300

Adnabod organynnau ar ficrograffau electronau

- Mae gan fitocondria ddwy bilen, ac mae'r bilen fewnol wedi'i phlygu tuag i mewn gan ffurfio cristâu. Mae'r cristâu yn gallu mynd yr holl ffordd ar draws y mitocondrion, neu rywfaint o'r ffordd. Mae mitocondria yn edrych yn grwn ar ôl eu torri nhw mewn toriad ardraws, ac yn hirgrwn ar ôl eu torri nhw mewn toriad hydredol, fel ar t35. Maen nhw'n edrych yn wahanol am eu bod nhw wedi eu torri ar blanau gwahanol.

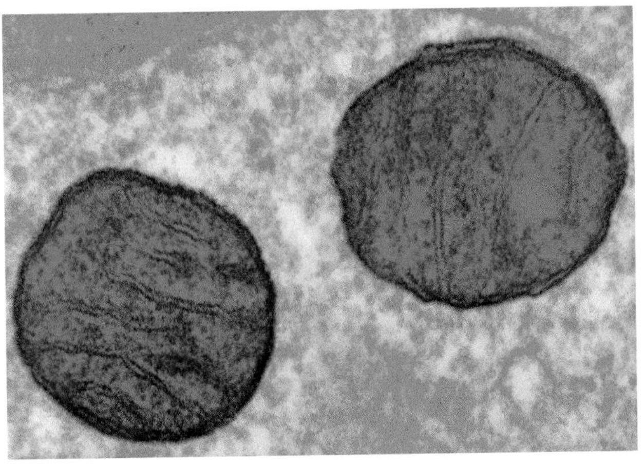

Toriad ardraws drwy fitocondria

Cyngor

Bydd angen i chi allu adnabod gwahanol organynnau mewn micrograffau electronau ac o'r rhain, cyfrifo chwyddhad y ddelwedd neu faint y gwrthrych.

Gwirio gwybodaeth

Mae'r ffotomicrograff yn dangos dau fitocondrion. Os yw diamedr mwyaf y mitocondrion ar y dde yn 1 μm, beth yw chwyddhad y ddelwedd hon?

- Mae ribosomau'n edrych fel dotiau du ar ficrograffau electronau, gan fod eu maint yn agos at derfyn cydraniad llawer o ficrosgopau electronau. Mae'r reticwlwm endoplasmig yn ymddangos fel pilenni o gwmpas gwagleoedd o'r enw sisternâu. Mae gan reticwlwm endoplasmig garw ribosomau ar yr arwyneb allanol, fel yn y micrograff electronau hwn. Mae gan reticwlwm endoplasmig llyfn drefniant pilen tebyg, ond dim ribosomau. Mae ribosomau hefyd i'w gweld yn rhydd yn y cytoplasm mewn celloedd ewcaryotig a phrocaryotig.

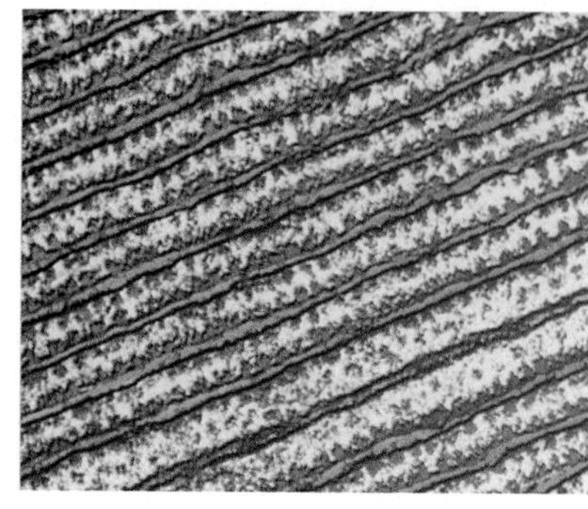

Reticwlwm endoplasmig garw

2.7 Gwirio gwybodaeth

Mae'r cloroplast hwn wedi'i chwyddo × 8500. Beth yw ei hyd?

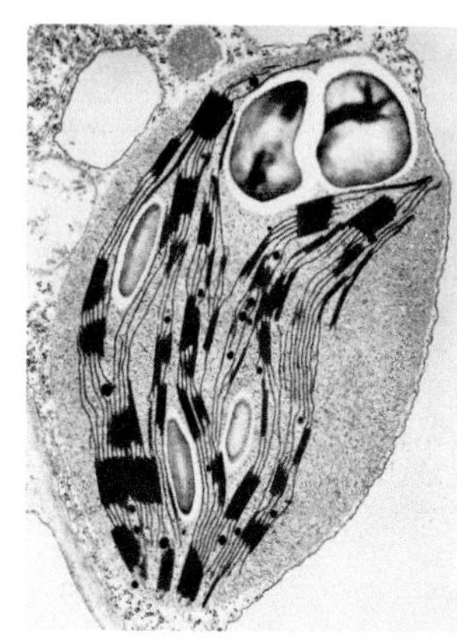

Cloroplast

- Gallwn ni adnabod cloroplastau oddi wrth eu grana, sef pentyrrau o bilenni wedi'u cysylltu â lamelâu rhyng-granaidd. Mae defnynnau lipid yn edrych fel sfferau du iawn. Dydy gronynnau startsh ddim yn amsugno'r staen ac maen nhw'n edrych fel cyrff golau, siâp hirgrwn yn aml.

- Mae organigyn Golgi yn edrych fel pentwr o godenni fflat neu sisternâu, gyda fesiglau'n asio, yn datblygu neu'n blaguro oddi arno.

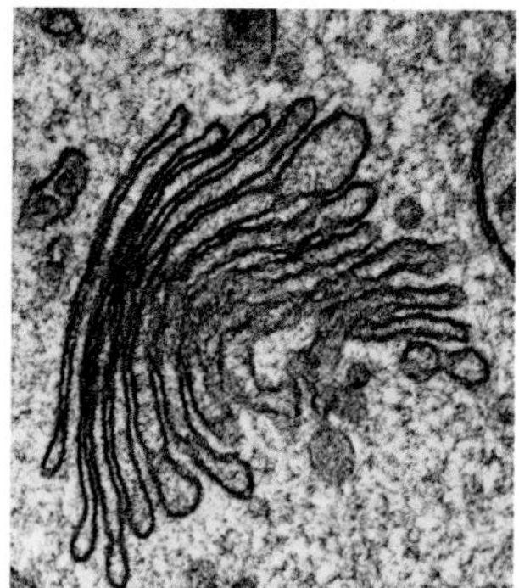

Organigyn Golgi

2.8 Gwirio gwybodaeth

Y diamedr mwyaf ar draws y cnewyllyn hwn yw 10 µm. Beth yw diamedr mwyaf y cnewyllan?

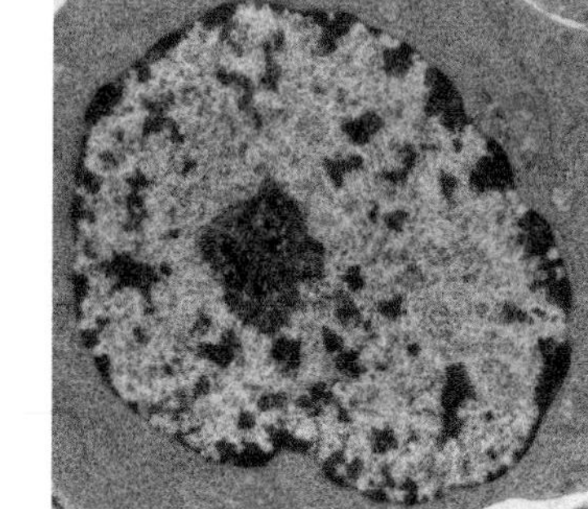

Cnewyllyn cell anifail

- Mae'r cnewyllyn wedi'i amgylchynu â dwy bilen ac yn aml, mae'n cynnwys un neu fwy o ddarnau â staen dwys, y cnewyllan. Dydy'r cromatin ddim wedi'i staenio'n unffurf. Rydyn ni'n ei alw'n ewcromatin lle mae'n olau, ac yn heterocromatin lle mae'r staen yn ddwys.

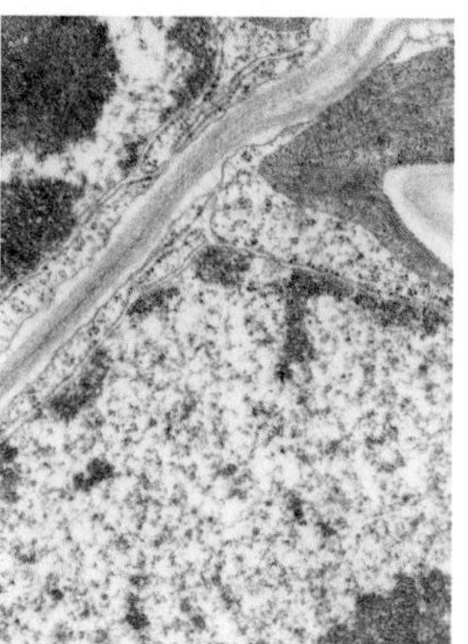

Cellfur rhwng celloedd mesoffyl deilen

- Mae'r cellfur yn edrych fel band â staen ysgafn, oherwydd dydy cellwlos, sydd yn garbohydrad, ddim yn amsugno'r staen yn rhwydd. Efallai y bydd band tywyllach yn mynd drwy'r canol, y lamela canol, sy'n cynnwys pectin.

- Mae'r gwagolyn mewn cell planhigyn wedi'i amgylchynu â philen sengl, y tonoplast, a does dim ffurfiadau y tu mewn iddo.

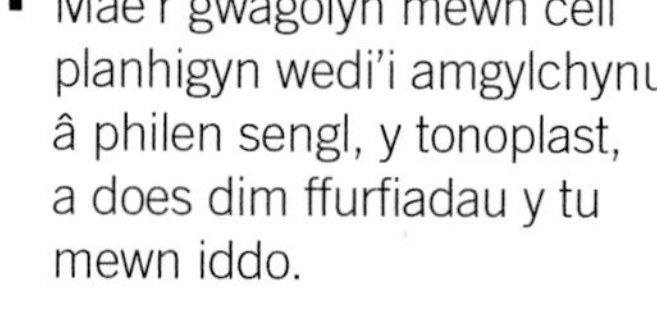

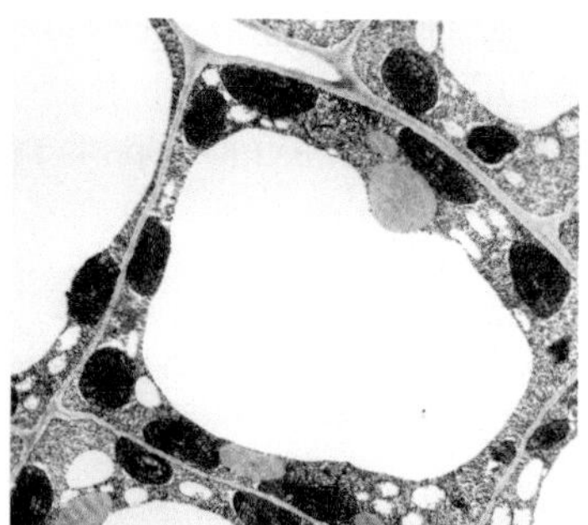

Gwagolyn mewn cell mesoffyl deilen

Profwch eich hun

1 (a) Nodwch y gwahaniaeth rhwng meinwe ac organ, gan roi enghraifft o'r naill a'r llall mewn planhigyn blodeuol. (4)

(b) Enwch gyfansoddyn organig sy'n bodoli ym mhilenni mewnol y cloroplast, ond ddim mewn unrhyw organyn arall mewn planhigion nac anifeiliaid. (1)

Mae Llun 1.1 yn dangos ffotomicrograff o gloroplast berwr y fagwyr, *Arabidopsis thaliana*:

Llun 1.1

(c) Enwch a labelwch ar Lun 1.1:

(i) rhan lle mae pigmentau ffotosynthetig ar eu dwysaf

(ii) storfa carbohydrad

(iii) matrics llawn hylif y cloroplast (3)

(ch) (i) Hyd gwirioneddol y cloroplast yn Llun 1.1 yw 5 μm. Cyfrifwch ei chwyddhad a nodwch i ba nifer o ffigurau ystyrlon rydych chi wedi'i gyfrifo. (2)

(ii) Yn Llun 1.1, mae'r cloroplast yn edrych yn hirgrwn, ond mewn rhai paratoadau, mae'n edrych bron yn grwn. Esboniwch pam mae'n gallu ymddangos yn un o'r ddau siâp hyn. (1)

(iii) Mae Llun 1.2 yn ficrograff electronau sy'n dangos toriad drwy gloroplast o'r alga *Vaucheria*. Disgrifiwch wahaniaeth rhwng y cloroplast hwn a chloroplast o blanhigyn blodeuol. (1)

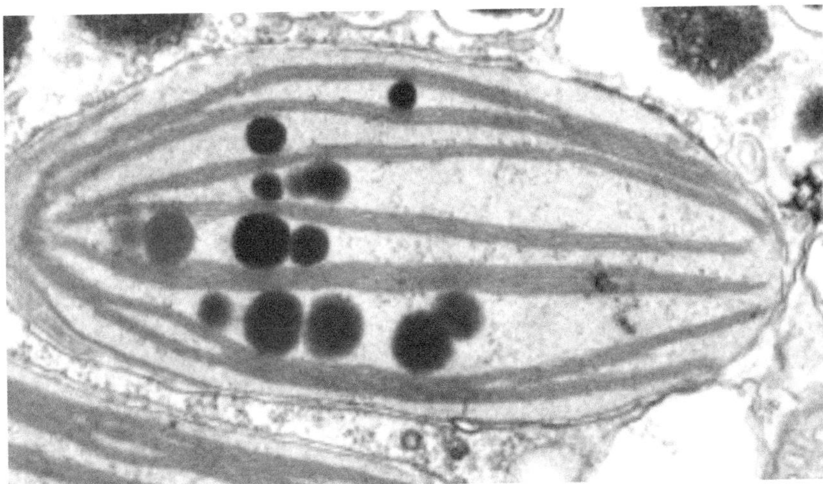

Llun 1.2

(Cyfanswm 12 marc)

2 Mae grwpiau o gelloedd yn y pancreas o'r enw ynysoedd Langerhans. Mae'r rhain yn cynnwys celloedd ß, sy'n secretu'r hormon inswlin i lif y gwaed. Mae Llun 2.1 yn dangos rhan o un o'r celloedd hyn:

(a) Enwch A a B a'r llwybrau metabolaidd sy'n gysylltiedig â nhw. (4)

(b) (i) Awgrymwch hyd bras ffurfiad C. (1)

(ii) Awgrymwch pam mae'r math hwn o gell yn debygol o gynnwys niferoedd mawr o ffurfiad C. (3)

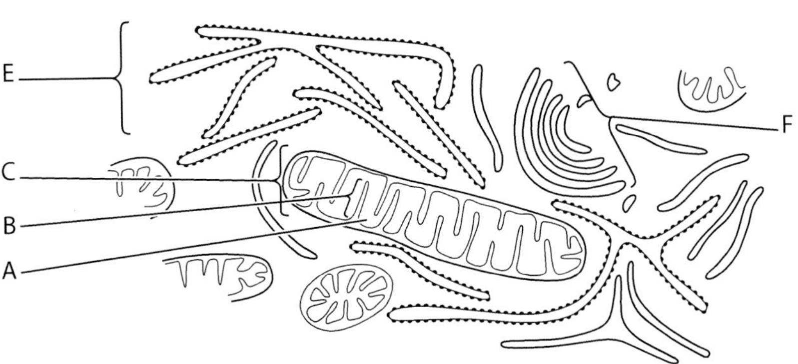

Llun 2.1

(c) Disgrifiwch y berthynas rhwng swyddogaethau E ac F yn y gell. (4)

(ch) I fesur lled un o ynysoedd Langerhans, cafodd microsgop ei raddnodi â lens gwrthrychiadur ×10.

Roedd 80 uned sylladur yn cyfateb i 80 uned micromedr llwyfan.

Roedd llinell 1 mm â 100 rhaniad ar y sleid micromedr llwyfan.

(i) Pa hyd mae 1 uned sylladur yn ei gynrychioli? (3)

(ii) Roedd yr ynys yn mesur 42 uned sylladur ar ei thraws. Cyfrifwch ei lled mewn mm. Rhowch eich ateb i 2 le degol. (2)

(Cyfanswm 17 marc)

3 Mae gwyddonwyr wedi awgrymu bod rhai o organynnau celloedd ewcaryotig wedi esblygu o gelloedd procaryotig a oedd yn byw'n rhydd, a bod rhain wedi cael eu hymgorffori yn y celloedd yn y gorffennol pell. Maen nhw'n bodoli nawr mewn sefyllfa sy'n cael ei disgrifio fel 'endosymbiosis'.

Un model i ddisgrifio sut digwyddodd hyn yw'r model 'o'r tu allan i mewn', lle mae plygion cellbilen yn amgáu celloedd eraill mewn adrannau mewnol. Mae'r gellbilen wreiddiol yn aros fel cellbilen y gell ewcaryotig sydd newydd gael ei ffurfio.

Mae'r ddamcaniaeth 'o'r tu mewn allan' yn ddamcaniaeth fwy diweddar lle roedd cellbilen celloedd cynnar yn ymwthio allan fel 'pothellau', ac yn asio o gwmpas celloedd eraill. Mae'r gellbilen wreiddiol yn ffurfio'r bilen gnewyllol fewnol ac mae'r gellbilen newydd yn ffurfio wrth i'r pothellau asio.

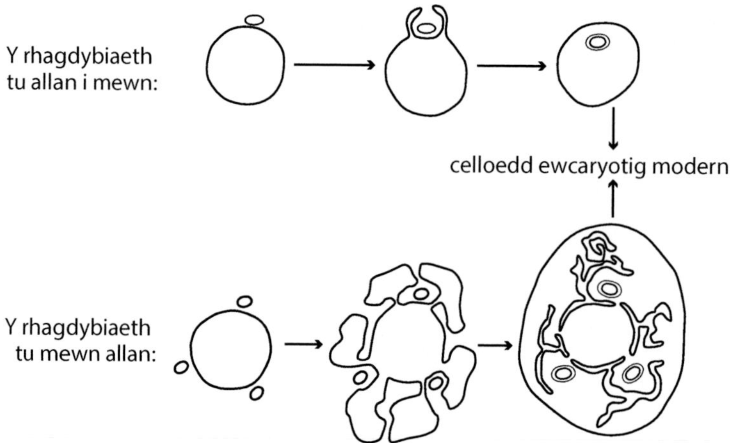

Llun 3.1

Mae Llun 3.1 yn dangos y ddwy ragdybiaeth hyn:

Mae'r mitocondrion yn enghraifft o organyn â philen ddwbl. Mae rhai o'r ffosffolipidau a'r proteinau yn ei bilen allanol yn debyg i'r rhai sydd yn y gellbilen, ac mae rhai sydd yn y bilen fewnol yn debyg i'r rhai sydd mewn rhai procaryotau.

Esboniwch pam mae'n debygol bod mitocondria a chloroplastau'n tarddu o gelloedd procaryot sydd wedi eu hamlyncu gan gelloedd eraill.

Defnyddiwch y diagram uchod i gyfiawnhau'r datganiad bod y model o'r tu mewn allan yn rhoi gwell disgrifiad o darddiad y cnewyllyn a'i bilen ddwbl, a'r reticwlwm endoplasmig, na'r model o'r tu allan i mewn.

Awgrymwch pam gallai presenoldeb organynnau ddarparu mantais ddetholus i gelloedd ewcaryotig. [9 AYE]

1.3

Cellbilenn
chludiant

Mae angen amrywiaeth o ddeunyddiau ar yr organynnau a'r adeileddau mewn cell er mwyn cyflawni eu swyddogaethau. Mae pob cell wedi'i hamgylchynu â philen arwyneb cell (pilen blasmaidd), sy'n rheoli cyfnewid deunyddiau, fel maetholion, nwyon resbiradol a chynnyrch gwastraff, rhwng y gell a'i hamgylchedd. Y bilen sy'n dewis pa sylweddau sy'n mynd i mewn ac allan o'r gell. Mae'n ffin sy'n gwahanu'r gell fyw oddi wrth ei hamgylchoedd anfyw.

Erbyn diwedd y testun hwn, byddwch chi'n gallu gwneud y canlynol:

- Amlinellu swyddogaeth cydrannau cemegol pilenni.
- Disgrifio'r model mosaig hylifol ar gyfer adeiledd pilen.
- Esbonio swyddogaeth y bilen yn y gell.
- Disgrifio ac esbonio sut mae moleciwlau'n mynd i mewn ac allan o gelloedd drwy gyfrwng prosesau trylediad, trylediad cynorthwyedig, osmosis, cludiant actif, cyd-gludiant, endocytosis ac ecsocytosis.
- Gwybod sut i ganfod potensial dŵr a photensial hydoddyn celloedd.
- Gwybod sut i ymchwilio i athreiddedd pilen.

Cynnwys y testun

l ar gyfer

nau a ffosffolipidau.

pilenni arwyneb cell ac yn ffurfio sail

Y mo
cel

aenau deuol, lle mae un haen o foleciwlau ffosffolipid

yr haen fewnol o ffosffolipidau'n pwyntio tuag i mewn, tuag at y thio â'r dŵr yn y cytoplasm.

ydroffilig yr haen allanol o ffosffolipidau'n pwyntio tuag allan, ac yn io â'r dŵr o gwmpas y gell.

cynffonau hydroffobig y ddwy haen ffosffolipid yn pwyntio tuag at ei gilydd, i mewn ganol y bilen.

- Mae cydran ffosffolipid y bilen yn caniatáu i foleciwlau sy'n hydawdd mewn lipid groesi, ond nid moleciwlau sy'n hydawdd mewn dŵr.

Pwynt astudio

Mae pen ffosffad moleciwl ffosffolipid yn bolar (hydroffilig) ac yn rhyngweithio â moleciwlau polar eraill, fel dŵr. Mae ochr asid brasterog ffosffolipid yn cynnw dwy gynffon asid brasterog, amholar (hydroffobig) ac n rhyngweithio â dŵr.

Cysw

Mae d yn rhoi ff pilenni.

Proteinau

Mae proteinau wedi'u gwasgaru drwy haen ddeuol ffosffolipid y bilen. Maen nhw wedi'u mewnblannu mewn dwy ffordd:

- Mae **proteinau anghynhenid** ar ddau arwyneb yr haen ddeuol. Maen nhw'n cynnal yr adeiledd ac yn ffurfio safleoedd adnabod, drwy adnabod celloedd, a safleoedd derbyn i hormonau gydio wrthynt.
- Mae **proteinau cynhenid** yn ymestyn ar draws dwy haen yr haen ddeuol ffosffolipid. Mae'r rhain yn cynnwys proteinau cludo, sy'n defnyddio cludiant actif neu oddefol i symud moleciwlau ac ïonau ar draws y gellbilen.

Term allweddol

Model mosaig hylifol: Model o adeiledd pilenni biolegol, lle mae haen ddeuol ffosffolipid wedi'i britho â phroteinau, fel mosaig. Symudiad moleciwlau o fewn un o'r ddwy haen sy'n ei wneud yn hylifol.

Y model mosaig hylifol ar gyfer adeiledd pilen

Mae'r ddau ddiagram isod, ac ar y dudalen nesaf, yn dangos sut mae'r ffosffolipidau a'r proteinau wedi'u trefnu yn y bilen. Enw'r trefniant hwn yw'r **model mosaig hylifol** a chafodd ei gynnig gan Singer a Nicolson yn 1972.

Ymestyn a herio

Mae hormonau protein, fel inswlin ac adrenalin, yn anhydawdd mewn lipidau felly dydyn nhw ddim yn gallu tryledu drwy'r bilen ffosffolipid i mewn i'r gell. Yn lle hynny, maen nhw'n bondio â moleciwlau derbyn protein anghynhenid, gan ddylanwadu ar ymddygiad celloedd.

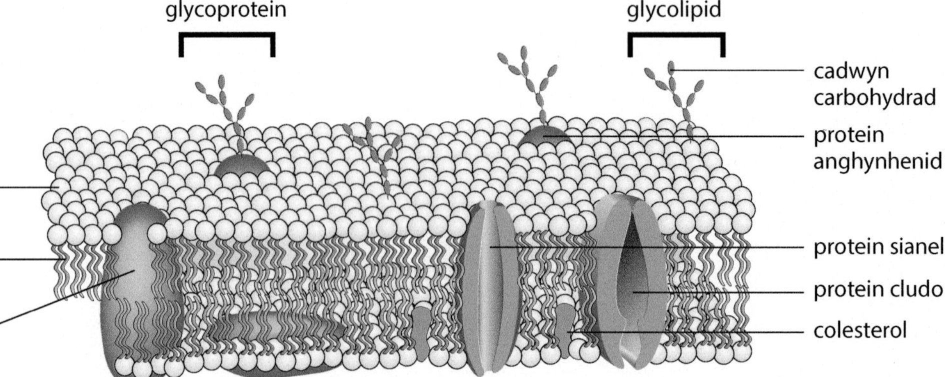

Trefniant 3D o foleciwlau mewn pilen fiolegol

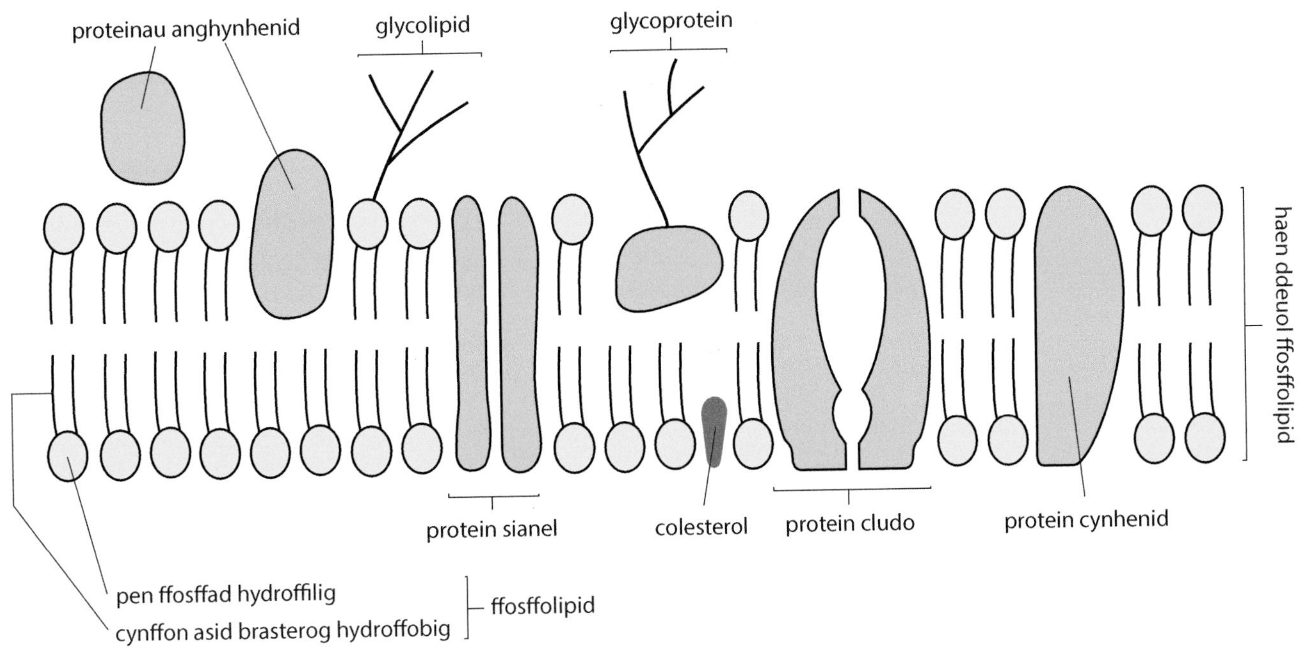

Adeiledd pilenni biolegol

Yr enw ar fodel adeiledd y bilen yw'r model 'mosaig hylifol' oherwydd:

- Mae'r moleciwlau ffosffolipid unigol yn gallu symud o fewn haen yn gymharol i'w gilydd (hylifol).
- Mae siâp a maint y proteinau sydd wedi'u mewnblannu yn yr haen ddeuol, a'u dosbarthiad ymysg y ffosffolipidau, yn amrywio (mosaig).

Mae cellbilenni planhigion ac anifeiliaid yn cynnwys glycoproteinau, glycolipidau a sterolau. Colesterol yw'r sterol mewn cellbilenni anifeiliaid. Mae i'w gael rhwng y moleciwlau ffosffolipid, gan wneud y bilen yn fwy sefydlog ar dymereddau uchel ac yn fwy hylifol ar dymereddau isel. Mae sterolau eraill yn gwneud y gwaith hwn mewn cellbilenni planhigion.

Enw'r haen carbohydrad o gwmpas cell anifail yw'r glycocalycs. Mae gan rai moleciwlau yn y glycocalycs swyddogaethau fel derbynyddion hormonau ym mhrosesau adnabod cell-i-gell ac adlyniad cell-i-gell.

Athreiddedd y bilen

- Mae moleciwlau bach, e.e. ocsigen a charbon deuocsid, yn symud rhwng moleciwlau ffosffolipid ac yn tryledu ar draws y bilen.
- Mae moleciwlau sy'n hydawdd mewn lipid, e.e. fitamin A, yn hydoddi mewn ffosffolipid ac yn tryledu ar draws y bilen. Mae'r haen ffosffolipid yn hydroffobig, felly mae moleciwlau sy'n hydawdd mewn lipidau yn symud drwy'r gellbilen yn rhwyddach na sylweddau sy'n hydawdd mewn dŵr.
- Dydy sylweddau sy'n hydawdd mewn dŵr (e.e. glwcos, moleciwlau polar ac ïonau) ddim yn gallu tryledu'n rhwydd drwy'r ffosffolipidau ac mae'n rhaid iddyn nhw fynd drwy foleciwlau protein cynhenid, sy'n ffurfio sianeli llawn dŵr ar draws y bilen. O ganlyniad, mae pilen arwyneb y gell yn athraidd ddetholus i ddŵr a rhai hydoddion.

Cyngor

Cofiwch gyfeirio at y bilen fel 'haen ddeuol ffosffolipid', yn hytrach na dim ond 'haen ddeuol lipid'.

Cwblhewch y paragraff drwy lenwi'r bylchau.

Mae'r gellbilen yn haen ddeuol sydd wedi'i gwneud o ddwy haen o foleciwlau .... Mae gan rhain bennau hydroffilig yn pwyntio tuag allan a chynffonnau .... yn pwyntio tuag i mewn. Mae proteinau o ddau ddosbarth yn y bilen, sef proteinau cynhenid, sy'n ymestyn ar draws y bilen, a phroteinau ...., ar yr arwyneb. Mae'r carbohydradau'n gallu bondio â moleciwlau lipidau, i wneud glycolipidau, neu â grwpiau protein i wneud ....

Pwynt astudio

Mae pilenni yn athraidd ddetholus, hynny yw, maen nhw'n athraidd i foleciwlau dŵr a rhai moleciwlau bach eraill, ond nid i foleciwlau mwy. Mae'n ddefnyddiol disgrifio'r gellbilen fel 'rhwystr detholus' oherwydd ei bod hi'n rhwystr i rai moleciwlau ond yn gadael i rai eraill ei chroesi.

Cludiant ar draws pilenni

Termau allweddol

Trylediad: Symudiad goddefol moleciwl neu ïon i lawr graddiant crynodiad, o ardal â chrynodiad uchel i ardal â chrynodiad isel.

Goddefol: Proses lle does dim angen i'r gell ddarparu egni.

Pwynt astudio

Mae tryslediad yn gallu digwydd ar draws pilenni, fel y gellbilen, ond mae hefyd yn gallu digwydd mewn hydoddiant, fel yn y cytoplasm.

Tryledad

Mae **tryledad** syml yn enghraifft o gludiant **goddefol**. Tryledad yw symudiad moleciwlau neu ïonau o ardal lle mae crynodiad uchel ohonynt i ardal â chrynodiad is, h.y. i lawr graddiant crynodiad, nes eu bod nhw wedi'u dosbarthu'n gyfartal. Mae ïonau a moleciwlau'n symud yn afreolus drwy'r amser, ond os oes crynodiad uchel mewn un lle, bydd yna symudiad net oddi wrth y lle hwnnw nes bod y dosbarthiad yn unffurf.

Mae'r ffactorau canlynol yn effeithio ar gyfradd tryledad:

- Y graddiant crynodiad. Y mwyaf yw'r gwahaniaeth rhwng crynodiad moleciwlau mewn dau le, y mwyaf o foleciwlau fydd yn tryledu mewn cyfnod penodol.
- Trwch yr arwyneb cyfnewid neu'r pellter teithio lle mae tryledad yn digwydd. Y teneuaf yw'r bilen neu'r byrraf yw'r pellter, y mwyaf o foleciwlau fydd yn tryledu mewn cyfnod penodol.
- Arwynebedd arwyneb y bilen – y mwyaf yw'r arwynebedd, y mwyaf o foleciwlau sydd â lle i dryledu ar draws mewn cyfnod penodol.

  Gallwn ni ei fynegi fel hyn

$$\text{cyfradd tryledu} = \frac{\text{arwynebedd arwyneb} \times \text{gwahaniaeth crynodiad}}{\text{hyd y llwybr tryledu}}$$

Mae'r hafaliad hwn yn ganllaw cyffredinol da i gyfradd tryledu, ond mae ffactorau eraill hefyd yn gallu effeithio ar y gyfradd, e.e.:

- Maint y moleciwl sy'n tryledu – mae moleciwlau llai yn tryledu'n gyflymach na moleciwlau mwy.
- Natur y moleciwlau sy'n tryledu – mae moleciwlau sy'n hydawdd mewn braster yn tryledu'n gyflymach na moleciwlau sy'n hydawdd mewn dŵr, ac mae moleciwlau amholar yn tryledu'n gyflymach na rhai polar.
- Tymheredd – mae tymheredd uwch yn cynyddu'r gyfradd, gan fod gan y moleciwlau neu'r ïonau fwy o egni cinetig.

Ymestyn a herio

Mae cyfansoddiad cemegol pilen a nifer y mandyllau ynddi hefyd yn effeithio ar gyfradd tryledad ar draws y bilen.

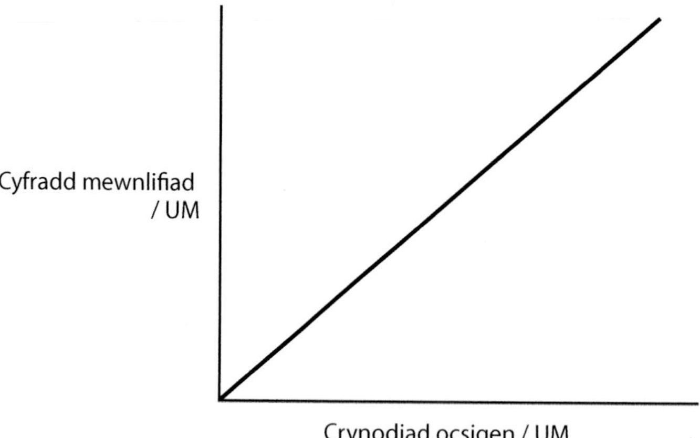

Effaith graddiant crynodiad ar gyfradd ymlifiad

Wrth i grynodiad allanol ocsigen o gwmpas gwreiddyn gynyddu, mae'r graddiant crynodiad ar draws pilenni arwyneb y celloedd yn mynd yn fwy serth. Mae'r graff hwn yn dangos bod cyfradd ymlifiad ocsigen yn cynyddu mewn cyfrannedd union â'r cynnydd yng nghrynodiad yr ocsigen ac, felly, â'r cynnydd yn y graddiant crynodiad.

Tryledied cynorthwyedig

Dydy ïonau a moleciwlau fel glwcos ddim yn gallu mynd drwy'r gellbilen oherwydd eu bod nhw'n gymharol anhydawdd yn yr haen ddeuol ffosffolipid. Mae **tryledied cynorthwyedig** yn fath arbennig o dryledied sy'n caniatáu i'r moleciwlau hyn symud ar draws pilen. (Mae 'cynorthwyedig' yn golygu 'yn cael cymorth'.) Mae'n broses oddefol felly mae'n digwydd i lawr graddiant crynodiad. Mae'n digwydd mewn safleoedd penodol ar bilen lle mae moleciwlau protein cludiant. Mae'r nifer o'r rhain sydd ar gael yn cyfyngu ar gyfradd tryledied cynorthwyedig.

Mae dau fath o'r proteinau cludiant hyn:

- Moleciwlau â mandyllau wedi'u leinio â grwpiau polar yw proteinau sianel. Gan fod y sianeli'n hydroffilig, mae ïonau sy'n hydawdd mewn dŵr yn gallu mynd drwyddynt. Mae'r sianeli'n agor ac yn cau yn unol ag anghenion y gell.
- Mae proteinau cludo yn caniatáu tryledied moleciwlau polar mwy ar draws y bilen, fel siwgrau ac asidau amino. Mae moleciwl yn cydio wrth ei safle rhwymo, ar y protein cludo. Mae'r protein cludo'n newid siâp ac yn rhyddhau'r moleciwl ar yr ochr arall i'r bilen cyn newid yn ôl i'w siâp gwreiddiol.

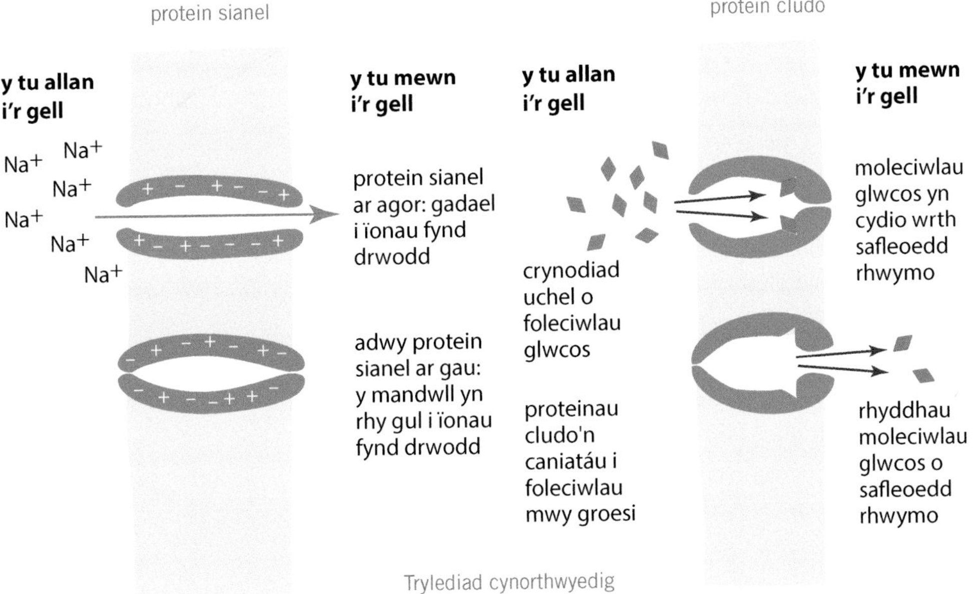

Tryledied cynorthwyedig

Proteinau sianel	Proteinau cludo
Mandwll	Dim mandwll
Caniatáu tryledied neu dryledied cynorthwyedig	Caniatáu tryledied, tryledied cynorthwyedig neu gludiant actif
Cludiant i lawr graddiant crynodiad yn unig	Gallu cludo moleciwlau yn erbyn graddiant crynodiad
Hydoddyn ddim yn rhwymo â phrotein cludo	Hydoddyn yn rhwymo â phrotein cludo ar un ochr i'r bilen ac yn cael ei ryddhau ar yr ochr arall
Ddim yn newid siâp	Newid siâp
Dim ond cludo moleciwlau sy'n hydawdd mewn dŵr	Cludo moleciwlau hydawdd ac anhydawdd
Cludiant cyflym: 10^8 ïon yr eiliad	Cludiant arafach: 10^4 ïon yr eiliad

Mae'r graff yn dangos bod ymlifiad asidau amino i gelloedd yn digwydd drwy gyfrwng tryledied cynorthwyedig. Mae cyfradd yr ymlifiad mewn cyfrannedd union â chrynodiad yr asid amino rhwng pwyntiau A a B ond mae'n gwastadu yn C. Y tu hwnt i C, dydy'r gyfradd ymlifiad ddim yn cynyddu oherwydd bod y cludyddion i gyd yn llawn yn barod ac mae eu nifer wedi dod yn gyfyngol.

Term allweddol

Tryledied cynorthwyedig: Trosglwyddiad goddefol moleciwlau neu ïonau i lawr graddiant crynodiad, ar draws pilen, drwy foleciwlau cludo protein yn y bilen.

Pwynt astudio

Dydy'r gell ddim yn cyfrannu egni at brosesau goddefol, felly rhaid i dryledied a thryledied cynorthwyedig fynd i'r cyfeiriad sy'n bosibl o safbwynt egni, h.y. i lawr graddiant crynodiad. Mae'r moleciwlau neu'r ïonau'n symud oherwydd eu hegni cinetig eu hunain.

Ymestyn a herio

Mae llawer o broteinau sianel yn benodol i un math o ïon, fel y sianeli calsiwm ar synaps nerf.

Cyngor

Mae proteinau cludo a phroteinau sianel yn cynyddu cyfradd tryledied i lawr graddiant crynodiad heb egni ar ffurf ATP o resbiradaeth.

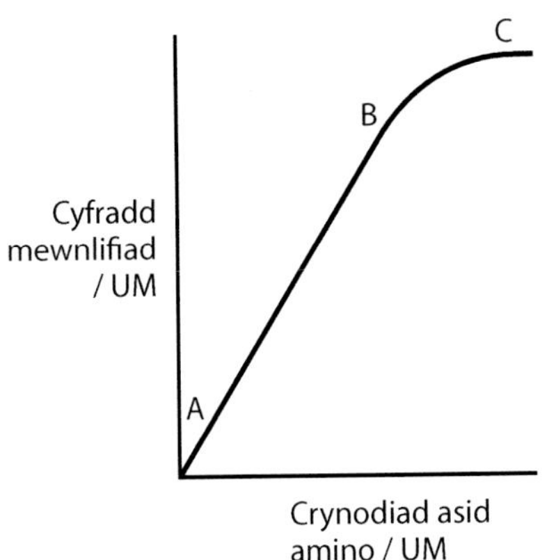

Term allweddol

Cludiant actif: Symudiad moleciwlau neu ïonau ar draws pilen yn erbyn graddiant crynodiad, gan ddefnyddio egni o hydrolysis ATP a gafodd ei wneud gan y gell wrth resbiradu.

Pwynt astudio

Dewiswch eich geiriau'n ofalus. Mae 'i fyny' neu 'yn erbyn' graddiant crynodiad yn golygu mynd o grynodiad is i grynodiad uwch. Mae 'i lawr' graddiant crynodiad yn golygu mynd o grynodiad uwch i grynodiad is.

Pwynt astudio

Mae rhai moleciwlau cludo yn mynd â moleciwlau neu ïonau i mewn i'r gell ac mae rhai'n mynd â nhw allan, felly mae cludiant actif yn gallu digwydd i'r ddau gyfeiriad ar draws cellbilen. Pan fydd ymlifiad moleciwlau neu ïonau'n digwydd drwy gyfrwng cludiant actif, byddwn ni weithiau'n galw'r broses yn 'ymlifiad actif'.

Cludiant actif

Mae cyfnewid sylweddau rhwng celloedd a'u hamgylchoedd yn gallu digwydd mewn ffyrdd sy'n defnyddio egni metabolaidd (cludiant actif) a hefyd mewn ffyrdd sydd ddim (cludiant goddefol). Yn wahanol i ddryledlad a thryledlad cynorthwyedig, mae **cludiant actif** yn broses sydd ag angen egni arni, a lle bydd ïonau a moleciwlau'n cael eu symud ar draws pilenni yn erbyn graddiant crynodiad.

Nodweddion cludiant actif yw:

- Mae ïonau a moleciwlau'n symud o grynodiad is i grynodiad uwch yn erbyn y graddiant crynodiad.
- Mae'r broses yn defnyddio egni o ATP. Bydd unrhyw beth sy'n effeithio ar resbiradaeth yn effeithio ar gludiant actif.
- Mae'r broses yn digwydd drwy broteinau cludo cynhenid sy'n ymestyn ar draws y bilen.
- Mae nifer y proteinau cludo sydd ar gael yn cyfyngu ar y gyfradd.

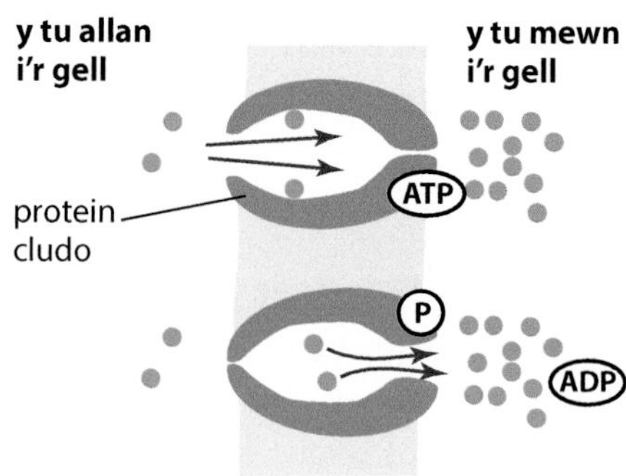

Proteinau cludo yn newid siâp wrth gludo moleciwl ar draws pilen

Mae cludiant actif yn digwydd ym mhrosesau cyfangiad cyhyrau, trosglwyddiad impylsau nerfol, adamsugniad glwcos yn yr aren ac ymlifiad mwynau i wreiddflew planhigion.

Mae ymlifiad actif un moleciwl neu ïon yn digwydd fel hyn:

- Mae'r moleciwl neu'r ïon yn cyfuno â phrotein cludo penodol ar y tu allan i'r bilen.
- Mae ATP yn trosglwyddo grŵp ffosffad i'r protein cludo ar y tu mewn i'r bilen.
- Mae'r protein cludo yn newid siâp ac yn cludo'r moleciwl neu'r ïon ar draws y bilen i'r tu mewn i'r gell.
- Mae'r moleciwl neu'r ïon yn cael ei ryddhau i'r cytoplasm.
- Mae'r ïon ffosffad yn cael ei ryddhau o'r moleciwl cludo yn ôl i'r cytoplasm ac yn ailgyfuno gydag ADP i ffurfio ATP.
- Mae'r protein cludo'n newid yn ôl i'w siâp gwreiddiol.

Cludiant actif a resbiradaeth

Cyswllt

Mae ATP yn cael ei gynhyrchu yn ystod resbiradaeth ac mae'n bwysig i drosglwyddo egni. Gweler t13 i edrych eto ar ei adeiledd. Byddwch chi'n dysgu mwy am ATP yn ystod ail flwyddyn y cwrs hwn.

Mae'r graff isod yn dangos, wrth i'r gwahaniaeth crynodiad ar draws pilen gynyddu, bod cyfradd ymlifiad yn cynyddu ac yn gwastadu pan fydd y proteinau cludo yn ddirlawn, hynny yw, bod yna hydoddyn ym mhob safle rhwymo.

Mae'r graff hefyd yn dangos bod cyfradd ymlifiad yn lleihau wrth ychwanegu atalydd resbiradol. Mae hyn yn awgrymu bod angen ATP ar y broses ac felly mae'n rhaid bod cludiant actif yn digwydd. Mae cyanid yn atalydd resbiradol a fydd yn atal resbiradaeth aerobig a chynhyrchiad ATP yn y mitocondria. Dydy cludiant actif ddim yn gallu digwydd heb ATP, felly mae cyanid yn lleihau cludiant actif.

Cyngor

Mae celloedd sy'n cyflawni cludiant actif yn llawn mitocondria.

Mae arbrofion wedi dangos cynnydd mewn cludiant actif os oes mwy o ocsigen ar gael i'r celloedd, pan oedd yn gyfyngol cyn hynny. Mae hyn hefyd yn dynodi cludiant actif, oherwydd bydd yr ocsigen wedi caniatáu i resbiradaeth aerobig gynhyrchu mwy o ATP.

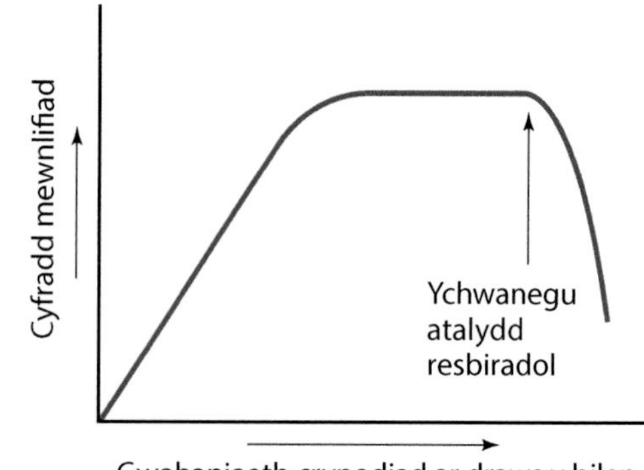

Ataliad cludiant actif

Cyd-gludiant

Mae **cyd-gludiant** yn fath o drylediad cynorthwyedig sy'n mynd â moleciwlau ac ïonau i mewn i gelloedd gyda'i gilydd ar yr un moleciwl protein cludiant. Mae cyd-gludiant sodiwm–glwcos yn bwysig i amsugno glwcos ac ïonau sodiwm ar draws cellbilenni ac i mewn i'r gwaed yn yr ilewm a'r neffron yn yr aren.

1. Mae moleciwl glwcos a dau ïon sodiwm y tu allan i'r gell yn rhwymo at brotein cludo yn y gellbilen.
2. Mae'r protein cludo yn newid siâp ac yn gollwng y moleciwl glwcos a'r ïonau sodiwm y tu mewn i'r gell. Tryllediad cynorthwyedig yw hyn.
3. Mae'r moleciwl glwcos a'r ïonau sodiwm yn tryledu ar wahân drwy'r cytoplasm i'r bilen gyferbyn.
4. Mae'r glwcos yn symud i mewn i'r gwaed drwy gyfrwng tryllediad cynorthwyedig.
5. Mae'r ïonau sodiwm yn cael eu cludo allan o'r gell epithelaidd drwy gyfrwng cludiant actif, gan yr un cludydd sydd, ar yr un pryd, yn symud ïonau potasiwm i mewn. Fel hyn, mae crynodiad yr ïonau sodiwm yn aros yn isel yn y gell epithelaidd, ac felly mae mwy o ïonau sodiwm yn symud i mewn o lwmen y coludd, gan ddod â glwcos i mewn ar yr un moleciwl cludo (cam 1).

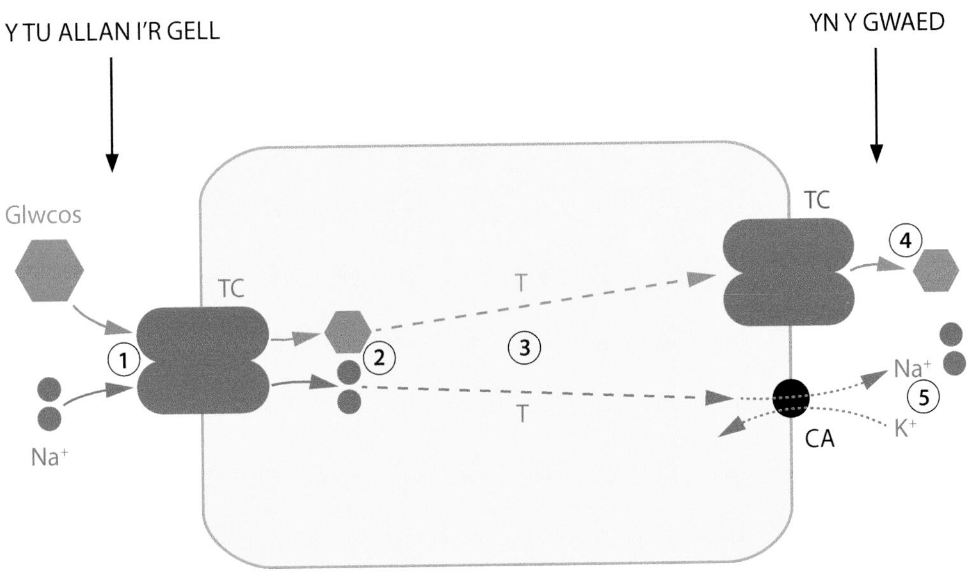

Cyd-gludiant sodiwm–glwcos

Cyswllt

Mae disgrifiad o amsugniad yn yr ilewm ar t237. Byddwch chi'n dysgu am y neffron yn ystod ail flwyddyn y cwrs hwn.

Term allweddol

Cyd-gludiant: Mecanwaith cludo lle mae tryllediad cynorthwyedig yn cludo moleciwlau ac ïonau, fel glwcos ac ïonau sodiwm, ar draws y gellbilen gyda'i gilydd i mewn i gell.

Termau allweddol

Osmosis: Trylediad goddefol net moleciwlau dŵr ar draws pilen athraidd ddetholus o ardal â photensial dŵr uchel i ardal â photensial dŵr is.

Potensial dŵr (ψ): Tueddiad dŵr i symud i mewn i system; mae dŵr yn symud o hydoddiant â photensial dŵr uwch (llai negatif) i hydoddiant â photensial dŵr is (mwy negatif). Mae ychwanegu hydoddyn yn lleihau'r potensial dŵr. Mae gan ddŵr pur botensial dŵr o sero.

Cyngor

Dysgwch y diffiniad o osmosis ar eich cof.

Pwynt astudio

Ar gyfer dŵr pur, $\psi = 0$. Ar gyfer hydoddiannau, mae'r potensial dŵr yn negatif.

Pwynt astudio

Symbol potensial dŵr yw ψ. Wrth ddarllen am botensial dŵr y gell, efallai y gwelwch chi ψ, ψ_W, ψ_C neu ψ_{cell}. Mae'r llyfr hwn yn defnyddio ψ_{cell}.

Ymestyn a herio

Mae moleciwlau dŵr yn teithio ar draws cellbilenni drwy sianeli arbenigol o'r enw acwaporinau. Mae cell yn gallu cynnwys miloedd o acwaporinau a throsglwyddo biliynau o foleciwlau dŵr bob eiliad.

Term allweddol

Potensial hydoddyn (ψ_S): Mesur o gryfder osmotig hydoddiant. Dyma'r gostyngiad yn y potensial dŵr oherwydd presenoldeb moleciwlau hydoddion.

Osmosis

Mae'r rhan fwyaf o gellbilenni yn athraidd i ddŵr a rhai hydoddion penodol. Mae **osmosis** yn fath arbennig o dryledi ad gan foleciwlau dŵr yn unig.

Potensial dŵr

Mae **potensial dŵr** (ψ) yn mesur egni rhydd moleciwlau dŵr a dyma yw tuedd dŵr i symud. Rydyn ni'n ei fesur mewn cilopascalau (kPa). Does dim tuedd i foleciwlau dŵr symud i mewn i ddŵr pur, felly mae gan ddŵr pur botensial dŵr o sero. Mae ychwanegu hydoddyn at ddŵr pur yn tueddu i dynnu moleciwlau dŵr i mewn. Gan fod y grym yn tynnu tuag i mewn, mae ganddo arwydd negatif felly mae ychwanegu hydoddyn at ddŵr pur yn gostwng y potensial dŵr ac yn rhoi gwerth negatif iddo. Wrth i'r crynodiad gynyddu ac wrth i foleciwlau dŵr gael eu tynnu i mewn yn gryfach, mae'r potensial dŵr yn gostwng, h.y. yn mynd yn fwy negatif.

Gallwn ni esbonio hyn yn nhermau egni: os yw crynodiad moleciwlau dŵr yn uchel, h.y. mewn hydoddiant gwanedig, mae egni potensial y moleciwlau dŵr yn uchel gan eu bod nhw'n rhydd i symud. Mewn hydoddiant, mae bondiau gwan rhwng moleciwlau dŵr a'r hydoddyn felly mae llai ohonynt yn rhydd i symud. Mae egni potensial y system yn is. Bydd moleciwlau dŵr allanol, ag egni potensial uwch, yn symud i lawr graddiant egni i'r egni potensial is. Hwn yw'r grym tynnu maen nhw'n ei brofi, sef y dynfa osmotig tuag i mewn, h.y. y potensial dŵr. Mae llai fyth o foleciwlau dŵr rhydd mewn hydoddiant mwy crynodedig. O ganlyniad, mae'r dynfa ar foleciwlau dŵr yn fwy, felly mae'r potensial dŵr yn fwy negatif, h.y. yn is.

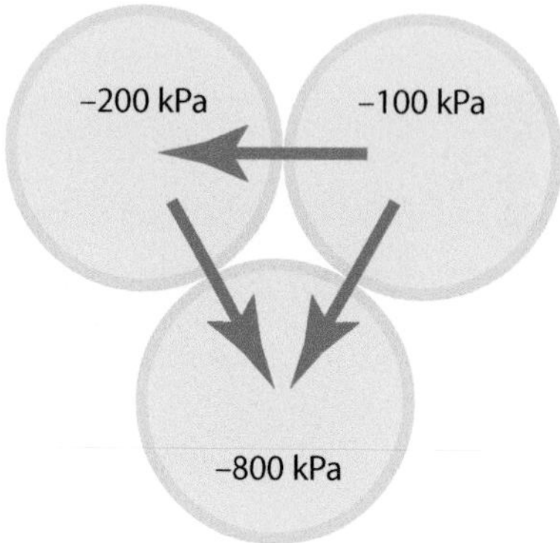

Dŵr yn symud o botensial dŵr uwch i botensial dŵr is, mwy negatif

Mae'r diagram yn dangos dŵr yn symud rhwng celloedd â gwahanol botensialau dŵr. Mae dŵr yn symud o le â photensial dŵr uwch, e.e. –100 kPa, i le â photensial dŵr is, e.e. –200 kPa.

Potensial hydoddyn

Yn y sefyllfaoedd sydd wedi'u disgrifio uchod, yr unig ffactor sy'n effeithio ar y potensial dŵr yw crynodiad yr hydoddiant, felly gallen ni ei galw'n **botensial hydoddyn**, a defnyddio'r symbol ψ_s. Mae potensial hydoddyn yn mesur pa mor rhwydd mae moleciwlau dŵr yn symud allan o hydoddiant. Y mwyaf o hydoddyn sy'n bresennol, y tynnaf y mae moleciwlau dŵr wedi'u dal, a'r lleiaf tueddol yw dŵr i symud allan. Felly mae gan hydoddiant â chrynodiad uwch botensial hydoddyn is, mwy negatif.

Osmosis a chelloedd planhigyn

Mewn cell planhigyn, mae presenoldeb y cellfur yn cyflwyno ffactor arall sy'n dylanwadu ar symudiad dŵr i mewn ac allan o gelloedd.

Potensial gwasgedd

Mae dŵr sy'n mynd i mewn i gell planhigyn drwy gyfrwng osmosis yn ehangu'r gwagolyn ac yn gwthio'r cytoplasm yn erbyn y cellfur. Dim ond ychydig bach y mae'r cellfur yn gallu ehangu, felly mae gwasgedd tuag allan yn cynyddu, gan wrthsefyll mynediad mwy o ddŵr, a gan wneud y gell yn **chwydd-dynn**. Y gwasgedd hwn yw'r potensial gwasgedd, a gan ei fod yn gwthio tuag allan mae ganddo arwydd positif.

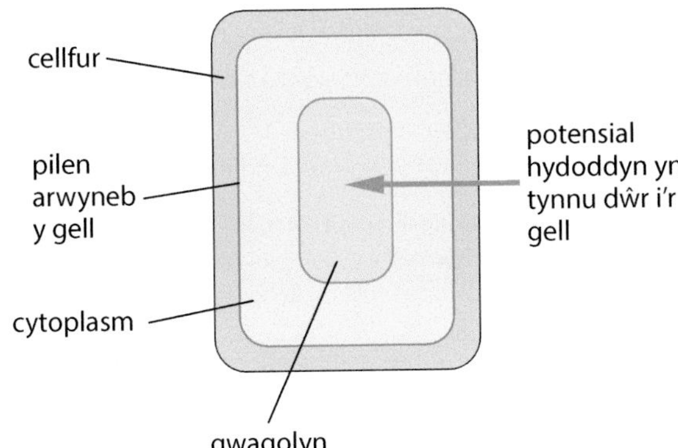

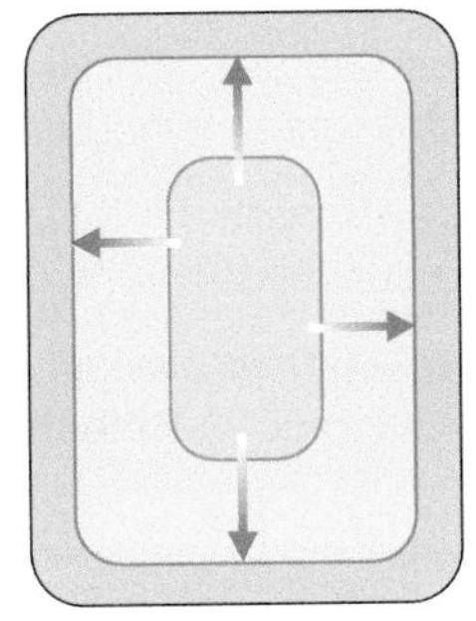

potensial gwasgedd: y cytoplasm yn gwthio tuag allan yn erbyn y cellfur

Potensial hydoddyn a photensial gwasgedd

Hafaliad potensial dŵr

Mae dau rym gwrthwynebol yn dylanwadu ar gelloedd planhigyn:

- Potensial hydoddyn, oherwydd bod yr hydoddion yn y gwagolyn a'r cytoplasm yn tynnu dŵr i mewn. Yr uchaf yw'r crynodiadau hyn, y lleiaf tebygol yw'r dŵr o symud allan.
- Y **potensial gwasgedd**, grym sy'n gwneud dŵr yn fwy tueddol o symud allan.

Cydbwysedd y ddau rym hyn sy'n pennu potensial dŵr y gell ac a yw dŵr yn symud i mewn neu allan.

Mae'r hafaliad canlynol yn disgrifio'r berthynas rhwng y gwasgeddau:

$$\psi_{cell} = \psi_P + \psi_S$$

potensial dŵr y gell = potensial gwasgedd + potensial hydoddyn

Os ydych chi'n gwybod dau o'r potensialau hyn, gallwch chi gyfrifo'r trydydd. Dyma ddwy enghraifft:

Cyfrifo'r potensial dŵr:

potensial dŵr $\psi_{cell} = \psi_s + \psi_p$

$= -2000 + 400$

$= -1600$ kPa

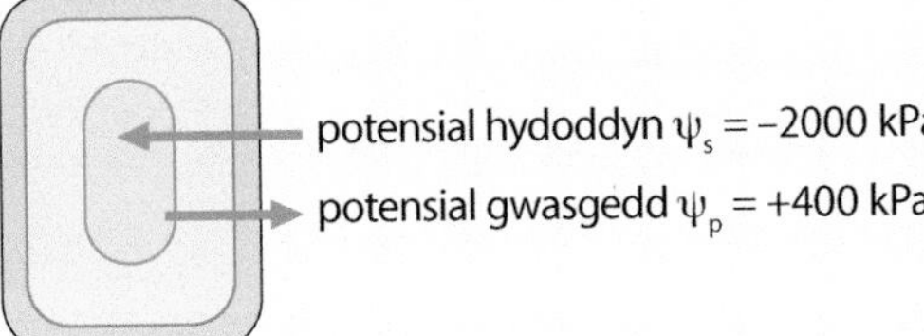

Cyfrifo'r potensial gwasgedd:

$$\psi_{cell} = \psi_s + \psi_p$$

$$\therefore \psi_p = \psi_{cell} - \psi_s$$

$$= -1460 - (-3000)$$

$$= -1460 + 3000$$

$$= +1540 \text{ kPa}$$

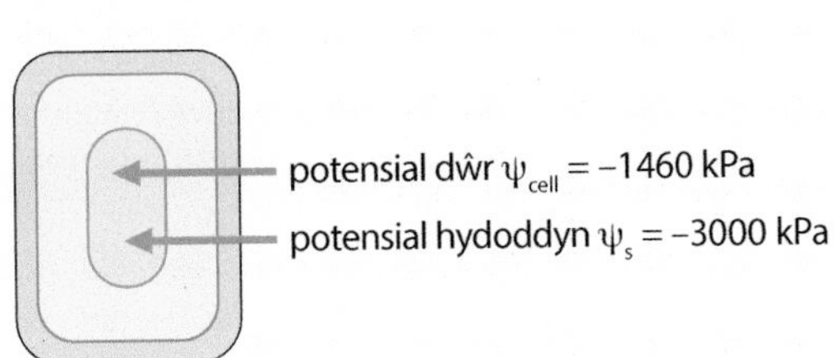

Cyswllt

Edrychwch eto ar adeiledd celloedd planhigyn ar t33.

Term allweddol

Chwydd-dynn: Cell planhigyn sy'n dal cymaint o ddŵr â phosibl. Does dim mwy o ddŵr yn gallu mynd i mewn oherwydd dydy'r cellfur ddim yn gallu ehangu ymhellach.

Pwynt astudio

Mae'r potensial dŵr a'r potensial hydoddyn naill ai'n 0 (mewn dŵr pur) neu'n negatif. Mae'r potensial gwasgedd naill ai'n 0 (mewn cell lle mae plasmolysis cychwynnol yn digwydd neu mewn cell sydd wedi'i phlasmolysu'n llwyr – gweler isod) neu'n bositif.

Cyngor mathemateg

Cofiwch yr hafaliad hwn:

$\psi_{cell} = \psi_s + \psi_p$

Term allweddol

Potensial gwasgedd (ψ_P): Y gwasgedd hydrostatig y mae cynnwys y gell yn ei roi ar y cellfur. Mae'n hafal a dirgroes i'r gwasgedd y mae'r cellfur yn ei roi ar gynnwys y gell.

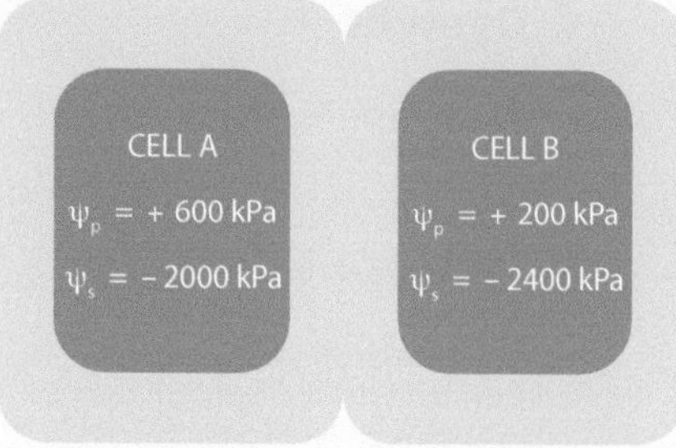

Dyma ddwy gell. Mae eu potensial hydoddyn a'u potensial gwasgedd wedi'i nodi. A fydd dŵr yn symud o gell A i B neu o gell B i A?

Yng Nghell A, $\psi_{cell} = \psi_P + \psi_s \therefore \psi_{cell} = +600 + (-2000) = -1400$ kPa

Yng Nghell B, $\psi_{cell} = \psi_P + \psi_s \therefore \psi_{cell} = +200 + (-2400) = -2200$ kPa

Mae dŵr yn symud i'r potensial dŵr mwy negatif bob amser, felly bydd dŵr yn symud o Gell A i Gell B.

Chwydd-dyndra a phlasmolysis

- Os yw potensial dŵr (ψ) yr hydoddiant allanol yn llai negatif (yn uwch) na'r hydoddiant yn y gell, mae'r hydoddiant allanol yn **hypotonig** i'r gell ac mae dŵr yn llifo i mewn i'r gell.
- Os yw potensial dŵr (ψ) yr hydoddiant allanol yn fwy negatif (yn is) na'r hydoddiant yn y gell, mae'r hydoddiant allanol yn **hypertonig** i'r gell ac mae dŵr yn llifo allan o'r gell.
- Os yw potensial dŵr (ψ) y gell yr un fath â'r hydoddiant o'i chwmpas, mae'r hydoddiant allanol a'r gell yn **isotonig** a does dim symudiad dŵr net.

Pwynt astudio

Peidiwch ag anghofio adolygu unrhyw waith ymarferol sy'n ymwneud â photensial dŵr a phlasmolysis celloedd.

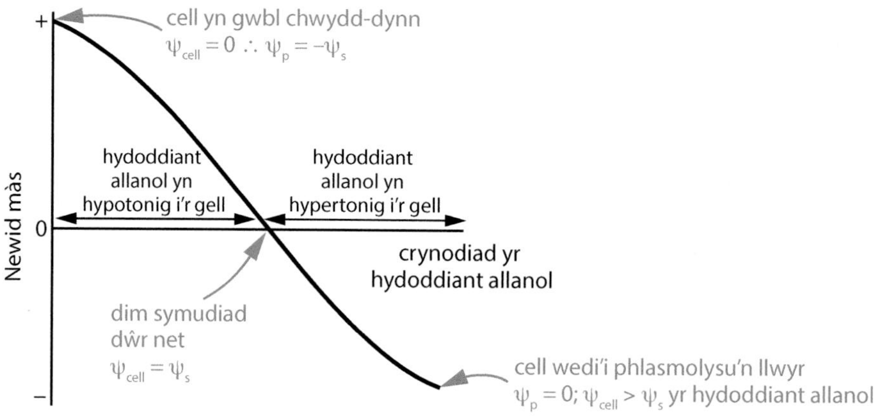

Newid màs mewn hydoddiannau â gwahanol grynodiadau

Termau allweddol

Plasmolysis: Y cytoplasm a'r gellbilen yn tynnu'n ôl oddi wrth wal y gell wrth i'r gell golli dŵr drwy gyfrwng osmosis.

Plasmolysis cychwynnol: Y gellbilen a'r cytoplasm yn tynnu i ffwrdd yn rhannol oddi wrth y cellfur gan nad oes digon o ddŵr i wneud y gell yn chwydd-dynn.

Mae celloedd planhigyn mewn hydoddiant hypertonig yn colli dŵr drwy gyfrwng osmosis. Mae'r gwagolyn yn crebachu ac mae'r cytoplasm yn tynnu oddi wrth y cellfur. Enw'r broses hon yw **plasmolysis**, ac ar ôl ei chwblhau, mae'r gell yn **llipa**. Dydy celloedd llipa ddim yn gallu darparu cynhaliad felly pan fydd planhigyn yn colli gormod o ddŵr a'i gelloedd yn mynd yn llipa, bydd y planhigyn yn gwywo. Os yw'r crynodiad allanol yn ddigon uchel i'r gell fod prin wedi colli digon o ddŵr i'w philen ddechrau tynnu oddi wrth y cellfur, mae **plasmolysis cychwynnol** yn digwydd i'r gell. Dydy'r cellfur ddim yn rhoi unrhyw wasgedd ar y cytoplasm ac felly does dim potensial gwasgedd h.y. $\psi_p = 0$. Amnewid $\psi_p = 0$ i mewn i'r hafaliad potensial dŵr:
$\psi_{cell} = \psi_P + \psi_S$, $\psi_{cell} = 0 + \psi_S$, $\therefore \psi_{cell} = \psi_S$. Mae hyn yn golygu bod potensial dŵr y gell yn hafal i botensial hydoddyn yr hydoddiant allanol.

Pwynt astudio

Ar adeg plasmolysis cychwynnol, $\psi_p = 0$ kPa a $\psi_{cell} = \psi_s$ yr hydoddiant allanol.

Mae cell planhigyn mewn hydoddiant hypotonig yn cymryd dŵr i mewn nes bod y gwasgedd gwrthwynebol gan y cellfur yn atal hyn. Wrth i ddŵr fynd i mewn i'r celloedd, mae'r cynnwys yn ehangu ac yn gwthio allan yn gryfach ar y cellfur, gan gynyddu'r potensial gwasgedd. Mae'r potensial gwasgedd yn cynyddu nes ei fod yn hafal a dirgroes i dynfa'r potensial hydoddyn tuag i mewn. Does dim mwy o ddŵr yn gallu mynd i mewn, a gan nad yw'r gell yn tueddu i amsugno dŵr, mae ei photensial dŵr yn sero.

Pwynt astudio

Mewn cell gwbl chwydd-dynn, $\psi_{cell} = 0$ a $\psi_P = -\psi_S$.

Gan ddefnyddio'r hafaliad:

$$\psi_{cell} = \psi_p + \psi_s$$
$$0 = \psi_p + \psi_s$$
$$\psi_P = -\psi_s$$

Pan dydy'r gell ddim yn gallu derbyn mwy o ddŵr, mae'n chwydd-dynn. Mae chwydd-dyndra yn bwysig i blanhigion, yn enwedig i eginblanhigion ifanc, oherwydd ei fod yn darparu cynhaliad, yn cynnal eu siâp ac yn eu dal nhw'n unionsyth.

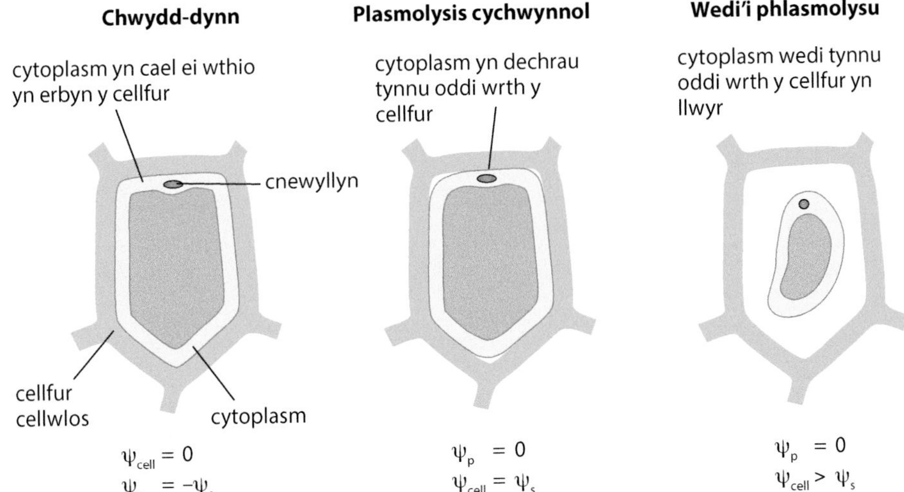

Celloedd yn chwydd-dynn ac wedi'u plasmolysu

Osmosis a chelloedd anifail

Does gan gell anifail ddim cellfur felly does dim rhaid ystyried potensial gwasgedd. Felly, mae'r potensial dŵr yr un fath â'r potensial hydoddyn, h.y. $\psi_{cell} = \psi_S$. Mae'r diagram yn dangos, os yw celloedd coch y gwaed mewn dŵr distyll, mae dŵr yn mynd i mewn drwy gyfrwng osmosis, a heb gellfur, maen nhw'n byrstio. **Haemolysis** yw hyn. Os yw celloedd coch y gwaed yn cael eu rhoi mewn hydoddiant halen crynodedig, mae dŵr yn gadael y celloedd ac maen nhw'n crebachu ac yn mynd yn 'hiciog'.

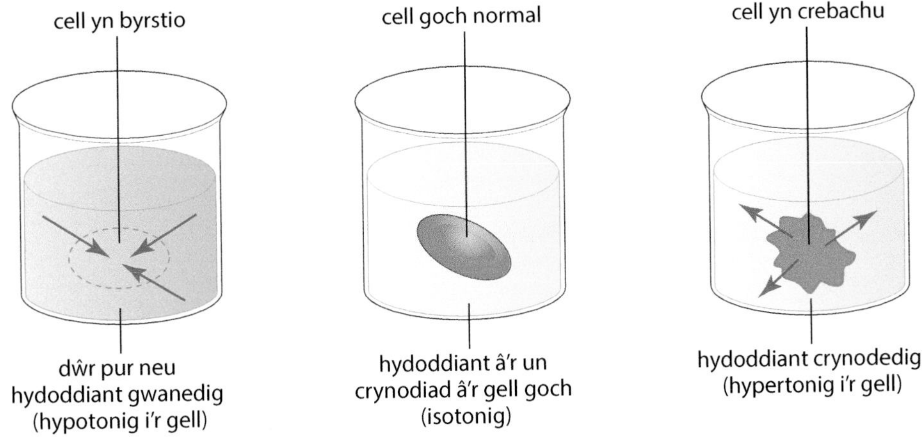

Osmosis mewn celloedd anifail (mae'r saethau glas yn dangos symudiad dŵr drwy gyfrwng osmosis)

Ymestyn a herio

Mae rhai rhywogaethau pysgod, gan gynnwys llysywod ac eogiaid, yn mudo rhwng y môr a dŵr croyw ac felly mae'n rhaid iddyn nhw ymdopi â newidiadau i botensial dŵr eu hamgylchedd ac effeithiau hyn ar eu ffisioleg.

Mae gan ddŵr môr grynodiad halen uchel, felly mewn amgylchedd morol, mae pysgod yn tueddu i golli dŵr drwy gyfrwng osmosis ac mae ïonau Na^+ a Cl^- yn tryledu i mewn ar draws eu tagellau, i lawr eu graddiant crynodiad. Wrth symud o ddŵr croyw i ddŵr hallt, i wneud iawn am hyn, mae'n rhaid i bysgod yfed llawer o ddŵr, gwneud cyfaint bach o droeth crynodedig a secretu ïonau Na^+ a Cl^- drwy eu tagellau.

Mae gan ddŵr croyw grynodiad halen isel iawn felly mewn dŵr croyw, mae pysgod yn tueddu i gymryd dŵr i mewn a bydd ïonau Na^+ a Cl^- yn tryledu allan ar draws eu tagellau. Wrth symud o ddŵr hallt i ddŵr croyw, rhaid i bysgod golli dŵr ac maen nhw'n gwneud hyn drwy gynhyrchu cyfaint mawr o droeth gwanedig a thrwy amsugno ïonau Na^+ a Cl^- drwy eu tagellau.

Gwirio gwybodaeth 3.2

Mae dŵr yn mynd i mewn i gelloedd gwreiddflew drwy gyfrwng osmosis. Cyfrifwch botensial hydoddyn (ψ_S) y gell wreiddflew pan nad oes unrhyw symudiad dŵr net. Potensial hydoddyn dŵr y pridd yw –100 kPa a'r potensial gwasgedd (ψ_P) y tu mewn i'r gell wreiddflew yw +200 kPa.

Defnyddiwch y fformiwla $\psi_{cell} = \psi_S + \psi_P$.

Dangoswch eich gwaith cyfrifo ac unedau.

Gwirio gwybodaeth 3.3

Cysylltwch y prosesau 1–4 â'r gosodiadau canlynol A–Ch:

(Efallai bydd rhai gosodiadau'n berthnasol i fwy nag un broses.)

1. Tryledabout
2. Trylediad cynorthwyedig
3. Osmosis
4. Cludiant actif

A. Ddim yn digwydd ym mhresenoldeb cyanid.
B. Ddim angen egni gan gelloedd.
C. Math arbennig o dryledabout gan foleciwlau dŵr.
Ch. Symudiad sy'n ymwneud â phroteinau pilen.

Swmpgludo

Termau allweddol

Endocytosis: Proses actif lle mae'r gellbilen yn amlyncu defnydd, gan ddod ag ef i mewn i'r gell mewn fesigl.

Ecsocytosis: Proses actif lle mae fesigl yn asio â'r gellbilen, gan ryddhau'r moleciwlau sydd ynddo.

Ffagocytosis: Proses actif lle mae'r gellbilen yn amlyncu gronynnau mawr, gan ddod â nhw i mewn i'r gell mewn fesigl.

Pinocytosis: Proses actif lle mae'r gellbilen yn amlyncu defnynnau o hylif, gan ddod â nhw i mewn i'r gell mewn fesigl.

Rydyn ni wedi ystyried y ffyrdd y mae'r bilen yn cludo moleciwlau neu ïonau unigol. Mae cell hefyd yn gallu cludo swmp o ddefnyddiau: i mewn i'r gell, drwy gyfrwng **endocytosis** neu allan, drwy gyfrwng **ecsocytosis**.

- Mae **endocytosis** yn digwydd wrth i ddefnydd gael ei amlyncu gan estyniadau'r gellbilen a'r cytoplasm, gan ei amgylchynu mewn fesigl. Mae dau fath o endocytosis:
  - **Ffagocytosis** yw ymlifiad defnydd solid sy'n rhy fawr i fynd i mewn drwy drylediad neu gludiant actif. Pan mae granwlocytau'n amlyncu bacteria, mae lysosom yn asio â'r fesigl sy'n ffurfio ac mae ensymau'n treulio'r celloedd. Mae'r cynhyrchion yn cael eu hamsugno i'r cytoplasm.
  - **Pinocytosis** yw ymlifiad hylif drwy'r un mecanwaith, ond mae'n cynhyrchu fesiglau llai.
- **Ecsocytosis** yw'r broses lle mae sylweddau'n gallu gadael y gell, ar ôl cael eu cludo i mewn drwy'r cytoplasm mewn fesigl, sy'n asio â'r gellbilen. Mae ensymau treulio'n aml yn cael eu secretu fel hyn.

Cyswllt

Mae disgrifiad o natur hylifol y gellbilen ar t54.

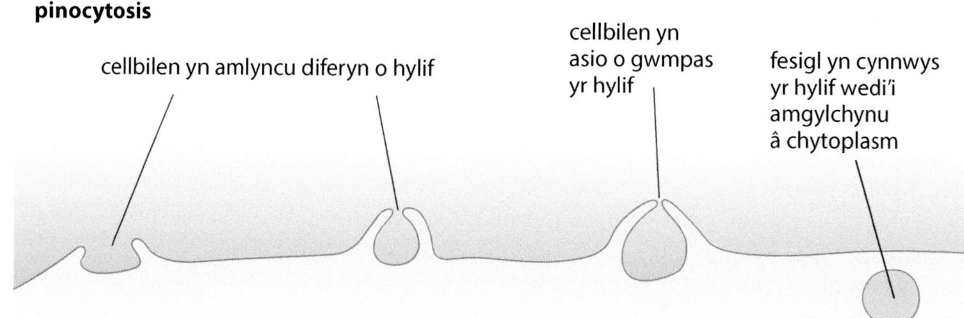

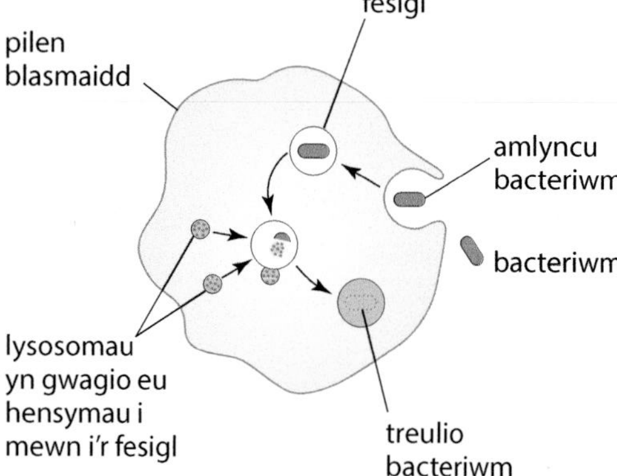

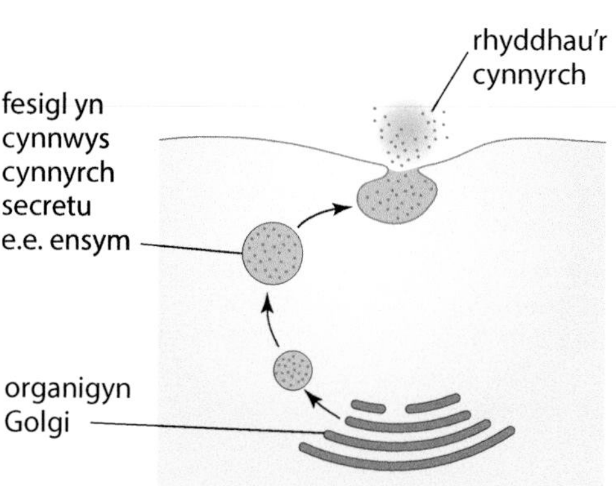

Swmpgludo

Pwynt astudio

Mae endocytosis ac ecsocytosis yn brosesau actif sy'n defnyddio ATP.

Yn ystod endocytosis neu ecsocytosis, rhaid i'r gellbilen newid siâp ac mae angen egni i wneud hyn. Mae'r prosesau hyn felly'n actif, ac yn defnyddio ATP, sydd wedi'i gynhyrchu gan resbiradaeth y gell. Yn y ddau achos, mae'r gellbilen yn llifo. Mae priodwedd hylifedd y gellbilen yn hanfodol er mwyn i'r prosesau hyn ddigwydd.

Gwaith ymarferol

Canfod potensial dŵr drwy fesur newidiadau màs neu hyd

Sail resymegol

Mae dŵr yn mynd i mewn neu allan o gell drwy gyfrwng osmosis nes bod potensial dŵr y gell a'r hydoddiant allanol yn hafal. Does dim symudiad dŵr net wedyn, ac felly does dim mwy o newid chwaith ym màs na hyd y sampl o ddefnydd planhigion.

Gallwn ni roi darnau o feinwe planhigyn mewn hydoddiannau â gwahanol grynodiadau swcros a mesur y newid màs neu hyd. Mae'r siawns o ddewis crynodiad swcros sy'n union yr un fath â'r potensial dŵr yn fach iawn, felly rydyn ni'n defnyddio amrediad o grynodiadau.

Gwirio theori 

1. Enwch y pilenni mewn cell planhigyn sy'n bwysig mewn arbrofion ar osmosis.
2. Pam mae'n rhaid defnyddio celloedd byw i wneud arbrofion ar osmosis?
3. Esboniwch pam mae gan botensial hydoddyn cell arwydd negatif.

Paratoi'r defnydd

Rydyn ni'n defnyddio tyllwyr corcyn i dynnu silindrau tatws o daten fawr. Mae diamedrau 3 mm a 4 mm (Rhifau 3 a 4) yn addas. Rhaid tynnu croen y daten oherwydd ei fod yn wrth-ddŵr, felly wnaiff osmosis ddim digwydd ar draws y croen. Rydyn ni'n mesur màs neu hyd y silindrau tatws cyn ac ar ôl eu rhoi nhw yn yr hydoddiannau swcros.

Os ydych chi'n defnyddio sampl deilen, e.e. *Pelargonium* neu *Petunia*, rhaid i chi bilio'r epidermis isaf i ffwrdd, gan ei fod yn wrth-ddŵr. Daliwch efel fain yn baralel i'r ddeilen a'i rhoi i mewn yn agos at wythïen. Gallwch chi bilio haen o epidermis i ffwrdd drwy gadw'r tensiwn yn y llen o epidermis a'i thynnu hi oddi wrth y wythïen. Os ydych chi'n dal yr efel ar ongl rhy fawr i'r llorweddol, byddwch chi'n niweidio'r epidermis. Mae'r sampl deilen yn cael ei bwyso cyn ac ar ôl ei arnofio, wyneb mesoffyl i lawr, ar yr hydoddiannau swcros.

Termau allweddol

Dibynadwyedd: Pa mor agos yw gwahanol werthoedd y newidyn dibynnol am werth penodol o'r newidyn annibynnol; y siawns o gael yr un darlleniadau pan fydd yr amodau eraill i gyd yn aros yr un fath.

Manwl gywirdeb: Pa mor agos yw darlleniad i'r gwir werth.

Cynllun

Ffactor arbrofol	Disgrifiad	Gwerth
Newidyn annibynnol	crynodiad swcros	0, 0.1, 0.2, 0.3, 0.4, 0.5 mol dm^{-3}
Newidyn dibynnol	newid màs y darn o'r ddeilen newid màs neu hyd y silindr taten	masau i'r 0.01 g agosaf hyd i'r mm agosaf
Newidynnau rheolydd	tymheredd	4 °C
	amser magu yn yr hydoddiant swcros	24 awr
	faint rydych chi'n blotio'r sampl cyn ei bwyso ar ôl iddo fod yn yr hydoddiant swcros	gwasgu yr un mor gryf
Dibynadwyedd	cyfrifo'r newid canrannol cymedrig i fàs neu hyd tri silindr, neu fàs tri darn o ddeilen, ar bob crynodiad swcros; gweler y Pwynt Astudio ar t90	
Cywirdeb	trin y samplau meinwe â gefel i osgoi trosglwyddo unrhyw beth a allai effeithio ar osmosis; darllen yr hydoedd i ±1 mm; mesur y masau i ±0.01 g	
Perygl	mae offer dyrannu'n finiog iawn; rhaid eu dal yn pwyntio i ffwrdd o'r corff	

Canlyniadau

Mae'r tabl canlyniadau ar y dudalen nesaf yn dangos canlyniadau sampl o arbrawf i fesur newid màs silindr taten.

Byddai wedi'i drefnu yn yr un ffordd pe bai'r arbrawf yn mesur hyd y silindr neu fàs darn o ddeilen yn lle hynny. Gallwch chi ddarllen potensial hydoddyn oddi ar y tabl.

Tabl canlyniadau

Crynodiad swcros / mol dm^{-3}	Màs y disgiau taten / g						Newid i fàs y disgiau taten / g			Newid canrannol i fàs y disgiau taten / %			
	Cychwynnol			Terfynol									
	1	2	3	1	2	3	1	2	3	1	2	3	Cymedr
0.0	5.15	4.92	5.11	5.65	5.60	5.50	0.50	0.68	0.39	9.71	13.82	7.63	10.39
0.1	4.85	4.95	5.01	5.25	5.20	5.30	0.40	0.25	0.29	8.25	5.05	5.79	6.36
0.2	5.00	5.00	5.20	4.80	4.70	4.90							
0.3	4.90	5.00	5.10	4.50	4.40	4.50							
0.4	5.00	5.10	4.80	4.20	4.10	4.00							
0.5	5.00	5.00	4.90	3.70	4.00	3.50	−1.30	−1.00	−1.40	−26.00	−20.00	−28.57	−24.86

Pwynt astudio

Rydyn ni'n defnyddio newid canrannol yn lle newid gwirioneddol oherwydd bod y masau cychwynnol yn wahanol.

Crynodiad swcros / mol dm^{-3}	Potensial hydoddyn / kPa
0	0
0.05	−130
0.10	−260
0.15	−410
0.20	−540
0.25	−680
0.30	−860
0.35	−970
0.40	−1120
0.45	−1280
0.50	−1450
0.55	−1620
0.60	−1800

Tabl yn dangos potensial hydoddyn gwahanol grynodiadau swcros

Cyngor mathemateg

Mae'r arbrawf hwn yn achlysur prin mewn bioleg lle mae llinell ffit orau'n fwy addas nag uno'r pwyntiau data â llinellau syth. Pe baech chi'n eu huno nhw â llinellau syth, dim ond y ddau bwynt data agosaf at y rhyngdoriad-x fyddai'n cyfrannu at y canlyniad. Mae llinell ffit orau'n sicrhau bod yr holl bwyntiau data'n cyfrannu.

1. Cwblhewch y tabl, gan ddefnyddio'r nifer priodol o leoedd degol:

   (a) Cyfrifwch y newid gwirioneddol i fàs pob disg taten

   Enghraifft wedi'i chyfrifo ar gyfer disg 1 mewn 0.0 mol dm^{-3}:

   newid gwirioneddol i fàs y disgiau tatws =
   màs terfynol y disgiau tatws – màs cychwynnol y disgiau tatws

   = 5.65 – 5.15 = 0.50 g

   (b) Cyfrifwch y newid canrannol i fàs pob disg taten

   Enghraifft wedi'i chyfrifo ar gyfer disg 1 mewn 0.0 mol dm^{-3}:

   newid % i fàs y disg taten =

   $$\frac{\text{màs terfynol} - \text{màs cychwynnol}}{\text{màs cychwynnol}} \times 100 = \frac{0.50}{5.15} \times 100 = 9.71\% \text{ (2 l.d.)}$$

   (c) Cyfrifwch y newid màs cymedrig i'r tri disg taten ym mhob crynodiad.

   Enghraifft wedi'i chyfrifo ar gyfer disgiau mewn 0.0 mol dm^{-3}:

   newid % cymedrig i fàs y disgiau tatws =

   $$\frac{\text{cyfanswm y newidiadau màs \%}}{3} = \frac{9.71 + 13.82 + 7.63}{3} = 10.39\%$$

2. Defnyddiwch y gwerthoedd rydych chi wedi'u cyfrifo i blotio graff o newid màs canrannol cymedrig yn erbyn potensial hydoddyn. Gallwch chi ddefnyddio'r tabl ar y chwith i ganfod gwerth potensial hydoddyn pob crynodiad swcros. Cofiwch fod gwerthoedd potensial dŵr yn negatif, felly maen nhw wedi eu plotio'n mynd i lawr y dudalen, o dan echelin-x y graff. Tynnwch linell ffit orau.

3. Darllenwch y rhyngdoriad ar yr echelin-x, h.y. y potensial hydoddyn pan does dim symudiad dŵr.

Ffynonellau cyfeiliornad a sut i'w cywiro nhw

Ffynonellau cyfeiliornad	Cywiriadau
Disgiau heb eu blotio digon, felly gormod o swcros arnynt, a chynnydd i'w weld ym màs y disgiau.	Dylech chi flotio'r samplau'n ysgafn â'r tywel papur gan wasgu yr un faint ar bob un. Yna, bydd unrhyw gyfeiliornad yn gyson.
Disgiau wedi eu blotio gormod, sy'n tynnu cellnodd i ffwrdd ac yn lleihau màs y disgiau.	
Os yw'r disgiau'n cael amseroedd gwahanol yn y swcros, efallai na wnawn nhw gyrraedd ecwilibriwm gyda'r hydoddiant trochi, ac efallai bydd eu màs yn dal i newid wrth i chi fynd â nhw i'w pwyso.	Rhoi'r disgiau i gyd mewn hydoddiannau swcros am yr un amser.

Pwynt astudio

Dydy'r amser mae'r disgiau taten yn ei dreulio yn yr hydoddiannau swcros ddim yn effeithio ar ble mae'r llinell ffit orau'n croesi'r echelin-x. Ond bydd newidiadau màs ar eu mwyaf os yw'r disgiau yn yr hydoddiant am ddigon o amser i gyrraedd ecwilibriwm, a bydd hyn yn gwneud y mesuriadau màs yn fwy manwl gywir.

Gwaith pellach

1. Gallwch chi ganfod yr amser mae'n ei gymryd i gyrraedd ecwilibriwm drwy bwyso samplau ar ôl amseroedd gwahanol yn yr hydoddiant. Yr amser pan nad yw'r màs yn newid mwyach yw'r amser mae'n ei gymryd i gyrraedd ecwilibriwm.
2. Mae dull yr arbrawf hwn yn ddefnyddiol i gymharu potensialau dŵr gwahanol samplau o blanhigion. Mae moron, maip ac erfinen/rwdan yn addas, a gallwch chi blotio data ar yr un echelinau i'w cymharu nhw'n uniongyrchol.

Canfod y potensial hydoddyn drwy fesur i ba raddau mae plasmolysis cychwynnol yn digwydd

Sail resymegol

Pan mae celloedd mewn hydoddiant â photensial dŵr uwch (llai negatif), maen nhw'n ennill dŵr drwy gyfrwng osmosis ac yn mynd yn chwydd-dynn. Pan mae celloedd mewn hydoddiant â photensial dŵr is (mwy negatif), maen nhw'n colli dŵr ac yn cael eu plasmolysu. Mae'r potensial dŵr lle mae'r gellbilen prin yn dechrau tynnu oddi wrth y cellfur, h.y. y potensial dŵr sy'n achosi plasmolysis cychwynnol, yr un fath â photensial dŵr y celloedd ac mae'n hafal i'r potensial hydoddyn oherwydd bod y potensial gwasgedd ar adeg plasmolysis cychwynnol yn sero, h.y.

$$\psi_{cell} = \psi_P + \psi_s$$
$$\psi_{cell} = 0 + \psi_s$$
$$\psi_{cell} = \psi_s$$

Gallwn ni arsylwi hyn drwy ddefnyddio microsgop.

Mae celloedd, fodd bynnag, i gyd yn ymddwyn ychydig bach yn wahanol, felly mae'n annhebygol y byddai'r celloedd i gyd yn dangos plasmolysis cychwynnol wrth edrych arnynt drwy ficrosgop. Rydyn ni'n amcangyfrif bod plasmolysis cychwynnol wedi digwydd pan fydd 50% o'r celloedd wedi'u plasmolysu. Yna, mae potensial dŵr y celloedd yn hafal i botensial hydoddyn yr hydoddiant allanol.

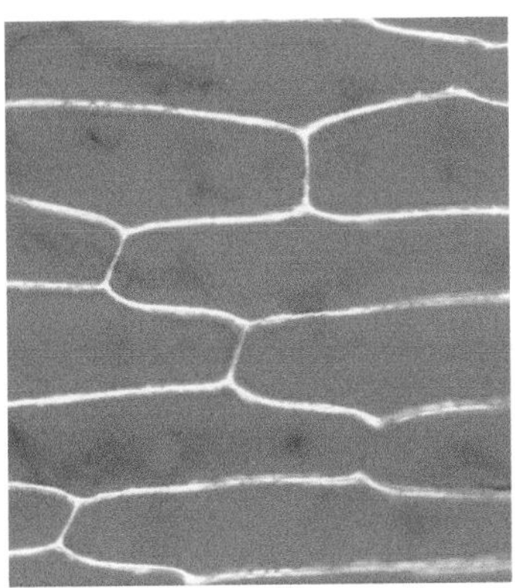

Celloedd winwnsyn chwydd-dynn

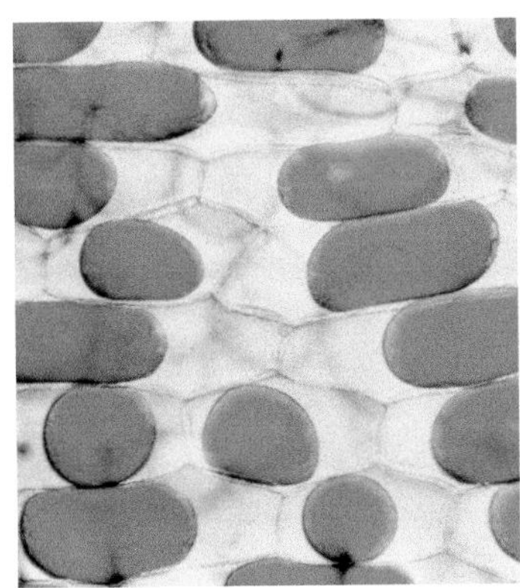

Celloedd winwnsyn wedi'u plasmolysu

Cynllun

Ffactor arbrofol	Disgrifiad	Gwerth
Newidyn annibynnol	crynodiad swcros	0, 0.2, 0.4, 0.6, 0.8 mol dm^{-3}
Newidyn dibynnol	% y celloedd sy'n dangos plasmolysis cychwynnol	%
Newidynnau rheolydd	tymheredd	25 °C
	amser magu yn yr hydoddiant swcros	20 munud
Dibynadwyedd	cyfrifo canran cymedrig y celloedd sy'n dangos plasmolysis cychwynnol o dri gwerth dyblyg ar bob crynodiad swcros; gweler y Pwynt Astudio ar t90 a'r Term allweddol ar t65	
Perygl	mae offer dyrannu'n finiog iawn; rhaid eu dal yn pwyntio i ffwrdd o'r corff	

Dull

Mae epidermis winwnsyn coch yn cael ei bilio â gefel fain a'i roi mewn hydoddiant swcros 0.8 mol dm^{-3} am 20 munud. Mae sampl tua 5 mm^2 yn cael ei fowntio ar sleid microsgop yn yr hydoddiant magu ac mae lens gwrthrychiadur ×10 yn cael ei ddefnyddio i edrych arno. Mae darn heb ei blygu o'r sampl yn cael ei symud i ganol y maes gweld ac mae lens gwrthrychiadur ×40 yn cael ei ddefnyddio i edrych arno.

Mae nifer y celloedd wedi'u plasmolysu a heb eu plasmolysu sydd yn y maes gweld yn cael eu cyfrif. Mae'r sleid yn cael ei symud ychydig bach i ddod o hyd i faes gweld arall i gyfrif ynddo, gan sicrhau mai dim ond unwaith y mae pob cell yn cael ei chyfrif. Mae'r celloedd yn cael eu cyfrif nes bod nifer penodol, e.e. 50, wedi'u hasesu.

Mae'r arbrawf yn cael ei ailadrodd ar gyfer amrediad o grynodiadau swcros, 0, 0.2, 0.4, a 0.6 mol dm^{-3}.

3 Gwirio theori

1. Beth yw ystyr y term 'potensial dŵr cell'?
2. Pam mai 0 yw'r potensial dŵr mwyaf posibl?
3. Esboniwch pam mae gan gell chwydd-dynn botensial gwasgedd uwch na chell wedi'i phlasmolysu.
4. Esboniwch pam, wrth i gelloedd darn o daten gael eu plasmolysu, dydyn nhw ddim i gyd yn cael eu plasmolysu i'r un graddau.
5. Pam nad yw cell yn gallu cymryd mwy o ddŵr i mewn drwy gyfrwng osmosis, er nad yw potensial dŵr y gell yn 0?

Canlyniadau

Crynodiad swcros / mol dm^{-3}	Nifer y celloedd sydd wedi'u plasmolysu allan o 50			% y celloedd sydd wedi'u plasmolysu			
	1	2	3	1	2	3	Cymedr
0	0	0	0	0	0	0	0
0.2	0	0	0				
0.4	5	6	6	10	12	12	11.3
0.6	8	9	13				
0.8	41	47	45				

1. Cwblhewch y tabl gan ddefnyddio'r fformiwla

$$\%\text{ y celloedd sydd wedi'u plasmolysu} = \frac{\text{nifer y celloedd sydd wedi'u plasmolysu}}{\text{cyfanswm nifer y celloedd}} \times 100$$

2. Plotiwch graff o ganran y celloedd sydd wedi'u plasmolysu yn erbyn crynodiad swcros.
3. Darllenwch o'r graff beth yw crynodiad hydoddiant a fyddai'n plasmolysu 50% o'r celloedd.
4. Defnyddiwch y tabl ar t66 i drawsnewid y crynodiad hwn i'r potensial hydoddyn, sef potensial dŵr y gell.

Ffynonellau cyfeiliornad a sut i'w cywiro nhw

Ffynonellau cyfeiliornad	Cywiriadau
Anodd gwahaniaethu rhwng celloedd	Bod yn ofalus wrth baratoi'r sbesimen a sicrhau: • Nad yw'r epidermis wedi'i blygu. • Mai dim ond yr epidermis, ac nid y mesoffyl oddi tano, sydd wedi'i fowntio ar y sleid.
Methu dweud a ydy'r celloedd wedi'u plasmolysu	Bod yn ofalus wrth osod y microsgop. Sicrhau: • Bod arddwysedd y golau'n ddigon uchel. • Bod y lens cyddwyso'n ddigon uchel. • Nad oes olion bysedd ar y sylladur.
Celloedd heb gyrraedd ecwilibriwm	Gadael y celloedd am amser hirach cyn eu hasesu nhw.

Gwaith pellach

Mae'r dechneg hon yn gallu dangos pa mor isel mae potensial dŵr planhigyn yn gallu bod cyn iddo wywo, sy'n bwysig i dwf planhigion cnwd pan mae dŵr yn brin.

Ymchwiliad i athreiddedd cellbilenni gan ddefnyddio betys

Sail resymegol

Gallwn ni ymchwilio i athreiddedd cellbilenni drwy ddefnyddio betys. Mae gwagolynnau betys yn cynnwys pigmentau coch o'r enw betalainau. Mae llawer o ffactorau'n effeithio ar gyfradd tryledu betalainau allan o'r gwagolyn a thrwy'r gellbilen, gan gynnwys tymheredd, crynodiad halwyn a phresenoldeb glanedyddion a hydoddyddion organig. Mae'r tudalennau hyn yn disgrifio arbrawf i brofi effaith tymheredd ar athreiddedd pilenni betys.

Cynllun

Ffactor arbrofol	Disgrifiad	Gwerth
Newidyn annibynnol	tymheredd	0, 20, 40, 60, 80 °C
Newidyn dibynnol	amsugniad golau hydoddiant betalain	%
Newidynnau rheolydd	arwynebedd arwyneb y betys	disgiau â diamedr 5 mm a thrwch 1 mm
	amser magu ar y tymheredd	4 munud
	amser i gasglu'r betalain sy'n gollwng	dros nos
	tonfedd darllen yr amsugniad	550 nm
Dibynadwyedd	cyfrifo amsugniad cymedrig tair set o 10 disg ar bob tymheredd; gweler y Pwynt Astudio ar t90 a'r Term allweddol ar t65	
Perygl	mae dŵr a thrydan yn agos at ei gilydd yn berygl posibl; mae dŵr dros 60 °C yn sgaldio	

Dull

1. Torrwch silindr diamedr 5 mm o fetysen ffres â thyllwr corcyn a thorrwch y silindrau'n ddisgiau â dyfnder 1 mm, gan ddefnyddio cyllell llawfeddyg a phren mesur i'ch helpu.
2. Golchwch nhw mewn dŵr distyll a blotiwch nhw'n sych.
3. Rhowch 10 disg ar nodwydd garniog, gan wneud yn siŵr nad yw'r disgiau'n cyffwrdd.
4. Gosodwch y nodwydd a'r disgiau am 4 munud mewn tiwb berwi yn cynnwys 30 cm^3 o ddŵr wedi'i wresogi o flaen llaw i 80 °C.
5. Tynnwch y nodwydd a'r disgiau a llithrwch y disgiau oddi ar y nodwydd i mewn i 20 cm^3 o ddŵr distyll oer mewn tiwb profi.
6. Ailadroddwch ar dymereddau eraill, e.e. 0 °C, 20 °C, 40 °C a 60 °C.
7. Gadewch y tiwbiau profi sy'n cynnwys y disgiau dros nos ar 4 °C, wrth i'r betalainau ollwng allan o'r celloedd i mewn i'r dŵr.
8. Trosglwyddwch yr hydoddiannau coch o bob tiwb profi i ddysglau (*cuvettes*) a darllenwch eu hamsugniad mewn colorimedr, gan ddefnyddio hidlydd gwyrdd (550 nm) a dŵr distyll fel cyfeirnod i osod sero'r colorimedr.

Gwirio theori 4

1. Yn yr arbrawf hwn, pam mae'n rhaid i chi dynnu'r celloedd allanol i gyd oddi ar y fetysen?
2. Pam rydych chi'n gwneud yn siŵr nad yw'r disgiau sydd wedi'u mowntio ar y nodwydd yn cyffwrdd â'i gilydd?
3. Pam mae'r tiwbiau'n cael eu gadael dros nos ar ôl y driniaeth tymheredd?
4. Pam rydych chi'n defnyddio dŵr fel y cyfeirnod wrth osod y colorimedr ar sero?
5. Pam rydyn ni'n defnyddio hidlydd gwyrdd ar y colorimedr wrth fesur amsugniad golau gan bigmentau coch?
6. Beth fyddai'r effaith ar y darlleniadau pe bai hidlydd coch yn cael ei ddefnyddio?

Pwynt astudio

Mae barnu lliw yn oddrychol ac felly mae'n well defnyddio colorimedr wrth gymharu lliwiau.

5 Gwirio theori

1. Enwch ddwy brif gydran cellbilen planhigyn.
2. Sut gallai tymheredd uwch effeithio ar symudiad moleciwlau mewn pilen fiolegol?
3. Sut gallai tymheredd uwch effeithio ar sefydlogrwydd y bilen?
4. Sut gallai organebau sydd wedi esblygu mewn tymheredd uchel frwydro yn erbyn y broblem bosibl hon?
5. Sut gallai cydrannau cellbilenni fod yn wahanol mewn organebau sydd wedi esblygu ar dymereddau isel?

Canlyniadau

Tymheredd / °C	Amsugniad hydoddiant betalain ar 550 nm / UM			
	1	2	3	Cymedr
0	0.03	0.05	0.04	0.04
20	0.06	0.07	0.11	
40	0.10	0.15	0.08	
60	0.40	0.48	0.41	0.43
80	0.59	0.71	0.74	

1. Cwblhewch y tabl gan ddefnyddio'r nifer cywir o leoedd degol.
2. Plotiwch graff o amsugniad yn erbyn tymheredd.

Dadansoddiad

Esboniad i gynnwys: Mae tymheredd uchel yn amharu ar bilenni ffosffolipid y tonoplast a'r gellbilen. Mae'r proteinau'n dadnatureiddio ar dymheredd uchel. Felly, mae cynyddu'r tymheredd yn amharu mwy a mwy ar y bilen a dros amser, bydd betalainau'n tryledu drwy'r bilen sydd wedi'i niweidio. Mae tymheredd uwch yn achosi mwy o niwed felly mae mwy o'r llifyn yn gollwng ac mae'r mesuriad amsugniad golau yn uwch.

Gwaith pellach

Gallwch chi ymchwilio i effaith gwahanol sylweddau ar athreiddedd, ac felly ar sefydlogrwydd pilen, drwy ailadrodd yr arbrawf ar 25°C a chadw'r disgiau am 4 munud mewn gwahanol grynodiadau o'r canlynol:

- sodiwm clorid
- glanedydd
- hydoddydd organig, e.e. propanon, ethanol.

Rhagfynegiadau

Newidyn annibynnol: crynodiad	Canlyniad rydych chi'n ei ddisgwyl	Esboniad
Sodiwm clorid	Wrth i grynodiad y sodiwm clorid gynyddu, mae amsugniad yr hydoddiant yn lleihau.	Mae ïonau sodiwm yn cael eu hatynnu at atomau ocsigen ar bennau hydroffilig yr haen ddeuol ffosffolipid. Mae hyn yn lleihau symudedd y moleciwlau ffosffolipid ac yn sefydlogi pilenni, felly mae llai o'r betalain yn cael ei ryddhau.
Glanedydd	Wrth i grynodiad y glanedydd gynyddu, mae amsugniad yr hydoddiant yn cynyddu.	Mae glanedyddion yn lleihau tyniant arwyneb ffosffolipidau ac yn gwasgaru'r bilen. Mae mwy o lanedydd yn gwasgaru'r ffosffolipidau'n rhwyddach ac felly caiff mwy o'r llifyn ei ryddhau.
Hydoddydd organig	Wrth i grynodiad yr hydoddydd organig gynyddu, mae amsugniad yr hydoddiant yn cynyddu.	Mae hydoddyddion organig yn hydoddi ffosffolipidau felly mae adeiledd y bilen yn cael ei ddinistrio. Y mwyaf o hydoddydd sydd, y mwyaf mae'r bilen yn hydoddi a'r mwyaf o'r betalain sy'n cael ei ryddhau.

Profwch eich hun

1 Cafodd disgiau betys â'r un diamedr a'r un trwch eu cadw mewn dŵr ar dymereddau gwahanol am 4 munud ac yna eu trosglwyddo i 5 cm^3 o ddŵr ar dymheredd ystafell am 8 awr. Roedd y pigmentau betalain yn y disgiau betys yn hydoddi yn y dŵr. Cafodd y symiau cymharol o betalain a gafodd ei ryddhau eu hasesu drwy ddarllen amsugniad yr hydoddiant mewn colorimedr â hidlydd gwyrdd. Mae'r tabl isod yn dangos y canlyniadau.

Tymheredd cafodd y disgiau betys eu cadw arno / °C	Amsugniad / UM
20	0.17
30	0.23
40	0.29
50	0.59
60	0.92

(a) Nodwch beth yw'r newidyn annibynnol yn yr arbrawf hwn. (1)

(b) (i) Esboniwch pam mae'n bwysig bod gan bob un o'r disgiau yr un dimensiynau. (1)

(ii) Esboniwch pam mae'r disgiau'n cael eu trosglwyddo i'r un cyfaint o ddŵr ar ôl y driniaeth tymheredd. (1)

(iii) Enwch y math o newidyn sy'n cael sylw yn (b)(i) a (b)(ii). (1)

(c) Rhowch un enghraifft o ffordd o wella dibynadwyedd canlyniadau'r arbrawf hwn. (1)

(ch) Mae pigmentau betalain yn cael eu storio yng ngwagolynnau'r celloedd betys. Disgrifiwch sut mae moleciwlau'r pigment betalain yn gadael y celloedd betys. (3)

(d) Awgrymwch pam mae amsugniad yr hydoddiannau yn cynyddu'n sylweddol dros 40 °C. (3)

(dd) Esblygodd planhigion betys mewn hinsawdd debyg i ardal Môr y Canoldir. Defnyddiwch y data yn y tabl uchod a'ch gwybodaeth am adeiledd pilenni, i gyfiawnhau'r casgliad na wnaeth y planhigion betys esblygu mewn hinsawdd â thymheredd cyfartalog o 2 °C. (3)

(Cyfanswm 14 marc)

2 Cafodd silindrau meinwe eu cymryd o gortecs moronen a'u rhoi mewn amrywiaeth o hydoddiannau swcros â gwahanol botensialau hydoddyn am chwe awr. Cafodd eu hyd ei fesur cyn ac ar ôl y cyfnod magu hwn.

Mae'r tabl isod yn dangos y darlleniadau.

Potensial dŵr yr hydoddiant swcros / kPa	Hyd y silindr / mm		Newid hyd canrannol (0 lle degol)
	Cychwynnol	Terfynol	
0	50	56	12
–540	52	55	
–1120	48	49	2
–1800	50	49	–2
–2580	50	46	

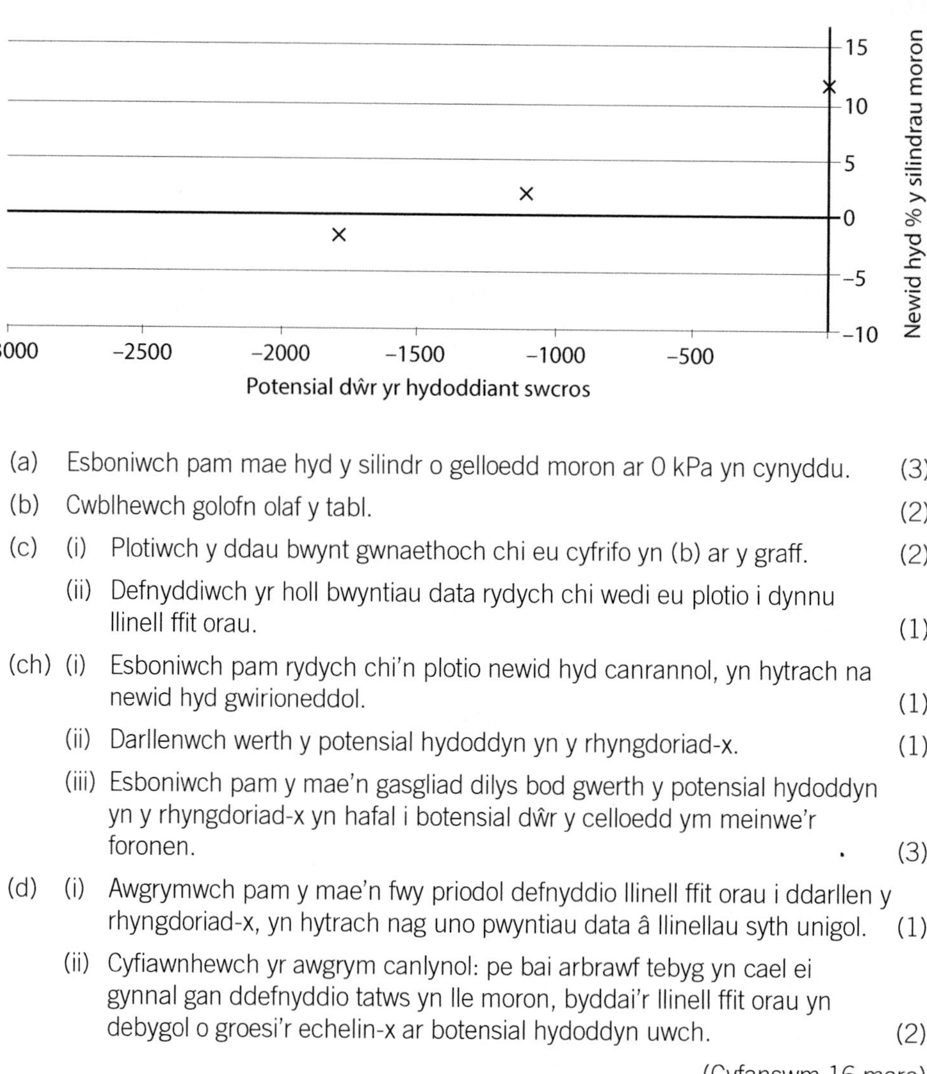

(a) Esboniwch pam mae hyd y silindr o gelloedd moron ar 0 kPa yn cynyddu. (3)

(b) Cwblhewch golofn olaf y tabl. (2)

(c) (i) Plotiwch y ddau bwynt gwnaethoch chi eu cyfrifo yn (b) ar y graff. (2)

(ii) Defnyddiwch yr holl bwyntiau data rydych chi wedi eu plotio i dynnu llinell ffit orau. (1)

(ch) (i) Esboniwch pam rydych chi'n plotio newid hyd canrannol, yn hytrach na newid hyd gwirioneddol. (1)

(ii) Darllenwch werth y potensial hydoddyn yn y rhyngdoriad-x. (1)

(iii) Esboniwch pam y mae'n gasgliad dilys bod gwerth y potensial hydoddyn yn y rhyngdoriad-x yn hafal i botensial dŵr y celloedd ym meinwe'r foronen. (3)

(d) (i) Awgrymwch pam y mae'n fwy priodol defnyddio llinell ffit orau i ddarllen y rhyngdoriad-x, yn hytrach nag uno pwyntiau data â llinellau syth unigol. (1)

(ii) Cyfiawnhewch yr awgrym canlynol: pe bai arbrawf tebyg yn cael ei gynnal gan ddefnyddio tatws yn lle moron, byddai'r llinell ffit orau yn debygol o groesi'r echelin-x ar botensial hydoddyn uwch. (2)

(Cyfanswm 16 marc)

1.4

Ensymau ac adweithiau biolegol

Mewn celloedd, mae adweithiau metabolaidd yn digwydd yn gyflym ac mae miloedd yn digwydd ar yr un pryd. Mae trefn a rheolaeth yn hanfodol er mwyn i'r adweithiau beidio â tharfu ar ei gilydd. Actifedd ensymau sy'n gwneud yr adweithiau metabolaidd hyn yn bosibl. Mae dealltwriaeth o ensymau wedi arwain at lawer o ddefnydd ohonynt mewn diwydiant.

Erbyn diwedd y testun hwn, byddwch chi'n gallu gwneud y canlynol:

- Deall mai casgliad o adweithiau sy'n cael eu rheoli gan ensymau yw metabolaeth.
- Disgrifio adeiledd ensymau a'u safleoedd gweithredu.
- Gwahaniaethu rhwng safleoedd gweithredu ensymau.
- Disgrifio'r berthynas rhwng priodweddau ensymau a'u hadeiledd.
- Esbonio mecanweithiau gweithredu moleciwlau ensymau gan gyfeirio at benodolrwydd, safle actif a chymhlygyn ensym–swbstrad.
- Esbonio sut mae tymheredd, pH a chrynodiad adweithyddion yn effeithio ar ensymau.
- Esbonio effeithiau a mecanweithiau ataliad cystadleuol ac anghystadleuol.
- Esbonio egwyddor ensymau ansymudol a'u manteision dros ensymau 'rhydd'.
- Disgrifio rhai ffyrdd o ddefnyddio ensymau ansymudol mewn diwydiant a meddygaeth.

Cynnwys y testun

Natur ensymau fel proteinau

Termau allweddol

Metabolaeth: Holl brosesau cemegol yr organeb, gan gynnwys llwybrau anabolig a chatabolig.

Llwybr metabolaidd: Dilyniant o adweithiau wedi'u rheoli gan ensymau lle mae cynnyrch un adwaith yn adweithydd yn y nesaf.

Mae'r term **metabolaeth** yn cyfeirio at holl adweithiau'r corff. Mae adweithiau'n digwydd mewn dilyniannau o'r enw **llwybrau metabolaidd**. Mae'r rhain yn cynnwys:

- Adweithiau anabolig sy'n adeiladu moleciwlau, e.e. synthesis proteinau
- Adweithiau catabolig sy'n ymddatod moleciwlau, e.e. treuliad.

Ensymau sy'n rheoli llwybrau metabolaidd. Mae cynhyrchion un adwaith wedi'i reoli gan ensymau yn troi'n adweithyddion yn yr un nesaf.

Priodweddau cyffredinol ensymau

Termau allweddol

Ensym: Catalydd biolegol; protein sy'n cael ei wneud gan gelloedd ac sy'n newid cyfradd adwaith cemegol heb gael ei ddisbyddu yn y broses.

Catalydd: Atom neu foleciwl sy'n newid cyfradd adwaith cemegol heb gymryd rhan yn yr adwaith na chael ei newid ganddo.

Proteinau crwn sy'n **gatalyddion** yw **ensymau**. Rydyn ni'n eu galw nhw'n gatalyddion 'biolegol' oherwydd mai celloedd byw sy'n eu gwneud nhw. Mae ensymau a chatalyddion cemegol yn rhannu rhai priodweddau o ran yr adweithiau maen nhw'n eu catalyddu:

- Maen nhw'n cyflymu adweithiau.
- Dydyn nhw ddim yn cael eu disbyddu.
- Dydyn nhw ddim yn newid.
- Mae ganddyn nhw rif trosiant uchel, h.y. maen nhw'n catalyddu llawer o adweithiau bob eiliad.

Mae'r adweithiau sy'n cael eu catalyddu gan ensymau yn rhai sy'n ffafriol o safbwynt egni; bydden nhw'n digwydd beth bynnag. Ond heb ensymau, byddai adweithiau mewn celloedd yn rhy araf i alluogi bywyd.

Cyswllt

Edrychwch eto ar adeiledd proteinau ar t26.

Cyswllt

Gweler t25 i'ch atgoffa eich hun o adeiledd asidau amino.

Proteinau ag adeiledd trydyddol yw ensymau, ac mae'r gadwyn brotein yn plygu i fod yn siâp sfferig neu grwn, gyda grwpiau R hydroffilig ar y tu allan i'r moleciwl, sy'n golygu bod ensymau'n hydawdd. Mae gan bob ensym ddilyniant penodol o asidau amino, a'r elfennau yn y grwpiau R sy'n pennu pa fondiau mae'r asidau amino'n eu gwneud gyda'i gilydd. Bondiau hydrogen, pontydd deusylffid a bondiau ïonig yw'r rhain, ac maen nhw'n dal moleciwl yr ensym yn ei ffurf drydyddol. Mae'r **safle actif** yn rhan fach â siâp 3D penodol, a hwn sy'n rhoi llawer o briodweddau'r ensym iddo.

Term allweddol

Safle actif: Y safle tri dimensiwn penodol ar foleciwl ensym lle mae'r swbstrad yn rhwymo iddo â bondiau cemegol gwan.

Ymestyn a herio

Mae cryfder bondiau cemegol yn amrywio, gan ddibynnu ar yr atomau maen nhw'n eu cysylltu ac ar eu hamgylchedd cemegol. Mae bondiau hydrogen yn wan ond os oes llawer ohonynt, mae ganddynt effaith rwymo sylweddol. Mae bondiau ïonig a bondiau cofalent, fel y bond deusylffid, yn gryfach na bondiau hydrogen.

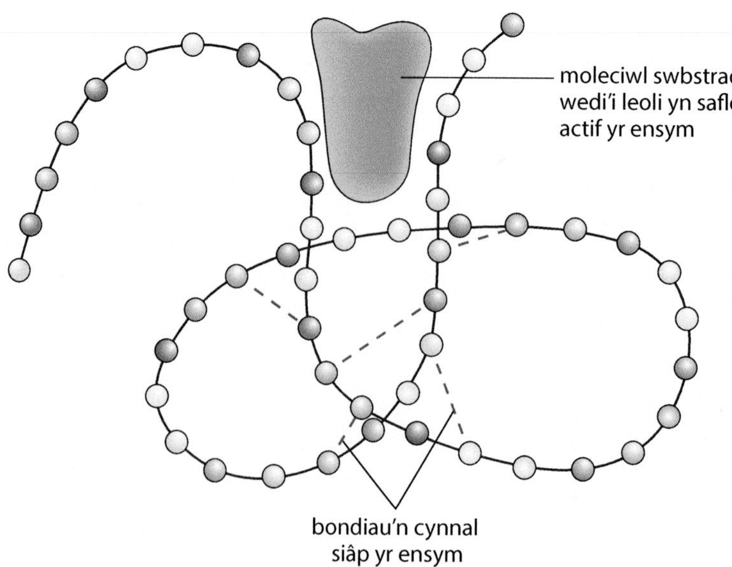

Adeiledd ensym

Safleoedd gweithredu ensymau

Mae ensymau, fel proteinau eraill, yn cael eu gwneud mewn celloedd. Maen nhw'n gweithredu mewn tri safle penodol:

- **Allgellol** – mae rhai ensymau'n cael eu secretu o gelloedd drwy gyfrwng ecsocytosis ac yn catalyddu adweithiau allgellol. Mae amylas, sy'n cael ei wneud yn y chwarennau poer, yn symud i lawr y dwythellau poer i'r geg. Mae bacteria a ffyngau saprotroffig yn secretu amylasau, lipasau a phroteasau ar eu bwyd, sy'n ei dreulio, ac mae'r organebau yn amsugno'r cynhyrchion treulio.
- **Mewngellol, mewn hydoddiant** – mae ensymau mewngellol yn gweithredu mewn hydoddiant y tu mewn i gelloedd, e.e. ensymau sy'n catalyddu ymddatodiad glwcos mewn glycolysis, cam resbiradaeth sy'n digwydd mewn hydoddiant yn y cytoplasm; mae ensymau mewn hydoddiant yn stroma'r cloroplastau yn catalyddu synthesis glwcos.
- **Mewngellol, ynghlwm wrth bilenni** – mae ensymau mewngellol yn gallu bod ynghlwm wrth bilenni, er enghraifft, ar gristâu mitocondria a grana cloroplastau, lle maen nhw'n trosglwyddo electronau ac ïonau hydrogen wrth ffurfio ATP.

Mae Pennod 2.4 yn disgrifio swyddogaeth ensymau o ran maethiad.

Safleoedd actif

Mae ensym yn gweithredu ar ei swbstrad drwy ffurfio bondiau dros dro yn y safle actif i ffurfio **cymhlygyn ensym–swbstrad**. Ar ddiwedd yr adwaith, mae'r cynhyrchion yn cael eu rhyddhau, gan adael yr ensym heb ei newid a'r safle actif yn barod i dderbyn moleciwl swbstrad arall.

Term allweddol

Cymhlygyn ensym–swbstrad: Ffurfiad rhyngol sy'n ffurfio yn ystod adwaith wedi'i gatalyddu gan ensym a lle mae'r swbstrad a'r ensym yn rhwymo dros dro, fel bod y swbstradau'n ddigon agos i adweithio.

Y model clo ac allwedd

Mae siâp unigryw'r safle actif yn golygu mai dim ond un math o adwaith mae ensym yn gallu ei gatalyddu. Wnaiff moleciwlau eraill, â siapiau gwahanol, ddim ffitio. Mae 'penodolrwydd ensymau' yn golygu bod ensym yn benodol i'w swbstrad. Arweiniodd y cysyniad hwn at 'y ddamcaniaeth clo ac allwedd': rydyn ni'n dychmygu'r swbstrad yn ffitio yn y safle actif fel mae allwedd yn ffitio mewn twll clo. Mae siapiau'r clo a'r allwedd yn benodol i'w gilydd.

Dewiswch eich geiriau'n ofalus. Dydy ensym ddim yn 'gweithio' yn unol â'r ddamcaniaeth clo ac allwedd. Mae'n well dweud 'gallwn ni ddefnyddio'r ddamcaniaeth clo ac allwedd i esbonio ei fecanwaith'.

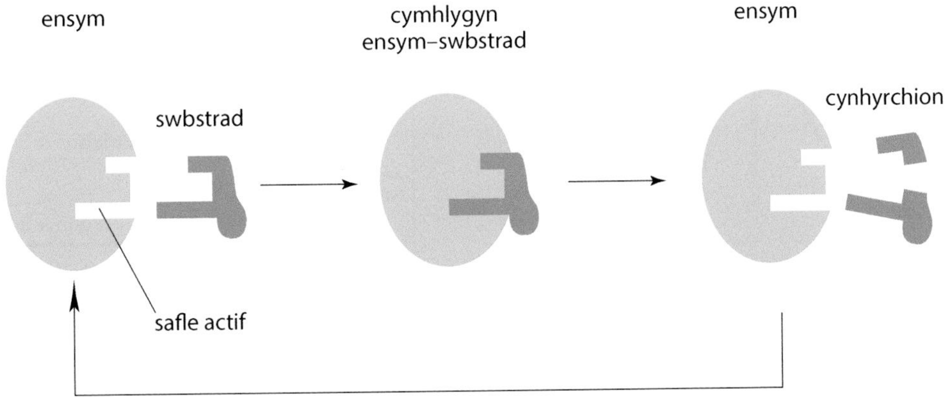

Cymhlygyn ensym–swbstrad

Term allweddol

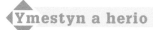

Ffit anwythol: Y ffordd y mae siâp safle actif ensym yn newid, wedi'i anwytho wrth i'r swbstrad ddod i mewn, fel bod yr ensym a'r swbstrad yn rhwymo'n dynn.

Ymestyn a herio

Pan mae'r siwgrau yng nghellfur y bacteria yn mynd i safle actif lysosym, mae rhai o'r asidau amino yn y safle actif yn symud 7.5 nm ac mae'r hollt yn cau dros y gadwyn o siwgrau. Mae hyn yn rhoi straen ar y bondiau sy'n dal y siwgrau at ei gilydd ac yn gostwng yr egni actifadu sydd ei angen i'w torri nhw.

Lysosym a'r model ffit anwythol

Roedd arsylwadau o siâp ensym yn newid wrth rwymo â'i swbstrad yn awgrymu ei fod yn hyblyg, yn hytrach nag yn anhyblyg. Cafodd model arall, y model **ffit anwythol**, ei gynnig; roedd hwn yn awgrymu bod siâp yr ensym yn newid ychydig i wneud lle i'r swbstrad.

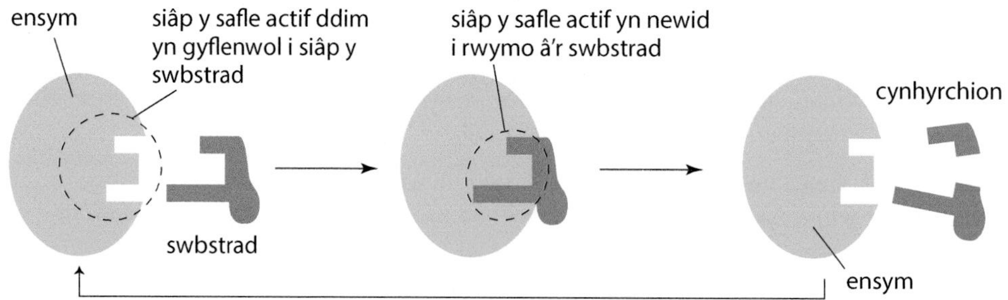

Mae'n ymddangos bod moleciwlau rhai ensymau, e.e. tyrosin cinas, yn fwy anhyblyg nag eraill ac felly mae'r model clo ac allwedd yn addas iawn i'w hymddygiad. Mae eraill yn ymddangos yn llawer mwy hyblyg ac mae'r model ffit anwythol yn disgrifio ymddygiad rhain yn well na'r mecanwaith clo ac allwedd. Un enghraifft dda yw'r ensym lysosym, ensym gwrthfacteria, mewn poer, mwcws a dagrau bodau dynol. Hollt yw'r safle actif ac mae siwgrau ar gellfur y bacteria'n ffitio ynddo. Mae'r hollt yn cau dros y siwgrau ac mae'r moleciwl lysosym yn newid siâp o gwmpas y siwgrau ac yn hydrolysu'r bondiau sy'n eu dal nhw at ei gilydd. Mae'r cellfur yn cael ei wanhau; mae'r bacteria'n amsugno dŵr drwy gyfrwng osmosis ac yn byrstio.

Term allweddol

Egni actifadu: Isafswm yr egni mae'n rhaid ei roi mewn system gemegol er mwyn i adwaith ddigwydd.

Pwynt astudio

Mae ensymau'n gostwng yr egni actifadu ac yn caniatáu i adweithiau ddigwydd ar y tymheredd is sydd i'w gael mewn celloedd.

Pwynt astudio

Mae'r rhan fwyaf o ensymau'n anactif ar 0 °C ac os yw'r tymheredd yn codi byddan nhw'n actif eto. Mae'r ensymau yn y rhan fwyaf o organebau yn dadnatureiddio dros 40 °C a dydy gostwng y tymheredd ddim yn eu gwneud nhw'n actif eto.

Ensymau ac egni actifadu

Rhaid i foleciwlau fod â digon o egni cinetig i fynd yn ddigon agos at ei gilydd i adweithio. Isafswm yr egni sydd ei angen er mwyn i foleciwlau adweithio, gan dorri'r bondiau sy'n bresennol yn yr adweithyddion a gwneud rhai newydd, yw'r **egni actifadu**.

Un ffordd o wneud i gemegion adweithio yw cynyddu eu hegni cinetig, er mwyn gwneud gwrthdrawiadau llwyddiannus rhyngddynt yn fwy tebygol. Mae gwres yn cyflymu adweithiau mewn systemau anfyw, ond yn y rhan fwyaf o organebau byw, mae tymereddau dros tua 40 °C yn achosi niwed anghildroadwy i broteinau, ac maen nhw'n dadnatureiddio.

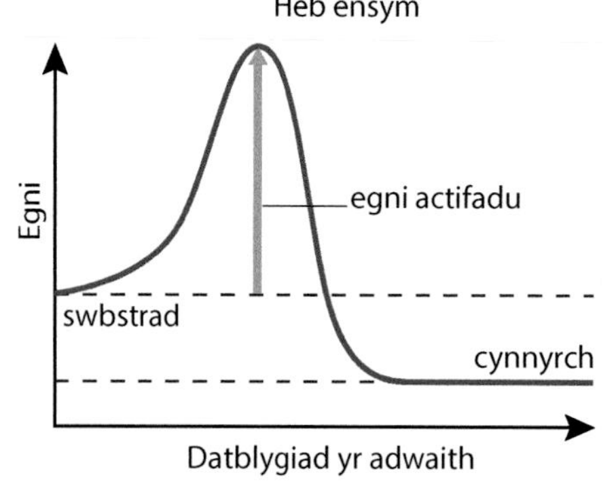

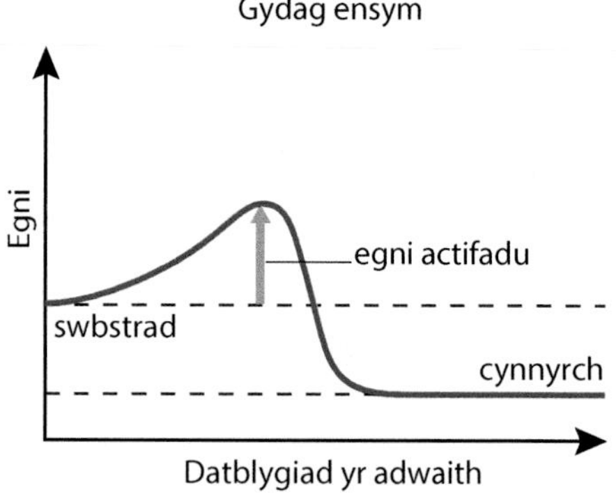

Ensymau ac egni actifadu

Yn lle hynny, mae ensymau'n gweithio drwy addasu'r swbstrad fel bod angen llai o egni actifadu ar yr adwaith. Pan mae swbstrad yn mynd i safle actif ensym, mae siâp y moleciwl yn newid, sy'n golygu bod adweithiau'n gallu digwydd ar dymheredd is, h.y. â llai o egni cinetig, nag heb ensymau.

Mae angen i adweithiau oresgyn rhwystr egni cyn iddyn nhw ddechrau. Gallwch chi gymharu hyn â rhywun yn gwthio carreg fawr dros ben bryn. Rhaid iddo ddefnyddio egni i wthio'r garreg i frig y bryn a drosto, cyn iddi allu rholio i lawr yr ochr arall.

4.1 Gwirio gwybodaeth

Nodwch y gair neu'r geiriau coll:

Proteinau crwn trydyddol yw ensymau ac maen nhw'n gweithredu fel catalyddion .... Mae bondiau hydrogen, deusylffid a .... yn eu dal nhw yn y siâp hwn. Yn ystod adwaith wedi'i reoli gan ensym, mae'r swbstrad yn ffitio mewn rhan o'r ensym o'r enw .... Enw'r cyfuniad o'r ensym a'r swbstrad yw'r .... ensym–swbstrad.

Llwybr adwaith wedi'i reoli gan ensymau

Gallwn ni ddilyn datblygiad adwaith wedi'i gatalyddu gan ensymau ar gyfer crynodiad swbstrad penodol, drwy fesur naill ai y cynnyrch sy'n cael ei ffurfio neu'r swbstrad sy'n diflannu.

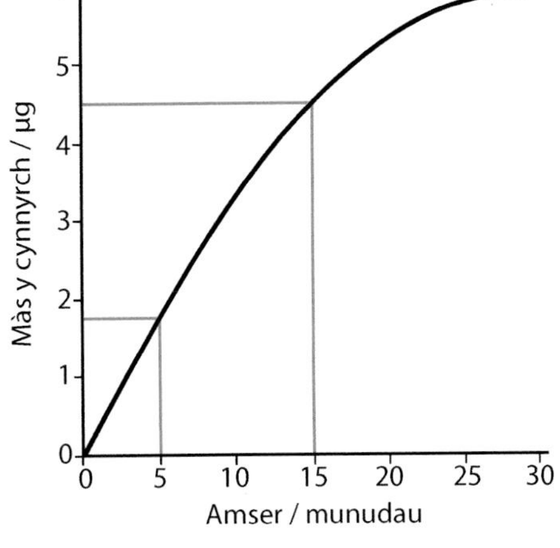

Graff yn dangos cynnyrch yn ffurfio dros amser

Gallwn ni esbonio siâp y graff fel hyn:

- Pan mae'r ensym a'r swbstrad yn cael eu cymysgu i ddechrau, mae yna lawer o foleciwlau swbstrad.
- Mae moleciwlau'r ensym a'r swbstrad yn symud yn gyson ac yn gwrthdaro.
- Mae moleciwlau'r swbstrad yn rhwymo â safleoedd actif moleciwlau'r ensym. Mewn gwrthdrawiad 'llwyddiannus', mae'r swbstrad yn ymddatod a'r cynhyrchion yn cael eu rhyddhau.
- Mae mwy o safleoedd actif yn llenwi â moleciwlau swbstrad.
- I ddechrau, mae cyfradd yr adwaith yn dibynnu ar nifer y safleoedd actif rhydd, os yw'r holl amodau eraill yn optimaidd a bod gormodedd o'r swbstrad. Crynodiad yr ensym yw'r ffactor gyfyngol oherwydd mai dyna sy'n rheoli cyfradd yr adwaith.
- Wrth i'r adwaith barhau, mae yna lai o swbstrad a mwy o gynnyrch. Mae crynodiad yr ensym yn gyson. Crynodiad y swbstrad yw'r ffactor gyfyngol oherwydd dyna sy'n rheoli cyfradd yr adwaith.
- Yn y pen draw, bydd y swbstrad i gyd wedi'i ddefnyddio a does dim modd ffurfio mwy o gynnyrch, felly mae'r llinell yn gwastadu.
- Mae'r llinell yn mynd drwy'r tarddbwynt, oherwydd ar amser sero, does dim adwaith wedi digwydd eto.

Cyngor

Mae'r gromlin ar ei mwyaf serth ar ddechrau'r adwaith. Ei graddiant yno yw cyfradd gychwynnol yr adwaith.

Cyswllt

Bydd trafodaeth bellach am ffactorau cyfyngol ar t79.

Cyngor mathemateg

Pan fydd rhaid i chi ddarllen oddi ar graff, lluniadwch ar y graff â phensil a phren mesur, gan wneud yn siŵr bod y llinell rydych chi'n ei thynnu'n baralel â llinellau grid y graff.

Efallai y bydd gofyn i chi ddarllen y graff i ganfod màs y cynnyrch sydd wedi ffurfio ar adegau penodol neu gyfrifo cyfradd ffurfio'r cynnyrch neu newid canrannol yn y gyfradd. Gan ddefnyddio'r graff:

màs y cynnyrch ar ôl 5 munud = 1.75 µg

màs y cynnyrch ar ôl 15 munud = 4.50 µg

cynnydd màs = (4.50 – 1.75) = 2.75 µg

$$\text{Cyfradd cynhyrchu} = \frac{\text{cynnydd mewn màs}}{\text{amser}} = \frac{4.50 - 1.75}{15 - 5} = \frac{2.75}{10} = 0.28 \text{ (2 l.d.) µg mun}^{-1}$$

$$\text{Cynnydd mewn màs \%} = \frac{\text{cynnydd gwirioneddol mewn màs}}{\text{màs cychwynnol}} \times 100 = \frac{4.50 - 1.75}{1.75} \times 100 = \frac{2.75}{1.75} \times 100 = 157.14\% \text{ (2 l.d.)}$$

Cyfradd yr adwaith ar unrhyw adeg benodol yw graddiant tangiad ar y pwynt hwnnw.

Yn y graff hwn, mae'r tangiad ar amser = 0 yn cyd-daro â'r gromlin rhwng 0 a 5, felly

cyfradd gychwynnol yr adwaith = graddiant ar amser 0 = $\frac{1.75 - 0}{5 - 0}$ = 0.35 µg mun^{-1}.

Ffactorau sy'n effeithio ar weithredoedd ensymau

Mae amodau amgylcheddol, fel tymheredd a pH, yn newid adeiledd tri dimensiwn moleciwlau ensymau. Mae bondiau'n torri ac mae siâp y safle actif yn newid, gan newid cyfradd yr adwaith. Mae crynodiadau'r ensym a'r swbstrad hefyd yn effeithio ar gyfradd yr adwaith drwy newid nifer y cymhlygion ensym–swbstrad sy'n ffurfio.

Pwynt astudio

Byddwch yn ofalus ag unedau tymheredd. Tymheredd gwirioneddol yw 10°C.

Mae 10C° yn disgrifio bwlch o 10 gradd, a gallai fod, e.e. rhwng 25°C a 35°C.

Effaith tymheredd ar gyfradd actifedd ensymau

Mae cynyddu'r tymheredd yn cynyddu egni cinetig moleciwlau ensymau a swbstrad ac maen nhw'n gwrthdaro â digon o egni'n amlach, gan gynyddu cyfradd yr adwaith. Yn gyffredinol, mae cyfradd adwaith yn dyblu â phob cynnydd 10C° mewn tymheredd hyd at dymheredd penodol, tua 40°C i'r rhan fwyaf o ensymau. Ar dymheredd uwch na hyn, mae gan y moleciwlau fwy o egni cinetig ond mae cyfradd yr adwaith yn lleihau oherwydd wrth iddynt ddirgrynu mwy, mae bondiau hydrogen yn torri, gan newid yr adeiledd trydyddol. Mae hyn yn newid siâp y safle actif a dydy'r swbstrad ddim yn ffitio. Mae'r ensym wedi'i **ddadnatureiddio**, newid parhaol i'w adeiledd.

Ar dymheredd isel, mae'r ensym yn **anactif** oherwydd bod egni cinetig y moleciwlau'n isel iawn. Fodd bynnag, dydy eu siâp ddim yn newid a bydd yr ensym yn gweithio eto os yw'r tymheredd yn codi.

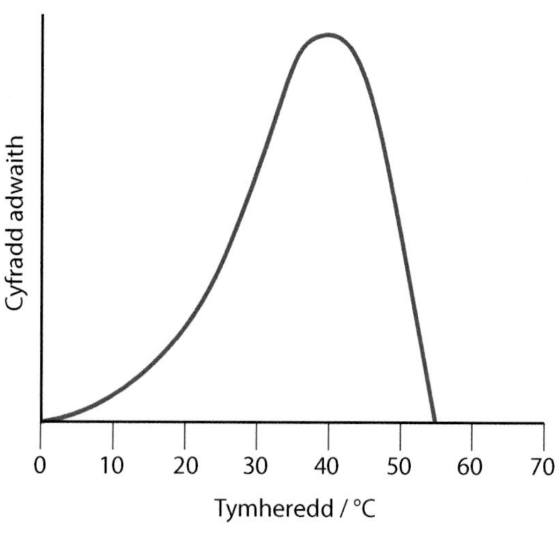

Effaith tymheredd ar gyfradd adwaith

Termau allweddol

Dadnatureiddio: Y difrod parhaol i adeiledd a siâp moleciwl protein, e.e. moleciwl ensym, oherwydd, er enghraifft, tymheredd uchel neu pH eithafol.

Anactifadu: Gostyngiad cildroadwy yn actifedd ensymau ar dymheredd isel gan nad oes gan y moleciwlau ddigon o egni cinetig i ffurfio cymhlygion ensym–swbstrad.

Pwynt astudio

Pan mae moleciwl ensym yn cael ei ddadnatureiddio, dydy hyn ddim yn effeithio ar ei adeiledd cynradd, sef trefn yr asidau amino, ond mae'n colli lefelau adeiledd uwch.

Pwynt astudio

Mae tymheredd uchel yn dadnatureiddio ensymau drwy dorri bondiau hydrogen. Mae pH eithafol yn dadnatureiddio ensymau drwy dorri bondiau hydrogen a bondiau ïonig. Mae rhai cemegion yn dadnatureiddio ensymau drwy dorri bondiau deusylffid hefyd.

Effaith pH ar gyfradd gweithredu ensymau

Mae gan y rhan fwyaf o ensymau pH optimwm, lle mae cyfradd yr adwaith ar ei huchaf. Mae newidiadau pH bach o gwmpas yr optimwm yn achosi newidiadau bach cildroadwy i adeiledd yr ensym ac yn lleihau ei actifedd, ond mae pH eithafol yn dadnatureiddio ensymau.

Mae ïonau hydrogen neu ïonau hydrocsid yn effeithio ar y gwefrau ar y cadwynau ochr asid amino yn safle actif yr ensym. Ar pH isel, mae gormodedd o ïonau H^+ yn cael eu hatynnu at wefrau negatif ac yn eu niwtralu nhw. Ar pH uchel, mae gormodedd o ïonau OH^- yn niwtralu'r gwefrau positif. Mae hyn yn tarfu ar y bondiau ïonig a'r bondiau hydrogen sy'n cynnal siâp y safle actif. Mae'r siâp yn newid, gan ddadnatureiddio'r ensym. Does dim cymhlygion ensym–swbstrad yn ffurfio ac mae actifedd yr ensym wedi'i golli.

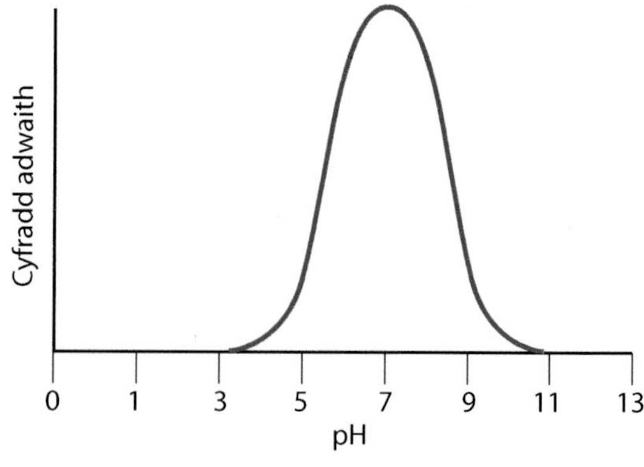

Effaith pH ar gyfradd adwaith

4.2 Gwirio gwybodaeth

Nodwch y gair neu'r geiriau coll:

Ar 0°C mae ensymau'n .... Ar dymheredd dros tua 40°C, mae dirgryniad y moleciwlau'n achosi i'r bondiau .... dorri gan achosi newid i adeiledd .... yr ensym. Mae hyn yn newid siâp y safle actif yn barhaol ac mae'r ensym wedi'i ....

Crynodiad y swbstrad

Mae cyfradd adwaith wedi'i gatalyddu gan ensym, yn amrywio gyda newidiadau i grynodiad y swbstrad. Os yw crynodiad yr ensym yn gyson, mae cyfradd yr adwaith yn cynyddu wrth i grynodiad y swbstrad gynyddu. Ar grynodiad swbstrad isel, dim ond rhai moleciwlau swbstrad sydd gan y moleciwlau ensym i wrthdaro â nhw, felly dydy'r safleoedd actif ddim yn gweithio i'w gallu llawn. Gyda mwy o swbstrad, mae mwy o safleoedd actif yn cael eu llenwi. Mae crynodiad y swbstrad yn rheoli cyfradd yr adwaith, felly mae'n **ffactor gyfyngol**. Wrth i fwy fyth o swbstrad gael ei ychwanegu, ar grynodiad critigol, bydd yr holl safleoedd actif yn llawn a bydd cyfradd yr adwaith ar ei uchaf. Pan mae'r safleoedd actif i gyd yn llawn, rydyn ni'n dweud bod yr ensym yn ddirlawn.

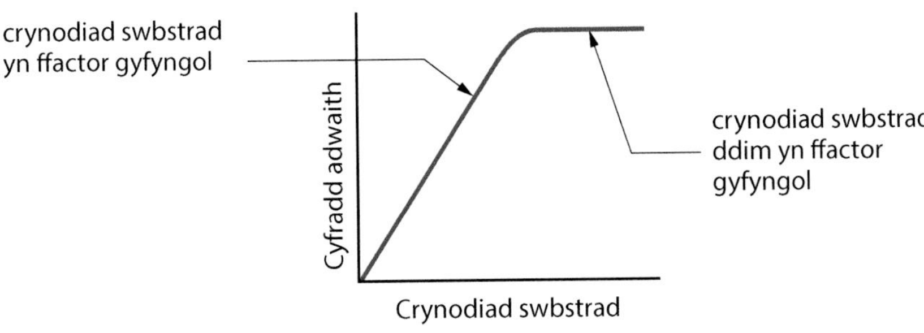

Effaith crynodiad swbstrad ar gyfradd adwaith

Hyd yn oed os caiff mwy o swbstrad ei ychwanegu, dydy adweithiau ddim yn gallu cael eu catalyddu'n gyflymach, felly mae'r llinell yn gwastadu. Dydy crynodiad y swbstrad ddim yn rheoli cyfradd yr adwaith mwyach, felly dydy hwn ddim yn ffactor gyfyngol mwyach. Mae rhyw ffactor arall yn rheoli cyfradd yr actifedd, fel tymheredd.

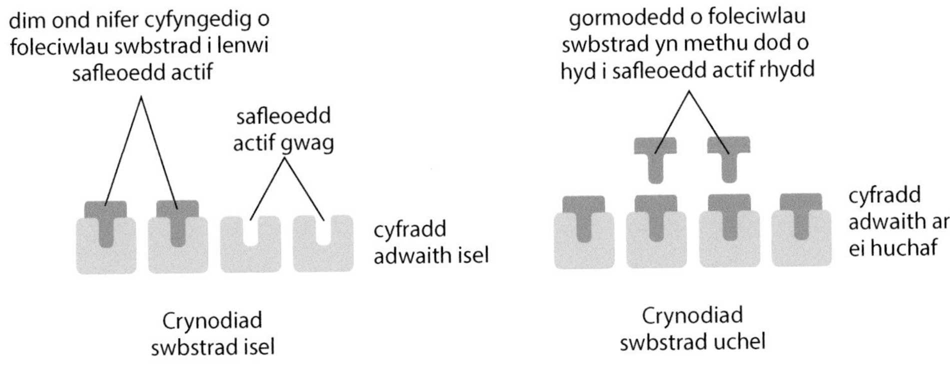

Effaith crynodiad swbstrad isel ac uchel

Crynodiad yr ensym

Cyn gynted ag y mae cynnyrch yn gadael y safle actif, mae'r moleciwl ensym ar gael i'w ailddefnyddio, felly dim ond crynodiad isel o ensym sydd ei angen i gatalyddu nifer mawr o adweithiau. Y rhif trosiant yw nifer y moleciwlau swbstrad y mae un moleciwl ensym yn gallu eu troi'n gynhyrchion mewn cyfnod penodol. Un o'r ensymau cyflymaf rydyn ni'n gwybod amdanynt yw catalas; mae ei rif trosiant yn 40 miliwn o foleciwlau yr eiliad. Mae'n dadelfennu'r gwastraff gwenwynig iawn, hydrogen perocsid.

Wrth i grynodiad ensym gynyddu, mae mwy o safleoedd actif ar gael felly mae cyfradd yr adwaith yn cynyddu.

Gweithio'n wyddonol

Wrth wneud arbrofion ag ensymau, rhaid i ni ddefnyddio byffer. Mae byfferau'n cadw pH yn gyson, hyd yn oed pan mae cynhyrchion yr adwaith yn asidig neu'n alcalïaidd. Gallwn ni ystyried bod byfferau yn amsugno ïonau hydrogen neu ïonau hydrocsid ychwanegol.

Term allweddol

Ffactor gyfyngol: Ffactor sy'n cyfyngu ar gyfradd adwaith os oes cyflenwad prin ohoni. Mae cynyddu gwerth ffactor gyfyngol yn cynyddu cyfradd adwaith.

Pwynt astudio

Os yw tymheredd a pH yn optimaidd a bod gormodedd o swbstrad, mae cyfradd yr adwaith mewn cyfrannedd union â chrynodiad yr ensym.

Termau allweddol

Atalydd: Moleciwl neu ïon sy'n rhwymo wrth ensym ac yn gostwng cyfradd yr adwaith y mae'r ensym yn ei gatalyddu.

Ataliad cystadleuol: Gostwng cyfradd adwaith wedi'i reoli gan ensym oherwydd bod moleciwl neu ïon â siâp cyflenwol i'r safle actif, neu siâp tebyg i'r swbstrad, yn rhwymo â'r safle actif, gan atal y swbstrad rhag rhwymo.

Cyswllt

Byddwch chi'n dysgu am gylchred Krebs wrth astudio resbiradaeth, yn ystod ail flwyddyn y cwrs hwn.

Ymestyn a herio

Mae ataliad cynnyrch terfynol yn digwydd pan mae cynnyrch cyfres o adweithiau yn atal ensym sy'n gweithredu'n gynharach yn y gyfres, gan arafu holl ddilyniant yr adweithiau. Mae hyn yn ffordd bwysig o reoli metabolaeth celloedd.

Pwynt astudio

Dydy'r atalydd cystadleuol ddim yn rhwymo'n barhaol â'r safle actif, felly pan mae'n gadael, mae moleciwl arall yn gallu cymryd ei le. Gallai hwn fod yn swbstrad neu'n atalydd, gan ddibynnu ar eu crynodiadau cymharol.

Pwynt astudio

Wrth i grynodiad atalydd cystadleuol gynyddu, mae cyfradd adwaith yn gostwng.

Ataliad ensymau

Mae ataliad ensymau'n digwydd pan mae moleciwl arall, **atalydd**, yn gostwng cyfradd adwaith wedi'i reoli gan ensymau. Mae atalydd yn cyfuno ag ensym ac yn ei atal rhag ffurfio cymhlygyn ensym–swbstrad.

Ataliad cystadleuol

Mae siâp moleciwlau **atalyddion cystadleuol** yn gyflenwol i'r safle actif ac yn debyg i'r swbstrad, felly maen nhw'n cystadlu am y safle actif, e.e. ym matrics y mitocondrion, mae adwaith yng nghylchred Krebs yn cael ei gatalyddu gan yr ensym sycsinig dadhydrogenas:

$$\text{asid sycsinig} \xrightarrow{\text{sycsinig dadhydrogenas}} \text{asid ffwmarig} + 2H$$

Mae siâp asid malonig yn debyg i siâp asid sycsinig, felly maen nhw'n cystadlu am safle actif sycsinig dadhydrogenas. Mae cynyddu crynodiad y swbstrad, asid sycsinig, yn lleihau effaith yr atalydd, oherwydd y mwyaf o foleciwlau swbstrad sy'n bresennol, y mwyaf yw eu siawns o rwymo â safleoedd actif, gan olygu bod llai ohonynt ar gael i'r atalydd. Ond os yw crynodiad yr atalydd yn cynyddu, mae'n rhwymo â mwy o safleoedd actif felly mae cyfradd yr adwaith yn arafach.

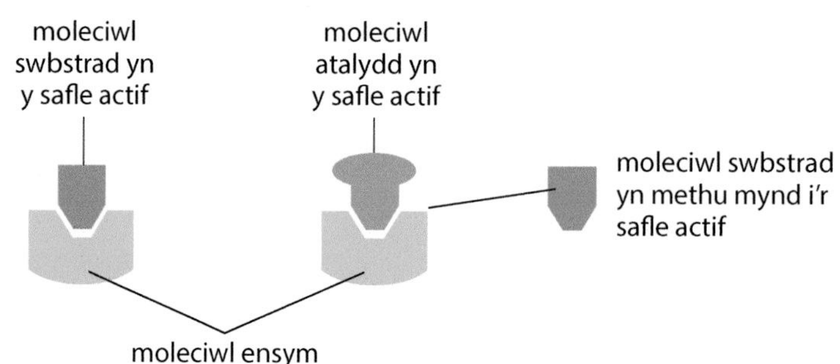

Ataliad cystadleuol

Os ydych chi'n cael crynodiadau swbstrad ac atalydd cystadleuol, mae'n ddefnyddiol ystyried eu cymarebau, e.e. mae'r graff ar t81 yn dangos y cynhyrchion sy'n cael eu ffurfio â thri chymysgedd gwahanol o swbstrad ac atalydd. Drwy gyfrifo eu cymarebau, gallwn ni weld tuedd:

Cymysgedd	Swbstrad / UM	Atalydd / UM	Cymhareb swbstrad:atalydd
A	20	0	1 : 0
B	20	10	1 : 0.5
C	20	20	1 : 1

Wrth i grynodiad yr atalydd gynyddu, mae'r gymhareb swbstrad:atalydd yn lleihau. Felly, mae mwy o ataliad yn digwydd, ac mae cyfradd ffurfio'r cynnyrch yn lleihau.

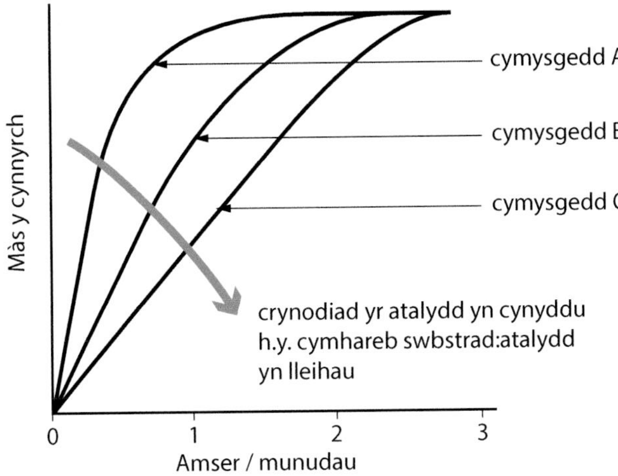

Graff i ddangos effaith ataliad cystadleuol cildroadwy ar fàs y cynnyrch

Ataliad anghystadleuol

Mae **atalyddion anghystadleuol** yn rhwymo â'r ensym ar 'safle alosterig', h.y. safle heblaw'r safle actif, felly dydy'r rhain ddim yn cystadlu â'r swbstrad. Maen nhw'n effeithio ar fondiau yn y moleciwl ensym ac yn newid ei siâp cyffredinol, gan gynnwys siâp y safle actif. Dydy'r swbstrad ddim yn gallu rhwymo â'r safle actif, a does dim cymhlygion ensym–swbstrad yn ffurfio. Wrth i grynodiad yr atalydd gynyddu, mae cyfradd yr adwaith a màs terfynol y cynnyrch yn gostwng. Mae enghreifftiau o atalyddion anghystadleuol yn cynnwys ïonau metel trwm, e.e. plwm, Pb^{2+} ac arsenig, As^{3+}. Fel atalyddion cystadleuol, mae rhai atalyddion anghystadleuol yn rhwymo'n gildroadwy ac eraill yn rhwymo'n anghildroadwy.

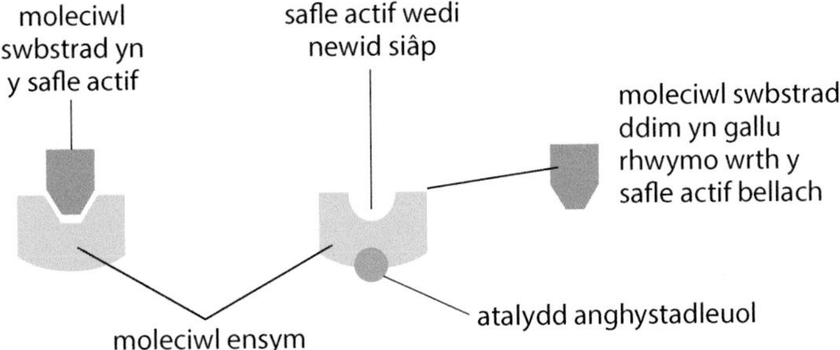

Ataliad anghystadleuol

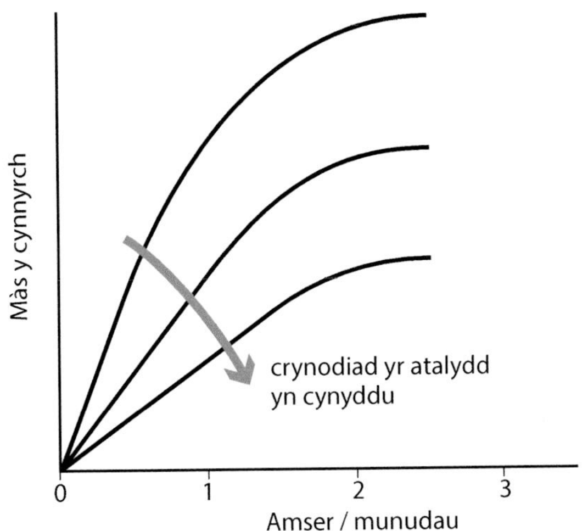

Graff i ddangos effaith ataliad anghystadleuol anghildroadwy ar fàs y cynnyrch

Cyngor

Disgrifiwch adweithiau ensym–swbstrad yn nhermau gwrthdrawiadau rhwng moleciwlau. O ran ataliad cystadleuol, y mwyaf yw crynodiad y swbstrad o'i gymharu â'r atalydd, y mwyaf yw'r siawns y bydd y swbstrad yn gwrthdaro ag ensym.

Ymestyn a herio

Pan mae atalydd cystadleuol yn gildroadwy, mae'n gallu rhwymo wrth y safle actif a dadrwymo oddi wrtho. Os yw hyn yn digwydd, does dim ots faint o atalydd sy'n bresennol – bydd màs y cynnyrch sy'n ffurfio yr un fath yn y diwedd. Felly yn y pen draw, caiff y swbstrad i gyd ei ddefnyddio.

Term allweddol

Atalydd anghystadleuol: Atom, moleciwl neu ïon sy'n gostwng cyfradd adwaith wedi'i reoli gan ensym drwy rwymo wrth yr ensym mewn safle heblaw'r safle actif, gan newid siâp y safle actif a chan atal y swbstrad rhag rhwymo'n llwyddiannus wrtho.

Ymestyn a herio

Mae'r ïon cyanid (CN^-) yn atalydd i'r ensym resbiradol, cytocrom ocsidas. Mae'n anarferol oherwydd er nad oes ganddo yr un siâp â'r swbstrad, mae'n dal i rwymo wrth y safle actif a'i ddadnatureiddio. Felly mae ei fecanwaith atal yr un fath ag atalyddion anghystadleuol.

Gwirio gwybodaeth 4.3

Nodwch y gair neu'r geiriau coll:

Mae atalyddion cystadleuol yn llenwi .... ensym yn lle'r .... Os yw crynodiad y swbstrad yn ...., bydd yn lleihau effaith yr atalydd. Mae .... yn enghraifft o atalydd anghystadleuol.

Ensymau ansymudol

Term allweddol

Ensym ansymudol: Moleciwlau ensym wedi'u rhwymo â defnydd anadweithiol er mwyn i foleciwlau'r swbstrad symud drostynt.

Pwynt astudio

Mae ensymau, yn hytrach na chatalyddion anorganig, yn cael eu defnyddio'n aml mewn diwydiant gan eu bod nhw'n fwy effeithlon. Mae eu rhif trosiant yn uwch, maen nhw'n benodol iawn ac maen nhw'n fwy economaidd gan eu bod nhw'n gweithio ar dymheredd is.

Cyngor

Byddwch yn barod i gymharu effaith tymheredd ar ensym rhydd ac ensym ansymudol.

Mae **ensymau** yn **ansymudol** os ydyn nhw wedi eu gosod, eu rhwymo neu eu dal ar fatrics anadweithiol, fel gleiniau sodiwm alginad neu ficroffibrolion cellwlos. Gallwn ni lenwi colofnau gwydr â'r rhain. Mae'r swbstrad yn cael ei ychwanegu drwy dop y golofn ac wrth iddo lifo i lawr, mae ei foleciwlau'n rhwymo â safleoedd actif y moleciwlau ensym, ar arwyneb y glain a thu mewn i'r gleiniau wrth i'r moleciwlau swbstrad dryledu i mewn. Ar ôl ei chydosod, gallwn ni ddefnyddio'r golofn fwy nag unwaith. Mae'r ensym yn aros yn ei le ac nid yw'n halogi'r cynhyrchion. Felly, mae'n hawdd puro'r cynhyrchion. Mae ensymau ansymudol yn cael eu defnyddio'n aml mewn prosesau diwydiannol, fel eplesiad, oherwydd ei bod yn hawdd eu hailddefnyddio nhw.

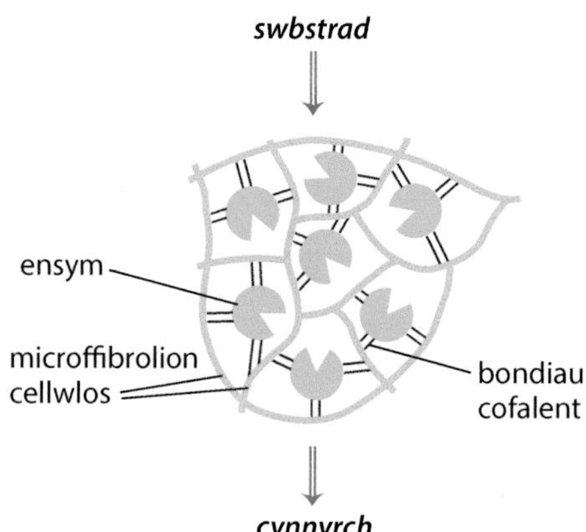

Ensym ansymudol mewn fframwaith o ficroffibrolion cellwlos

Os yw cyfaint penodol o sylwedd yn cael ei ddefnyddio i wneud gleiniau mawr, bydd cyfanswm yr arwynebedd arwyneb yn llai na phe bai'r un cyfaint wedi'i ddefnyddio i wneud gleiniau bach. Felly os ydyn ni'n gwneud gleiniau bach, bydd hi'n haws i foleciwlau swbstrad gyrraedd y moleciwlau ensym ac felly bydd cyfradd yr adwaith yn uwch.

Mae ansefydlogrwydd ensymau yn un ffactor sy'n ein hatal ni rhag defnyddio mwy ar ensymau sy'n rhydd mewn hydoddiant. Mae hydoddyddion organig, tymheredd uchel a pH eithafol i gyd yn gallu dadnatureiddio ensymau, gan achosi llai o actifedd. Mae defnyddio ensymau ansymudol mewn matrics polymer yn eu gwneud nhw'n fwy sefydlog, oherwydd ei fod yn creu microamgylchedd sy'n caniatáu i adweithiau ddigwydd ar dymheredd uwch neu pH mwy eithafol nag sy'n normal. Mae dal moleciwl ensym yn llonydd yn atal y newid siâp a fyddai'n dadnatureiddio ei safle actif, felly gallwn ni ddefnyddio'r ensym dan fwy o amrywiaeth o amodau ffisegol na phe bai'n rhydd mewn hydoddiant.

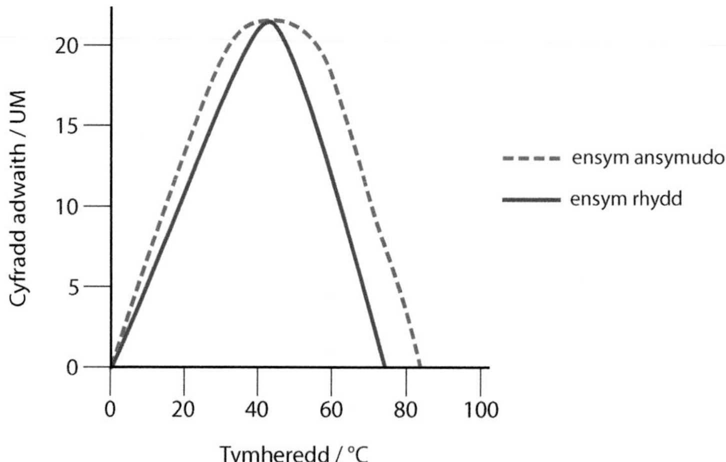

Graff yn dangos effaith tymheredd ar gyfradd adwaith yr un ensym mewn cyflwr rhydd ac ansymudol

Mae ensymau sy'n ansymudol mewn gleiniau yn rhoi cyfradd adwaith is nag ensymau sy'n ansymudol ar bilen, os yw pob ffactor arall yn gyson. Mae hyn oherwydd bod rhai o'r safleoedd actif y tu mewn i'r gleiniau ac mae'r swbstrad yn cymryd amser i dryledu atynt. Mae ensymau ar bilen ar gael yn rhwydd i rwymo, felly maen nhw'n rhoi cyfradd adwaith uwch.

Mae manteision ensymau ansymudol yn cynnwys:

- Mwy o sefydlogrwydd, ac yn gweithio dros amrediad tymheredd a pH mwy nag ensymau sy'n rhydd mewn hydoddiant.
- Dydy'r ensym ddim yn halogi'r cynhyrchion.
- Mae'n hawdd ailddefnyddio'r ensymau.
- Gallwn ni ddefnyddio dilyniant o golofnau er mwyn defnyddio llawer o ensymau â gwahanol optima pH neu dymheredd mewn un broses.
- Mae'n hawdd ychwanegu neu dynnu ensymau, sy'n rhoi mwy o reolaeth dros yr adwaith.

Ffyrdd o ddefnyddio ensymau ansymudol

Llaeth heb lactos

Un ffordd bwysig o ddefnyddio ensymau ansymudol mewn diwydiant yw trwy wneud llaeth â llai o lactos neu heb unrhyw lactos. Mae'r llaeth yn llifo i lawr colofn sy'n cynnwys lactas ansymudol. Mae'r lactos yn rhwymo â'r safleoedd actif ar y lactas ac yn cael ei hydrolysu i'w gydrannau, sef glwcos a galactos.

Pwynt astudio

Mae rhai arbrofion yn defnyddio algâu neu ensymau'n ansymudol mewn gleiniau alginad. I wneud rheolydd, dylai'r algâu neu'r ensymau gael eu berwi a'u hoeri cyn eu defnyddio i wneud gleiniau. Byddai'r gleiniau'n ymdoddi pe baech chi'n ceisio eu berwi nhw.

Biosynwyryddion

Un o'r prif ffyrdd o ddefnyddio ensymau ansymudol yw mewn biosynwyryddion, sy'n troi signal cemegol yn signal trydanol. Mae biosynwyryddion yn gallu canfod, adnabod a mesur crynodiadau isel iawn o foleciwlau pwysig yn gyflym ac yn fanwl gywir. Maen nhw'n gweithio ar yr egwyddor bod ensymau'n benodol ac yn gallu dewis un math o foleciwl o gymysgedd, hyd yn oed ar grynodiadau isel iawn. Un ffordd benodol o ddefnyddio biosynhwyrydd yw i ganfod glwcos yn y gwaed. Mae'r ensym glwcos ocsidas, sy'n ansymudol ar bilen athraidd ddetholus sydd wedi'i rhoi mewn sampl gwaed, yn rhwymo â glwcos. Mae hyn yn cynhyrchu cerrynt trydanol bach sy'n cael ei ganfod gan yr electrod a'i ddarllen ar sgrin.

Gallwn ni hefyd osod ensymau'n ansymudol ar stribedi profi; mae gwahanol stribedi'n gallu canfod amrywiaeth o foleciwlau. Mae stribedi profi â glwcos ocsidas yn ansymudol arnynt yn cael eu defnyddio i ganfod glwcos mewn troeth.

Gwirio gwybodaeth

Nodwch y gair neu'r geiriau coll:

Rydyn ni'n galw ensymau sydd wedi'u dal mewn capsiwl gel yn ensymau .... Rydyn ni'n eu defnyddio nhw mewn biosynwyryddion i ganfod crynodiad .... yng ngwaed pobl â diabetes. Mae biosynwyryddion yn troi signal cemegol yn signal .... Maen nhw hefyd yn cael eu defnyddio mewn llawer o brosesau diwydiannol, fel cynhyrchu llaeth heb....................

Cynhyrchu syryp corn sy'n cynnwys llawer o ffrwctos (HFCS)

Mae HFCS (*high-fructose corn syrup*) yn cael ei gynhyrchu o startsh mewn proses â llawer o gamau. Mae'n defnyddio llawer o ensymau ansymudol ag angen gwahanol amodau ffisegol. Mae'r rhain yn cynnwys y canlynol:

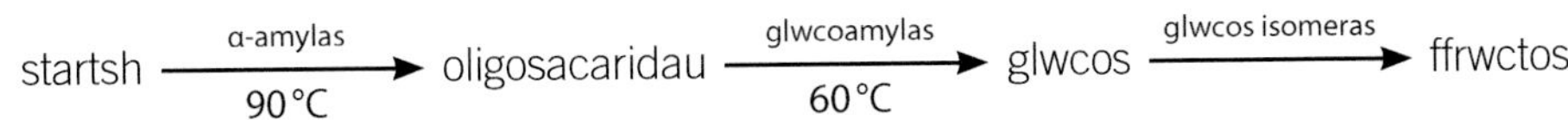

Gwaith ymarferol

Canfod effaith tymheredd ar actifedd trypsin

6 Gwirio theori

1. Esboniwch y term 'safle actif'.
2. Pam mae tymheredd uwch yn cynyddu cyfradd adwaith sy'n cael ei gatalyddu gan ensym?
3. Er gwaethaf yr ateb i c2, pam mae cyfradd adwaith wedi'i gatalyddu gan ensym yn gostwng os yw'n uwch na thymheredd penodol?
4. Pan mae'r cynnydd yn y gyfradd oherwydd tymheredd (yn c2.) yn hafal i'r gostyngiad yn y gyfradd (yn c3.), mae cyfradd yr adwaith ar ei huchaf. Mae hyn yn digwydd ar 'dymheredd optimwm' yr ensym. Pam mae gan wahanol ensymau wahanol dymereddau optimwm?

Pwynt astudio

I gael rheolydd mewn arbrawf ensymau, dylai'r ensym gael ei ferwi am 5 munud i'w ddadnatureiddio ac yna ei oeri cyn ei ddefnyddio. Dydy defnyddio dŵr ddim yn rheolydd addas, oherwydd bod crynodiad o sero yn un o werthoedd crynodiad yr ensym.

Pwynt astudio

Mae angen rheoli tymheredd llawer o arbrofion. Baddonau dŵr â rheolydd thermostatig yw'r mwyaf addas.

Pwynt astudio

Wrth fesur amser, e.e. ar gyfer newid lliw, rhowch y darlleniadau i'r eiliad agosaf. Dydy dyfarniadau ac ymatebion bodau dynol ddim yn ddigon cyflym i fesur yn fanwl gywir i lai nag 1 s, felly hyd yn oed os yw amserydd sydd wedi'i raddnodi at 0.01 s yn fwy manwl gywir, wnaiff hyn ddim gwella manwl gywirdeb y darlleniadau.

Sail resymegol

Ar ffilm camera hen-ffasiwn, mae'r protein gelatin yn dal haen o risialau arian halid sy'n sensitif i olau ar stribed asetad. Mae ffilm sydd wedi'i dinoethi, yn ddu. Os yw ffilm wedi'i dinoethi'n cael ei magu mewn hydoddiant trypsin, mae'r gelatin yn cael ei dreulio ac mae'r grisialau arian halid yn dod yn rhydd o'r ffilm asetad, sy'n dryloyw. Mae'r amser y mae'r ffilm yn ei gymryd i glirio yn ffordd o fesur cyfradd adwaith y trypsin.

Cynllun

Ffactor arbrofol	Disgrifiad	Gwerth
Newidyn annibynnol	tymheredd	10 °C, 30 °C, 50 °C, 70 °C, 90 °C
Newidyn dibynnol	amser mae'r ffilm asetad yn ei gymryd i glirio	eiliadau
Newidynnau rheolydd	pH	pH 7
	cyfaint trypsin	25 cm^3
	crynodiad trypsin	5 g / 100 cm^3
	dimensiynau'r ffilm asetad	10 mm × 30 mm
Rheolydd	berwi ac oeri'r trypsin cyn ei ddefnyddio; gweler y Pwynt astudio	
Dibynadwyedd	cyfrifo amser cymedrig clirio 3 stribed o ffilm ar bob tymheredd; gweler y Pwynt Astudio ar t90 a'r Term allweddol ar t65	
Perygl	mae trypsin yn brotein a gallai fod yn alergenaidd, felly dylech chi orchuddio eich croen a gwisgo sbectol i amddiffyn eich llygaid; mae dŵr a thrydan yn agos at ei gilydd yn gallu bod yn berygl posibl ac mae dŵr dros 60 °C yn sgaldio	

Cyfarpar

- Trypsin 5 g / 100 cm^3 mewn byffer pH 7
- Ffilm ffotograffig wedi'i dinoethi a'i thorri'n betryalau 30 × 10 mm
- 5 × tiwb berwi
- Baddonau dŵr wedi'u gosod ar 10°C, 30°C, 50°C, 70°C a 90°C
- Gefel
- Amserydd

Dull

1. Rhowch 25 cm^3 o bob hydoddiant trypsin mewn tiwbiau berwi ar wahân.
2. Gadewch i'r hydoddiant trypsin gyrraedd ecwilibriwm tymheredd ym mhob baddon dŵr, am 10 munud.
3. Heb dynnu'r tiwbiau o'r baddon dŵr, rhowch betryal 30 × 10 mm o ffilm ffotograffig wedi'i dinoethi ym mhob hydoddiant trypsin.
4. Arsylwch y ffilmiau yn eu tro i ddarganfod a ydy'r ffilm asetad wedi clirio ai peidio.
5. Cofnodwch faint o eiliadau mae'r stribed ffotograffig yn ei gymryd i droi'n gwbl dryloyw.

Tabl canlyniadau

Tymheredd / °C	Amser nes bod y ffilm asetad yn clirio / eiliadau			$\frac{1}{\text{amser}}$ / eiliadau^{-1}			
	1	2	3	1	2	3	Cymedr
10	1170	1356	1126	0.0009	0.0007	0.0009	0.0008
30	402	378	342				
50	287	378	244				
70	∞	∞	∞				
90	∞	∞	∞	0	0	0	0

1. Cwblhewch y tabl gan ddefnyddio'r nifer cywir o leoedd degol.
2. Plotiwch graff $\frac{1}{\text{amser}}$ cymedrig yn erbyn tymheredd.

   Ar gyfer adwaith cemegol, gallwn ni gyfrifo'r gwerth Q_{10} a'i ddefnyddio i asesu manwl gywirdeb. Ar gyfer adwaith safonol, mae $Q_{10} \approx 2$. Mae'r rhan o'r graff lle mae'r tymheredd yn is na'r optimwm yn cynrychioli adwaith cemegol normal, gan nad yw'r ensym wedi'i ddadnatureiddio. Rydyn ni'n tynnu llinell fit orau drwy'r pwyntiau hyn ac yn darllen cyfraddau'r adwaith ar dymereddau sydd 10C° ar wahân.

   Yna, rydyn ni'n amnewid rhain i mewn i'r hafaliad $Q_{10} = \frac{\text{cyfradd yr adwaith ar } (t+10)°\text{C}}{\text{cyfradd yr adwaith ar } t°\text{C}}$.

   Yr agosaf yw'r gwerth hwn at 2, y mwyaf manwl gywir yw'r darlleniadau.
3. Tynnwch linell ffit orau drwy'r pwyntiau data sy'n dangos gwerthoedd cynyddol $\frac{1}{\text{amser}}$.
4. Darllenwch y gwerthoedd $\frac{1}{\text{amser}}$ ar gyfer dau dymheredd sydd 10C° ar wahân a chyfrifwch Q_{10}.
5. Aseswch fanwl gywirdeb y canlyniadau hyn.

Cyngor mathemateg

Mae'n debygol y bydd trypsin yn dadnatureiddio ar y tymheredd uchaf, felly fydd dim treuliad yn digwydd. Fydd y ffilm ddim yn clirio a byddai'r amser treulio yn anfeidraidd (*infinite*). Does dim modd plotio anfeidredd (*infinity*). I roi graff ystyrlon, yn lle plotio amser, gallwch chi blotio $\frac{1}{\text{amser}}$.

$\frac{1}{\infty} = 0$ a gallwch chi ystyried bod $\frac{1}{\text{amser}}$ mewn cyfrannedd â chyfradd yr adwaith.

Gwaith pellach

- Gallwn ni ddefnyddio'r dull hwn i ganfod effaith crynodiad ensymau ar gyfradd yr adwaith, gan ddefnyddio trypsin ar grynodiadau 1, 2, 3, 4 a 5 g / 100 cm^3.
- Gan ddefnyddio'r un dechneg, byddai'n bosibl canfod effaith pH ar actifedd trypsin drwy brofi trypsin 1 g/100 cm^3 mewn byfferau pH 1, 3, 5, 7, 9 ac 11.

Canfod effaith pH ar actifedd pectinas

Sail resymegol

Mae pectinas sydd wedi'i brynu'n fasnachol yn gymysgedd o ensymau sy'n treulio lamela canol cellfur planhigyn, sydd wedi'i wneud yn bennaf o galsiwm a magnesiwm pectad. Mae'r pectinas yn gwahanu'r celloedd, sy'n lysu ac yn rhyddhau'r cellnodd o'u gwagolynnau. Y sudd afal yw'r cellnodd yn yr arbrawf hwn.

Pwynt astudio

Pwrpas yr arbrawf rheolydd yw dangos mai'r newidyn annibynnol sy'n achosi'r newidiadau i'r newidyn dibynnol. Mewn arbrawf rheolydd, bydd y newidyn annibynnol wedi'i anactifadu ond bydd yr arbrawf fel arall yn union yr un fath â'r profion arbrofol. Os nad yw'r newidyn dibynnol yn newid, mae hyn yn dangos mai newidiadau i'r newidyn annibynnol sy'n cynhyrchu'r darlleniadau gwahanol.

Cynllun

Ffactor arbrofol	Disgrifiad	Gwerth
Newidyn annibynnol	pH	1, 3, 5, 7, 9
Newidyn dibynnol	cyfaint y sudd afal	cm^3
Newidynnau rheolydd	tymheredd	40 °C
	cyfaint y pectinas	5 cm^3
	crynodiad y pectinas	hydoddiant stoc gwanediad 5%
	màs yr afal	100 g
Rheolydd	berwi ac oeri'r pectinas cyn ei ddefnyddio; gweler y Pwynt astudio ar t83	
Dibynadwyedd	cyfrifo cyfaint cymedrig y sudd afal o 3 ailadroddiad ar bob crynodiad ensymau; gweler y Pwynt Astudio ar t90 a'r Term allweddol ar t65	
Perygl	mae pectinas yn brotein a gallai fod yn alergenaidd, felly dylech chi orchuddio eich croen a gwisgo sbectol i amddiffyn eich llygaid; mae dŵr a thrydan yn agos at ei gilydd yn berygl posibl ac mae dŵr dros 60 °C yn sgaldio	

7 Gwirio theori

1. Enwch y bondiau sy'n cynnal siâp safle actif ensym.
2. Pam gallai pH isel leihau cyfradd adwaith sy'n cael ei reoli gan ensymau?
3. Pam gallai pH uchel leihau cyfradd adwaith sy'n cael ei reoli gan ensymau?
4. Mae pectinas yn treulio pectin. Sut gallai hyn effeithio ar ddarn o feinwe planhigyn?

Cyfarpar

- Afalau llawn sudd, e.e. Gala
- Bwrdd torri
- Cyllell finiog
- Clorian
- Biceri 250 cm^3
- Pectinas 5% wedi'i wneud o 1 cm^3 o bectinas masnachol ac 19 cm^3 o fyfferau pH 1, 3, 5, 7, a 9
- Baddon dŵr wedi'i osod ar 40°C
- 5 × silindr mesur 10 cm^3
- 5 × silindr mesur 20 cm^3
- 5 × twndish hidlo
- Papur hidlo
- Amserydd

Dull

1. Mesurwch 5 cm^3 o bob paratoad ensym i mewn i diwb profi ar wahân a rhowch nhw yn y baddon dŵr 40°C am 10 munud, i'r tymheredd gyrraedd ecwilibriwm.
2. Piliwch yr afalau a thorrwch y cnawd yn giwbiau sydd tua 3 mm ar bob ochr.
3. Pwyswch 100 g o'r ciwbiau afal i mewn i bob un o'r 5 bicer.
4. Tipiwch un paratoad ensym i mewn i bob bicer, a'i droi a'i roi'n ôl yn y baddon dŵr. Efallai y bydd angen rhoi pwysau yn y biceri, er enghraifft, rhoden wydr, i'w hatal nhw rhag troi drosodd yn y dŵr.
5. Ar ôl 1 awr, hidlwch gynnwys pob bicer i mewn i silindr mesur 20 cm^3, gan adael i'r samplau hidlo am 30 munud.

Canlyniadau

pH y pectinas	Cyfaint y sudd afal sydd wedi'i gasglu ar ôl 30 munud / cm^3			
	1	2	3	Cymedr
1	18.8	20.9	19.7	19.8
3	19.2	20.8	20.3	
5	24.4	26.2	25.6	
7	20.6	22.3	22.8	
9	19.0	19.2	18.2	18.8

1. Cwblhewch y tabl.
2. Plotiwch graff o gyfaint cymedrig yn erbyn pH.
3. Darganfyddwch pH optimwm y rhai rydych chi wedi'u profi.

Gwaith pellach

- I ddod o hyd i'r pH optimwm, gallech chi ailadrodd yr arbrawf gan ddefnyddio mwy o werthoedd pH o gwmpas y gwerth a roddodd y cyfaint mwyaf o sudd afal.
- Gallech chi brofi effaith crynodiad y pectinas ar gyfaint y sudd drwy wanedu'r hydoddiant pectinas masnachol 25%, 50% a 75% a defnyddio'r amrediad 0–100% yn yr arbrawf.

Pwynt astudio

Os yw'r adwaith cyflymaf yn digwydd ar pH 7 yn yr arbrawf hwn, mae'r pH optimwm rhwng pH 5 a pH 9.

Pwynt astudio

Os yw un o'ch tri darlleniad yn llawer uwch neu'n llawer is na'r ddau arall, gallai fod yn ddarlleniad afreolaidd. Cymerwch ddarlleniad arall yn ei le, ond esboniwch yn eich adroddiad ysgrifenedig beth rydych chi wedi'i wneud a pham.

Canfod effaith crynodiad hydrogen perocsid ar actifedd catalas

Sail resymegol

Mae catalas yn ensym mewngellol sy'n catalyddu'r broses o ymddatod yr hydrogen perocsid sy'n ffurfio fel sgil gynnyrch mewn adweithiau metabolaidd. Mae hydrogen perocsid yn ocsidydd cryf iawn ac os nad yw'n cael ei ymddatod, mae perygl iddo ocsidio'r bondiau dwbl yn ffosffolipidau'r bilen ac mewn DNA. Mae gan gatalas rif trosiant uchel iawn, sy'n adlewyrchu pa mor bwysig yw dadelfennu hydrogen perocsid. Mae ei actifedd yn uchel iawn mewn llawer o feinweoedd mewn anifeiliaid, fel cyhyr y galon, ac yn enwedig yr afu/iau, sy'n adlewyrchu swyddogaeth dadwenwyno'r afu/iau. Mae hefyd yn bresennol mewn ffyngau, bacteria a defnydd planhigion, gan gynnwys cloron tatws, sy'n cael eu defnyddio yn yr arbrawf hwn.

Gwirio theori

1. Beth yw ocsidydd?
2. Beth yw mantais torri taten yn ddisgiau gwastad wrth ei defnyddio fel ffynhonnell catalas?
3. Pam mae'n well defnyddio un daten fawr i wneud disgiau, yn hytrach na llawer o datws bach?
4. Pam gallai bwred â'i phen i lawr roi darlleniad mwy manwl gywir ar gyfer cyfaint nwy na silindr mesur 25 cm^3?

Cynllun

Ffactor arbrofol	Disgrifiad	Gwerth
Newidyn annibynnol	crynodiad yr hydrogen perocsid	cyfaint 0, 5, 10, 15, 20 a 25
Newidyn dibynnol	cyfaint y nwy sydd wedi'i gynhyrchu mewn 10 munud	cm^3
Newidynnau rheolydd	cyfaint yr hydrogen perocsid	5 cm^3
	nifer y disgiau tatws	30
Rheolydd	defnyddio disgiau tatws wedi'u trin mewn dŵr berw am 10 munud ac yna eu hoeri, ond cadw pob ffactor arall yr un fath; ni chaiff nwy ei gynhyrchu, a bydd hyn yn dangos mai'r catalas actif yn y tatws oedd yn gyfrifol am y newid o ran cynhyrchu nwy wrth ddefnyddio tatws heb eu berwi; gweler y Pwynt astudio ar t83	
Dibynadwyedd	cyfrifo cyfaint cymedrig y nwy mewn 3 ailadroddiad ar gyfer pob crynodiad hydrogen perocsid; gweler y Pwynt astudio ar t90 a'r Term allweddol ar t65	
Perygl	mae hydrogen perocsid yn ocsidydd cryf sy'n llidus i'r llygaid a'r croen, felly dylech chi orchuddio eich croen a gwisgo sbectol i amddiffyn eich llygaid	

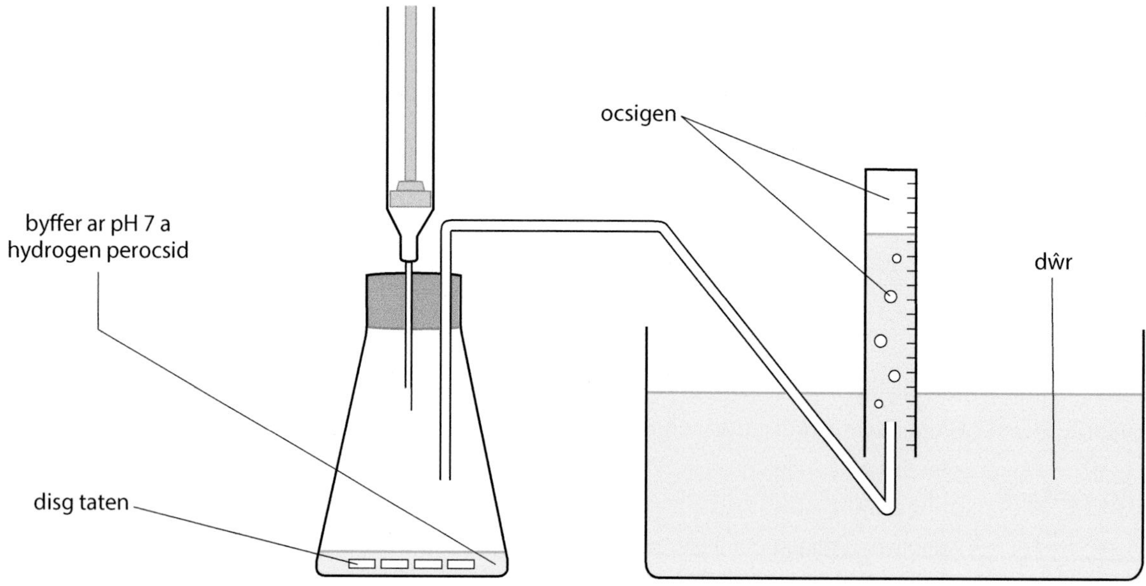

Diagram o'r cyfarpar

Pwynt astudio

Dibynadwyedd – gwneud llawer o ddarlleniadau ar gyfer pob un o werthoedd y newidyn annibynnol a chyfrifo cymedr ohonynt. Mae cymedr yn fwy dibynadwy na darlleniad unigol a'r mwyaf o ddarlleniadau sydd, y mwyaf dibynadwy yw'r cymedr.

Cyfarpar

- Hydrogen perocsid cyfaint 5, 10, 15, 20 a 25 vol
- Dŵr distyll
- Byffer pH 7
- Fflasg gonigol â thopyn rwber ynddi, gyda chwistrell a thiwb cludo'n mynd drwy'r topyn
- Baril chwistrell 5 cm^3
- 5 × baril chwistrell 10 cm^3
- Cafn dŵr
- Bwrdd torri
- Taten
- Tyllwyr corcyn – mae diamedr 3 mm a 4 mm yn addas
- Cyllell llawfeddyg fain
- Gefel
- Pren mesur wedi'i raddio mewn mm
- Amserydd
- 2 × silindr mesur 10 cm^3
- Hidlen de i atal y disgiau rhag mynd i lawr y draen wrth i chi wagio'r fflasg

Pwynt astudio

Mewn rhai arbrofion, mae angen disgiau o ddefnydd planhigion. Mae'r gweithgarwch biolegol yn digwydd dros arwynebedd arwyneb y disgiau. Rydych chi'n tybio eu bod nhw wedi'u torri'n unffurf, ond efallai nad yw hyn yn wir:

Mae gan y disgiau hyn yr un diamedr, ond dydy'r wynebau ddim yn baralel: mae'r ddau wall torri hyn yn cynyddu'r arwynebedd arwyneb. Byddai dyfais fecanyddol i dorri disgiau'n fanwl gywir, neu ffrâm â llawer o lafnau wedi'u mowntio arni, yn welliant.

Dull

Cydosod y cyfarpar

1. Rhowch 10 cm^3 o'r byffer pH 7 yn y fflasg gonigol.
2. Gwnewch yn siŵr bod y topyn rwber yn ffitio'n dynn yng ngwddf y fflasg a rhowch y tiwb cludo yn ei le fel ei fod yn agor dan y dŵr yn y cafn dŵr.
3. Llenwch silindr mesur 10 cm^3 â dŵr fel bod menisgws amgrwm i'w weld ar y top.
4. Gorchuddiwch y top yn llwyr â'ch bawd a throwch y silindr mesur â'i ben i lawr dan y dŵr yn y cafn, gan sicrhau nad oes dim aer yn mynd i'r silindr mesur. Efallai y bydd angen ymarfer hyn rywfaint.
5. Rhowch y silindr mesur i orffwys yn erbyn ymyl y cafn dŵr.

Pwynt astudio

Unedau crynodiad yr hydrogen perocsid yw 'cyfaint'. Mae'n cyfeirio at gyfaint yr ocsigen sy'n cael ei ryddhau wrth iddo ymddatod. Mae 1 dm^3 o hydoddiant hydrogen perocsid â chrynodiad cyfaint 10 yn cynhyrchu 10 dm^3 o ocsigen.

Paratoi'r daten

1. Torrwch silindr o'r daten â'r tyllwyr corcyn a thynnwch y croen.
2. Gan ddefnyddio gefel, rhowch y daten ochr yn ochr â'r pren mesur a thorrwch 30 disg o'r daten, pob un â thrwch o 1 mm.
3. Rhowch y disgiau yn y byffer a chwyrlïo'r fflasg fel bod y disgiau'n gwahanu.

Cynnal yr arbrawf

1. Tynnwch 5 cm^3 o hydrogen perocsid cyfaint 25 i mewn i faril chwistrell a rhowch hi'n sownd wrth agorfa'r nodwydd sy'n mynd drwy'r topyn rwber.
2. Llenwch ail silindr mesur 10 cm^3 fel o'r blaen, rhag ofn y bydd mwy na 10 cm^3 o nwy yn cael ei gasglu.
3. Ar yr un pryd, chwistrellwch yr hydrogen perocsid i mewn i'r byffer, cymysgwch gynnwys y fflasg drwy ei chwyrlïo a dechreuwch y stopgloc.
4. Mae swigod yn ymddangos wrth i blymiwr y chwistrell ddisodli'r aer yn y cyfarpar. Yn syth ar ôl hyn, rhowch y silindr mesur a'i ben i lawr dros ben y tiwb cludo.
5. Chwyrlïwch y fflasg bob munud i ryddhau swigod nwy sy'n casglu ar y disgiau taten.
6. Mesurwch gyfaint y nwy sydd wedi'i gasglu ar ôl 10 munud. Os yw'r cyfaint yn cyrraedd 10 cm^3, rhowch silindr mesur llawn arall rydych chi wedi'i baratoi yn lle'r un sydd yno.
7. Ailadroddwch bob cam ar gyfer hydrogen perocsid cyfaint 20, 15, 10 a 5 vol ac ar gyfer dŵr distyll.

Pwynt astudio

Os cymerwch chi sawl darlleniad ar gyfer pob un o werthoedd y newidyn annibynnol, gallwch chi blotio barrau amrediad.

- Mae'r bar amrediad yn dangos cysondeb y darlleniadau, h.y. pa mor debyg yw'r darlleniadau i'w gilydd. Mae barrau amrediad byrrach yn dod o ddarlleniadau mwy cyson, felly maen nhw'n darparu cymedr mwy dibynadwy na barrau amrediad hirach, sy'n cael eu cynhyrchu gan ddarlleniadau llai cyson.
- Os yw barrau amrediad yn gorgyffwrdd, efallai nad yw'r cymedrau'n wahanol mewn gwirionedd. Mae barrau amrediad sy'n gorgyffwrdd yn eich gwneud chi'n llai hyderus bod gwahaniaeth gwirioneddol rhwng pwyntiau data. Os yw barrau amrediad llawer o bwyntiau data cyfagos yn gorgyffwrdd, gall hyn ddangos bod y graff yn gwastadu.

Tabl canlyniadau

Crynodiad yr hydrogen perocsid / cyfaint	Cyfaint y nwy sydd wedi'i gasglu ar ôl 10 munud / cm^3			
	1	2	3	Cymedr
0	0	0	0	0
5	3.3	2.9	3.4	
10	6.9	6.1	7.1	
15	11.1	11.7	10.8	
20	13.8	12.2	13.2	13.1
25	13.9	13.1	12.0	13.0

1. Cwblhewch y tabl.
2. Plotiwch gyfaint cymedrig y nwy sydd wedi'i gasglu ar ôl 10 munud yn erbyn crynodiad yr hydrogen perocsid.
3. Disgrifiwch y newid i raddiant y llinell.
4. O'r graff, darllenwch gyfaint y nwy sy'n cael ei gynhyrchu pan mae'r ensym yn ddirlawn.

Term allweddol

Atgynyrchioldeb: Pa mor agos at ei gilydd yw darlleniadau mewn arbrawf gan ddefnyddio'r un dull a'r un cyfarpar ar wahanol achlysuron.

Pwynt astudio

Peidiwch â drysu rhwng dibynadwyedd ac atgynyrchioldeb. Mae dibynadwyedd yn ymwneud â pha mor debyg yw darlleniadau o fewn arbrawf. Mae atgynyrchioldeb yn ymwneud â pha mor debyg yw darlleniadau, os caiff arbrawf ei wneud yn rhywle arall neu gan rywun arall.

Ffynonellau cyfeiliornad a sut i'w cywiro nhw

Ffynonellau cyfeiliornad	Cywiriadau
Mae'r adwaith yn ecsothermig felly wrth i'r cyfnod casglu fynd heibio, bydd tymheredd y fflasg yn cynyddu, gan gynyddu cyfradd yr adwaith. Felly, mae cyfaint yr ocsigen sy'n cael ei gasglu yn oramcangyfrif o'r gwir gyfaint.	Dylid cadw'r fflasg mewn baddon dŵr ar, e.e., 25 °C, i gadw'r tymheredd yn gyson.
Mae ocsigen yn hydawdd mewn dŵr, felly bydd rhywfaint ohono'n hydoddi yn y dŵr wrth i chi ei gasglu, gan olygu bod y cyfaint yn amcangyfrif rhy isel.	Mae nwyon yn llai hydawdd mewn dŵr poeth nag mewn dŵr oer, felly pe bai dŵr poeth yn y cafn, e.e., ar 50 °C, i osgoi sgaldio, byddech chi'n darllen cyfaint sy'n agosach at gyfaint gwirioneddol yr ocsigen sy'n cael ei gynhyrchu.

Gwaith pellach

Gallwch chi ddefnyddio'r dechneg hon i ganfod effaith pH ar actifedd catalas. Gallwch chi ddefnyddio byfferau pH 1, 3, 5, 7, 9 ac 11 gyda hydrogen perocsid cyfaint 20.

Canfod effaith copr sylffad ar dreuliad startsh gan amylas

Sail resymegol

Mae ïonau copr yn rhwymo'n anghildroadwy â moleciwlau amylas ac yn gweithredu fel atalyddion anghystadleuol.

Mae startsh yn troi hydoddiant ïodin o frown i las/du. Mae amylas yn treulio startsh. Os caiff hydoddiant ïodin ei ychwanegu at gymysgedd startsh–amylas, bydd yr hydoddiant ïodin yn newid lliw i las/du os oes startsh heb ei dreulio'n bresennol. Pan mae'r startsh i gyd wedi'i dreulio, dydy'r hydoddiant ïodin ddim yn newid lliw. Gallwn ni fesur yr amser mae'n ei gymryd i'r holl startsh gael ei dreulio ym mhresenoldeb ïonau copr, drwy amseru pa mor hir mae'n ei gymryd cyn i'r hydoddiant ïodin aros yn frown wrth gael ei ychwanegu at y cymysgedd startsh–amylas.

Ffactor arbrofol	Disgrifiad	Gwerth
Newidyn annibynnol	crynodiad y copr sylffad	0, 0.025, 0.050, 0.075 a 0.100 mol dm^{-3}
Newidyn dibynnol	amser i'r startsh dreulio	munudau
Newidynnau rheolydd	pH yr hydoddiannau startsh ac amylas	pH 7
	cyfaint y copr sylffad	2 cm^3
	cyfaint yr amylas	4 cm^3
	cyfaint y startsh	4 cm^3
	crynodiad yr amylas	2 g / 100 cm^3
	crynodiad y startsh	2 g / 100 cm^3
	tymheredd	40 °C
	pH	7
Rheolydd	berwi ac oeri'r amylas cyn ei ddefnyddio; gweler y Pwynt astudio ar t83	
Dibynadwyedd	cyfrifo'r amser cymedrig mae'n ei gymryd i'r startsh dreulio, gan ddefnyddio 3 ailadroddiad ar gyfer pob crynodiad copr sylffad; gweler y Pwynt astudio ar t90 a'r Term allweddol ar t65	
Perygl	mae dŵr a thrydan yn agos at ei gilydd yn berygl posibl; mae copr sylffad yn gallu bod yn llidus i'r croen a'r llygaid ac yn gallu achosi dolur rhydd a chwydu os caiff ei lyncu	

9 Gwirio theori

1. Pam mai dim ond yn y safle actif mae atalydd cystadleuol yn rhwymo?
2. Sut mae atalydd anghystadleuol yn gostwng cyfradd adwaith?
3. Allai atalydd anghystadleuol rwymo wrth safle actif?
4. Disgrifiwch sut mae cynyddu crynodiad atalydd anghystadleuol yn effeithio ar fàs y cynnyrch.

Cyfarpar

- Hydoddiant startsh (2 g / 100 cm^3) mewn byffer pH 7
- Hydoddiant amylas (2 g / 100 cm^3) mewn byffer pH 7
- Hydoddiannau copr sylffad, 0.025, 0.050, 0.075 a 0.100 mol dm^{-3}, mewn byffer pH 7
- Baddon dŵr wedi'i osod ar 40°C
- Tiwbiau profi
- Chwistrellau
- Teils diferu
- Pibedau diferu
- Hydoddiant ïodin mewn potasiwm ïodid

Dull

1. Rhowch 4 cm^3 o hydoddiant startsh, 4 cm^3 o hydoddiant amylas a 2 cm^3 o hydoddiant copr sylffad mewn tiwbiau profi ar wahân, yn y baddon dŵr 40°C am 10 munud, i'r tymheredd gyrraedd ecwilibriwm.
2. Ychwanegwch y copr sylffad ac yna'r amylas at yr hydoddiant startsh a throwch y tiwb profi â'i ben i lawr unwaith, i gymysgu'r hydoddiannau.
3. Rhowch y cymysgedd yn ôl yn y baddon dŵr 40°C.
4. Ar unwaith, a bob 1 munud, rhowch sampl 3 diferyn o'r cymysgedd mewn pant ar y deilsen ddiferu ac ychwanegwch 1 diferyn o hydoddiant ïodin.
5. Nodwch yr amser mae'n ei gymryd i'r hydoddiant ïodin beidio â newid lliw wrth i chi ei ychwanegu at y cymysgedd startsh–amylas.
6. Ailadroddwch gamau 1–5 ar gyfer pob crynodiad copr sylffad.

Mae graddnodau llai ar gyfarpar i fesur cyfaint yn caniatáu darlleniad mwy manwl gywir na graddnodau mwy, e.e. mae chwistrell 1 cm^3 wedi'i graddnodi i 0.01 cm^3, yn fwy manwl gywir na chwistrell 10 cm^3 wedi'i graddnodi mewn cm^3.

Canlyniadau

Crynodiad y copr sylffad a gafodd ei ychwanegu / mol dm^{-3}	Crynodiad terfynol y copr sylffad / mol dm^{-3}	Amser nes i'r ïodin beidio â newid lliw / munudau			$\frac{1}{\text{amser}}$ / munudau $^{-1}$			
		1	2	3	1	2	3	Cymedr
0	0	12	15	18	0.083	0.067	0.056	0.069
0.025	0.05	27	24	24				
0.050	0.10	36	45	48				
0.075	0.15	92	71	71				
0.100	0.20	∞	∞	∞	0	0	0	0

1. Cwblhewch y tabl gan ddefnyddio'r nifer cywir o leoedd degol.
2. Plotiwch graff $\frac{1}{\text{amser}}$ / munudau^{-1} yn erbyn crynodiad y copr sylffad.
3. Disgrifiwch duedd y graff.
4. Cystyllwch y duedd ag effaith ïonau copr yn gweithredu fel atalydd anghystadleuol i amylas.

Rhaid i'r esboniad ymwneud â'r canlyniadau sydd wedi'u rhoi, felly mae'n bwysig cyfeirio at enwau'r ensym a'r swbstrad.

Gwaith pellach

- Gallwch chi ddefnyddio'r un cynllun arbrawf i brofi effaith atalyddion anghystadleuol eraill ar amylas, fel hydoddiant plwm nitrad.
- Gallech chi brofi effaith gwahanol gymarebau startsh:maltos mewn arbrawf cyfatebol i ganfod a yw maltos yn atalydd cystadleuol i amylas.

Profwch eich hun

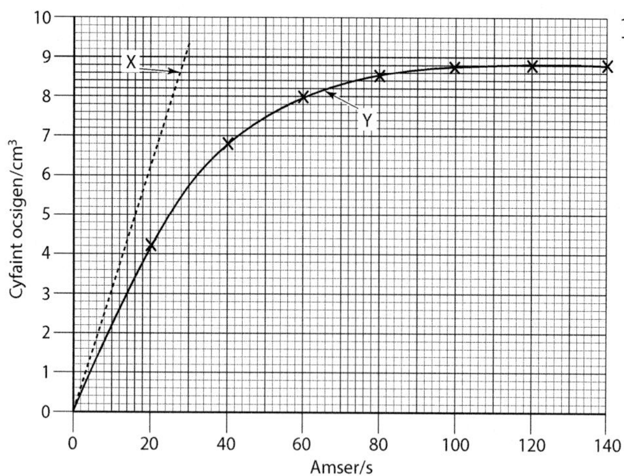

Llun 1.1

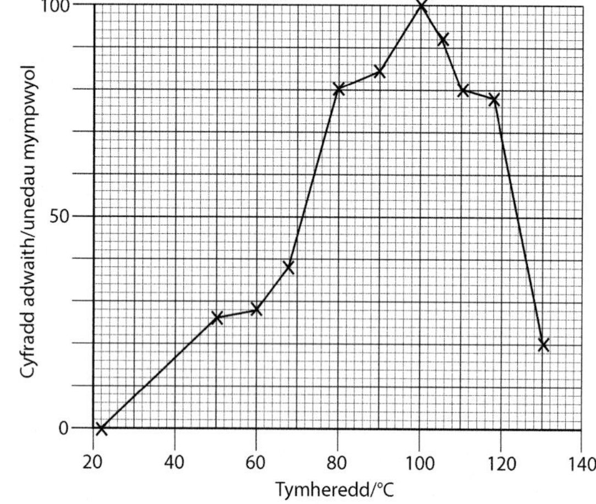

Llun 1.2

1 Roedd myfyriwr yn ymchwilio i actifedd yr ensym catalas. Mae'r ensym hwn yn catalyddu ymddatodiad hydrogen perocsid i roi ocsigen a dŵr. Roedd y myfyriwr yn casglu'r ocsigen a oedd yn cael ei ryddhau wrth iddo ddadleoli dŵr, mewn silindr mesur 10 cm^3. Cafodd cyfaint y nwy ei gofnodi bob 20 eiliad, fel mae llinell Y yn ei ddangos yn Llun 1.1.

(a) Dyma'r fformiwla i gyfrifo cyfradd yr adwaith:

$$\text{cyfradd} = \frac{\text{cyfaint yr ocsigen sy'n cael ei gasglu}}{\text{amser mae'n ei gymryd i'w gasglu}}$$

Defnyddiwch y fformiwla i gyfrifo'r gyfradd gyfartalog mewn cm^3 munud^{-1} am y 30 eiliad cyntaf. Rhowch eich ateb i un lle degol. (2)

(b) Disgrifiwch un dull o wella manwl gywirdeb data sy'n cael eu casglu yn yr arbrawf hwn. (1)

(c) Y gyfradd gychwynnol yw cyfradd yr adwaith ar y dechrau, a dyma'r gyfradd fwyaf. Mae llinell X yn dangos y gyfradd gychwynnol yn Llun 1.1. Y gyfradd gychwynnol yw 19 cm^3 g mun^{-1}. Esboniwch pam mae'r gyfradd gychwynnol yn fwy na'r gyfradd a gafodd ei chyfrifo yn (a). (2)

(ch) Mae Llun 1.2 yn dangos effaith tymheredd ar actifedd ensym amylas sy'n bodoli mewn bacteria sydd wedi esblygu, ac sy'n byw mewn dŵr berw mewn rhanbarthau folcanig.

(i) Defnyddiwch y graff i ddisgrifio ac esbonio effaith tymheredd ar gyfradd actifedd yr amylas. (6)

(ii) Disgrifiwch sut mae modd gwneud y data sy'n cael eu casglu yn fwy dibynadwy. (1)

(iii) Awgrymwch wahaniaeth posibl rhwng yr amylas bacteriol hwn a'r amylas sydd mewn bodau dynol, ac esboniwch pam gallai'r gwahaniaeth hwn fod o fantais i'r bacteria. (2)

(Cyfanswm 14 marc)

2 Cafodd pum ffeuen fwng eu gosod ar bapur hidlo ym mhob un o chwech dysgl Petri â diamedr 9 cm, a chafodd 4 cm^3 o blwm nitrad â gwahanol grynodiadau ei fesur â chwistrell 10 cm^3 a'i ychwanegu at bob dysgl. Cafodd hyd y gwreiddiau eu mesur â phren mesur ar ôl pum diwrnod. Mae'r tabl isod yn dangos hyd gwreiddyn cymedrig yr eginblanhigion ffa mwng ar bob crynodiad plwm nitrad.

Crynodiad plwm nitrad / mol dm^{-3}	Hyd cymedrig y gwreiddyn / mm
0	58
0.05	28
0.10	12
0.15	7
0.20	3
0.25	0

(a) (i) Disgrifiwch effaith plwm nitrad ar dwf gwreiddiau'r eginblanhigion. (3)

(ii) Awgrymwch beth mae plwm nitrad yn ei wneud i gynhyrchu'r effaith hon. (1)

(iii) Disgrifiwch y mecanwaith a allai gynhyrchu'r canlyniadau hyn. (3)

(b) Awgrymwch ddwy ffordd o wella cywirdeb yr arbrawf. (2)

(c) Gellid dadlau mai rhyw ffactor arall heblaw'r plwm nitrad oedd yn gyfrifol am y gwahanol ymatebion i wahanol grynodiadau plwm nitrad. Felly, roedd angen arbrawf rheolydd.

(i) Beth yw pwrpas arbrawf rheolydd? (1)

(ii) Awgrymwch arbrawf rheolydd addas i'r ymchwiliad hwn. (2)

(Cyfanswm 12 marc)

3 Gallwn ni dynnu lactos o laeth drwy ei basio drwy golofn o'r ensym lactas sydd yn ansymudol mewn gleiniau alginad, fel mae Llun 3.1 yn ei ddangos.

Cafodd arbrawf ei gynnal i ganfod maint optimaidd y gleiniau alginad. Gan ddefnyddio'r un cyfeintiau o adweithyddion, cafodd gleiniau â thri diamedr eu paratoi: 3 mm, 6 mm a 12 mm. Cafodd y gleiniau eu rhoi mewn colofnau.
Cafodd yr un cyfaint o laeth, 5 cm^3, ei arllwys i bob colofn ar yr un gyfradd.

(a) (i) Enwch un ffactor arall y mae'n rhaid ei chadw'n gyson yn ystod yr arbrawf. (1)

(ii) Disgrifiwch reolydd addas i'r arbrawf hwn. (1)

(iii) Awgrymwch beth fyddai effaith diamedr y gleiniau ar ganran y cynnyrch, gan gyfiawnhau eich ateb. (3)

(iv) Esboniwch y canlyniad byddech chi'n ei ddisgwyl pe bai'r gyfradd llif yn is. (1)

(v) Awgrymwch pam mae lactas ansymudol yn well am wrthsefyll dadnatureiddio thermol na lactas mewn hydoddiant. (3)

(b) Enwch y ddau fonosacarid sy'n cael eu cynhyrchu wrth i lactos ymddatod. (1)

(c) Nodwch ddwy o fanteision defnyddio ensymau ansymudol mewn prosesau diwydiannol. (2)

(Cyfanswm 12 marc)

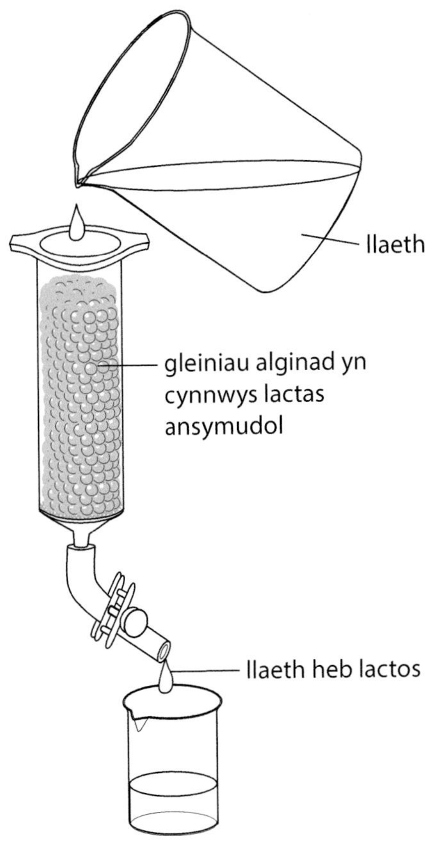

Llun 3.1

1.5

Asidau niwclëig a'u swyddogaethau

Mae DNA yn cynnwys y wybodaeth am organeb, ar ffurf cod genynnol. Mae'r cod hwn wedi'i gynnwys yng nghnewyllyn celloedd yr organeb honno ac mae'n pennu'r nodweddion mae'n eu hetifeddu. Rhaid copïo'r cod genynnol yn fanwl gywir, fel bod cnewyllyn cell yn gallu trosglwyddo copi unfath i gnewyll yr epilgelloedd pryd bynnag y mae'r gell yn rhannu. Mae gan DNA ddwy brif swyddogaeth: mae'n dyblygu mewn celloedd cyn iddyn nhw rannu; ac mae'n cludo'r wybodaeth ar gyfer synthesis proteinau. Mae gan foleciwlau RNA rôl hanfodol yn y ddwy swyddogaeth hyn.

Cynnwys y testun

Erbyn diwedd y testun hwn, byddwch chi'n gallu gwneud y canlynol:

- Disgrifio adeiledd a swyddogaethau niwcleotidau.
- Deall pwysigrwydd egni cemegol ac adeiledd a swyddogaeth ATP.
- Disgrifio a chymharu adeileddau DNA ac RNA.
- Gwybod swyddogaethau DNA.
- Disgrifio sut mae DNA yn dyblygu.
- Gwybod nodweddion y cod genynnol.
- Amlinellu'r gwahaniaeth rhwng ecsonau ac intronau.
- Disgrifio prosesau trawsgrifiad a throsiad mewn synthesis proteinau.
- Gwybod sut i echdynnu DNA o ddefnydd byw.

Adeiledd niwcleotidau

Mae asidau niwclëig yn bolymerau sydd wedi'u gwneud o fonomerau o'r enw **niwcleotidau**. Polyniwcleotid yw moleciwl sy'n cynnwys llawer o niwcleotidau. Mae polyniwcleotidau'n gallu bod yn filiynau o niwcleotidau o hyd.

Mae tair cydran mewn niwcleotid, wedi'u cyfuno gan adweithiau cyddwyso:

- Grŵp ffosffad, sydd â'r un adeiledd ym mhob niwcleotid.
- Siwgr pentos. Ribos yw'r pentos mewn RNA a deocsiribos yw'r pentos mewn DNA.
- Bas organig, sydd weithiau'n cael ei alw'n 'fas nitrogenaidd'.

Mae dau grŵp o fasau organig:

- Y **basau pyrimidin** yw thymin, cytosin ac wracil.
- Y **basau pwrin** yw adenin a gwanin.

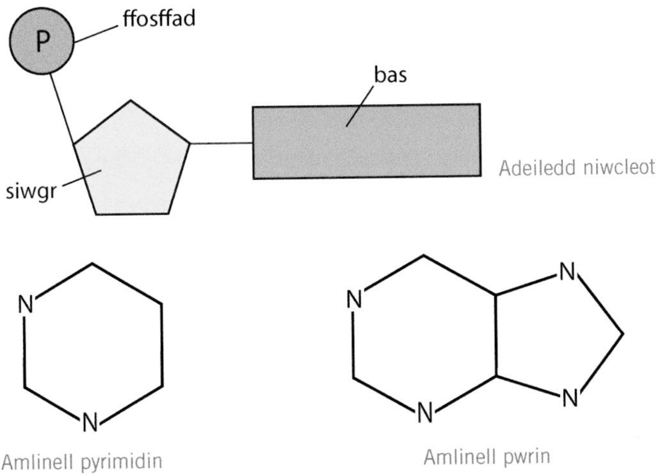

Adeiledd niwcleotid

Amlinell pyrimidin

Amlinell pwrin

Termau allweddol

Niwcleotid: Monomer asid niwclëig sy'n cynnwys siwgr pentos, bas nitrogenaidd a grŵp ffosffad.

Basau pyrimidin: Dosbarth o fasau nitrogenaidd sy'n cynnwys thymin, cytosin ac wracil.

Basau pwrin: Dosbarth o fasau nitrogenaidd sy'n cynnwys adenin a gwanin.

Pwynt astudio

Byddwch yn ofalus wrth sillafu: 'pyrimidin' nid 'pyramidin'; 'thymin' nid 'thiamin'.

Cyngor

Mae cytosin, pyrimidin a thymin i gyd yn cynnwys y llythyren 'Y'.

Egni cemegol a phrosesau biolegol

Mewn systemau biolegol, egni cemegol sy'n gwneud newidiadau, oherwydd bod yn rhaid i fondiau cemegol ffurfio neu dorri er mwyn i adweithiau ddigwydd.

- Mae organebau awtotroffig yn trawsnewid mathau eraill o egni i egni cemegol:
  - Mae organebau **cemoawtotroffig**, e.e. rhai bacteria ac Archaea, yn defnyddio'r egni sy'n dod o ocsidio rhoddwyr electronau, e.e. H_2, Fe^{2+}, H_2S.
  - Mae organebau **ffotoawtotroffig**, e.e. planhigion gwyrdd, yn defnyddio egni golau ym mhroses ffotosynthesis.
- Mae organebau heterotroffig, e.e. anifeiliaid, yn cael eu hegni cemegol o fwyd.

ATP fel cludydd egni

Mae organebau'n storio egni cemegol gan fwyaf mewn lipidau a charbohydradau, ond y moleciwl sy'n gofalu bod yr egni ar gael pan mae ei angen yw **adenosin triffosffad** (*adenosine triphosphate*), **ATP**. Rydyn ni'n gwneud ac yn dadelfennu tua 50 kg o ATP bob dydd, ond dim ond tua 5 g o ATP sydd yn y corff, felly dydy ATP ddim yn storfa egni. Weithiau caiff ei alw'n 'gyfrwng cyfnewid egni' y gell, oherwydd ei fod yn ymwneud â newidiadau egni. Caiff ATP ei syntheseiddio pan fydd egni'n cael ei ddarparu, e.e. yn y mitocondria a chaiff ei ddadelfennu pan fydd angen egni, e.e. wrth gyfangu cyhyrau.

Cyswllt

Mae disgrifiadau o organebau awtotroffig a heterotroffig ym Mhennod 2.4, Addasiadau ar gyfer maethiad.

Term allweddol

Cemoawtotroffig: Organeb sy'n defnyddio egni cemegol i wneud moleciwlau organig cymhleth.

Ffotoawtotroffig: Organeb sy'n defnyddio egni golau i wneud moleciwlau organig cymhleth, ei bwyd.

(ATP) Adenosin triffosffad: Niwcleotid ym mhob cell fyw; mae ei hydrolysis yn darparu egni ac mae'n ffurfio wrth i adweithiau cemegol ryddhau egni.

Pwynt astudio

Mae amcangyfrifon o fàs yr ATP sy'n cael ei storio a'i fetaboleiddio gan y corff yn amrywio'n fawr.

Ymestyn a herio

Mae ATP wedi cael ei alw'n gyfrwng cyfnewid egni 'cyffredinol' gan ei fod yn ymwneud â newidiadau egni ym mhob organeb fyw. Rydyn ni nawr yn gwybod am gyfnewidwyr egni eraill, fel ffosffocreatin. Mae gwell dealltwriaeth o foleciwlau fel y rhain yn darparu gwybodaeth bwysig ym maes gwyddorau chwaraeon.

Cyngor

Byddwch yn gwbl glir am adeiledd ATP.

Adenosin = adenin + ribos

ATP = adenosin triffosffad

∴ ATP = adenin + ribos + 3 grŵp ffosffad

Adeiledd ATP

Mae ATP yn niwcleotid. Adenosin triffosffad yw ei enw llawn, sy'n dynodi ei fod yn cynnwys y bas adenin, y siwgr ribos a thri grŵp ffosffad.

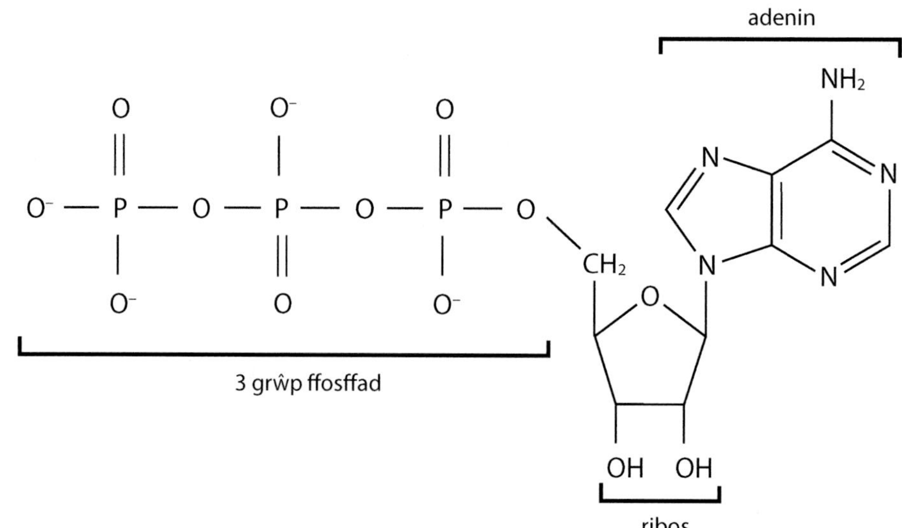

Adeiledd ATP

ATP ac egni

Pan mae angen egni mewn organebau byw, mae'r ensym ATPas yn hydrolysu'r bond rhwng yr ail a'r trydydd grwpiau ffosffad mewn ATP, gan dynnu'r trydydd grŵp ffosffad a gadael y ddau arall. Mae'r moleciwl ATP yn cael ei hydrolysu i wneud adenosin deuffosffad (ADP) ac ïon ffosffad anorganig, gan ryddhau egni cemegol. Mae pob môl o ATP sy'n cael ei hydrolysu yn rhyddhau 30.6 kJ wrth i'r bond hwn gael ei dorri. Mae adwaith sy'n rhyddhau egni, fel hydrolysis ATP, yn adwaith ecsergonig.

$$\text{ATP} + \text{dŵr} \underset{\text{cyddwysiad}}{\overset{\text{hydrolysis}}{\rightleftharpoons}} \text{ADP} + P_i \quad \Delta H = -30.6 \text{ kJ mol}^{-1}$$

Mae'r saethau dwbl yn dangos bod yr adwaith yn gildroadwy. Mewn adwaith cyddwyso sy'n cael ei gatalyddu gan ATP synthetas, mae ADP ac ïon ffosffad anorganig yn gallu cyfuno i wneud ATP a dŵr. Mae angen rhoi egni i mewn i wneud hyn. Mae angen 30.6 kJ i syntheseiddio pob môl o ATP. Mae adwaith lle mae angen rhoi egni i mewn, fel synthesis ATP, yn adwaith endergonig.

Rydyn ni'n galw ychwanegu ffosffad at ADP yn **ffosfforyleiddiad**.

Mae ATP yn trosglwyddo egni rhydd o gyfansoddion â llawer o egni, fel glwcos, i adweithiau mewn celloedd, lle mae ei angen. Ond dydy trosglwyddiadau egni ddim yn effeithlon a chaiff rhywfaint o egni ei golli ar ffurf gwres. Byddai rhyddhau egni'n afreolus o glwcos yn cynyddu'r tymheredd gymaint, nes byddai'n dinistrio celloedd. Yn lle hynny, mae organebau byw yn rhyddhau egni'n raddol, mewn cyfres o gamau bach o'r enw resbiradaeth, i gynhyrchu ATP.

Ymestyn a herio

Gan nad yw 'egni cemegol' yn sylwedd, dydyn ni ddim yn ei ysgrifennu yn yr hafaliad. Gallwch chi ysgrifennu '$\Delta H = -30.6$ kJ mol^{-1}' ar ddiwedd yr hafaliad i ddangos newid gwres negatif, h.y. rhyddhau egni.

Term allweddol

Ffosfforyleiddiad: Ychwanegu grŵp ffosffad.

Cyswllt

Byddwch chi'n dysgu mwy am synthesis ATP yn ystod ail flwyddyn y cwrs hwn.

ATP fel cyflenwr egni

Mae llawer o fanteision i ddefnyddio ATP fel rhyngolyn wrth ddarparu egni, o'i gymharu â defnyddio glwcos yn uniongyrchol, gan gynnwys:

- Mae hydrolysis ATP i ADP yn un adwaith sy'n rhyddhau egni ar unwaith, ac mae ymddatodiad glwcos yn cynnwys llawer o ryngolion ac mae'r broses o ryddhau egni'n arafach.
- Dim ond un ensym sydd ei angen i ryddhau egni o ATP, ond mae angen llawer i ryddhau egni o glwcos.
- Mae ATP yn rhyddhau symiau bach o glwcos yn ôl yr angen, ond mae glwcos yn cynnwys llawer o egni a fyddai i gyd yn cael ei ryddhau ar unwaith.
- Mae ATP yn darparu un ffynhonnell gyffredin o egni i lawer o wahanol adweithiau cemegol, gan gynyddu effeithlonrwydd a rheolaeth y gell.

Swyddogaethau ATP

Mae ATP yn darparu'r egni sydd ei angen ar gyfer gweithgarwch cellol:

- Prosesau metabolaidd – i adeiladu moleciwlau mawr, cymhleth o foleciwlau bach, syml, fel synthesis DNA o niwcleotidau, proteinau o asidau amino.
- Cludiant actif – i newid siâp proteinau cludo mewn pilenni a chaniatáu symud moleciwlau neu ïonau yn erbyn graddiant crynodiad.
- Symudiad – i gyfangu cyhyrau, cytocinesis.
- Trosglwyddiad nerfol – mae pympiau sodiwm–potasiwm yn cludo ïonau sodiwm a photasiwm ar draws pilen yr acson yn actif.
- Secretu – pecynnu cynhyrchion secretu a'u cludo nhw i fesiglau mewn celloedd.

Dyma rai cyfrifiadau diddorol ond bras iawn:

1. **Nifer y moleciwlau ATP yn y corff:**

   Màs moleciwlaidd cymharol ATP yw 507.2 $\therefore$ 507.2 g ATP = 1 môl

   $\therefore$ 5 g ATP = $\frac{5}{507.2}$ = 0.01 môl (2 l.d.)

   Mae 1 môl yn cynnwys tua 6×10^{23} o foleciwlau

   $\therefore$ mae 0.01 môl yn cynnwys $6 \times 10^{23} \times 0.01 = 6 \times 10^{21}$ moleciwl

   $\therefore$ nifer y moleciwlau ATP yn y corff ar unrhyw adeg = 6×10^{21}

2. **Nifer y digwyddiadau ailgylchu ATP**

   Màs yr ATP yn y corff = 5 g

   Amcangyfrif o drosiant dyddiol ATP = 50 kg = 50 000 g

   $\therefore$ mae pob moleciwl ATP yn cael ei ailgylchu $\frac{50\,000}{5}$ = 10 000 gwaith y dydd

3. **Nifer yr adweithiau yn seiliedig ar 10 000 o ddigwyddiadau ailgylchu y dydd**

   Nifer yr adweithiau yn y corff bob dydd:

   yn dadelfennu ATP = $6 \times 10^{21} \times 10\,000 = 6 \times 10^{25}$

   yn ail-syntheseiddio ATP = $6 \times 10^{21} \times 10\,000 = 6 \times 10^{25}$

   yn cynnwys ATP = $6 \times 10^{25} \times 2 = 1.2 \times 10^{26}$

   Nifer y celloedd yn y corff = 10^{14}

   Nifer yr adweithiau sy'n defnyddio ATP ym mhob cell = $\frac{1.2 \times 10^{26}}{10^{14}} = 1.2 \times 10^{12}$ bob dydd

Cyngor

Pan mae grŵp ffosffad yn cael ei drosglwyddo o ATP i foleciwl arall, mae'n gostwng egni actifadu adweithiau'r moleciwl derbyn, sy'n ei wneud yn fwy adweithiol.

Pwynt astudio

Mae ATP yn ffynhonnell gyflym o egni yn y gell. Dydy celloedd ddim yn storio symiau mawr; er enghraifft, mae tua 5 g o ATP mewn bod dynol sy'n gorffwys, digon i bara rhai eiliadau.

Does dim modd storio symiau mawr o ATP a rhaid ei wneud yn barhaus. Mae celloedd sy'n cynhyrchu symudiad neu'n cyflawni cludiant actif yn cynnwys llawer o fitocondria, sef lle mae synthesis ATP yn digwydd.

Gwirio gwybodaeth 5.1

Nodwch y gair neu'r geiriau coll:

Rydyn ni'n galw ATP yn gyfrwng cyfnewid egni .... mewn organebau byw. Enw'r broses o ychwanegu ffosffad at ADP gyda'r ensym ATPas yw ....

Mae ATP yn cael ei gynhyrchu mewn organynnau o'r enw .... Mae cyflenwad arbennig o uchel o'r organynnau hyn mewn celloedd sy'n .... yn gyson.

Adeiledd asidau niwclëig

Pwynt astudio

Mae DNA fel ysgol dorchog. Mae pyst yr ysgol wedi'u gwneud o grwpiau siwgr a ffosffad bob yn ail, a ffyn (*rungs*) yr ysgol wedi'u gwneud o'r basau. Mae bondiau hydrogen yn dal y basau at ei gilydd.

Cyngor

Defnyddiwch y geiriau moleciwl ac edefyn yn gywir: mae'r moleciwl DNA wedi'i wneud o ddau edefyn cyflenwol mewn helics dwbl sydd wedi'i ddal at ei gilydd gan fondiau hydrogen.

Pwynt astudio

Cofiwch y parau cyflenwol o fasau sy'n cael eu dal at ei gilydd â bondiau hydrogen: adenin – thymin a gwanin – cytosin.

Pwynt astudio

Mae dau fond hydrogen rhwng adenin a thymin a thri rhwng gwanin a chytosin.

Term allweddol

Gwrthbaralel: Yn baralel, ond yn wynebu i ddau gyfeiriad dirgroes.

Adeiledd DNA

- Mae DNA wedi'i wneud o ddau edefyn polyniwcleotid wedi'u dirwyn o gwmpas ei gilydd mewn helics dwbl.
- Y siwgr pentos yn y niwcleotidau yw deocsiribos.
- Mae pedwar bas organig mewn DNA: 2 pwrin, sef adenin a gwanin a 2 pyrimidin, sef cytosin a thymin.
- Mae'r siwgr deocsiribos a'r grwpiau ffosffad ar y tu allan i'r moleciwl DNA ac yn ffurfio'r 'asgwrn cefn'.
- Mae basau'r ddau edefyn yn wynebu ei gilydd, gan bwyntio tuag i mewn. Mae adenin gyferbyn â thymin bob amser, ac mae cytosin gyferbyn â gwanin bob amser. Mae bondiau hydrogen yn uno'r basau ac yn ffurfio 'parau cyflenwol'. Mae adenin yn gyflenwol i thymin ac mae 2 fond hydrogen yn cysylltu'r rhain. Mae cytosin yn gyflenwol i gwanin ac mae 3 bond hydrogen yn cysylltu'r rhain. Y bondiau hydrogen rhwng y basau sy'n cynnal siâp yr helics dwbl.
- Mae moleciwl DNA yn hir a thenau iawn ac mae wedi'i dorchi'n dynn o fewn y cromosom. Dim ond 2 nm yw diamedr yr helics dwbl ond rydyn ni'n amcangyfrif bod y moleciwl DNA yng nghromosom dynol rhif 1, yr hiraf, yn 85 mm o hyd.
- Mae'r niwcleotidau mewn un edefyn wedi'u trefnu i'r cyfeiriad dirgroes i'r rhai yn yr edefyn cyflenwol. Mae'r edafedd yn **wrthbaralel**, h.y. yn baralel, ond yn wynebu i gyfeiriadau dirgroes.

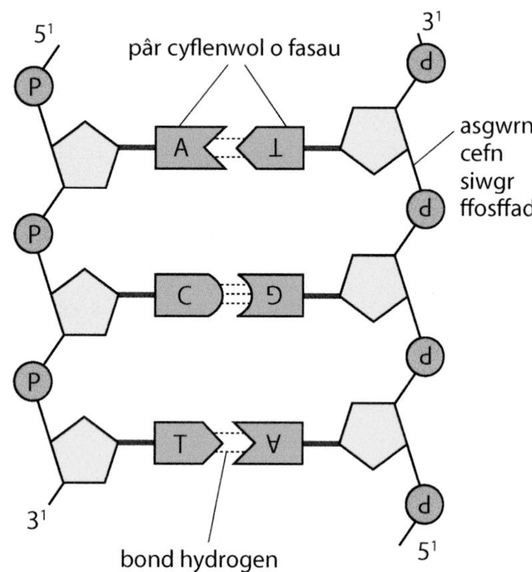

Darn o foleciwl DNA yn dangos dau edefyn polyniwcleotid â threfniant gwrthbaralel a thri phâr cyflenwol o fasau

Ymestyn a herio

Ar un pen i asgwrn cefn siwgr–ffosffad mae atom carbon rhif 5 (C5) yr uned siwgr. Dyma ben 5' y moleciwl, sy'n cael ei ynganu fel 'cysefin pump'. Ar y pen arall, y pen 3', mae C3. Mae gan yr helics dwbl ddau edefyn gwrthbaralel, felly mae dau ben y moleciwl edefyn dwbl yn cynnwys pen 5' un edefyn a phen 3' y llall.

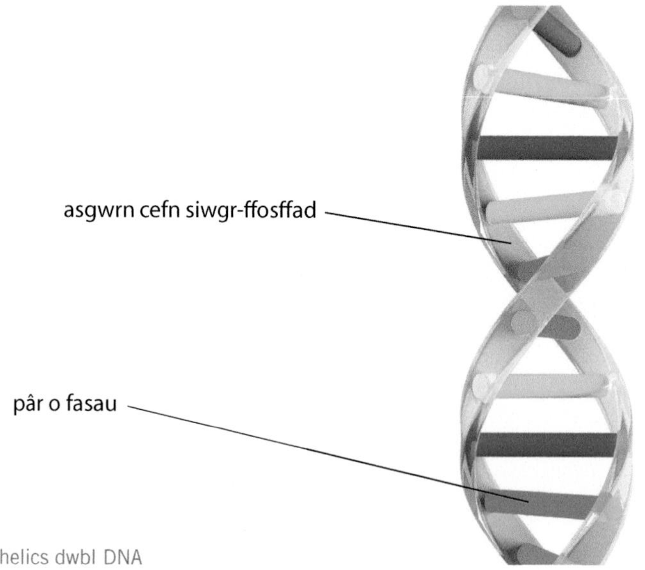

Model o helics dwbl DNA

Mae rheolau paru basau cyflenwol yn ein galluogi ni i gyfrifo'r gyfran o foleciwl sydd wedi'i chynrychioli gan dri bas, o wybod cyfran un bas, e.e. os yw 35% o'r basau mewn moleciwl DNA yn adenin, gallwn ni gyfrifo canrannau gwanin, thymin a chytosin:

$A = 35\%$

$A = T \therefore T = 35\%$

$A + T = 35 + 35 = 70\%$

$\therefore G + C = 100 - 70 = 30\%$

$G = C = \frac{30}{2} = 15\%$

Pan fyddwn ni'n mesur canrannau'r pedwar bas mewn arbrawf, fydd gwerthoedd A a T, a gwerthoedd G ac C ddim yn hollol hafal oherwydd:

– Mae niwcleotidau rhydd yn bresennol mewn celloedd.

– Mae cyfeiliornad mewn arbrawf yn digwydd.

Cyngor

Sillafwch yn ofalus. Mae 'cyflenwol' yn cyfeirio at eitemau sy'n cyd-fynd â'i gilydd. Mae 'cyflenwi' yn cyfeirio at ddarparu rhywbeth.

Pwynt astudio

Mae bondiau hydrogen unigol yn wan, ond mae cynifer ohonynt rhwng edafedd polyniwcleotid DNA, nes eu bod nhw'n gallu dal yr helics dwbl at ei gilydd.

Mae DNA yn addas i'w swyddogaethau oherwydd:

- Mae'n foleciwl sefydlog iawn a dydy'r wybodaeth sydd ynddo ddim yn newid, yn ei hanfod, o genhedlaeth i genhedlaeth.
- Mae'n foleciwl mawr iawn ac mae'n cludo llawer o wybodaeth enynnol.
- Mae'r ddau edefyn yn gallu gwahanu, gan mai bondiau hydrogen sy'n eu dal nhw at ei gilydd.
- Gan fod y parau o fasau ar y tu mewn i'r helics dwbl, y tu mewn i'r esgyrn cefn deocsiribos-ffosffad, mae'r wybodaeth enynnol yn cael ei hamddiffyn.

Termau allweddol

Cod genynnol: Y dilyniannau basau DNA ac mRNA sy'n pennu'r dilyniannau asidau amino ym mhroteinau organeb.

Gwrthgodon: Grŵp o dri bas ar foleciwl tRNA, sy'n cyfateb i'r asid amino penodol sy'n cael ei gludo gan y tRNA hwnnw.

Adeiledd RNA

- Mae RNA yn bolyniwcleotid un edefyn.
- Mae RNA yn cynnwys y siwgr pentos, ribos.
- Mae RNA yn cynnwys y basau pwrin adenin a gwanin, a'r basau pyrimidin cytosin ac wracil, ond dim thymin.

Mae tri math o RNA yn cymryd rhan ym mhroses synthesis protein:

- **RNA negeseuol (mRNA)**: moleciwl hir, un edefyn. Mae'n cael ei syntheseiddio yn y cnewyllyn ac mae'n cludo'r **cod genynnol** o'r DNA i'r ribosomau yn y cytoplasm. Mae gan wahanol foleciwlau mRNA wahanol hydoedd, sy'n gysylltiedig â hyd y genynnau sy'n eu trawsgrifio nhw.
- **RNA ribosomaidd (rRNA)**: mae hwn i'w gael yn y cytoplasm ac mae wedi'i wneud o foleciwlau mawr, cymhleth. Mae ribosomau wedi'u gwneud o RNA ribosomaidd a phrotein. Dyma lle caiff y cod genynnol ei drosi'n brotein.
- **RNA trosglwyddol (tRNA)**: moleciwl bach un edefyn, sy'n plygu fel bod ganddo, mewn mannau, ddilyniannau o fasau sy'n ffurfio parau cyflenwol. Rydyn ni'n disgrifio ei siâp fel deilen meillionen. Mae pen 3' y moleciwl yn cynnwys y dilyniant basau cytosin-cytosin-adenin, ac yn rhwymo â'r asid amino penodol y mae'r moleciwl yn ei gludo. Mae ganddo hefyd ddilyniant o dri bas sy'n cael ei alw'n **gwrthgodon**. Mae moleciwlau tRNA yn cludo asidau amino penodol i'r ribosomau ar gyfer syntheseiddio proteinau.

Mae mwy o sôn am adeiledd tRNA ym mecanwaith trosiad, ar t106–107.

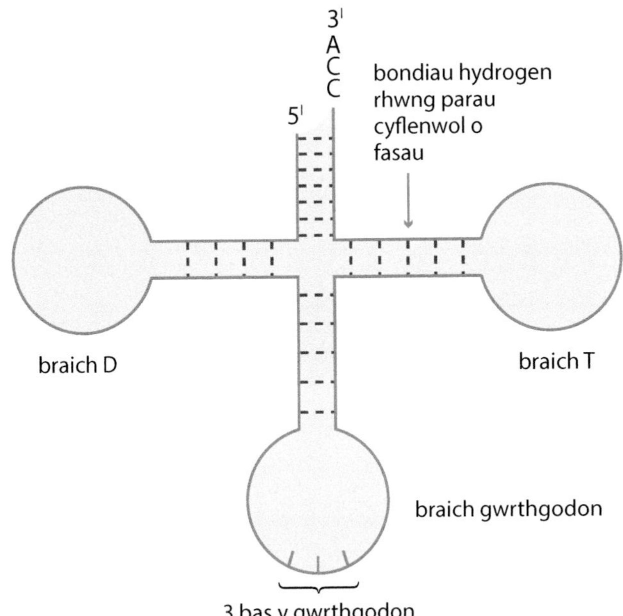

Adeiledd tRNA

Cyngor

Bydd cwestiynau arholiad weithiau'n gofyn i chi gymharu DNA ac RNA, ac weithiau'n gofyn i chi gymharu niwcleotidau DNA ac RNA. Gwnewch yn siŵr eich bod chi'n darllen y cwestiwn yn ofalus.

Ymestyn a herio

I ddechrau, roedd gwyddonwyr yn meddwl mai proteinau oedd y deunydd etifeddol, gan eu bod nhw'n meddwl mai dyna'r unig foleciwlau oedd yn ddigon cymhleth i gludo llawer o wybodaeth. Tystiolaeth amgylchiadol yn unig oedd i gael o DNA, tan bod arbrofion Griffith gyda llygod a bacteria yn digwydd yn 1928. Cafwyd mwy o dystiolaeth wedyn o ficrosgopeg electronau, astudiaethau diffreithiant pelydr-X ac arbrofion geneteg pellach.

Pwynt astudio

Mae diamedr y sianel drwy ganol mandyllau cnewyllol tua 5–10 nm, yn y rhan fwyaf o rywogaethau. Mae cromosomau'n rhy fawr i fynd drwodd i gludo'r cod i'r ribosomau i gael ei drosi. Felly caiff DNA ei drawsgrifio i ffurfio RNA un edefyn, sy'n gallu mynd drwodd.

5.2 Gwirio gwybodaeth

Nodwch y gair neu'r geiriau coll:

Mae moleciwl DNA wedi'i wneud o lawer o is-unedau o'r enw .... Mae pob un o'r rhain wedi'i wneud o fas wedi'i uno â siwgr pentos o'r enw .... sydd â grŵp ffosffad ynghlwm wrtho. Mae'r moleciwl DNA wedi'i wneud o ddau edefyn sy'n wrthbaralel i'w gilydd ac wedi'u torchi'n .... Mae'r basau yn y ddau edefyn yn cael eu dal at ei gilydd gan fondiau ....

Cymharu DNA ac RNA

		DNA	RNA
Pentos		Deocsiribos	Ribos
Basau	Pwrinau	Gwanin; Adenin	Gwanin; Adenin
	Pyrimidinau	Cytosin; Thymin	Cytosin; Wracil
Edafedd		Dau mewn helics dwbl	Un edefyn
Hyd		Hir	tRNA ac rRNA yn fyr; mRNA yn amrywio ond yn fyrrach na DNA

Cafodd adeiledd moleciwlaidd DNA ei gynnig gan Watson a Crick yn 1953. Adeiladon nhw fodel tri dimensiwn o DNA gan ddefnyddio gwybodaeth roedd llawer o wyddonwyr wedi'i chanfod, gan gynnwys Franklin a Wilkins. Fe wnaethon nhw dorri alwminiwm i siâp y basau a gwneud y grwpiau ribos a ffosffad a'r bondiau cemegol o wifren fetel drwchus. Cafodd y model ei gydosod eto yn 1973 ac mae wedi cael ei arddangos yn yr Amgueddfa Wyddoniaeth yn Llundain byth ers hynny.

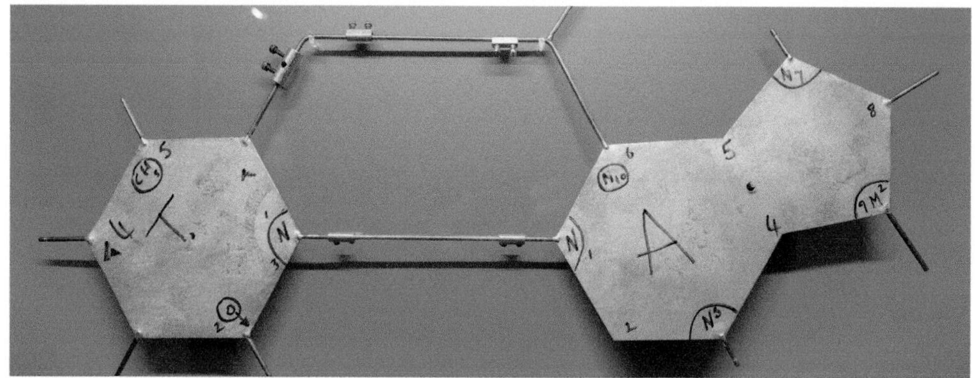

Pâr o fasau A-T

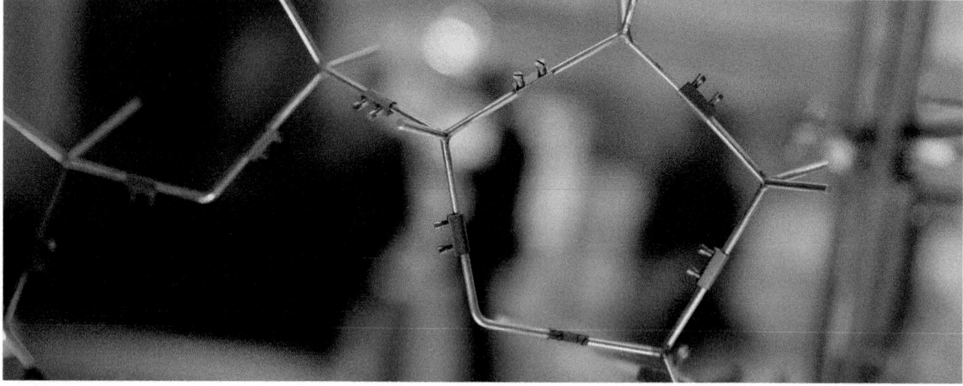
Ribos a ffosffad yn asgwrn cefn DNA

Gweithio'n wyddonol

Mae paladr o belydrau-X wedi'i wasgaru gan risial yn gwneud patrwm ar ffilm, ac mae'r patrwm hwn yn dibynnu ar adeiledd y grisial. Mae'r ffotograff hwn, sef Ffoto 51, yn un o ddelweddau diffreithiant pelydr-X Rosalind Franklin o risial DNA. Mae'n dangos y pellter rhwng yr atomau ac mae'r patrwm X yn y canol yn dangos bod DNA yn helics. Cyfrannodd hwn yn uniongyrchol at waith Crick a Watson o ddatrys adeiledd DNA.

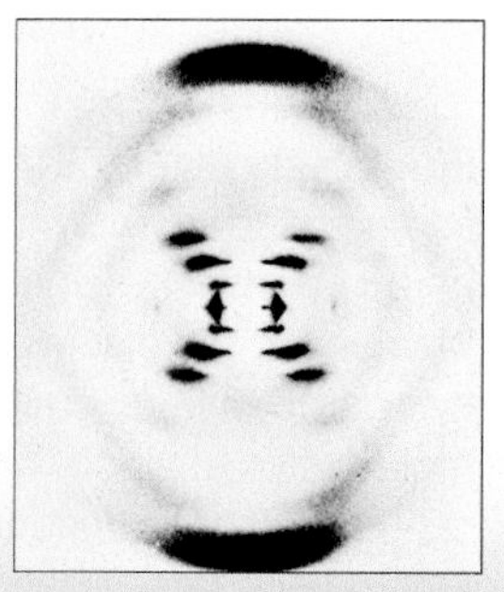
'Ffoto 51'

Swyddogaethau DNA

Mae DNA wedi'i amgáu yng nghnewyll celloedd ewcaryotig ac mae'n rhydd yng nghytoplasm procaryotau. Mae moleciwlau DNA bach i'w cael mewn cloroplastau a mitocondria ac mae gan rai firysau DNA. Mae DNA i'w gael mewn aelodau o bob grŵp o organebau byw ac mae tystiolaeth yn dangos ei fod wedi ymddangos yn gynnar iawn yn esblygiad organebau byw. Mae ganddo ddwy brif swyddogaeth:

- **Dyblygu** – mae DNA wedi'i wneud o ddau edefyn cyflenwol, ac mae dilyniant basau un edefyn yn pennu dilyniant basau'r llall. Os caiff dau edefyn helics dwbl eu gwahanu, gellir ffurfio dau helics dwbl unfath, gan fod yr edafedd gwreiddiol yn gweithredu fel templed ar gyfer synthesis edefyn cyflenwol newydd.
- **Synthesis protein** – mae dilyniant y basau yn cynrychioli'r wybodaeth sy'n cael ei chludo mewn DNA ac yn pennu dilyniant yr asidau amino mewn proteinau.

Dyblygu DNA

Rhaid i gromosomau wneud copïau ohonyn nhw eu hunain oherwydd, yn ystod cellraniad, rhaid i bob epilgell gael copi perffaith o'r wybodaeth enynnol. Enw'r broses hon o gopïo DNA yw dyblygu, ac mae'n digwydd yn y cnewyllyn yn ystod rhyngffas.

I ddechrau, roedden ni wedi dychmygu tri mecanwaith posibl i ddyblygu DNA:

- Dyblygu cadwrol, lle mae'r helics dwbl gwreiddiol yn aros yn gyfan, h.y. yn cael ei gadw, a chaiff helics dwbl cwbl newydd ei greu.
- **Dyblygu lled-gadwrol**, lle mae'r helics dwbl gwreiddiol yn rhannu'n ddau edefyn, a'r naill a'r llall o'r rhain yn gweithredu fel **templed** ar gyfer synthesis edefyn newydd.
- Dyblygu gwasgarol, lle mae'r ddau helics dwbl newydd yn cynnwys darnau o ddau edefyn yr helics dwbl gwreiddiol.

Cafodd arbrofion eu cynnal i brofi pa hypothesis oedd yn gywir.

Pan adeiladodd Watson a Crick eu model o adeiledd DNA, sylweddolon nhw bod parau cyflenwol o fasau yn awgrymu pe bai'r ddau edefyn yn cael eu gwahanu, byddai'r ddau yn gwneud edefyn cyflenwol newydd yr un. Byddai dau foleciwl unfath newydd yn ffurfio, a'r naill a'r llall yn cynnwys un hen edefyn ac un edefyn newydd ei syntheseiddio. Dyblygu lled-gadwrol yw hyn.

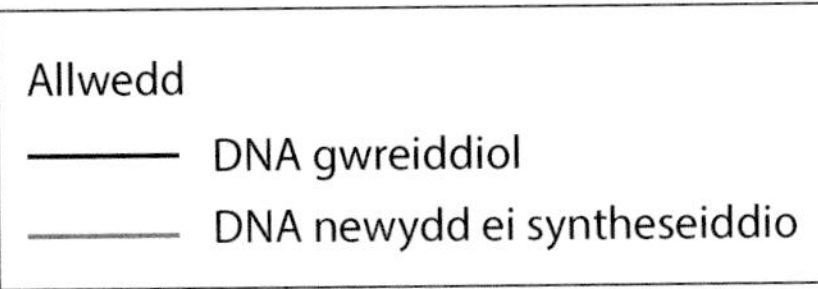

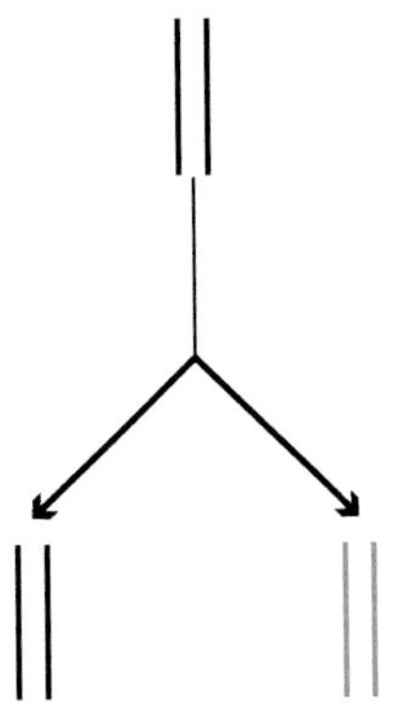
Dyblygu cadwrol

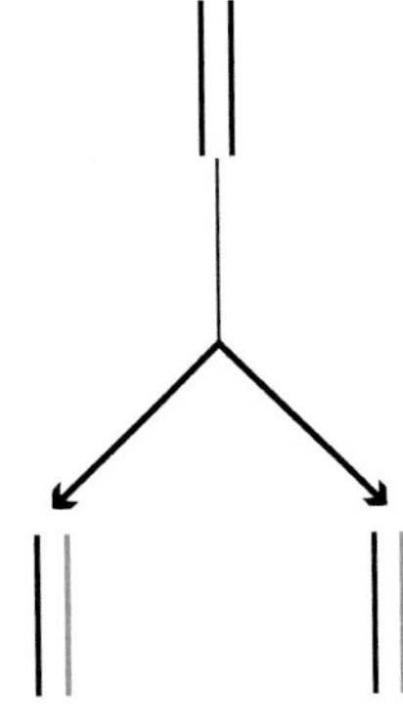
Dyblygu lled-gadwrol

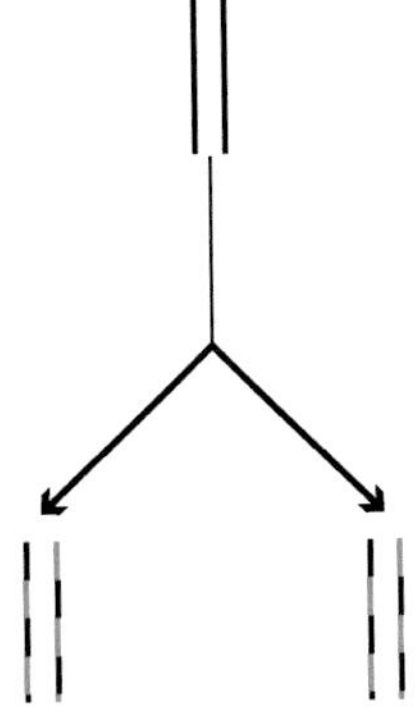
Dyblygu gwasgarol

Termau allweddol

Dyblygu lled-gadwrol: Math o ddyblygu DNA lle mae dau edefyn helics dwbl gwreiddiol (y rhiant) yn gweithredu fel templedi i ffurfio moleciwl newydd, sy'n cynnwys un o edafedd gwreiddiol y rhiant, ac un epil-edefyn cyflenwol newydd ei syntheseiddio.

Templed: Moleciwl sy'n pennu adeiledd cemegol moleciwl arall o ganlyniad i'w adeiledd cemegol ei hun.

Gweithio'n wyddonol

Gan fod DNA mor ysgafn, i'w waddodi, mae uwchallgyrchydd yn cylchdroi'r samplau ar hyd at 150 000 rpm, (gyda grym o 1 000 000 g) mewn hydoddiant cesiwm clorid. Mae moleciwlau DNA trymach, mwy dwys yn symud yn bellach i lawr y tiwb na'r moleciwlau ysgafnach, llai dwys.

Pwynt astudio

Dydy'r bandiau DNA ddim yn weladwy â'r llygad noeth, ond gallwn ni eu gweld nhw drwy wneud iddyn nhw fflworoleuo, gyda golau uwchfioled.

Arbrawf Meselson a Stahl

1. Cynhaliodd Meselson a Stahl arbrawf i feithrin y bacteriwm, *Escherichia coli*, ar gyfer sawl cenhedlaeth mewn cyfrwng yn cynnwys asidau amino wedi'u gwneud â'r isotop trwm nitrogen, ^{15}N, yn lle'r isotop ysgafn arferol, ^{14}N. Roedd y bacteria yn ymgorffori'r ^{15}N i'w niwcleotidau, ac yna i'w DNA, felly yn y pen draw, dim ond ^{15}N oedd yn y DNA. Cafodd DNA y bacteria ei echdynnu a'i allgyrchu. Setlodd y DNA yn isel yn y tiwb oherwydd bod yr ^{15}N yn ei wneud yn drwm.
2. Cafodd y bacteria ^{15}N eu golchi, yna eu trosglwyddo i gyfrwng yn cynnwys isotop ysgafnach nitrogen, ^{14}N, gan adael iddyn nhw rannu unwaith eto. Roedd y golchi'n atal y cyfrwng ^{14}N rhag cael ei halogi gyda ^{15}N, fel nad oedd ^{15}N yn cael ei gynnwys mewn unrhyw edafedd DNA newydd.
3. Cafodd DNA o'r meithriniad cenhedlaeth gyntaf hwn ei allgyrchu, ac roedd ganddo ddwysedd canolbwynt. Roedd hyn yn golygu nad oedd dyblygu cadwrol yn bosibl, oherwydd byddai hynny'n cynhyrchu band i ddangos y moleciwl DNA gwreiddiol cwbl drwm. Gallai'r safle rhyngol awgrymu bod un edefyn o'r moleciwl DNA newydd yn edefyn gwreiddiol DNA ^{15}N a'r hanner arall wedi'i wneud o'r newydd gyda ^{14}N, fel dyblygu lled-gadwrol, neu gallai awgrymu bod pob edefyn yn cynnwys cymysgedd o ysgafn a thrwm, fel dyblygu gwasgarol.
4. Roedd DNA o'r ail genhedlaeth a dyfwyd mewn ^{14}N yn setlo'n uchel yn y tiwb a hanner ffordd rhwng y man isel a'r man uchel, gyda symiau cyfartal o'r ddau. Roedd dwysedd y sampl hanner ffordd yn rhyngol ac roedd y sampl uchel yn ysgafn, gan gynnwys nitrogen ^{14}N yn unig. Mae hyn yn golygu nad yw dyblygu gwasgarol yn bosibl oherwydd, yn yr achos hwnnw, byddai cymysgedd o ysgafn a thrwm ym mhob edefyn, a dim ond un band fyddai'n ffurfio. Mae un o'r edafedd gwreiddiol wedi'i gadw, felly mae hyn yn dystiolaeth bendant o blaid y rhagdybiaeth led-gadwrol.

Mae crynodeb o fanylion yr arbrofion a'r canlyniadau isod.

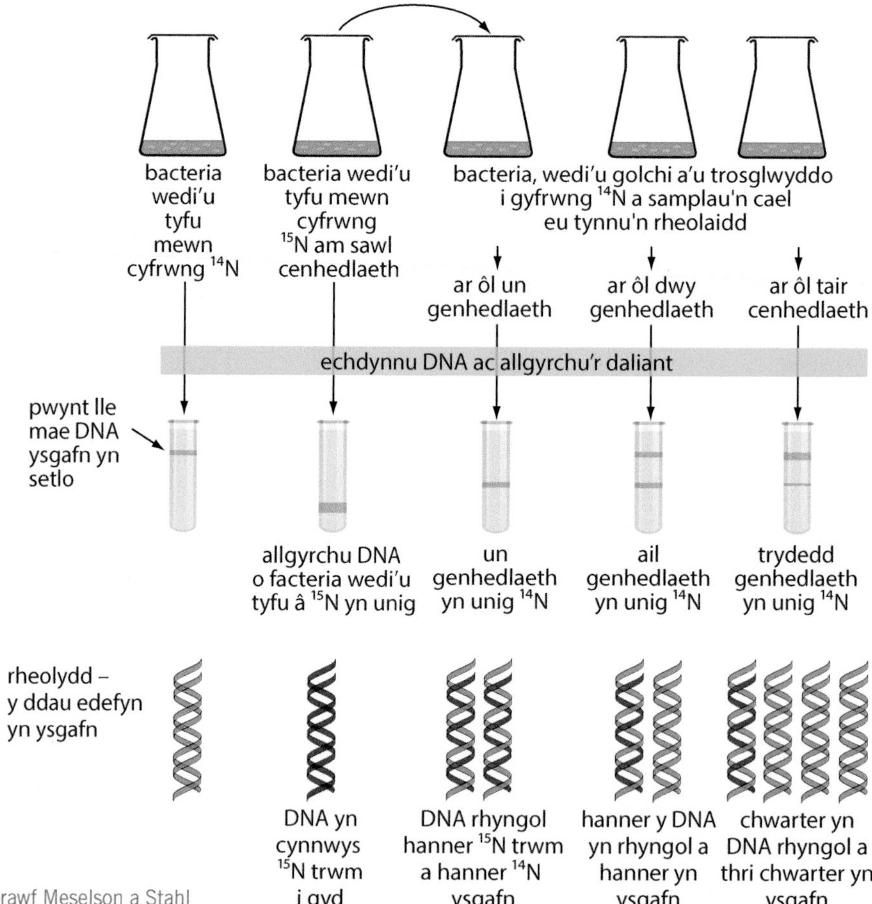

Arbrawf Meselson a Stahl

5.3 Gwirio gwybodaeth

Sut byddai'r DNA wedi'i ddosbarthu yn nhiwb yr uwchallgyrchydd ar ôl pedwaredd cenhedlaeth?

Camau dyblygu lled-gadwrol

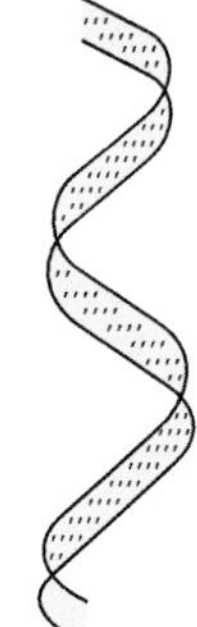

Helics dwbl DNA

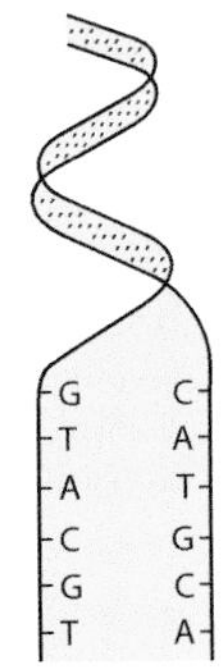

- Mae helicas yn torri'r bondiau hydrogen sy'n dal y parau o fasau at ei gilydd.
- Mae'r DNA yn dad-ddirwyn, wedi'i gatalyddu gan yr ensym helicas ac mae dau edefyn y moleciwl yn gwahanu.

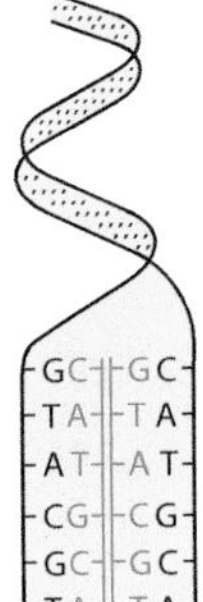

Mae'r ensym DNA polymeras yn catalyddu'r adwaith cyddwyso rhwng grŵp ffosffad-5' niwcleotid rhydd a'r OH-3' ar y gadwyn DNA sy'n tyfu. Mae pob cadwyn yn gweithredu fel templed ac mae niwcleotidau rhydd yn uno â'u basau cyflenwol.

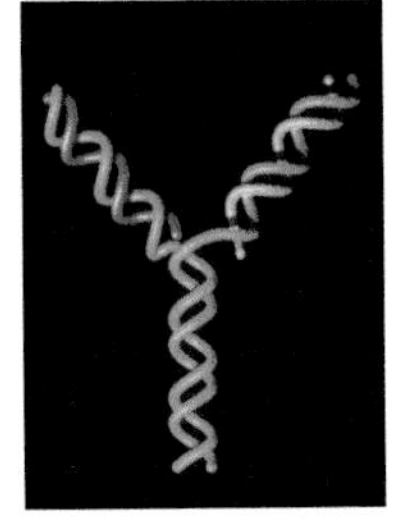

Yr edafedd porffor a melyn yw'r epil edafedd sydd newydd gael eu syntheseiddio. Maen nhw'n cludo basau sy'n gyflenwol i'r basau ar yr edafedd gwyrddlas, sef y templedi ar gyfer eu synthesis.

Pwynt astudio

I ddyblygu DNA, mae'r ensym DNA polymeras angen:

- DNA un edefyn, fel templed.
- Y pedwar niwcleotid, a phob un yn cynnwys deocsiribos a'r bas A, G, C neu T.
- ATP, i ddarparu egni ar gyfer synthesis.

Ymestyn a herio

Pan mae DNA'n dyblygu, mae DNA polymeras yn darllen yr edafedd templed i gyfeiriad 3' ⟶ 5'.
Mae'r cadwynau polyniwcleotid yn wrthbaralel, felly mae'r edafedd newydd yn cael eu syntheseiddio i'r cyfeiriad 5' ⟶ 3'.

Y cod genynnol

Mae DNA yn storio gwybodaeth enynnol sydd wedi'i chodio yn nilyniant y basau yn y DNA, mewn miloedd o adrannau ar ei hyd, sef **genynnau**. Y dilyniant basau sy'n cyfarwyddo pa asidau amino sy'n uno â'i gilydd. Hwn, felly, sy'n pennu pa broteinau sy'n cael eu gwneud ac, oherwydd bod ensymau yn broteinau, mae'n pennu pa adweithiau sy'n gallu digwydd mewn organeb. O ganlyniad i hyn, DNA sy'n pennu nodweddion organeb.

Term allweddol

Genyn: Darn o DNA ar gromosom sy'n codio ar gyfer polypeptid penodol.

Cod tripled yw'r cod genynnol

Roedd arbrofion biocemegol yn dangos:

- bod pob edefyn polyniwcleotid yn cynnwys tair gwaith nifer y basau yn y gadwyn asid amino roedd yn codio ar ei chyfer.
- Pe bai tri bas yn cael eu tynnu o gadwyn polyniwcleotid, byddai'n gwneud polypeptid ag un asid amino yn llai.
- Pe bai gan y polyniwcleotid dri bas ychwanegol, byddai gan y polypeptid un asid amino yn fwy.

Roedd yr arbrofion hyn yn awgrymu bod tri bas yn codio ar gyfer un asid amino. Roedd rhesymeg rhifyddeg yn ategu'r canlyniad hwn: mae pedwar bas gwahanol mewn DNA ond mae ugain o asidau amino gwahanol yn bodoli mewn proteinau.

Pe bai un bas yn codio ar gyfer un asid amino, dim ond pedwar asid amino fyddai'n bosibl. Byddai adenin, thymin, gwanin a chytosin yn codio ar gyfer un asid amino yr un.

Pe bai dau fas yn codio ar gyfer un asid amino, byddai yna $4^2 = 16$ o gyfuniadau, i wneud 16 o asidau amino. Dydy hyn ddim yn ddigon.

Pe bai tri bas yn codio ar gyfer pob asid amino, byddai yna $4^3 = 64$ o gyfuniadau. Byddai hyn yn fwy na digon i godio ar gyfer 20 o asidau amino.

Cyngor mathemateg

Os ydych chi'n gwybod sawl bas sydd mewn darn o DNA neu mRNA, gallwch chi gyfrifo nifer yr asidau amino drwy rannu â 3:

basau ÷ 3 = asidau amino

Os ydych chi'n gwybod nifer yr asidau amino, gallwch chi gyfrifo nifer y basau mRNA neu DNA sy'n codio ar ei gyfer drwy luosi â 3:

asidau amino × 3 = basau

Pwynt astudio

I grynhoi, mae'r cod genynnol yn:

1. Tripled
2. Dirywiedig
3. Wedi'i atalnodi
4. Cyffredinol
5. Ddim yn gorgyffwrdd.

Term allweddol

Codon: Tripled o fasau mewn mRNA sy'n codio ar gyfer asid amino penodol, neu signal atalnodi.

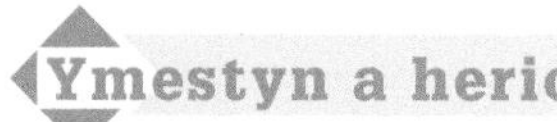

Ymestyn a herio

Mae'r cod yn gyffredinol. Mae'n annhebygol iawn y gallai'r un cod fod wedi esblygu ddwywaith yn annibynnol, sy'n awgrymu bod pob peth byw yn dod o'r un digwyddiad tarddiad bywyd.

5.4 Gwirio gwybodaeth

Cysylltwch y termau priodol 1–4 â'r brawddegau A–Ch:

1. Ddim yn gorgyffwrdd
2. Cyffredinol
3. Codon gorffen
4. Dirywiedig

A. Mae mwy nag un tripled yn codio ar gyfer pob asid amino.
B. Yr un fath ym mhob organeb fyw.
C. Pob bas yn ymddangos mewn un tripled yn unig.
Ch. Gweithredu fel signal terfynu.

Cyngor

Sylwch a yw tripled sy'n codio ar gyfer asid amino wedi'i roi fel DNA neu mRNA. Mae U yn awgrymu mai RNA ydyw. Mae T yn awgrymu mai DNA ydyw. Ond os mai dim ond y basau C, G neu A sydd yno, darllenwch y wybodaeth yn ofalus fel eich bod chi'n gwybod os yw'r tripled yn dod o DNA neu mRNA.

Nodweddion y cod genynnol

- Mae tri bas yn amgodio pob asid amino, felly mae'r cod yn god tripled.
- Mae 64 o godau'n bosibl ond dim ond 20 o asidau amino sy'n bodoli mewn proteinau. Mae mwy nag un tripled yn gallu amgodio pob asid amino, felly caiff y cod ei ddisgrifio fel 'dirywiedig'.
- Mae'r cod wedi'i atalnodi: mae yna dri chod tripled sydd ddim yn codio ar gyfer asidau amino. Mewn mRNA, enw'r rhain yw **codonau** 'gorffen' ac maen nhw'n marcio diwedd darn i'w drosi, yn debyg i atalnod llawn ar ddiwedd brawddeg.
- Mae'r cod yn gyffredinol: ym mhob organeb, mae'r un tripled yn codio ar gyfer yr un asid amino.
- Nid yw'r cod yn gorgyffwrdd: mae pob bas yn ymddangos mewn un tripled yn unig.

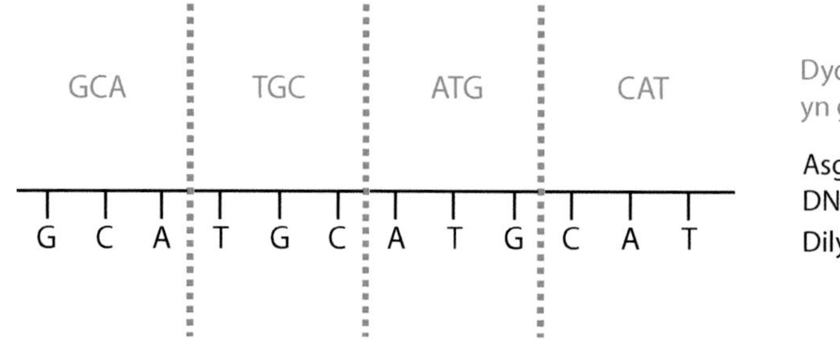

DNA a thripledi o fasau

Weithiau caiff y cod ei alw'n dripledi DNA, ond gellir ei alw hefyd yn godonau RNA. Mae'r rhain yn gyflenwol i'w gilydd felly, er enghraifft, y tripled DNA sy'n codio ar gyfer yr asid amino symlaf, glycin, yw CCC, felly y codon RNA sy'n codio ar gyfer glycin yw GGG.

asid amino	byrfodd
alanin	ala
arginin	arg
asbaragin	asn
asid asbartig	asp
cystin	cys
glwtamin	gln
asid glwtamig	glu
glycin	gly
histidin	his
isolewcin	ile
lewcin	leu
lysin	lys
methionin	met
ffenylalanin	phe
prolin	pro
serin	ser
threonin	thr
tryptoffan	trp
tyrosin	tyr
falin	val

Bas 1af	2il fas: U	C	A	G	3ydd bas
U	UUU Phe	UCU Ser	UAU Tyr	UGU Cys	U
U	UUC Phe	UCC Ser	UAC Tyr	UGC Cys	C
U	UUA Leu	UCA Ser	UAA Gorffen	UGA Gorffen	A
U	UUG Leu	UCG Ser	UAG Gorffen	UGG Trp	G
C	CUU Leu	CCU Pro	CAU His	CGU Arg	U
C	CUC Leu	CCC Pro	CAC His	CGC Arg	C
C	CUA Leu	CCA Pro	CAA Gln	CGA Arg	A
C	CUG Leu	CCG Pro	CAG Gln	CGG Arg	G
A	AUU Ile	ACU Thr	AAU Asn	AGU Ser	U
A	AUC Ile	ACC Thr	AAC Asn	AGC Ser	C
A	AUA Ile	ACA Thr	AAA Lys	AGA Arg	A
A	AUG Met	ACG Thr	AAG Lys	AGG Arg	G
G	GUU Val	GCU Ala	GAU Asp	GGU Gly	U
G	GUC Val	GCC Ala	GAC Asp	GGC Gly	C
G	GUA Val	GCA Ala	GAA Glu	GGA Gly	A
G	GUG Val	GCG Ala	GAG Glu	GGG Gly	U

Tabl o godonau mRNA a'r asidau amino maen nhw'n codio ar eu cyfer

Ecsonau ac intronau

DNA sy'n cynnwys y wybodaeth ar gyfer gwneud polypeptidau. Yn gyntaf, caiff fersiwn RNA o'r cod ei wneud o'r DNA. Mewn procaryotau, RNA negeseuol (mRNA) yw'r RNA hwn ac mae'n cyfeirio synthesis y polypeptid. Ond mewn ewcaryotau, rhaid prosesu'r RNA cyn y gellir ei ddefnyddio i syntheseiddio'r polypeptid.

Mewn ewcaryotau, mae fersiwn RNA gwreiddiol y cod yn llawer hirach na'r mRNA terfynol ac mae'n rhaid tynnu rhai dilyniannau o fasau ohono. Weithiau, byddwn ni'n galw'r RNA hwn yn rhag-RNA negeseuol (rhag-mRNA) ac **intronau** yw'r darnau i'w tynnu. Dydy'r rhain ddim yn cael eu trosi'n broteinau. Mae'r intronau'n cael eu torri allan o'r rhag-mRNA gan ddefnyddio endoniwcleasau a'r dilyniannau sydd ar ôl yw'r **ecsonau**, sy'n cael eu huno, neu eu sbleisio, â ligasau.

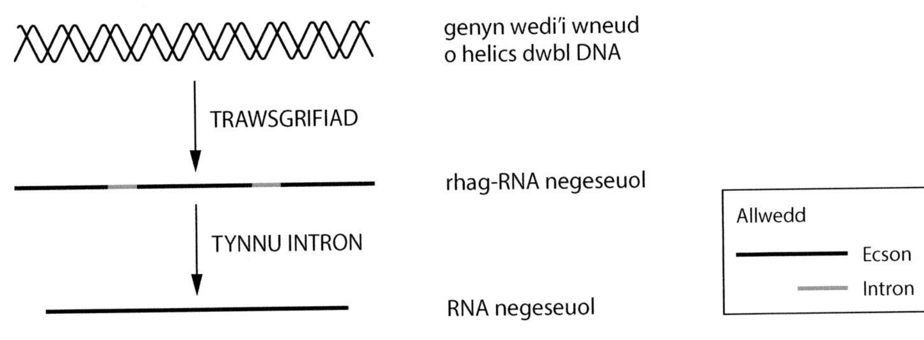

Intronau ac ecsonau

Termau allweddol

Intron: Dilyniant niwcleotidau sydd ddim yn codio mewn DNA a rhag-mRNA. Mae'n cael ei dynnu o rag-mRNA, i gynhyrchu mRNA aeddfed.

Ecson: Darn sy'n codio yn nilyniant niwcleotidau DNA a rhag-mRNA. Mae'n dal i fod yn bresennol yn yr mRNA aeddfed terfynol, ar ôl i'r intronau gael eu tynnu.

Ymestyn a herio

Rydyn ni wedi canfod bod rhai intronau'n cynnwys dilyniannau DNA wedi'u hymgorffori o firysau yng ngorffennol esblygiad bywyd.

Synthesis proteinau

Dyma gamau synthesis proteinau:

- **Trawsgrifiad**: mae un edefyn DNA yn gweithredu fel templed i gynhyrchu mRNA, rhan gyflenwol o ddarn o'r dilyniant DNA. Mae hyn yn digwydd yn y cnewyllyn.
- **Trosiad**: mae'r mRNA yn gweithredu fel templed i foleciwlau tRNA cyflenwol lynu ato, ac mae'r asidau amino maen nhw'n eu cludo yn uno i ffurfio polypeptid. Mae hyn yn digwydd ar ribosomau yn y cytoplasm.

Gallwn ni grynhoi proses synthesis proteinau fel hyn:

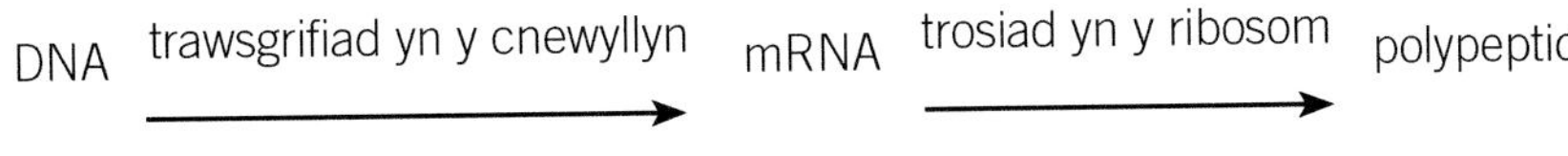

Termau allweddol

Trawsgrifiad: Mae segment o DNA yn gweithredu fel templed i gyfarwyddo synthesis dilyniant mRNA cyflenwol gyda'r ensym RNA polymeras.

Trosiad: Mae'r dilyniant codonau ar yr mRNA yn cael ei ddefnyddio i gydosod dilyniant penodol o asidau amino mewn cadwyn polypeptid, yn y ribosomau.

Trawsgrifiad

Dydy DNA ddim yn gadael y cnewyllyn. Trawsgrifiad yw'r broses lle mae darn o'r DNA, y genyn, yn gweithredu fel templed i gynhyrchu mRNA, sy'n cludo gwybodaeth sydd ei hangen ar gyfer synthesis protein o'r cnewyllyn i'r cytoplasm. Mae ribosomau yn y cytoplasm yn darparu arwyneb addas i gydio wrth mRNA a chydosod protein. Dyma ddilyniant y digwyddiadau:

- Mae'r ensym **DNA helicas** yn torri'r bondiau hydrogen rhwng y basau mewn rhan benodol o'r moleciwl DNA. Mae hyn yn achosi i'r ddau edefyn wahanu a dad-ddirwyn, gan ddatguddio'r basau niwcleotid.
- Mae'r ensym **RNA polymeras** yn rhwymo â'r edefyn templed DNA ar ddechrau'r dilyniant i'w gopïo.
- Mae **niwcleotidau RNA rhydd** (riboniwcleotidau) yn trefnu eu hunain gyferbyn â'r edefyn templed, yn seiliedig ar y berthynas gyflenwol rhwng y basau mewn DNA a'r niwcleotidau rhydd:

Pwynt astudio

Defnyddiwch y term 'dad-ddirwyn' i ddisgrifio gwahanu dau edefyn yr helics dwbl, oherwydd dydyn nhw ddim yn dirwyn o gwmpas ei gilydd mwyach. Dylech chi osgoi'r term 'dadsipio' oherwydd dydy hwn ddim yn ddisgrifiad cystal o beth sy'n digwydd.

Pwynt astudio

Mewn RNA does dim thymin, felly mae niwcleotid sy'n cynnwys wracil yn ei osod ei hun gyferbyn â niwcleotid adenin yn y DNA.

- Mae riboniwcleotid sy'n cynnwys cytosin yn ei osod ei hun gyferbyn â niwcleotid gwanin yn y DNA.
- Mae riboniwcleotid sy'n cynnwys gwanin yn ei osod ei hun gyferbyn â niwcleotid cytosin yn y DNA.
- Mae riboniwcleotid sy'n cynnwys adenin yn ei osod ei hun gyferbyn â niwcleotid thymin yn y DNA.
- Mae riboniwcleotid sy'n cynnwys wracil yn ei osod ei hun gyferbyn â niwcleotid adenin yn y DNA.

- Mae RNA polymeras yn symud ar hyd y DNA gan ffurfio bondiau sy'n ychwanegu niwcleotidau RNA, un ar y tro, at yr edefyn RNA sy'n tyfu. Mae hyn yn arwain at synthesis moleciwl mRNA wrth ochr y darn o DNA wedi'i ddad-ddirwyn. Y tu ôl i'r RNA polymeras, mae'r edafedd DNA yn ailddirwyn i ailffurfio'r helics dwbl.
- Mae'r RNA polymeras yn gwahanu oddi wrth yr edefyn templed ar ôl cyrraedd signal 'gorffen'.
- Mae'r broses o gynhyrchu'r trawsgrifiad wedi'i chwblhau ac mae'r RNA newydd ei ffurfio yn dod yn rhydd o'r DNA.

Pwynt astudio

Mewn procaryotau, mRNA yw'r RNA newydd hwn ac mae'n cydio wrth ribosom yn y cytoplasm. Mewn ewcaryotau, rhag-mRNA ydyw, sy'n cael ei brosesu i gynhyrchu mRNA. Mae'r mRNA yn cludo'r wybodaeth a oedd wedi'i chadw yn y DNA yn wreiddiol, drwy fandwll cnewyllol i ribosom yn y cytoplasm.

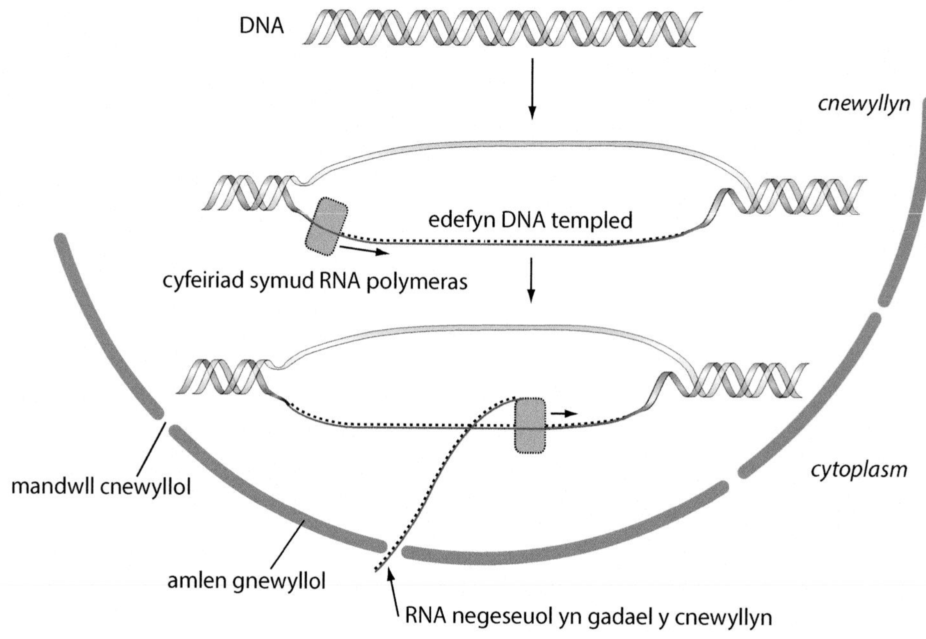

Trawsgrifiad

Pwynt astudio

Mae dyblygu DNA yn defnyddio dau edefyn polyniwcleotid moleciwl DNA fel templedi. Dim ond un edefyn mae trawsgrifiad yn ei ddefnyddio, sef yr edefyn codio neu synnwyr, fel templed.

Trosiad

Mae trosiad yn defnyddio'r dilyniant o godonau ar yr mRNA i gynhyrchu dilyniant penodol o asidau amino, gan ffurfio polypeptid. Mae'n digwydd ar ribosom ac mae'r broses yn cynnwys tRNA.

Mae pob ribosom wedi'i wneud o ddwy is-uned:

- Mae gan yr is-uned fwyaf ddau safle i foleciwlau tRNA gydio wrthynt, felly mae dau foleciwl tRNA yn gysylltiedig â ribosom ar unrhyw un adeg.
- Mae'r is-uned leiaf yn rhwymo â'r mRNA.

Cyswllt

Adolygwch dri math o RNA: RNA negeseuol, RNA ribosomol ac RNA trosglwyddol.

Mae disgrifiad o adeiledd ribosom ar t37.

Mae'r ribosom yn gweithredu fel fframwaith i symud ar hyd yr mRNA ac i ddal y cymhlygyn codon–gwrthgodon at ei gilydd, nes i'r ddau asid amino sydd ynghlwm wrth foleciwlau tRNA cyfagos rwymo. Mae'r ribosom yn symud ar hyd yr mRNA, gan ychwanegu un asid amino ar y tro, nes bod y gadwyn polypeptid wedi'i chydosod. Mae trefn y basau yn y DNA wedi pennu trefn yr asidau amino yn y polypeptid.

Mae trosiad yn digwydd fel hyn:

- **Dechreuad**: mae ribosom yn cydio wrth godon 'cychwyn' ar un pen i'r moleciwl mRNA.
- Mae'r tRNA cyntaf, sydd â gwrthgodon cyflenwol i'r codon cyntaf ar yr mRNA, yn cydio yn y ribosom. Mae tri bas y codon ar yr mRNA yn bondio â thri bas cyflenwol y gwrthgodon ar y tRNA, â bondiau hydrogen.
- Mae ail tRNA, sydd â gwrthgodon cyflenwol i'r ail godon ar yr mRNA, yn cydio wrth y safle cydio arall ac mae'r codon a'r gwrthgodon yn bondio â bondiau hydrogen.
- **Hwyhad**: mae'r ddau asid amino'n ddigon agos i ensym ribosomol i allu catalyddu ffurfio bond peptid rhyngddynt.
- Mae'r tRNA cyntaf yn gadael y ribosom, gan adael ei safle cydio'n wag. Mae'n dychwelyd i'r cytoplasm i rwymo wrth gopi arall o'i asid amino penodol.
- Mae'r ribosom yn symud un codon ar hyd yr edefyn mRNA.
- Mae'r tRNA nesaf yn rhwymo.
- **Terfynu**: mae'r dilyniant yn ailadrodd nes cyrraedd codon 'gorffen'.
- Mae'r cymhlygyn ribosom – mRNA – polypeptid yn gwahanu.

Fel arfer, bydd llawer o ribosomau'n rhwymo ag un edefyn mRNA, a phob un yn darllen gwybodaeth y cod ar yr un pryd. Polysom yw hyn. Mae pob ribosom yn cynhyrchu polypeptid, felly mae llawer yn cael eu gwneud ar unwaith.

 **Pwynt astudio**

Mae un safle rhwymo rRNA yn dal y polypeptid sy'n tyfu ac mae'r llall yn dal y tRNA sy'n cludo'r asid amino nesaf yn y dilyniant.

 **Pwynt astudio**

Y ribosom sy'n symud ar hyd yr mRNA.

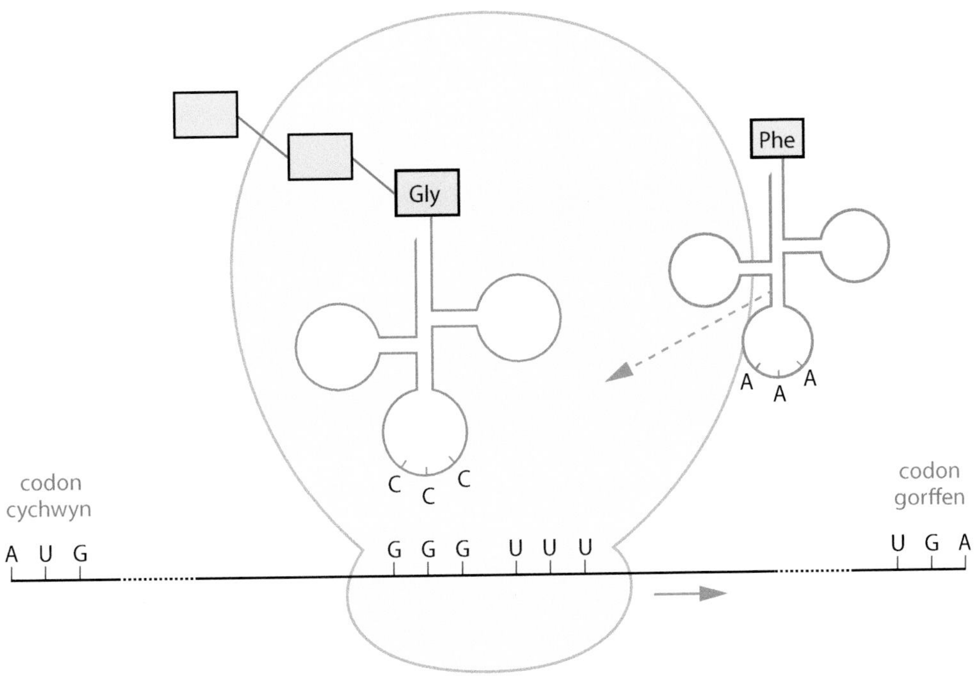

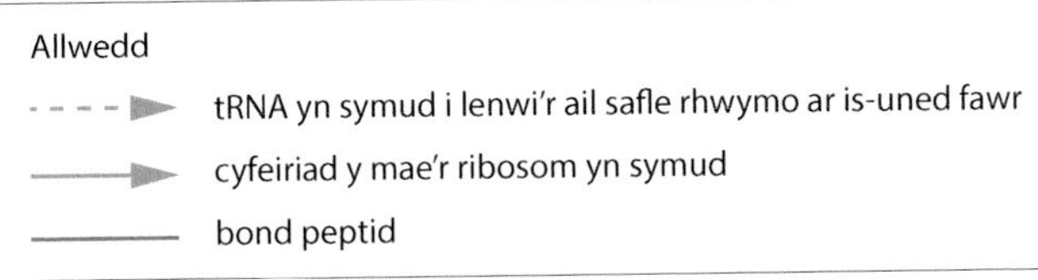

Trosiad

Cyngor

Gallai'r arholiad gynnwys cwestiwn am synthesis proteinau. Byddwch yn barod i ddisgrifio rhan benodol o'r broses, i ddatgodio dilyniannau basau neu i ysgrifennu am y broses gyfan.

5.5 Gwirio gwybodaeth

Un dilyniant o fasau ar hyd edefyn templed DNA yw CCAGGAGAGAATTCATTT.

A. Beth yw dilyniant y basau ar y moleciwl mRNA sydd wedi'i drawsgrifio o'r rhan hon o'r moleciwl DNA?

B. Faint o asidau amino mae'r dilyniant yn codio ar eu cyfer?

C. Beth yw dilyniant y basau sy'n ffurfio gwrthgodonau'r moleciwlau tRNA?

Pwynt astudio

Gallwn ni ddiffinio genyn fel dilyniant o fasau DNA sy'n codio ar gyfer un polypeptid.

Yn ystod ail flwyddyn y cwrs hwn, byddwch chi'n dysgu mwy am eneteg. Yn y cyd-destun hwnnw, gellir diffinio genyn fel dilyniant DNA sy'n codio ar gyfer nodwedd.

Adolygwch lefelau adeiledd protein ar t26 a sut mae'r organigyn Golgi'n gweithio ar t37.

Pwynt astudio

Mae polypeptidau sy'n cael eu cynhyrchu mewn trosiad yn gallu cael eu haddasu'n gemegol a'u haddasu drwy eu plygu.

Cyfatebolrwydd basau

Sylwch sut mae cyfatebolrwydd basau'n edrych wrth i ni edrych ar wahanol foleciwlau:

tripled DNA	codon mRNA	gwrthgodon ar tRNA	asid amino
CCC	GGG	CCC	glycin
GAG	CUC	GAG	lewcin
GCT	CGA	GCU	arginin
CAT	GUA	CAU	falin

Y gwrthgodon ar y tRNA sy'n pennu pa asid amino y mae'r moleciwl tRNA yn ei gludo. Os mai dilyniant basau'r gwrthgodon yw CCC, er enghraifft, bydd yr asid amino glycin yn cydio wrth y moleciwl tRNA. Mae'r bas gwrthgodon CCC hwn yn paru â'r codon GGG ar yr mRNA. Mae'r GGG ar yr mRNA yn gyflenwol i ddilyniant CCC ar y DNA.

tRNA ac actifadu asidau amino

Ar ôl i'r tRNA gael ei ryddhau o'r ribosom, mae'n rhydd i gasglu asid amino arall o'r gronfa asidau amino yn y cytoplasm. Mae angen egni o ATP i gydio'r asid amino wrth y tRNA. Enw'r broses gydio hon yw 'actifadu asidau amino'.

Genynnau a pholypeptidau

Cyn gynted ag roedd pobl yn deall bod y deunydd genynnol wedi'i wneud o DNA, roedden nhw'n meddwl tybed sut gallen nhw amgodio'r wybodaeth, nid yn unig ar gyfer adeiledd a gwaith cell, ond ar gyfer organebau cyfan hefyd. Dangosodd arbrofion ar y ffwng *Neurospora crassa* yn yr 1940au, fod niwed gan ymbelydredd i DNA yn atal un ensym rhag cael ei wneud. Arweiniodd hyn at y rhagdybiaeth un genyn–un ensym.

Ond math penodol o brotein yw ensymau, felly cafodd y syniad ei ymestyn i roi'r rhagdybiaeth un genyn–un protein.

Fodd bynnag, daeth pobl i sylwi bod llawer o broteinau, fel haemoglobin, yn cynnwys mwy nag un polypeptid. Arweiniodd hyn at y rhagdybiaeth un genyn–un polypeptid. Mae hyn yn diffinio genyn mewn termau biocemegol, drwy ddweud mai genyn yw dilyniant o fasau DNA sy'n codio ar gyfer polypeptid.

Addasu ôl-drosiadol

Dilyniant basau genyn sy'n pennu adeiledd cynradd polypeptid. Mae gan broteinau lawer iawn o swyddogaethau mewn organebau byw, gan gynnwys swyddogaeth fel ensymau, gwrthgyrff, hormonau, proteinau cludiant a ffurfio adeileddau. Mae polypeptidau sydd wedi'u gwneud ar ribosomau, yn cael eu cludo drwy'r cytoplasm i'r organigyn Golgi. Weithiau, bydd polypeptid yn gweithio yn ei adeiledd cynradd, ond fel arfer mae wedi'i blygu'n adeileddau eilaidd, trydyddol neu gwaternaidd yn yr RE ac, yn yr organigyn Golgi, efallai y bydd wedi'i addasu'n gemegol hefyd. Enw'r broses o addasu polypeptid yw 'addasu ôl-drosiadol'. Mae polypeptidau'n gallu cael eu haddasu'n gemegol drwy gyfuno â chemegion dibrotein fel:

- Carbohydrad, i wneud glycoproteinau
- Lipid, i wneud lipoproteinau
- Ffosffad, i wneud ffosffoproteinau.

Mae haemoglobin yn foleciwl sydd wedi'i addasu i raddau helaeth. Mae pob polypeptid yn cynnwys rhannau helics-α (adeiledd eilaidd), ac wedi'i blygu (adeiledd trydyddol). Mae pedwar polypeptid wedi'u cyfuno (adeiledd cwaternaidd). Hefyd, mae'r protein wedi'i addasu drwy ei gyfuno â phedwar grŵp haem dibrotein i wneud y moleciwl gweithredol.

Gweithio'n wyddonol

Pwysigrwydd tRNA

Codio gwybodaeth a chyfarwyddo synthesis proteinau yw dwy o briodweddau sylfaenol celloedd byw. Mae un moleciwl yn pontio'r bwlch rhwng y ddwy swyddogaeth gymhleth a hanfodol hyn, sef tRNA. Mae'n cludo gwybodaeth yn y gwrthgodon ac mae'n cludo'r asid amino penodol i'w gynnwys mewn cadwyn polypeptid sy'n tyfu.

Mae sut mae moleciwl cymharol fach wedi esblygu nodweddion mor bwysig yn gwestiwn dwys. I ddeall sut mae tRNA yn gweithio, rydyn ni'n gwneud delweddau manwl gywir o'r moleciwl. Lluniad llinell 2D yw'r diagram ar t99. Dyma bedair delwedd 3D o'r un moleciwl, a phob un yn dangos mwy o fanylder na'r un flaenorol. Mae meddalwedd yn ein galluogi ni i gylchdroi'r delweddau hyn a'u cyfuno nhw â moleciwlau eraill, sy'n helpu biocemegwyr i ddeall sut maen nhw'n gweithio mewn bywyd.

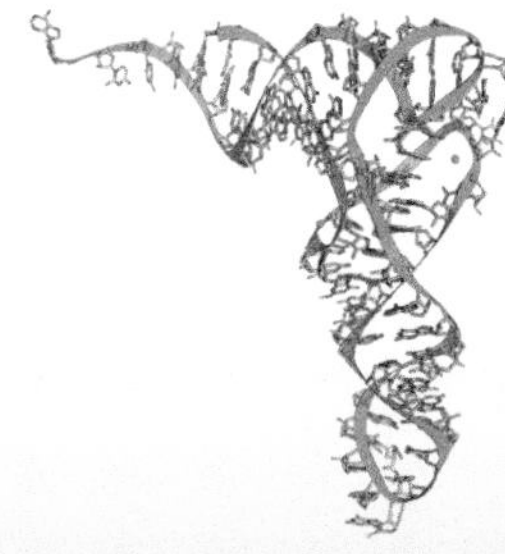
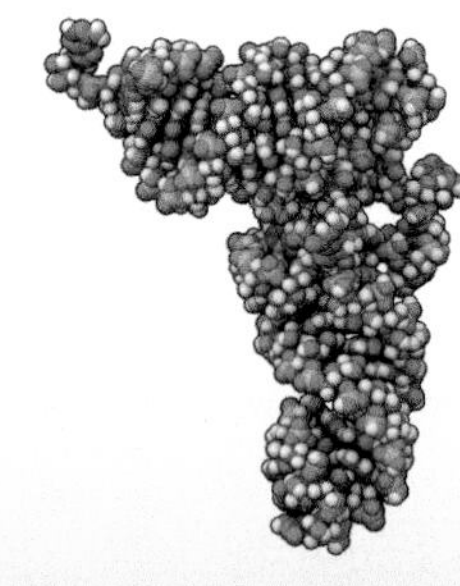

Modelau moleciwlaidd o tRNA

Cyswllt

Mae trafodaeth am haemoglobin ar t13.

Gwaith ymarferol

Echdynnu DNA o ddefnydd byw

Mae winwnsyn yn ddefnydd addas i echdynnu DNA ohono. Mae dwy ran i'r broses, sef gwneud echdynnyn winwnsyn ac yna gwahanu'r DNA ohono.

Gwneud yr echdynnyn winwnsyn

1. Cymysgwch 30 g o sodiwm clorid â 100 cm^3 o hylif golchi llestri domestig a defnyddiwch ddŵr distyll i gynyddu'r cyfaint i 1 dm^3.
2. Torrwch tua 250 g o winwnsyn yn giwbiau 3–5 mm a rhowch nhw mewn bicer. Gwnewch hyn ar rew, oherwydd cyn gynted â'ch bod chi'n torri'r celloedd i'w hagor nhw, gallai ensymau ddiraddio'r DNA, a bydd rhew yn arafu'r broses honno.
3. Arllwyswch 100 cm^3 o gymysgedd halen / glanedydd ar y winwnsyn wedi'i dorri a'u troi nhw gyda'i gilydd, mewn baddon dŵr 60°C, am 15 munud. Mae'r glanedydd yn dinistrio pilenni ffosffolipid ac mae sodiwm clorid yn tewychu DNA. Mae ensymau celloedd yn cael eu dadnatureiddio ar 60°C felly mae'r tymheredd yn atal treulio'r DNA.
4. Oerwch ef mewn baddon dŵr rhew am 5 munud, gan ddal i'w droi'n gyson. Mae oeri'n amddiffyn y DNA rhag ymddatod.
5. Cymysgwch y cymysgedd mewn cymysgydd bwyd am 5 eiliad.
6. Hidlwch ef i mewn i diwb berwi.

Gwahanu'r DNA

1. Ychwanegwch 4 diferyn o drypsin 1 g/100 cm^3 at gynnwys y tiwb berwi a'i droi'n dda â rhoden wydr. Mae proteinau histon yn cael eu treulio ac mae unrhyw ensymau a allai ddadelfennu DNA yn cael eu dadelfennu eu hunain.
2. Arllwyswch ethanol 95% wedi'i oeri â rhew ar yr echdynnyn fel ei fod yn sefyll mewn haen ar ei ben.
3. Ar ôl 3 munud, rhowch flaen rhoden wydr rhwng yr ethanol a'r hidlif, lle mae gwaddod gwyn DNA yn ffurfio. Cylchdrowch y rhoden i godi edefyn DNA.
4. Trosglwyddwch y DNA i diwb profi at hydoddiant sodiwm clorid (4 g/100 cm^3) i ffurfio daliant.

DNA yn gwaddodi rhwng yr haen ddyfrllyd a'r haen alcohol

Microsgopeg

1. Rhowch sampl bach o'r paratoad DNA ar sleid microsgop ac ychwanegwch ddau ddiferyn o asetig orsëin.
2. Rhowch arwydryn drosto.
3. Edrychwch arno dan y lensiau gwrthrychiadur ×10 a ×40.

Efallai y gwelwch chi ddeunydd ffibrog wedi'i staenio'n goch. DNA wedi'i amgylchynu â phrotein heb ei dreulio yw'r ffibrau, ac maen nhw wedi'u staenio gan yr asetig orsëin.

Profwch eich hun

1 Mae dwy gadwyn polyniwcleotid, wedi'u cysylltu â bondiau hydrogen rhwng parau o fasau, yn dirwyn o gwmpas ei gilydd mewn helics dwbl i wneud moleciwl DNA.

(a) Mae gan edefyn DNA 1 m o hyd 294 000 000 o droadau yn ei helics dwbl. Mae 10 pâr o fasau ym mhob tro yn yr helics. Cyfrifwch y pellter rhwng y parau o fasau, gan roi eich ateb mewn nm i un lle degol, ar ffurf safonol. (4)

(b) Dilyniant basau darn o foleciwl DNA yw TTATCTTTCGGGATG.

(i) Nodwch ddilyniant y basau nitrogenaidd ar yr mRNA sy'n dod o ddefnyddio'r darn DNA hwn fel templed. (1)

(ii) Defnyddiwch y tabl isod i ganfod trefn yr asidau amino yn y polypeptid sydd wedi'i ffurfio o'r dilyniant mRNA hwn. Tybiwch eich bod chi'n darllen y dilyniant o'r chwith i'r dde. (1)

Codonau mRNA	Asid amino
AAG	Lysin (lys)
AAU	Asbaragin (asn)
AGC	Serin (ser)
AGA	Arginin (arg)
ACA	Threonin (thr)
CCC	Prolin (pro)
CCU	Prolin (pro)
CAU	Histidin (his)

Codonau mRNA	Asid amino
CUU	Lewcin (leu)
GAA	Asid glwtamig (glu)
GAU	Asid asbartig (asp)
GCA	Alanin (ala)
UGU	Cystein (cys)
UAC	Tyrosin (tyr)
UGC	Cystein (cys)
UUC	Ffenylalanin (phe)

(iii) Mewn ewcaryotau, yn wahanol i brocaryotau, gall dilyniant RNA gael ei addasu cyn cael ei drosi. Amlinellwch y broses o addasu dilyniant RNA yng nghnewyllyn cell ewcaryotig, cyn ei drosi. (4)

(iv) Awgrymwch sut mae'r gell yn sicrhau bod y cod yn cael ei ddarllen i'r cyfeiriad cywir. (1)

(v) Byddai'n bosibl addasu'r dilyniant DNA uchod i gynhyrchu'r dilyniant asidau amino: asbaragin – asid glwtamig – serin – prolin. Disgrifiwch sut byddai'n bosibl addasu'r DNA i gynhyrchu'r dilyniant asidau amino newydd hwn. (3)

(c) Mewn llawer o achosion, mae'r polypeptid sy'n cael ei syntheseiddio ar ribosom yn anactif ac mae angen ei brosesu ymhellach.

(i) Nodwch enw organyn lle mae'r prosesu hyn yn digwydd. (1)

(ii) Disgrifiwch dair ffordd bosibl o addasu polypeptid i'w wneud yn fiolegol actif. (3)

(Cyfanswm 18 marc)

1.6

Cylchred y gell a chellraniad

Mewn cell ewcaryotig, mae DNA wedi'i leoli mewn cromosomau yn y cnewyllyn. Mae'n cynnwys gwybodaeth etifeddol, sy'n cael ei throsglwyddo i epilgelloedd wrth i'r rhiant-gell rannu. Mewn unrhyw rywogaeth benodol, mae nifer y cromosomau ym mhob cell yn y corff yn gyson. Mitosis yw rhaniad cnewyllyn sy'n cynhyrchu dau epilgnewyllyn; mae'r cromosomau yn y rhain yn union yr un fath ag y maent yn y rhiant-gnewyllyn o ran nifer a math. Os oes nam wrth reoli mitosis, mae niwed a chlefyd yn gallu digwydd, gan gynnwys canser, sef cellraniad afreolus. Meiosis yw'r rhaniad sy'n haneru'r rhif cromosom ac yn digwydd cyn ffurfio gametau.

Erbyn diwedd y testun hwn, byddwch chi'n gallu gwneud y canlynol:

- Esbonio pam mae angen i organebau byw gynhyrchu celloedd sy'n enynnol unfath.
- Deall bod dyblygu DNA yn digwydd yn ystod rhyngffas.
- Disgrifio ymddygiad cromosomau a sut mae gwerthyd yn ffurfio yn ystod mitosis.
- Enwi a disgrifio prif gamau mitosis.
- Esbonio bod mitosis yn caniatáu atgynhyrchu anrhywiol, yn ogystal â thwf, gwneud celloedd newydd ac atgyweirio meinweoedd.
- Esbonio arwyddocâd mitosis fel proses lle mae epilgelloedd yn cael copïau unfath o enynnau.
- Disgrifio sut mae cellraniad yn gallu digwydd yn afreolus ac arwain at ganser.
- Enwi a disgrifio prif gamau meiosis.
- Disgrifio sut mae meiosis yn creu amrywiad genynnol.
- Disgrifio'r gwahaniaethau rhwng mitosis a meiosis.
- Gwneud lluniadau gwyddonol o gelloedd yn cyflawni mitosis a meiosis.

Cynnwys y testun

Celloedd a chromosomau

Adeiledd cromosom

Mae **cromosomau** wedi'u gwneud o DNA a phrotein o'r enw histon. Mae'r moleciwl DNA yn helics dwbl sy'n ymestyn o un pen y cromosom i'r llall, ac mae'n cynnwys rhannau o'r enw genynnau. Yr unig adeg y mae cromosomau'n weladwy yw wrth i'r cromatin gyddwyso cyn cellraniad, ar ôl i bob moleciwl DNA ddyblygu a gwneud copi union ohono ei hun. Rydyn ni'n galw'r ddau gopi o gromosom yn chwaer-**gromatidau** ac maen nhw'n baralel ar eu hyd ac wedi'u huno mewn man arbenigol, y **centromer**.

Termau allweddol

Cromosom: Ffurfiad hir, tenau o DNA a phrotein, yng nghnewyllyn celloedd ewcaryotig, yn cludo'r genynnau.

Cromatid: Un o'r ddau gopi unfath o gromosom, wedi'u huno yn y centromer cyn cellraniad.

Centromer: Rhan arbenigol o gromosom lle mae dau gromatid yn uno a lle mae microdiwbynnau'r werthyd yn cydio wrtho yn ystod cellraniad.

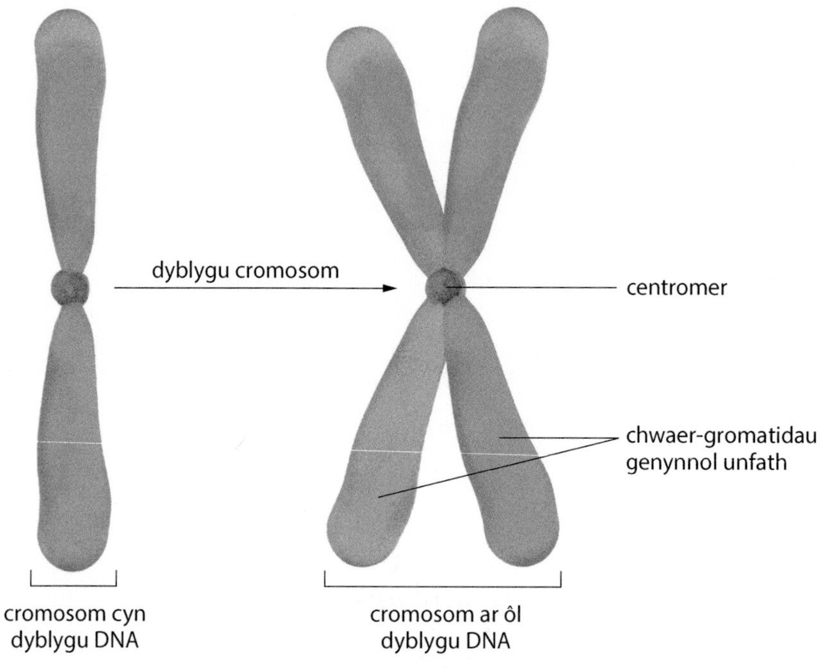

Adeiledd cromosom

Pwynt astudio

Corff sydd wedi'i wneud o DNA a phrotein yw cromosom. Ar ôl dyblygu DNA, mae'r cromosom yn cynnwys dau gromatid. Ar ôl i'r cromatidau wahanu yn ystod anaffas, rydyn ni'n eu galw nhw'n gromosomau eto.

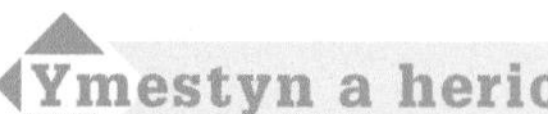

Ymestyn a herio

Mae gan y DNA yn y centromer ddilyniant byr o fasau sy'n ailadrodd sawl gwaith. Mae'n cynnal ei adeiledd ond nid yw'n cludo gwybodaeth enynnol.

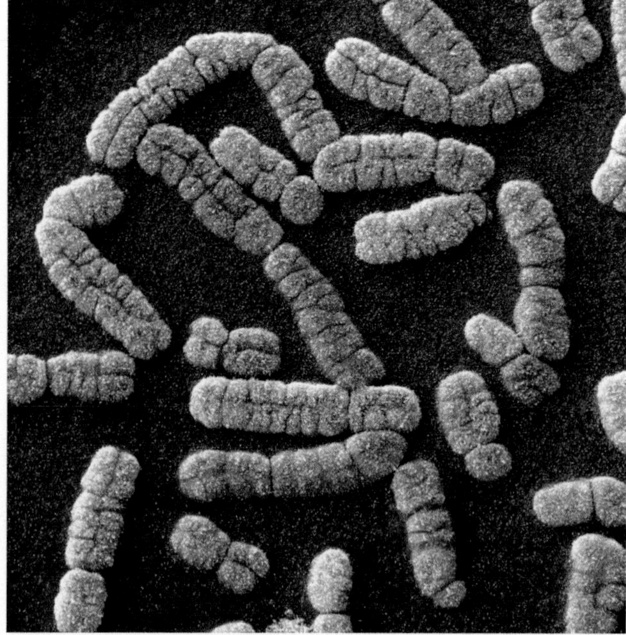

Micrograff electronau sganio o gromosomau dynol

Lefel ploidedd a rhif cromosom

Mae gan wahanol rywogaethau wahanol niferoedd o gromosomau yn eu celloedd. Mae gan gelloedd normal y corff dynol 46 o gromosomau, mae gan bry ffrwythau 8, ac mae gan daten 48.

Mae set gyflawn o gromosomau'n cynnwys cod ar gyfer yr holl bolypeptidau sydd eu hangen yn y gell a'r holl wybodaeth sydd ei hangen ar yr organeb i gyflawni ei gweithredoedd. Nifer y cromosomau mewn set gyflawn yw'r rhif **haploid**, sy'n cael y symbol n. Mae llawer o organebau, gan gynnwys bodau dynol, yn cael un set gyflawn o gromosomau yr un gan eu rhieni, felly mae'r cromosomau'n bodoli mewn parau cyfatebol, sef parau **homologaidd**. Felly, mae gan fodau dynol 23 pâr o gromosomau homologaidd, mewn dwy set, ac rydyn ni'n eu disgrifio nhw fel **diploid**, â'r symbol 2n. Nifer y setiau cyflawn o gromosomau mewn organeb yw ei **lefel ploidedd**. **Polyploidau** yw organebau â mwy na dwy set gyflawn o gromosomau.

Ymestyn a herio

Dyma rai enghreifftiau o organebau cyfarwydd a'u lefelau ploidedd. Dim ond y rhai sy'n berthnasol i fodau dynol fyddai disgwyl i chi eu cofio.

Lefel Ploidedd	Nifer y setiau o gromosomau	Enghraifft
Haploid	1	Gametau dynol; mwsoglau
Diploid	2	Corffgelloedd dynol
Triploid	3	Banana
Tetraploid	4	Taten
Hecsaploid	6	Gwenith bara
Octoploid	8	Mefus

Pwynt astudio

Mae gan organebau diploid gametau haploid.

Termau allweddol

Haploid: Yn cynnwys un set gyflawn o gromosomau.

Homologaidd: Mae'r cromosomau mewn pâr homologaidd yn unfath o ran siâp a maint ac maen nhw'n cludo'r un loci genyn, gyda genynnau ar gyfer yr un nodweddion. Mae'r ddau riant yn cyfrannu un cromosom yr un at bob pâr. Mae rhai parau o gromosomau rhyw, fel yr X a'r Y mewn mamolion gwrywaidd, o faint gwahanol i'w gilydd; dydy'r rhain ddim yn barau homologaidd.

Diploid: Yn cynnwys dwy set gyflawn o gromosomau.

Cyswllt

Mae'r setiau o gromosomau o'r ddau riant yn cludo genynnau ar gyfer yr un nodweddion, felly mae gennym ni ddau gopi o bob genyn. Fodd bynnag, gallan nhw fod yn fersiynau gwahanol o'r un genyn. Alelau yw'r gwahanol fersiynau o enynnau, a byddwn ni'n eu trafod nhw'n hwyrach ymlaen yn ystod ail flwyddyn y cwrs hwn.

Mitosis a chylchred y gell

Mae **mitosis** yn cynhyrchu dwy epilgell sy'n enynnol unfath â'r rhiant-gell ac yn enynnol unfath â'i gilydd. Mae celloedd sy'n rhannu yn dilyn patrwm rheolaidd o ddigwyddiadau, sef **cylchred y gell**. Mae hon yn broses barhaus ond, er cyfleustra, rydyn ni'n ei rhannu hi i'r canlynol:

- **Rhyngffas**, cyfnod o synthesis a thwf.
- **Mitosis**, ffurfio dau epilgnewyllyn sy'n unfath yn enynnol. Enwau pedwar cam mitosis yw proffas, metaffas, anaffas a teloffas.
- **Cytocinesis**, rhannu'r cytoplasm i ffurfio dwy epilgell.

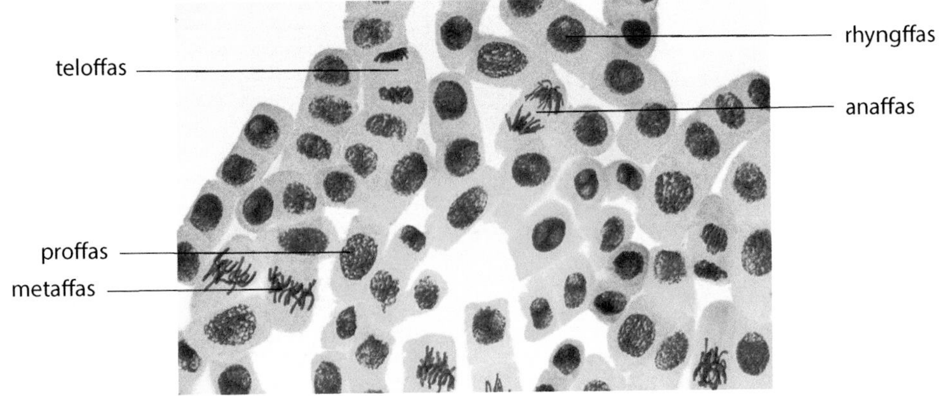

Blaenwreiddyn wedi'i wasgu

Termau allweddol

Mitosis: Math o gellraniad lle mae gan y ddwy epilgell yr un nifer o gromosomau, ac maen nhw'n enynnol unfath i'w gilydd a'r rhiant-gell.

Cylchred y gell: Y dilyniant o bethau sy'n digwydd rhwng un cellraniad a'r nesaf.

Pwynt astudio

Y rhan o'r rhyngffas lle caiff DNA ei ddyblygu yw'r cam S. Mae'r S yn sefyll am 'synthesis'.

Rhyngffas yw cam hiraf cylchred y gell. Nid cam 'gorffwys' ydyw. Mae llawer o weithgarwch biocemegol mewn celloedd yn ystod rhyngffas.

Rhyngffas

Rhyngffas yw cyfnod hiraf cylchred y gell; mae'n cynnwys llawer o weithgarwch metabolaidd. Mae'r gell sydd newydd ffurfio yn tyfu ac mae ei horganynnau'n dyblygu, gan gymryd lle'r rhai a gafodd eu colli yn y rhaniad diwethaf. Mae'r DNA yn dyblygu, felly mae dwywaith cymaint ohono. Mae proteinau, fel histonau ac ensymau, yn cael eu syntheseiddio yn ystod rhyngffas; mae angen egni o ATP ar gyfer hyn. Dydy'r cromosomau ddim yn weladwy dan y microsgop oherwydd bod y defnydd cnewyllol, cromatin, ar wasgar drwy'r cnewyllyn i gyd.

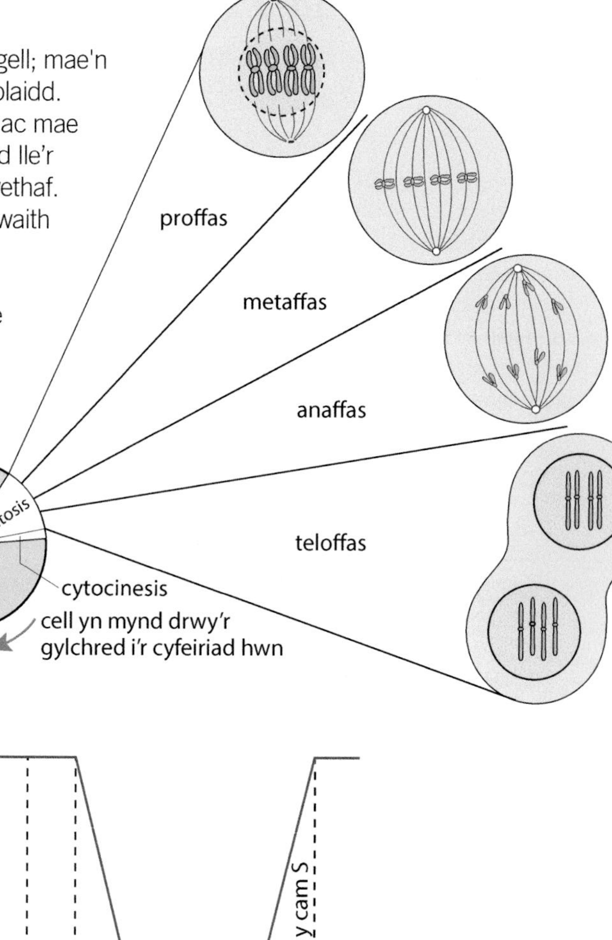

Cylchred y gell

Cyngor

Efallai y bydd disgwyl i chi ddarllen oddi ar graff yn dangos y newidiadau i fàs DNA mewn cell drwy gydol cylchred y gell, i ganfod pa mor hir y mae cylchred y gell, neu rannau ohoni, yn para, neu i wneud datganiadau ynglŷn â pham mae cynnwys DNA, ac felly ei fàs, yn dyblu ac yna'n haneru.

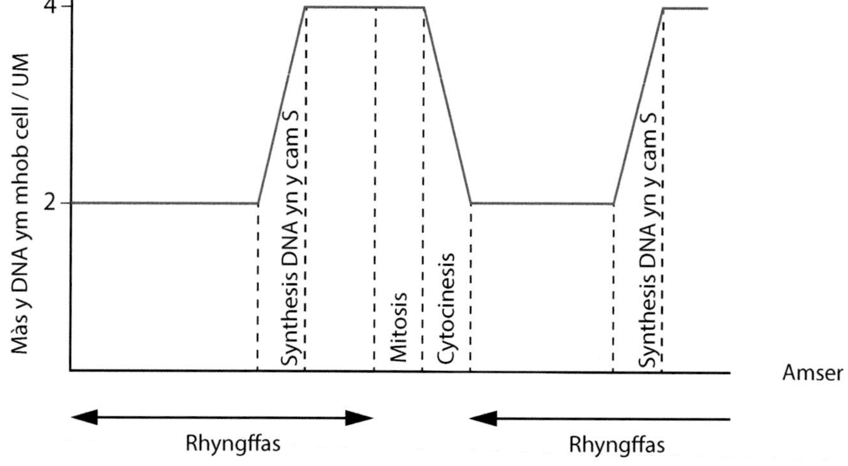

Swm y DNA yn dyblu ac yna'n haneru

Pwynt astudio

Mae amser cylchred rhai celloedd mewn embryonau pryfed yn 8 munud, ond mae cylchred rhai celloedd yn yr afu/iau dynol yn cymryd blwyddyn. Gallai cell mamolyn gymryd tua 24 awr i gwblhau cylchred y gell, a rhyngffas yw tua 90% o hyn.

Camau mitosis

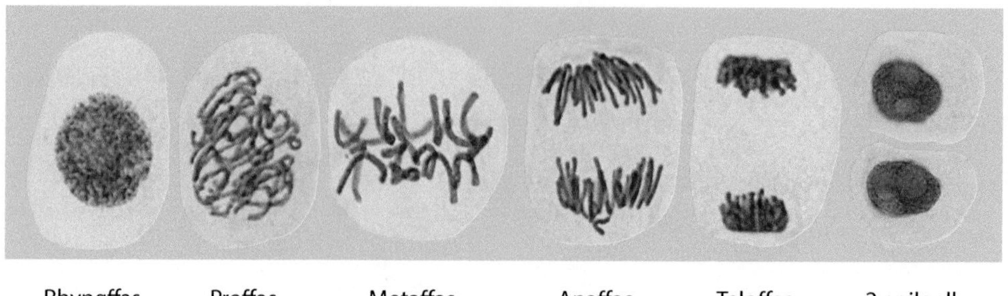

Camau mitosis

6.1 Gwirio gwybodaeth

Nodwch y gair neu'r geiriau coll:

Enw'r broses reolaidd o synthesis DNA a chellraniad bob yn ail yw .. .. Mae'r DNA yn dyblygu yn ystod y cam hiraf, sef .... Mae pob cromosom yn troi'n ffurfiad dwbl, â dau .... wedi'u huno yn y ....

Proffas

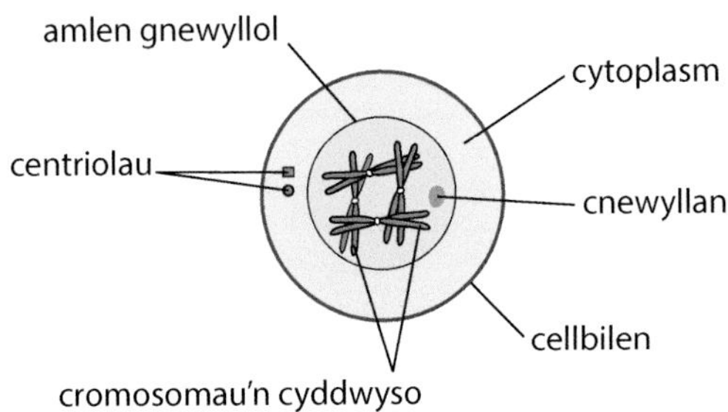

Proffas cynnar

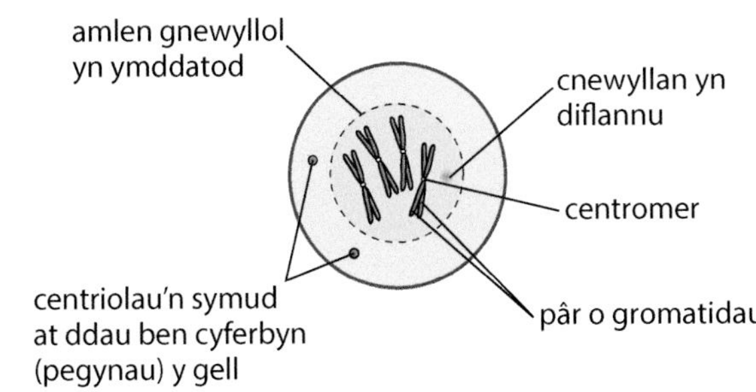

Proffas hwyr

Proffas yw'r hiraf o bedwar cam mitosis, lle mae'r newidiadau canlynol yn digwydd:

- Mae'r cromosomau'n cyddwyso. Maen nhw'n torchi, gan fynd yn fyrrach ac yn fwy trwchus ac maen nhw'n ymddangos fel edafedd hir tenau. Gallwn ni weld mai parau o gromatidau ydynt.
- Mae centriolau'n bresennol mewn celloedd anifail; mae'r parau'n gwahanu ac yn symud i ddau ben (pegynau) y gell, gan drefnu partner wrth symud. Erbyn iddyn nhw gyrraedd y pegynau, maen nhw mewn parau eto.
- Mae microdiwbynnau protein yn ffurfio, gan belydru o bob centriol, i wneud y werthyd. Mae ffibrau'r werthyd yn ymestyn o begwn i begwn ac o'r pegwn i'r centromer ym mhob cromosom.
- Tua diwedd adeg proffas, mae'r amlen gnewyllol yn ymddatod ac mae'r cnewyllan yn diflannu.
- Mae parau o gromatidau i'w gweld yn glir yn gorwedd yn rhydd yn y cytoplasm.

Metaffas

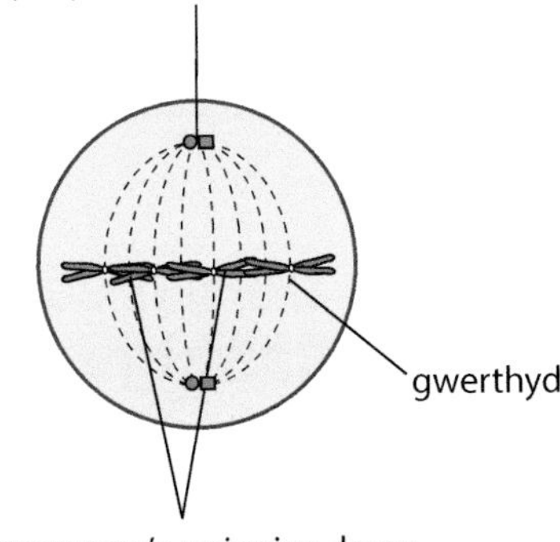

Metaffas

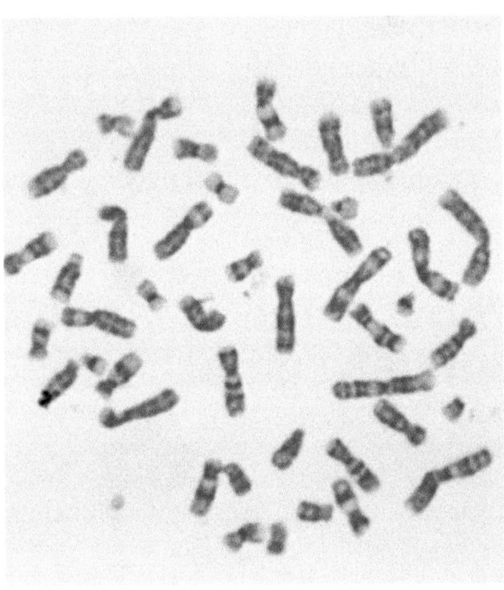

Edrych ar gromosomau metaffas o'r pegwn

Pwynt astudio

Mae cromatidau'n enynnol unfath. Mae cromosomau mewn parau, sy'n homologaidd ond ddim yn enynnol unfath.

Pwynt astudio

Mae dyblygu DNA yn digwydd yn ystod rhyngffas, cyn mitosis.

Yn ystod metaffas, mae pob cromosom yn bâr o gromatidau sydd wedi'u huno yn y centromer. Mae'r centromer yn cydio wrth ffibrau'r werthyd fel bod y cromosomau'n unioni ar y cyhydedd. Os edrychwn ni ar y gell o'r pegwn, mae'r cromosomau'n edrych fel eu bod nhw ar wasgar, ond os edrychwn ni ar y gell o'r ochr, mae'r cromosomau'n ymddangos fel eu bod mewn llinell, fel ar t114.

Pwynt astudio

Mae ffibrau'r werthyd yn mynd yn fyrrach, ond dydyn nhw ddim yn 'cyfangu': dim ond cyhyr sy'n cyfangu. Polymerau o'r protein twbwlin yw'r microdiwbynnau sy'n gwneud ffibrau'r werthyd. Maen nhw'n mynd yn fyrrach oherwydd caiff rhywfaint o'r twbwlin ei waredu o ben y centriol.

Cyngor

Ar ôl i'r cromosomau ddyblygu yn y rhyngffas, rydyn ni'n eu galw nhw'n gromatidau, tan y teloffas, pan maen nhw'n cyrraedd pegynau'r celloedd ac rydyn ni'n eu galw nhw'n gromosomau eto.

Cyngor

Rhyngffas yw cam hiraf cylchred y gell. Proffas yw cam hiraf mitosis.

Cyngor

Byddwch yn barod i adnabod camau mitosis o luniadau a ffotograffau ac esbonio beth sy'n digwydd yn ystod pob cam. Efallai y bydd gofyn i chi luniadu a labelu cam penodol.

Anaffas

Mae anaffas yn gyfnod cyflym iawn. Mae ffibrau'r werthyd yn mynd yn fyrrach ac mae'r centromerau'n gwahanu, gan dynnu'r cromatidau sydd nawr wedi gwahanu at y pegynau, gyda'r centromer yn gyntaf.

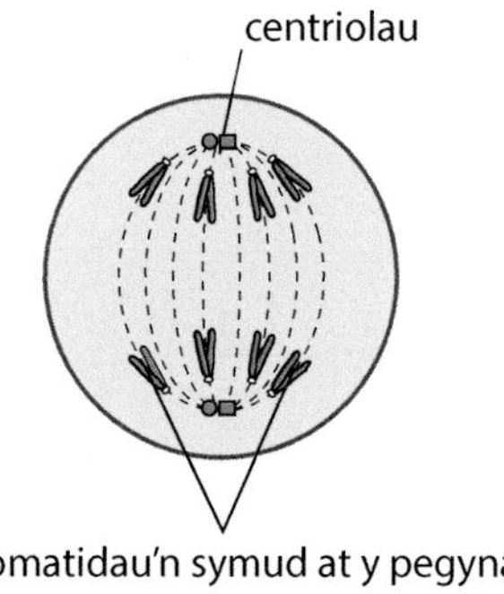

Anaffas

Teloffas

Hwn yw cam olaf mitosis. Mae'r cromatidau wedi cyrraedd pegynau'r celloedd ac rydyn ni'n eu galw nhw'n gromosomau unwaith eto. Gallwch chi ystyried bod teloffas yn gwrthdroi rhai o newidiadau proffas:

- Mae'r cromosomau'n dad-ddirwyn ac yn ymestyn.
- Mae ffibrau'r werthyd yn ymddatod.
- Mae'r amlen gnewyllol yn ailffurfio.
- Mae'r cnewyllan yn ailymddangos.

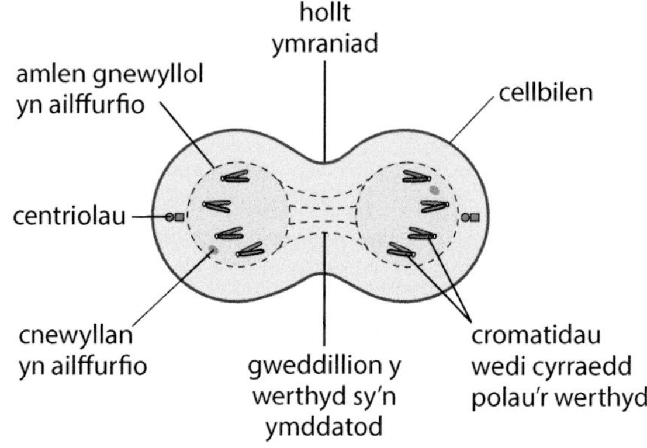

Teloffas

Cytocinesis

Ar ôl rhaniad mitosis y cnewyllyn, mae cytocinesis yn digwydd, sef rhaniad y cytoplasm, i wneud dwy gell. Mewn celloedd anifail, mae cytocinesis yn digwydd drwy ddarwasgu'r rhiant-gell o gwmpas y cyhydedd, o'r tu allan tuag i mewn. Mewn celloedd planhigyn, mae defnynnau o ddefnydd cellfur, y cellblat, yn ffurfio ar draws cyhydedd y rhiant-gell o'r canol tuag allan ac maen nhw'n ymestyn ac yn uno i ffurfio'r cellfur newydd.

Y gwahaniaethau rhwng mitosis mewn celloedd anifail a mitosis mewn celloedd planhigyn

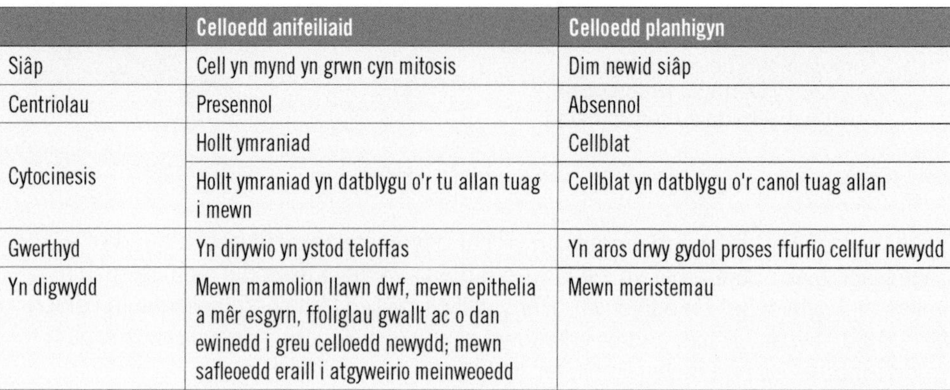

	Celloedd anifeiliaid	Celloedd planhigyn
Siâp	Cell yn mynd yn grwn cyn mitosis	Dim newid siâp
Centriolau	Presennol	Absennol
Cytocinesis	Hollt ymraniad	Cellblat
	Hollt ymraniad yn datblygu o'r tu allan tuag i mewn	Cellblat yn datblygu o'r canol tuag allan
Gwerthyd	Yn dirywio yn ystod teloffas	Yn aros drwy gydol proses ffurfio cellfur newydd
Yn digwydd	Mewn mamolion llawn dwf, mewn epithelia a mêr esgyrn, ffoliglau gwallt ac o dan ewinedd i greu celloedd newydd; mewn safleoedd eraill i atgyweirio meinweoedd	Mewn meristemau

6.2 Gwirio gwybodaeth

Enwch y cam mitosis lle mae pob un o'r canlynol yn digwydd:

A. Cromosomau'n trefnu eu hunain ar y cyhydedd.
B. Centromerau'n gwahanu.
C. Ffibrau'r werthyd yn mynd yn fyrrach.
Ch. Cromosomau'n weladwy am y tro cyntaf fel pâr o gromatidau.
D. Amlen gnewyllol yn ailffurfio.

Arwyddocâd mitosis

Rhif cromosom

Mae mitosis yn cynhyrchu dwy gell sydd â'r un nifer o gromosomau â'r rhiant-gell a'r un nifer o gromosomau â'i gilydd. Mae pob cromosom yn yr epilgelloedd yn gopi union o'r rhai sydd yn y rhiant-gell. Felly mae mitosis yn cynhyrchu celloedd sy'n enynnol unfath â'r rhiant, sy'n rhoi sefydlogrwydd genynnol.

Ymestyn a herio

Mae rhifau cromosom yn amrywio'n fawr. Y nifer lleiaf posibl o barau yw un (2n = 2), sydd i'w weld yn y morgrugyn jac sbonc. Mae gan rai mwsoglau gannoedd o gromosomau, ac mae gan redyn tafod y neidr 630 pâr (2n =1260).

Twf

Drwy gynhyrchu celloedd newydd, mae organeb yn cynyddu ei nifer o gelloedd ac yn gallu tyfu, atgyweirio meinweoedd a disodli celloedd marw. Mewn embryonau planhigion ac anifeiliaid, caiff celloedd eu cynhyrchu drwy gyfrwng mitosis, felly maen nhw i gyd yn enynnol unfath. Mewn mamolion llawn dwf, mae rhai meinweoedd yn cael eu treulio drwy'r amser, fel y croen a leinin y coludd. Mae celloedd unfath yn cymryd eu lle oddi tanynt, drwy gyfrwng mitosis. Mae mitosis yn digwydd yn gyson ym mêr yr esgyrn, gan gynhyrchu celloedd coch a gwyn y gwaed, a hefyd o dan ewinedd ac yn ffoliglau'r gwallt.

Mae mitosis yn digwydd mewn planhigion mewn grwpiau bach o gelloedd, yn apigau'r gwreiddyn a'r cyffyn, sef meristemau.

Ymestyn a herio

Mae'r celloedd meristem yn apig y gwreiddyn ac yn apig y cyffyn, yn aros yn fach iawn. Mae mitosis yn cynyddu nifer y celloedd mewn planhigyn, ond er mwyn i blanhigyn dyfu, rhaid i ehangiad celloedd ddigwydd. Felly, mae planhigion yn tyfu drwy gyfrwng ehangiad celloedd, nid cellraniad.

Atgynhyrchu anrhywiol

Mae atgynhyrchu anrhywiol yn cynhyrchu epil cyflawn sy'n enynnol unfath â'r rhiant. Mae'n digwydd mewn organebau ungellog fel burum a bacteria ac mewn rhai pryfed, fel pryfed gleision. Mae hefyd yn digwydd mewn rhai planhigion blodeuol, lle mae organau fel bylbiau, cloron ac ymledyddion yn cynhyrchu niferoedd mawr o epil unfath mewn cyfnod cymharol fyr. Fodd bynnag, mae'r rhan fwyaf o'r planhigion hyn hefyd yn gallu atgenhedlu'n rhywiol. Does dim amrywiad genynnol rhwng unigolion o ganlyniad i atgynhyrchu anrhywiol, oherwydd eu bod nhw'n enynnol unfath.

Pwynt astudio

Mae mitosis yn caniatáu disodli celloedd, atgyweirio meinweoedd, atgynhyrchu anrhywiol, twf mewn anifeiliaid a chynnydd yn nifer celloedd planhigion.

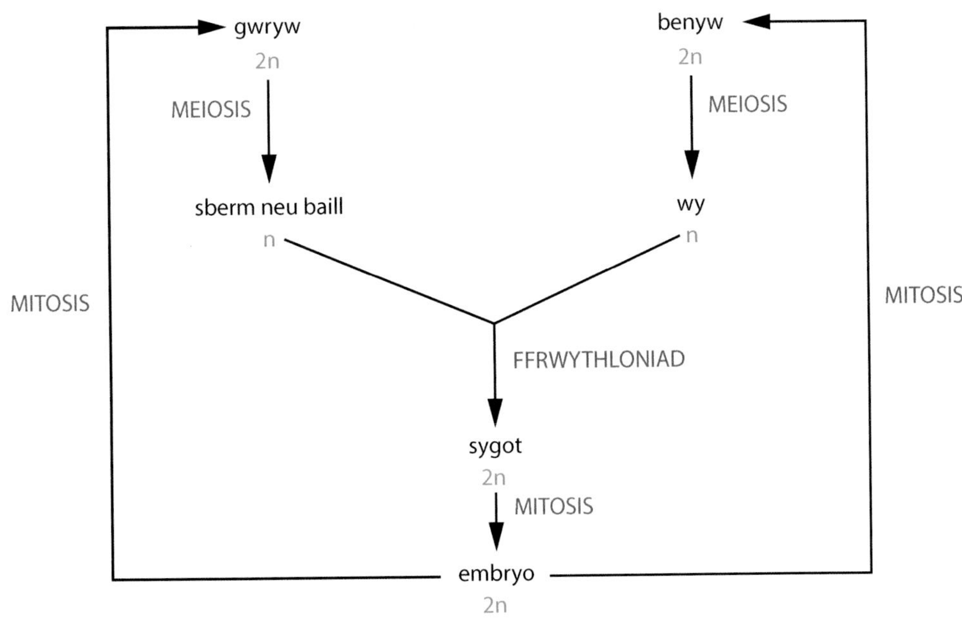

Cellraniad mewn organeb sy'n atgenhedlu'n rhywiol

Ymestyn a herio

Mae rhai cemegion yn atal cylchred y gell ac wedi cael eu datblygu i'w defnyddio yn erbyn canser. Maen nhw'n wenwynig iawn ac mae risg iddyn nhw niweidio celloedd normal, yn ogystal â lladd celloedd canser.

- Mae methotrecsad yn cael ei ymgorffori mewn DNA ac yn atal dyblygu.
- Mae docsorwbicin yn targedu ensymau sy'n hanfodol er mwyn i gylchred y gell barhau.
- Mae finblastin a fincristin yn atal y werthyd rhag ffurfio.

Term allweddol

Proto-oncogenyn: Genyn sydd, ar ôl mwtanu, yn troi'n oncogenyn ac yn cyfrannu at ddatblygiad canser.

Oncogenyn: Genyn sy'n achosi cellraniad afreolus (canser).

Ymestyn a herio

Un genyn adnabyddus sy'n gysylltiedig â chanser yw'r genyn TP53. Mae'n codio ar gyfer protein, p53, sydd fel arfer yn rhwymo â DNA ac yn atal trawsgrifiad. Mae TP53 yn dal cylchred y gell mewn lle penodol nes bod angen mwy o fitosis. Mae dilyniannodi DNA wedi dangos bod basau TP53 mewn gwahanol gleifion canser wedi mwtanu'n wahanol.

Pwynt astudio

Mae canserau'n digwydd o ganlyniad i fitosis afreolus. Mae celloedd canser yn rhannu drosodd a throsodd heb reolaeth, gan ffurfio tiwmor, sef màs afreolaidd o gelloedd. Weithiau, bydd canserau'n dechrau ar ôl newidiadau yn y genynnau sy'n rheoli cellraniad.

Niwed a chlefydau

Mae hyd cylchred y gell yn cael ei reoli gan enynnau sy'n sicrhau bod mitosis yn digwydd lle mae ei angen, a phan mae ei angen. Mae hyn yn caniatáu i organebau llawn dwf ddisodli celloedd ac atgyweirio meinweoedd yn amserol, ac i embryonau ddatblygu'n gywir.

Os yw'r genynnau sy'n rheoli cylchred y gell yn cael eu niweidio, efallai bydd y celloedd yn methu â rhannu, yn rhannu'n rhy aml neu'n rhannu ar yr adeg anghywir. Mae ymbelydredd, rhai cemegion a rhai firysau'n gallu mwtanu DNA, ac mae dilyniannodi DNA wedi canfod rhai mwtaniadau genynnau penodol sy'n effeithio ar amseru cylchred y gell.

Mae genynnau'n rheoli cylchred y gell drwy weithredu fel brêc ac atal cylchred y gell rhag ailadrodd yn barhaus. Rydyn ni'n galw'r genynnau rheoli hyn yn 'enynnau atal tiwmorau' oherwydd maen nhw'n atal dyblygu cyflym, sy'n arwain at ffurfio tiwmorau. Os caiff y genynnau hyn eu mwtanu, bydd y brêc wedi'i niweidio ac efallai bydd y gell yn mynd yn syth o un cylch mitosis i'r nesaf a'r celloedd yn dyblygu'n rhy gyflym. Os yw hyn yn digwydd mewn meinwe solet, e.e. yn wal y colon, mae tiwmor yn ffurfio. Os yw'n digwydd ym mêr yr esgyrn, bydd cymaint o gelloedd gwaed anaeddfed yn cronni nes eu bod nhw'n tywallt i'r cylchrediad cyffredinol fel canserau gwaed, e.e. lewcemia.

Felly, mae gan rai genynnau y potensial i achosi canser, os ydyn nhw'n cael eu mwtanu, neu os yw firws yn heintio'r gell. Cyn iddyn nhw newid, pan nad ydyn nhw'n achosi canser, yr enw arnyn nhw yw **proto-oncogenynnau**. Ond ar ôl iddyn nhw newid fel eu bod nhw'n gallu achosi canser, rydyn ni'n eu galw nhw'n **oncogenynnau**.

Gweithio'n wyddonol

Yn 1951, bu farw Henrietta Lacks yn Clover, Virginia, yn UDA o ganser gwddf y groth. Roedd hi'n 31. Cafodd celloedd eu cymryd o'i chorff, heb ganiatâd, a'u tyfu mewn labordai er mwyn ymchwilio i sut roedd celloedd yn gweithio. Roedd gan ei chelloedd gylchred cell cyflym a chafodd y meithriniadau eu his-feithrin drosodd a throsodd. Cafodd samplau eu hanfon o gwmpas y byd ac maen nhw'n dal i gael eu defnyddio ar gyfer ymchwil hyd heddiw. Maen nhw wedi cyfrannu at ddatblygu'r brechlyn polio, at glonio a mapio genynnau, at ddatblygu IVF ac at lawer o feysydd eraill.

Mae'r ffotomicrograff (ar y chwith isod) yn dangos meithriniad a gafodd ei alw'n gelloedd HeLa, wedi'i staenio â llifyn fflworoleuol. Mae'r micrograff electronau sganio (ar y dde isod) yn dangos dwy gell HeLa mewn 3D, ynghyd â'r pothellau llawn hylif ar yr arwyneb sy'n ymddangos yn aml mewn celloedd canser. Mae delweddau microsgop wedi cyfrannu at ddealltwriaeth o ymddygiad canser ac o sut gallwn ni fynd ati i drin canser.

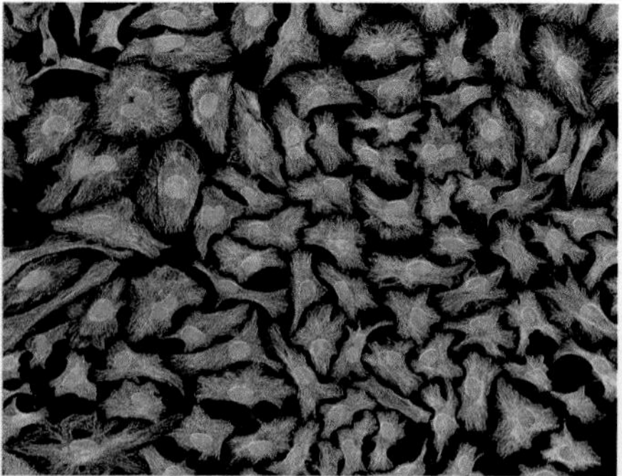

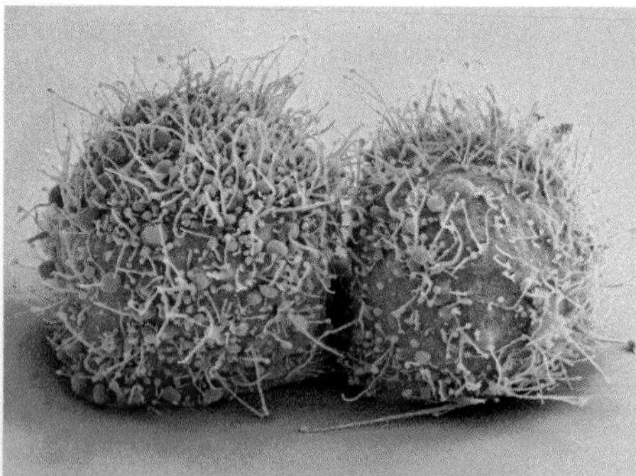

Mae ymddygiad moesegol gwyddonwyr, fel gweithwyr mewn meysydd eraill, wedi newid dros y degawdau ers marwolaeth Henrietta Lacks. Yn y DU, byddai cymryd celloedd fel hyn yn anghyfreithlon nawr. Yn y rhan fwyaf o wledydd yn y byd, mae fframwaith cyfreithiol yn bodoli sy'n cynnwys rhwystrau a gwrthbwysau i sicrhau ymddygiad priodol. Bydd torri'r rheoliadau hyn yn arwain at achos troseddol.

Mae'r geiriau hyn ar garreg fedd Henrietta Lacks:

'Her immortal cells will continue to help mankind forever.'

Meiosis

Mae **meiosis** yn digwydd yn organau atgenhedlu planhigion, anifeiliaid a rhai protoctistau, cyn atgenhedlu rhywiol. Yn yr achos symlaf, mae'n arwain at ffurfio pedwar gamet haploid genynnol wahanol.

Term allweddol

Meiosis: Cellraniad dau gam mewn organebau sy'n atgenhedlu'n rhywiol, lle caiff pedair epilgell â genynnau gwahanol eu cynhyrchu, a phob un yn cynnwys hanner nifer cromosomau'r rhiant-gell.

Nifer y cromosomau

Mae meiosis yn haneru nifer diploid y cromosomau i fod yn haploid. Pan fydd dau gamet haploid yn asio yn ystod ffrwythloniad, byddant yn ffurfio sygot â dwy set gyflawn o gromosomau, un o bob gamet, i adfer y cyflwr diploid. Pe na bai'r rhif cromosom yn haneru wrth ffurfio gametau, byddai nifer y cromosomau'n dyblu bob cenhedlaeth.

Mae gan meiosis ddau raniad

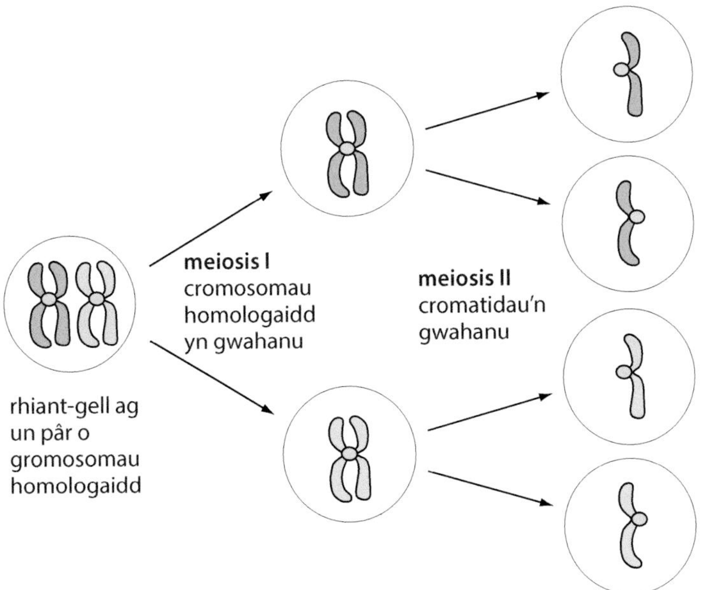

Crynodeb o feiosis

Pwynt astudio

Weithiau, byddwn ni'n galw meiosis I yn 'rhaniad lleihaol' gan ei fod yn haneru'r rhif cromosom ym mhob cell.

Pwynt astudio

Ym meiosis I, mae cromosomau homologaidd yn gwahanu.

Ym meiosis II, mae cromatidau'n gwahanu.

Cyngor

Byddwch yn barod i enwi cyfnodau meiosis mewn diagramau yn yr arholiad. Efallai y bydd gofyn i chi wahaniaethu rhwng meiosis I a II.

Mae dyblygu DNA yn y rhyngffas yn cael ei ddilyn gan ddau raniad, sef meiosis I a meiosis II. Mae'r ddau raniad yn mynd drwy'r un dilyniant o gamau â mitosis, h.y. proffas, metaffas, anaffas a theloffas. Mae enwau'r camau wedi'u dilyn gan I neu II, i wahaniaethu rhwng y ddau raniad, oherwydd bod y cromosomau'n ymddwyn yn wahanol. Ond rhwng y ddau raniad, does dim mwy o ddyblygu DNA. Dim ond unwaith y mae hynny'n digwydd, cyn meiosis I.

Erbyn diwedd meiosis I, mae'r parau homologaidd o gromosomau wedi gwahanu, ac un cromosom o bob pâr yn mynd i'r naill neu'r llall o'r epilgelloedd. Dim ond un o bob pâr homologaidd sydd ym mhob epilgell, felly maen nhw'n cynnwys hanner nifer cromosomau'r rhiant-gnewyllyn. Ym meiosis II, mae'r cromatidau'n gwahanu ac mae'r ddau gnewyllyn haploid newydd yn rhannu eto. Mae'r rhiant-gnewyllyn felly yn ffurfio pedwar cnewyllyn haploid, a phob un yn cynnwys hanner nifer y cromosomau a phob gamet yn unigryw o safbwynt genynnol.

Gwirio gwybodaeth 

Cysylltwch y termau priodol 1–4 â'r gosodiadau A–Ch:

1. Haploid
2. Gamet
3. Sygot
4. Meiosis

A. Cell rhyw
B. Cynnwys un set o gromosomau
C. Canlyniad asio sberm ac wy
Ch. Digwydd mewn organau atgenhedlu

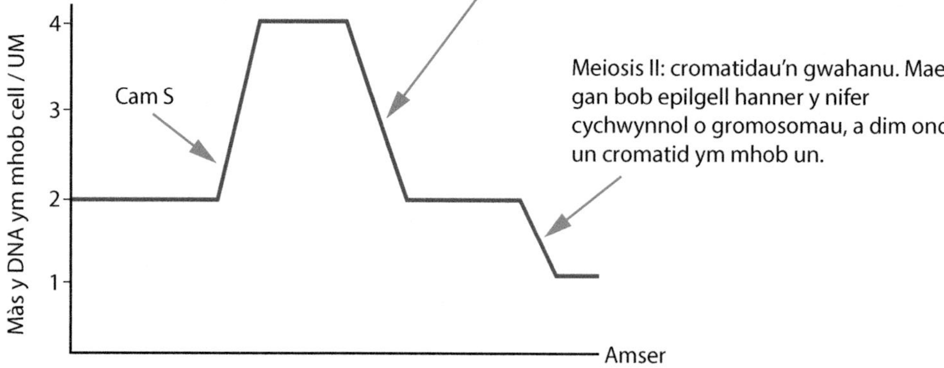

Newidiadau i gynnwys DNA celloedd yn ystod meiosis

Termau allweddol

Deufalent: Y gydberthynas rhwng y ddau bâr homologaidd o gromosomau yn ystod proffas I meiosis.

Ciasma (lluosog = ciasmata): Y safle sydd i'w weld dan y microsgop golau lle mae'r cromosomau'n cyfnewid DNA yn ystod trawsgroesiad genynnol.

Trawsgroesiad: Cyfnewid defnyddiau genynnol rhwng cromatidau cromosomau homologaidd yn ystod proffas I meiosis.

Cyngor

Dydy enwau israniadau proffas I ddim yn cael eu rhoi yma a does dim angen i chi eu dysgu nhw.

Byddwch yn barod i ddisgrifio'r gwahaniaeth rhwng proffas mitosis a phroffas I meiosis.

Meiosis I

Proffas I

Yn ystod proffas I meiosis, mae cromosomau'r tad a'r fam yn dod at ei gilydd mewn parau homologaidd. Synapsis yw paru cromosomau fel hyn, ac mae pob pâr o gromosomau homologaidd yn **ddeufalent**.

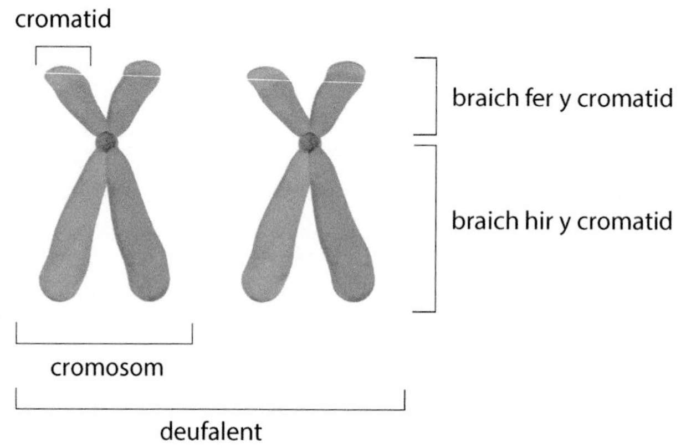

Pâr homologaidd o gromosomau

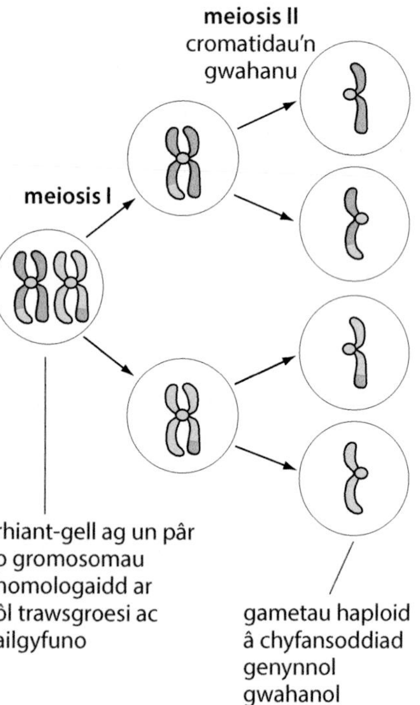

Amrywiad wedi'i gynhyrchu gan un trawsgroesiad

Mae'r cromosomau'n torchi, gan gyddwyso'n fyrrach ac yn fwy trwchus. Gallwn ni eu gweld nhw fel dau gromatid. Mewn anifeiliaid a phlanhigion isel, lle mae centriolau'n bresennol, mae'r centriolau'n gwahanu ac yn symud at begynau'r celloedd. Mae'r centriolau'n trefnu polymeriad microdiwbynnau, sy'n pelydru allan ohonynt, ac mae'r werthyd yn ffurfio.

Mae proffas I yn wahanol i broffas mitosis oherwydd bod y cromosomau homologaidd yn cysylltu yn eu parau, y deufalentau. Mae'r cromatidau'n lapio o gwmpas ei gilydd ac yna'n gwrthyrru ei gilydd yn rhannol, ond maen nhw'n dal i fod wedi'u cysylltu yn y ciasmata. Mewn **ciasma**, mae darn o DNA o un cromatid yn gallu cael ei gyfnewid â'r darn cyfatebol o gromatid o'r cromosom homologaidd. **Trawsgroesiad** yw'r cyfnewid hwn ac mae'n ffynhonnell amrywiad genynnol, oherwydd ei fod yn cymysgu genynnau o'r ddau riant mewn un cromosom. Mae'r 'ailgyfuno genynnol' hwn yn cynhyrchu cyfuniadau newydd o alelau. Mae un trawsgroesiad sy'n digwydd yn ystod meiosis I yn creu pedwar gamet haploid â chyfansoddiadau genynnol gwahanol. Ond mae trawsgroesiad yn gallu digwydd mewn llawer o fannau ar hyd y cromatid ac felly mae'n cynhyrchu niferoedd enfawr o wahanol gyfuniadau genynnol.

Erbyn diwedd proffas I, mae'r amlen gnewyllol wedi ymddatod a'r cnewyllan wedi diflannu.

Metaffas I

Mae parau o gromosomau homologaidd yn eu trefnu eu hunain ar gyhydedd y werthyd. Mewn pâr homologaidd, mae un cromosom yn dod o'r fam a'r llall yn dod o'r tad. Maen nhw'n gorwedd ar y cyhydedd ar hap, ac un o bob pâr yn wynebu'r ddau begwn. Felly mae cyfuniad o gromosomau'r tad a'r fam yn wynebu'r ddau begwn ac mae'r cyfuniad o gromosomau sy'n mynd i bob epilgell yn ystod meiosis I yn cael ei hapddewis o ran o ba riant maen nhw wedi dod. **Rhydd-ddosraniad** y cromosomau yw hyn ac mae'n cynhyrchu cyfuniadau newydd o enynnau; mae genynnau o'r naill riant a'r llall yn mynd i'r ddwy epilgell.

Yn ystod rhydd-ddosraniad, mae 2 bâr o gromosomau'n arwain at $2^2 = 4$ cyfuniad posibl o gromosomau'r fam a'r tad yn y gametau:

Term allweddol

Rhydd-ddosraniad: Un neu'r llall o bâr o gromosomau homologaidd yn wynebu at y naill begwn neu'r llall yn ystod metaffas I meiosis, yn annibynnol ar gromosomau parau homologaidd eraill. Un neu'r llall o bâr o gromatidau'n wynebu at y naill begwn neu'r llall yn ystod metaffas II, yn annibynnol ar gromatidau cromosomau eraill.

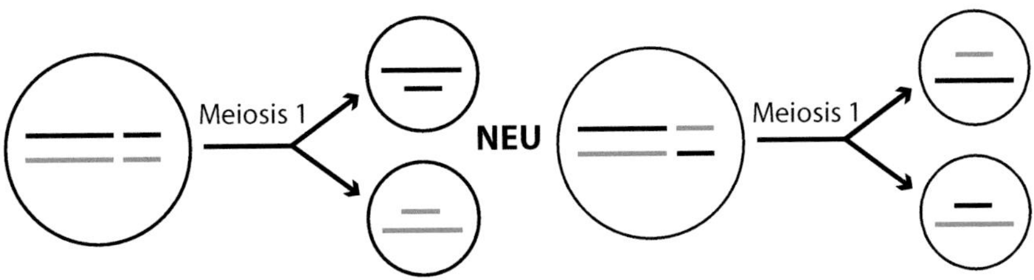

Mae pob bar lliw yn cynrychioli cromosom, sydd wedi'i wneud o ddau gromatid

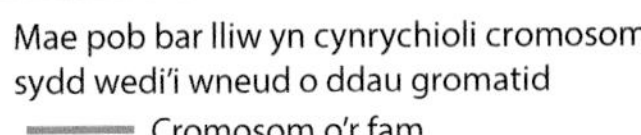

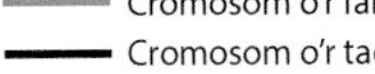

Rhydd-ddosraniad (2 bâr homologaidd)

Mae 3 phâr o gromosomau'n arwain at $2^3 = 8$ cyfuniad posibl o gromosomau'r fam a'r tad.

Mae 23 pâr o gromosomau'n arwain at $2^{23} = 8\,388\,608$ cyfuniad posibl o gromosomau'r fam a'r tad. Does dim angen i chi gofio'r rhif hwn.

Felly, hyd yn oed heb unrhyw drawsgroesiad genynnol, byddai genynnau o'r ddau riant yn dal i allu rhannu mewn nifer mawr iawn o wahanol ffyrdd mewn gametau.

Pwynt astudio

Dydy dyblygu DNA byth yn digwydd cyn proffas II, ond mae bob amser yn digwydd cyn proffas I.

Anaffas I

Mae cromosomau'r ddau ddeufalent yn gwahanu ac, wrth i ffibrau'r werthyd fyrhau, caiff un o bob pâr ei dynnu i un pegwn, a'r llall at y pegwn arall. Dim ond un o bob pâr homologaidd o gromosomau sy'n mynd i bob pegwn ac, oherwydd eu bod nhw wedi'u hapdrefnu yn ystod metaffas, mae cromosomau'r fam a'r tad wedi'u cymysgu ar hap.

Teloffas I

Mewn rhai rhywogaethau, mae'r amlen gnewyllol yn ailffurfio o gwmpas y grŵp haploid o gromosomau ac mae'r cromosomau'n dadgyddwyso a dydyn nhw ddim yn weladwy mwyach. Ond mewn llawer o rywogaethau, mae'r cromosomau'n aros ar eu ffurf gyddwysedig.

Cytocinesis

Mae cytocinesis, rhaniad y cytoplasm, yn digwydd, gan wneud dwy gell haploid.

Ymestyn a herio

Pe bai amlen gnewyllol wedi ailffurfio yn ystod teloffas I, byddai'n ymddatod eto. Mae'n digwydd mewn meiosis mewn mamolion benywaidd oherwydd bod amser hir rhwng meiosis I a meiosis II. Ond mewn mamolion gwrywaidd, ac mewn organebau eraill, mae meiosis II yn dilyn meiosis I mor gyflym, nes nad yw'r amlen gnewyllol yn ailffurfio; does dim teloffas I na rhyngffas.

Meiosis II

Weithiau, byddwn ni'n dweud bod meiosis II yn debyg i fitosis, oherwydd does dim paru cromosomau homologaidd. Y cromatidau, yn hytrach na'r cromosomau homologaidd, sy'n gwahanu yn ystod anaffas.

Proffas II

Mae'r centriolau'n gwahanu ac yn trefnu gwerthyd newydd ar ongl sgwâr i'r hen werthyd.

Ymestyn a herio

Wrth ffurfio paill mewn planhigion, mae pob un o bedwar cynnyrch meiosis yn aros, dros dro, o fewn cellfur gwreiddiol y rhiant-gell. Mae'r pedair cell hyn gyda'i gilydd o fewn un cellfur yn ffurfio 'tetrad paill'.

Pwynt astudio

Mae rhydd-ddosraniad yn gwahanu parau homologaidd o gromosomau yn ystod anaffas I ac yn gwahanu cromatidau yn ystod anaffas II.

Ymestyn a herio

Mae'r celloedd yn llai ar gyfer meiosis II oherwydd dydyn nhw ddim yn tyfu yn ystod meiosis, felly mae'r mur allanol yn aros yr un maint drwy gydol y broses.

Metaffas II

Mae'r cromosomau'n eu trefnu eu hunain ar y cyhydedd, a phob cromosom ynghlwm wrth ffibr gwerthyd gerfydd y centromer. Mae rhydd-ddosraniad yn digwydd oherwydd bod cromatidau'r cromosomau'n gallu wynebu'r naill begwn neu'r llall.

Anaffas II

Mae ffibrau'r werthyd yn mynd yn fyrrach ac mae'r centromerau'n gwahanu, gan dynnu'r cromatidau at y pegynnau cyferbyn.

Teloffas II

Yn y pegynau, mae'r cromatidau'n ymestyn ac allwn ni ddim eu gweld nhw dan y microsgop mwyach. Mae'r werthyd yn ymddatod ac mae'r amlen gnewyllol a'r cnewyllanau yn ailffurfio.

Mae cytocinesis yn digwydd, gan gynhyrchu pedair epilgell haploid.

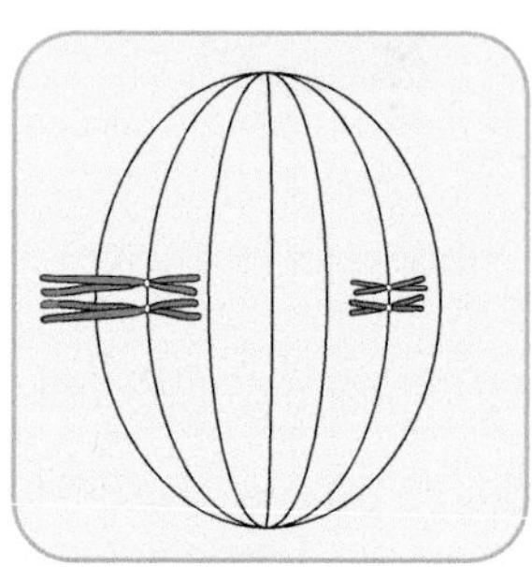

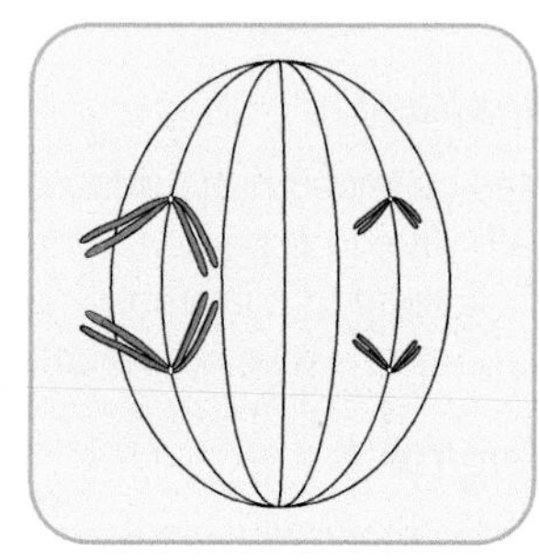

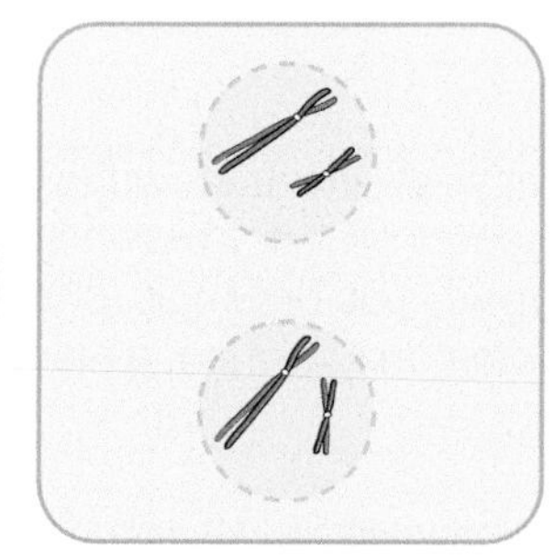

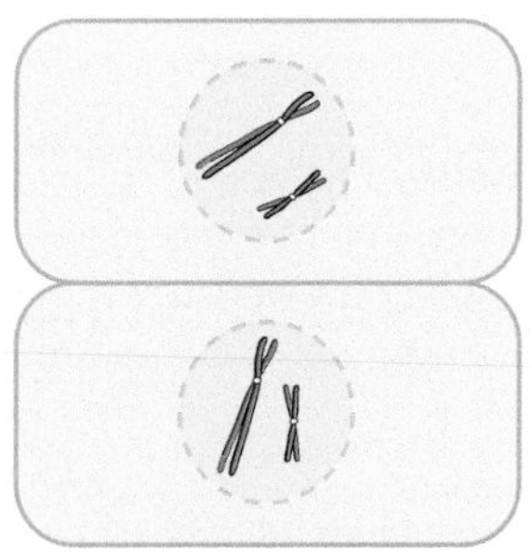

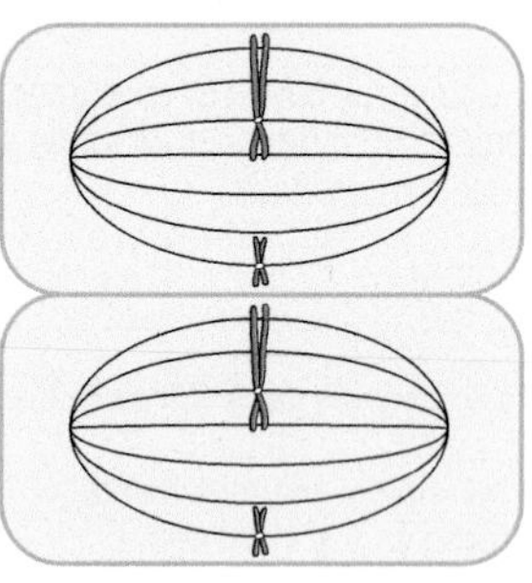

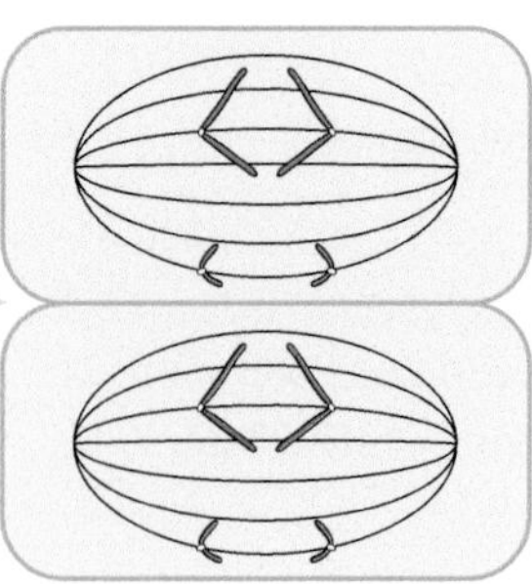

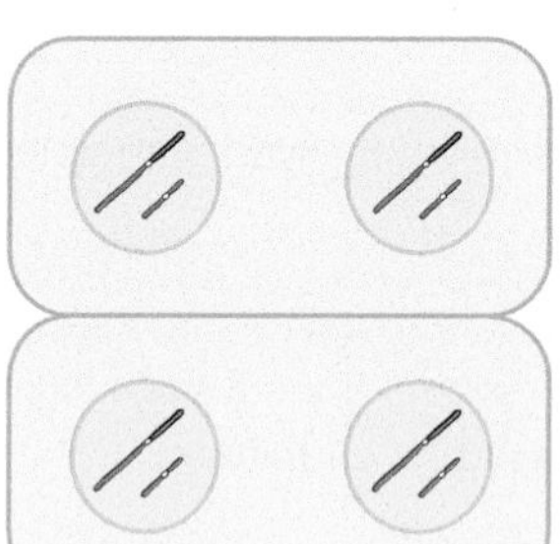

Diagramau i ddangos proses meiosis

Arwyddocâd meiosis

- Mae meiosis yn cadw'r rhif cromosom yn gyson o un genhedlaeth i'r nesaf.
- Mae meiosis yn cynhyrchu amrywiad genynnol yn y gametau, ac felly, yn y sygotau y maen nhw'n eu cynhyrchu. Mae hyn yn digwydd mewn dwy ffordd:
  a) Trawsgroesiad yn ystod proffas I.
  b) Rhydd-ddosraniad yn ystod:
    – Metaffas I, fel bod yr epilgelloedd yn cynnwys cyfuniadau gwahanol o gromosomau'r fam a'r tad.
    – Metaffas II, fel bod yr epilgelloedd yn cynnwys cyfuniadau gwahanol o gromatidau.

Yn y tymor hir, os yw rhywogaeth am oroesi mewn amgylchedd sy'n newid yn gyson a chytrefu amgylcheddau newydd, mae ffynonellau amrywiad yn hanfodol.

Cyngor

Byddwch yn barod i ddisgrifio'r gwahaniaethau rhwng mitosis a meiosis, ac i allu nodi pa brosesau sy'n digwydd ym mha fath o gellraniad.

Y gwahaniaethau rhwng meiosis I a meiosis II

Cyfnod	Proses	Meiosis I	Meiosis II
Proffas	Dilyn dyblygu DNA	✓	✗
	Trawsgroesiad	✓	✗
Metaffas	Unioni ar y cyhydedd	Parau homologaidd, ar y ddwy ochr i'r cyhydedd	Cromosomau, ar y cyhydedd
	Rhydd-ddosraniad	✓ Cromosomau homologaidd	✓ Cromatidau
Anaffas	Gwahanu yn ystod anaffas	Cromosomau	Cromatidau
	Nifer yr epilgelloedd	2	4
	Ploidedd yr epilgelloedd	Haploid	Haploid

Gwirio gwybodaeth 

Ar gyfer y digwyddiadau 1 i 5, nodwch a ydyn nhw'n digwydd yn ystod mitosis, meiosis neu'r ddau:

1. Cromosomau'n byrhau ac yn tewychu.
2. Ciasmata'n ffurfio.
3. Centromerau'n rhannu.
4. Ffibrau'r werthyd yn byrhau.
5. Trawsgroesiad rhwng cromosomau homologaidd.

Cymharu mitosis a meiosis

	Mitosis	Meiosis
Nifer y rhaniadau	1	2
Nifer yr epilgelloedd	2	4
Rhif cromosom yr epilgelloedd	Yr un fath â'r rhiant-gell	Hanner rhif y rhiant-gelloedd
Ploidedd epilgelloedd o riant-gell ddiploid	Diploid	Haploid
Ciasmata	Absennol	Presennol
Trawsgroesiad genynnol	Dim	Yn ystod proffas I
Rhydd-ddosraniad	Dim	Yn ystod metaffas I a metaffas II
Cyfansoddiad genynnol	Genynnol unfath â'r rhiant-gell ac â'i gilydd	Genynnol wahanol

Metaffas mitosis

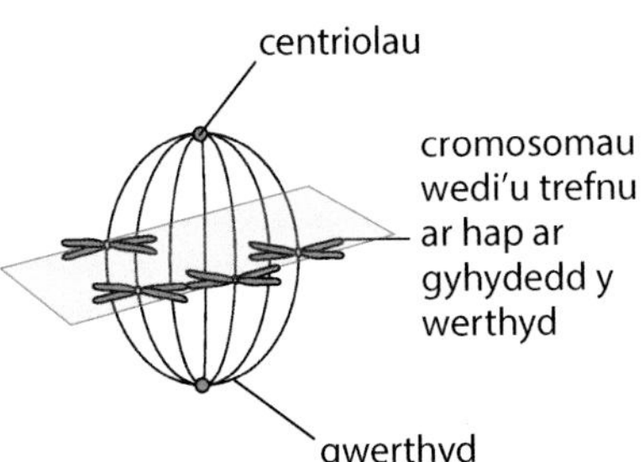

Metaffas I meiosis

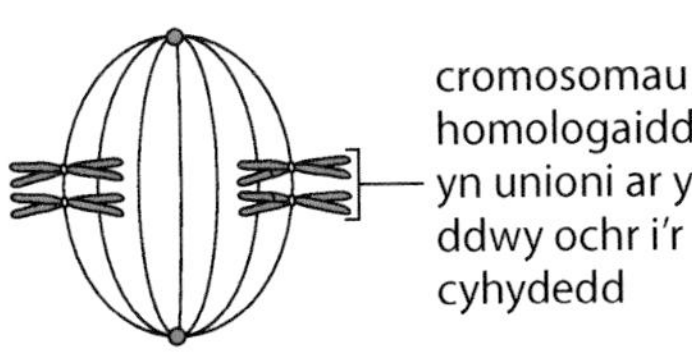

Proffas I meiosis

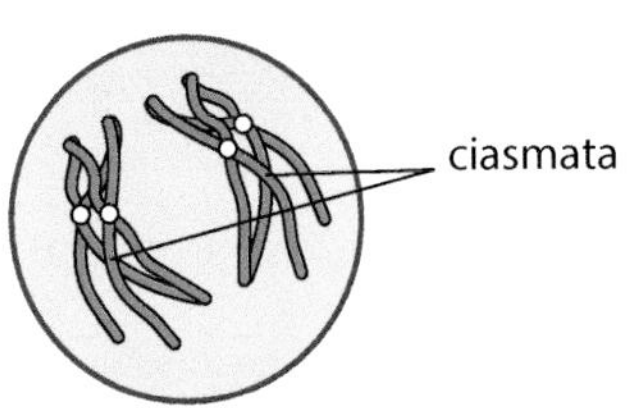

Cymharu camau mitosis a meiosis

Gwaith ymarferol

Sleidiau o flaenwreiddyn yn dangos camau mitosis

Efallai y byddwch chi wedi gweld sleid lle mae'r sbesimen yn doriad hydredol (*longitudinal section:* LS) drwy flaenwreiddyn. Efallai y byddai'n edrych fel hyn:

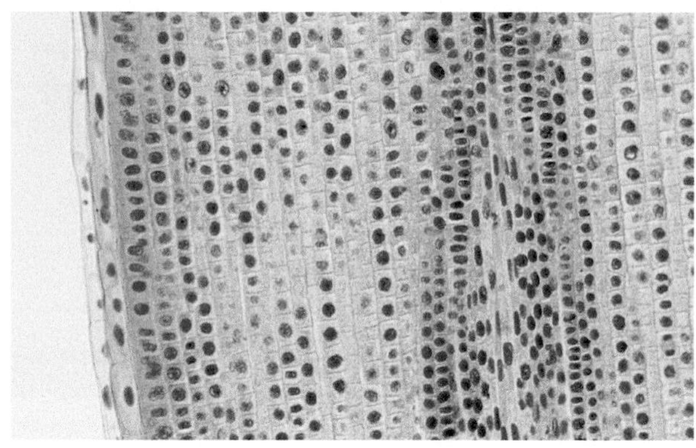

Toriad hydredol drwy flaenwreiddyn

Pwynt astudio

Os gallwch chi weld tewychu sbiral nodweddiadol y pibellau sylem, rydych chi'n rhy uchel i fyny'r gwreiddyn, ac i weld celloedd yn rhannu, mae angen i chi fod yn agosach at flaen y gwreiddyn.

Ar y llaw arall, gallai'r sbesimen fod yn flaenwreiddyn wedi'i wasgu, sy'n edrych fel hyn:

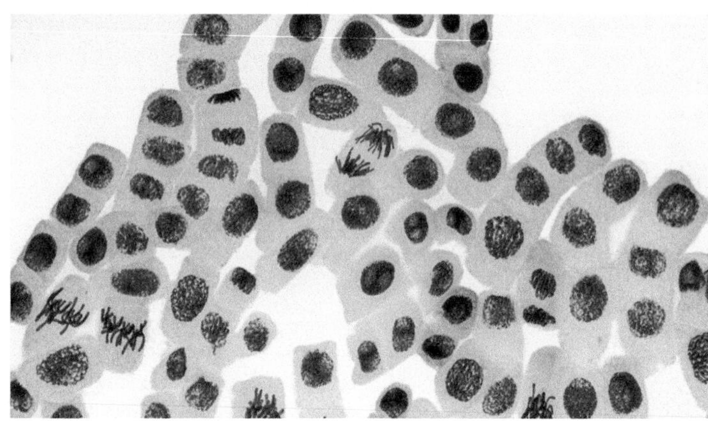

Blaenwreiddyn wedi'i wasgu

10 Gwirio theori

1. Enwch gamau mitosis.
2. Esboniwch pam dydyn ni ddim fel arfer yn ystyried bod rhyngffas yn un o gamau mitosis.
3. At beth mae cromosomau'n cydio wrth unioni eu hunain ar y cyhydedd?
4. Beth yw enw'r ardal ar flaenau gwreiddiau a chyffion lle mae celloedd yn cyflawni mitosis yn gyflym?
5. Enwch swyddogaethau mitosis mewn planhigion blodeuol.

Mae blaenwreiddiau winwnsyn yn cael eu defnyddio'n aml oherwydd dim ond 16 cromosom sydd mewn winwns, ac maen nhw'n rhai mawr. Gan ddibynnu ar y cam lle rydych chi'n eu gweld nhw, gallan nhw edrych tua 50 µm o hyd.

Yr indecs mitotig yw canran y celloedd mewn mitosis. Mewn unrhyw sampl, gallwn ni ei gyfrifo fel hyn:

$$\text{indecs mitotig} = \frac{\text{nifer y celloedd mewn proffas + metaffas + anaffas + teloffas}}{\text{cyfanswm nifer y celloedd}} \times 100\%.$$

Yn y blaenwreiddyn hwn wedi'i wasgu, mae 122 o gelloedd, ac 14 ohonynt mewn mitosis.

$$\text{Indecs mitotig} = \frac{14}{122} \times 100 = 11.5\% \text{ (1 ll.d.)}$$

- I ddod o hyd i'r gyfran o gylchred y gell y mae camau gwahanol mitosis yn gyfrifol amdani, gallwch chi gyfrifo cyfran y celloedd sydd ar bob cam mewn poblogaeth o gelloedd sy'n rhannu, e.e.

  Os yw paratoad meristem blaenwreiddyn yn cynnwys 40 o gelloedd a 36 ohonynt mewn rhyngffas:

  $$\text{cyfran cylchred y gell sydd mewn rhyngffas} = \frac{36}{40} \times 100 = 90\%$$

  $\therefore$ cyfran cylchred y gell sydd mewn mitosis a chytocinesis = (100 – 90) = 10%

- Efallai y bydd gofyn i chi amcangyfrif yr amser mae un o gamau cylchred y gell yn ei gymryd.

  Os yw 90% o gylchred y gell mewn rhyngffas, a bod cylchred y gell yn cymryd 24 awr:

  $$\text{amser mae'r gell yn ei dreulio mewn rhyngffas} = \frac{90}{100} \times 24 = 21.6 \text{ awr}$$

Gwirio gwybodaeth 6.5

Mewn meristem gwreiddyn, roedd 6 chell o gyfanswm o 42, mewn metaffas.

A. Pa ganran o gylchred y gell y mae metaffas yn ei gymryd?

B. Os yw amser cylchred y gell yn 24 awr, pa mor hir mae metaffas yn para?

Edrych ar sleid: Gan ddefnyddio'r lens gwrthrychiadur ×10, chwiliwch am y rhan o'r sbesimen lle mae dwysedd y celloedd sy'n rhannu ar ei uchaf. Rhowch y rhan honno yng nghanol y maes gweld, a newidiwch i'r lens gwrthrychiadur ×40. Addaswch arddwysedd y golau nes bod y golau'n llachar.

Pwynt astudio

Wrth i chi archwilio'r sleid, daliwch ati i addasu'r ffocws mân fel eich bod chi'n ffocysu'n fertigol i lawr drwy'r sbesimen. Mae plân ffocal y microsgop yn deneuach na'r sbesimen, felly os daliwch chi i addasu'r ffocws, byddwch chi'n gallu edrych i lawr drwyddo a gweld mwy.

Adnabod camau mitosis

Ar ôl i chi ganfod rhan â llawer o 'ffigurau mitotig', h.y. celloedd mewn mitosis, gallwch chi adnabod ar ba gamau y maen nhw.

Rhyngffas – dim cromosomau'n weladwy a'r cnewyllyn yn ymddangos fel gwrthrych sfferig yn fras.

Proffas cynnar – cromosomau'n edrych yn hir a thenau, mewn màs clymog.

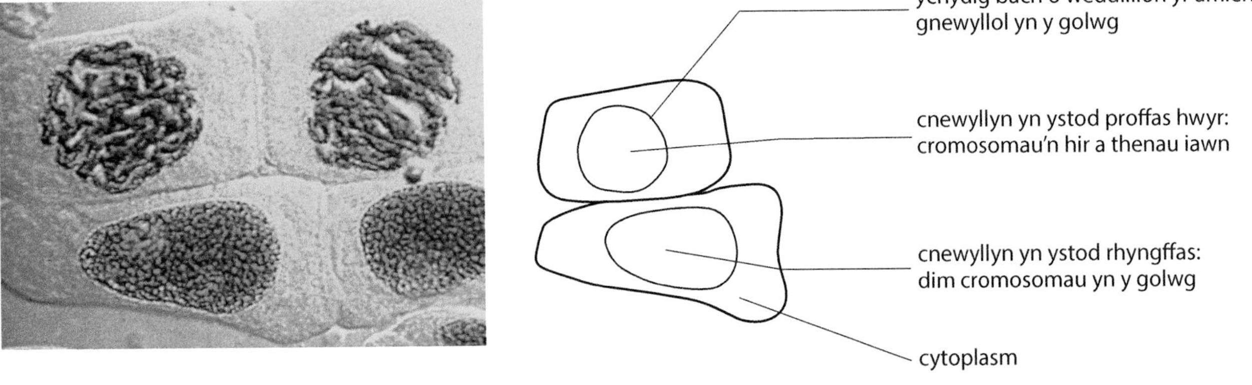

Rhyngffas a phroffas cynnar mitosis mewn meristem gwreiddyn clychau'r gog

Proffas hwyr – mae'r cromosomau'n dal i fod yn glymog ond maen nhw'n fwy trwchus. Efallai y bydd rhai rhannau ar eu hyd sydd wedi'u staenio'n ddwysach.

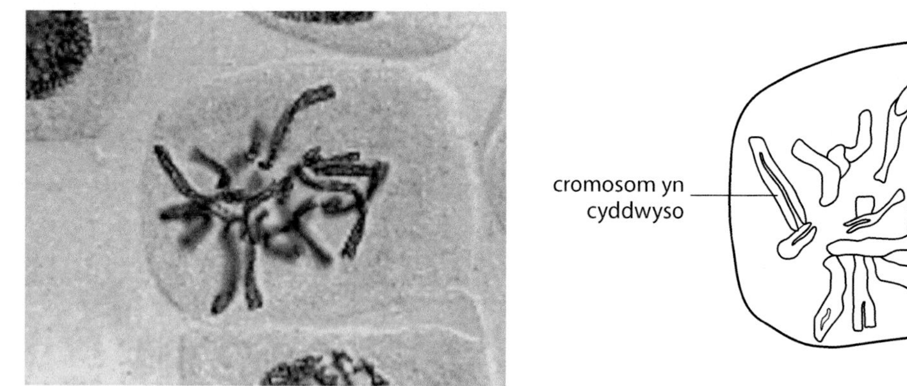

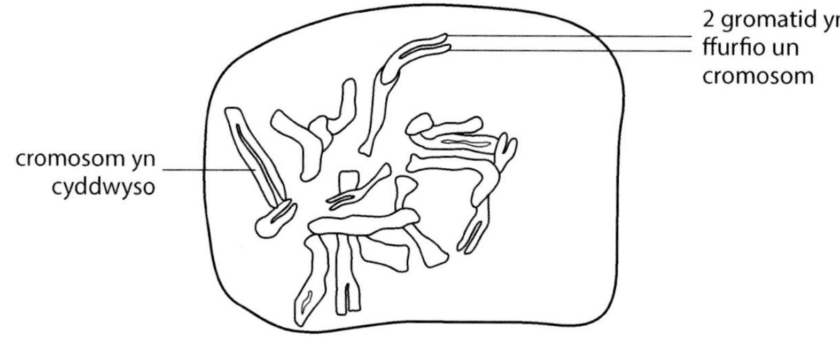

Proffas hwyr mitosis mewn meristem gwreiddyn clychau'r gog

Metaffas – os ydych chi'n edrych ar y gell o'r pegwn, bydd y cromosomau'n edrych fel eu bod wedi'u gwasgaru a bydd hi'n hawdd gweld rhai unigol. Mae'n debygol y byddwch chi'n gallu gweld y ddau gromatid sy'n gwneud pob cromosom, a'r centromer lle maen nhw'n ymuno. Os ydych chi'n edrych ar y gell o'r cyhydedd, bydd y cromosomau mewn llinell, ond bydd hi'n anoddach gweld y cromatidau unigol a'r centromer.

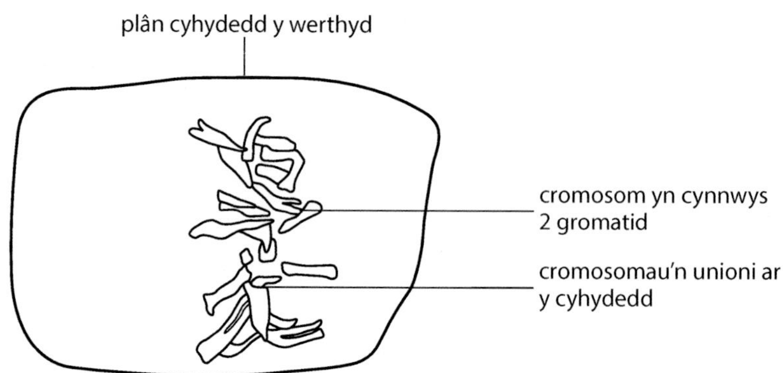

Metaffas mitosis mewn meristem gwreiddyn clychau'r gog

Anaffas – byddwch chi'n dal i allu gweld y cromosomau unigol ond gan fod y cromatidau'n gwahanu, bydd yna ddau fàs. Efallai y bydd cromatidau'n llusgo rhyngddyn nhw.

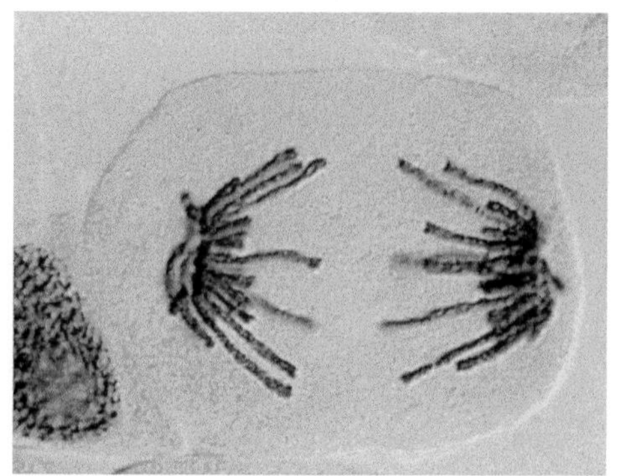

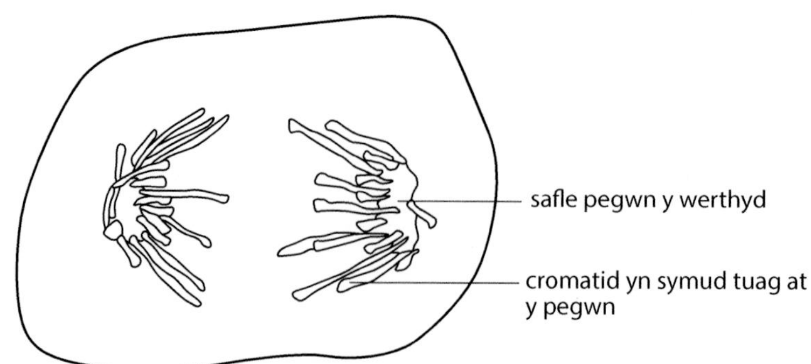

Anaffas mitosis mewn meristem gwreiddyn clychau'r gog

Teloffas – mae'r cromosomau mewn dau glwmpyn, ac yn mynd yn anoddach i'w hadnabod wrth iddyn nhw ddadgyddwyso.

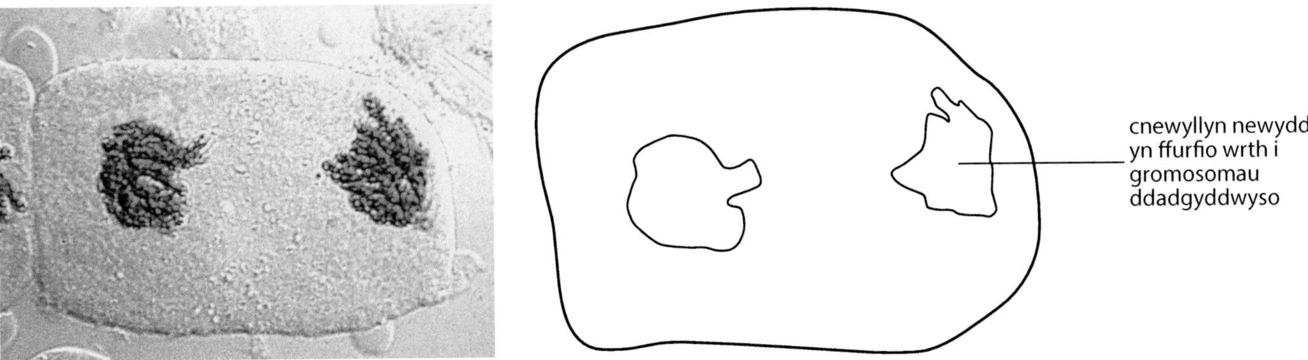

Teloffas mitosis mewn celloedd clychau'r gog

Wrth luniadu cell, yn ogystal â labelu'r ffurfiadau, mae angen i chi gynnwys pedair eitem:

- Cofiwch roi teitl. Dylech chi gynnwys yr enw biolegol os gallwch chi, e.e. Cell o flaenwreiddyn winwnsyn, *Allium cepa*
- Ysgrifennwch 'Sleid wedi'i pharatoi'. Mae hyn yn gwahaniaethu rhwng y sleid ac un rydych chi wedi'i gwneud eich hun, paratoad ffres.
- Mae nodi'r lens gwrthrychiadur yn dynodi'r manylder y gallwch chi ddisgwyl ei weld, e.e. ×40.
- Mae bar graddfa'n dangos maint gwirioneddol y gwrthrych, e.e. 20µm.

Sleidiau o anther yn dangos camau meiosis

Rydyn ni'n aml yn defnyddio antheri lili i astudio meiosis oherwydd bod eu rhif haploid yn 12, felly mae'n gymharol hawdd gweld cromosomau unigol. Mae'r ffotomicrograff (ar y chwith isod) yn dangos toriad drwy anther sydd wedi ymagor, h.y. agor, gan ryddhau paill o'i bedair coden baill, lle mae meiosis wedi digwydd.

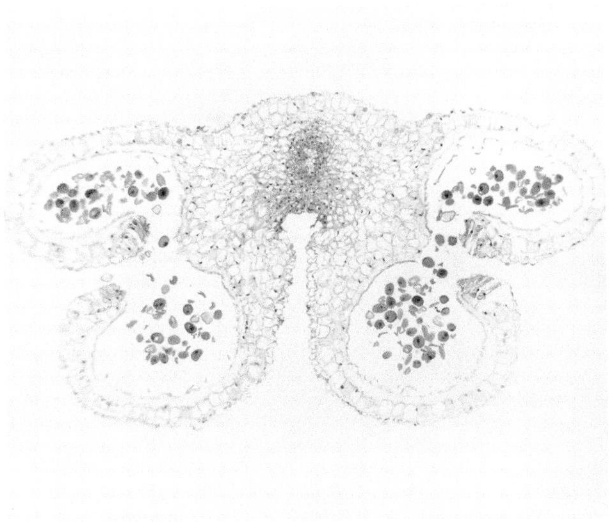

Anther wedi ymagor

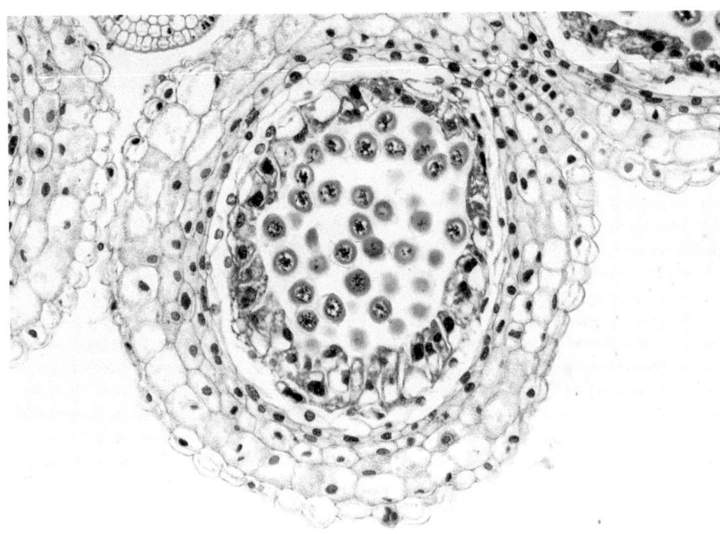

Coden baill

Gallwn ni weld celloedd mewn meiosis mewn coden baill. Mae 'mamgelloedd paill' diploid yn cyflawni meiosis ac yn cynhyrchu pedair cell haploid, sydd yna'n aeddfedu i droi'n ronynnau paill.

Mae'r delweddau canlynol yn dangos rhai o gamau meiosis, gyda lluniadau i ddangos sut y gallen nhw gael eu cyflwyno:

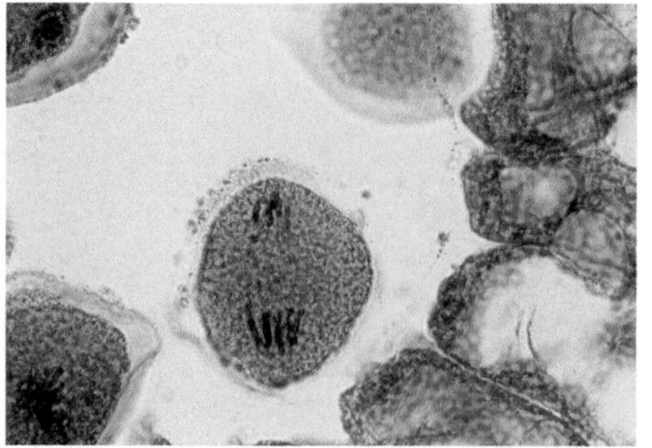

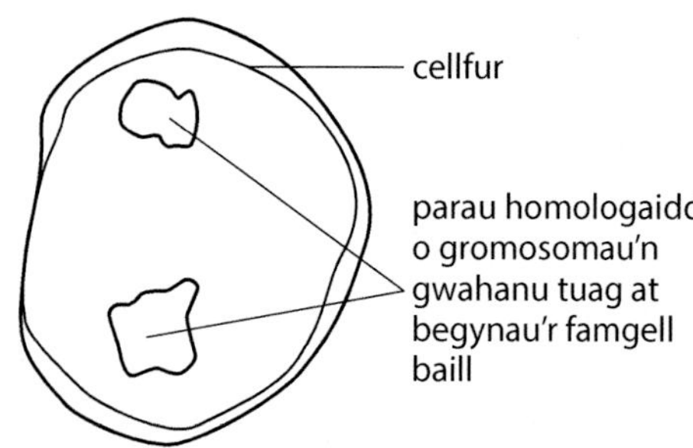

Anaffas I

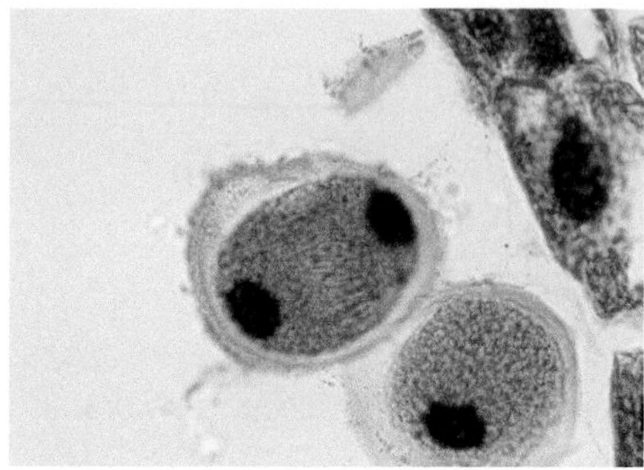

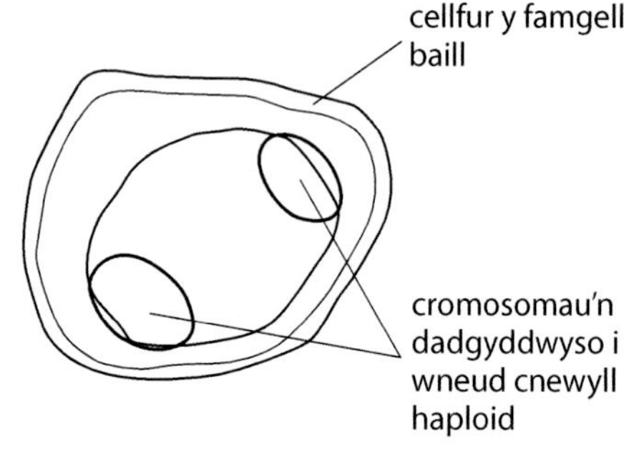

Teloffas I cynnar

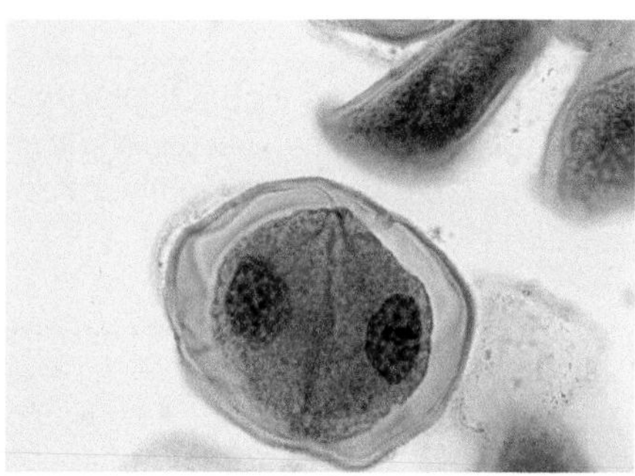

cnewyllyn haploid
cellfur
cellfur y famgell baill

Teloffas I hwyr

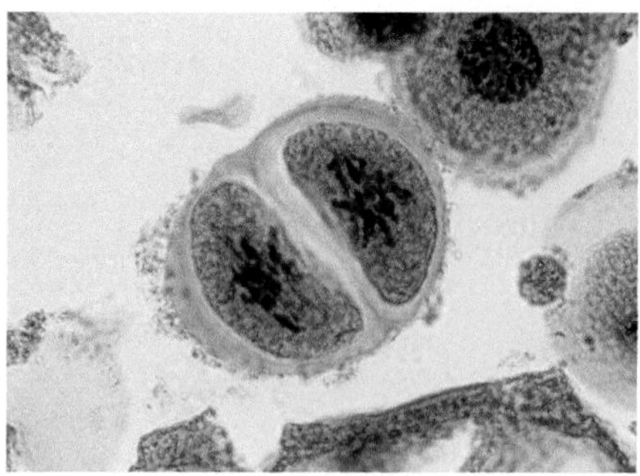

cellfur y famgell baill
cromosomau'n cyddwyso
cellfur

Proffas II

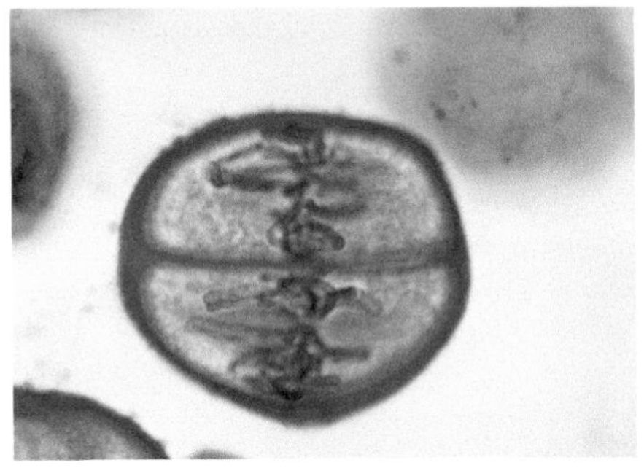

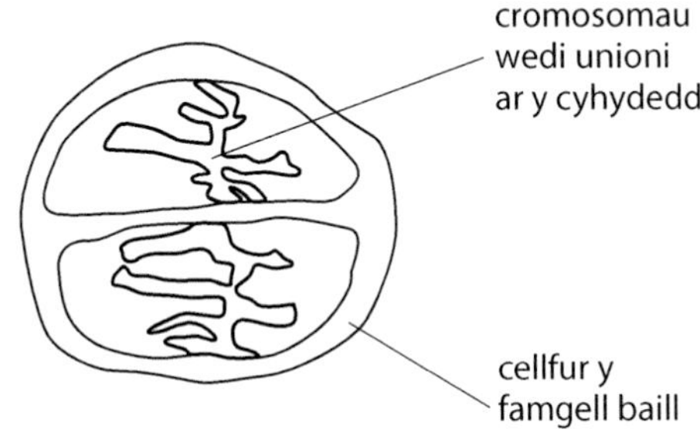

Metaffas II

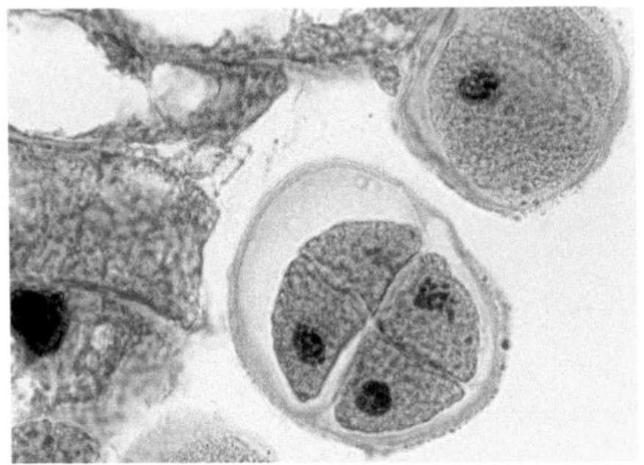

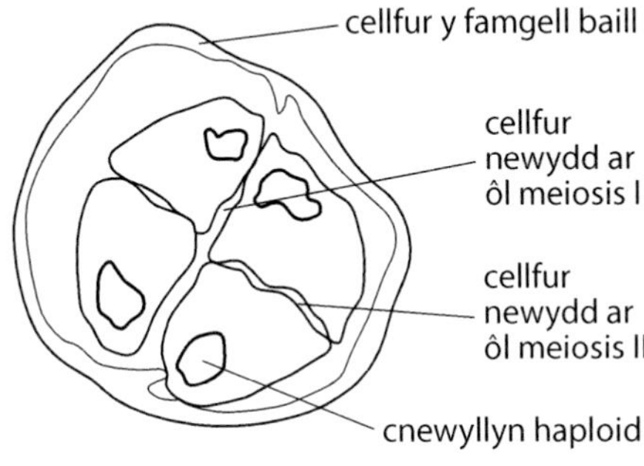

Teloffas II

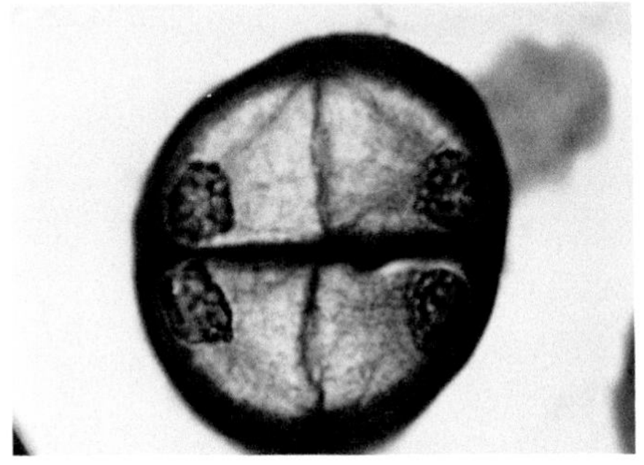

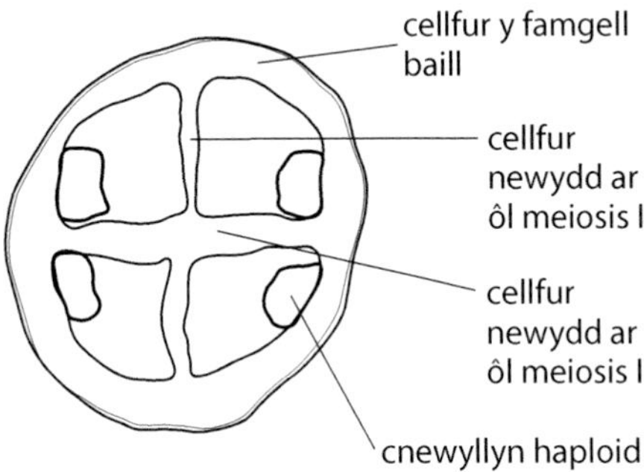

Tetrad paill – 4 gronyn paill yn aeddfedu o fewn cellfur y famgell baill

Profwch eich hun

1 (a) Mae Llun 1.1 yn dangos celloedd meristem blaenwreiddyn cennin Pedr.

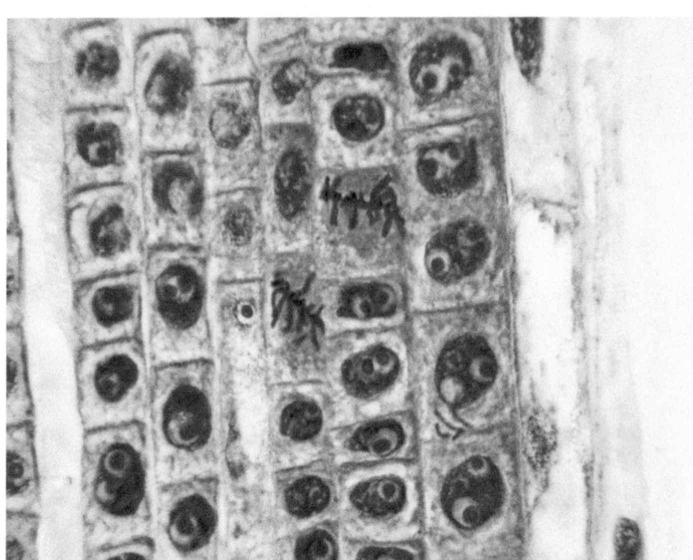

Llun 1.1

(i) Esboniwch beth yw ystyr y term 'cylchred y gell'. [1]

(ii) Esboniwch sut mae Llun 1.1 yn awgrymu mai rhyngffas yw rhan hiraf cylchred y gell. [1]

(iii) Cyfrifwch ganran y celloedd yn Llun 1.1 sydd mewn metaffas. Dangoswch eich gwaith cyfrifo a rhowch eich ateb i 2 le degol. [2]

(iv) Os yw cylchred y gell yn para 24 awr ym mlaenwreiddyn y genhinen Bedr, cyfrifwch pa mor hir y mae metaffas yn para. Rhowch eich ateb mewn oriau, i 1 lle degol. [2]

(b) Mae nifer o enynnau'n rheoli dilyniant cylchred y gell. Awgrymwch sut gallai mwtaniad yn un o'r genynnau hyn gyfrannu at ganser. [3]

(c) Cafodd gwahanol grynodiadau o'r ffactor twf planhigion, cytocinin, eu rhoi i gelloedd ffa soia a oedd yn tyfu mewn meithriniad meinwe. Mae'r tabl isod yn dangos màs y DNA i bob miliwn o gelloedd:

Crynodiad cytocinin / mol dm^{-3}	Màs DNA / miliwn o gelloedd µg^{-1}
0	3.90
10^{-7}	2.15
10^{-5}	1.90

(i) Disgrifiwch effaith cytocinin ar fàs y DNA yn y celloedd ffa soia. [1]

(ii) Rydyn ni'n gwybod bod cytocinin yn symbylu cellraniad mewn celloedd planhigyn mewn rhai sefyllfaoedd. Defnyddiwch y data i awgrymu ym mha ran o gylchred y gell y gallai cytocinin weithredu i gynhyrchu'r canlyniadau hyn. [2]

(ch) Mae Llun 1.2 yn dangos saffrwm yr hydref, *Colchicum autumnale*, sydd weithiau'n cael ei alw'n saffrwm y ddôl. Yn ei gelloedd, mae'n cynhyrchu moleciwl gwenwynig o'r enw colcisin, sy'n dadbolymeru'r protein sy'n gwneud ffibrau'r werthyd.

Awgrymwch sut gallai colcisin effeithio ar ganlyniad cellraniad. [2]

(Cyfanswm 14 marc)

Llun 1.2 *Colchicum autumnale*

2 Mae'r sebra, *Equus quagga*, a'r asyn, *Equus asinus*, yn perthyn i'r teulu o famolion o'r enw Equidae. Mae corffgelloedd sebra'n cynnwys 42 o gromosomau ac mae corffgelloedd asyn yn cynnwys 62 o gromosomau. Mae'n bosibl croesi sebra gwrywaidd ag asyn benywaidd i gynhyrchu hybrid o'r enw sebronci (yn Llun 2.1).

(a) Nodwch nifer y cromosomau byddech chi'n disgwyl eu gweld yn y canlynol, ac esboniwch eich ateb:

(i) Celloedd sberm y sebra. [2]

(ii) Celloedd coch y gwaed yr asyn. [2]

(iii) Cell croen sebronci. [2]

(b) Disgrifiwch y gwahaniaeth rhwng ymddygiad cromosomau yn ystod metaffas mitosis a metaffas I meiosis. [2]

(c) Defnyddiwch y wybodaeth uchod i awgrymu pam dydy'r sebronci ddim yn ffrwythlon. [3]

(Cyfanswm 11 marc)

Llun 2.1 Sebronci

Uned 1

Cyn i chi godi eich beiro, hyd yn oed, darllenwch y cwestiwn yn ofalus iawn, sawl gwaith os oes angen. Gwnewch yn siŵr eich bod chi'n gwybod beth mae'r cwestiwn yn ei ofyn. Ceisiwch wrthsefyll y demtasiwn i ysgrifennu popeth rydych chi'n ei wybod am bwnc, ar ôl sylwi ar air penodol yn y cwestiwn.

Mae geiriau gorchmynnol yn cael eu hesbonio ar t10.

Bydd cwestiwn yn cynnwys gair gorchmynnol. Dyma'r gair sy'n dweud wrthych chi beth i'w wneud. Gwnewch yn siŵr eich bod chi'n deall geiriau gorchmynnol ac yn gwneud beth maen nhw'n ei ddweud. Mae llawer o gwestiynau'n mynd yn fwy cymhleth wrth i chi weithio drwyddyn nhw:

- Efallai bydd cwestiwn yn dechrau drwy ofyn i chi enwi ffurfiad, gwneud datganiad neu roi ystyr term. I ateb y cwestiynau hyn, bydd angen i chi fod wedi dysgu eich nodiadau ar eich cof.
- Nesaf, efallai bydd angen i chi gymhwyso eich gwybodaeth, e.e. gwneud cyfrifiad, labelu diagram, dehongli ffotograffau neu ddarllen oddi ar graff.
- Yna, efallai bydd angen i chi werthuso tystiolaeth, awgrymu esboniad ar gyfer canfyddiadau arbrawf neu lunio dull o brofi rhagdybiaeth.

Mae'r enghraifft isod yn dangos sut mae cymhlethdod yn cynyddu mewn cwestiwn am destunau Uned 1. Mae'r geiriau gorchmynnol mewn **porffor**.

(a) Gallwn ni staenio celloedd cyhyr â llifyn, sy'n gwneud y DNA yn weladwy. **Nodwch**, yn benodol, ble yn union yn y gell bydd y rhan fwyaf o'r llifyn. [1]

*Dylech chi gofio bod y rhan fwyaf o DNA cell yn y cnewyllyn. Ond gan fod y cwestiwn yn gofyn am y lleoliad **penodol**, 'cromosomau' yw'r ateb priodol.*

(b) **Esboniwch** pam byddai swm bach o staen yn cael ei gymryd gan rannau eraill o'r gell heblaw am y cnewyllyn. [2]

Gan fod y cwestiwn yn werth dau farc, dylech chi roi ateb sy'n cynnig o leiaf dau bwynt perthnasol. Dylech chi ddefnyddio eich gwybodaeth bod ychydig bach o DNA hefyd mewn mitocondria. Mae DNA i'w gael mewn cloroplastau hefyd, ond gan fod y cwestiwn hwn yn sôn am gelloedd anifail, fyddech chi ddim yn cael marciau am ddweud hynny yn eich ateb.

(c) Yn 2019, gwelwyd yr achos cyntaf o enceffalitis a achoswyd gan drogod (*ticks*), yn y DU. Mae'r llid ymennydd hwn yn gallu lladd pobl, felly mae'n bwysig deall bioleg y trogod sy'n ei achosi. Mae'r tabl isod yn dangos canran y celloedd yng nghyhyrau coesau trogod ceirw iau a cheirw hŷn, sy'n cynnwys naill ai 3.3 um neu 6.6 um o DNA yn eu cnewyllyn.

	Canran y celloedd	
Màs y DNA yn y cnewyllyn / um	**Trogen ceirw iau**	**Trogen ceirw hŷn**
6.6	20	5
3.3	80	95

Defnyddiwch y data i **ffurfio casgliad** ynglŷn ag amlder mitosis yn y trogod hyn. [3]

Mae'r cwestiwn hwn yn gofyn i chi edrych ar y data sydd wedi'u rhoi a ffurfio casgliadau. Mae'n bwysig deall bod y cynnwys DNA yn dyblu yn ystod un o gamau mitosis. Felly, pan fydd cyfran uwch o gelloedd yn cyflawni mitosis, bydd cyfran uwch o gelloedd â dwbl y màs o DNA.

Cofiwch ysgrifennu am drogod iau a throgod hŷn hefyd, gan fod y cwestiwn yn sôn am y ddau.

1 Mae'r ffotomicrograff isod yn dangos *Spirogyra*; organeb awtotroffig sy'n byw mewn pyllau a ffosydd dŵr croyw.

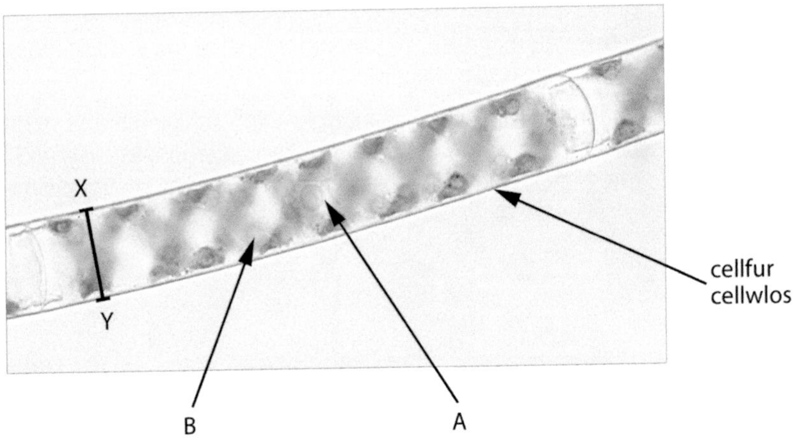

(a) Enwch yr organynnau sydd wedi'u labelu'n **A** a **B**. [2]

(b) Roedd lled gwirioneddol y gell rhwng pwyntiau **X–Y** yn 32.3 μm. Cyfrifwch y chwyddhad a gafodd ei ddefnyddio i dynnu'r ffotomicrograff. [2]

(c) Yn ystod y dydd, mae crynodiad yr hydoddion yn nŵr y pwll yn newid oherwydd anweddiad. Fodd bynnag, mae hyd y celloedd sbirogyra yn aros bron yn gyson. Pa gasgliad allwch chi ei ffurfio ynglŷn â sut mae adeiledd y cellfur yn galluogi *Spirogyra* i oroesi mewn gwahanol grynodiadau o'r hydoddion? [4]

(ch) Isod mae ffotomicrograff o'r bacteria *Nostoc*, sydd hefyd yn byw mewn pyllau a ffosydd dŵr croyw.
Roedden ni'n arfer meddwl eu bod nhw'n perthyn i'r un grŵp o organebau â *Spirogyra* ac yn meddwl bod ganddynt yr un adeiledd cellog. Mae tystiolaeth gan ficrosgopeg electronau bellach wedi grwpio'r ddau o'r rhain ar wahân.

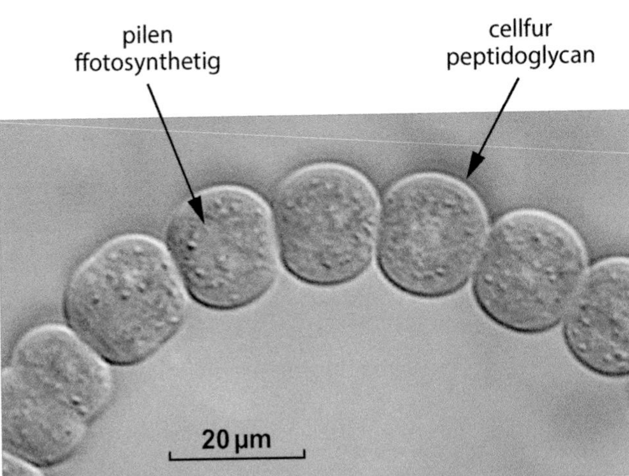

Ffurfiwch gasgliad am ba fathau o gelloedd sy'n bresennol mewn *Spirogyra* a *Nostoc*. Nodwch **ddau** wahaniaeth ac **un** tebygrwydd (sydd heb eu labelu yn y ffotomicrograffau) rhwng y ddwy rywogaeth a fyddai'n cael eu datgelu gan ficrosgopeg electronau. [3]

(Cyfanswm 11 marc)

[© *CBAC Uned 1 2016* ***C3***]

2 Pilenni arwyneb celloedd gwreiddiau sy'n gyfrifol am wahaniaethau rhwng crynodiad yr ïonau yn y gwreiddiau a'u crynodiad yn hydoddiant y pridd o'u cwmpas nhw.

Mae ïonau anorganig yn hanfodol ar gyfer metabolaeth celloedd mewn planhigion.

(a) Disgrifiwch swyddogaeth ïonau magnesiwm, calsiwm a ffosffad mewn celloedd a meinweoedd planhigyn. [3]

I ymchwilio i ymlifiad ïonau mwynol i blanhigion, mae eginblanhigion haidd yn cael eu tyfu â'u gwreiddiau mewn hydoddiant o ïonau mwynol am bedwar diwrnod. Mae swigod aer yn cael eu gyrru drwy'r hydoddiant. Mae crynodiad yr ïonau yn yr hydoddiant, ac ym meinwe'r gwreiddyn, yn cael ei fesur.

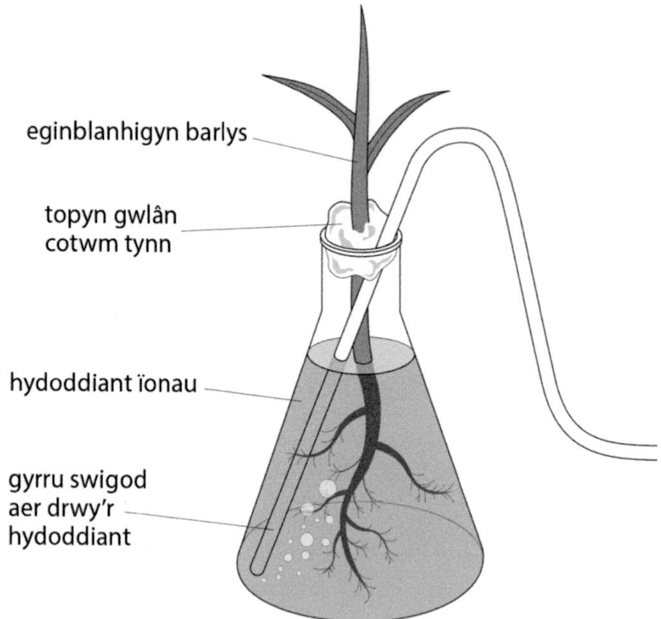

Ïon	Crynodiad yr ïon / mmol dm^{-3}	
	Hydoddiant o'i gwmpas	**Meinwe'r gwreiddyn**
Calsiwm (Ca^{2+})	1.0	57.0
Magnesiwm (Mg^{2+})	0.3	33.0
Ffosffad (PO_4^{3-})	0.9	1.6

(b) (i) Gan gyfeirio at y data, esboniwch y crynodiadau cymharol ym meinwe'r gwreiddyn ac yn yr hydoddiant o'i gwmpas ar ôl pedwar diwrnod. [3]

(ii) Esboniwch pam gallai eginblanhigyn haidd dyfu llai, pe na bai swigod aer yn cael eu gyrru drwy'r hydoddiant. [4]

(Cyfanswm 10 marc)

[© *CBAC Uned 1 2017* ***C6***]

3 Mae'r diagram isod yn dangos adeiledd cyffredinol hedyn.

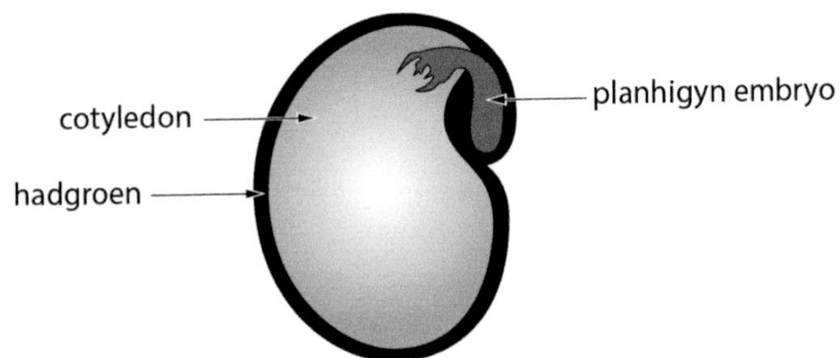

Mae'r cotyledon yn cynnwys llawer o foleciwlau organig, gan gynnwys startsh a thriglyseridau. Disgrifiwch adeiledd startsh a thriglyseridau, ac awgrymwch sut mae eu hadeiledd a'u priodweddau'n addas i'w swyddogaeth fel moleciwlau storio egni. (9 AYE)

(Cyfanswm 9 marc)

[© *CBAC Uned 1 2018* ***C7***]

2.1

Dosbarthiad a bioamrywiaeth

Mae organebau sy'n bodoli heddiw wedi datblygu drwy newid yn raddol o ffurfiau bywyd cynharach dros gyfnodau hir iawn. Mae'r nifer helaeth o rywogaethau sydd wedi esblygu wedi cael eu dosbarthu'n grwpiau hylaw. Dros y 200 mlynedd diwethaf, mae gweithgarwch dynol wedi cael effeithiau dinistriol ar yr amgylchedd ac mae hyn wedi effeithio ar allu planhigion ac anifeiliaid i oroesi. Mae cyfraddau difodiant rhywogaethau mewn llawer o ardaloedd, fel y trofannau, wedi cynyddu'n ddramatig. Mae gwyddonwyr wedi sylweddoli ein bod ni'n wynebu argyfwng bioamrywiaeth, sef lleihad cyflym yn amrywiaeth bywyd ar y Ddaear. Drwy ddeall sut i asesu cynefinoedd, gallwn ni fonitro rhywogaethau a'r newidiadau i'w poblogaethau.

Cynnwys y testun

Erbyn diwedd y testun hwn, byddwch chi'n gallu gwneud y canlynol:

- Deall y system o ddosbarthu biolegol yn hierarchaeth dacsonomaidd.
- Disgrifio'r systemau tri pharth a phum teyrnas.
- Disgrifio priodweddau nodweddiadol y pum teyrnas.
- Amlinellu sut rydyn ni'n defnyddio nodweddion corfforol a dulliau biocemegol i asesu perthynasrwydd organebau.
- Deall cysyniad rhywogaethau.
- Deall y system finomaidd.
- Esbonio cysyniad bioamrywiaeth.
- Deall bod bioamrywiaeth wedi cael ei greu drwy ddethol naturiol ac addasiad dros gyfnod hir, ac nad yw'n gyson.
- Gwybod y gallwn ni asesu bioamrywiaeth ar lefel poblogaeth, lefel foleciwlaidd a lefel enynnol.
- Disgrifio nodweddion addasol mewn anatomi, ffisioleg ac ymddygiad organebau.
- Gwybod sut i amcangyfrif bioamrywiaeth mewn gwahanol gynefinoedd.

Mae dosbarthiad yn seiliedig ar berthynas esblygiadol

Dosbarthiad esblygol

Mae ymennydd bodau dynol yn dda iawn am weld tebygrwydd, ac mae gennym ni duedd naturiol i enwi eitemau a'u rhoi nhw mewn grwpiau. Mae biolegwyr yn defnyddio dull **dosbarthu** sy'n adlewyrchu hanes esblygiadol, a dull **esblygol**, sy'n grwpio organebau sy'n perthyn yn agos i'w gilydd. Mae organebau yn yr un grŵp yn rhannu cyd-hynafiad mwy diweddar gyda'i gilydd nag ydyn nhw gydag organebau sydd ddim yn eu grŵp. Os oes perthynas agos rhyngddynt, efallai y byddan nhw'n gorfforol debyg i'w gilydd.

Ystyriwch yr organebau hyn: tsimpansî, gorila, bod dynol, banana:

- Mae gan y tsimpansî, y bod dynol a'r gorila gyd-hynafiad mwy diweddar nag sydd gan unrhyw un ohonyn nhw â'r fanana. Mae hyn yn rhoi'r tsimpansî, y bod dynol a'r gorila mewn grŵp sydd ddim yn cynnwys y fanana.
- Mae gan y tsimpansî a'r bod dynol gyd-hynafiad mwy diweddar nag sydd gan unrhyw un ohonyn nhw â'r gorila. Mae hyn yn rhoi'r bod dynol a'r tsimpansî mewn grŵp sydd ddim yn cynnwys y gorila.

Gallwn ni ddangos y mathau hyn o berthynas mewn diagram o'r enw **coeden esblygol**.

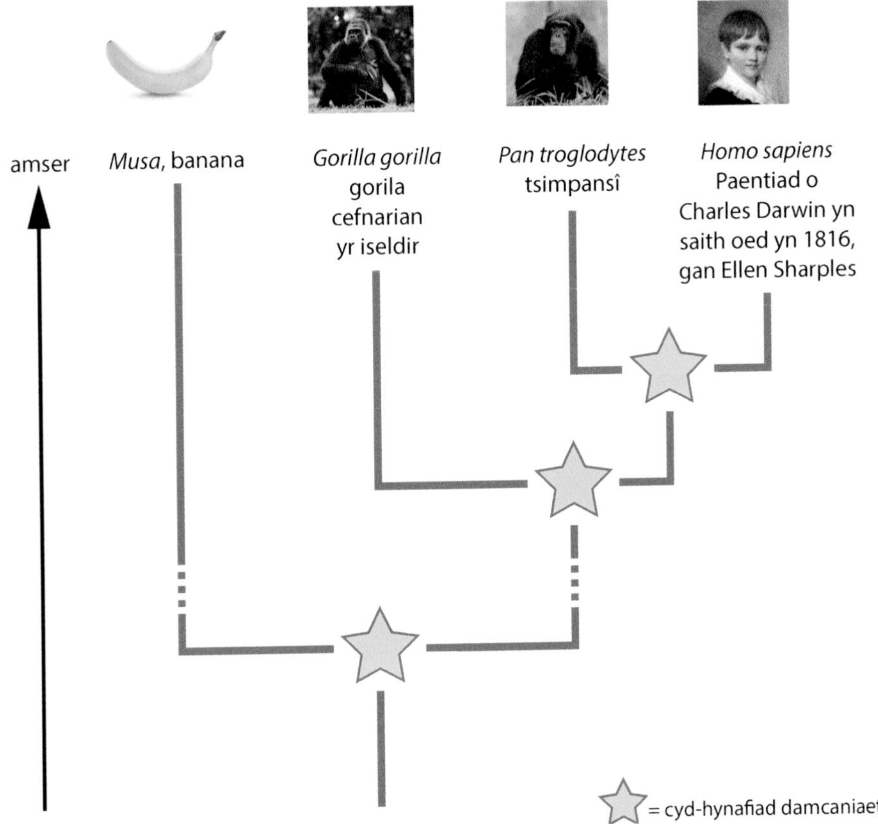

Enghraifft o goeden esblygol

Mewn coeden esblygol, y pellaf i fyny'r diagram rydych chi'n mynd, y pellaf ymlaen yr ydych chi mewn amser. Mae'r rhywogaethau uchaf yn bodoli heddiw. Dydy'r rhai yn y boncyff a'r canghennau ddim yn fyw erbyn hyn. Mae'r pwyntiau canghennu'n cynrychioli cyd-hynafiaid i'r organebau ar y canghennau. Mae'r diagram yn ein hatgoffa mai'r rhywogaethau presennol yw'r rhai diweddaraf yn y 3.8 biliwn o flynyddoedd yn hanes bywyd ar y Ddaear.

Termau allweddol

Dosbarthiad: Rhoi eitemau mewn grwpiau.

Esblygol: Adlewyrchu perthynasrwydd esblygiadol.

Gweithio'n wyddonol

Gallwn ni ddefnyddio llawer o feini prawf i ddosbarthu organebau. Mae'n well gan fiolegwyr ddosbarthiad sy'n seiliedig ar hanes esblygiadol, yn hytrach nag edrychiad arwynebol.

Term allweddol

Coeden esblygol: Diagram yn dangos tras, a'r organebau byw ar flaenau'r canghennau a rhywogaethau hynafol yn y canghennau a'r boncyff. Mae'r pwyntiau canghennu yn cynrychioli cyd-hynafiaid. Mae hydoedd y canghennau yn dangos yr amser rhwng y pwyntiau canghennu.

Gallwn ni ddangos holl hanes bywyd mewn un diagram:

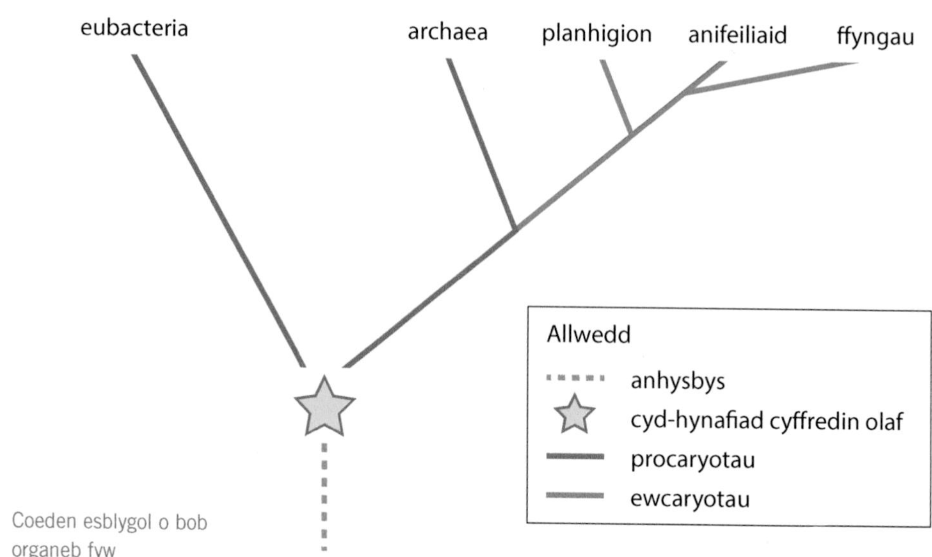

Coeden esblygol o bob organeb fyw

Ymestyn a herio

Mae'r pwynt canghennu cynharaf yng nghoeden esblygol pob organeb fyw, yn cynrychioli'r cyd-hynafiad diweddaraf i bob peth byw. Enw hwn yw'r cyd-hynafiad cyffredinol olaf.

Pwynt astudio

Yn y diagram sy'n dangos pob organeb fyw, dydy hyd y canghennau ddim mewn cyfrannedd union ag amser; dim ond dangos cyd-hynafiaid y maen nhw. Enw arall ar y rhain yw cladogramau. Bydd y llyfr hwn yn dilyn arfer llawer o fiolegwyr ac yn galw pob diagram canghennog yn 'goed esblygol'.

Dyma fersiwn manylach o goeden esblygol teyrnas yr anifeiliaid:

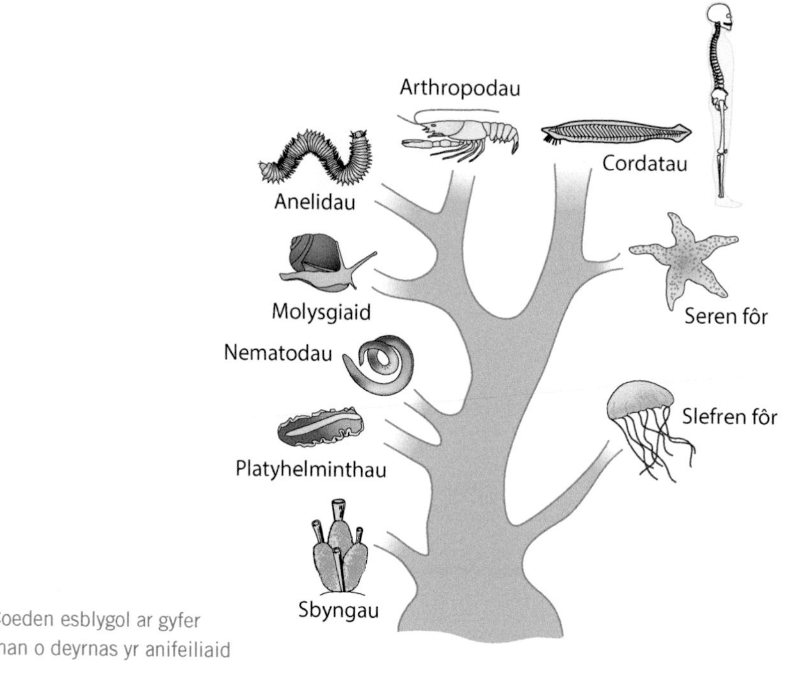

Coeden esblygol ar gyfer rhan o deyrnas yr anifeiliaid

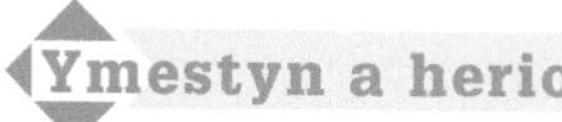

Ymestyn a herio

Rydyn ni'n amcangyfrif bod 8.7 miliwn o rywogaethau ewcaryotig yn bodoli, ond dim ond tua 2 filiwn rydyn ni wedi eu hadnabod. Allwn ni ddim hyd yn oed amcangyfrif nifer y bacteria, a gan eu bod nhw'n cyfnewid genynnau mor aml, efallai nad yw hi'n ystyrlon gofyn, hyd yn oed, faint o rywogaethau gwahanol sydd i gael.

Pwynt astudio

Weithiau, byddwn ni'n galw'r broses o ddosbarthu organebau byw yn seiliedig ar eu disgyniad o gyd-hynafiad yn 'ddosbarthiad naturiol'. Ar y llaw arall, mae 'dosbarthiad artiffisial' yn seiliedig ar feini prawf mympwyol, fel lliw.

Mae dosbarthiad yn hierarchaidd

Dyma enghraifft o ddosbarthiad, gan ddefnyddio wyth anifail anwes cyffredin:

gerbil mochyn cwta cath ci parot neidr wasgu pysgodyn aur pryf pric

- Yn seiliedig ar gynllun eu cyrff, bydden ni'n rhoi'r pryf pric, sy'n infertebrat, mewn un grŵp a'r anifeiliaid eraill i gyd mewn grŵp arall.
- O'r fertebratau, mae'r pysgodyn aur yn perthyn mewn grŵp ar ei ben ei hun, gan mai hwn yw'r unig un â thagellau. Mae'r lleill i gyd yn defnyddio ysgyfaint i anadlu.
- Mae angen rhoi'r neidr wasgu yn ei grŵp ei hun hefyd, gan mai hon yw'r unig un ag ysgyfaint sydd â chennau ar y croen ac yn dodwy wyau.

- Mae'r parot yn ei grŵp ei hun, gan mai hwn yw'r unig un â phig a phlu.
- Mae'r pedwar arall i gyd yn bwydo eu hepil â llaeth ac yn rhannu nodweddion eraill sy'n eu diffinio nhw fel mamolion, felly maen nhw'n rhannu grŵp. Yn seiliedig ar eu penglog, eu deintiad ac adeiledd eu coludd:
  - Mae'r gath a'r ci yn rhannu is-grŵp.
  - Mae'r gerbil a'r mochyn cwta yn rhannu is-grŵp arall.

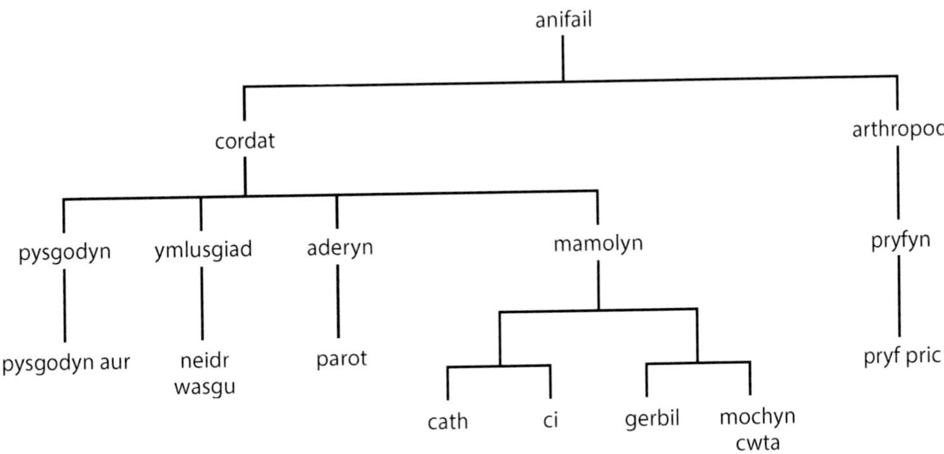

Dosbarthiad anifeiliaid anwes cyffredin

Rydyn ni'n gweld bod grwpiau bach wedi'u cynnwys o fewn grwpiau mwy, a bod aelodau o bob grŵp yn debycach i'w gilydd nag i aelodau o grwpiau eraill. Mae system ddosbarthu sy'n seiliedig ar rannu grwpiau mwy yn grwpiau llai a llai, yn system hierarchaidd. Mae **hierarchaeth** yn system lle mae grwpiau llai yn gydrannau mewn grwpiau mwy.

Rydyn ni wedi dyfeisio system hierarchaidd ar gyfer pob organeb fyw. **Tacson** yw pob grŵp yn y system (lluosog = tacsonau). Mae tacsonau mwy yn cynnwys tacsonau llai. O fewn pob tacson, mae organebau'n debycach i'w gilydd, ac yn perthyn yn agosach nag ydyn nhw i organebau y tu allan i'r tacson.

Dyma hierarchaeth dosbarthiad biolegol:

Parth > Teyrnas > Ffylwm > Dosbarth > Urdd > Teulu > Genws > Rhywogaeth

Mae parthau'n cynnwys teyrnasoedd. Mae teyrnasoedd yn cynnwys ffyla. Mae ffyla yn cynnwys dosbarthiadau, ac yn y blaen nes cyrraedd y rhywogaethau.

Dyma enghraifft o sut mae'r system ddosbarthu hierarchaidd hon yn cael ei defnyddio:

TACSON	ENGHRAIFFT
Parth	Eukaryota (Ewcaryotau)
Teyrnas	Animalia (Anifeiliaid)
Ffylwm	Chordata (Cordatau)
Dosbarth	Mammalia (Mamolion)
Urdd	Primates (Primatiaid)
Teulu	Hominidae (Hominidiaid)
Genws	*Homo*
Rhywogaeth	*sapiens*

Wrth symud i lawr yr hierarchaeth, o barth i rywogaeth, mae perthynas agosach rhwng organebau mewn tacson. Wrth symud i fyny'r hierarchaeth, o rywogaeth i barth, mae perthynas llai agos rhwng aelodau tacsonau.

Termau allweddol

Hierarchaeth: System drefnu lle mae grwpiau llai yn gydrannau sydd wedi'u cynnwys mewn grwpiau mwy.

Tacson (lluosog = tacsonau): Unrhyw grŵp o fewn system ddosbarthu.

Pwynt astudio

Does dim disgwyl i chi wybod nodweddion y gwahanol ffyla anifeiliaid.

Gwirio gwybodaeth 1.1

Cysylltwch y geiriau a'u hystyron.

A. Esblygol
B. Tacson
C. Hierarchaidd
Ch. Dosbarthiad

1. Rhoi eitemau mewn grwpiau.
2. System lle mae grwpiau llai wedi'u cynnwys mewn grwpiau mwy.
3. Adlewyrchu perthynasrwydd esblygiadol.
4. Grŵp o fewn system ddosbarthu.

Pwynt astudio

I'ch helpu chi i gofio trefn y tacsonau, beth am wneud cofrif gan ddefnyddio llythyren gyntaf pob un?

Pwynt astudio

Mae dosbarthiad esblygol yn arwahanol ac yn hierarchaidd.

Gweithio'n wyddonol

Am gyfnod hir, roedd pobl yn meddwl bod y llinach esblygiadol a arweiniodd at ddinosoriaid, wedi dod i ben pan aethon nhw'n ddiflanedig. Fodd bynnag, cafodd ffosil ei ddarganfod â rhai o nodweddion dinosoriaid ac adar, ac roedd hyn yn dystiolaeth bod adar yn ddisgynyddion i linach gynnar o ddinosoriaid, yr arcosoriaid. Cafodd y ffosil ei enwi'n *Archaeopteryx*.

Mae tacsonau'n arwahanol

Mae tacsonau'n arwahanol, h.y. ar unrhyw lefel o ddosbarthiad, mae organeb yn perthyn i un tacson a ddim yn perthyn i unrhyw un arall. Dyma enghraifft o dri phryfyn:

	Glöyn byw	Cleren	Pryf arian
Sgerbwd allanol citinaidd	+	+	+
Aelodau cymalog	+	+	+
Nifer y parau o aelodau	3	3	3
Nifer y parau o adenydd	2	1	0

- Mae'r sgerbwd allanol a'r aelodau cymalog yn rhoi'r tair organeb hyn yn yr un prif dacson, sef y ffylwm Arthropoda.
- Mae'r tri phâr o aelodau'n eu rhoi nhw yn yr un tacson ar y lefel nesaf i lawr, dosbarth y pryfed.
- Ond mae ganddyn nhw nifer gwahanol o barau o adenydd ac maen nhw'n perthyn i dacsonau gwahanol ar y lefel nesaf i lawr, h.y. urddau gwahanol.

Pam mae angen system ddosbarthu

Mae dosbarthu'n rhan o seicoleg bodau dynol, ond mae rhesymau eraill dros ddosbarthu organebau byw:

- Mae system ddosbarthu esblygol yn golygu ein bod ni'n gallu dod i'r casgliad bod perthnasoedd esblygiadol yn bodoli. Os yw dwy organeb mor debyg nes ein bod ni'n eu rhoi nhw yn yr un tacson, rydyn ni'n dod i'r casgliad bod perthynas agos rhyngddynt.
- Os caiff anifail newydd ei ddarganfod â phig a phlu, rydyn ni'n rhagfynegi rhai o'i nodweddion eraill, yn seiliedig ar ein dealltwriaeth gyffredinol o adar.
- Wrth gyfathrebu, mae'n gyflymach dweud 'aderyn' na dweud 'y fertebrat â dwy droed, plu a phig sy'n dodwy wyau'.
- Wrth ddisgrifio iechyd ecosystem neu gyfradd difodiant yn y cofnod daearegol, yn aml mae'n fwy defnyddiol i gadwraethwyr gyfrif teuluoedd na rhywogaethau.

Abwydyn melys, Anelid

Cranc, Arthropod

Peripatus, mwydyn melfedog

Natur betrus systemau dosbarthu

Mae ein system ddosbarthu'n dibynnu ar ein gwybodaeth bresennol. Mae unrhyw system rydyn ni'n ei defnyddio yn un betrus, sy'n gallu newid wrth i'n gwybodaeth ddatblygu. Mae'r mwydyn melfedog yn un enghraifft:

- Mae gan anifeiliaid yn ffylwm yr Anelida, e.e. yr abwydyn melys, gorff meddal heb unrhyw aelodau.
- Mae gan anifeiliaid yn ffylwm yr Arthropoda, e.e. crancod, sgerbwd allanol citinaidd ac aelodau cymalog.
- Mae gan y 70 rhywogaeth yn y genws *Peripatus*, y mwydod melfedog, gorff meddal ac aelodau cymalog, felly mae ganddyn nhw rai o nodweddion yr Arthropoda a rhai o nodweddion Annelida. Ar gyfer *Peripatus*, cafodd ffylwm newydd, Onychophora, ei ddiffinio.

Y system tri pharth

Parth yw'r tacson mwyaf ac mae pob peth byw yn perthyn i un o'r tri pharth. Yn wreiddiol, roedd parthau'n cael eu diffinio ar sail dilyniannau basau rRNA. Mae dulliau dadansoddi mwy modern yn ystyried tebygrwydd y dilyniant basau DNA hefyd.

- **Eubacteria**: rhain yw'r bacteria cyfarwydd fel *E. coli* a *Salmonella*. Procaryotau yw'r rhain.
- **Archaea**: bacteria yw'r rhain, ac yn aml mae ganddynt fetabolaeth anarferol; er enghraifft, mae rhai'n cynhyrchu methan. Mae llawer yn eithafoffilau, h.y. organebau sy'n byw mewn amodau fyddai'n eithafol i fodau dynol. Mae'r rhain yn cynnwys diffyg ocsigen moleciwlaidd, gwasgedd uchel iawn, tymheredd uchel iawn neu pH uchel neu isel iawn.
- **Eukaryota**: Plantae, Animalia, Fungi a Protoctista.

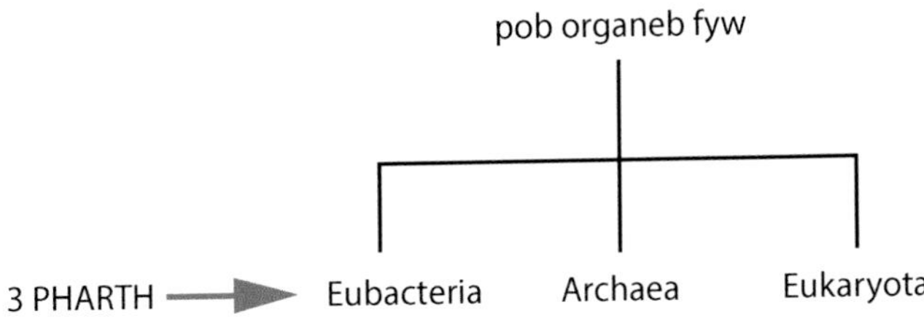

3 pharth

Y system pum teyrnas

Mae'r system pum teyrnas yn dosbarthu organebau ar sail eu hymddangosiad corfforol.

Mae pum **teyrnas**. Mae gwahaniaethau mawr a phwysig rhwng organebau mewn gwahanol deyrnasoedd. Mae'r bacteria i gyd, yr Eubacteria a'r Archaea, mewn un deyrnas, sef y Prokaryota. Mae'r pedair teyrnas arall yn cynnwys organebau ewcaryotig.

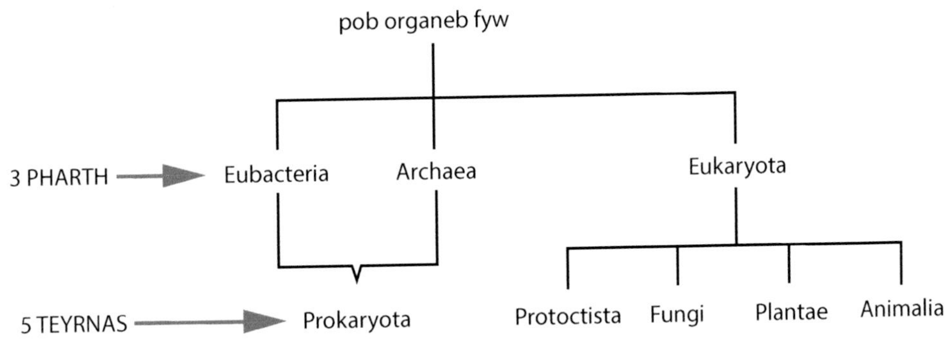

Parthau a theyrnasoedd

Is-grŵp mewn teyrnas yw **ffylwm**. Mae gan aelodau o bob ffylwm gynllun corff nodweddiadol, e.e. mae gan aelodau ffylwm yr Anelida gyrff meddal mewn segmentau; mae gan aelodau'r Arthropodau sgerbwd allanol citinaidd ac aelodau cymalog. Mae ffylwm y Cordatau'n cynnwys y fertebratau.

Is-grŵp o fewn ffylwm yw dosbarth, e.e. mae Mammalia (mamolion) yn ffurfio dosbarth o fewn ffylwm y Cordatau; mae Insecta [pryfed] yn ddosbarth o fewn ffylwm yr Arthropodau.

Is-grŵp o fewn dosbarth yw urdd, e.e. mae Lepidoptera, yr urdd sy'n cynnwys glöynnod byw a gwyfynod, yn y dosbarth Insecta.

Cyngor

Cofiwch enwau'r tri pharth: Eubacteria, Archaea ac Eukaryota.

Gweithio'n wyddonol

Fe rannodd Aristotle pob organeb fyw yn blanhigion ac yn anifeiliaid. Yn y 2000 o flynyddoedd ers hynny, mae archwiliadau a thechnoleg wedi dangos amrywiaeth ehangach o organebau. Hyd yn oed 60 o flynyddoedd yn ôl, roedden ni'n meddwl bod bacteria a ffyngau'n fathau o blanhigion. Yn 1969, fe wnaeth Whittaker gynnig y system pum teyrnas, ac mae systemau eraill, gan gynnwys y system tri pharth, wedi cael eu cynnig ers hynny.

Ymestyn a herio

Mae eithafoffilau yn bodoli ym mhob un o'r tri pharth. Archaea yw'r rhan fwyaf, ac mae llawer yn Eubacteria. Mae eithafoffilau ewcaryotig yn cynnwys algâu, ffyngau a phrotoctistiaid, ond y rhai mwyaf nodedig yw'r Arafsymudwyr (*Tardigrades*). Yn y cyflwr 'pelen', mae Arafsymudwyr yn goroesi −272 °C, gwactod, dadhydradiad, gwasgedd uchel iawn a phelydrau X a phelydrau gama.

Cyngor

Cofiwch enwau'r pum teyrnas: Prokaryota, Protoctista, Plantae, Fungi, Animalia.

Termau allweddol

Parth: Y tacson uchaf mewn dosbarthiad biolegol; un o'r tri phrif grŵp rydyn ni'n dosbarthu organebau byw ynddynt.

Teyrnas: Rydyn ni'n dosbarthu pob organeb fyw mewn pum teyrnas yn seiliedig ar eu nodweddion corfforol.

Ffylwm (lluosog = ffyla): Israniad teyrnas, yn seiliedig ar gynllun cyffredinol y corff.

Ymestyn a herio

Mae tua 35 o ffyla anifeiliaid a thua 12 o ffyla planhigion. Dydy'r system ffyla heb gael ei defnyddio mor llwyddiannus ar gyfer bacteria a ffyngau ag y mae ar gyfer planhigion ac anifeiliaid.

Grŵp o fewn urdd yw teulu. Teuluoedd blodau yw'r mwyaf cyffredin, fel teulu'r rhosod, Rosaceae.

Mae **genws** yn grŵp o organebau tebyg, fel y genws *Panthera*, sy'n cynnwys llewod a theigrod.

Cyswllt

Byddwn ni'n trafod y geiriau 'genws' a 'rhywogaeth' ymhellach ar t148, wrth esbonio'r system finomaidd.

Rhywogaeth yw grŵp o organebau sy'n rhannu nifer mawr o nodweddion corfforol ac yn gallu rhyngfridio i ffurfio epil ffrwythlon. Dydy aelodau o'r rhywogaeth *Camelus bactrianus* ddim yn gallu gwneud epil ffrwythlon gydag aelodau o'r rhywogaeth *Camelus dromedarius*, felly mae camelod bactriaidd (dau grwbi) a chamelod dromedari (un crwbi) yn rhywogaethau gwahanol; dydy aelodau o'r rhywogaeth *Panthera leo* ddim yn gallu gwneud epil ffrwythlon gydag aelodau o'r rhywogaeth *Panthera tigris*, er eu bod nhw'n gallu gwneud hybrid anffrwythlon, y teiglew neu'r lleigr, felly maen nhw'n rhywogaethau gwahanol.

Pwynt astudio

Yn y system tri pharth, mae 2 o'r 3 pharth yn brocaryotig. Yn y system pum teyrnas, mae 1 o'r 5 teyrnas yn brocaryotig.

Camelus bactrianus

Camelus dromedarius

Cyswllt

Mae disgrifiad o'r gwahaniaethau rhwng adeiledd celloedd procaryotau ac ewcaryotau ar t40.

Prokaryotae

Mae Procaryotau yn ficrosgopig. Mae'r deyrnas hon yn cynnwys bacteria, Archaea a cyanobacteria (yr hen enw ar rhain oedd algâu gwyrddlas).

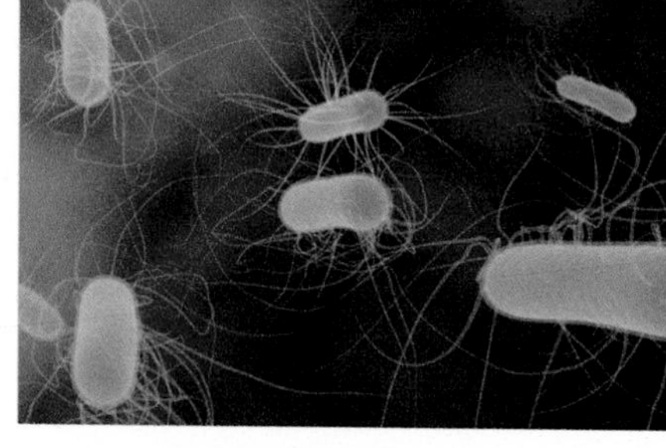

E.coli

Termau allweddol

Genws: Tacson sy'n cynnwys organebau sy'n debyg mewn llawer o ffyrdd, ond ddim yn ddigon tebyg i allu rhyngfridio i gynhyrchu epil ffrwythlon.

Rhywogaeth: Grŵp o organebau sy'n gallu rhyngfridio i gynhyrchu epil ffrwythlon.

Protoctista

- Dim ond un gell sydd mewn rhai protoctista, a'r rhain yw'r brif gydran mewn plancton. Mae eraill yn gytrefol. Mae rhai, e.e. *Spirogyra* yn debyg i gelloedd planhigyn. Mae rhai e.e. *Amoeba* (tudalennau 48, 230) a *Paramecium*, yn debyg i gelloedd anifail. Mae rhai, e.e. *Euglena*, yn dangos rhai o nodweddion celloedd planhigion a chelloedd anifeiliaid.
- Mae rhai yn cynnwys llawer o gelloedd tebyg. Y rhain yw'r gwymonau, neu'r algâu, fel letys y môr, *Ulva lactuca*.

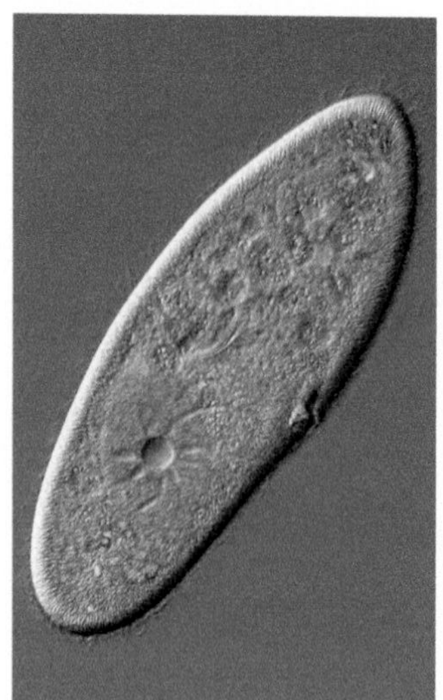

Paramecium

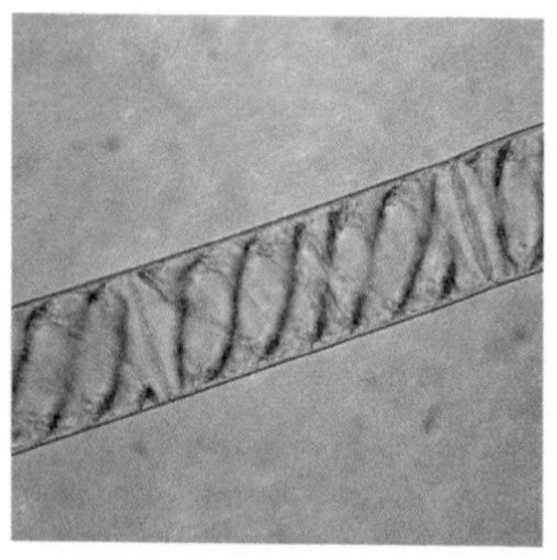

Spirogyra

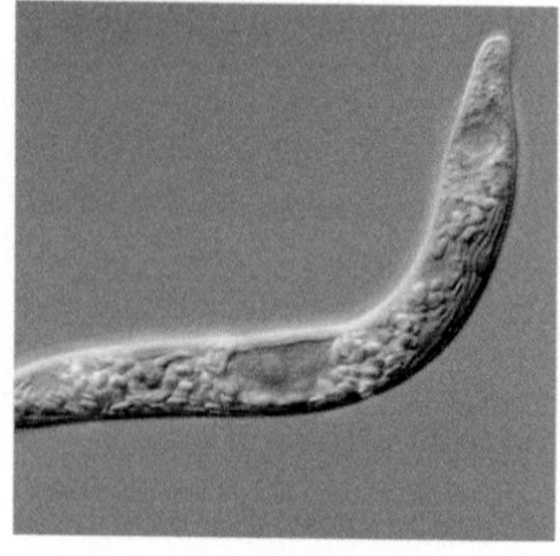

Euglena

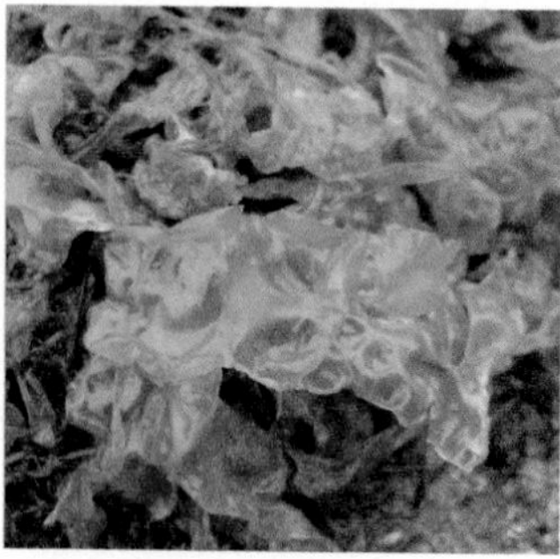

Ulva lactuca

Plantae (Planhigion)

- Mae mwsoglau, marchrawn a rhedyn yn defnyddio sborau i atgenhedlu.
- Mae conwydd a phlanhigion blodeuol yn defnyddio hadau i atgenhedlu.

Equisetum, marchrawnen

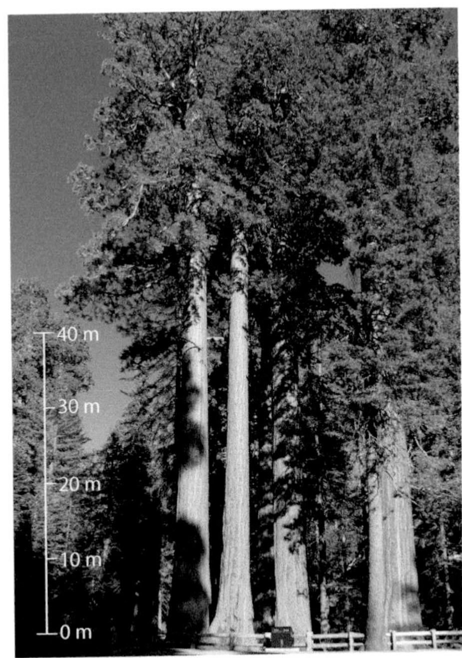

Sequoiadendron giganteum, secwoia fawr, conwydden

Fungi (Ffyngau)

- Mae burum yn ffwng ungellog.
- Mae gan lwydni fel *Penicillium* a madarch fel *Amanita muscaria* hyffâu sy'n gwau gyda'i gilydd i ffurfio corff y ffwng, sef myceliwm. Mewn rhai ffyngau, mae muriau ar draws celloedd, o'r enw septa, yn isrannu'r hyffâu.

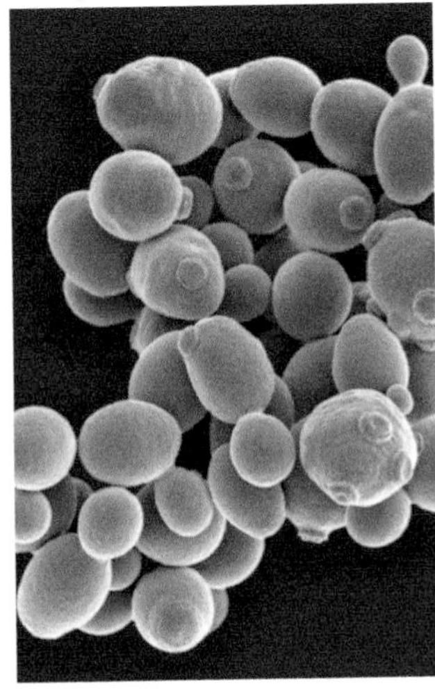

Saccharomyces cerevisiae, burum sych

Penicillium yn tyfu ar fara

Amanita muscaria

Gwirio gwybodaeth

Cysylltwch y deyrnas â'i nodweddion pwysig:

A. Prokaryotae
B. Protoctista
C. Plantae
Ch. Fungi
D. Animalia

1. Saprotroffau; cellfuriau citin; hyffâu.
2. Awtotroffau sy'n cynnwys cloroffyl; cellfuriau cellwlos.
3. Celloedd unigol neu gelloedd tebyg i gyd; tebyg i gelloedd anifail neu blanhigyn.
4. Heterotroffau; dim cellfuriau; cyd-drefniant nerfol.
5. Dim organynnau â philen; microsgopig.

Animalia (Anifeiliaid)

Mae'r 35 ffylwm anifeiliaid yn cynnwys amrywiaeth eang o gynlluniau cyrff. Mae'r rhan fwyaf yn fudol ar ryw adeg yn ystod eu cylchred bywyd.

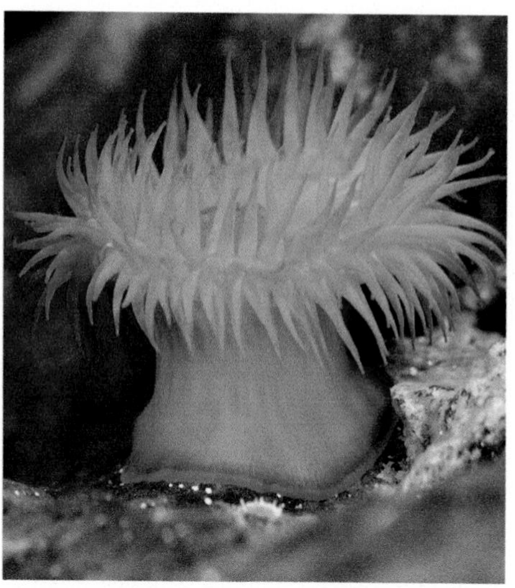

Actinia equina, anemoni môr

Leontopithecus rosalia, tamarin llew aur

Nodwedd	Teyrnas				
	Prokaryota	Protoctista	Plantae	Fungi	Animalia
Trefn	Procaryotig	Ewcaryotig	Ewcaryotig	Ewcaryotig	Ewcaryotig
	ungellog	ungellog neu amlgellog	amlgellog	ungellog neu hyffaidd	amlgellog
Cnewyllyn	✗	✓	✓	✓	✓
Mitocondria	mesosom mewn rhai	✓	✓	✓	✓
Cloroplastau	lamelâu ffotosynthetig mewn rhai	rhai	✓	✗	✗
Ribosomau yn y cytoplasm	70S	80S	80S	80S	80S
ER	✗	✓	✓	✓	✓
Gwagolyn	✗	rhai	parhaol, canolog, mawr	parhaol, canolog, mawr	dros dro, ar wasgar, bach
Cellfur	peptidoglycan	rhai – cellwlos; rhai – dim	cellwlos	citin	✗
Maethiad	saprotroffig, parasitig neu awtotroffig	rhai'n awtotroffig; rhai'n heterotroffig	awtotroffig	saprotroffig neu barasitig	heterotroffig
Cyd-drefniant nerfol	✗	✗	✗	✗	✓

Perthynasrwydd organebau

Mae damcaniaeth esblygiad yn awgrymu bod grwpiau o organebau gwahanol iawn yn rhannu cyd-hynafiad. Felly, byddai disgwyl iddyn nhw rannu nodweddion sylfaenol, a dylai'r tebygrwydd rhyngddynt ddangos pa mor agos maen nhw'n perthyn i'w gilydd. Y tebycaf y mae dwy organeb, y mwyaf diweddar rydyn ni'n tybio eu bod nhw wedi dargyfeirio. Os nad oes llawer yn gyffredin rhwng grwpiau, rydyn ni'n tybio eu bod nhw wedi dargyfeirio o gyd-hynafiad llawer yn gynharach.

Asesu perthynasrwydd â nodweddion corfforol

Wrth benderfynu pa mor agos yw'r berthynas rhwng dwy organeb, bydd biolegydd yn chwilio am **ffurfiadau homologaidd**. Efallai y bydd rhain yn gwneud gwaith gwahanol, ond bydd eu ffurf a'u tarddiad datblygol yn debyg. Mae aelod **pentadactyl** y fertebrat yn enghraifft dda. Mae ei adeiledd sylfaenol yr un fath ym mhob un o bedwar dosbarth o fertebratau daearol, sef amffibiaid, ymlusgiaid, adar a mamolion. Fodd bynnag, mae aelodau'r gwahanol fertebratau wedi addasu i wneud gwaith gwahanol – gafael, cerdded, nofio a hedfan. Mae enghreifftiau yn cynnwys braich bod dynol, adain ystlum, ffliper morfil, adain aderyn, coes ceffyl. Mae hyn yn enghraifft o **esblygiad dargyfeiriol**, lle mae ffurfiad cyd-hynafiad wedi esblygu i gyflawni swyddogaethau gwahanol.

Termau allweddol

Ffurfiadau homologaidd: Ffurfiadau mewn rhywogaethau gwahanol sy'n debyg o ran safle anatomegol a tharddiad datblygu, ac yn deillio o gyd-hynafiad.

Pentadactyl: Yn cynnwys pum digid.

Esblygiad dargyfeiriol: Dyma sut mae ffurfiadau gwahanol yn datblygu dros gyfnodau hir, o'r ffurfiadau cyfatebol mewn organebau sy'n perthyn.

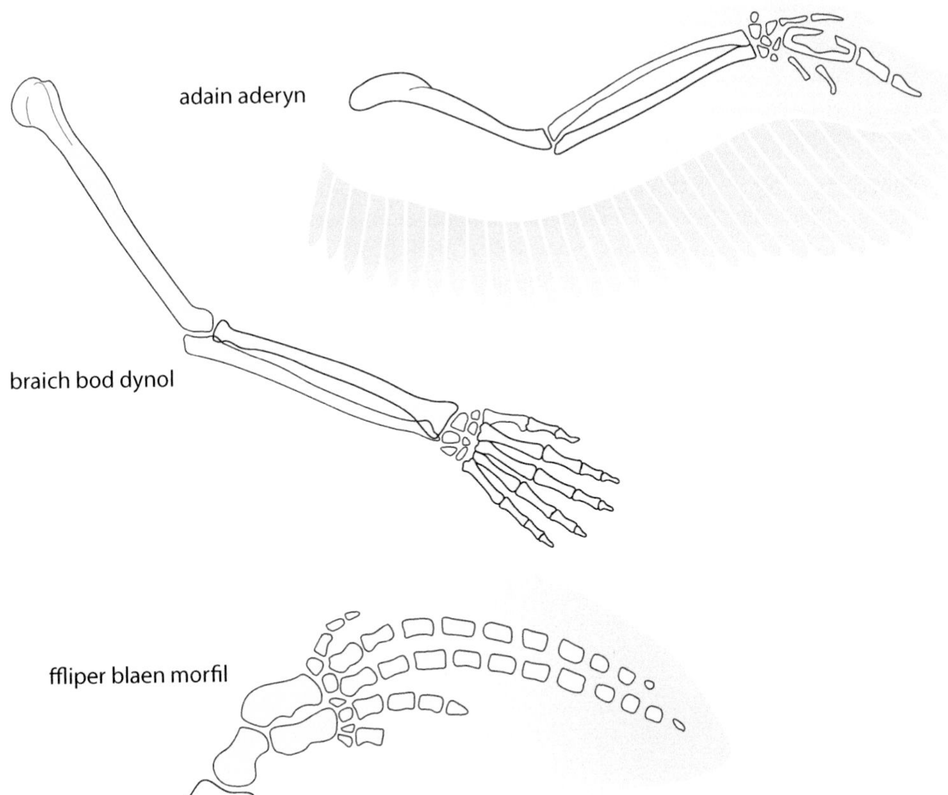

Aelod pentadactyl tri fertebrat gwahanol

Pwynt astudio

Gallwch chi asesu'r berthynas rhwng organebau yn ôl eu nodweddion corfforol a thrwy ddefnyddio tystiolaeth enynnol.

Gall dau anifail edrych yn debyg i'w gilydd, ond dydy hynny ddim yn golygu eu bod nhw'n perthyn yn agos i'w gilydd. Meddyliwch am löyn byw, aderyn y to ac ystlum. Mae gan bob un adenydd, ac mae pob un yn hedfan, ond mae un yn bryfyn, mae un yn aderyn ac mae un yn famolyn. Does ganddyn nhw ddim cyd-hynafiad diweddar gydag adenydd, ond oherwydd bod eu hynafiaid wedi addasu i amgylchedd tebyg, fe wnaeth pob un esblygu adenydd, sy'n gwneud yr un gwaith. Mae hyn yn enghraifft o **esblygiad cydgyfeiriol**, lle mae ffurfiadau'n esblygu priodweddau tebyg, er bod eu tarddiad datblygiadol yn wahanol. Mae'r **ffurfiadau** hyn yn **analogaidd**. Dydyn nhw ddim yn feini prawf addas i ddosbarthu organebau byw.

Termau allweddol

Esblygiad cydgyfeiriol: Dyma sut mae nodweddion tebyg yn datblygu dros gyfnodau hir mewn organebau sydd ddim yn perthyn, o ganlyniad i ddethol naturiol y nodweddion tebyg mewn amgylchedd cyffredin.

Ffurfiadau analogaidd: Maen nhw'n gwneud yr un gwaith ac mae eu siâp yn debyg, ond mae eu tarddiad datblygu yn wahanol.

Ymestyn a herio

Os oes gan brotein swyddogaeth bwysig iawn a'i fod wedi ymddangos yn gynnar mewn hanes esblygiadol, fel y protein resbiradol cytocrom c, efallai na fydd wedi newid ac allwn ni ddim ei ddefnyddio i ddangos perthynasrwydd. Mae dilyniant asidau amino cytocrom c, er enghraifft, bron yn union yr un fath mewn burum, bodau dynol a bananas, er bod gwahaniaeth esblygiadol mawr iawn rhwng y rhain.

1.3 Gwirio gwybodaeth

Parwch y diffiniadau 1–4 â'r termau A–Ch.

A. Homologaidd
B. Analogaidd
C. Esblygiad cydgyfeiriol
Ch. Dadansoddi DNA

1. Dull i gymharu DNA dwy rywogaeth.
2. Tueddiad rhywogaethau heb berthynas rhyngddyn nhw i ddatblygu ffurfiadau tebyg.
3. Yn rhannu tarddiad cyffredin ond yn cyflawni swyddogaeth wahanol.
4. Yn cyflawni yr un swyddogaeth ond tarddiad gwahanol.

Defnyddio tystiolaeth enynnol i asesu perthynasrwydd

- **Dilyniannau DNA** – yn ystod esblygiad, mae dilyniannau basau DNA rhywogaethau yn newid, ac mae hyn yn cronni nes bod yr organebau mor wahanol, ein bod ni'n ystyried eu bod nhw'n rhywogaeth wahanol. Mae'r dilyniannau basau DNA mewn rhywogaethau sy'n perthyn yn agos i'w gilydd yn fwy tebyg nag ydyn nhw mewn rhai sydd ddim yn perthyn mor agos. Mae dadansoddiadau DNA wedi cadarnhau perthnasoedd esblygol, ac wedi cywiro camgymeriadau a gafodd eu gwneud wrth ddosbarthu ar sail nodweddion corfforol.
- Mae **croesrywedd DNA** yn golygu cymharu dilyniannau basau DNA dwy rywogaeth. I ganfod pa mor agos yw'r berthynas rhwng dwy rywogaeth primatiaid, e.e. bodau dynol, *Homo sapiens*, a'r tsimpansî, *Pan troglodytes*, mae DNA o'r ddwy rywogaeth yn cael ei echdynnu, ei wahanu'n edafedd unigol a'i dorri'n ddarnau. Mae'r darnau o'r ddwy rywogaeth yn cael eu cymysgu ac, yn y mannau lle mae eu dilyniannau basau'n gyflenwol, maent yn croesi â'i gilydd. Mae hyn wedi dangos bod o leiaf 95% o DNA tsimpansîod a bodau dynol yr un fath, a bod tua 93% o DNA bodau dynol a mwncïod rhesws yr un fath. Mae astudiaethau diweddar hefyd wedi dangos perthynas agos rhwng yr hipopotamws a'r morfil.
- **Dilyniannau asidau amino** – mae dilyniant yr asidau amino mewn proteinau yn dibynnu ar y dilyniant basau DNA. Bydd pa mor debyg yw dilyniant asidau amino yr un protein mewn dwy rywogaeth yn adlewyrchu pa mor agos yw'r berthynas rhyngddynt. Mae ffibrinogen yn glycoprotein plasma sy'n cyfrannu at dolchennu gwaed mewn fertebratau. Mae gwyddonwyr wedi cymharu rhan o'r moleciwl mewn gwahanol rywogaethau mamolion, ac mae'r gwahaniaethau rhwng y dilyniannau asidau amino wedi eu galluogi nhw i gynnig coeden esblygiadol i famolion.
- **Imiwnoleg** – gallwn ni ddefnyddio technegau imiwnolegol i gymharu proteinau gwahanol rywogaethau. Os ydych chi'n cymysgu antigenau un rhywogaeth, fel y protein gwaed albwmin, â gwrthgyrff penodol o rywogaeth arall, bydd yr antigenau a'r gwrthgyrff yn ceulo. Yr agosaf yw'r berthynas esblygiadol, y mwyaf o geulo sy'n digwydd.

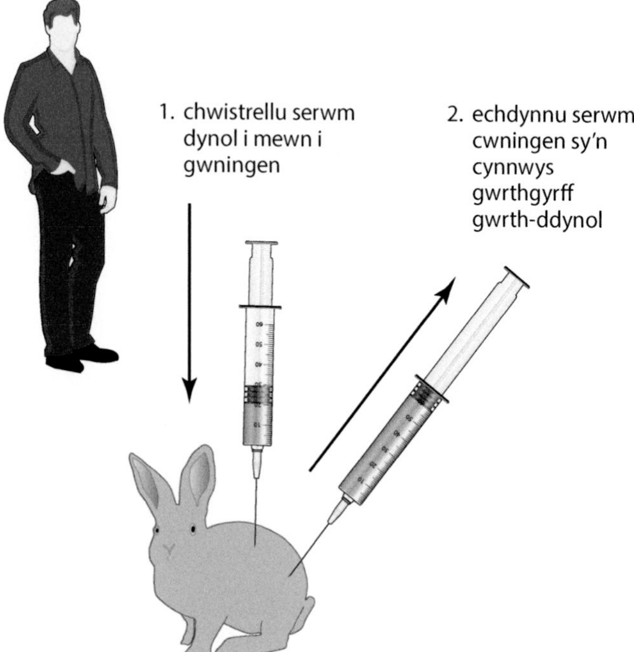

1. chwistrellu serwm dynol i mewn i gwningen
2. echdynnu serwm cwningen sy'n cynnwys gwrthgyrff gwrth-ddynol
3. ychwanegu serwm cwningen at serwm rhywogaethau eraill

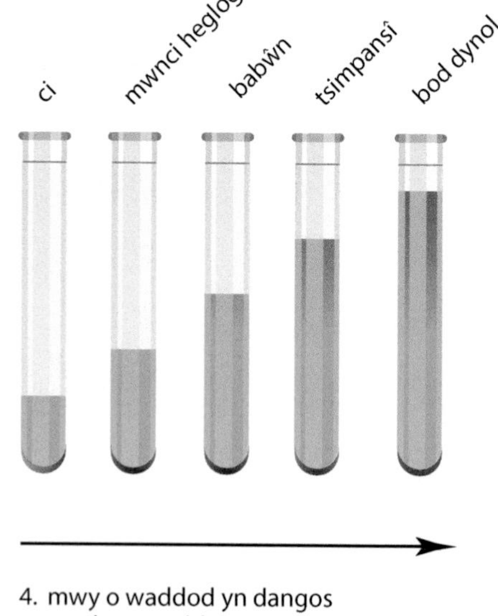

ci
mwnci heglog
babŵn
tsimpansî
bod dynol
4. mwy o waddod yn dangos perthynas esblygiadol agosach

Mwy o geulo yn dangos cymariaethau imiwnolegol rhwng serwm dynol a serwm rhywogaethau eraill

Cysyniad rhywogaethau

Mewn iaith bob dydd, mae'r gair 'rhywogaeth' yn golygu 'math'. Yn fiolegol, mae'n cyfeirio at fathau o organebau a gallwn ni esbonio beth mae'r term yn ei olygu i fiolegwyr mewn dwy ffordd:

- Y **diffiniad morffolegol**: os yw dwy organeb yn edrych yn debyg iawn, mae'n debygol eu bod nhw o'r un rhywogaeth. Mae rhai gwahaniaethau'n bosibl, fel presenoldeb mwng ar lewod gwrywaidd ond nid ar fenywod. Rhaid i ni ystyried y 'dwyffurfedd rhywiol' hwn wrth benderfynu os yw dwy organeb yn perthyn i'r un rhywogaeth.
- Y **diffiniad atgenhedlol**: ffordd arall o ddiffinio rhywogaethau yw dweud bod dwy organeb yn yr un rhywogaeth os ydyn nhw'n gallu rhyngfridio i wneud epil ffrwythlon. Efallai bydd gan organebau gwahanol nifer gwahanol o gromosomau neu ffisioleg neu fiocemeg sydd ddim yn gydnaws, felly fyddai croesryw ddim yn hyfyw.

Mae'r mul yn enghraifft gyffredin; croesryw anffrwythlon o geffyl benywol ac asyn gwrywol, sy'n dangos bod y ceffyl a'r asyn yn ddwy rywogaeth. Mae'r zho yn enghraifft arall, sef epil gwrywol iac a buwch. Mae'r zho yn anffrwythlon, felly mae'r iac a'r fuwch yn ddwy rywogaeth wahanol, er bod perthynas agos rhwng y ddwy.

Dwyffurfedd rhywiol mewn llewod

iac

×

buwch

zho

Dwy rywogaeth yn ffurfio croesryw anffrwythlon

Gweithio'n wyddonol

Mae'r diffiniad atgenhedlol o rywogaeth yn addas os mai genetegydd ydych chi. Ond os ydych chi'n fiolegydd maes, efallai na fydd gennych chi amser i aros i'ch organebau fridio. Os ydych chi'n baleontolegydd ac yn astudio organebau diflanedig, neu os yw organebau'n defnyddio atgynhyrchu anrhywiol fel arfer, mae'n anodd defnyddio'r diffiniad atgenhedlol o rywogaeth. Yn yr achosion hynny, mae'n rhaid diffinio rhywogaethau ar sail eu hedrychiad.

Term allweddol

Tacsonomeg: Adnabod ac enwi organebau.

Y system finomaidd

Tacsonomeg yw adnabod ac enwi organebau. Mae'r maes astudio hwn yn caniatáu i ni wneud y canlynol:

- Darganfod a disgrifio amrywiaeth fiolegol.
- Ymchwilio i'r berthynas esblygiadol rhwng organebau.
- Dosbarthu organebau i adlewyrchu eu perthynas esblygiadol.

Mae yna ddau aderyn o'r enw robin sydd ddim yn perthyn i'w gilydd, ac yn edrych yn wahanol iawn:

Robin Ewropeaidd

Robin Americanaidd

Term allweddol

System finomaidd: Y system o roi enw unigryw â dwy ran i organebau, sef y genws a'r rhywogaeth.

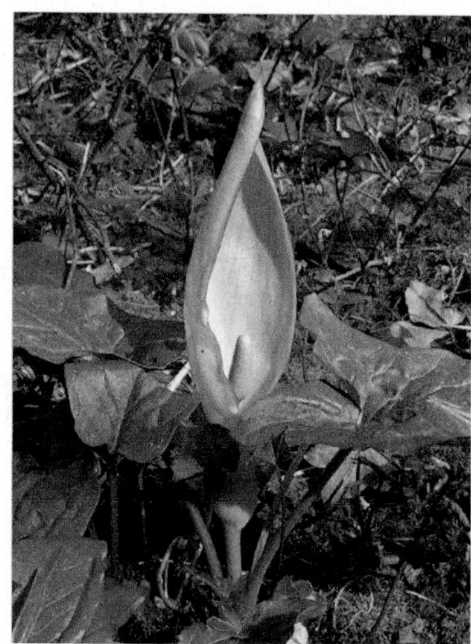

Pig y gog

Mae pig y gog hefyd yn cael ei alw'n bidyn y gog, cala'r mynach neu berson yn y pulpud, gan ddibynnu ar ble rydych chi'n byw. Mae'n bosibl bod enwau eraill arno mewn mannau eraill.

Gan fod organebau gwahanol yn rhannu'r un enw a llawer o enwau ar gyfer un organeb, doedd pobl ddim yn gwybod a oedden nhw'n sôn am yr un organeb. Erbyn canol y ddeunawfed ganrif, roedd yn amlwg bod angen rhesymoli enwau organebau. Yn 1753, cyflwynodd Linnaeus system a oedd yn rhoi dau enw i organebau, a oedd felly'n cael ei galw'n **system finomaidd**. Mae gan hon dair mantais fawr:

- Enwi diamwys.
- Mae'n seiliedig ar Ladin, iaith ysgolheigion, felly mae'n ddefnyddiol ledled y byd.
- Mae'n awgrymu perthynas agos rhwng dwy rywogaeth sy'n rhannu rhan o'u henw, e.e. *Panthera leo* (llew) a *Panthera tigris* (teigr).

Sut i ddefnyddio'r system finomaidd

1. Mae gan bob organeb ddau enw, sef enw ei genws ac enw ei rhywogaeth.
2. Enw'r genws yw'r gair cyntaf ac mae'n cael priflythyren.
3. Enw'r rhywogaeth yw'r ail air ac mae'n dechrau â llythyren fach.
4. Y tro cyntaf rydych chi'n defnyddio'r enw gwyddonol mewn testun, dylech chi ei ysgrifennu'n llawn, e.e. *Panthera tigris*
5. Os ydych chi'n ei ddefnyddio eto, gallwch chi dalfyrru enw'r genws e.e. *P. tigris*.
6. Dylech chi brintio'r ddau enw mewn teip italig, neu eu tanlinellu nhw wrth ysgrifennu â llaw.

Bioamrywiaeth

Y diffiniad

Mae'r term '**bioamrywiaeth**' yn cyfeirio at ddwy agwedd ar organebau mewn amgylchedd penodol:

1. Nifer y rhywogaethau; weithiau rydyn ni'n galw hyn yn 'gyfoeth rhywogaethol'.
2. Nifer yr organebau o fewn pob rhywogaeth; weithiau rydyn ni'n galw hyn yn 'wastadrwydd rhywogaethau'.

Mae'r rhain yn amrywio'n fawr iawn, gan ddibynnu ar ble rydych chi'n edrych a phryd.

Dydy bioamrywiaeth ddim yn gyson.

Term allweddol

Bioamrywiaeth: Nifer y rhywogaethau a nifer yr unigolion ym mhob rhywogaeth mewn ardal benodol.

Pwynt astudio

Ar hyn o bryd, mae'n bosibl bod cyfradd colli rhywogaethau gymaint â 1000 gwaith yn uwch na'r gyfradd ddifodiant gefndir, h.y. y gyfradd gyfartalog y mae rhywogaethau wedi mynd yn ddiflanedig yn yr holl gofnod ffosiliau.

Amrywiad gofodol

Mae nifer y rhywogaethau a nifer yr organebau yn dibynnu'n rhannol ar yr amgylchedd.

- Mae mwy o blanhigion yn tyfu ar arddwysedd golau uchel nag ar arddwysedd golau isel, felly mae amgylchedd golau yn gallu cynnal mwy o lysysyddion ac felly'n gallu cynnal mwy o gigysyddion nag amgylchedd tywyll.
- Os oes mwy o egni'n llifo drwy ecosystem, mae'n cynhyrchu mwy o rywogaethau a mwy o unigolion. Mae hyn yn golygu bod llawer mwy o fioamrywiaeth mewn ardaloedd cyhydeddol nag sydd mewn ardaloedd pegynol.

Mae'r ffotograffau'n dangos llawer llai o fioamrywiaeth yn Antartica a diffeithwch Libya nag yng nghoedwig law Seland Newydd neu riff cwrel yn Indonesia.

Antartica

Diffeithwch Libya

Coedwig law Seland Newydd

Riff cwrel yn Indonesia

Mae'r map o'r byd yn dangos yr ardaloedd â'r mwyaf o fioamrywiaeth, sef mannau poeth bioamrywiaeth, mewn coch. Mae'r mannau poeth wedi'u clystyru o gwmpas y cyhydedd a'r trofannau, lle mae arddwysedd golau uchel drwy gydol y flwyddyn yn sicrhau bod llawer o egni'n llifo i mewn i'r ecosystemau.

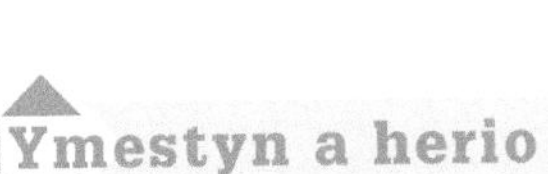

Ymestyn a herio

Mae'r mudiad Plantlife wedi sefydlu IPAs (*Important Plant Areas*) ac mae'r mudiad BirdLife International wedi sefydlu IBAs (*Important Bird Areas*). Mae'r rhain yn diffinio ardaloedd â llawer o fioamrywiaeth a risg i'r organebau hyn. Mae hyn yn helpu llywodraethau i ddatblygu cynlluniau cadwraeth ac yn tynnu sylw diwydiant at ardaloedd sy'n sensitif i ddinistrio eu bywyd gwyllt.

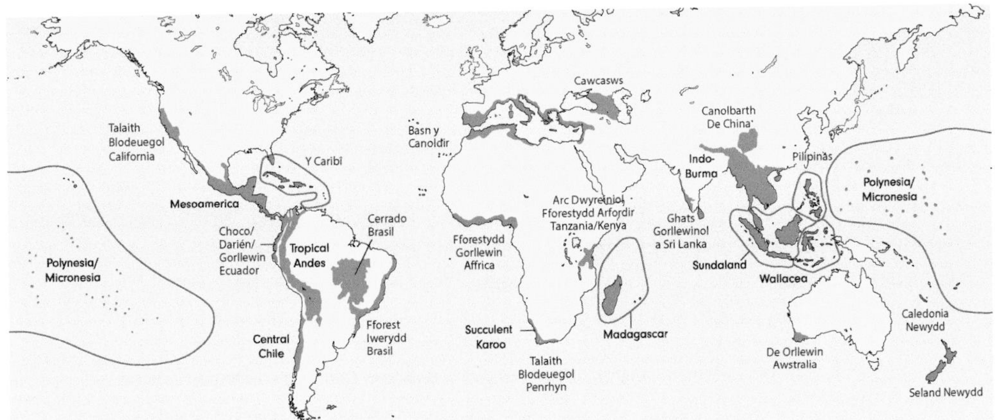

Mannau poeth daearol bioamrywiaeth

Byddwch chi'n dysgu mwy am olyniaeth yn ystod ail flwyddyn y cwrs hwn.

Amrywiad dros amser

Mae bioamrywiaeth yn gallu cynyddu neu leihau am dri phrif reswm:

1. **Olyniaeth**: Dros amser, mae cymuned o organebau'n newid ei chynefin, gan ei gwneud hi'n fwy addas i rywogaethau eraill. 'Olyniaeth' yw'r newid yng nghyfansoddiad cymuned dros amser. Mae'n cynyddu bioamrywiaeth anifeiliaid, ond yn y pen draw, mae'n lleihau bioamrywiaeth planhigion.
2. **Dethol naturiol**: Mae hyn yn gallu cynhyrchu bioamrywiaeth a'i newid, a byddwn ni'n ei drafod ar dudalennau 153–154.
3. **Dylanwad dynol**: Mewn llawer o ardaloedd yn y byd, mae gweithgarwch dynol wedi gwneud yr amgylchedd yn llai addas i organebau byw. Mae hyn wedi lleihau eu bioamrywiaeth ac wedi arwain at ddifodiant mewn llawer o achosion.
   - Yng nghoedwigoedd glaw trofannol Brasil a Costa Rica, mae ffermio, ffyrdd a diwydiant wedi dinistrio cynefinoedd, lleihau niferoedd unigolion ac achosi difodiant llawer o rywogaethau sydd ddim yn bodoli yn unman arall yn y byd.
   - Yn y cefnforoedd, mae gorbysgota wedi disbyddu stociau llawer o bysgod ac mae rhai ardaloedd cynhyrchiol ac amrywiol iawn, fel riffiau cwrel a morydau, dan straen difrifol. Mae treillongau'n tarfu ar gynefinoedd drwy dynnu rhwydi ar hyd gwely'r cefnfor, gan niweidio poblogaethau infertebratau, pysgod a mamolion y môr.
   - Mae camddefnyddio tir, fel sathru gan wartheg, ynghyd â'r cynnydd yn y tymheredd oherwydd newid hinsawdd, wedi cynyddu arwynebedd diffeithdiroedd. Mae Diffeithwch y Sahara wedi ehangu ac mae rhannau mawr o Awstralia a Gogledd America mewn perygl.
   - Mae afonydd yn cael eu llygru â chemegion diwydiannol. Cafodd problemau dolffin Afon Yangtze, y baiji, eu gwneud yn waeth fyth drwy gael eu dal a thrwy wrthdaro â thraffig ar yr afon. Cafodd y baiji ei ddatgan yn ddiflanedig yn 2006.

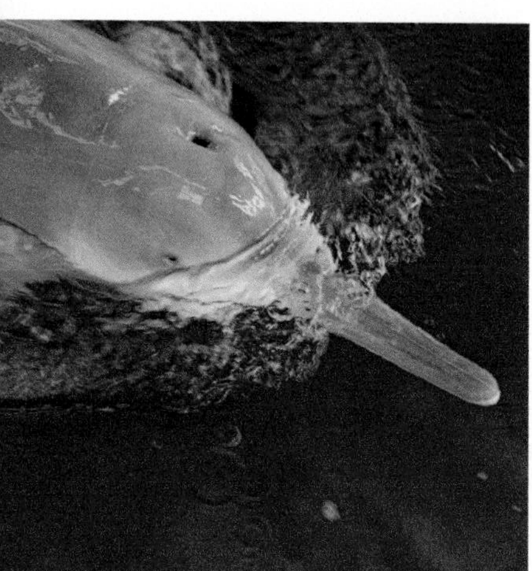

Baiji

Mae gweithgarwch dynol hefyd yn gallu cynyddu bioamrywiaeth.

Yn Llundain, cafodd haf 1858 yr enw '*The Great Stink*' gan fod Afon Tafwys wedi'i llygru gymaint, nes nad oedd dim byd yn byw yno ac roedd yr arogl mor ddrwg, fe wnaeth y Senedd basio deddf o fewn 18 diwrnod. Cafodd carthffosydd eu hadeiladu; gwellodd yr afon ac erbyn yr 1970au roedd y dŵr yn ddigon glân i eog fyw ynddo. Ers hynny, mae morfeirch, crehyrod, glas y dorlan, dolffiniaid, llamhidyddion a morlo, â'r ffugenw Sammy, wedi cael eu gweld yn yr afon. Felly, mae gweithgarwch dynol yn gallu dinistrio bioamrywiaeth a hefyd yn gallu ei adfer.

Mae bioamrywiaeth yn amrywio o ran lle ac amser.

Parwch y diffiniadau A–C â'r termau 1–3.

A. Bioamrywiaeth

B. Olyniaeth

C. Difodiant

1. Colli rhywogaethau.
2. Ffordd o fesur nifer y rhywogaethau a nifer yr unigolion ym mhob rhywogaeth.
3. Newid i gyfansoddiad y rhywogaethau mewn cymuned, dros amser.

Arwyddocâd llai o fioamrywiaeth

Rydyn ni'n defnyddio llawer o wahanol blanhigion ac anifeiliaid i gynnal gwareiddiad bodau dynol:

- Mae nifer bach o rywogaethau planhigion yn darparu prif fwydydd bodau dynol ledled y byd e.e. gwenith a reis.
- Mae cyffuriau meddyginiaethol yn deillio o blanhigion a ffyngau, e.e. asbirin, statinau, gwrthfiotigau.
- Mae organebau byw yn darparu defnyddiau crai pwysig, e.e. rwber, cotwm.

Ein rhywogaeth ni yw'r bygythiad mwyaf i fioamrywiaeth ledled y byd. Wrth i fioamrywiaeth leihau, rydyn ni'n colli bwydydd newydd posibl a ffynonellau nodweddion newydd a buddiol i'w bridio i mewn i gnydau, fel y gallu i wrthsefyll clefydau. Mae hyn hefyd yn lleihau'r potensial i ddarganfod cyffuriau meddyginiaethol newydd a defnyddiau crai newydd. Fodd bynnag, mae hon yn ddadl hunanol sy'n canolbwyntio ar fodau dynol. Y ddadl anhunanol dros amddiffyn bioamrywiaeth yw bod pob rhywogaeth yn unigryw a bod yn rhaid i ni gynnal y rhywogaethau unigryw hyn, gan fod gan bob un ei gwerth cynhenid ei hun.

Asesu bioamrywiaeth

Asesu bioamrywiaeth ar lefel poblogaeth

Mae asesu bioamrywiaeth ar lefel poblogaeth yn cynhyrchu 'indecs bioamrywiaeth', a gallwn ni ddefnyddio hwn i fonitro bioamrywiaeth cynefin dros amser ac i gymharu bioamrywiaeth mewn gwahanol gynefinoedd. Mae Indecs Amrywiaeth Simpson yn un enghraifft sy'n disgrifio bioamrywiaeth organebau mudol, fel yr infertebratau mewn nant. Mae'r ffordd fwyaf cyffredin o gyfrifo'r indecs yn rhoi gwerth rhifiadol, a'r uchaf yw'r gwerth, yr uchaf yw'r fioamrywiaeth.

Os ydych chi'n casglu samplau dŵr o nant ac yn adnabod ac yn cyfrif yr holl organebau sydd i'w gweld, gallwch chi gyfrifo Indecs Amrywiaeth Simpson, *D*, gan ddefnyddio'r fformiwla:

$$D = 1 - \frac{\Sigma n(n-1)}{N(N-1)}$$

N = cyfanswm nifer yr organebau sy'n bresennol ac n = y nifer ym mhob rhywogaeth.

I gyfrifo *D*, rydyn ni'n cyfrif cyfanswm nifer yr organebau (N) a gallwn ni gyfrifo $N(N-1)$. Rydyn ni'n cyfrifo $n(n-1)$ ar gyfer pob rhywogaeth ac yn adio'r gwerthoedd i roi $\Sigma n(n-1)$.

Y Shirburn

Mae'r tabl isod yn dangos cyfrifon a wnaed yn y dŵr agored yn y Shirburn, nant yn Suffolk.

Rhywogaeth	Nifer yr unigolion (n)	$n(n-1)$
Llyngyr lledog	11	$11(11-1) = 11 \times 10 = 110$
Berdys dŵr croyw	55	$55(55-1) = 55 \times 54 = 2970$
Larfâu pryfed du	1	$1(1-1) = 1 \times 0 = 0$
Larfâu pryfed cadys	1	$1(1-1) = 1 \times 0 = 0$
Nymffod gwybed Mai	7	$7(7-1) = 7 \times 6 = 42$
Pwpaod gwybed mân	1	$1(1-1) = 1 \times 0 = 0$
Nymffod pryf y cerrig	4	$4(4-1) = 4 \times 3 = 12$
	Cyfanswm = N = 80	$\Sigma n(n-1) = 3134$

Indecs Amrywiaeth Simpson

$$= D = 1 - \frac{\Sigma n(n-1)}{N(N-1)} = 1 - \frac{3134}{80(80-1)} = 1 - \frac{3134}{80 \times 79} = 1 - \frac{3134}{6320}$$

$$= 1 - 0.4959 = 0.50 \text{ (2 l.d.)}$$

Mae'r cyfrifiad yn dangos bod Indecs Amrywiaeth Simpson yn nŵr agored y Shirburn yn 0.50. Roedd Indecs Amrywiaeth Simpson yn y dŵr yng ngwaelod y Shirburn yn 0.84. Mae hyn yn golygu bod y gymuned yng ngwaelod y nant (D = 0.84) yn fwy bioamrywiol na'r gymuned yn y dŵr agored (D = 0.50). Gallwn ni ddeall y gwahaniaeth drwy gymharu'r cynefinoedd. Mae mwy o gynefinoedd ar wely'r afon nag sydd mewn dŵr agored. Gallai gwahanol rywogaethau fyw ar gerrig, o dan gerrig neu rhwng cerrig, mewn mannau lle mae'r dŵr yn llifo ar wahanol gyflymderau neu lle mae'r arddwysedd golau'n wahanol. Mae mwy o gynefinoedd yn golygu mwy o gilfachau ecolegol. Mae hyn yn golygu cartref posibl i fwy o rywogaethau ac felly mwy o fioamrywiaeth.

Gwirio gwybodaeth 

Cwblhewch y paragraff drwy lenwi'r bylchau:

Bioamrywiaeth yw nifer y .... a nifer yr unigolion o bob rhywogaeth. Mae gan rai cynefinoedd, fel coedwigoedd glaw trofannol, fioamrywiaeth uchel iawn ac mae gan rai, fel .... , fioamrywiaeth isel iawn. Mae bioamrywiaeth yn gallu amrywio yn ofodol a dros .... Un o'r prif bethau sy'n lleihau bioamrywiaeth yw effaith ....

Pwynt astudio

Mae llawer o wahanol fformiwlâu i gyfrifo Indecs Amrywiaeth Simpson. Does dim disgwyl i chi eu cofio nhw, ond dylech chi fod yn gallu amnewid rhifau i mewn i fformiwla sy'n cael ei rhoi, er mwyn cyfrifo gwerth. Yna, dylech chi fod yn gallu dehongli canlyniadau eich cyfrifiad.

Cyswllt

Mae manylion ymarferol ar gyfer cyfrifo Indecs Amrywiaeth Simpson i'w gweld ar t158–159.

Cyngor mathemateg

Gwnewch yn siŵr eich bod chi'n cofio tynnu'r ffracsiwn o 1.

Defnyddio loci polymorffig i asesu bioamrywiaeth

Drwy archwilio genynnau ac alelau, gallwn ni asesu bioamrywiaeth ar lefel enynnol. Mae'r dull hwn yn canolbwyntio ar yr holl alelau sy'n bresennol yng nghyfanswm genynnol y boblogaeth, nid ar unigolion.

Term allweddol

Polymorffedd: Mwy nag un ffenoteip yn ymddangos mewn poblogaeth, a'r ffenoteipiau mwy prin yn digwydd yn amlach nag y mae mwtaniad yn unig yn gallu ei esbonio.

Nifer yr alelau

Safle genyn ar gromosom yw ei **locws**. Mae locws yn dangos **polymorffedd** os oes ganddo ddau neu fwy o alelau, a bod amlder yr alelau mwy prin yn uwch nag a fyddai'n digwydd o ganlyniad i fwtaniad yn unig. Os oes gan enyn fwy o alelau, mae ei locws yn fwy polymorffig na phe bai ganddo lai.

Mewn rhai planhigion:

- Mae'r genyn T yn rheoli taldra. Mae yna ddau alel gwahanol.
- Mae'r genyn S yn rheoli a ydy paill yn gallu egino ar stigma blodyn o'r un rhywogaeth, ai peidio. Mewn un rhywogaeth pabi, mae gan enyn S, 31 o alelau gwahanol.

Mae bioamrywiaeth genyn S yn fwy na bioamrywiaeth genyn T, oherwydd bod mwy o ffenoteipiau'n bosibl ar gyfer genyn S nag sy'n bosibl ar gyfer genyn T.

Pwynt astudio

Ar gyfer genyn penodol, y mwyaf yw amrywiad yr alelau sy'n bresennol mewn poblogaeth, y mwyaf o fioamrywiaeth sydd o ran y nodwedd sy'n gysylltiedig â'r genyn hwnnw.

Cyfran yr alelau

Os ydyn ni'n ystyried y cyfanswm genynnol cyfan, ac mai'r un math o alel enciliol yw 98% o holl alelau genyn penodol, mae bioamrywiaeth y genyn hwnnw'n isel. Ond, pe bai dim ond 50% o'r alelau yn y cyfanswm genynnau yn enciliol, byddai 50% yn alelau eraill, felly byddai bioamrywiaeth y genyn yn uwch.

Un enghraifft o bolymorffedd mewn bodau dynol yw'r system grwpiau gwaed ABO, lle mae 3 o alelau gan y genyn I, sef, I^A, I^B ac I^O. Ymysg poblogaethau brodorol Canol America, mae amlder I^O bron yn 100%, sef bioamrywiaeth isel. Mae gan boblogaeth frodorol Guinea Newydd fwy o alelau I^A ac I^B na phoblogaeth Canol America, ac ar gyfer y genyn hwn, mwy o fioamrywiaeth.

Cyngor

Does dim disgwyl i chi gofio'r data sydd wedi'u rhoi yma, ond efallai bydd cwestiwn arholiad yn gofyn i chi ddehongli data.

Poblogaeth frodorol	% bras yr alel yn y cyfanswm genynnol			Bioamrywiaeth gymharol
	I^A	I^B	I^O	
Canol America	0.1	0.1	99.8	Is
Guinea Newydd	29	10	61	Uwch

Asesu bioamrywiaeth ar lefel foleciwlaidd

Adnabod olion bysedd DNA

Mae dilyniannau basau DNA organebau sy'n perthyn yn agosach i'w gilydd yn fwy tebyg.

Dydy DNA organebau ddim i gyd yn codio ar gyfer proteinau. Fel pob DNA, mae'r darnau sydd ddim yn codio yn gallu mwtanu, felly mae unigolion yn cael dilyniannau basau gwahanol.

- Weithiau, dim ond un bas sy'n wahanol. Rydyn ni'n galw'r gwahaniaethau un bas hyn yn SNP, neu 'snip', sy'n sefyll am *single nucleotide polymorphism* – polymorffedd un niwcleotid.
- Hefyd, mae rhai darnau o DNA yn amrywio, fel arfer tua 20–40 o ddilyniannau basau o hyd, ac yn aml yn cael eu hailadrodd sawl gwaith. Y darnau unigryw hyn o DNA sydd ddim yn codio, yw'r darnau hypernewidiol (HVR: *hypervariable regions*) neu ailadroddiadau tandem byr (STR: *short tandem repeats*).

Gallwn ni weld y gwahaniaethau hyn mewn **proffiliau genynnol neu olion bysedd DNA**, gan gynnwys sawl gwaith mae'r darnau o DNA sydd ddim yn codio yn ailadrodd.

Drwy gymharu niferoedd a safleoedd y bandiau ym mhroffiliau DNA poblogaeth, gallwn ni ddweud pa mor debyg neu wahanol yw eu dilyniannau DNA. Y mwyaf o SNP a HVR gwahanol sydd gan boblogaeth, y mwyaf o wahaniaethau sydd ymysg ei holion bysedd DNA. Mae mwy o wahaniaethau yn dynodi bod mwy o fioamrywiaeth. Mewn poblogaeth fioamrywiol, mae olion bysedd DNA yn dangos llawer o amrywiad.

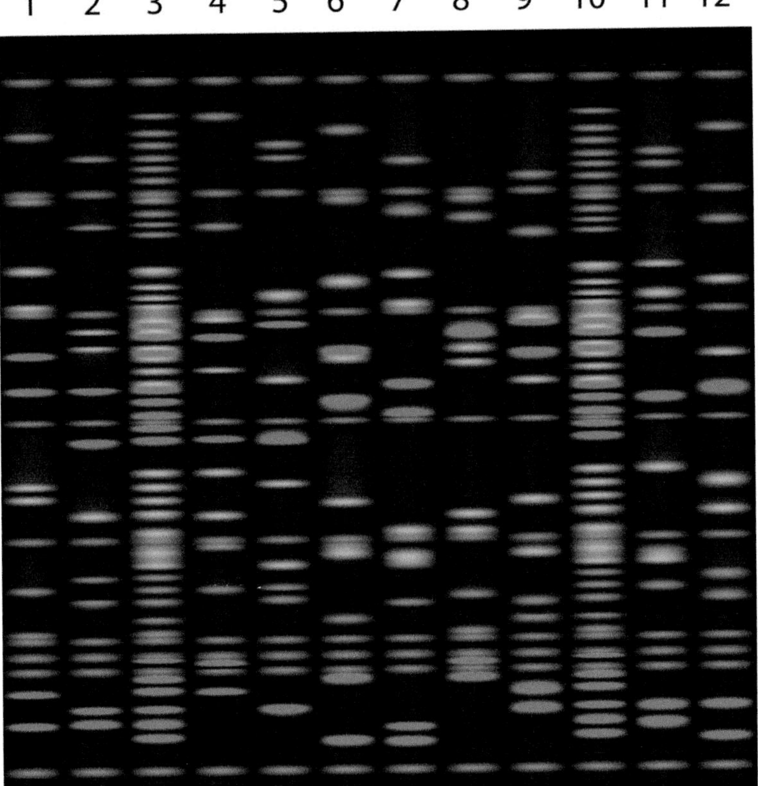

Olion bysedd genynnol 12 o unigolion

Term allweddol

Ôl bys genynnol neu broffil genynnol: termau ar gyfer patrwm sy'n unigryw i bob unigolyn, yn ymwneud â dilyniannau basau DNA.

Ymestyn a herio

- Mae amrywiadau DNA yn cael eu hetifeddu, felly maen nhw'n dangos perthynas enynnol.
- Mae olion bysedd DNA o lawer o bobl yn awgrymu bod cysylltiadau rhwng SNPs a chlefydau, gan gynnwys anaemia cryman-gell, clefyd Alzheimer a ffibrosis cystig.
- Mae amrywiadau mewn dilyniannau DNA yn effeithio ar ymatebion pobl i gyffuriau.

Cyswllt

Byddwch chi'n dysgu sut i wneud ôl bys genynnol yn ystod ail flwyddyn y cwrs hwn.

Gweithio'n wyddonol

I ddysgu mwy am fioamrywiaeth ddynol, rydyn ni'n casglu ac yn storio defnydd genynnol o bobl o bob rhan o'r byd, cyn i grwpiau arunig gael eu cydgymysgu a'u colli. Caiff safonau moesegol gofalus eu defnyddio, er mwyn cynnal preifatrwydd genynnol ac er mwyn osgoi'r potensial o gamddefnyddio'r wybodaeth.

Bioamrywiaeth a dethol naturiol

Mae mwtaniadau yn achosi gwahaniaethau rhwng unigolion, sef deunydd crai **dethol naturiol**. Mae'r tabl isod yn crynhoi proses dethol naturiol:

Cam	Digwyddiad	Esboniad
1	Mwtaniad	Gwahaniaethau yn y DNA
2	Amrywiad	Edrychiad corfforol, gweithrediad biocemegol neu ymddygiad gwahanol
3	Mantais gystadleuol	Mae rhai organebau'n addasu'n well i'r amgylchedd nag eraill ac yn cystadlu'n well nag eraill am adnoddau
4	Goroesiad y cymhwysaf	Mae'r rhai sy'n addasu'n well i'r amgylchedd yn goroesi'n well
5	Atgenhedlu	Mae'r rhai sy'n addasu'n well i'r amgylchedd yn cael mwy o epil
6	Trosglwyddo alelau ffafriol i epil	Mae'r epil yn etifeddu'r alelau manteisiol, felly maen nhw hefyd yn addasu'n well i'r amgylchedd

Term allweddol

Dethol naturiol: Dyma'r broses raddol lle mae nodweddion wedi'u hetifeddu, yn mynd yn fwy neu'n llai cyffredin mewn poblogaeth, mewn ymateb i lwyddiant unigolion â'r nodweddion hynny, i fridio yn yr amgylchedd.

Pwynt astudio

Mewn unrhyw amgylchedd go iawn, mae'r fioamrywiaeth wirioneddol yn dibynnu ar gydbwysedd rhwng y ffactorau sy'n ei chynyddu a'r ffactorau sy'n ei lleihau.

Wrth i gynefin newid, er enghraifft cynhesu, dros lawer o genedlaethau, bydd unigolion ag alelau sy'n fwy addas i amodau cynnes yn atgenhedlu'n fwy effeithlon, nes bod y nodweddion hynny gan lawer o'r boblogaeth. Ond mae'n bosibl y bydd yr amgylchedd yn newid eto, gan fynd yn wlypach efallai. Nawr, mae nodweddion eraill yn fwy defnyddiol a chaiff rhain eu dethol, felly eto, dros lawer o genedlaethau, bydd cyfansoddiad y boblogaeth yn newid. Fel hyn, mae dethol naturiol yn cynhyrchu bioamrywiaeth.

Llydanbig Ewrasia: mewn amgylchedd gwlyb, mae pig mwy llydan yn nodwedd ffafriol

Cyswllt

Mae bioleg i gyd yn seiliedig ar ddethol naturiol ac esblygiad, a byddwch chi'n astudio hyn yn fanwl yn ystod ail flwyddyn y cwrs hwn.

Mae dethol naturiol hefyd yn gallu lleihau bioamrywiaeth. Gall hyn ddigwydd os yw pryfleiddiad detholus yn lladd yr holl bryfed gleision mewn cynefin, neu os yw asteroid yn taro'r ddaear, gan daflu llwch i'r atmosffer a lleihau arddwysedd golau nes nad yw'r planhigion yn gallu goroesi. Yna, bydd y llysysyddion yn marw ac felly bydd y cigysyddion yn marw. Yn y sefyllfa honno, fel a ddigwyddodd i'r dinosoriaid, mae dethol naturiol yn lleihau bioamrywiaeth ac mae rhywogaethau'n gallu mynd yn ddiflanedig.

Cyngor

Mae proses 'addasiad' yn cynhyrchu 'nodweddion addasol'. Y dyddiau hyn, dydyn ni ddim yn ei ystyried yn hollol gywir i ddweud mai'r nodwedd ei hun yw'r addasiad.

Addasiad

Y newid i rywogaeth, wrth i nodwedd ddefnyddiol ddod yn fwy cyffredin, yw 'addasiad'. Rydyn ni'n galw'r nodwedd ddefnyddiol hon yn 'nodwedd ymaddasol'. Mae addasiad yn digwydd i bob agwedd ar organeb, ac mae llawer o wahanol nodweddion addasol i'w gweld.

Pwynt astudio

Ffactorau amgylcheddol sy'n effeithio ar lwyddiant unigolyn i atgenhedlu yw pwysau dethol.

Nodweddion anatomegol

- Mae gan siarcod, dolffiniaid a phengwiniaid gyrff llyfn (*streamlined*). Heb y siâp corff hwn, bydden nhw'n llai effeithlon wrth ddal bwyd neu ddianc rhag ysglyfaethwyr.
- Mae gan rai planhigion flodau â chanllawiau mêl neu ganllawiau neithdar, sydd weithiau'n cael eu galw'n llinellau gwenyn. Maen nhw'n dangos i bryfed lle mae canol y blodyn, ffynhonnell y neithdar a'r paill. Byddai blodyn heb y llinellau hyn yn denu llai o beillwyr.

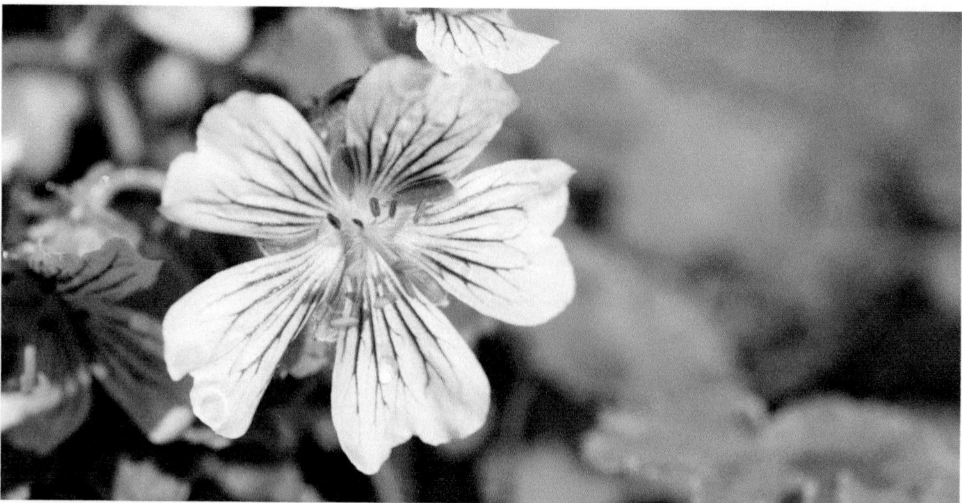

Geranium renardii â chanllawiau neithdar

Nodweddion ffisiolegol

- Mae mamolion ac adar yn endothermig ac mae'n rhaid iddyn nhw osgoi gwastraffu egni drwy geisio cynnal tymheredd y corff mewn tywydd oer. Er enghraifft, wrth aeafgysgu, mae draenog yn ailosod thermostat ei gorff. Mae tymheredd ei gorff yn gostwng o'r 34 °C arferol i tua 30 °C, ac felly mae angen llai o egni ar y draenog sy'n gaeafgysgu.
- Mae'r dail yn disgyn oddi ar blanhigion collddail wrth i'r tymheredd ac arddwysedd golau ostwng yn yr hydref. Fel hyn, dydyn nhw ddim yn colli dŵr drwy drydarthiad nac yn wynebu risg o ddadhydradiad dros y gaeaf pan allai dŵr fod wedi rhewi, ac felly maen nhw'n goroesi'r tywydd oer.

Nodweddion ymddygiadol

- Fel llawer o blanhigion, mae *Crataegus laevigata*, y ddraenen wen, yn blodeuo yn y gwanwyn pan mae'r pryfed sy'n ei pheillio wedi ymddangos. Pe bai hi'n blodeuo'n gynt, fyddai hi ddim yn cael ei pheillio.
- Mae defodau paru anifeiliaid yn cynnwys arddangos cynffon paun neu ddawnsiau cymhleth adar fel fflamingos. Mae hyn yn cynyddu siawns anifail o atgenhedlu.

Crataegus laevigata

Defod siglo pen y fflamingo mawr

Pwynt astudio

Mae cynhesu byd-eang yn peryglu perthnasoedd rhwng planhigion ac anifeiliaid gan fod llawer o blanhigion yn blodeuo cyn i'r pryfed sy'n eu peillio nhw fod o gwmpas.

Gwirio gwybodaeth

Nodwch y gair neu'r geiriau coll:

Mae .... naturiol yn caniatáu i'r organebau mwyaf addas fridio'n fwyaf effeithlon, fel bod gan yr organebau mewn poblogaeth nodweddion addasol addas i'r cynefin. Mae enghreifftiau anatomegol o nodweddion addasol yn cynnwys siâp .... organebau morol; mae enghreifftiau ffisiolegol yn cynnwys dail yn disgyn oddi ar goed .... yn yr hydref ac mae enghreifftiau ymddygiadol yn cynnwys defodau .... adar.

11 Gwirio theori

1. Esboniwch y gwahaniaeth rhwng poblogaeth a chymuned.
2. Disgrifiwch un o oblygiadau moesegol tynnu anifail o'i gynefin a'i farcio.
3. Pam byddai'n well casglu a marcio 50 o infertebratau, yn hytrach na chasglu a marcio 5?
4. Mae rhai organebau'n aeddfedu'n rhywiol, yn paru ac yn marw o fewn rhai oriau. Awgrymwch pam gallai hyn wneud y dull dal ac ail-ddal o asesu eu niferoedd yn anaddas.

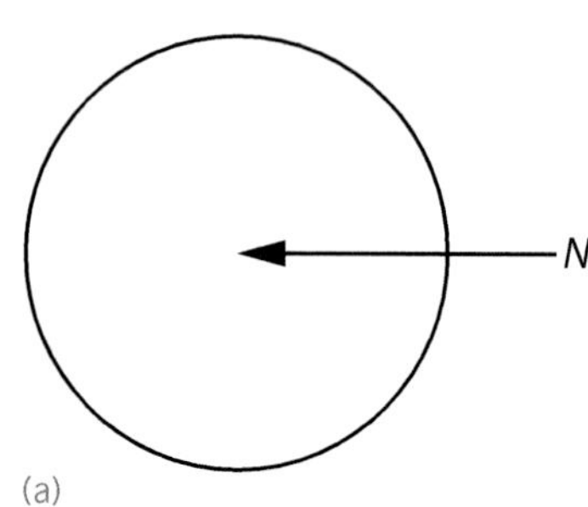

(a)

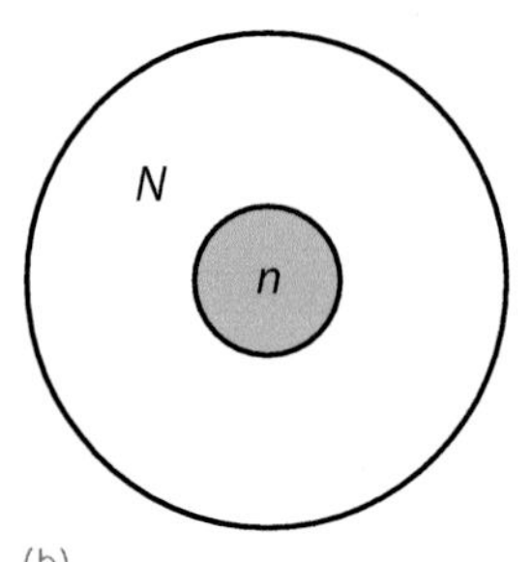

(b)

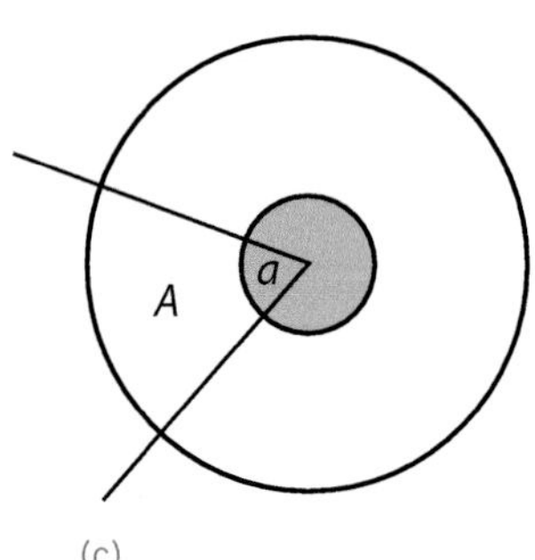

(c)

Cyngor

Efallai y bydd gofyn i chi enwi problemau posibl gyda'r dull hwn, ac esbonio sut i wella'r dull.

Gwaith ymarferol

Amcangyfrif maint poblogaeth yn seiliedig ar indecs Lincoln

Weithiau, bydd ecolegwyr eisiau gwybod maint poblogaeth, h.y. nifer yr organebau mewn rhywogaeth benodol sy'n rhannu cynefin. Mae indecs Lincoln yn addas i anifeiliaid o unrhyw faint, o forgrug i eliffantod. Weithiau, caiff y dull hwn ei alw'n ddull dal – marcio – ail-ddal neu'n ddull dal / ail-ddal.

Wrth feddwl am boblogaeth pryfed lludw mewn coetir, gallen ni alw maint y boblogaeth rydyn ni'n ei chyfrifo yn N, a'i chynrychioli â'r cylch yn niagram (a).

Mae angen casglu cynifer â phosibl o bryfed lludw mewn amser penodol, e.e. 10 munud. Mae'r nifer sy'n cael eu casglu, n, wedi'i gynrychioli gan y cylch llwyd, llai yn niagram (b).

Y ffracsiwn o gyfanswm y boblogaeth sydd wedi cael ei gasglu $= \frac{n}{N}$.

Marciwch bob pryf lludw â smotyn o farnais ewinedd a rhowch nhw yn ôl yn eu cynefin i ailymuno â'u cymuned. Ar ôl 24 awr, casglwch nhw eto, am 10 munud unwaith eto.

Y nifer yn yr ail sampl = A.

Bydd rhai o'r rhain wedi'u marcio am eich bod chi wedi eu dal nhw o'r blaen.

Y nifer sydd wedi'u marcio yn yr ail sampl = a.

Y gyfran sydd wedi'i marcio yn yr ail sampl yw $\frac{a}{A}$ fel mae diagram (c) yn ei ddangos.

Mae'r ddwy gyfrannedd yn hafal: $\frac{n}{N} = \frac{a}{A}$

$\therefore$ cyfanswm nifer y pryfed lludw, $N = \frac{A \times n}{a}$

Wedi'i ysgrifennu'n llawn, gyda N = cyfanswm y boblogaeth, n = nifer yn y sampl 1af, A = nifer yn yr 2il sampl ac a = nifer wedi'u marcio yn yr ail sampl,

$$\text{maint y boblogaeth} = \frac{\text{nifer yn yr 2il sampl} \times \text{nifer yn y sampl 1af}}{\text{nifer wedi'u marcio yn yr 2il sampl}}$$

Os cafodd 60 o bryfed lludw eu casglu a'u marcio yn y sampl cyntaf, ac mewn ail sampl o 50 bod 16 wedi'u marcio, cyfrifwch faint y boblogaeth:

$A = 50$, $a = 16$ ac $n = 60$.

Felly cyfanswm y nifer yn y boblogaeth honno,

$$N = \frac{A \times n}{a} = \frac{50 \times 60}{16} = 187.5.$$

Ond allwch chi ddim cael 0.5 pryf lludw, felly mae'r rhif sydd wedi'i gyfrifo'n cael ei gywiro i fyny i'r rhif cyfan agosaf, 188.

Tybiaethau

Mae'r dull hwn yn gwneud llawer o dybiaethau a dim ond amcangyfrif mae'n ei roi. Nid yw'n mesur union faint y boblogaeth.

Tybiaethau	Ymyriadau posibl
Dydy'r marcio ddim yn effeithio ar ymddygiad yr anifail na'i ysglyfaethwyr	Defnyddio marc sydd ddim ond yn weladwy mewn golau uwchfioled a dal yr anifeiliaid o dan olau UV am ychydig i'w cyfrif nhw
Dydy'r marciau ddim yn cael eu colli rhwng marcio a chasglu'r ail sampl	Defnyddio marc sydd ddim yn hydawdd mewn dŵr
Mae'r anifeiliaid yn integreiddio'n llawn yn ôl i mewn i'w poblogaeth	Gadael amser mor hir ag sy'n rhesymol i ailintegreiddio
Mae gan bob anifail yr un siawns o gael ei ddal a'i ail-ddal	Chwilio'n ofalus iawn
Does dim mewnfudo nac allfudo i mewn nac allan o'r boblogaeth rhwng amseroedd casglu'r ddau sampl	Dewis poblogaeth mewn man unig
Does dim genedigaethau na marwolaethau yn y boblogaeth rhwng amseroedd casglu'r ddau sampl	Methu rheoli'r ffactor hwn

Arbrawf i gymharu maint poblogaeth mewn dau gynefin

Byddai'n bosibl cyfrifo indecs Lincoln yn yr un cynefin, fel coetir, ar wahanol adegau o'r flwyddyn, neu mewn cynefinoedd gwahanol, fel coetir deri a ffawydd, neu goetir a glaswelltir. Mae'r arbrawf canlynol yn ymchwilio i goetir deri a ffawydd. Dylai pob newidyn heblaw'r math o goetir, aros yn gyson. Mewn arbrofion gwaith maes, dydy hi ddim yn bosibl gosod newidynnau rheolydd, felly mae'n rhaid bod yn ofalus a dewis safleoedd sydd mor debyg â phosibl i'w gilydd a chymryd canlyniadau ar adegau mor agos at ei gilydd â phosibl.

Cynllun

Ffactor arbrofol	Disgrifiad	Gwerth
Newidyn annibynnol	math o goetir	deri; ffawydd
Newidyn dibynnol	nifer y pryfed lludw	nifer, felly dim unedau
Newidynnau rheolydd	arwynebedd	i'w fesur a gwneud yn siŵr ei fod mor agos â phosibl yn y ddau gynefin
	hyd yr amser chwilio	
	amser y diwrnod	
	tymheredd yr aer	
	arddwysedd golau	
Rheolydd	ddim yn berthnasol gan fod yr arbrawf yn gymhariaeth	
Perygl	mae baglu, brathiadau pryfed a phigiadau danadl poethion yn beryglon; rhaid bod yn ofalus wrth gerdded; rhaid gorchuddio'r croen	

Canlyniadau

Mae'r cyfrifon yn cael eu rhoi mewn tabl. Mae maint y boblogaeth yn cael ei amcangyfrif i'r rhif cyfan agosaf, ac mae cymedr yn cael ei gyfrifo. Mae sampl i'w weld yma, wedi'i ailadrodd bump gwaith.

Math o goetir	Sampl cyntaf (n)	Ail sampl (A)	Nifer wedi'u marcio yn yr ail sampl (a)	$N = \frac{A \times n}{a}$	Cymedr
Deri	67	78	17	307	304
	79	98	26		
	82	101	29		
	78	119	37		
	76	99	20	376	
Ffawydd	20	24	5	96	90
	18	22	5		
	29	15	4		
	9	18	2		
	17	20	4	85	

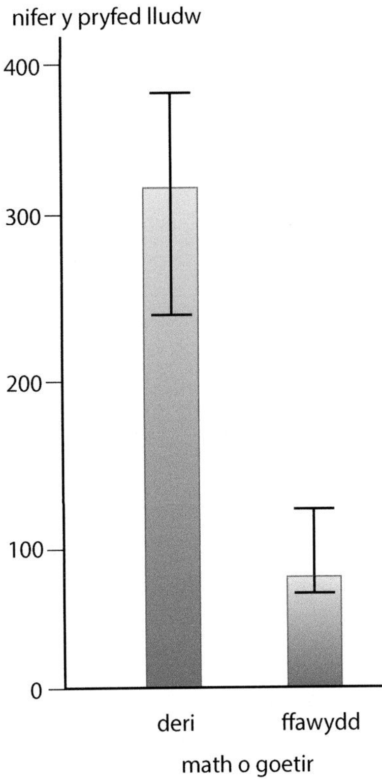

Siart bar i ddangos y canlyniadau

Cyngor mathemateg

Dydy'r barrau amrediad yn y graff ddim yn gorgyffwrdd, felly gallwn ni ddweud bod mwy o bryfed lludw yn y goedwig dderi nag sydd yn y goedwig ffawydd.

Cyngor

Dylech chi dalgrynnu i'r rhif cyfan agosaf wrth nodi maint poblogaeth. Dydy ffracsiwn o anifail ddim yn bosibl.

1. Cwblhewch y tabl ar y dudalen flaenorol.
2. Lluniwch graff bar cywir, gan gynnwys barrau amrediad, i ddangos nifer y pryfed lludw yn y ddau gynefin.
3. Disgrifiwch y siart bar.

Ffynonellau cyfeiliornad	Gwelliant
Amser casglu byr	Bydd treulio mwy o amser yn casglu, yn golygu dal mwy o bryfed lludw, gan roi mwy o'r boblogaeth gyfan ac felly gan roi amcangyfrif mwy cywir
Peidio â dod o hyd i'r pryfed lludw i gyd	Gallai pryfed lludw fod o dan risgl coeden neu mewn cilfachau dwfn, felly dylid cynyddu'r amser chwilio
Gallai camau pobl wneud i'r llawr ddirgrynu ac achosi i'r pryfed lludw fynd i guddio	Cymryd camau ysgafn; cymryd cyn lleied o gamau â phosibl

Gweithio'n wyddonol

Gallwn ni amcangyfrif maint poblogaeth teigrod neu eliffantod fel hyn, ond yn hytrach na'u casglu nhw a rhoi farnais ewinedd arnynt, byddwn ni'n tynnu lluniau â chamerâu mewn ardaloedd lle rydyn ni'n gwybod y mae'r anifeiliaid yn byw. Gallwn ni ddefnyddio patrwm rhesi neu nodweddion eraill yr anifeiliaid i adnabod unigolion, fel bod ecolegwyr yn gwybod nad ydyn nhw'n cyfrif un anifail ddwywaith.

Gallai'r esboniad gynnwys:

Mae'n bosibl bod y nifer uwch yn y coetir deri yn gysylltiedig â:

- Detritws o ddefnydd planhigion sy'n pydru, yn ffynhonnell bwyd fwy addas.
- Mwy o fannau addas i guddio er mwyn osgoi ysglyfaethu.
- pH y pridd yn uwch, os, fel pryfed genwair, dydy pryfed lludw ddim yn goroesi'n dda â pH is.

Gwaith pellach

Mae'n bosibl profi ffactorau eraill, a'u cyfuno nhw â chyfrifiadau indecs Lincoln, i ddarparu mwy o wybodaeth i lunio casgliad dilys:

- Effaith pH y pridd, drwy greu mannau profi lle mae pH y pridd wedi'i newid.
- Effaith arddwysedd golau, drwy greu cynefinoedd artiffisial a rheoli arddwysedd golau.
- Adeg y flwyddyn.
- Poblogaethau eraill, e.e. pryfed genwair neu filtroediaid.

Ymchwilio i fioamrywiaeth infertebratau mewn nant

Gallwch chi gyfrifo Indecs Amrywiaeth Simpson ar gyfer infertebratau mewn nant. Gallwch chi ddefnyddio dull o'r enw samplu cicio i gasglu sampl o ddŵr y nant ac adnabod yr infertebratau a'u cyfrif nhw.

Protocol

- Rhoi cwadrad 0.25 m^2 yn y nant a dal rhwyd ar ochr y cwadrad sydd isaf i lawr y nant, fel ei bod hi'n cyffwrdd â ffrâm y cwadrad, fel sydd yn y diagram.
- Aflonyddu'r rhan sydd yn y cwadrad, drwy gicio neu gribinio â ffon fetr, am gyfnod penodol, fel 2 funud.
- Dal y rhwyd yn ei lle am 30 eiliad arall, i ddal yr holl infertebratau sy'n cael eu golchi i lawr y nant.
- Gwagio cynnwys y rhwyd i flwch sy'n cynnwys dŵr o'r nant sydd rai cm o ddyfnder.
- Adnabod yr infertebratau a'u cyfrif nhw.
- Rhoi'r infertebratau yn ôl yn y nant yn ofalus, ychydig o fetrau i fyny'r nant o ble y casgloch chi nhw.

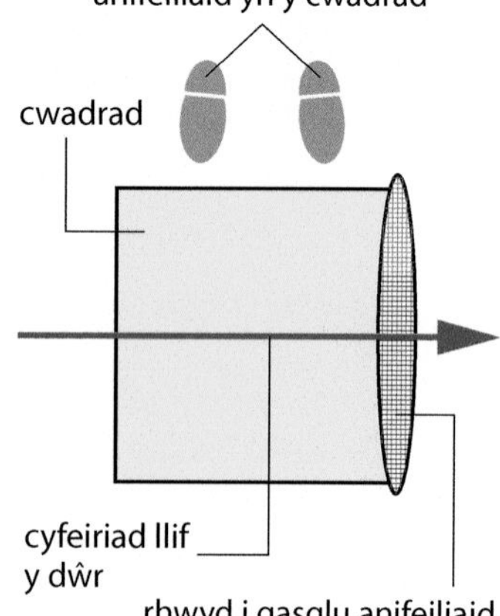

Casglu sampl o ddŵr nant

Arbrofi i gymharu bioamrywiaeth mewn nentydd â gwahanol swbstradau

Cynllun

Ffactor arbrofol	Disgrifiad	Gwerth
Newidyn annibynnol	math o swbstrad	caregog; tywodlyd
Newidyn dibynnol	bioamrywiaeth	Indecs Amrywiaeth Simpson
Newidynnau rheolydd	cyfradd llif	i'w fesur, a gwneud yn siŵr ei fod mor agos â phosibl yn y ddau gynefin
	crynodiad nitrad	
	tymheredd y dŵr	
	pH y dŵr	
	dyfnder y dŵr	
	arddwysedd golau	
Rheolydd	ddim yn berthnasol gan fod yr arbrawf yn gymhariaeth	
Dibynadwyedd	gallwch chi ddefnyddio cymedrau llawer o gyfrifon rhywogaethau i gyfrifo gwerthoedd *n*	
Perygl	gwisgo esgidiau â gwadnau rwber i osgoi llithro yn y nant; gorchuddio'r croen i amddiffyn rhag clefyd Weil	

Canlyniadau

1. Cwblhewch y tabl drwy gyfrifo Indecs Amrywiaeth Simpson ar gyfer y swbstrad tywodlyd, gan ddefnyddio fformiwla Indecs Amrywiaeth Simpson, $D = 1 - \frac{\Sigma n(n-1)}{N(N-1)}$

Rhywogaeth	Caregog: Nifer yr unigolion (n)	Caregog: $n(n-1)$	Tywodlyd: Nifer yr unigolion (n)	Tywodlyd: $n(n-1)$
Llyngyr lledog	11	$11(11-1) = 11 \times 10 = 110$	8	
Berdys dŵr croyw	59	$59(59-1) = 59 \times 58 = 3422$	2	
Larfâu pryf pric	2	$2(2-1) = 2 \times 1 = 2$	0	
Nymffod cleren Fai	7	$7(7-1) = 7 \times 6 = 42$	0	
Pwpaod gwybed mân	2	$2(2-1) = 2 \times 1 = 2$	0	
Nymffod pryf y cerrig	3	$3(3-1) = 3 \times 2 = 6$	0	
Cyfansymiau	$N = 84$	$\Sigma n(n-1) = 3584$		
Indecs Amrywiaeth Simpson (2 l.d.)	0.49			

2. Plotiwch siart bar i gymharu'r gwerthoedd Indecs Amrywiaeth Simpson.

Cywirdeb

Gallai'r ffynonellau anghywirdeb sydd wedi'u nodi yma arwain at amcangyfrif rhy isel neu rhy uchel o werth gwirioneddol Indecs Amrywiaeth Simpson.

Ffynonellau cyfeiliornad	Gwelliant
Camadnabod yr infertebratau	Defnyddio allwedd adnabod
Cyfrif yn anghywir	Os oes gormod o infertebratau i'w cyfrif, gellir eu cyfrif nhw drwy fesur cyfaint sampl. Mae cyfaint yr holl sampl yn cael ei fesur. Er enghraifft, os oes 18 o ferdys dŵr croyw mewn sampl 20 cm^3 sydd wedi'i gymryd o gyfanswm cyfaint o 500 cm^3, mae cyfanswm o $18 \times \frac{500}{20} = 18 \times 25 = 450$ o ferdys dŵr croyw.

Pwynt astudio

Mewn gwaith maes, mae'n amhosibl rheoli newidynnau, felly caiff samplau eu cymryd o safleoedd sydd mor agos â phosibl ym mhob ffordd, ar wahân i'r newidyn annibynnol.

Gwirio theori 12

1. Pam gallai unigolion o rywogaeth benodol gael eu canfod yn rheolaidd ar arwyneb nant?
2. Pam gallai unigolion o rywogaeth benodol gael eu canfod yn rheolaidd o dan gerrig ar wely'r nant?
3. Rydyn ni'n dod o hyd i rai mwydod dyfrol â'u pennau i lawr yn y swbstrad a'u cynffonnau i fyny yn y dŵr. Sut maen nhw'n sicrhau cyflenwad ocsigen ffres?
4. Awgrymwch drefn gywir y swbstradau hyn, o'r mwyaf i'r lleiaf: tywod bras, cerigos, clai, tywod mân, silt.

Gallai'r esboniad gynnwys:

- Arsylwi bod swbstrad caregog yn darparu mwy o ficrogynefinoedd na swbstrad tywodlyd, gan roi rhyw ddisgrifiad.
- Enghreifftiau o nodweddion addasol infertebratau sy'n caniatáu i organebau oroesi'n fwy llwyddiannus mewn amrywiaeth o ficrogynefinoedd sydd ar gael ar swbstrad caregog, e.e. cael eu hamddiffyn rhag llif dŵr cyflym; ysglyfaethwyr yn methu eu gweld nhw.

Gwaith pellach

- Bioamrywiaeth dros amser yn yr un nant.
- Sut mae bioamrywiaeth yn newid ar hyd nant wrth gynyddu'r pellter oddi wrth ffynhonnell llygredd.
- Effeithiau gwahanol newidynnau anfiotig ar fioamrywiaeth, fel cyfradd llif, dyfnder y dŵr, crynodiad ocsigen wedi'i hydoddi.

13 Gwirio theori

1. Pam mae'n rhaid lleoli'r cwadradau ar hap?
2. Esboniwch pam byddai'n well defnyddio 15 cwadrad wedi'u lleoli ar hap, yn hytrach na 5.
3. Pam mae'r dull hwn yn anaddas i edrych ar amrywiad planhigion rhwng y tu mewn i goetir a llwybr cyfagos?
4. Sut gallwch chi fod yn siŵr eich bod chi'n enwi'r planhigion i gyd yn gywir?
5. Pam rydych chi'n fwy tebygol o ddod o hyd i redyn mewn man cysgodol nag mewn cae agored?

Ymchwilio i fioamrywiaeth planhigion ar laswelltir

Mewn ardal lle mae'r newidynnau anfiotig yn unffurf, e.e. cae agored, gallwn ni ddefnyddio cynrychioliad o'r arwynebedd cyfan. Mae 'cwadrad ffrâm agored' yn addas. Ffrâm sgwâr bren yw hon ag ochrau o e.e. 0.5 m, gan roi arwynebedd o 0.25 m^2. Rydyn ni'n adnabod y planhigion yn y ffrâm ac yn cyfrif y nifer o bob rhywogaeth neu'n amcangyfrif yr arwynebedd mae pob un yn ei orchuddio.

Ar laswelltir unffurf, gallech chi gydosod pâr o echelinau 10 m o hyd a defnyddio rhifau wedi'u hapddewis i ganfod cyfesurynnau'r cwadrat. Gallwch chi ddefnyddio cyfrifiannell neu daenlen i ganfod haprifau rhwng 0 a 10, e.e. 6.3 ac 8.1. Y pwynt samplu fyddai'r rhyngdoriad rhwng y llinellau o 6.3 m ac 8.1 m ar hyd yr echelinau:

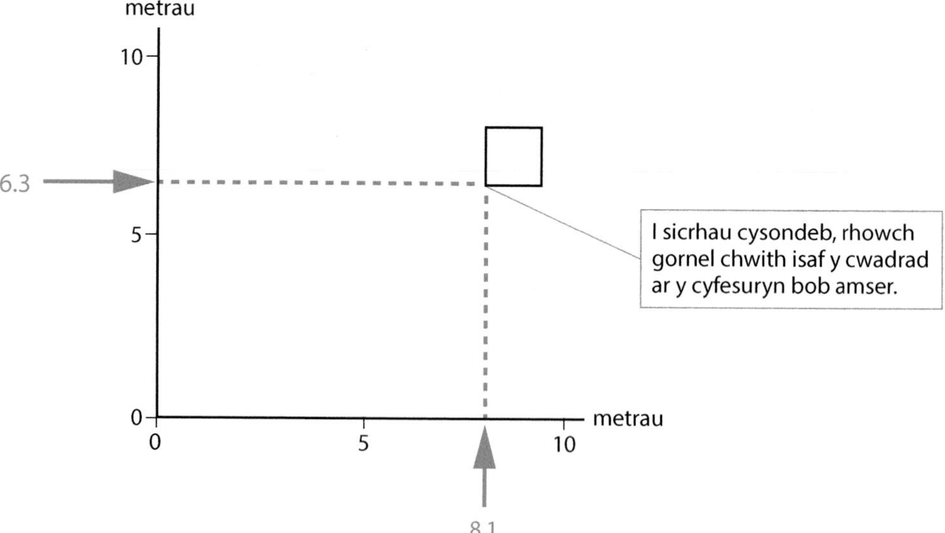

Pwyntiau hapsamplu

Mae darlleniadau ar 10 pâr o gyfesurynnau wedi'u hapddewis yn caniatáu i chi gyfrifo cymedr ar gyfer pob rhywogaeth.

Bydd y dulliau o gymryd darlleniadau'n dibynnu ar y rhywogaethau dan sylw.

1. Mesur dwysedd planhigion, h.y. y nifer i bob m²

Mae'n hawdd cyfrif unigolion o rai rhywogaethau, e.e. pabi. Os ydych chi'n cyfrif nifer yr unigolion mewn 10 cwadrad ac yn cyfrifo'r cymedr, bydd gennych chi'r nifer cymedrig mewn 0.25 m^2. Mae angen lluosi'r rhif hwn â 4 i gael y nifer i bob m^2. Dyma'r dwysedd.

Rhif y cwadrad	Nifer y planhigion pabi
1	6
2	8
3	8
4	2
5	0
6	0
7	7
8	4
9	5
10	6
Cymedr i bob cwadrad 0.25 m^2	$46 \div 10 = 4.6$
Cymedr i bob m^2 = dwysedd	$4.6 \times 4 = 18.4$

Does dim rhaid i ddwysedd fod yn rhif cyfan, yn wahanol i gyfrif poblogaeth, oherwydd ei fod yn cynrychioli'r nifer cyfartalog dros yr arwynebedd cyfan.

2. Gorchudd arwynebedd canrannol

Os yw hi'n anodd cyfrif planhigion unigol, fel gwair neu fwsogl neu eiddew'r ddaear, mae'n ddefnyddiol amcangyfrif faint o'r arwynebedd maen nhw'n ei orchuddio. Os yw'r rhywogaeth yn gorchuddio gwahanol ddarnau o'r cwadrad, dychmygwch nhw wedi'u gwthio at ei gilydd. Yma, maen nhw'n gorchuddio tua 15% o'r arwynebedd:

Mae'r amcangyfrif yn fwy manwl gywir os oes grid ar y cwadrad. Mae cyfanswm arwynebedd y cwadrad yr un fath, ond mae wedi'i rannu'n grid o sgwariau 10 × 10, fel bod pob sgwâr yn cynrychioli 1% o'r arwynebedd. Mae'r diagram isod yn dangos yr un darn o laswelltir, ond y tro hwn, mae cwadrad grid 10 × 10 yn cael ei ddefnyddio.

Cyfrwch bob sgwâr yn y grid sydd wedi'i orchuddio â'r planhigyn gan ddefnyddio rheol ar gyfer sgwariau sydd wedi'u gorchuddio'n rhannol, e.e. dim ond cyfri'r sgwâr os yw mwy na'i hanner wedi'i orchuddio. Yma, mae'n gorchuddio 17% o'r arwynebedd.

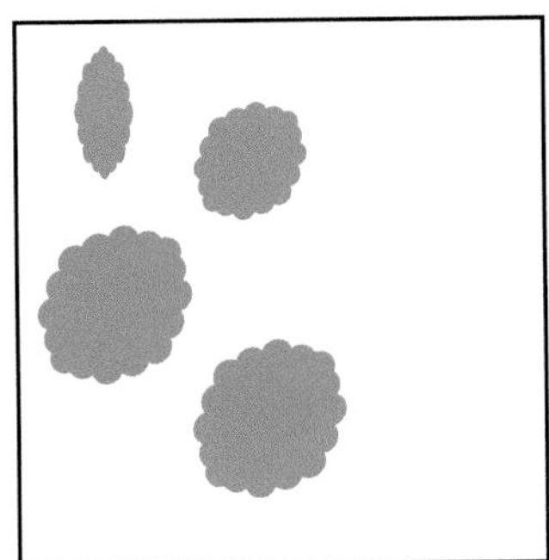

Mannau â phlanhigion

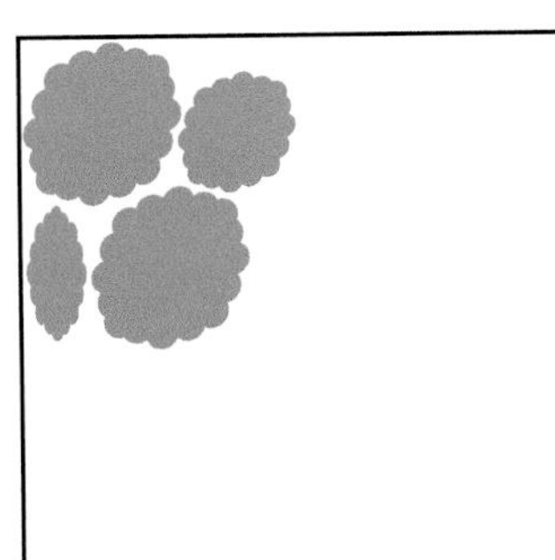

Gwthio'r mannau at ei gilydd

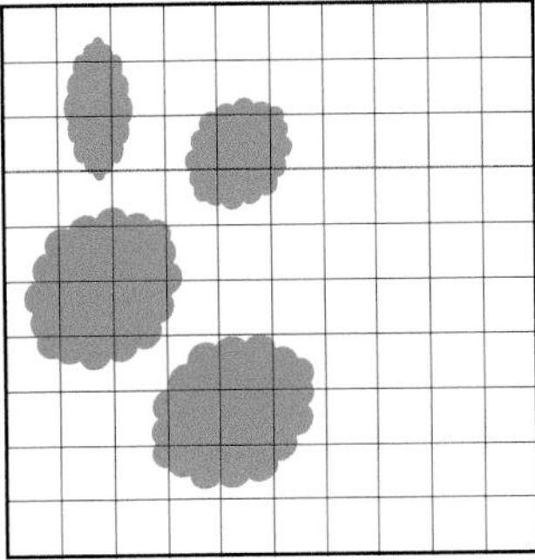

Defnyddio cwadrad â grid

3. Amlder canrannol

Mae hyn yn llai manwl gywir nag asesu gorchudd canrannol. Cyfrwch yn sawl sgwâr y mae'r planhigyn yn ymddangos. Mae yna 100 o sgwariau, felly rydych chi'n ei fynegi fel canran. Yma, mae rhywfaint o'r planhigyn mewn 38 o sgwariau, felly mae'r amlder canrannol = 38%.

Llun 1.1

Profwch eich hun

1 120 000 o flynyddoedd yn ôl, roedd y tsita (*Acinonyx jubatus*, Llun 1.1) yn crwydro safanau a gwastadeddau pedwar cyfandir Affrica, Asia, Ewrop a Gogledd America. Tua 10 000 o flynyddoedd yn ôl, o ganlyniad i newid hinsawdd, aeth pob rhywogaeth tsita heblaw am un yn ddiflanedig. Gan fod eu niferoedd wedi lleihau cymaint, cafodd perthnasau agos eu gorfodi i fridio, ac o ganlyniad i hyn, roedd y tsita wedi mewnfridio'n enynnol. Mae hyn yn golygu bod perthynas agos rhwng pob tsita sy'n byw heddiw.

(a) Enwch barth, teyrnas a genws y tsita. (3)

(b) Enwch un o nodweddion y tsita sy'n nodi ei barth, ac un sy'n nodi ei deyrnas. (2)

(c) Mae Llun 1.2 yn dangos y berthynas esblygiadol rhwng rhai mamolion.

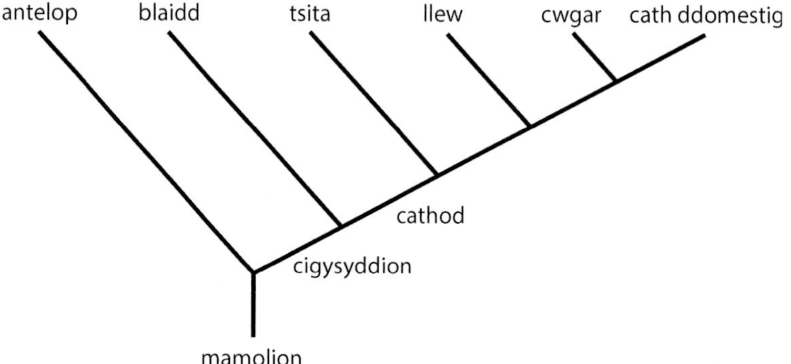

Llun 1.2

(i) Nodwch enw'r math hwn o ddiagram. (1)

(ii) Defnyddiwch Lun 1.2 i ffurfio casgliad ynghylch a ydy cath ddomestig yn perthyn yn agosach i'r cwgar neu i'r tsita. Esboniwch eich ateb. (2)

(iii) Nodwch ddull biocemegol bydden ni'n gallu ei ddefnyddio i ategu'r casgliad yn (c) (ii) a disgrifiwch y canlyniadau byddech chi'n eu disgwyl. (2)

(Cyfanswm 10 marc)

2 Mae pincod (*finches*) y Galapagos yn dangos esblygiad adar gwahanol o un ffurf hynafiadol. Y gred yw bod nifer bach o bincod, rhwng 2 filiwn a 3 miliwn o flynyddoedd yn ôl, wedi mewnfudo a bod hyn wedi arwain at nifer mawr o rywogaethau o bincod, gan gynyddu bioamrywiaeth Ynysoedd y Galapagos.

(a) (i) Esboniwch beth yw ystyr y term 'bioamrywiaeth'. (1)

(ii) Mae rhannau o Ynysoedd y Galapagos yn goedwig law drofannol. Amlinellwch ddull i amcangyfrif y newid mewn bioamrywiaeth wrth i chi symud o ymyl coedwig tuag at ei chanol. (3)

(b) Pe bai rhywogaeth pincod newydd yn cael ei chyflwyno i Brydain heddiw, byddai'n annhebygol dros ben iddi arwain at amrywiaeth debyg o ddisgynyddion i'r rhai ar Ynysoedd y Galapagos. Awgrymwch wahaniaeth perthnasol rhwng y sefyllfa ym Mhrydain heddiw a'r sefyllfa pan gyrhaeddodd y pincod y Galapagos am y tro cyntaf, ac esboniwch pam gallai'r gwahaniaeth hwn atal yr amrywiaeth hon o ddisgynyddion ym Mhrydain heddiw. (2)

(c) Esboniwch pam mae pincod y Galapagos erbyn hyn yn cael eu cydnabod fel rhywogaethau ar wahân, yn hytrach nag amrywiaethau o'r un rhywogaeth. (1)

(ch) Awgrymwch beth allai ddigwydd i amrywiaeth y pincod ar Ynysoedd y Galapagos pe bai'r tymheredd cymedrig yn codi a glawiad yn lleihau o ganlyniad i newid yn yr hinsawdd. Rhowch reswm dros eich awgrym. (2)

(Cyfanswm 9 marc)

3 Mae'r tabl isod yn dangos niferoedd organebau wedi'u casglu mewn dwy nant yn East Anglia ym mis Awst 2019. Mae'r ddwy nant yn llifo dros yr un math o graig.

Enw cyffredin y rhywogaeth	Millstream		Shirburn	
	n	$n(n-1)$	n	$n(n-1)$
larfâu pryf y wernen	1	0		
larfâu pryf du			1	0
larfâu gwybedyn brathog	2	2		
larfâu pryf pric mewn cas			1	0
nymffod cleren Fai sy'n cropian	1	0	2	2
nymffod mursen	45	1980		
chwilod plymio	10	90		
larfâu chwilen blymio	2	2		
nymffod gwas y neidr	2	2		
llyngyr lledog			11	110
berdys dŵr croyw	12	132	58	3306
cychwyr mawr	1	0		
gelod	15	210		
cychwyr bach	27	702		
larfâu mosgito	2	2		
larfâu gwybedyn di-frath	2	2		
malwod	31	930		
nymffod pryf y cerrig	1	0	5	20
nymffod cleren Fai sy'n nofio	71	4970	9	72
chwilod dŵr	3	6		
larfâu chwilen ddŵr	1	0	2	2
chwain dŵr	42	1722		
llau dŵr	13	156		
gwiddon dŵr	33	1056		
	$N = 317$	$\Sigma n(n-1) = 11\,964$		
	$N(N-1) = 100\,172$			
	$S = 1 - \frac{11\,964}{100\,172}$ $= 1 - 0.12$ $= 0.88$			

(a) (i) Disgrifiwch sut gallai'r data yn y tabl uchod fod wedi cael eu casglu. (4)

(ii) Disgrifiwch un ffynhonnell bosibl o anghywirdeb wrth gasglu'r data. (1)

(b) (i) Gallwn ni gyfrifo Indecs Amrywiaeth Simpson â'r fformiwla Indecs Amrywiaeth Simpson, $D = 1 - \frac{\Sigma n(n-1)}{N(N-1)}$, lle N yw cyfanswm nifer yr unigolion yn y sampl ac mae n yn cynrychioli'r nifer o bob rhywogaeth. Mae Indecs Amrywiaeth Simpson wedi'i gyfrifo ar gyfer y Millstream. Defnyddiwch y data sydd wedi'u darparu i gyfrifo Indecs Amrywiaeth Simpson ar gyfer y Shirburn, gan roi eich ateb i ddau le degol. (4)

(ii) Defnyddiwch y gwerthoedd Indecs Amrywiaeth Simpson rydych chi wedi'u cyfrifo i ffurfio casgliad am fioamrywiaeth gymharol y ddwy nant. (2)

(iii) Awgrymwch pam gallai bioamrywiaeth y ddwy nant hyn fod yn wahanol i'w gilydd er eu bod nhw'n llifo dros yr un math o graig. (1)

(Cyfanswm 12 marc)

2.2

Addasiadau ar gyfer cyfnewid nwyon

Mae organebau byw yn cyfnewid nwyon gyda'r amgylchedd. Mae llawer yn defnyddio ocsigen i ryddhau egni o foleciwlau organig, fel glwcos, drwy gyfrwng resbiradaeth. Yna, rhaid cael gwared ar garbon deuocsid, y nwy gwastraff. Mae planhigion yn resbiradu ond maen nhw hefyd yn cyflawni ffotosynthesis, sy'n defnyddio carbon deuocsid o'r atmosffer ac yn rhyddhau ocsigen i'r aer. Cyfnewid nwyon yw'r broses o dderbyn a rhyddhau nwyon.

Cynnwys y testun

Erbyn diwedd y testun hwn, byddwch chi'n gallu gwneud y canlynol:

- Cysylltu'r cynnydd mewn maint corff a metabolaeth â dulliau cyfnewid nwyon.
- Cymharu mecanweithiau cyfnewid nwyon *Amoeba*, llyngyr lledog a mwydod.
- Disgrifio mecanwaith awyru pysgod esgyrnog o ran cynnal graddiannau crynodiad ar draws eu harwynebau resbiradol.
- Disgrifio adeiledd a swyddogaethau system resbiradol bodau dynol.
- Disgrifio addasiadau pryfed i gyfnewid nwyon ar dir.
- Disgrifio adeiledd deilen, yr organ cyfnewid nwyon mewn planhigion.
- Disgrifio mecanwaith agor a chau stomata.
- Gwybod sut i ganfod a chymharu dosbarthiad stomata mewn dail.
- Gwneud lluniadau gwyddonol o ddail a'u mesur nhw.

Problemau sy'n gysylltiedig â chynnydd mewn maint

Mae angen i nwyon dryledu i mewn ac allan o organeb yn gyflym ac yn effeithlon. Mae hyn yn digwydd ar draws **arwyneb resbiradol**, fel tagellau pysgodyn, yr alfeoli yn ysgyfaint mamolyn, traceolau pryfyn a'r celloedd mesoffyl sbyngaidd mewn dail. Mae'r rhain i gyd yn **cyfnewid nwyon** yn effeithlon iawn ac felly maen nhw i gyd yn arwynebau resbiradol rhagorol.

Mae nodweddion hanfodol arwynebau cyfnewid yr un fath ym mhob organeb. Er mwyn i nwyon dryledu'n gyflym, rhaid i arwyneb resbiradol fod â'r nodweddion canlynol:

- Arwynebedd arwyneb digon mawr, o'i gymharu â chyfaint yr organeb, fel bod cyfradd cyfnewid nwyon yn ddigonol i anghenion yr organeb.
- Bod yn denau, fel bod llwybrau tryledu'n fyr.
- Bod yn athraidd er mwyn i'r nwyon resbiradol dryledu'n rhwydd.
- Mecanwaith i gynhyrchu graddiant tryledu serth ar draws yr arwyneb resbiradol, drwy ddod ag ocsigen yno, neu drwy symud carbon deuocsid oddi yno, yn gyflym.

Termau allweddol

Arwyneb resbiradol: Lle mae cyfnewid nwyon yn digwydd.

Cyfnewid nwyon: Tryledìad nwyon i lawr graddiant crynodiad ar draws arwyneb resbiradol, rhwng organeb a'i hamgylchedd.

Organebau ungellog

Mae organebau ungellog fel y protoctista *Amoeba* yn fach iawn.

- Mewn celloedd unigol, mae'r gymhareb arwynebedd arwyneb i gyfaint yn fawr.
- Mae'r gellbilen yn denau felly mae trylediad i'r gell yn gyflym.
- Mae un gell yn denau felly mae pellteroedd tryledu o fewn y gell yn fyr.

Felly, mae organebau ungellog yn gallu:

- Amsugno digon o ocsigen ar draws y gellbilen i ddiwallu eu hanghenion resbiradu.
- Cael gwared ar garbon deuocsid yn ddigon cyflym i atal crynodiad uchel rhag cronni a rhag gwneud y cytoplasm yn rhy asidig i ensymau weithredu.

Mae moleciwlau sy'n tryledu yn newid cyfeiriad bob tro maen nhw'n gwrthdaro. Os yw'r llwybr drwy gell yn rhy hir, bydd moleciwlau'n newid cyfeiriad mor aml, nes y byddai'n cymryd gormod o amser i gyflenwi digon o ocsigen neu dynnu digon o garbon deuocsid, i'r gell weithio. Felly, mae terfyn uchaf i faint cell.

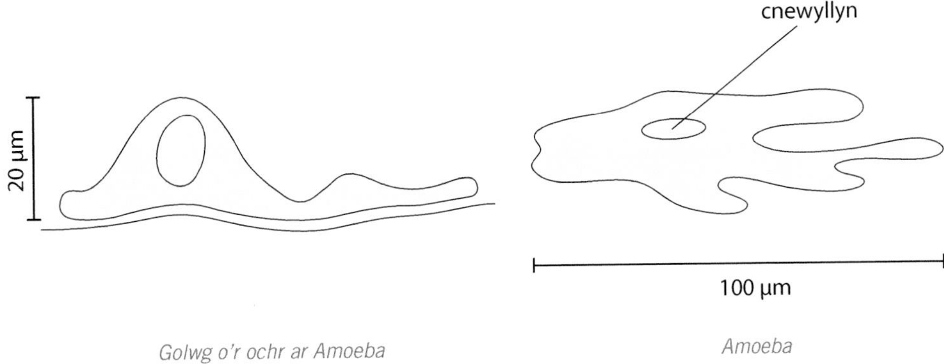

Golwg o'r ochr ar Amoeba

Amoeba

Cyngor

Sylwch ar unrhyw raddfa sydd wedi'i rhoi gyda delwedd, a chofiwch nodi'r raddfa os ydych chi'n lluniadu diagram.

Anifeiliaid amlgellog

Mewn organebau mwy, mae llawer o gelloedd wedi'u cydgasglu. Mae'r cydgasgliadau hyn i'w gweld mewn ffosiliau o organebau amlgellog cynnar. Mewn organebau mwy, mae'r gymhareb arwynebedd arwyneb i gyfaint yn llai nag ydyw mewn organebau llai â'r un siâp cyffredinol, felly dydy trylediad ar draws eu harwynebau ddim yn ddigon effeithlon i gyfnewid eu nwyon.

Llyngyren ledog

Cyngor mathemateg

Ar gyfer cyfaint penodol, sffêr sy'n rhoi'r arwynebedd arwyneb lleiaf posibl.

Mae llyngyr lledog yn organebau dyfrol, a gan eu bod nhw'n fflat, mae ganddyn nhw arwynebedd arwyneb llawer mwy nag organeb sfferig o'r un cyfaint. Mae eu cymhareb arwynebedd arwyneb i gyfaint fawr wedi goresgyn problem cynyddu eu maint, oherwydd does dim un rhan o'r corff yn bell o'r arwyneb ac felly mae llwybrau tryledu'n fyr.

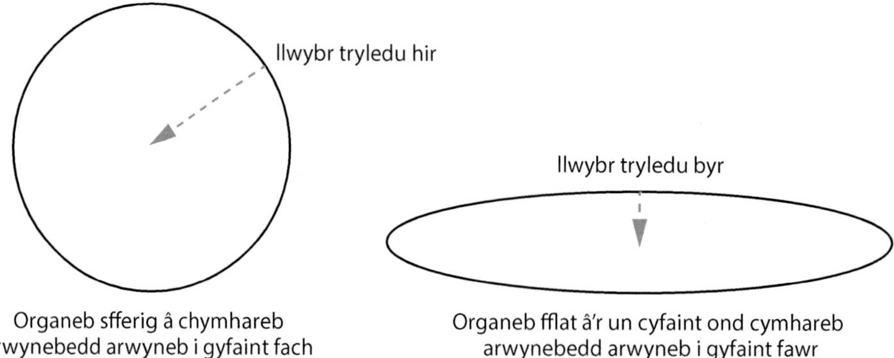

Llwybrau tryledu

Mae'r mwydyn yn **organeb ddaearol**.

- Mae'n silindrog felly mae ei gymhareb arwynebedd arwyneb i gyfaint yn llai na chymhareb llyngyren ledog, ond yn fwy na chymhareb organeb gryno â'r un cyfaint.
- Ei groen yw'r arwyneb resbiradol; mae'n ei gadw'n llaith drwy secretu mwcws. Gan fod angen i'r arwyneb fod yn llaith, rhaid i'r mwydyn aros yn amgylchedd llaith y pridd.
- Does dim angen llawer o ocsigen arno oherwydd ei fod yn symud yn araf ac mae ganddo **gyfradd fetabolaidd** isel. Mae digon o ocsigen yn tryledu ar draws ei groen i mewn i'r capilarïau gwaed dan y croen.
- Mae haemoglobin yn bresennol yn ei waed, ac yn cludo ocsigen o gwmpas y corff mewn pibellau gwaed. Mae cludo'r ocsigen oddi wrth yr arwyneb yn cynnal graddiant tryledu ar yr arwyneb resbiradol.
- Mae carbon deuocsid hefyd yn cael ei gludo yn y gwaed ac mae'n tryledu allan ar draws y croen, i lawr graddiant crynodiad.

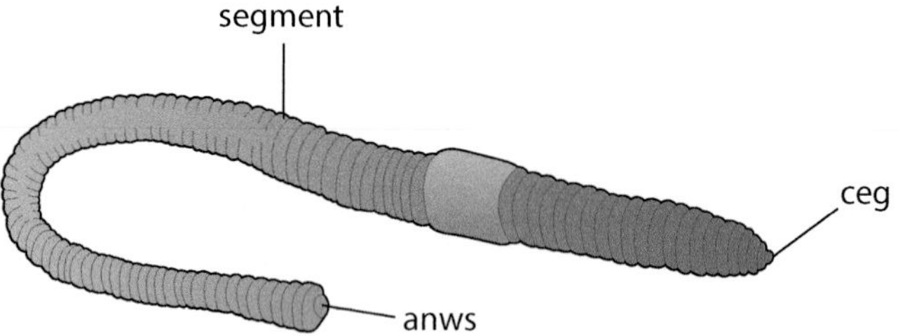

Mwydyn

Pwynt astudio

Mae ocsigen yn hydoddi yn y lleithder ar arwyneb y mwydyn, cyn tryledu ar ei draws ac i mewn i gapilarïau.

Termau allweddol

Organeb ddaearol: Organeb sy'n byw ar y tir.

Cyfradd fetabolaidd: Cyfradd defnyddio egni'r corff.

Pwynt astudio

Mae yna dri phrif fath o ffurfiadau resbiradol mewn anifeiliaid:

- Tagellau: mewn pryfed dyfrol, larfâu amffibiaid (penbyliaid) a physgod. Mae cyfnewid nwyon yn digwydd yn y lamelâu tagell.
- Ysgyfaint: esblygodd y rhain yng nghyd-hynafiad grwpiau o anifeiliaid daearol gan gynnwys adar, ymlusgiaid a mamolion; maen nhw i'w cael mewn amffibiaid llawn dwf hefyd. Mae cyfnewid nwyon yn digwydd yn yr alfeoli.
- Systemau traceol: tiwbiau llawn aer mewn pryfed daearol. Mae cyfnewid nwyon yn digwydd mewn traceolau.

Mae gan lawer o anifeiliaid amlgellog, gan gynnwys pryfed a mamolion, nodweddion arbennig sydd ddim i'w gweld mewn organebau ungellog:

- Yn gyffredinol, mae eu cyfradd fetabolaidd yn uwch. Mae angen iddynt ddarparu mwy o ocsigen i gelloedd sy'n resbiradu a chael gwared ar fwy o garbon deuocsid.
- Mewn organebau mwy â chelloedd mwy arbenigol, mae meinweoedd ac organau'n fwy cyd-ddibynnol.
- Rhaid iddynt weithio i gynnal graddiant crynodiad serth ar draws eu harwynebau resbiradol drwy symud y cyfrwng amgylcheddol, aer neu ddŵr, ac mewn anifeiliaid mwy, y cyfrwng mewnol, y gwaed. Felly mae angen **mecanwaith awyru**.
- Rhaid i arwynebau resbiradol fod yn denau i wneud y llwybr tryledu'n fyr, ond yna maen nhw'n frau ac yn hawdd eu niweidio. Ond gan eu bod nhw y tu mewn i'r organeb, fel ysgyfaint mamolyn neu dagellau pysgodyn, maen nhw wedi'u hamddiffyn.

Term allweddol

Mecanwaith awyru: Mecanwaith sy'n galluogi organeb i drosglwyddo aer neu ddŵr rhwng yr amgylchedd ac arwyneb resbiradol.

Cyfnewid nwyon mewn grwpiau fertebratau

Mae'n bosibl bod bywyd ar y Ddaear wedi esblygu yn y dŵr, cyn i blanhigion, ac yna anifeiliaid, gytrefu'r tir. Dyma rai problemau mawr i organebau daearol:

- Mae dŵr yn anweddu oddi ar arwyneb y corff, a allai arwain at ddadhydradiad.
- Rhaid i arwynebau cyfnewid nwyon fod yn denau ac athraidd, gydag arwynebedd arwyneb mawr. Ond mae moleciwlau dŵr yn fach iawn ac yn mynd drwy arwynebau cyfnewid nwyon, felly mae arwynebau cyfnewid nwyon yn llaith drwy'r amser. O ganlyniad, maen nhw'n debygol o golli llawer o ddŵr.

Mae anifeiliaid wedi esblygu gwahanol ddulliau o oresgyn y gwrthdaro rhwng yr angen i gadw dŵr a'r risg o golli dŵr ar yr arwyneb cyfnewid nwyon. Dydy tagellau ddim yn gallu gweithio allan o ddŵr ond ar dir, mae traceâu pryfed ac ysgyfaint fertebratau'n gallu gweithio. Mae ysgyfaint yn fewnol, sy'n lleihau colledion dŵr a gwres. Maen nhw'n caniatáu cyfnewid nwyon ag aer ac yn caniatáu i anifeiliaid fod yn weithgar iawn:

- Mae **amffibiaid** yn cynnwys llyffantod, brogaod a madfallod dŵr. Mae eu croen yn llaith ac yn athraidd, ac mae rhwydwaith cymhleth o gapilarïau'n agos at yr arwyneb. Mae cyfnewid nwyon yn digwydd drwy'r croen, a phan mae'r anifail yn weithgar, yn yr ysgyfaint hefyd.

Broga dart aur

- Mae **ymlusgiaid** yn cynnwys crocodeilod, madfallod a nadroedd. Mae gan eu hysgyfaint adeiledd mewnol mwy cymhleth nag amffibiaid, sy'n cynyddu'r arwynebedd arwyneb ar gyfer cyfnewid nwyon.

Cameleon

- Mae ysgyfaint **adar** yn prosesu cyfeintiau mawr o ocsigen gan fod angen llawer o egni i hedfan. Does gan adar ddim llengig, ond mae eu hasennau a'u cyhyrau hedfan yn awyru eu hysgyfaint yn fwy effeithlon na'r dulliau y mae fertebratau eraill yn eu defnyddio.

Colomen wen

Pwynt astudio

I gyfnewid nwyon yn effeithlon, mae angen y canlynol ar yr organebau amlgellog mwy datblygedig:

- Mecanwaith awyru.
- System cludiant mewnol, y system cylchrediad, i symud nwyon rhwng yr arwyneb resbiradol a chelloedd sy'n resbiradu.
- Pigment resbiradol yn y gwaed i gynyddu eu gallu i gludo ocsigen.

Gwirio gwybodaeth 2.1

Nodwch y gair neu'r geiriau coll:

Mae organebau ungellog yn gallu cyfnewid yr holl nwyon sydd eu hangen arnynt drwy .... ar draws y gellbilen. Mae mwydod yn ddigon bach i beidio â bod angen organ arbenigol i gyfnewid nwyon, ond maen nhw wedi addasu drwy fod â system .... a'r pigment ...., sydd ag affinedd uchel ag ocsigen. Mae gan organebau mawr gweithgar organ arbenigol i gyfnewid nwyon fel .... bodau dynol neu dagellau pysgod.

Cyngor

Peidiwch â drysu rhwng y tair proses hyn:

- Awyru = dod â nwyon at arwyneb cyfnewid nwyon neu eu symud nhw oddi yno; dim ond mewn rhai organebau mae'n digwydd.
- Cyfnewid nwyon = proses lle mae nwyon yn croesi arwyneb cyfnewid nwyon; mae hyn yn digwydd ym mhob organeb.
- Resbiradaeth = llwybr metabolaidd sy'n rhyddhau egni cemegol o foleciwlau bwyd; mae hyn yn digwydd ym mhob organeb.

Pwynt astudio

Mae'n bwysig cofio'r problemau i'w goresgyn pan fydd anifail yn resbiradu ar dir. Gan fod ysgyfaint yn fewnol, maen nhw wedi'u hamddiffyn ac yn colli llai o ddŵr a gwres oddi ar yr arwyneb resbiradol na phe baen nhw'n allanol.

Cyfnewid nwyon mewn pysgod

Mae pysgod yn weithgar ac mae angen cyflenwad ocsigen da arnynt. Mae cyfnewid nwyon yn digwydd ar draws arwyneb resbiradol arbennig, y dagell. Mae tagellau'n darparu:

- Cerrynt dŵr unffordd, sy'n llifo'n barhaus oherwydd mecanwaith awyru arbenigol.
- Llawer o blygion, sy'n darparu arwynebedd arwyneb mawr i ddŵr lifo drosto, ac i gyfnewid nwyon drosto.
- Arwynebedd arwyneb mawr, sy'n cael ei gynnal gan fod dwysedd y dŵr sy'n llifo drwodd yn atal y tagellau rhag dymchwel ar ben ei gilydd.

Mae dau brif grŵp o bysgod, â'u sgerbydau wedi'u gwneud o ddefnyddiau gwahanol. Mae gan y pysgod cartilagaidd sgerbwd cartilag, ac mae gan y pysgod esgyrnog sgerbwd o esgyrn. Maen nhw'n awyru eu tagellau mewn ffyrdd gwahanol.

Pysgod cartilagaidd

Mae gan bysgod cartilagaidd, fel siarcod, dagellau mewn pum gofod ar y ddwy ochr, sef y codenni tagell, sy'n agor tuag allan yn yr agennau (*slits*) tagellau.

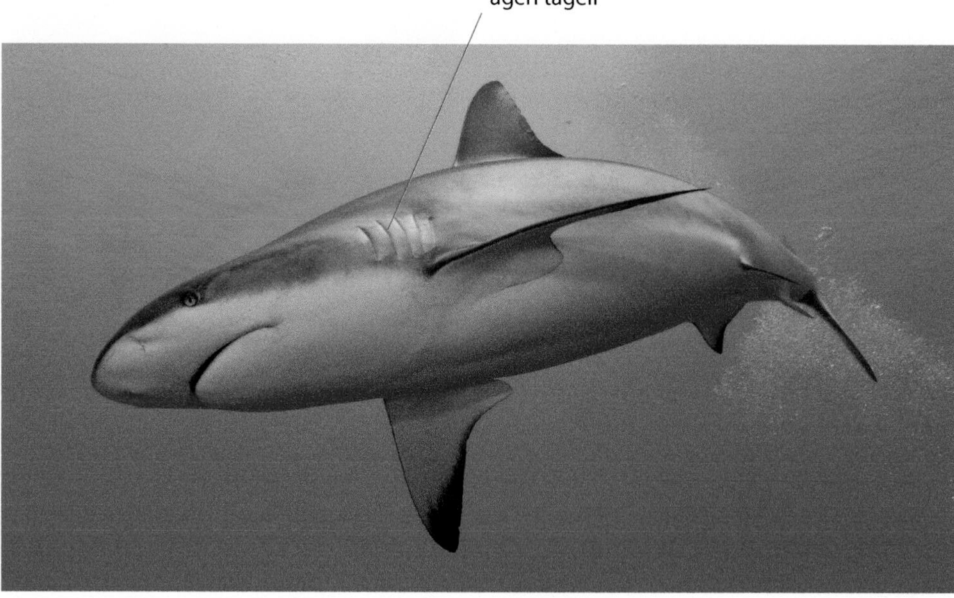

Siarc riff

Mae eu system awyru'n llai effeithlon na system pysgod esgyrnog oherwydd:

- Does ganddyn nhw ddim mecanwaith arbennig i orfodi dŵr dros y tagellau ac mae'n rhaid i lawer ohonyn nhw barhau i nofio er mwyn i'r awyru ddigwydd.
- Mae gwaed yn teithio drwy'r capilarïau tagellau i'r un cyfeiriad â'r dŵr, sef **llif paralel**. Mae ocsigen yn tryledu o fan mwy crynodedig, yn y dŵr, i fan llai crynodedig, yn y gwaed. Ond dim ond hyd nes bod y ddau grynodiad yn hafal y mae'r trylediad hwn yn gallu parhau. Ar ôl hyn, dydy'r gwaed ddim yn gallu cymryd mwy o ocsigen o'r dŵr oherwydd does dim graddiant crynodiad. Felly mae crynodiad ocsigen y gwaed wedi'i gyfyngu i 50% o'i werth uchaf posibl: dirlawnder mwyaf posibl y dŵr yw 100%, felly dirlawnder mwyaf posibl y gwaed yw 50%.
- Dydy cyfnewid nwyon mewn llif paralel ddim yn digwydd ar draws lamela tagell cyfan, dim ond hyd nes bod crynodiad yr ocsigen yn y gwaed a'r dŵr yn hafal.

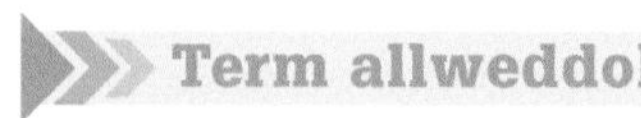

Llif paralel: Mae'r gwaed a'r dŵr yn llifo i'r un cyfeiriad ar lamelâu'r dagell. Mae hyn yn cynnal graddiant crynodiad i ocsigen dryledu i mewn i'r gwaed, ond dim ond hyd at y pwynt pan mae ei grynodiad yn y gwaed a'r dŵr yn hafal.

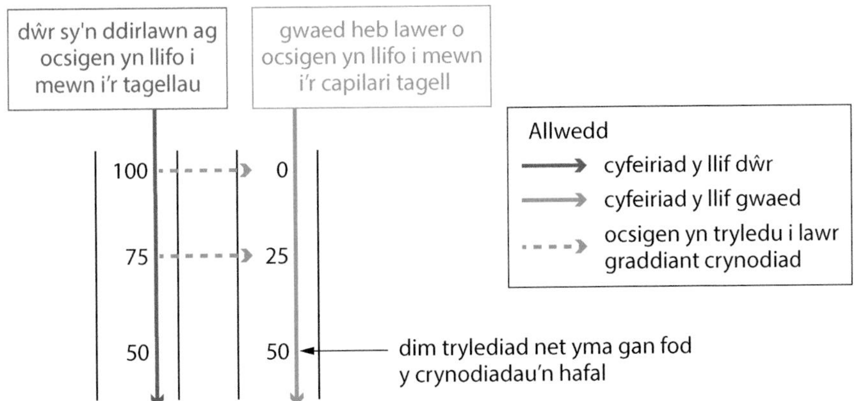

Trylediad ocsigen mewn llif paralel

Mae'r graff braslun isod yn dangos, wrth i'r pellter ar hyd lamela tagell gynyddu, mae crynodiad yr ocsigen yn y gwaed yn cynyddu a chrynodiad yr ocsigen yn y dŵr yn gostwng, nes eu bod nhw'n hafal.

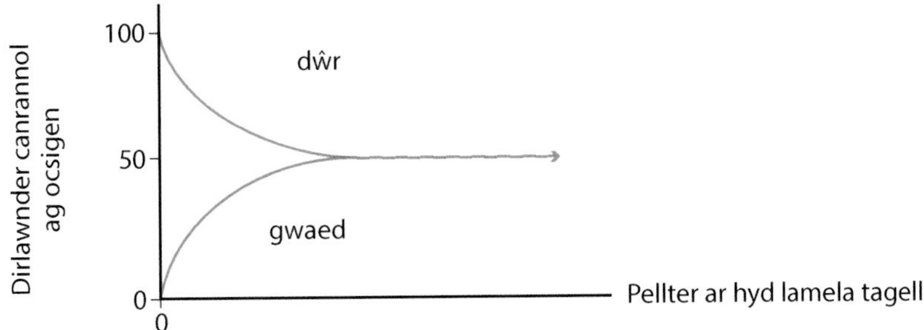

Crynodiad ocsigen ar draws lamela tagell pysgodyn cartilagaidd (mae gwaed a dŵr yn llifo i'r un cyfeiriad)

Pwynt astudio

Mae carbon deuocsid yn tryledu i lawr graddiant crynodiad i'r cyfeiriad dirgroes i ocsigen, o'r gwaed i'r dŵr.

Pysgod esgyrnog

Mae gan bysgod esgyrnog sgerbwd mewnol wedi'i wneud o esgyrn ac mae'r tagellau wedi'u gorchuddio â fflap o'r enw **opercwlwm**, yn hytrach na'u bod nhw'n agor yn uniongyrchol ar ochr y pysgodyn, fel pysgod cartilagaidd. Mae pysgod esgyrnog yn byw mewn dŵr croyw ac mewn dŵr môr a'r rhain yw'r fertebratau dyfrol mwyaf niferus.

Term allweddol

Opercwlwm: Y gorchudd dros dagellau pysgodyn esgyrnog.

Morflaidd cynffongoch

Pwynt astudio

Swyddogaeth mecanwaith awyru yw symud y cyfrwng resbiradol, sef aer neu ddŵr, dros yr arwyneb resbiradol. Mae hyn yn rhoi cyflenwad ffres o ocsigen i'r arwyneb resbiradol, yn cael gwared ar garbon deuocsid ac yn cynnal graddiannau tryledu.

Awyru

I gynnal llif parhaus i un cyfeiriad, mae gwahaniaethau gwasgedd yn gorfodi dŵr dros y ffilamentau tagell. Mae'r gwasgedd dŵr yng ngheudod y geg yn uwch nag ydyw yng ngheudod yr opercwlwm. Mae'r opercwlwm yn gweithredu fel falf, i adael dŵr allan, ac fel pwmp, i symud dŵr heibio i'r ffilamentau tagell. Mae'r geg hefyd yn gweithredu fel pwmp.

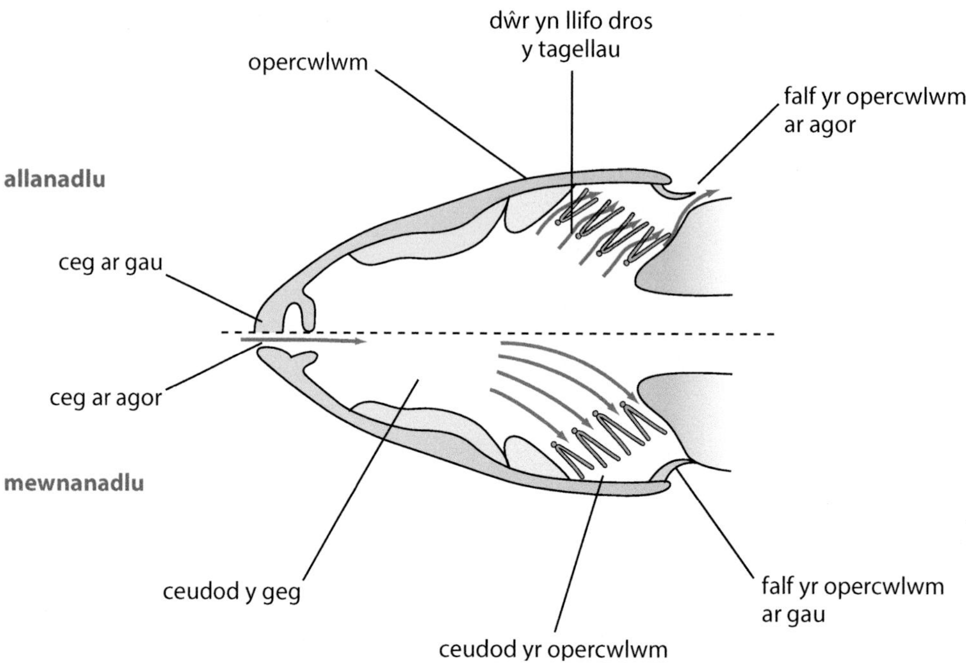

Awyru tagellau pysgodyn esgyrnog – toriad llorweddol

Mae'r mecanwaith awyru'n gweithio fel hyn:

1. I gymryd dŵr i mewn:
   a) Mae'r geg yn agor.
   b) Mae'r opercwlwm yn cau.
   c) Mae llawr y geg yn gostwng.
   ch) Mae'r cyfaint yng ngheudod y geg yn cynyddu.
   d) Mae'r gwasgedd yng ngheudod y geg yn gostwng.
   dd) Mae dŵr yn llifo i mewn, gan fod y gwasgedd allanol yn uwch na'r gwasgedd y tu mewn i'r geg.
2. I orfodi dŵr allan dros y tagellau, mae'r prosesau'n cael eu gwrthdroi:
   a) Mae'r geg yn cau.
   b) Mae'r opercwlwm yn agor.
   c) Mae llawr y geg yn codi.
   ch) Mae'r cyfaint yng ngheudod y geg yn lleihau.
   d) Mae'r gwasgedd yng ngheudod y geg yn cynyddu.
   dd) Mae dŵr yn llifo allan dros y tagellau gan fod y gwasgedd yng ngheudod y geg yn uwch nag yng ngheudod yr opercwlwm a thu allan.

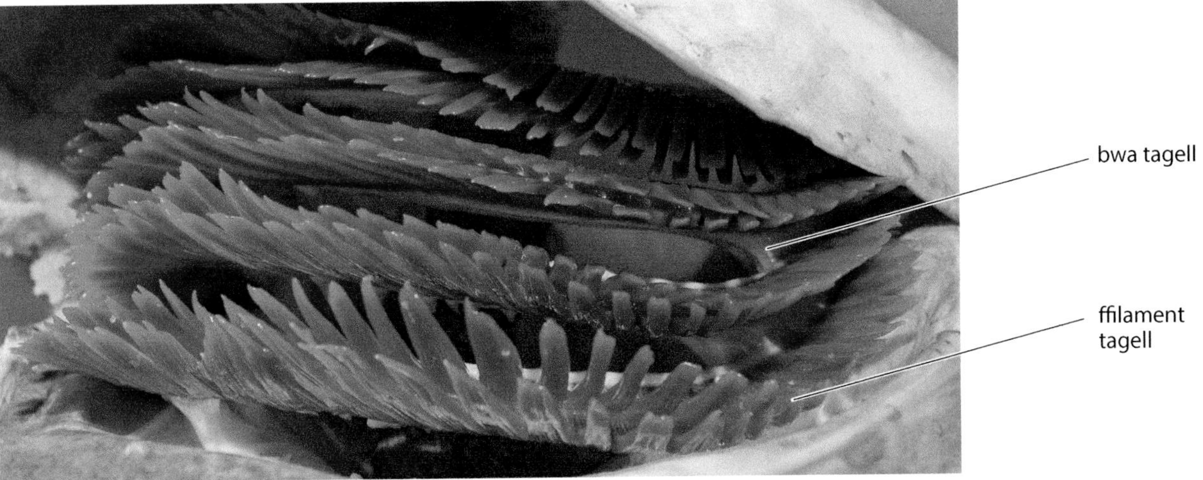

Tagellau'r morflaidd mawr

Mae gan bysgod esgyrnog bedwar pâr o dagellau:

- Mae pob tagell wedi'i chynnal gan fwa tagell, neu far tagell, sydd wedi'i wneud o asgwrn.
- Ar hyd pob bwa tagell, mae llawer o ymestyniadau tenau o'r enw ffilamentau tagell.
- Ar y ffilamentau tagell mae'r arwynebau cyfnewid nwyon, sef y lamelâu tagell, neu'r platiau tagell. Mae dŵr yn llifo rhwng y rhain i'w dal nhw ar wahân ac maen nhw'n darparu arwynebedd arwyneb mawr i gyfnewid nwyon. Allan o ddŵr, maen nhw'n glynu at ei gilydd ac mae'r tagellau'n dymchwel. Mae llawer llai o arwynebedd yn y golwg felly does dim digon o gyfnewid nwyon yn gallu digwydd. Dyma pam mae pysgod yn marw os ydyn nhw allan o'r dŵr am fwy na chyfnod byr iawn.

Llif gwrthgerrynt

Mae dŵr yn symud o geudod y geg i geudod yr opercwlwm ac i godennau'r dagell, lle mae'n llifo rhwng y lamelâu tagell. Mae'r gwaed yn y capilarïau tagell yn llifo i'r cyfeiriad dirgroes i'r dŵr sy'n llifo dros arwyneb y dagell. **Llif gwrthgerrynt** yw hyn.

Term allweddol

Llif gwrthgerrynt: Mae'r gwaed a'r dŵr yn llifo i gyfeiriadau dirgroes ar y lamelâu tagell, gan gynnal y graddiant crynodiad ac felly, tryledDiad ocsigen i'r gwaed, yr holl ffordd ar eu hyd.

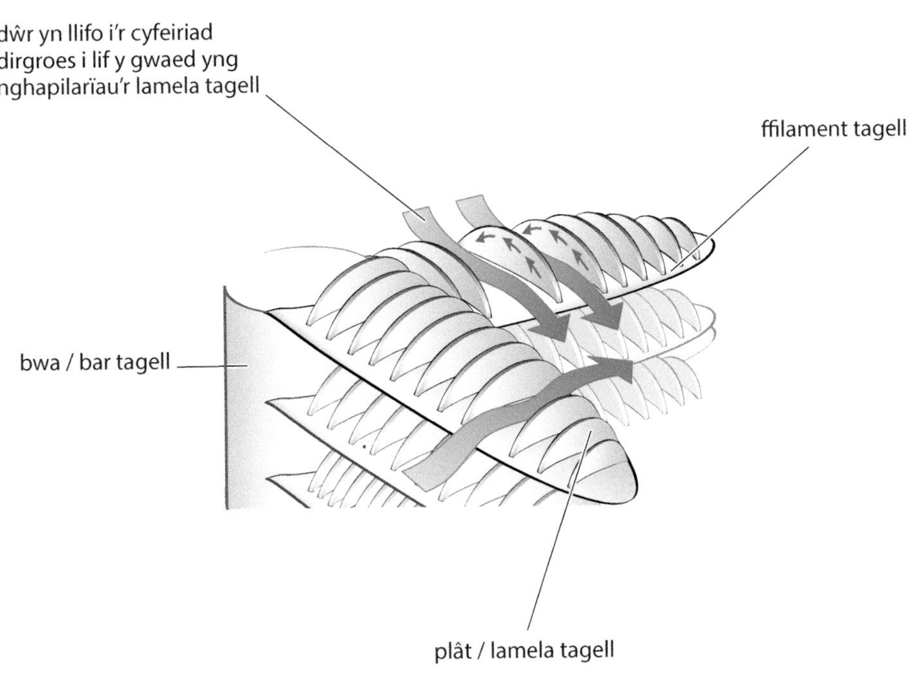

Llif gwrthgerrynt ar draws lamela tagell

Cyngor

Byddwch yn barod i luniadu saethau ar ddiagramau a roddir i ddangos cyfeiriad llif gwaed, llif dŵr a thrylediad ocsigen.

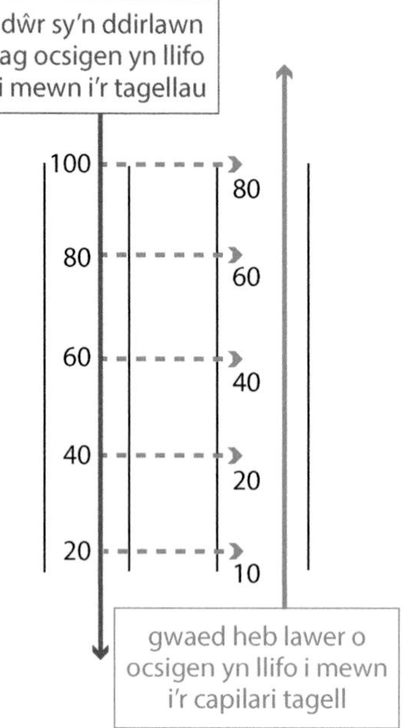

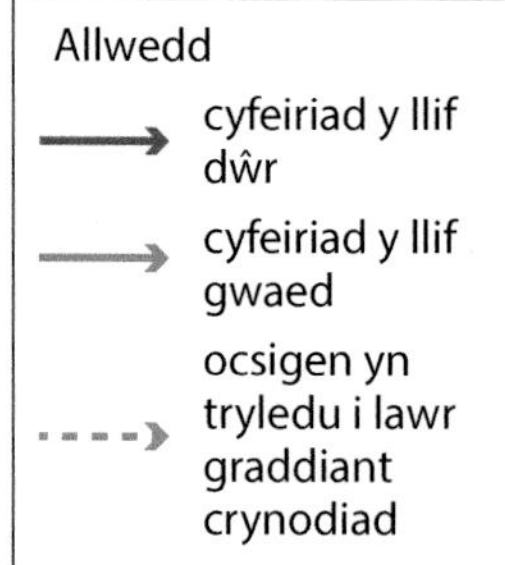

Trylediad ocsigen mewn llif gwrthgerrynt

Ym mhob man ar hyd y lamelâu tagell, mae crynodiad ocsigen yn uwch yn y dŵr nag y mae yn y gwaed, felly mae ocsigen yn tryledu i mewn i'r gwaed ar draws holl hyd y lamelâu tagell. Mae'r system hon yn fwy effeithlon na llif paralel y pysgod cartilagaidd. Mae tagellau pysgodyn esgyrnog yn cael gwared ar tuag 80% o'r ocsigen o'r dŵr, fel mae'r diagram isod yn ei ddangos. Mae echdynnu llawer o ocsigen fel hyn yn bwysig i bysgod, oherwydd bod dŵr yn cynnwys llawer llai o ocsigen nag aer.

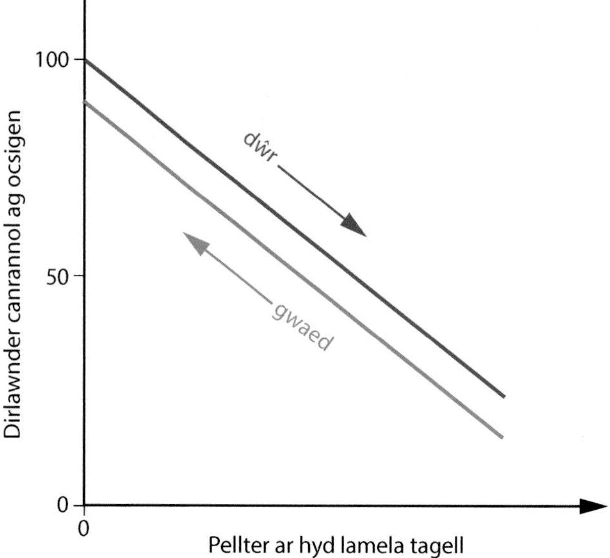

Crynodiad ocsigen ar draws lamela tagell pysgodyn cartilagaidd (mae gwaed a dŵr yn llifo i gyfeiriadau dirgroes)

Mae'r graff yn dangos gwaed a dŵr yn teithio i gyfeiriadau dirgroes. Wrth i'r pellter ar draws y lamela tagell gynyddu, mae crynodiad yr ocsigen yn y gwaed yn cynyddu a'r crynodiad yn y dŵr yn lleihau, nes bod y crynodiad yn y gwaed yn uchel iawn a'r crynodiad yn y dŵr yn isel iawn.

Mae crynodiad yr ocsigen yn y dŵr sy'n llifo dros y tagellau yn gostwng o 100% i 20% o'i uchafswm, felly mae tagellau pysgodyn esgyrnog yn echdynnu (100 – 20) = 80% o'r ocsigen sydd ar gael.

Cyfnewid carbon deuocsid

Fel mewn pysgod cartilagaidd, mae carbon deuocsid yn tryledu o'r gwaed i'r dŵr. Mewn pysgod esgyrnog, fodd bynnag, oherwydd y system gwrthgerrynt, mae carbon deuocsid yn tryledu allan o'r gwaed ar draws holl hyd y lamelâu tagell. Mae hyn, fel ymlifiad ocsigen, yn fwy effeithlon na cholled carbon deuocsid o dagellau pysgod cartilagaidd.

Mae tagellau'n darparu:

- Arwyneb resbiradol arbenigol, yn hytrach na defnyddio holl arwyneb y corff.
- Arwynebedd arwyneb mawr wedi'i ehangu gan y ffilamentau tagell a'r lamelâu tagell.
- Rhwydwaith estynedig o gapilarïau gwaed, a gwaed yn cludo haemoglobin, i ganiatáu trylediad effeithlon ocsigen i'r gwaed a charbon deuocsid allan.

2.2 Gwirio gwybodaeth

Nodwch y gair neu'r geiriau coll:

Yn nhagellau pysgodyn esgyrnog, mae dŵr yn llifo i'r cyfeiriad dirgroes i'r .... System llif .... yw hyn.

Mae hyn yn cynyddu effeithlonrwydd cyfnewid nwyon oherwydd bod y ……...…… …………….. yn cael ei gynnal ar draws holl hyd y ………………………… tagell.

System anadlu bodau dynol

Adeiledd system anadlu bodau dynol

- Mae'r ysgyfaint wedi'u hamgáu mewn adran aerglos, y thoracs.
- Mae pilenni eisbilennol o gwmpas y ddwy ysgyfant ac yn leinio'r thoracs. Rhwng y pilenni mae'r ceudod eisbilennol sy'n cynnwys rhai cm^3 o hylif eisbilennol. Mae'r hylif yn iraid, sy'n atal ffrithiant rhwng yr ysgyfaint a wal fewnol y thoracs wrth iddyn nhw symud yn ystod y broses awyru.
- Yng ngwaelod y thoracs mae llen o gyhyr siâp cromen, y llengig, sy'n gwahanu'r thoracs a'r abdomen.
- Mae'r asennau'n amgylchynu'r thoracs.
- Mae'r cyhyrau rhyngasennol rhwng yr asennau.
- Mae'r tracea yn llwybr aer hyblyg sy'n dod ag aer i'r ysgyfaint.
- Y ddau froncws yw canghennau'r tracea.
- Mae'r ysgyfaint wedi'u gwneud o rwydwaith canghennog o diwbiau o'r enw bronciolynnau, sy'n arwain o'r bronci.
- Ar ben pellaf y bronciolynnau, mae codennau aer o'r enw alfeoli.

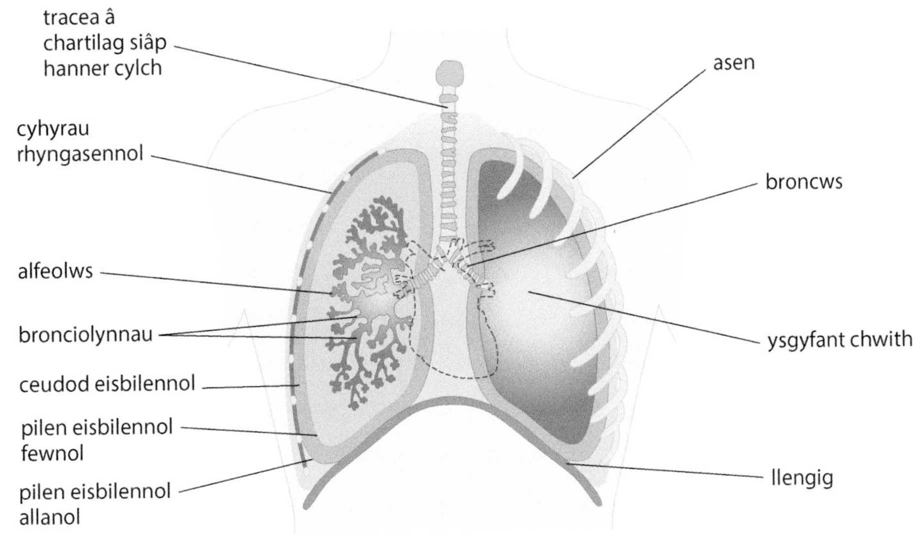

System resbiradol ddynol

Pwynt astudio

Dydy'r cylchoedd cartilag o gwmpas y tracea ddim yn gyflawn a dydyn nhw ddim yn cyfarfod yn y cefn. Mae hyn yn galluogi'r oesoffagws, y tu ôl iddo, i chwyddo wrth lyncu bolws o fwyd, heb daro'n erbyn ffurfiad caled, fyddai'n atal y bwyd rhag symud heibio.

Awyru'r ysgyfaint

Mae mamolion yn awyru eu hysgyfaint drwy anadlu gwasgedd negatif. Mae hyn yn golygu, er mwyn i aer fynd i'r ysgyfaint, bod yn rhaid i'r gwasgedd yn yr ysgyfaint fod yn is na gwasgedd yr atmosffer.

Mewnanadlu (anadlu i mewn)

Mae anadlu i mewn yn broses actif oherwydd bod angen egni er mwyn i gyhyrau gyfangu:

a) Mae'r cyhyrau rhyngasennol allanol yn cyfangu.

b) Mae'r asennau'n cael eu tynnu tuag i fyny a thuag allan.

c) Ar yr un pryd, mae cyhyrau'r llengig yn cyfangu, felly mae'r llengig yn gwastadu.

ch) Mae'r bilen eisbilennol allanol ynghlwm wrth wal y ceudod thorasig, felly mae'n cael ei thynnu tuag i fyny a thuag allan gyda'r asennau, a'r rhan isaf yn cael ei thynnu i lawr gyda'r llengig. Mae'r bilen fewnol yn dilyn ac felly mae'r ysgyfaint yn ehangu, gan gynyddu'r cyfaint y tu mewn i'r alfeoli.

d) Mae hyn yn gostwng y gwasgedd yn yr ysgyfaint.

dd) Nawr, mae gwasgedd aer yr atmosffer yn fwy na'r gwasgedd yn yr ysgyfaint, felly mae aer yn cael ei orfodi i mewn i'r ysgyfaint.

Ymestyn a herio

Mae'r cyhyrau rhyngasennol mewnol yn wrthweithiol i'r cyhyrau rhyngasennol allanol. Maen nhw'n llaesu wrth i'r cyhyrau rhyngasennol allanol gyfangu yn ystod mewnanadlu, ac i'r gwrthwyneb wrth allanadlu.

Pwynt astudio

Y prif beth sy'n achosi i aer gael ei orfodi allan o'r ysgyfaint yn ystod anadlu arferol yw adlam elastig yr ysgyfaint.

Allanadlu (anadlu allan)

Mae anadlu allan yn broses oddefol yn bennaf ac mae'n broses sydd, yn rhannol, i'r gwrthwyneb i anadlu i mewn:

a) Mae'r cyhyrau rhyngasennol allanol yn llaesu.

b) Mae'r asennau'n symud i lawr a thuag i mewn.

c) Ar yr un pryd, mae cyhyrau'r llengig yn llaesu, felly mae'r llengig yn cromennu tuag i fyny.

ch) Mae'r pilenni eisbilennol yn symud tuag i lawr a thuag i mewn gyda'r asennau, ac mae'r rhannau isaf yn symud tuag i fyny gyda'r llengig. Mae priodweddau elastig yr ysgyfaint yn caniatáu i'w cyfaint leihau, sy'n lleihau'r cyfaint y tu mewn i'r alfeoli.

d) Mae hyn yn cynyddu'r gwasgedd yn yr ysgyfaint.

dd) Nawr, mae gwasgedd yr aer yn yr ysgyfaint yn fwy na gwasgedd yr atmosffer, felly mae aer yn cael ei orfodi allan o'r ysgyfaint.

Mae meinwe'r ysgyfaint yn elastig ac, fel band elastig wedi'i ymestyn, mae ysgyfaint yn adlamu ac yn adennill eu siâp gwreiddiol pan nad ydyn nhw'n cael eu hehangu'n actif. Mae'r adlamu hwn yn rhan fawr o wthio aer allan o'r ysgyfaint.

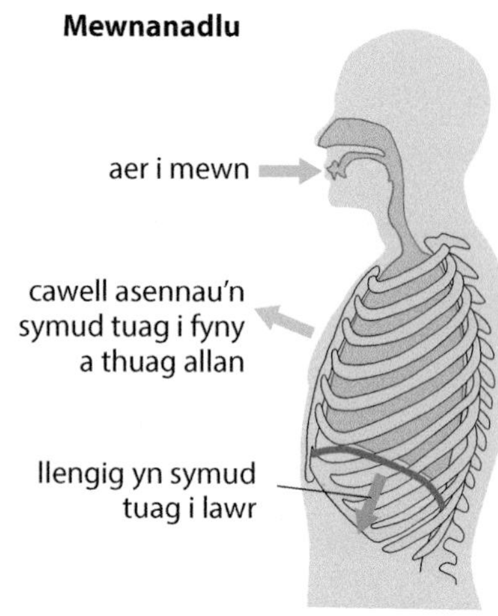

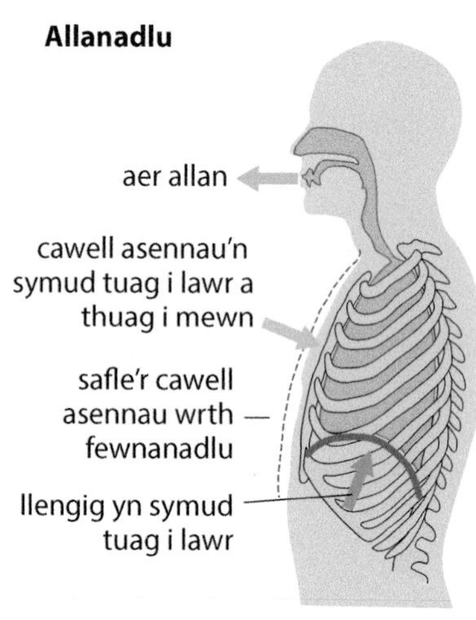

Symudiad yr asennau a'r llengig yn ystod y broses awyru

Mae arwynebau mewnol yr alfeoli wedi'u gorchuddio ag arwynebydd; gallwch chi feddwl am hwn fel cymysgedd gwrth-lynu. Mae wedi'i wneud o secretiadau llaith, sy'n cynnwys ffosffolipid a phrotein, ac mae ganddo dyniant arwyneb isel, sy'n atal yr alfeoli rhag dymchwel wrth allanadlu, pan mae'r gwasgedd aer y tu mewn iddynt yn isel. Mae hefyd yn caniatáu i nwyon hydoddi, cyn iddynt dryledu i mewn neu allan.

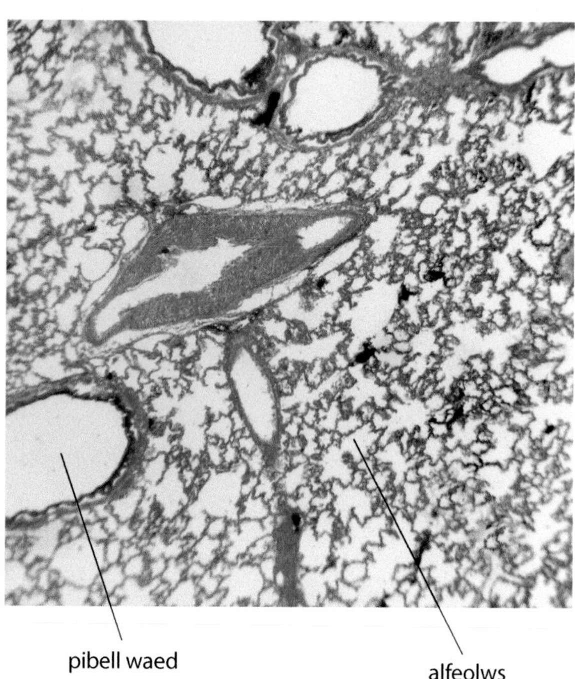

Toriad drwy feinwe ysgyfant

Cyfnewid nwyon mewn alfeolws

Yr alfeoli yw'r arwynebau cyfnewid nwyon. Maen nhw'n cyfnewid nwyon yn effeithlon iawn:

- Maen nhw'n darparu arwynebedd arwyneb mawr o'i gymharu â chyfaint y corff.
- Mae nwyon yn hydoddi yn lleithder yr arwynebydd sy'n leinio'r alfeoli.
- Mae waliau'r alfeoli wedi'u gwneud o epitheliwm cennog (*squamous*), â thrwch un gell yn unig, felly mae llwybr tryledu nwyon yn fyr.
- Mae rhwydwaith eang o gapilarïau o gwmpas yr alfeoli i gynnal graddiannau tryledu, gan fod ocsigen yn cyrraedd yr alfeoli'n gyflym a charbon deuocsid yn cael ei gludo i ffwrdd yn gyflym.
- Dim ond un gell yw trwch waliau'r capilarïau hefyd, ac mae hyn yn cyfrannu at y llwybr tryledu byr i nwyon.

Mae'r llwybr tryledu yn fyr gan mai dim ond un gell yw trwch waliau'r alfeoli a'r capilari.

Trwch epitheliwm cennog wal yr alfeolws yw 0.20 µm a thrwch endotheliwm y capilari yw 0.15 µm. Rhwng y rhain mae haen o ddefnydd allgellol sydd hyd at 0.15 µm o drwch. Yr adeiledd 3 haen hwn sy'n ffurfio'r 'bilen resbiradol'. Y pellter bydd moleciwl ocsigen neu garbon deuocsid yn tryledu ar draws y bilen resbiradol, rhwng y plasma a'r aer yn yr alfeolws = (0.20 + 0.15 + 0.15) µm = 0.50 µm.

Cyswllt

Mae disgrifiad o fathau o epitheliwm ar t42–43.

Mae gwaed dadocsigenedig yn mynd i mewn i'r capilarïau sydd o gwmpas yr alfeoli. Mae ocsigen yn tryledu allan o'r aer yn yr alfeoli i gelloedd coch y gwaed yn y capilari. Mae carbon deuocsid yn tryledu allan o'r plasma yn y capilari i'r aer yn yr alfeoli, ac oddi yno mae'n cael ei allanadlu.

o'r rhydweli ysgyfeiniol
O_2 allan
O_2 i mewn
celloedd coch y gwaed â chrynodiad O_2 isel
ceudod yr alfeolws
crynodiad CO_2 isel
crynodiad O_2 uchel
i'r wythïen ysgyfeiniol
crynodiad CO_2 uchel
celloedd coch y gwaed â chrynodiad O_2 uchel

Cyfnewid nwyon mewn alfeolws

Allwedd
- - - -➤ = trylediad ocsigen
- - - -➤ = trylediad carbon deuocsid

Cyngor

Defnyddiwch eich geiriau'n ofalus iawn. Does gan alfeoli ddim 'cellfur tenau'.

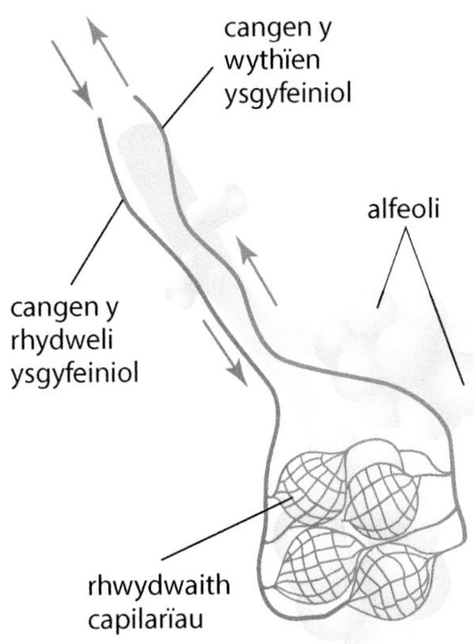

Alfeoli a chapilarïau

Mae'r tabl isod yn dangos y gwahaniaeth rhwng cyfansoddiad aer wedi'i fewnanadlu a'i allanadlu:

Nwy	Canran bras y nwy		Rheswm
	Aer mewnanadlu	Aer allanadlu	
Ocsigen	20	16	Mae ocsigen yn cael ei amsugno i'r gwaed yn yr alfeoli ac yn cael ei ddefnyddio mewn resbiradaeth aerobig.
Carbon deuocsid	0.4	4	Mae carbon deuocsid sy'n cael ei gynhyrchu gan resbiradaeth yn tryledu o'r plasma i'r alfeoli.
Nitrogen	79	79	Dydy nitrogen ddim yn cael ei amsugno na'i ddefnyddio, felly mae'r hyn sy'n cael ei fewnanadlu yn cael ei allanadlu.
Anwedd dŵr	newidiol	dirlawn	Mae cynnwys dŵr yr atmosffer yn amrywio. Mae alfeoli wedi'u leinio'n barhaol â lleithder; mae dŵr yn anweddu oddi arnynt ac yn cael ei allanadlu.

- Mae bodau dynol yn mewnanadlu aer â thua 20% ocsigen ac mae'r aer maen nhw'n ei allanadlu'n cynnwys tuag 16% ocsigen.

  ∴ maent yn amsugno (20 – 16) = 4% o'r ocsigen sy'n cael ei fewnanadlu sydd ar gael.

  $$\text{effeithlonrwydd amsugno} = \frac{\text{\% ocsigen sy'n cael ei fewnanadlu}}{\text{\% yr aer sy'n ocsigen}} = \frac{4}{20} \times 100 = 20\%$$

- Mae pysgod esgyrnog yn cymryd tuag 80% o'r ocsigen sy'n mynd dros eu tagellau ac mae bodau dynol yn amsugno 20% o'r ocsigen yn eu halfeoli.

  ∴ mae'r tagellau $\frac{80}{20}$ = 4 gwaith yn fwy effeithlon nag ysgyfaint dynol o ran echdynnu ocsigen.

Gwirio gwybodaeth  2.3

Cysylltwch y termau 1–4 â'r disgrifiadau A–Ch.

1. Bronci
2. Cyhyrau rhyngasennol
3. Alfeoli
4. Tracea

A. Llwybr aer hyblyg wedi'i gynnal gan gylchoedd cartilag.
B. Cyhyrau rhwng yr asennau.
C. Dwy gangen y tracea.
Ch. Codennau aer ar ben pellaf y bronciolynnau.

Mae disgrifiad o adeiledd citin ar t21.

Cyfnewid nwyon mewn pryfed

Mae'r rhan fwyaf o bryfed llawn dwf yn ddaearol ac mae llawer yn byw mewn cynefinoedd sych, felly, fel pob organeb ddaearol, mae dŵr yn anweddu oddi ar arwyneb eu corff ac maen nhw'n wynebu risg o ddadhydradu. I gyfnewid nwyon yn effeithlon, mae angen arwyneb athraidd, tenau ag arwynebedd mawr, sy'n gwrthdaro â'r angen i gadw dŵr. Mae llawer o organebau daearol, gan gynnwys pryfed, yn lleihau eu colledion dŵr â haen wrth-ddŵr dros arwyneb y corff. Un enghraifft yw sgerbwd allanol pryfed, sy'n anhyblyg ac yn cynnwys haen gwyraidd denau dros haen fwy trwchus o gitin a phrotein.

Pwynt astudio

Does gan bryfed ddim cylchrediad gwaed i gludo ocsigen.

Mae gan bryfed gymhareb arwynebedd arwyneb i gyfaint gymharol fach ac felly, hyd yn oed heb sgerbwd allanol anathraidd, fydden nhw ddim yn gallu defnyddio arwyneb eu corff i gyfnewid digon o nwyon drwy dryledu. Yn lle hynny, mae cyfnewid nwyon yn digwydd drwy barau o dyllau, sef y **sbiraglau**, ar hyd ochr y corff. Mae'r sbiraglau yn arwain i mewn i system o diwbiau aer canghennog wedi'u leinio â chitin o'r enw **traceâu**, sy'n canghennu'n diwbiau llai o'r enw **traceolau**. Mae'r sbiraglau'n gallu agor a chau er mwyn caniatáu cyfnewid nwyon a lleihau colledion dŵr. Mae'r blew dros sbiraglau rhai pryfed yn cyfrannu at atal colledion dŵr ac yn atal gronynnau solid rhag mynd i mewn.

Ymestyn a herio

Mae system draceol pryfed i gyfnewid nwyon yn effeithlon iawn ond mae ganddi ei chyfyngiadau. Dim ond dros bellteroedd byr mae trylediad yn effeithlon. Mae hyn yn cyfyngu ar faint pryfyn.

Wrth orffwys, mae pryfed yn dibynnu ar dryledíad drwy'r sbiraglau, y traceâu a'r traceolau i gael ocsigen a chael gwared ar garbon deuocsid. Yn ystod gweithgarwch, fel hedfan, mae symudiadau'r abdomen yn awyru'r traceâu. Mae dau ben y traceolau yn llawn hylif ac yn ymestyn i mewn i ffibrau cyhyr. Yn y rhyngwyneb hwn rhwng traceolau a ffibrau cyhyr y mae cyfnewid nwyon yn digwydd; mae ocsigen yn hydoddi yn yr hylif ac yn tryledu'n uniongyrchol i'r celloedd cyhyr, felly does dim angen pigment resbiradol na chylchrediad gwaed. Mae carbon deuocsid yn tryledu allan drwy'r broses wrthwyneb.

Ymestyn a herio

Yn y cyfnod Carbonifferaidd, 350 miliwn o flynyddoedd yn ôl, roedd 30% o'r atmosffer yn ocsigen, o'i gymharu â thua 20% nawr. Roedd ocsigen yn tryledu'n fwy effeithlon i gelloedd pryfed felly roedden nhw'n gallu cael mwy o egni o resbiradaeth. Roedd hyn yn eu helpu nhw i hedfan a thyfu. Mae gan ffosiliau gwas y neidr o'r cyfnod hwn led adenydd o 700 mm.

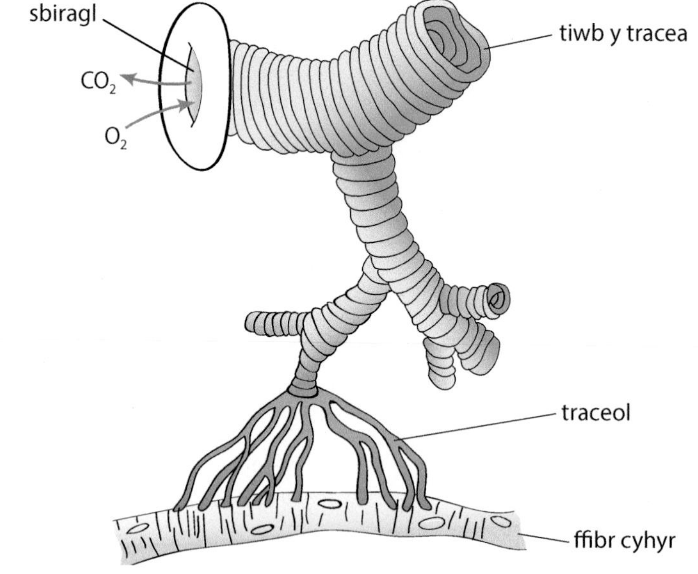

System draceol pryfyn

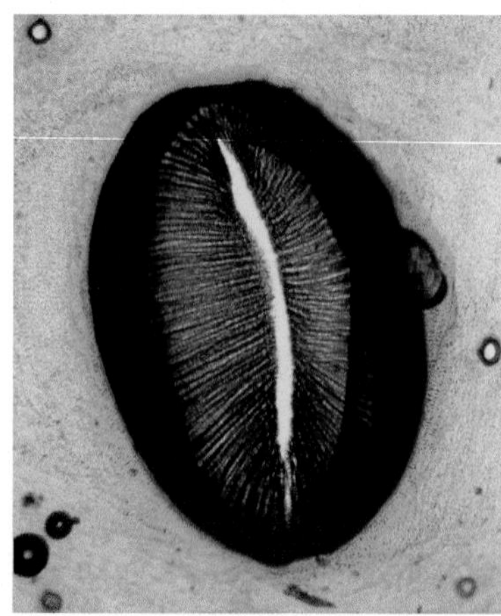

Sbiragl pryf sidan

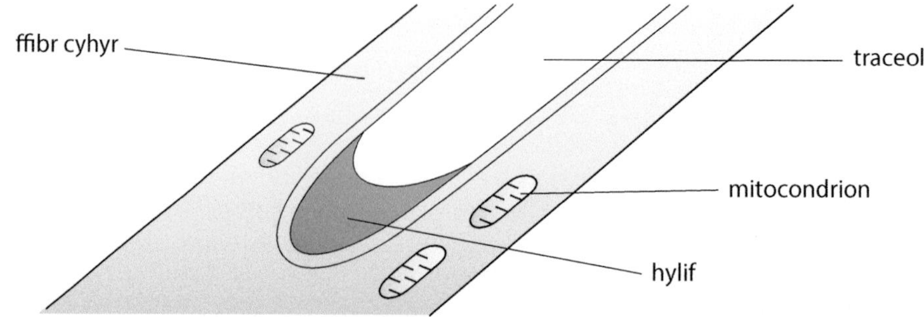

Traceolau'n arwain i mewn i ffibrau cyhyr

Cyfnewid nwyon mewn planhigion

Fel anifeiliaid, mae angen i blanhigion gynhyrchu egni'n gyson, felly maen nhw'n resbiradu drwy'r amser. Yn ystod y dydd, mae celloedd planhigyn sy'n cynnwys cloroplastau yn gallu cyflawni ffotosynthesis. Felly yn ystod y dydd, mae planhigion yn resbiradu ac yn cyflawni ffotosynthesis. Mae'r resbiradaeth yn cynhyrchu rhywfaint o'r carbon deuocsid sydd ei angen ar gyfer ffotosynthesis, ond mae'r rhan fwyaf ohono'n tryledu i'r dail o'r atmosffer. Mae rhywfaint o'r ocsigen sy'n cael ei gynhyrchu gan ffotosynthesis yn cael ei ddefnyddio i resbiradu, ond mae'r rhan fwyaf yn tryledu allan o ddail.

Pwynt astudio

Mae pob organeb aerobig yn *defnyddio* ocsigen drwy'r amser, ddydd a nos. Dim ond planhigion, rhai protoctista a rhai procaryotau sy'n *cynhyrchu* ocsigen, a dim ond yn ystod y dydd.

Yn y nos, dim ond resbiradu y mae planhigion, felly mae angen ocsigen o'r atmosffer. Mae rhywfaint o ocsigen yn tryledu i'r coesyn a'r gwreiddiau, ond mae'r rhan fwyaf o gyfnewid nwyon yn digwydd yn y dail.

Mae'r diagram a'r tabl yn crynhoi hyn:

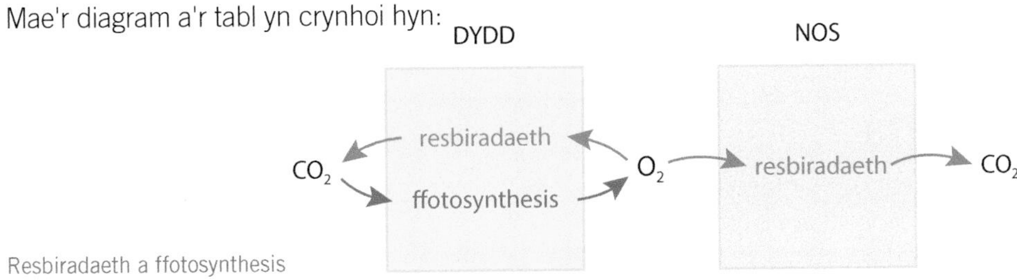

Resbiradaeth a ffotosynthesis

	Dydd		Nos	
	Ocsigen	Carbon deuocsid	Ocsigen	Carbon deuocsid
Resbiradaeth	mewn	allan	mewn	allan
Ffotosynthesis	allan	mewn	-	-

Yn ystod y dydd, mae cyfradd ffotosynthesis yn gyflymach na chyfradd resbiradaeth. Mae ffotosynthesis yn cynhyrchu mwy o ocsigen nag sy'n cael ei ddefnyddio i resbiradu, felly, ar y cyfan, nwy ocsigen sy'n cael ei ryddhau. Yn y nos, dydy ffotosynthesis ddim yn digwydd, felly does dim ocsigen yn cael ei gynhyrchu, felly nwy carbon deuocsid sy'n cael ei ryddhau. Cyfnewid net carbon deuocsid ac ocsigen o ran resbiradaeth a ffotosynthesis sy'n bwysig.

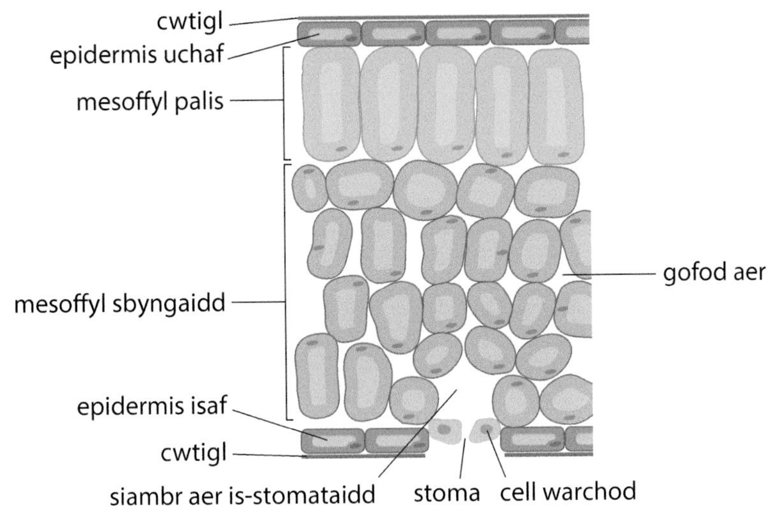

Adeiledd deilen

Cyswllt

Gweler y ffotomicrograff o ddeilen ar t44.

Pwynt astudio

Mae llwybr tryledu nwyon yn fyr mewn dail oherwydd bod dail yn denau.

Mae nwyon yn tryledu drwy'r stomata i lawr graddiant crynodiad. Gallwn ni ysgrifennu'r llwybr tryledu fel stoma $\leftrightarrow$ siambr aer is-stomataidd $\leftrightarrow$ gofod rhwng celloedd mesoffyl sbyngaidd $\leftrightarrow$ celloedd. Mae'r cyfeiriad tryledu yn dibynnu ar grynodiad y nwyon yn yr atmosffer a'r adweithiau yng nghelloedd y planhigyn.

Pwynt astudio

Mae graddiannau tryledu ocsigen a charbon deuocsid rhwng y tu mewn a'r tu allan i ddeilen yn cael eu cynnal gan fitocondria sy'n cyflawni resbiradaeth, a gan gloroplastau sy'n cyflawni ffotosynthesis.

Bydd biocemeg ffotosynthesis yn cael ei ddisgrifio yn ystod ail flwyddyn y cwrs hwn.

Termau allweddol

Cwtigl: Gorchudd cwyraidd ar ddeilen, sy'n cael ei secretu gan gelloedd epidermaidd, i leihau colledion dŵr.

Stomata: Mandyllau ar arwyneb isaf deilen, ac ar rannau awyrol eraill planhigyn, â dwy gell warchod arnynt, a thrwy'r rheini mae nwyon ac anwedd dŵr yn tryledu.

Nodwedd deilen	Arwyddocâd ar gyfer cyfnewid nwyon	Arwyddocâd ar gyfer ffotosynthesis
Arwynebedd arwyneb mawr	Lle i lawer o stomata	Dal cymaint â phosibl o olau
Tenau	Llwybr tryledu byr i nwyon sy'n mynd i mewn ac allan	Golau'n treiddio drwy'r ddeilen
Cwtigl ac epidermis yn dryloyw		Golau'n treiddio i'r mesoffyl
Celloedd palis hir		Lle i nifer mawr
Celloedd palis yn llawn cloroplastau		Dal cymaint â phosibl o olau
Cloroplastau'n cylchdroi ac yn symud o fewn celloedd mesoffyl		Symud i'r safleoedd gorau i amsugno cymaint â phosibl o olau
Gofodau aer yn y mesoffyl sbyngaidd	Caniatáu i ocsigen a charbon deuocsid dryledu rhwng y stomata a'r celloedd	Caniatáu i garbon deuocsid dryledu i'r celloedd sy'n cyflawni ffotosynthesis
Mandyllau stomata	Cyfnewid nwyon i mewn ac allan o'r ddeilen	

Stomata

Mandyllau bach ar y rhannau o blanhigion sydd uwchben y ddaear yw **stomata**, ac mae'r rhan fwyaf ohonynt ar arwynebau isaf dail. Mae dwy gell warchod o gwmpas pob mandwll. Mae celloedd gwarchod yn anarferol oherwydd rhain yw'r unig gelloedd epidermaidd â chloroplastau ac mae trwch eu waliau'n anhafal; mae'r wal fewnol, yr un agosaf at y mandwll mewn llawer o rywogaethau, yn fwy trwchus na'r wal allanol. Mae lled y stoma yn gallu newid felly stomata sy'n rheoli cyfnewid nwyon rhwng yr atmosffer a meinweoedd mewnol y ddeilen.

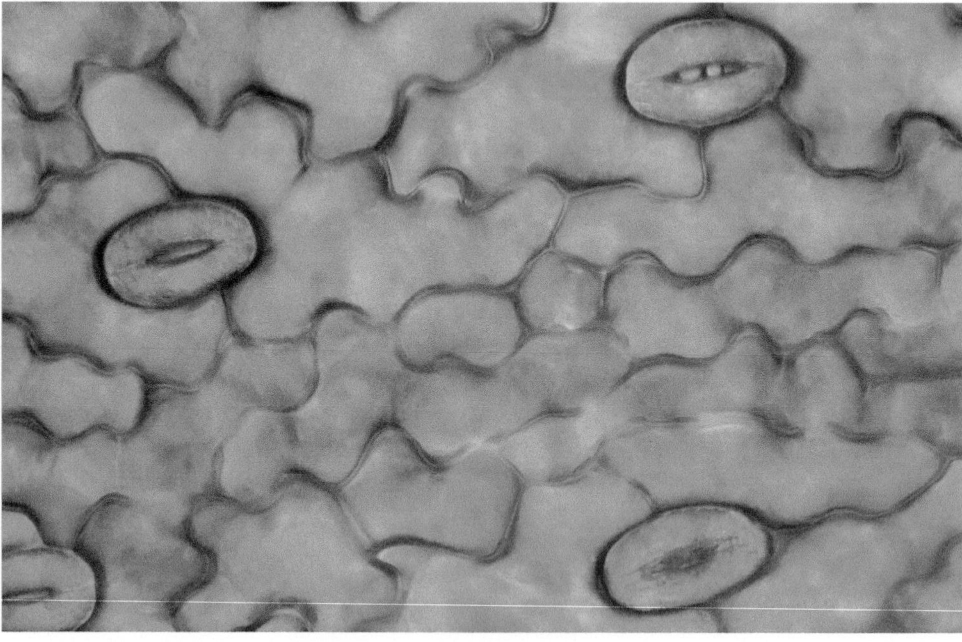

Golwg o arwyneb epidermis isaf deilen

Mecanwaith agor a chau

Yn ystod y dydd:

- Os yw dŵr yn mynd i mewn i'r celloedd gwarchod, maen nhw'n mynd yn chwydd-dynn ac yn chwyddo, ac mae'r mandwll yn agor.
- Os yw dŵr yn gadael y celloedd gwarchod, maen nhw'n mynd yn llipa ac mae'r mandwll yn cau.

Rydyn ni'n meddwl bod y newidiadau hyn yn digwydd oherwydd y broses ganlynol:

- Yn y golau, mae'r cloroplastau yn y celloedd gwarchod yn cyflawni ffotosynthesis, gan gynhyrchu ATP.
- Mae'r ATP hwn yn darparu egni i gludiant actif ïonau potasiwm (K^+) i mewn i'r celloedd gwarchod o'r celloedd epidermaidd o'u cwmpas nhw.
- Mae startsh wedi'i storio'n cael ei drawsnewid i ffurfio ïonau malad.
- Mae'r ïonau malad a K^+ yn gostwng y potensial dŵr yn y celloedd gwarchod, gan ei wneud yn fwy negatif, ac o ganlyniad i hyn mae dŵr yn mynd i mewn drwy osmosis.
- Mae cellfuriau celloedd gwarchod yn deneuach mewn rhai mannau nag eraill. Mae celloedd gwarchod yn ehangu wrth amsugno dŵr, ond ddim cymaint yn y mannau lle mae'r cellfur yn drwchus. Mae'r rhannau hyn gyferbyn â'i gilydd ar y ddwy gell warchod ac, wrth i'r celloedd gwarchod ymestyn, mae mandwll yn ymddangos rhwng y rhannau hyn sy'n ymestyn llai. Hwn yw'r stoma.

Yn y nos, mae'r broses wrthwyneb yn digwydd ac mae'r mandwll yn cau.

Mae planhigion yn colli dŵr wrth iddo anweddu drwy eu stomata mewn proses o'r enw trydarthiad. Bydd planhigion yn gwywo os ydyn nhw'n colli gormod o ddŵr. Ar ddail sy'n cael eu dal yn llorweddol, byddai golau'r haul ar yr arwyneb uchaf yn cynyddu anweddiad, felly mae cadw'r stomata ar yr arwyneb isaf yn unig yn lleihau colledion dŵr. Mae'r cwtigl cwyraidd ar yr arwyneb uchaf hefyd yn lleihau colledion dŵr.

Pwynt astudio

Mae ïonau malad a K^+ yn gostwng potensial dŵr celloedd gwarchod.

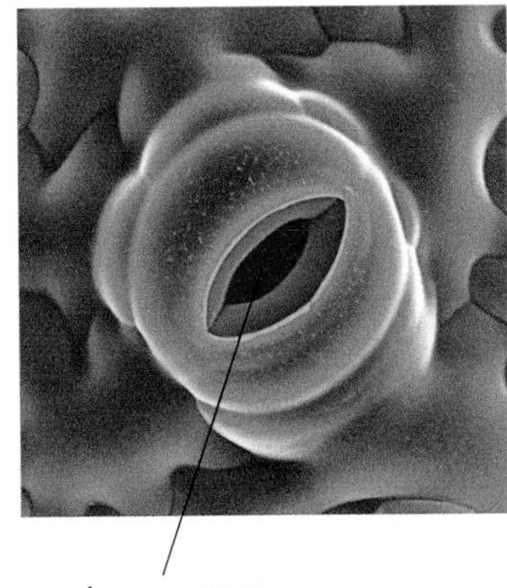

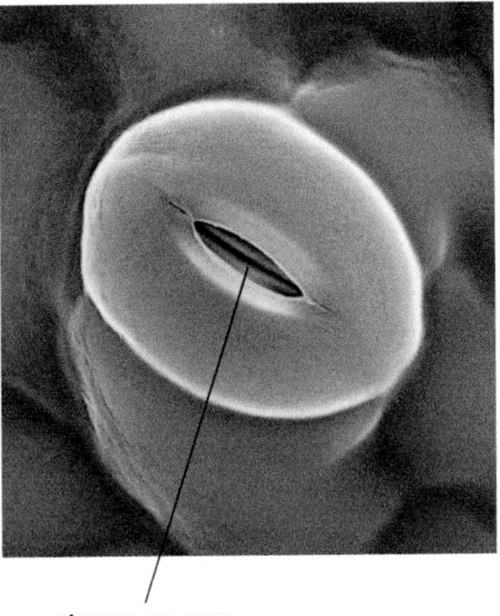

Golwg arwyneb o stomata ar agor ac ar gau

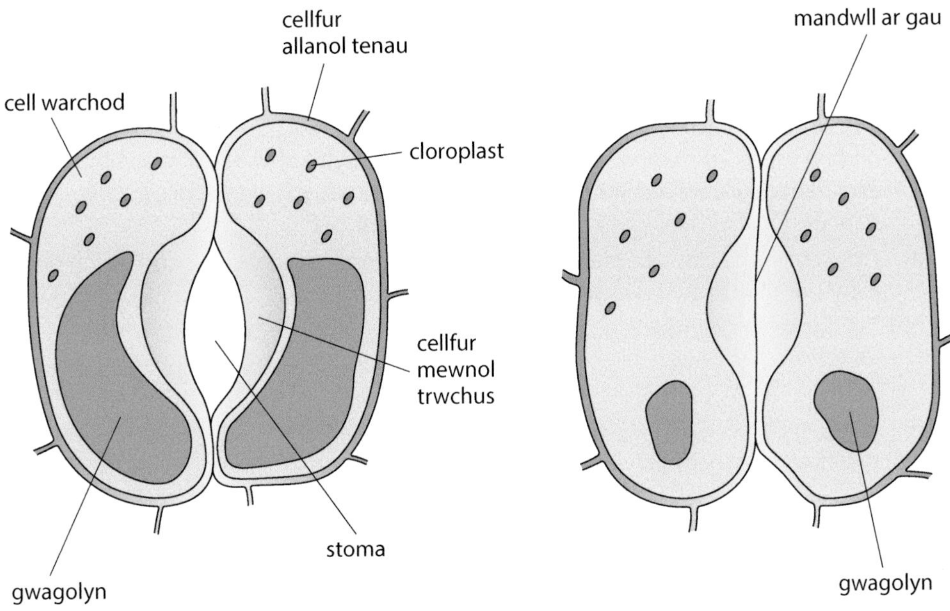

Diagram yn dangos celloedd gwarchod o gwmpas stomata ar agor ac ar gau

Mae cyfnewid nwyon a cholledion dŵr yn digwydd drwy stomata, a rhaid i blanhigion gydbwyso anghenion cyfnewid nwyon a rheoli colledion dŵr, sy'n gwrthdaro â'i gilydd. Felly mae stomata'n cau:

- Yn y nos, i atal colled dŵr pan does dim digon o olau ar gyfer ffotosynthesis.
- Mewn golau llachar iawn, oherwydd bod hyn yn gyffredinol, yn cyd-fynd â gwres uchel, a fyddai'n cynyddu anweddiad.
- Os caiff gormod o ddŵr ei golli.

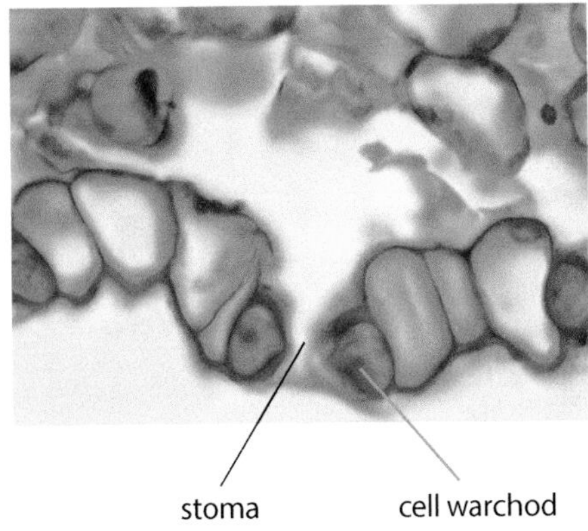

Toriad drwy ddeilen yn dangos stoma

Gwirio gwybodaeth 2.4

Nodwch y gair neu'r geiriau coll:

Yn y nos, pan does dim ffotosynthesis, does dim ATP yn cael ei wneud. Felly, does dim ymlifiad o ïonau K^+ i'r celloedd gwarchod drwy .... Mae malad yn cael ei drawsnewid yn ôl yn .... Mae'r potensial dŵr yn mynd yn llai negatif ac mae dŵr yn .... y celloedd gwarchod drwy osmosis. Mae'r celloedd gwarchod yn mynd yn .... ac mae'r mandwll yn cau.

Gwaith ymarferol

Gweler t178–179 am ddisgrifiad o adeiledd stomata.

Ymchwilio i niferoedd y stomata ar ddail sydd wedi addasu i wahanol amgylcheddau

I amcangyfrif dosbarthiad stomata ar ddeilen fel mynawyd y bugail, *Pelargonium*:

1. Gwnewch replica o'r epidermis:
   a) Rhowch ddeilen wedi'i hehangu'n llawn ar deilsen wen a'i hepidermis isaf yn wynebu i fyny.
   b) Estynnwch y ddeilen rhwng dau fys ar un llaw. Defnyddiwch eich llaw arall i roi haen o farnais ewinedd di-liw arni, rhwng y gwythiennau, a gadewch iddi sychu.
   c) Rhowch ail got o farnais ewinedd a gadewch iddi sychu.
   ch) Daliwch efel fain yn llorweddol a rhowch un pwynt i mewn rhwng yr epidermis a'r haen farnais ewinedd. Daliwch yr haen a philiwch hi oddi wrthych, gan gynnal tensiwn yn yr haen sy'n dod i ffwrdd. Mae hyn yn cynhyrchu replica o'r epidermis isaf.
   d) Rhowch y replica ar sleid microsgop a defnyddiwch siswrn i dorri darn tua 3 mm × 3 mm.
   dd) Rhowch ddau ddiferyn o ddŵr arno a rhowch arwydryn drosto.

Cyngor mathemateg

I ganfod arwynebedd y maes gweld:

1. Trawsnewidiwch y diamedr, wedi'i fesur mewn unedau sylladur, i µm, gan ddefnyddio'r gwerth graddnodi ac yna i mm.
2. Cyfrifwch y radiws: $r = \frac{\text{diamedr}}{2}$
3. Cyfrifwch yr arwynebedd: Arwynebedd = πr^2.

2. Cyfri'r stomata:
   a) Ffocyswch ar y replica gan ddefnyddio'r lens gwrthrychiadur ×10 ac yna ffocyswch eto gan ddefnyddio'r lens gwrthrychiadur ×40. Addaswch arddwysedd y golau â'r diaffram iris o dan y llwyfan i gynhyrchu delwedd addas.
   b) Cyfrwch nifer y stomata sydd yn y golwg. Gwnewch reol am stomata sydd ddim ond i'w gweld yn rhannol, e.e. byddwch chi'n eu cyfrif nhw os yw mwy na hanner arwynebedd y celloedd gwarchod yn y golwg, neu os ydyn nhw i'w gweld yn hanner uchaf y maes gweld ond nid yn yr hanner isaf.
   c) Cyfrwch nifer y stomata mewn naw man arall, gan wneud yn siŵr nad ydych chi'n cyfrif unrhyw un stoma'n fwy nag unwaith.
   ch) Cyfrifwch nifer cymedrig y stomata a oedd yn y golwg.

Mae esboniad o'r termau seroffyt, mesoffyt a hydroffyt ar t217.

3. Cyfrifo dosbarthiad y stomata:
   a) O raddnodiad eich microsgop, gallwch chi gyfrifo arwynebedd y maes gweld.
   b) Cyfrifwch ddosbarthiad y stomata lle mae:

$$\text{nifer cymedrig y stomata i bob mm}^2 = \frac{\text{nifer cymedrig y stomata i bob maes gweld}}{\text{arwynebedd y maes gweld mewn mm}^2}$$

Cynllun

Ffactor arbrofol	Disgrifiad	Gwerth
Newidyn annibynnol	math o blanhigyn	seroffyt e.e. *Kalanchöe* mesoffyt e.e. *Ficus* hydroffyt e.e. *Nymphaea*
Newidyn dibynnol	dosbarthiad stomata	nifer / mm^2
Newidynnau rheolydd	rhaid defnyddio dail sydd wedi ehangu'n llawn, oherwydd wrth i ddail heneiddio, maen nhw'n tyfu drwy ehangiad celloedd, nid drwy cellraniad; mae gan ddeilen ifanc yr un nifer o stomata â phan mae'n hŷn, ond mae'r stomata'n agosach at ei gilydd; mewn deilen wedi'i hehangu'n llawn, mae'r pellter rhwng y stomata ar ei fwyaf, felly mae'n ddilys cymharu eu dosbarthiad neu eu heffeithiau ar drydarthiad	
Rheolydd	cymhariaeth yw hon felly does dim rheolydd	
Dibynadwyedd	bydd edrych mewn mwy o fannau, e.e. 30, yn rhoi nifer cymedrig mwy dibynadwy o stomata	
Perygl	mae dail rhai rhywogaethau'n wenwynig neu'n llidus	

Gwaith pellach

- Cymharwch y dosbarthiad ar epidermis uchaf ac isaf planhigion sy'n dal eu dail yn llorweddol, e.e. rhosod, derw, ac ar ddail ŷd neu wair ac eglurwch y gwahaniaethau.

Dyrannu pen pysgodyn i ddangos y tagellau a llwybr dŵr

Mae pen eog yn addas; mae eogiaid yn fawr ac mae'n hawdd adnabod y ffurfiadau.

Offer: pen eog; bwrdd dyrannu; siswrn main; siswrn mawr; gefel fain; cyllell llawfeddyg fain; rhoden wydr; sleid microsgop; arwydryn; microsgop; dŵr

1. Efallai yr hoffech chi wisgo pâr, neu ddau hyd yn oed, o fenig rwber, i atal eich dwylo rhag drewi o'r pysgodyn.
2. Rinsiwch y pen pysgodyn yn drwyadl dan ddŵr oer a rhedwch ddŵr drwy'r tagellau, i gael gwared ar fwcws. Os yw'r eog yn ffres, bydd y tagellau'n goch llachar heb unrhyw fwcws arnynt. Mae defnydd hŷn yn fwy gwelw a gallai fod llawer o fwcws arno.
3. Agorwch geg yr eog a nodi'r dannedd ar y ddwy ên a'r dafod, sy'n cynnwys blasbwyntiau, yng ngwaelod y geg. Mae'r ên isaf yn symud i fyny ac i lawr i ddal dŵr ac ysglyfaethau. Dydy'r eog ddim yn cnoi, a dydy'r ên isaf ddim yn gallu symud llawer o ochr i ochr.
4. Defnyddiwch efel i symud yr opercwlwm i mewn ac allan, i ddangos sut mae'n symud yn ystod y broses awyru. Efallai y bydd hi'n anodd symud yr opercwlwm, ond mae hyn i'w ddisgwyl gan fod angen iddo gau'n dynn iawn er mwyn i'r mecanwaith awyru lwyddo i gynnal gwahaniaethau gwasgedd.
5. Codwch yr opercwlwm a sylwch ar y ffilamentau tagellau a'r agennau (*slits*) tagellau, sef y bylchau rhwng y tagellau.
6. Rhowch y pen pysgodyn mewn dŵr oer. Bydd y tagellau'n lledu – sylwch ar yr arwynebedd arwyneb mawr.
7. Gwthiwch y rhoden wydr i'r geg yn ysgafn, drwy geudod y geg a thrwy un o'r agennau tagellau i ddangos llwybr dŵr yn ystod y broses awyru.
8. Defnyddiwch siswrn i dorri'r opercwlwm i ffwrdd lle mae'n cysylltu â'r pen. Gallai hyn fod yn waith caled gan fod yr opercwlwm yn ffurfiad cryf.
9. Fe welwch chi bedair tagell, a bwa tagell esgyrnog yn cynnal pob un.

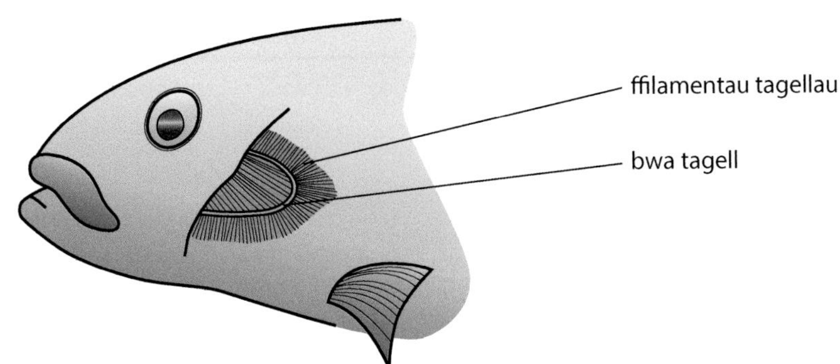

Pen pysgodyn i ddangos opercwlwm wedi'i dynnu

Gwirio theori 14

1. Enwch arwyneb resbiradol pysgodyn.
2. Esboniwch pam mae gan arwyneb resbiradol arwynebedd arwyneb mawr.
3. Sut mae llawer o rywogaethau pysgod cartilagaidd yn cynnal llif dŵr dros eu tagellau?
4. Sawl pâr o dagellau sydd gan bysgod esgyrnog?
5. Esboniwch y termau: bwa tagell, bar tagell, ffilament tagell, lamelâu tagell, a phlât tagell.
6. Esboniwch pam mae llif gwrthgerrynt dŵr a gwaed mewn pysgod esgyrnog yn fwy effeithlon na'r llif paralel mewn pysgod cartilagaidd.

10. Defnyddiwch siswrn mawr i dorri drwy'r bwa tagell cyntaf lle mae'n cysylltu â'r pen yn y gwaelod. Fel yr opercwlwm, efallai y bydd angen llawer o gryfder i dorri drwy'r bwa tagell.
11. Torrwch drwy'r bwa tagell cyntaf lle mae'n cysylltu â'r pen yn y top.
12. Sylwch ar y cribau tagellau sydd ynghlwm wrth y bwa tagell. Maen nhw'n hidlo solidau i atal niwed i'r ffilamentau tagellau.

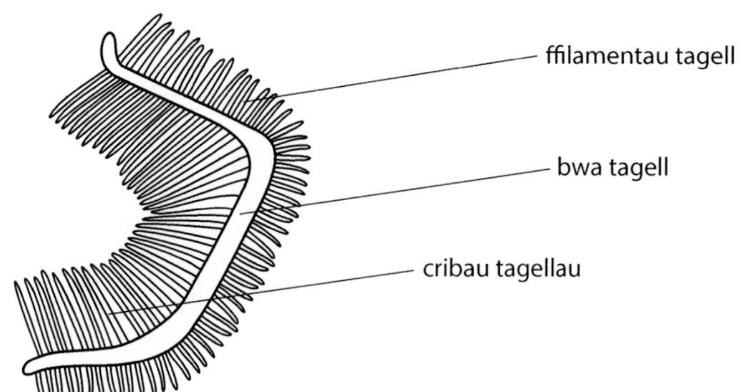

I ddangos adeiledd tagell

13. Defnyddiwch siswrn main i dorri rhai mm oddi ar ffilament tagell a'i roi ar sleid microsgop. Rhowch ddau ddiferyn o ddŵr ar y defnydd a rhowch arwydryn drosto. Archwiliwch ef dan y microsgop gan ddefnyddio lens gwrthrychiadur ×4 ac yna ×10. Mae'r ffotomicrograff isod yn dangos tagellau yn sownd wrth fwa tagell.

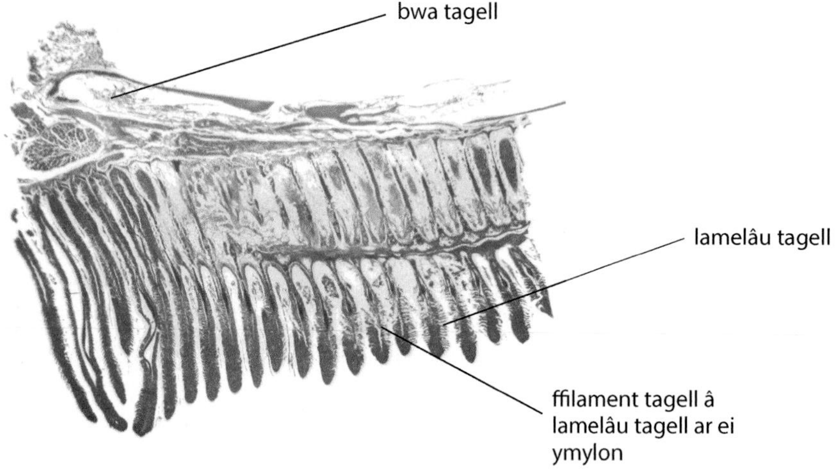

Tagell dan ficrosgop chwyddhad isel

Microsgopeg

Toriad ardraws o ddeilen *Ligustrum*

Edrychwch ar y sbesimen deilen ar y sleid cyn i chi ei roi ar lwyfan y microsgop. Mae'n edrych fel hyn:

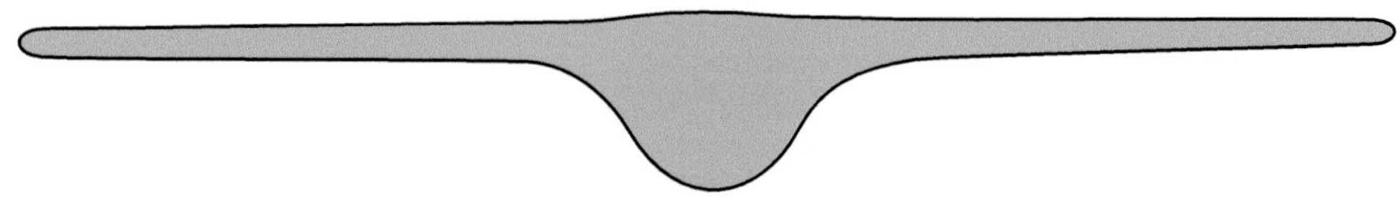

Amlinell o doriad fertigol drwy ddeilen

Sylwch ar safle'r wythïen ganol, prif wythïen y ddeilen, a'r lamina neu lafn y ddeilen. Os yw'r ddeilen yn llorweddol ar y planhigyn byw, mae'r toriad hwn wedi'i dorri'n fertigol, felly gallwch chi labelu eich sleid â TF (toriad fertigol), nid TA (toriad ardraws).

1. Rhowch lwyfan y microsgop mor isel â phosibl a rhowch y sleid ar y llwyfan, â'r wythïen ganol oddi wrthych chi. Mae'r microsgop yn gwrthdroi'r ddelwedd felly bydd y ddelwedd yr un ffordd i fyny â'r ddeilen pan mae'n fyw.
2. Rhowch y lens gwrthrychiadur ×4 yn ei le a chodwch lwyfan y microsgop yn araf nes bod y ddelwedd mewn ffocws.
3. Symudwch y sleid fel bod y wythïen ganol yng nghanol y rhan rydych chi'n gallu ei gweld.
4. Heb symud y rheolydd ffocws, cylchdrowch i lens gwrthrychiadur ×10 a ffocysu eto. Sylwch ar y sypyn fasgwlar. Mae'r sylem uwch ei ben ac mae'r cellfuriau wedi'u staenio'n goch, am eu bod nhw'n cynnwys lignin. Mae'r ffloem oddi tanodd, â chellfuriau teneuach wedi'u staenio'n las, sy'n cynnwys cellwlos, ond dim lignin.
5. Symudwch y sleid ychydig bach i'r ochr fel bod llafn y ddeilen yn y golwg. Gan newid yn ôl ac ymlaen rhwng y lensiau gwrthrychiadur ×10 a ×40, nodwch y ffurfiadau a'u nodweddion yn y tabl isod, ond cofiwch ddefnyddio'r rheolydd ffocws mân yn unig â'r lens gwrthrychiadur ×40. Defnyddiwch y ffotomicrograff ar t44 a'r diagram ar t177 i'ch helpu chi i adnabod y ffurfiadau.

Ffurfiad	Nodweddion
Cwtigl uchaf	Tryloyw
Epidermis uchaf	Un haen o gelloedd; dim cloroplastau
Celloedd palis	Celloedd hir a thenau; yn cynnwys cloroplastau
Mesoffyl sbyngaidd	Celloedd crwn; rhai cloroplastau; gofod rhwng celloedd
Epidermis isaf	Un haen o gelloedd; dim cloroplastau
Cwtigl isaf	Tryloyw; teneuach na'r cwtigl uchaf
Stoma	Mae gweld y mandwll yn dibynnu ar ongl y toriad
Celloedd gwarchod	Dwy gell fach â'u waliau wedi'u staenio'n ddwys
Sypyn fasgwlar	Gan ddibynnu ar ongl y toriad, gall celloedd edrych yn grwn neu'n hir; mae cellfuriau'r sylem yn staenio'n goch a chellfuriau'r ffloem yn staenio'n las

Gwneud mesuriadau

1. Dewiswch bellter diamwys y byddai rhywun sy'n dod i edrych i lawr eich microsgop yn ei adnabod; er enghraifft, dyfnder llafn y ddeilen ar draws rhan letaf sypyn fasgwlar neu o ganol stoma, ar ongl sgwâr i blân y ddeilen.
2. Aliniwch y sbesimen a'r sylladur graticiwl a darllenwch yn fanwl gywir nifer yr unedau sylladur y mae'r pellter hwnnw'n ei gynrychioli.
3. Ar ôl graddnodi eich microsgop, gallwch chi gyfrifo'r union bellter. Cofiwch ei fynegi mewn unedau priodol â nifer addas o leoedd degol.
4. Nodwch y pellter sydd wedi'i fesur ar eich lluniad biolegol.
5. Mesurwch y pellter ar y lluniad â'ch pren mesur.
6. Cyfrifwch chwyddhad eich lluniad gan ddefnyddio'r hafaliad:

$$\text{chwyddhad} = \frac{\text{maint delwedd}}{\text{maint gwirioneddol}}$$

Gwirio'r lluniad

I wirio bod cyfrannedd eich lluniad yn gywir, mesurwch y pellteroedd A–B ac C–D ar ffurfiad fel sypyn fasgwlar mawr, mewn unedau sylladur yn y microsgop ac mewn mm ar eich lluniad.

Dylai'r ffracsiwn fod $\frac{AB}{CD}$ yr un fath i'r ddau.

Pwynt astudio

Bydd y staeniau mwyaf cyffredin yn gwneud cellfuriau'r pibellau sylem yn goch, gan eu bod nhw'n cynnwys lignin. Bydd cellfuriau elfennau'r tiwb hidlo ffloem yn staenio'n las gan eu bod nhw'n cynnwys cellwlos, nid lignin.

Cyswllt

Mae t44 yn dangos toriad drwy ddeilen *Ligustrum*.

Gwirio theori 15

1. Esboniwch werth addasol y ffaith bod y cwtigl uchaf yn fwy trwchus na'r cwtigl isaf.
2. Esboniwch sut mae cael crynodiad is o gloroplastau yn y celloedd mesoffyl sbyngaidd nag sydd yn y celloedd palis, yn gallu rhoi mantais esblygiadol i blanhigyn.
3. Esboniwch pam rydyn ni weithiau'n gweld sylem a ffloem fel toriad ardraws mewn toriad fertigol drwy ddeilen.
4. Pam nad yw stomata bob amser yn weladwy, hyd yn oed os gallwn ni weld celloedd gwarchod?

Cyswllt

Mae t47 yn disgrifio sut i raddnodi microsgop, cyfrifo maint gwrthrych a chyfrifo chwyddhad delwedd.

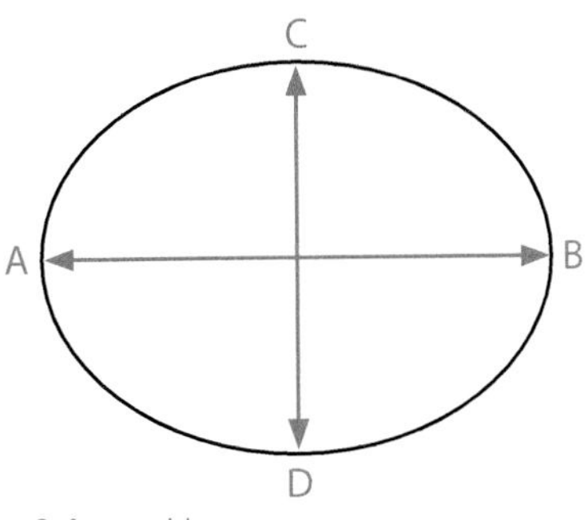

Cyfrannedd

Toriad ardraws drwy'r ysgyfant

Edrychwch ar y sbesimen ysgyfant ar y sleid cyn i chi ei roi ar lwyfan y microsgop. Dydy'r ffurfiadau ddim yn weladwy ac mae'r toriad yn edrych fel bod staen unffurf arno. Rhowch y sleid ar y llwyfan a ffocysu gan ddefnyddio lens gwrthrychiadur ×10 ac yna lens gwrthrychiadur ×40. Edrychwch ar y ffotomicrograff ar t174.

Mae llawer o sleidiau ysgyfant yn cael eu staenio â llifyn pinc. Y ffurfiadau lleiaf yw'r capilarïau, a gyda'r lens gwrthrychiadur ×40, gallwch chi weld mai un gell yw trwch eu waliau. Mae'r alfeoli yn ffurfiadau mwy, a gallwch chi weld mai un gell yw trwch eu waliau nhw hefyd. Pibellau gwaed, sef canghennau'r rhydweli ysgyfeiniol a'r wythïen ysgyfeiniol, yw'r ffurfiadau mwyaf. Gallwch chi gadarnhau hyn drwy nodi adeiledd eu waliau a'u cymharu nhw â'r diagramau o rydwelïau a gwythiennau ar t190.

1. Gan ddefnyddio lens gwrthrychiadur ×40 a'r sylladur graticiwl, cyfrwch nifer yr unedau sylladur ar draws diamedr alfeolws a chapilari.
2. Gan ddefnyddio'r cyfrifiad ar t48, cyfrifwch ddiamedr yr alfeolws a'r capilari.

Toriad ardraws drwy'r tracea

1. Archwiliwch y sleid cyn i chi ei rhoi ar y microsgop. Byddwch chi'n gweld cylch o feinwe, sef wal y tracea. Mewn labordai ysgol, mae'r sbesimenau hyn yn aml yn dod o lygod mawr. Gallwch chi ddychmygu, felly, y byddai tracea dynol yn lletach, er, fel mewn unrhyw famolyn, byddai'r haenau o feinweoedd yr un fath.
2. Rhowch y sleid ar lwyfan y microsgop ac edrychwch arni â lens gwrthrychiadur ×4. Sylwch ar drwch y wal o'i gymharu â diamedr y llwybr aer.
3. Symudwch y sleid fel bod darn o'r wal yng nghanol y maes gweld a throwch y gwrthrychiadur fel eich bod chi'n defnyddio'r lens gwrthrychiadur ×10.

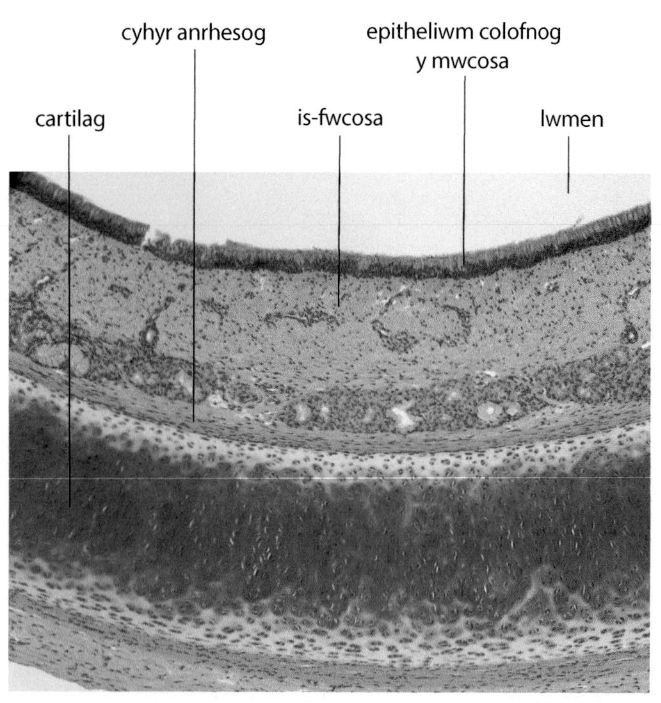

Toriad ardraws drwy wal tracea (chwyddhad isel)

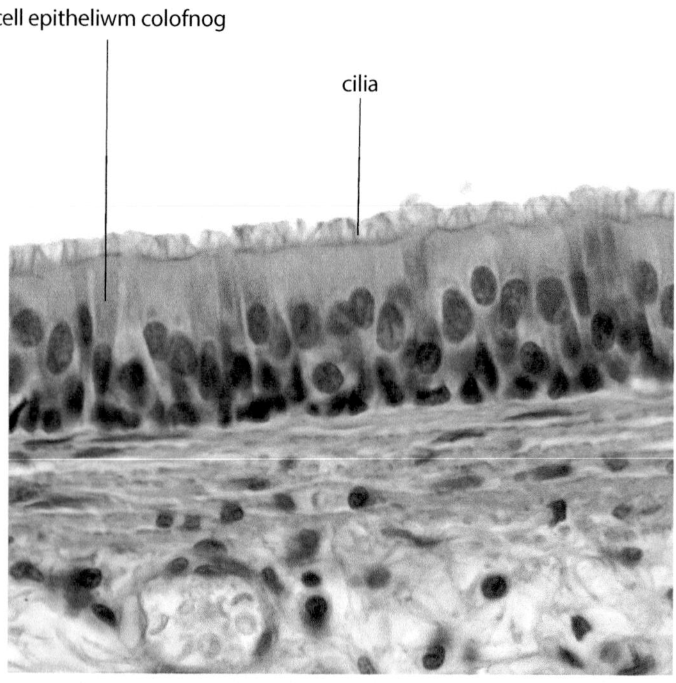

Toriad ardraws drwy wal tracea i ddangos mwcosa (chwyddhad uchel)

Profwch eich hun

1 Mae cyfnewid nwyon mewn pysgod yn digwydd ar draws arwyneb arbennig, y dagell.

(a) Nodwch un anhawster sy'n wynebu organebau dyfrol, o'u cymharu ag organebau daearol, o ran cael ocsigen o ddŵr. (1)

(b) Mae pysgod cartilagaidd, fel siarcod, yn defnyddio system llif paralel yn eu tagellau. Mae pysgod esgyrnog, fel mecryll, yn defnyddio system llif gwrthgerrynt.

(i) Disgrifiwch y gwahaniaeth corfforol rhwng 'llif paralel' a 'llif gwrthgerrynt'. (1)

(ii) Awgrymwch pam mae'r system llif gwrthgerrynt yn fwy effeithlon na'r system llif paralel. (2)

(c) Mae'r tabl isod yn rhoi mesuriadau rhai o nodweddion lamelâu tagell dau bysgodyn esgyrnog.

	Cathbysgodyn America *Ameiurus nebulosus*	Pennog yr Iwerydd *Clupea harengus*	Cymhareb
Trwch muriau'r lamelâu / μm	10	0.6	16.7:1
Trwch y lamelâu / μm	25	7	…………
Bwlch rhwng y lamelâu / μm	45	20	2.3:1
Nifer y lamelâu i bob mm	14	32	0.4:1

(i) Cyfrifwch gymhareb trwch lamelâu cathbysgodyn America:pennog yr Iwerydd, a chwblhewch y tabl. (1)

(ii) Defnyddiwch y data sy'n disgrifio adeiledd tagellau *Clupea harengus* ac *Ameiurus nebulosus* i gyfiawnhau'r arsylwad gan bysgotwyr bod *C. harengus* yn weithgar ond bod *A. nebulosus* yn araf (*sluggish*). (4)

(iii) Pe baech chi'n cynnal arbrawf i fesur lefel gweithgarwch pysgod o'r ddau genws hyn, nodwch dair nodwedd y byddech chi'n eu cadw'n gyson i wneud eich cymhariaeth yn ddilys. (3)

(Cyfanswm 12 marc)

2 Mae planhigion blodeuol yn cyfnewid nwyon â'r atmosffer drwy eu stomata. Mewn llawer o rywogaethau, mae perthynas rhwng arddwysedd golau a chyfaint y nwyon sy'n cael eu cyfnewid gyda'r atmosffer.

(a) (i) Mae llawer o blanhigion sydd wedi esblygu mewn hinsawdd dymherus yn agor eu stomata mewn golau dydd llachar ond yn eu cau nhw pan mae arddwysedd y golau'n isel. Esboniwch fantais esblygiadol yr ymddygiad hwn. (2)

(ii) Mae rhai pobl yn dadlau bod modd cysylltu p'un ai bod stomata'n agor yn ystod y dydd neu'r nos, gyda'r cynefin lle esblygodd y planhigyn. Defnyddiwch y data yn y tabl isod i werthuso'r honiad hwn ar gyfer *Ficus elastica* ac *Aloe vera*. (2)

Rhywogaeth	Cynefin	Canran o'r stomata ar agor	
		dydd	nos
Ficus elastica, planhigyn rwber	coedwig law drofannol; llawer o ddŵr ar gael	98	0
Aloe vera, alwys meddyginiaethol	ardal boeth, sych; dim llawer o ddŵr ar gael	5	92

(b) Mae dosbarthiad stomata ar ddail aeddfed yn eithaf cyson ar gyfer rhywogaeth benodol. Mae Lluniau 2.1 a 2.2 yn ffotograffau o ddail *Tilia europaea*, leim a *Zea mais*, India corn.

(i) Disgrifiwch sut byddech chi'n amcangyfrif dwysedd stomata dail leim yn y labordy. (5)

Llun 2.1 *Tilia europaea*, leim

Llun 2.2 *Zea mais*, India corn

(ii) Mae'r tabl isod yn dangos dwyseddau stomata ar arwynebau isaf ac uchaf dail leim ac India corn. Gan ddefnyddio Lluniau 2.1 a 2.2 a'ch gwybodaeth fiolegol, awgrymwch resymau dros eu dosbarthiad cymharol. (4)

Rhywogaeth	Arwyneb y ddeilen	Nifer y stomata i bob mm^2
Tilia europaea Leim	Uchaf	0
	Isaf	370
Zea Mais India corn	Uchaf	98
	Isaf	108

(Cyfanswm 13 marc)

3 Mae llawer o blanhigion cnwd yn cael eu tyfu ledled y byd mewn tai gwydr. Yn y tai gwydr mwyaf modern, caiff arddwysedd golau, tymheredd a chrynodiad carbon deuocsid eu rheoli ar gyfer y planhigion, er mwyn sicrhau'r amodau optimwm ar gyfer ffotosynthesis. Mae'r diwydiant blodau wedi'u torri yn defnyddio tai gwydr, ond mae'r blodau'n gwywo'n gyflym ar ôl cael eu torri.

Mae Lluniau 3.1, 3.2 a 3.3 yn graffiau sy'n dangos cyfraddau ffotosynthesis cymharol planhigyn gwyrdd, dan wahanol amodau arddwysedd golau, tymheredd a lefel carbon deuocsid.

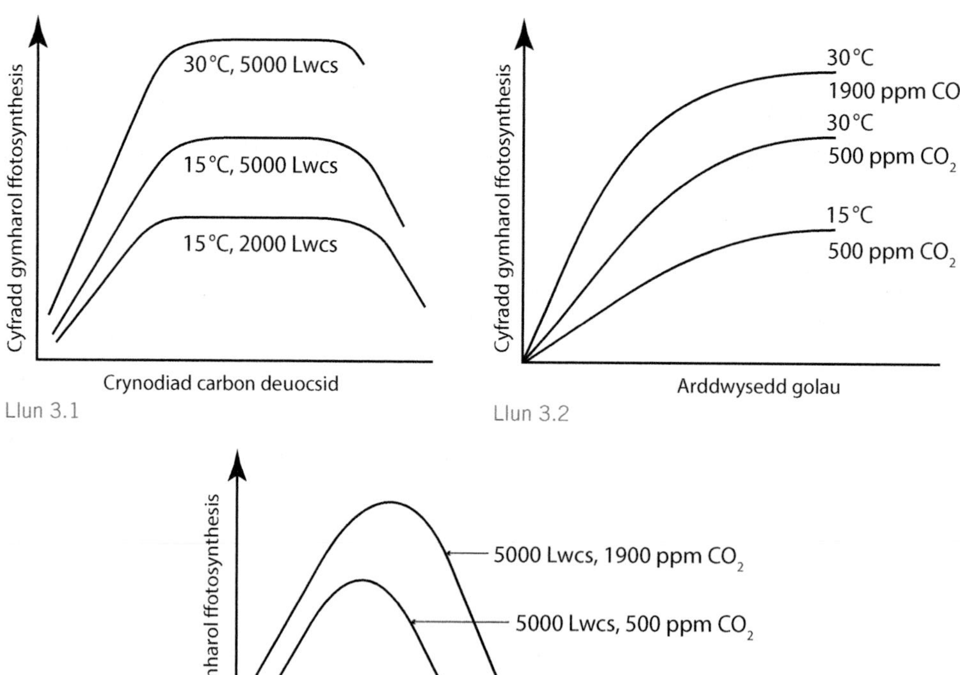

Llun 3.1

Llun 3.2

Llun 3.3

Esboniwch pam mae tymheredd y rhan fwyaf o dai gwydr sy'n tyfu cnydau yn cael ei atal rhag codi dros tua 40°C.

Disgrifiwch pam mae dail yn lleihau eu cyfradd ffotosynthesis ar grynodiad carbon deuocsid uchel (Llun 3.1) a pham mae'r gyfradd yn gwastadu ar arddwysedd golau uchel (Llun 3.2).

Awgrymwch pam mae blodau wedi'u torri yn gwywo mor gyflym ar ôl eu torri ac awgrymwch pa amodau dylid eu defnyddio i'w galluogi nhw i adfywio mor gyflym â phosibl.

(9 AYE)

2.3a

Addasiadau ar gyfer cludiant mewn anifeiliaid

Mae anifeiliaid yn cyfnewid y nwyon carbon deuocsid ac ocsigen gyda'u hamgylchedd, yn derbyn maetholion ac yn cael gwared ar gynnyrch gwastraff fel wrea.

Mae angen system cludiant mewn organebau amlgellog i gludo defnyddiau o gwmpas y corff o'r pwynt lle maen nhw'n dod i mewn o'r amgylchedd. Y tu mewn i'r corff, rhaid trosglwyddo'r defnyddiau i gelloedd, i'w defnyddio. Rhaid cludo cynnyrch gwastraff i'r arwyneb cyfnewid i gael gwared arno. Mae maint a chyfradd metabolaidd organeb yn effeithio ar faint o ddefnydd y mae angen ei gyfnewid a'i gludo o gwmpas y corff.

System cludiant anifeiliaid amlgellog yw'r gwaed. Mewn mamolion, mae'r galon yn pwmpio gwaed drwy bibellau arbenigol sydd wedi'u ffurfio i gyfnewid cymaint â phosibl gyda'r corffgelloedd.

Erbyn diwedd y testun hwn, byddwch chi'n gallu gwneud y canlynol:

- Esbonio pam mae angen mecanweithiau cludo ar anifeiliaid amlgellog.
- Esbonio arwyddocâd systemau cylchrediad agored a chaeedig a chylchrediadau sengl a dwbl, ac esbonio'r gwahaniaeth rhyngddynt.
- Esbonio'r berthynas rhwng adeiledd a swyddogaeth rhydwelïau, gwythiennau a chapilarïau.
- Disgrifio sut mae gwaed yn pasio drwy'r galon.
- Disgrifio'r gylchred gardiaidd a dehongli graffiau sy'n dangos newidiadau gwasgedd yn ystod y gylchred.
- Esbonio rheolaeth drydanol curiad y galon.
- Disgrifio adeiledd celloedd y gwaed.
- Disgrifio'r gwahaniaethau rhwng gwaed, plasma, hylif meinweol a lymff.
- Disgrifio swyddogaeth haemoglobin o ran cludo ocsigen a charbon deuocsid.
- Disgrifio ac esbonio effeithiau cynyddu crynodiad carbon deuocsid ar gromlin ddaduniad ocsigen.
- Disgrifio cludiant carbon deuocsid yn nhermau'r syfliad clorid.
- Disgrifio sut mae hylif meinweol yn ffurfio a pham mae'n bwysig i gyfnewid defnyddiau.

Cynnwys y testun

Nodweddion system cludiant

Mae systemau cludiant anifeiliaid yn rhannu'r nodweddion canlynol:

- Cyfrwng addas i gludo defnyddiau ynddo.
- Pwmp, fel y galon, i symud y gwaed.
- Falfiau i gynnal y llif i un cyfeiriad.

Mae gan rai systemau'r nodweddion canlynol hefyd:

- Pigment resbiradol, mewn rhai fertebratau a rhai infertebratau, ond nid pryfed, sy'n cynyddu cyfaint yr ocsigen y gellir ei gludo.
- System o bibellau â rhwydwaith canghennog i ddosbarthu'r cyfrwng cludiant i bob rhan o'r corff.

Systemau agored a systemau cylchrediad caeedig

Cyswllt

Mae disgrifiad o gyfnewid nwyon mewn pryfed ar t176.

Mae disgrifiad o gyfnewid nwyon mewn mamolion ar t174–175.

Systemau cylchrediad agored – dydy'r gwaed ddim yn symud o gwmpas y corff mewn pibellau gwaed; mae'n trochi'r meinweoedd yn uniongyrchol o fewn ceudod gwaed (haemocoel).

Mae gan bryfed system gwaed agored. Mae ganddyn nhw galon hir, siâp tiwb dorsal (top), sydd mor hir â'r corff. Mae'n pwmpio gwaed allan ar wasgedd isel i'r ceudod gwaed, lle mae defnyddiau'n cael eu cyfnewid rhwng y gwaed a'r corffgelloedd. Mae'r gwaed yn dychwelyd i'r galon yn araf ac mae'r cylchrediad agored yn ailddechrau.

Mae ocsigen yn tryledu'n uniongyrchol i'r meinweoedd o'r traceolau, felly dydy'r gwaed ddim yn cludo ocsigen a does dim pigment resbiradol ynddo.

Pwynt astudio

Mewn system gwaed agored, mae'r cyfrwng cludiant wedi'i symud i ofod mawr yng ngheudod y corff, sef y ceudod gwaed (haemocoel). Mewn system cylchrediad gaeedig, mae'r gwaed yn llifo mewn pibellau gwaed.

Systemau cylchrediad caeedig – mae'r gwaed yn symud mewn pibellau gwaed. Mae dau fath o systemau caeedig:

- Mewn **cylchrediad sengl**, mae'r gwaed yn mynd drwy'r galon unwaith ar ei ffordd o gwmpas y corff.
  - Mewn pysgod, mae fentrigl y galon yn pwmpio gwaed dadocsigenedig i'r tagellau, lle mae'r rhwydwaith capilarïau datblygedig yn gostwng ei wasgedd. Caiff gwaed dadocsigenedig ei gludo i'r meinweoedd a bydd gwaed dadocsigenedig yn dychwelyd o'r meinweoedd i atriwm y galon. Mae'r gwaed yn symud i'r fentrigl ac mae'r cylchrediad yn ailddechrau.

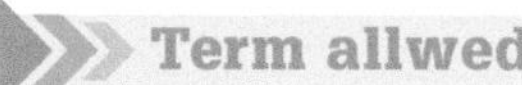

Term allweddol

Cylchrediad sengl: Mae'r gwaed yn teithio drwy'r galon unwaith yn ystod un gylchred o gwmpas y corff, e.e. mewn pysgod.

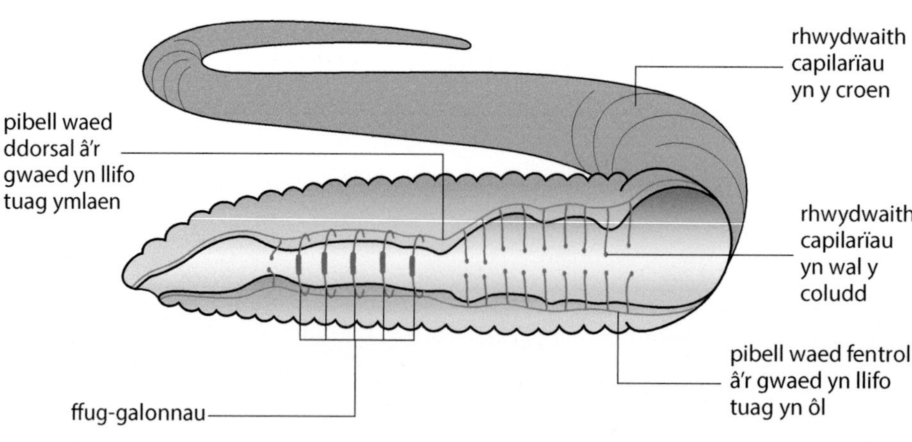

Golwg 3D ar gylchrediad mwydyn

  - Yn y mwydyn, mae gwaed yn symud ymlaen yn y bibell ddorsal, ac yn ôl yn y bibell fentrol. Mae pum pâr o 'ffug-galonnau', sef pibellau gwaed trwchus, cyhyrog, yn pwmpio'r gwaed o'r bibell ddorsal i'r un fentrol ac yn ei gadw i symud.

- Mewn **cylchrediad dwbl**, mae'r gwaed yn mynd drwy'r galon ddwywaith ar ei ffordd o gwmpas y corff. Mae gan famolion system cylchrediad dwbl. Mae'r gwaed yn cael ei bwmpio gan galon gyhyrog ar wasgedd uchel, gan roi cyfradd llif gyflym drwy bibellau gwaed. Nid yw'r organau mewn cysylltiad uniongyrchol â'r gwaed, ond maen nhw'n cael eu trochi gan hylif meinweol, sy'n diferu o gapilarïau. Mae'r pigment gwaed, haemoglobin, yn cludo ocsigen.

Mae gwasgedd y gwaed yn is yng nghapilarïau'r ysgyfaint; byddai'r gwasgedd hwn yn rhy isel i'r cylchrediad fod yn effeithlon yng ngweddill y corff. Yn lle hynny, mae'r gwaed yn dychwelyd i'r galon, sy'n cynyddu ei wasgedd eto, i'w bwmpio i weddill y corff. Fel hyn, caiff defnyddiau eu hanfon yn gyflym i'r corffgelloedd.

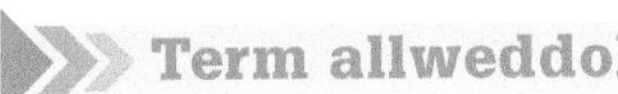

Cylchrediad dwbl: Mae'r gwaed yn mynd drwy'r galon ddwywaith ar ei ffordd o gwmpas y corff, e.e. mewn mamolion.

Mae gan famolion dymheredd corff uchel a chyfradd fetabolaidd uchel. Yr uchaf yw'r gyfradd fetabolaidd, y cyflymaf y mae angen darparu ocsigen a glwcos a chael gwared ar wastraff fel carbon deuocsid.

Anifail	Math o gylchrediad		Pigment resbiradol	Calon
Pryfyn	Agored		✗	Siâp tiwb dorsal
Mwydyn	Caeedig	Unigol	✓	'Ffug-galonnau'
Pysgodyn	Caeedig	Unigol	✓	1 atriwm ac 1 fentrigl
Mamolyn	Caeedig	Dyblu	✓	2 atriwm a 2 fentrigl

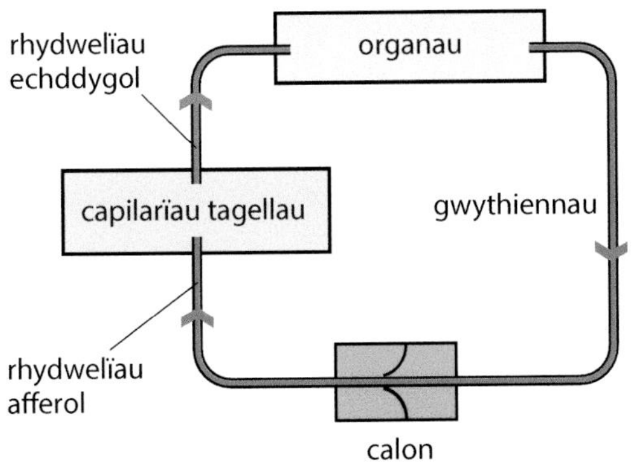

Cylchrediad sengl pysgodyn

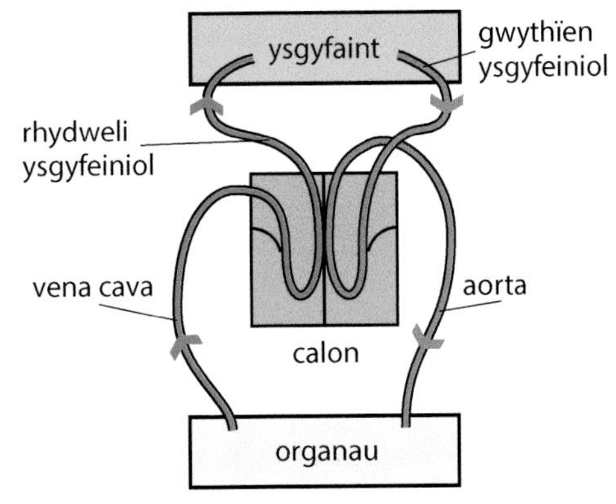

Cylchrediad dwbl mamolyn

Cludiant mewn mamolion

Gallwn ni ddisgrifio'r system cylchrediad dwbl fel hyn:

- Mae'r **cylchrediad ysgyfeiniol** yn gwasanaethu'r ysgyfaint. Mae ochr dde'r galon yn pwmpio gwaed dadocsigenedig i'r ysgyfaint. Mae gwaed ocsigenedig yn dychwelyd o'r ysgyfaint i ochr chwith y galon.
- Mae'r **cylchrediad systemig** yn gwasanaethu meinweoedd y corff. Mae ochr chwith y galon yn pwmpio'r gwaed ocsigenedig i'r meinweoedd. Mae gwaed dadocsigenedig o'r corff yn dychwelyd i ochr dde'r galon.
- Yn y ddwy gylchred, mae'r gwaed yn mynd drwy'r galon ddwywaith, unwaith drwy'r ochr dde ac unwaith drwy'r ochr chwith.

Mae cylchrediad dwbl mamolyn yn fwy effeithlon na chylchrediad sengl pysgodyn gan fod gwaed ocsigenedig yn gallu cael ei bwmpio o gwmpas y corff ar wasgedd uwch.

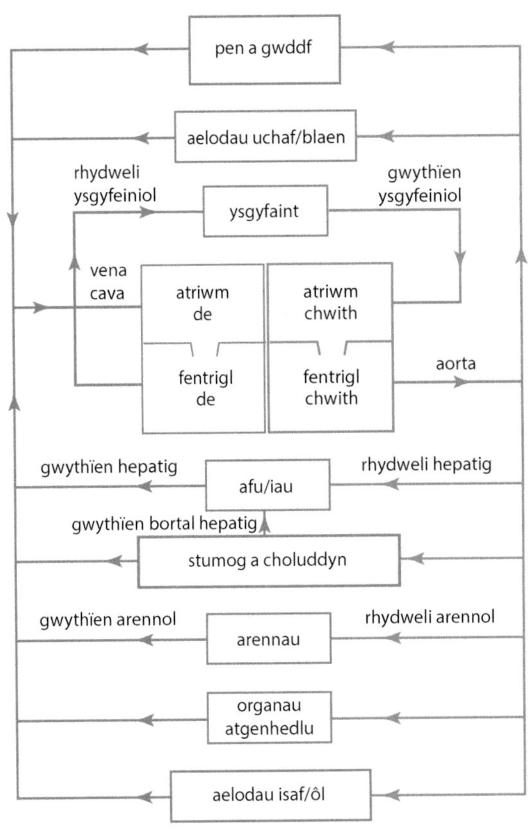

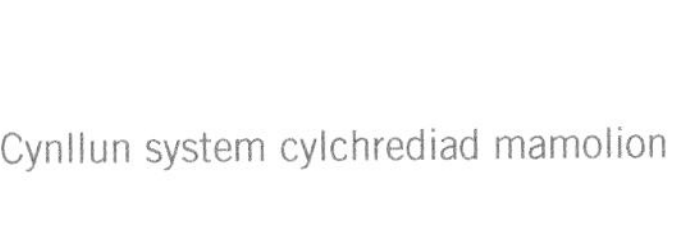
Cynllun system cylchrediad mamolion

Adeiledd a swyddogaeth pibellau gwaed

Mae tri math o bibellau gwaed: rhydwelïau, gwythiennau a chapilarïau.

Mae gan rydwelïau a gwythiennau yr un adeiledd tair haen sylfaenol, ond mae cyfraneddau'r gwahanol haenau'n amrywio. Mewn rhydwelïau a gwythiennau:

- Yr haen fewnol yw'r **tunica intima**, sef un haen o endotheliwm. Mewn rhai rhydwelïau, mae colagen sy'n cynnwys llawer o elastin yn ei gynnal. Mae hwn yn leinin llyfn sy'n lleihau ffrithiant er mwyn achosi cyn lleied â phosibl o wrthiant i lif gwaed.
- Mae'r haen ganol, y **tunica media**, yn cynnwys ffibrau elastig a chyhyr anrhesog. Mae'n fwy trwchus mewn rhydwelïau nag yw mewn gwythiennau. Mewn rhydwelïau, mae'r ffibrau elastig yn gallu ymestyn i ganiatáu ar gyfer newidiadau i lif a gwasgedd gwaed, wrth i'r gwaed gael ei bwmpio o'r galon. Mewn man penodol, mae ffibrau elastig wedi'u hymestyn yn adlamu, gan wthio gwaed ymlaen drwy'r rhydweli. Mae hyn i'w deimlo fel y pwls ac mae'n cynnal gwasgedd y gwaed. Mae cyfangiad y cyhyr anrhesog yn rheoleiddio llif y gwaed ac yn cynnal gwasgedd y gwaed wrth i'r gwaed gael ei gludo'n bellach oddi wrth y galon.
- Mae'r haen allanol, y **tunica externa**, yn cynnwys ffibrau colagen, sy'n gwrthsefyll gorymestyn.

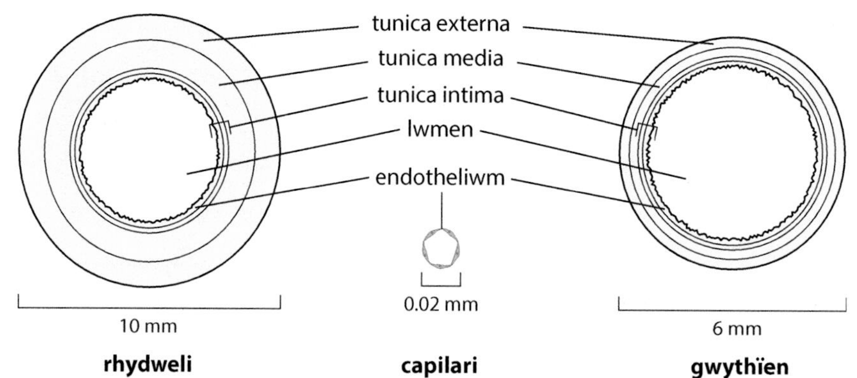

Rhydweli, gwythïen a chapilari

Mae **rhydwelïau** yn cludo gwaed oddi wrth y galon. Mae eu waliau trwchus, cyhyrog yn gwrthsefyll gwasgedd uchel y gwaed, sy'n deillio o'r galon. Mae rhydwelïau yn canghennu'n bibellau llai o'r enw rhydwelïynnau, sydd yna'n isrannu'n gapilarïau.

Mae **capilarïau** yn ffurfio rhwydwaith eang sy'n treiddio i holl feinweoedd ac organau'r corff. Mae gwaed o'r capilarïau'n casglu mewn gwythienigau, sy'n mynd â gwaed i'r gwythiennau, sy'n ei ddychwelyd i'r galon.

Mae gan **wythiennau** lwmen â diamedr mwy a waliau teneuach llai cyhyrog na rhydwelïau. Felly, mae gwasgedd y gwaed a'r gyfradd llif yn is. Disgyrchiant sy'n dychwelyd gwaed i'r galon o wythiennau sy'n uwch na'r galon. Mae'n symud drwy wythiennau eraill oherwydd gwasgedd o gyhyrau o'u cwmpas nhw. Mae gan wythiennau falfiau cilgant ar eu hyd sy'n sicrhau llif i un cyfeiriad ac yn atal ôl-lifiad; dydy'r rhain ddim yn bresennol mewn rhydwelïau, heblaw am yng ngwaelod yr aorta a'r rhydweli ysgyfeiniol. Mae nam ar y falfiau'n gallu cyfrannu at wythiennau faricos a methiant y galon.

Cyngor

Lluniwch dabl i gymharu rhydweli a gwythïen. Mewn cwestiwn arholiad, mae'n bwysig gwneud datganiadau sy'n cymharu: os ydych chi'n ysgrifennu bod gan wythiennau lwmen mawr, rhaid i chi ychwanegu bod gan rydwelïau lwmen llai, o'i gymharu â'u diamedr.

Cyngor

Mae capilarïau'n niferus ac yn ganghennog iawn, sy'n darparu arwynebedd arwyneb mawr ar gyfer tryledïad.

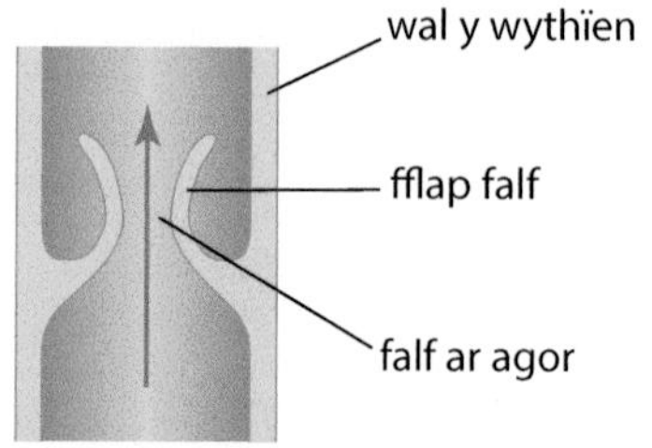

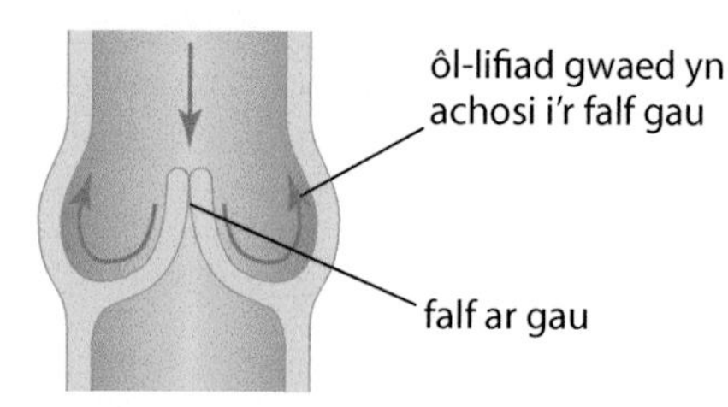

Gwythïen yn dangos falf

Mae gan gapilarïau waliau tenau, sydd yn un haen o endotheliwm ar bilen waelodol. Mae mandyllau rhwng y celloedd yn gwneud waliau'r capilarïau yn athraidd i ddŵr a hydoddion, fel glwcos, felly mae defnyddiau'n cael eu cyfnewid rhwng y gwaed a'r meinweoedd.

Mae gan gapilarïau ddiamedr bach ac mae cyfradd llif gwaed yn arafu. Mae llawer o gapilarïau mewn gwely capilarïau, sy'n gostwng cyfradd llif gwaed nes bod digonedd o amser i gyfnewid defnyddiau â'r hylif meinweol o'u cwmpas.

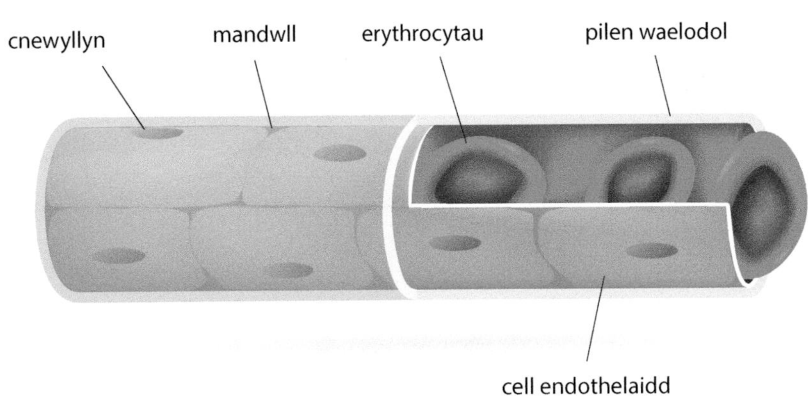

Y galon

Mae pwmp i gylchredeg gwaed yn hanfodol i system cylchrediad. Gallwn ni feddwl am y galon fel dau bwmp ar wahân, un yn ymdrin â gwaed ocsigenedig a'r llall yn ymdrin â gwaed dadocsigenedig. Mae dwy siambr gasglu â waliau cymharol denau, yr atria, uwchben dwy siambr bwmpio â waliau mwy trwchus, y fentriglau, sy'n golygu bod gwaed ocsigenedig a dadocsigenedig yn gallu cael eu gwahanu'n llwyr.

Mae'r galon wedi'i gwneud o gyhyr y galon yn bennaf, sef meinwe arbenigol sy'n cyfangu'n **fyogenig**. Mae hyn yn golygu ei bod yn gallu cyfangu a llaesu'n rhythmig, ar ei phen ei hun. Mewn bywyd, mae ysgogiadau nerfol a hormonaidd yn addasu cyfradd y galon. Yn wahanol i'r cyhyrau gwirfoddol, dydy cyhyr y galon byth yn blino.

Term allweddol

Cyfangiad myogenig: Mae curiad y galon yn cael ei ddechrau y tu mewn i'r celloedd cyhyr eu hunain, heb ddibynnu ar ysgogiad nerfol neu ysgogiad hormonaidd.

Ymestyn a herio

Yn ystod datblygiad embryonau mewn mamolion, mae dau bwmp ar wahân yn tyfu gyda'i gilydd i ffurfio un ffurfiad mawr, y galon.

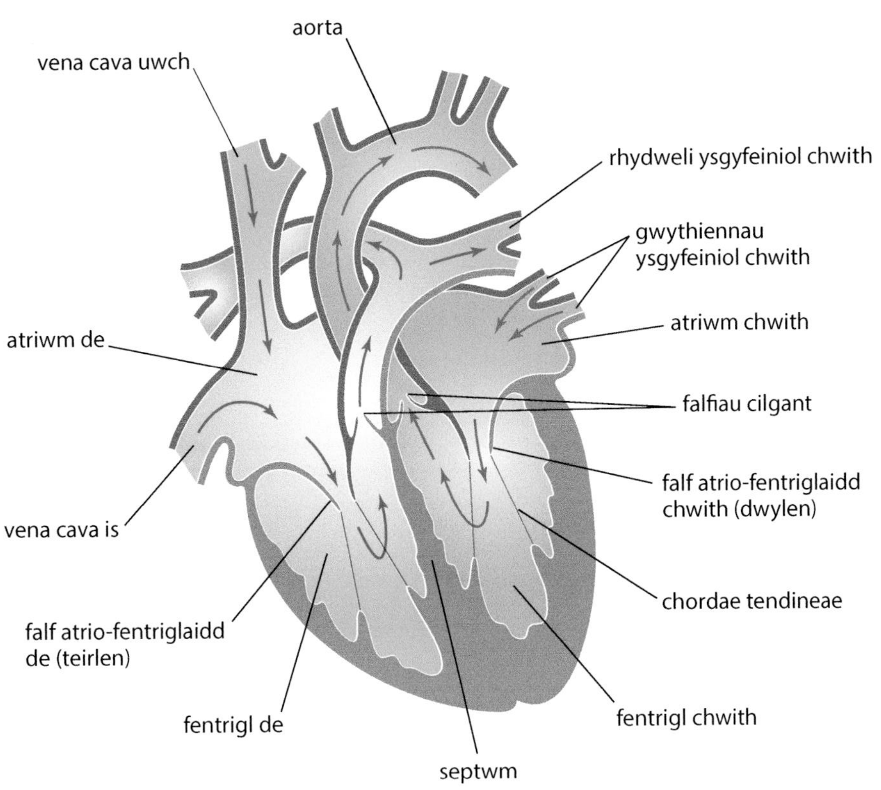

Calon

Termau allweddol

Systole: Cam yn y gylchred gardiaidd lle mae cyhyr y galon yn cyfangu.

Diastole: Cam yn y gylchred gardiaidd lle mae cyhyr y galon yn llaesu.

Y gylchred gardiaidd

Mae'r gylchred gardiaidd yn disgrifio beth sy'n digwydd mewn un curiad calon; mae'n para tua 0.8 eiliad (s) mewn oedolyn arferol. Mae'r galon yn cyfangu (**systole**) ac yn llaesu (**diastole**) bob yn ail wrth weithio. Mae tri cham i'r gylchred gardiaidd:

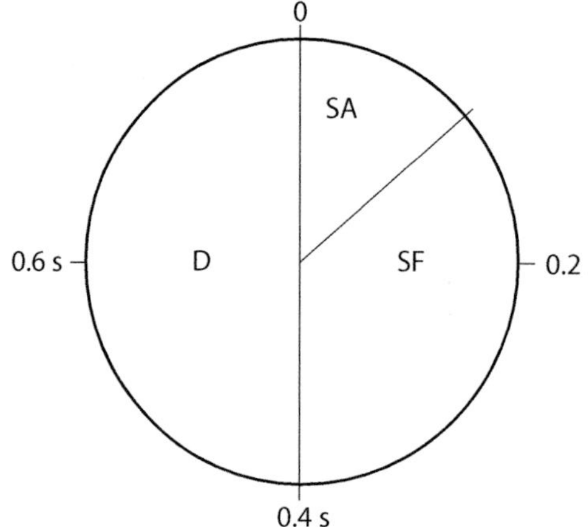

Camau'r gylchred gardiaidd

Ymestyn a herio

Y sŵn y mae calon yn ei wneud wrth guro yw sŵn "lyb dyb" y falfiau atrio-fentriglaidd ac yna'r falfiau cilgant yn cau.

Systole atrïaidd

Mae waliau'r atriwm yn cyfangu ac mae gwasgedd y gwaed yn yr atria'n cynyddu. Mae hyn yn gwthio'r gwaed drwy'r falfiau dwylen a theirlen i lawr i'r fentriglau, sy'n llaesu.

Systole fentriglaidd

Mae waliau'r fentrigl yn cyfangu ac yn cynyddu gwasgedd y gwaed yn y fentriglau. Mae hyn yn gorfodi gwaed i fyny drwy'r falfiau cilgant, allan o'r galon, i'r rhydweli ysgyfeiniol a'r aorta. Dydy'r gwaed ddim yn gallu llifo'n ôl o'r fentriglau i'r atria oherwydd bod y cynnydd yn y gwasgedd fentriglaidd yn cau'r falfiau teirlen a dwylen. Mae'r rhydweli ysgyfeiniol yn cludo gwaed dadocsigenedig i'r ysgyfaint ac mae'r aorta yn cludo gwaed ocsigenedig i weddill y corff.

Pwynt astudio

Cyfaint y gwaed sy'n cael ei allyrru gan y galon:

- Mewn un gylchred yw'r cyfaint trawiad.
- Mewn un funud yw'r allbwn cardiaidd.

allbwn cardiaidd = cyfaint trawiad × nifer curiadau'r galon y funud

Diastole

Mae'r fentriglau'n llaesu. Mae cyfaint y fentriglau'n cynyddu felly mae'r gwasgedd yn y fentriglau'n gostwng. Mae hyn yn creu'r risg bod y gwaed yn y rhydweli ysgyfeiniol a'r aorta yn llifo'n ôl i'r fentriglau. Mae'r duedd honno i lifo'n ôl yn achosi'r falfiau cilgant yng ngwaelod y rhydweli ysgyfeiniol a'r aorta i gau, gan atal gwaed rhag mynd yn ôl i'r fentriglau.

Mae'r atria hefyd yn llaesu yn ystod diastole, felly mae gwaed o'r ddwy vena cava a'r gwythiennau ysgyfeiniol yn mynd i'r atria ac mae'r gylchred yn ailddechrau.

Dyma ddisgrifiad o lif gwaed drwy ochr chwith y galon:

1. Mae'r atriwm chwith yn llaesu ac yn derbyn gwaed ocsigenedig o'r wythïen ysgyfeiniol.
2. Pan mae'n llawn, mae'r gwasgedd yn gorfodi'r falf ddwylen rhwng yr atriwm a'r fentrigl i agor.
3. Mae llaesu'r fentrigl chwith yn tynnu gwaed o'r atriwm chwith.
4. Mae'r atriwm chwith yn cyfangu, gan wthio gweddill y gwaed i'r fentrigl chwith, drwy'r falf.
5. Mae'r atriwm chwith yn llaesu ac mae'r fentrigl chwith yn cyfangu. Mae ei wal gyhyrog gryf yn rhoi gwasgedd uchel.
6. Mae'r gwasgedd hwn yn gwthio'r gwaed allan o'r galon, drwy'r falfiau cilgant ac i'r aorta. Mae'r gwasgedd hefyd yn cau'r falf ddwylen, gan atal ôl-lifiad gwaed i mewn i'r atriwm chwith.

Cyngor

Gwnewch yn siŵr eich bod chi'n gallu llunio dilyniant tebyg o osodiadau i ddisgrifio taith gwaed drwy ochr dde'r galon.

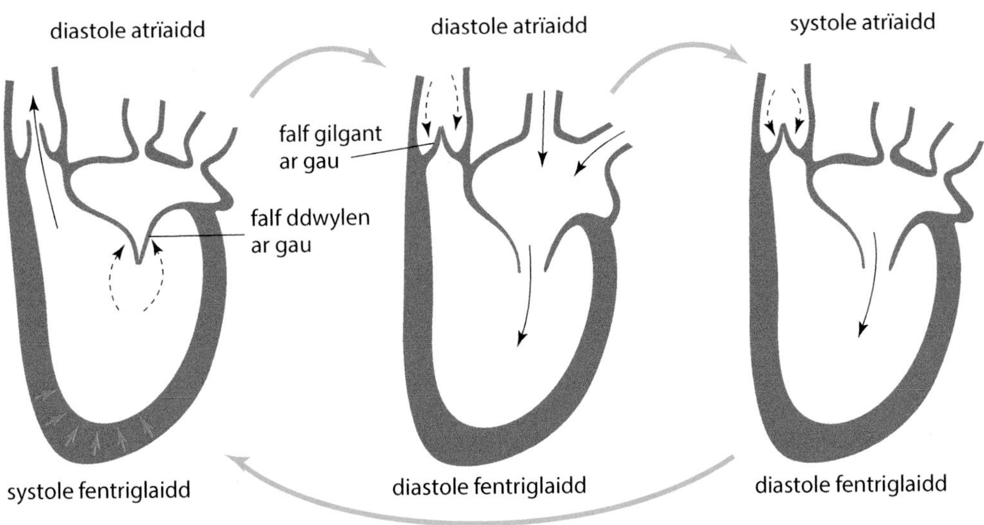

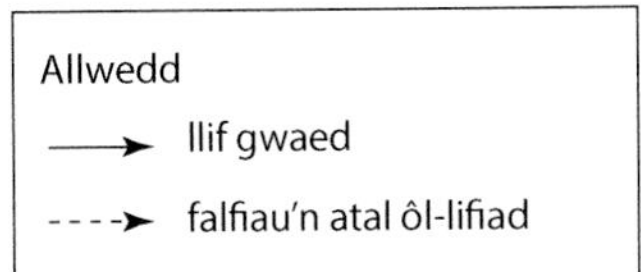

Y gylchred gardiaidd

- Mae dwy ochr y galon yn gweithio gyda'i gilydd. Mae'r atria'n cyfangu ar yr un pryd, ac yna, rai milieiliadau'n ddiweddarach, mae'r fentriglau'n cyfangu gyda'i gilydd. Curiad calon yw pan mae'r galon gyfan yn cyfangu ac yn llaesu'n gyflawn.
- Pan mae un o siambrau'r galon yn cyfangu, mae'n gwagio ei gwaed. Pan mae'n llaesu, mae'n llenwi â gwaed eto.
- Does dim llawer o gyhyr yn waliau'r atria oherwydd dim ond i'r fentriglau mae'n rhaid i'r gwaed fynd. Mae waliau fentriglau'n cynnwys mwy o gyhyr ac yn cynhyrchu mwy o wasgedd, oherwydd rhaid iddyn nhw anfon y gwaed yn bellach, naill ai i'r ysgyfaint neu i weddill y corff.
- Mae gan y fentrigl chwith wal gyhyrog fwy trwchus na'r fentrigl de, gan fod yn rhaid iddi bwmpio'r gwaed yr holl ffordd o gwmpas y corff, nid dim ond y pellter byr i'r ysgyfaint, fel y fentrigl de.

Falfiau

Mae falfiau'n atal ôl-lifiad gwaed. Mae'r falfiau atrio-fentriglaidd (dwylen a theirlen), y falfiau cilgant yng ngwaelod yr aorta a'r rhydweli ysgyfeiniol a'r falfiau cilgant mewn gwythiennau, i gyd yn gweithio drwy gau dan wasgedd gwaed uchel, i atal gwaed rhag llifo tuag yn ôl.

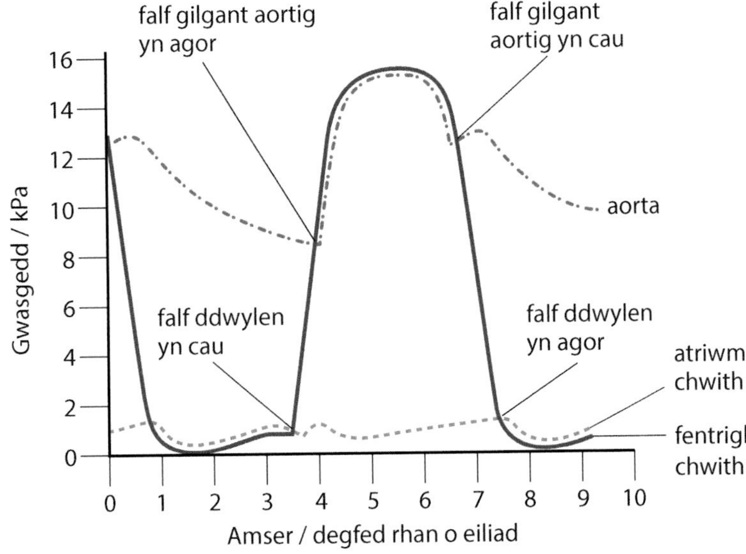

Newidiadau gwasgedd yn y galon

Gwirio gwybodaeth 3.1

Parwch y pibellau gwaed 1–4 â'r disgrifiadau A–Ch:

1. Vena cava
2. Aorta
3. Rhydweli ysgyfeiniol
4. Gwythïen ysgyfeiniol

A. Cludo gwaed o fentrigl de'r galon i gapilarïau'r ysgyfaint.
B. Cludo gwaed ocsigenedig o'r galon i'r corff.
C. Cludo gwaed dadocsigenedig o'r corff i atriwm de'r galon.
Ch. Cludo gwaed ocsigenedig o gapilarïau'r ysgyfaint i atriwm chwith y galon.

Pwynt astudio

Mae falfiau'n cau pan mae gwasgedd y gwaed ar ôl y falf yn uwch na gwasgedd y gwaed cyn y falf.

Cyngor

Mae dadansoddi newidiadau gwasgedd yn y galon mewn graff yn gwestiwn arholiad cyffredin. Byddwch yn barod i ddisgrifio'r newidiadau gwasgedd sy'n gysylltiedig â llif gwaed o un siambr i un arall yn y galon, a sut mae'r falfiau'n agor ac yn cau mewn cysylltiad â hyn.

Termau allweddol

Nod sino-atriaidd: Rhan o gyhyr y galon yn yr atriwm de sy'n cychwyn ton o gyffroad trydanol ar draws yr atria, i wneud i gyhyr y galon gyfangu. Enw arall arno yw'r rheoliadur.

Nod atrio-fentriglaidd: Yr unig ddarn o feinwe sy'n dargludo yn wal y galon rhwng yr atria a'r fentriglau. Mae cyffroad trydanol yn pasio drwyddo o'r atria i feinwe ddargludol yn waliau'r fentriglau.

Rheoli curiad y galon

Mae cyfangiad cyhyr y galon yn fyogenig. Mae gan wal yr atriwm de glwstwr o gelloedd cardiaidd arbenigol, y **nod sino-atriaidd**, sy'n gweithredu fel rheoliadur.

- Mae ton o ysgogiad trydanol yn deillio o'r nod sino-atriaidd ac yn lledaenu dros y ddau atriwm, felly maen nhw'n cyfangu gyda'i gilydd.
- Mae'r fentriglau wedi'u hynysu oddi wrth yr atria â haen denau o feinwe gyswllt, heblaw am mewn clwstwr arbenigol arall o gelloedd cardiaidd, y **nod atrio-fentriglaidd**. Felly dim ond o'r pwynt hwn y mae'r ysgogiad trydanol yn lledaenu i'r fentriglau. Mae'r nod atrio-fentriglaidd yn cyflwyno oediad cyn trawsyrru'r impwls trydanol. Dydy cyhyrau'r fentriglau ddim yn dechrau cyfangu nes bod cyhyrau'r atria wedi gorffen cyfangu.
- Mae'r nod atrio-fentriglaidd yn pasio'r cyffroad i lawr canghennau chwith a de nerfau'r sypyn His i apig y galon. Mae'r cyffroad yn cael ei drawsyrru i ffibrau Purkinje yn waliau'r fentrigl, sy'n ei gludo i fyny drwy gyhyrau waliau'r fentrigl.
- Mae'r impylsau'n achosi i gyhyr y galon yn y ddau fentrigl gyfangu ar yr un pryd, o'r apig tuag i fyny.
- Mae hyn yn gwthio'r gwaed i fyny i'r aorta a'r rhydweli ysgyfeiniol, ac yn gwagio'r fentriglau'n llwyr.

Cyngor

Mae oediad byr y don o weithgarwch trydanol yn y nod atrio-fentriglaidd yn sicrhau bod yr atria'n gwagio cyn i'r fentriglau gyfangu.

Cyngor

Peidiwch â drysu rhwng y gylchred gardiaidd a rheoli curiad y galon.

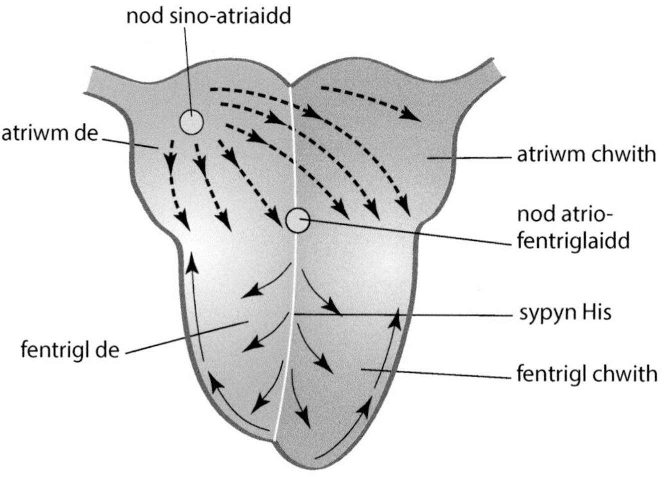

Cyffroad trydanol yn cychwyn cyfangiad y galon

3.2 Gwirio gwybodaeth

Nodwch y gair neu'r geiriau coll:

Mae curiad y galon yn cael ei ddechrau mewn rhan o'r atriwm de o'r enw .... Mae ton o gyffroad trydanol yn mynd drwy feinwe gyswllt yn yr uniad rhwng yr atria a'r fentriglau, sef y .... Mae hwn yn ei dro yn pasio'r don i sypyn His, sy'n ei throsglwyddo hi i'r ffibrau .... ar apig y fentriglau. Mae hyn yn achosi i'r fentriglau gyfangu o'r gwaelod i fyny ac yn gorfodi gwaed i lifo allan o'r galon drwy'r aorta a'r ....

Yr electrocardiogram

Mae electrocardiogram (ECG) yn olin o'r newidiadau foltedd y mae'r galon yn eu cynhyrchu, wedi'i ganfod gan electrodau ar y croen. Mae'r graff ar t195 yn dangos rhan o olin unigolyn iach:

- Y don P yw rhan gyntaf yr olin ac mae'n dangos y newid foltedd y mae'r nod sino-atriaidd yn ei gynhyrchu, yn gysylltiedig â chyfangu'r atria. Mae llai o gyhyr yn yr atria nag sydd yn y fentriglau, felly mae tonnau P yn fach.
- Yr amser rhwng dechrau'r don P a dechrau'r cymhlyg QRS yw'r cyfwng PR. Hwn yw'r amser y mae'r cyffroad yn ei gymryd i ledaenu o'r atria i'r fentriglau, drwy'r nod atrio-fentriglaidd.
- Mae'r cymhlyg QRS yn dangos dadbolaru a chyfangu'r fentriglau. Mae mwy o gyhyr yn y fentriglau nag sydd yn yr atria, felly mae'r osgled yn fwy nag osgled y don P.

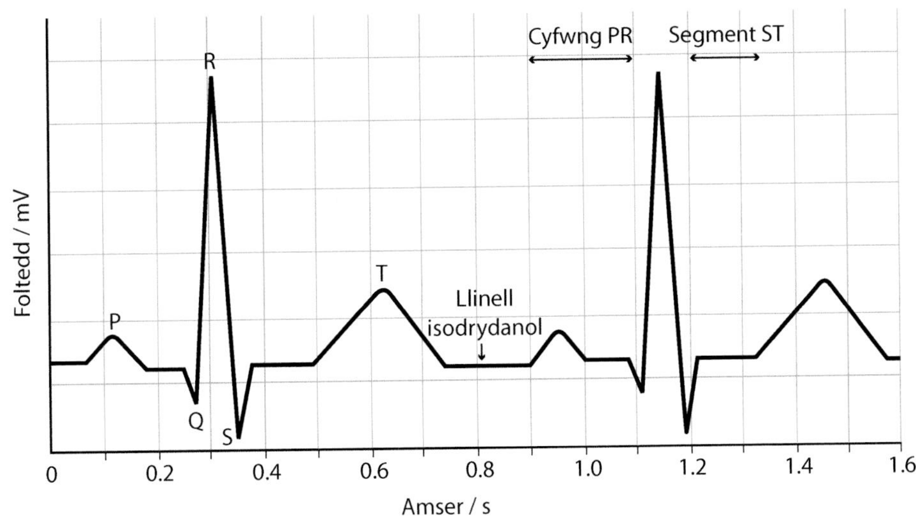

- Mae'r don T yn dangos ailbolareiddio cyhyrau'r fentrigl. Mae'r segment ST yn para o ddiwedd y don S hyd at ddechrau'r don T.
- Y llinell rhwng ton T a thon P y gylchred nesaf yw llinell sylfaen yr olin, sef y llinell isodrydanol.

Byddwch chi'n dysgu mwy am impylsau nerfol yn ystod ail flwyddyn y cwrs hwn.

Wrth ddadansoddi ECG, byddwn ni'n ystyried cyfradd a rhythm y galon.

- Gallwn ni gyfrifo cyfradd y galon o'r olin drwy ddarllen ar yr echelin lorweddol.
- Mae rheoleidd-dra patrwm yr olin yn dangos y rhythm, er enghraifft:
  - Mae gan unigolyn â ffibriliad atrïaidd gyfradd calon gyflym ac efallai na fydd ganddo don P.
  - Efallai bydd gan unigolyn sydd wedi cael trawiad ar y galon gymhlyg QRS llydan.
  - Efallai bydd cymhlyg QRS unigolyn â waliau fentriglau sydd wedi helaethu yn dangos mwy o newid foltedd.
  - Gall newidiadau yn uchder y segment ST a'r don T fod yn gysylltiedig â dim digon o waed yn mynd i gyhyr y galon, fel sy'n digwydd mewn cleifion â rhydwelïau coronaidd wedi'u blocio ac atherosglerosis.

Hyd cylchred = amser rhwng pwyntiau cywerth ar yr olin, e.e. R i R.

O'r olin uchod, hyd cylchred = (1.15 – 0.30) s

= 0.85 s

$$\therefore \text{ cyfradd y galon} = \frac{60}{0.85}$$

= 71 curiadau y funud (0 ll.d.)

Cyngor mathemateg

$$\text{Cyfradd curiad y galon (bpm)} = \frac{60}{\text{hyd y gylchred gardiaidd (s)}}$$

Newidiadau gwasgedd yn y pibellau gwaed

- Mae gwasgedd y gwaed ar ei uchaf yn yr aorta a'r rhydwelïau mawr. Mae'n cynyddu ac yn gostwng yn rhythmig, gyda chyfangiadau fentriglaidd.
- Mae ffrithiant rhwng y gwaed a waliau'r pibellau a'r cyfanswm arwynebedd arwyneb mawr yn achosi gostyngiad cynyddol yn y gwasgedd mewn rhydwelïynnau, er gwaethaf eu lwmen cul, er bod gwasgedd y gwaed hefyd yn amrywio gan ddibynnu ar os ydyn nhw wedi ymagor neu ddarwasgu.
- Mae'r gwelyau capilarïau mawr yn gostwng gwasgedd y gwaed eto wrth i hylif ollwng o'r capilarïau i'r meinweoedd.
- Mewn rhydwelïau a chapilarïau, yr uchaf yw gwasgedd y gwaed, y cyflymaf y mae'r gwaed yn llifo, felly mae gwasgedd a chyflymder yn gostwng wrth i'r pellter o'r galon gynyddu.

- Dydy cyfangiad y fentriglau ddim yn effeithio ar wasgedd gwaed mewn gwythiennau, felly mae'r gwasgedd hwn yn isel.
- Mae gan y gwythiennau lwmen â diamedr mawr, felly mae'r gwaed yn llifo'n gyflymach nag y mae yn y capilarïau, er bod y gwasgedd yn is.
- Dydy gwaed ddim yn dychwelyd i'r galon yn rhythmig. Mae effaith tylino cyhyrau o gwmpas y gwythiennau'n helpu'r gwaed i ddychwelyd.

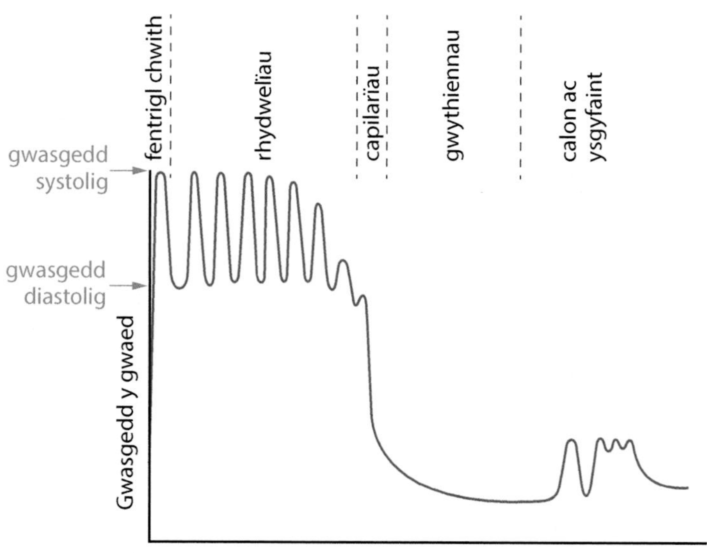

Newidiadau gwasgedd mewn pibellau gwaed

Cyngor

Nodweddion celloedd coch y gwaed:

- Deugeugrwm ∴ arwynebedd arwyneb mwy ∴ yn amsugno mwy o ocsigen
- Dim cnewyllyn ∴ mae lle i fwy o haemoglobin ∴ yn cludo mwy o ocsigen

Ymestyn a herio

Mae celloedd gwyn y gwaed (lewcocytau) yn fwy nag erythrocytau. Mae dau brif fath:

Granwlocytau: mae ganddynt gytoplasm gronynnog a chnewyll llabedog. Maen nhw'n ffagocytig.

Agranwlocytau neu lymffocytau: mae ganddynt gytoplasm clir a chnewyllyn sfferig. Maen nhw'n cynhyrchu gwrthgyrff a gwrthdocsinau.

Gwaed

Meinwe yw gwaed sydd wedi'i gwneud o gelloedd (45%) mewn hydoddiant o'r enw plasma (55%).

Celloedd coch y gwaed

Mae celloedd coch y gwaed (erythrocytau) yn goch am eu bod nhw'n cynnwys y pigment haemoglobin. Prif swyddogaeth y pigment hwn yw cludo ocsigen o'r ysgyfaint i'r meinweoedd sy'n resbiradu. Mae celloedd coch y gwaed yn anarferol mewn dwy brif ffordd:

- Maen nhw'n ddisgiau deugeugrwm. Mae'r arwynebedd arwyneb yn fwy na disg blân, felly mae mwy o ocsigen yn tryledu ar draws y bilen. Mae'r canol tenau yn gwneud iddynt edrych yn oleuach yn y canol. Mae'n lleihau'r pellter tryledu, sy'n cyflymu proses cyfnewid nwyon.
- Does ganddyn nhw ddim cnewyllyn. Mae mwy o le i haemoglobin, sy'n golygu eu bod nhw'n gallu cludo mwy o ocsigen.

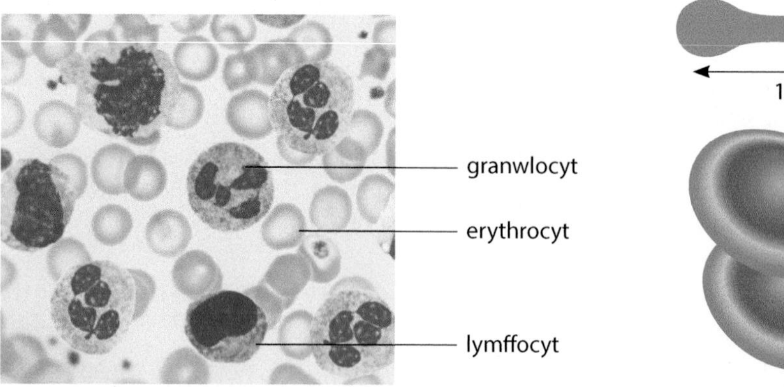

Celloedd coch a gwyn y gwaed dan y microsgop

Dau olwg ar gelloedd coch y gwaed

Plasma

Mae **plasma** yn hylif melyn golau sydd tua 90% dŵr, ac mae'n cynnwys hydoddion fel moleciwlau bwyd (gan gynnwys glwcos, asidau amino, fitaminau B ac C, ïonau mwynol), cynhyrchion gwastraff (gan gynnwys wrea, HCO_3^-), hormonau a phroteinau plasma (gan gynnwys albwmin, proteinau tolchennu gwaed, gwrthgyrff). Mae'r plasma hefyd yn dosbarthu gwres.

Cludiant ocsigen

Cromliniau daduniad ocsigen

Mae haemoglobin yn rhwymo ag ocsigen yn yr ysgyfaint, ac yn ei ryddhau yn y meinweoedd sy'n resbiradu.

ocsigen + haemoglobin $\rightleftharpoons$ ocsihaemoglobin

$4O_2$ + Hb $\rightleftharpoons$ $Hb.4O_2$

I gludo ocsigen yn effeithlon, rhaid i haemoglobin uno'n rhwydd ag ocsigen yn lle mae cyfnewid nwyon yn digwydd, h.y. yn yr alfeoli, a daduno'n rhwydd ag ocsigen yn y meinweoedd sy'n resbiradu, fel cyhyrau. Mae haemoglobin yn foleciwl eithriadol sy'n gallu cyflawni'r gofynion hyn, sy'n ymddangos yn groes i'w gilydd, drwy newid ei **affinedd** ag ocsigen, oherwydd ei fod yn newid ei siâp.

Mae pob moleciwl haemoglobin yn cynnwys pedwar grŵp haem; mae pob haem yn cynnwys ïon haearn (Fe^{2+}). Mae un moleciwl ocsigen yn gallu rhwymo â phob ïon haearn, felly mae pedwar moleciwl ocsigen yn gallu rhwymo â phob moleciwl haemoglobin. Mae'r moleciwl ocsigen cyntaf sy'n rhwymo yn newid siâp y moleciwl haemoglobin, gan ei gwneud hi'n haws i'r ail foleciwl rwymo. Mae'r ail foleciwl sy'n rhwymo yn newid y siâp eto, gan ei gwneud hi'n haws i'r trydydd moleciwl ocsigen rwymo. **Rhwymo cydweithredol** yw hyn ac mae'n caniatáu i haemoglobin godi ocsigen yn gyflym iawn yn yr ysgyfaint. Dydy'r trydydd moleciwl ocsigen ddim yn newid y siâp, felly mae angen cynnydd mawr mewn gwasgedd rhannol ocsigen i rwymo â phedwerydd moleciwl ocsigen.

Gwasgedd rhannol nwy yw'r gwasgedd fyddai'n ei achosi os mai dim ond y nwy hwnnw fyddai'n bresennol. Mae gwasgedd normal yr atmosffer yn 100 kPa. Mae ocsigen yn 21% o'r atmosffer felly mae ei wasgedd rhannol yn 21 kPa. Pan gaiff pigment ei roi mewn gwasgedd rhannol ocsigen cynyddol, pe bai'n amsugno ocsigen yn gyson, byddai'r graff ohono'n llinol. Ond mae rhwymo cydweithredol yn golygu bod haemoglobin mewn gwasgedd rhannol ocsigen cynyddol yn dangos cromlin sigmoidaidd (siâp S). Ar wasgedd rhannol ocsigen isel iawn, mae'n anodd i haemoglobin lwytho ocsigen ond mae rhan serth y graff yn dangos ocsigen yn rhwymo'n haws ac yn haws. Ar wasgedd rhannol ocsigen uchel, mae canran dirlawnder ocsigen yn uchel iawn.

Cromlin ddaduniad ocsigen yw'r graff ar t198. Mae'n dangos y pethau canlynol:

- Mae affinedd haemoglobin ag ocsigen yn uchel ar wasgedd rhannol ocsigen uchel a dydy ocsihaemoglobin ddim yn rhyddhau ei ocsigen.
- Mae affinedd ag ocsigen yn lleihau wrth i wasgedd rhannol ocsigen ostwng, ac mae ocsigen yn cael ei ryddhau'n rhwydd, i fodloni gofynion resbiradaeth. Mae'r graff yn dangos bod gostyngiad bach iawn yng ngwasgedd rhannol yr ocsigen yn achosi i lawer o ocsigen ddaduno â haemoglobin.

  Pe bai'r berthynas rhwng gwasgedd rhannol ocsigen a % dirlawnder haemoglobin ag ocsigen yn llinol:
- Ar wasgedd rhannol ocsigen uwch, byddai affinedd haemoglobin ag ocsigen yn rhy isel felly byddai ocsigen yn cael ei ryddhau'n rhwydd heb gyrraedd y meinweoedd sy'n resbiradu.
- Ar wasgedd rhannol ocsigen is, byddai affinedd haemoglobin ag ocsigen yn rhy uchel a fyddai'r ocsigen ddim yn cael ei ryddhau yn y meinweoedd sy'n resbiradu, hyd yn oed ar wasgedd rhannol ocsigen isel.

Termau allweddol

Plasma: Cydran hylifol y gwaed sy'n cynnwys dŵr a hydoddion. Plasma = gwaed – celloedd.

Affinedd: Y graddau y mae dau foleciwl yn cael eu hatynnu at ei gilydd.

Rhwymo cydweithredol: Y ffordd y mae haemoglobin yn rhwymo'n rhwyddach â'i ail a'i drydydd moleciwlau ocsigen, wrth i gydffurfiad y moleciwl haemoglobin newid.

Gwirio gwybodaeth 3.3

Nodwch y gair neu'r geiriau coll:

Mae'r gwaed wedi'i wneud o hylif melyn golau o'r enw .... sy'n cynnwys celloedd coch a gwyn y gwaed. Mae'r celloedd coch neu .... yn cludo .... wedi'i gyfuno â haemoglobin ar ffurf ....

Pwynt astudio

Wrth ddisgrifio ocsigen yn rhwymo â haemoglobin, defnyddiwch y termau 'llwytho' neu 'uno'. Wrth i ocsigen ddadrwymo ag ocsihaemoglobin, defnyddiwch y termau 'dadlwytho' neu 'daduno'.

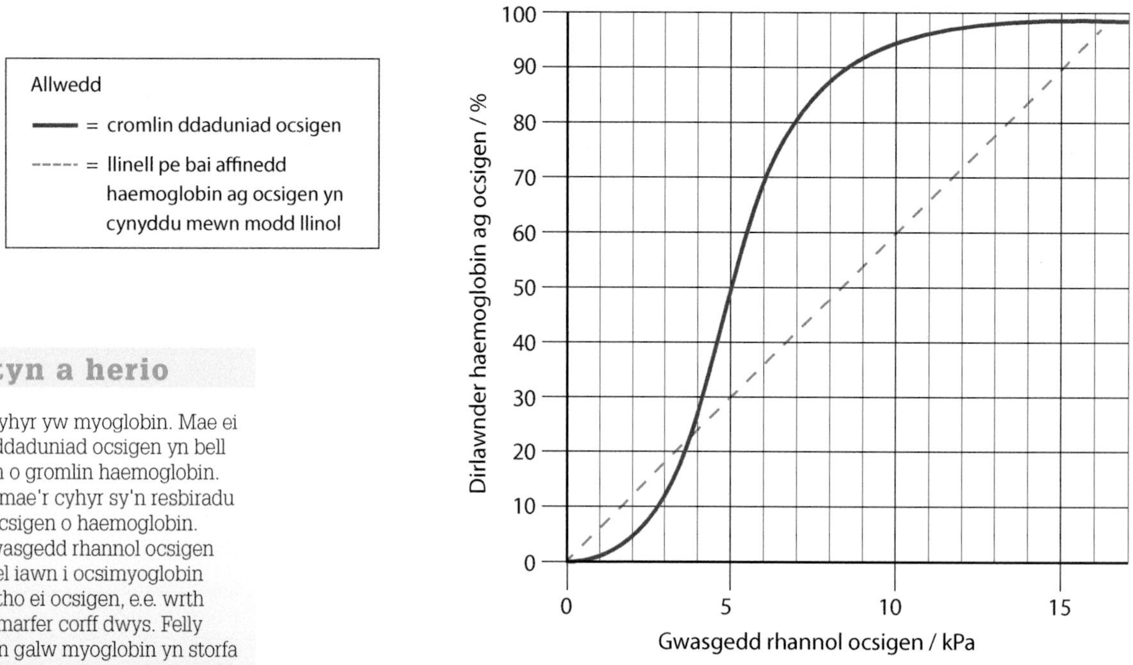

Allwedd

—— = cromlin ddaduniad ocsigen

----- = llinell pe bai affinedd haemoglobin ag ocsigen yn cynyddu mewn modd llinol

Graff cromlin ddaduniad ocsigen mewn oedolyn dynol

Ymestyn a herio

Protein cyhyr yw myoglobin. Mae ei gromlin ddaduniad ocsigen yn bell i'r chwith o gromlin haemoglobin. Fel arfer, mae'r cyhyr sy'n resbiradu yn cael ocsigen o haemoglobin. Rhaid i wasgedd rhannol ocsigen fod yn isel iawn i ocsimyoglobin ddadlwytho ei ocsigen, e.e. wrth wneud ymarfer corff dwys. Felly rydyn ni'n galw myoglobin yn storfa ocsigen.

Mae celloedd coch y gwaed yn llwytho ocsigen yn yr ysgyfaint lle mae gwasgedd rhannol yr ocsigen yn uchel ac mae'r haemoglobin yn mynd yn ddirlawn ag ocsigen. Mae'r celloedd yn cludo'r ocsigen, ar ffurf ocsihaemoglobin, i feinweoedd sy'n resbiradu, fel cyhyr. Yno, mae gwasgedd rhannol ocsigen yn isel gan fod ocsigen yn cael ei ddefnyddio wrth resbiradu. Mae'r ocsihaemoglobin yna'n dadlwytho ei ocsigen, hynny yw, mae'n daduno.

Ymestyn a herio

Mae haemoglobin oedolion, â'r symbol HbA, yn cynnwys dwy gadwyn α-globin a dwy gadwyn β-globin. Mae gan haemoglobin ffoetws, sef HbF, ddwy gadwyn α-globin a dwy gadwyn γ-globin.

Cromlin ddaduniad haemoglobin mewn ffoetws

Mae'r haemoglobin yng ngwaed ffoetws yn gorfod amsugno ocsigen o haemoglobin y fam yn y brych. Yn haemoglobin y ffoetws, mae dwy o'r pedair cadwyn polypeptid yn wahanol i'r rhai yn haemoglobin yr oedolyn. Mae hyn yn golygu bod gan haemoglobin y ffoetws affinedd uwch ag ocsigen na haemoglobin y fam, ar yr un gwasgedd rhannol ocsigen. Mae eu gwaed yn llifo'n agos iawn yn y brych, felly mae ocsigen yn trosglwyddo i waed y ffoetws ac ar unrhyw wasgedd rhannol ocsigen, mae dirlawnder canrannol y gwaed yn y ffoetws yn uwch nag y mae yn y fam. Mae hyn yn symud yr holl gromlin ddaduniad i'r chwith.

Cyswllt

Mae disgrifiad o haemoglobin ac adeiledd cwaternaidd proteinau ar t27.

Cludiant ocsigen mewn anifeiliaid eraill

Mae'r lygwn yn byw â'i ben i lawr yn ei dwll yn y tywod ar y traeth, amgylchedd heb lawer o ocsigen. Yn unol â hyn, mae ei gyfradd metabolaidd yn isel. Mae cromlin ddaduniad ei haemoglobin yn bell i'r chwith o gromlin haemoglobin dynol. Mae hyn yn golygu bod ei haemoglobin yn llwytho ocsigen yn rhwydd iawn ond dim ond yn ei ryddhau pan mae gwasgedd rhannol ocsigen yn isel iawn, fel y mae yn ei gynefin.

Ymestyn a herio

Mae pobl sy'n byw ar uchder, e.e. yn yr Andes, ac athletwyr sy'n hyfforddi ar uchder, yn datrys problem diffyg ocsigen mewn ffordd arall. Maen nhw'n gwneud mwy o gelloedd coch y gwaed, sy'n golygu bod mwy o ocsigen yn gallu cael ei gludo o gwmpas y corff.

Ar uchder uwch, mae gwasgedd rhannol ocsigen yn yr atmosffer yn gostwng. Mae hyn yn bwysig i anifeiliaid mynydd, fel y lama. Mae cromlin ddaduniad haemoglobin y lama i'r chwith o haemoglobin dynol. Mae gan ei haemoglobin affinedd uwch ag ocsigen ar bob gwasgedd rhannol ocsigen, felly mae'n llwytho ocsigen yn rhwyddach yn yr ysgyfaint ac yn rhyddhau ocsigen pan mae gwasgedd rhannol ocsigen yn isel, yn ei feinweoedd sy'n resbiradu.

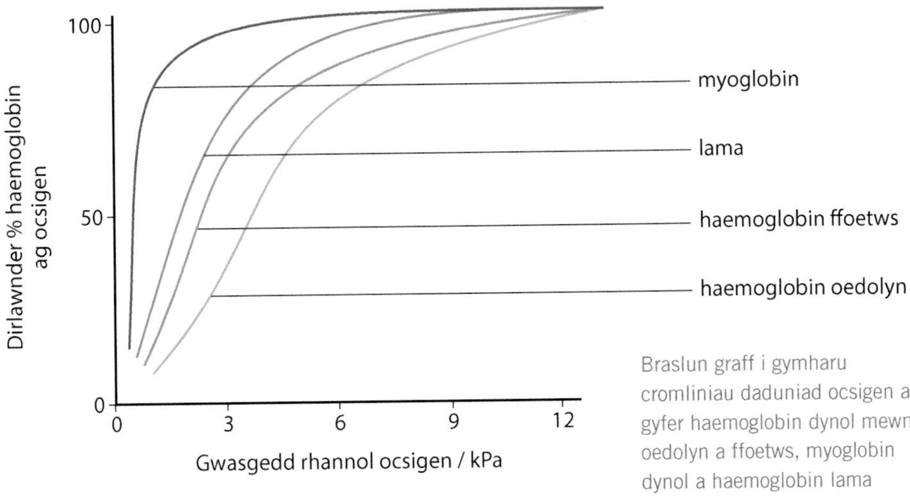

Braslun graff i gymharu cromliniau daduniad ocsigen ar gyfer haemoglobin dynol mewn oedolyn a ffoetws, myoglobin dynol a haemoglobin lama

Effeithiau crynodiad carbon deuocsid

Os yw crynodiad carbon deuocsid yn cynyddu, mae haemoglobin yn rhyddhau ocsigen yn rhwyddach. Ar unrhyw wasgedd rhannol ocsigen, mae'r haemoglobin yn llai dirlawn gydag ocsigen, felly mae'r pwyntiau data ar y gromlin ddaduniad i gyd yn is. Rydyn ni'n disgrifio hyn drwy ddweud bod y gromlin yn 'symud i'r dde'. Enw'r symudiad yn safle'r graff yw **effaith Bohr**. Mae'n egluro dadlwytho ocsigen o ocsihaemoglobin mewn meinweoedd sy'n resbiradu, lle mae gwasgedd rhannol carbon deuocsid yn uchel ac mae angen ocsigen.

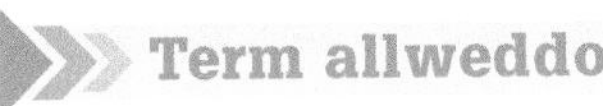

Effaith Bohr: Symudiad y gromlin ddaduniad ocsigen i'r dde ar wasgedd rhannol carbon deuocsid uwch, oherwydd bod gan haemoglobin lai o affinedd ag ocsigen ar wasgedd rhannol ocsigen penodol.

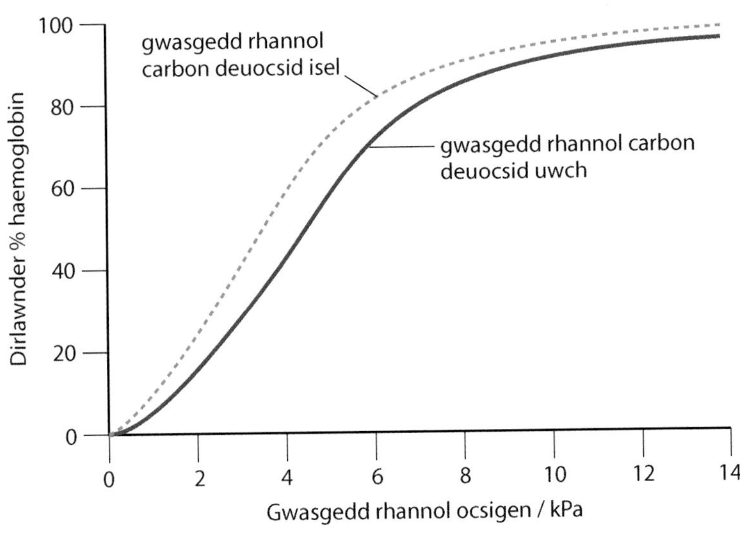

Graff braslun yn dangos effaith Bohr

Ar wasgedd rhannol ocsigen penodol, pan mae gwasgedd rhannol carbon deuocsid yn uwch, mae gan haemoglobin affinedd is gydag ocsigen.

I grynhoi:

- Pan mae haemoglobin yn profi cynnydd yng ngwasgedd rhannol ocsigen, mae'n amsugno ocsigen yn gyflym ar wasgedd rhannol isel, ond yn arafach wrth i'r gwasgedd rhannol gynyddu. Mae cromlin ddaduniad ocsigen yn dangos hyn.
- Pan mae gwasgedd rhannol ocsigen yn uchel, fel yng nghapilarïau'r ysgyfaint, mae ocsigen yn uno â'r haemoglobin i ffurfio ocsihaemoglobin.
- Pan mae gwasgedd rhannol ocsigen yn isel, fel mewn meinweoedd sy'n resbiradu, mae'r ocsigen yn daduno o'r ocsihaemoglobin.
- Pan mae gwasgedd rhannol carbon deuocsid yn uchel, mae gan haemoglobin affinedd is ag ocsigen, felly mae'n llai effeithlon wrth lwytho ocsigen ac yn ei ddadlwytho'n fwy effeithlon.

Cludiant carbon deuocsid

Mae carbon deuocsid yn cael ei gludo mewn tair ffordd:

- Mewn hydoddiant yn y plasma (tua 5%).
- Ar ffurf ïon hydrogen carbonad, HCO_3^- (tuag 85%).
- Wedi'i rwymo â haemoglobin ar ffurf carbamino-haemoglobin (tua 10%).

Mae rhywfaint o garbon deuocsid yn cael ei gludo yng nghelloedd coch y gwaed, ond mae'r rhan fwyaf yn cael ei drawsnewid i hydrogen carbonad yng nghelloedd coch y gwaed, ac yna'n tryledu i'r plasma.

Dyma ddisgrifiad o'r adweithiau yng nghelloedd coch y gwaed:

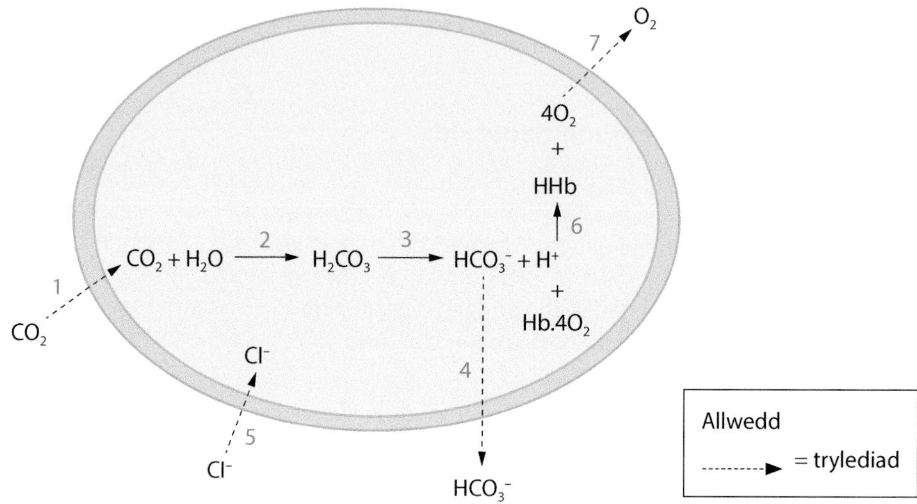

Adweithiau yn un o gelloedd coch y gwaed

Pwynt astudio

Mae haemoglobin yn byffro'r gwaed drwy dynnu ïonau hydrogen o hydoddiant, sy'n atal y pH rhag gostwng.

Term allweddol

Syfliad clorid: Trylediad ïonau clorid o'r plasma i gell goch y gwaed, gan gynnal niwtraliaeth drydanol.

1. Mae carbon deuocsid yn y gwaed yn tryledu i'r gell goch.
2. Mae carbonig anhydras yn catalyddu'r cyfuniad o garbon deuocsid â dŵr, gan wneud asid carbonig.
3. Mae asid carbonig yn daduno yn ïonau H^+ a HCO_3^-.
4. Mae ïonau HCO_3^- yn tryledu allan o'r gell goch ac i'r plasma.
5. I gydbwyso llif ïonau negatif tuag allan a chynnal niwtraliaeth trydanol, mae ïonau clorid yn tryledu i'r gell goch o'r plasma. Y **syfliad clorid** yw'r symudiad hwn.
6. Mae ïonau H^+ yn achosi i ocsihaemoglobin ddaduno, i ffurfio ocsigen a haemoglobin. Mae'r ïonau H^+ yn cyfuno â'r haemoglobin i wneud asid haemoglobinig, HHb. Mae hyn yn cael gwared ar yr ïonau hydrogen, felly dydy pH y gell goch ddim yn gostwng.
7. Mae ocsigen yn tryledu allan o'r gell goch ac i'r meinweoedd.

Mae dilyniant yr adweithiau'n esbonio:

- Pam mae'r rhan fwyaf o'r carbon deuocsid yn cael ei gludo yn y plasma ar ffurf ïonau HCO_3^-.
- Effaith Bohr: mae mwy o garbon deuocsid yn cynhyrchu mwy o ïonau H^+ felly mae'r ocsihaemoglobin yn rhyddhau mwy o ocsigen. Mewn geiriau eraill, yr uchaf yw gwasgedd rhannol carbon deuocsid, yr isaf yw affinedd haemoglobin ag ocsigen.
- Sut mae carbon deuocsid yn arwain at ddarparu ocsigen i'r meinweoedd sy'n resbiradu: mae mwy o resbiradaeth yn golygu bod mwy o garbon deuocsid yn bresennol, felly mae mwy o ocsihaemoglobin yn daduno ac yn darparu ocsigen i'r celloedd sy'n resbiradu.

Hylif rhyng-gellol neu feinweol

Mae cyfnewid rhwng y gwaed a'r corffgelloedd yn digwydd yn y capilarïau. Mae hydoddion plasma ac ocsigen yn symud o'r gwaed i'r celloedd ac mae cynhyrchion gwastraff fel carbon deuocsid ac, yn yr afu/iau, wrea, yn symud o'r celloedd i'r gwaed. Mae capilarïau wedi addasu i ganiatáu cyfnewid defnyddiau fel hyn:

- Mae ganddyn nhw waliau tenau, athraidd.
- Maen nhw'n darparu arwynebedd arwyneb mawr i gyfnewid defnyddiau.
- Mae'r gwaed yn llifo'n araf iawn drwy gapilarïau, sy'n rhoi amser i gyfnewid defnyddiau.

Mae hylif o'r plasma yn cael ei orfodi drwy waliau'r capilarïau ac, fel **hylif meinweol**, mae'n trochi'r celloedd, gan gyflenwi hydoddion fel glwcos, asidau amino, asidau brasterog, halwynau, hormonau ac ocsigen iddynt. Mae'r hylif meinweol yn cael gwared ar wastraff y mae'r celloedd yn ei wneud. Mae yna berthynas rhwng tryledaid hydoddion i mewn ac allan o'r capilarïau a gwasgedd hydrostatig a photensial hydoddyn y gwaed.

Ymestyn a herio

Ar ben gwythiennol y gwely capilarïau, dim ond ychydig bach yn fwy negatif yw potensial hydoddyn y gwaed, er bod llawer o ddŵr wedi'i golli, oherwydd ein bod ni'n ei fesur ar raddfa logarithmig. Felly, er mwyn gostwng 1 kPa, byddai'n rhaid i grynodiad yr hydoddion gynyddu ddeg gwaith.

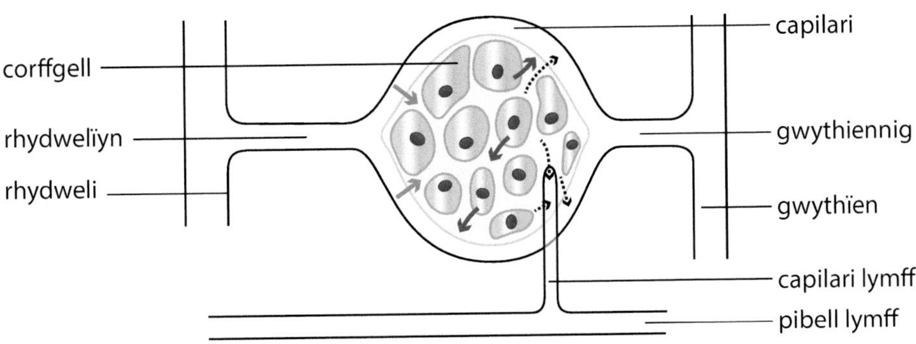

Allwedd
- → defnyddiau defnyddiol e.e. glwcos, ocsigen, yn tryledu o'r gwaed i hylif meinweol
- → defnyddiau gwastraff e.e. carbon deuocsid, wrea, yn tryledu o gelloedd i hylif meinweol
- ⋯→ hylif meinweol yn tryledu i gapilari gwaed neu gapilari lymff

Ffurfio hylif meinweol a lymff mewn gwely capilarïau

Ar ben rhydwelïol gwely capilarïau:

- Mae'r gwaed dan wasgedd oherwydd bod y galon yn pwmpio a'r cyhyrau yn waliau'r rhydwelïau a'r rhydwelïynnau yn cyfangu. Mae'r gwasgedd hydrostatig uchel yn gwthio hylif tuag allan o'r capilari i'r gofodau rhwng y celloedd o'i gwmpas.
- Hydoddiant yw plasma ac mae ei botensial hydoddyn isel, yn bennaf oherwydd y proteinau plasma coloidaidd, yn tueddu i dynnu dŵr yn ôl i'r capilari, drwy osmosis.
- Mae'r gwasgedd hydrostatig yn fwy na photensial hydoddyn y plasma, felly mae dŵr a hydoddion yn cael eu gorfodi allan drwy waliau'r capilari i ofod rhwng y celloedd.
- Mae hydoddion, fel glwcos, ocsigen ac ïonau, yn cael eu defnyddio yn ystod metabolaeth cell felly mae eu crynodiad yn y celloedd ac o'u cwmpas nhw'n isel, ond mae'n uwch yn y gwaed. Mae hyn yn ffafriol i dryledaid o'r capilarïau i'r hylif meinweol.

Ar ben gwythiennol gwely capilarïau:

- Mae gwasgedd hydrostatig y gwaed yn is nag y mae ar y pen rhydwelïol, gan fod hylif wedi'i golli, sy'n lleihau ei gyfaint, ac oherwydd bod ffrithiant â waliau'r capilarïau yn cyfyngu ar ei lif.
- Mae'r proteinau plasma yn fwy crynodedig yn y gwaed gan fod cymaint o ddŵr wedi'i golli. Mae potensial hydoddyn y plasma sy'n weddill, felly, yn fwy negatif. Mae'r grym osmotig sy'n tynnu dŵr i mewn yn fwy na'r grym hydrostatig sy'n gwthio dŵr allan, felly mae dŵr yn mynd yn ôl i mewn i'r capilarïau drwy osmosis.
- Mae'r hylif meinweol o gwmpas celloedd yn codi carbon deuocsid a gwastraff arall, sy'n tryledu i lawr graddiant crynodiad o'r celloedd, lle maen nhw'n cael eu gwneud, ac i'r capilarïau, lle maen nhw'n llai crynodedig.
- Dydy'r hylif ddim i gyd yn mynd yn ôl i'r capilarïau. Mae tua 10% yn draenio i gapilarïau **lymff** pengaead y system lymffatig. Yn y pen draw, mae'r rhan fwyaf o'r hylif lymff yn dychwelyd i'r system wythiennol drwy'r ddwythell thorasig, sy'n gwagio i'r wythïen isglafiglaidd chwith uwchben y galon.

Pwynt astudio

Mae lymff yn ffurfio o ormodedd hylif meinweol.

Termau allweddol

Hylif meinweol: Plasma heb y proteinau plasma, sy'n cael ei orfodi drwy waliau capilarïau, gan drochi celloedd a llenwi'r gofod rhwng celloedd. Hylif meinweol = plasma – proteinau plasma.

Lymff: Hylif sy'n cael ei amsugno o'r gofod rhwng celloedd i gapilarïau lymff, yn hytrach nag yn ôl i gapilarïau.

Cyngor

Gwnewch yn siŵr eich bod chi'n gallu disgrifio'r gwahaniaethau rhwng plasma, hylif meinweol a lymff.

Ymestyn a herio

Os yw crynodiad protein y gwaed yn isel iawn, mae'r gwasgedd hydoddyn sy'n tynnu hylif yn ôl i'r capilarïau ar ben gwythiennol y gwely capilarïau yn isel. Os yw'n is na'r gwasgedd hydrostatig sy'n gwthio hylif allan, fydd dim hylif yn dychwelyd i'r capilari. Bydd yn aros yn y meinweoedd ac yn gwneud iddynt chwyddo. Cwasiorcor yw'r cyflwr hwn, ac mae'n egluro pam mae plant sy'n cael eu magu ar ddeiet sy'n isel iawn mewn protein yn dioddef chwyddo yn eu hwyneb, eu habdomen a'u haelodau (*limbs*).

Mae'r diagram isod yn dangos y grymoedd sy'n gweithredu ar wely capilarïau.

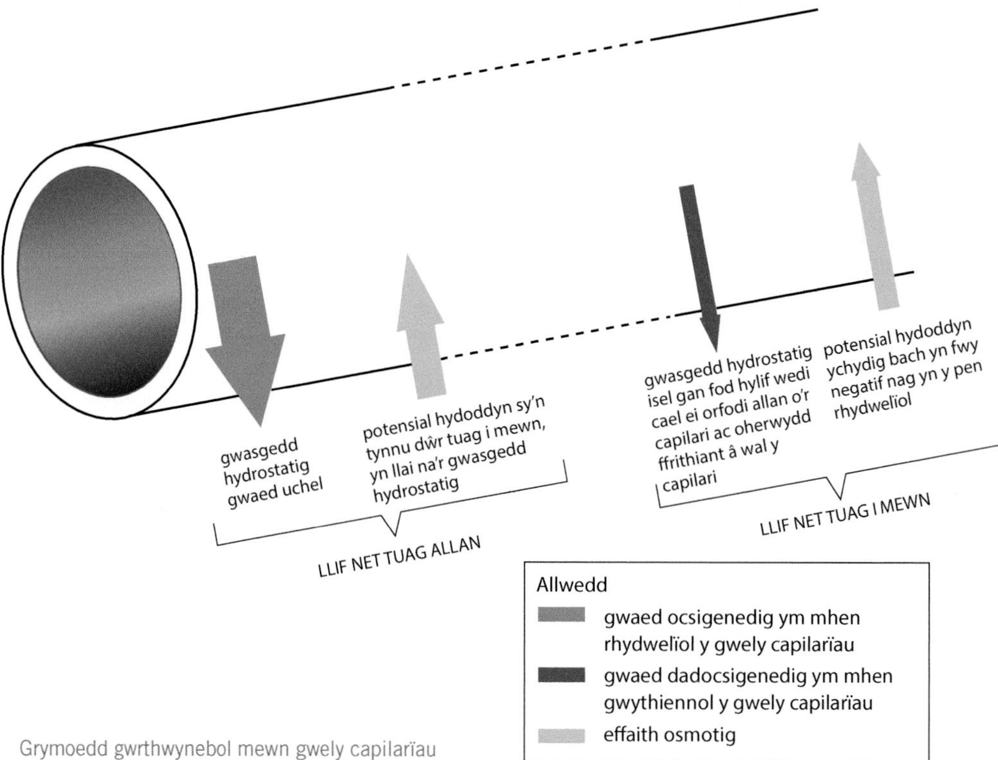

Grymoedd gwrthwynebol mewn gwely capilarïau

3.4 Gwirio gwybodaeth

Parwch y termau 1–4 â'r disgrifiadau A–Ch:

1. Effaith Bohr
2. Hylif meinweol
3. Syfliad clorid
4. Haemoglobin

A. Ffordd o gynnal niwtraliaeth electrocemegol celloedd coch y gwaed.

B. Caniatáu cyfnewid defnyddiau rhwng corffgelloedd a'r gwaed.

C. Y pigment gwaed sy'n cludo ocsigen mewn mamolion.

Ch. Ar wasgedd rhannol carbon deuocsid uwch, mae'r gromlin ddaduniad ocsigen yn symud i'r dde.

Mae perthynas agos rhwng plasma, hylif meinweol a lymff. Mae'r tabl isod yn nodi'r gwahaniaethau rhwng rhai o'u nodweddion.

	Plasma	Hylif meinweol	Lymff
Safle	pibellau gwaed	o gwmpas corffgelloedd	pibell capilari lymff
Celloedd cysylltiedig	erythrocytau, granwlocytau, lymffocytau	granwlocytau, lymffocytau	granwlocytau, lymffocytau
Nwyon resbiradol	mwy o ocsigen, llai o garbon deuocsid	llai o ocsigen, mwy o garbon deuocsid	llai o ocsigen, mwy o garbon deuocsid
Maetholion	mwy	llai	llai
Moleciwlau protein mawr	✓	–	–
Potensial dŵr	is	uwch	uwch

Gwaith ymarferol

Cyswllt

Gweler t190 am ddisgrifiadau o bibellau gwaed.

Archwilio toriad ardraws drwy rydweli a gwythïen

1. Yn aml, bydd sleidiau wedi'u paratoi o bibellau gwaed yn cynnwys rhydweli a gwythïen ar yr un sleid. Daliwch y sleid o flaen y golau a byddwch chi'n gallu gweld y gwahaniaeth rhwng y pibellau gwaed. Mae'n debygol mai'r un â lwmen fwy fydd y wythïen.
2. Rhowch y sleid ar lwyfan y microsgop, a gan ddefnyddio lens gwrthrychiadur ×4, sylwch ar y rhydweli. Mae ei wal yn fwy trwchus na wal y wythïen mewn perthynas â diamedr y lwmen.
3. Symudwch y sleid fel bod wal y rhydweli yng nghanol y maes gweld. Defnyddiwch y lens gwrthrychiadur ×10 i ffocysu. Sylwch ar dair haen wahanol wal y rhydweli. Defnyddiwch y lens gwrthrychiadur ×40 i wahaniaethu rhwng y tair haen:
   a) **Endotheliwm** y tunica intima yw'r haen fewnol. Mae'n edrych yn rhychiog ond mae'n arwyneb llyfn.
   b) Y **tunica media** yw'r haen ganol. Mae ffibrau elastig yn rhedeg yn baralel â chylchedd y rhydweli. Mae cyhyr anrhesog a cholagen yn bresennol.
   c) Yr haen allanol yw'r **tunica externa**. Weithiau, bydd yr haen hon yn edrych yn anhrefnus, ddim fel haen ar wahân; efallai bydd y broses o baratoi a mowntio'r sbesimen wedi effeithio arni.

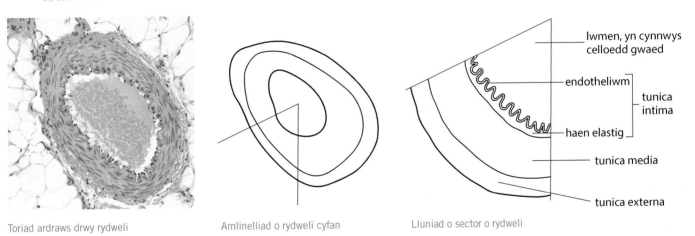

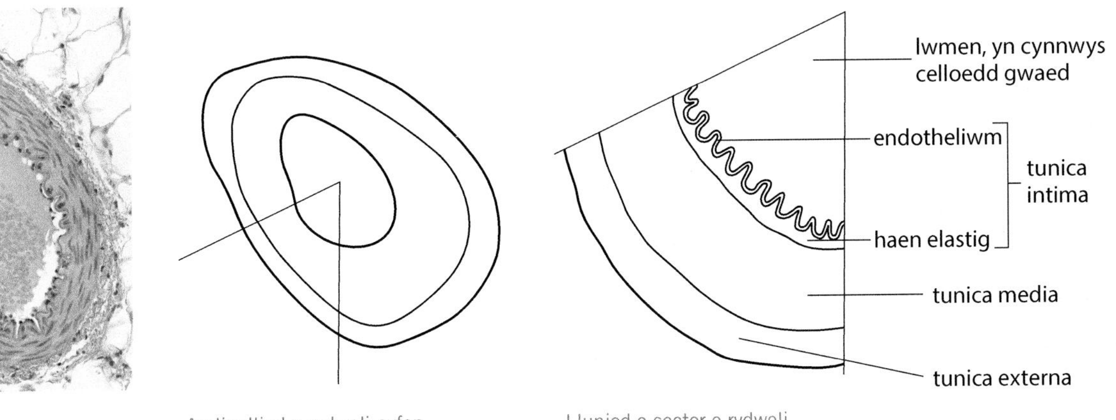

Toriad ardraws drwy rydweli

Amlinelliad o rydweli cyfan

Lluniad o sector o rydweli

4. Symudwch y sleid fel bod wal y wythïen yng nghanol y maes gweld. Defnyddiwch y lens gwrthrychiadur ×10 i ffocysu. Mae lwmen y wythïen yn lletach na lwmen y rhydweli, mewn perthynas â thrwch y wal. Yr un pedair haen sydd yn bresennol, ond mae'r tunica intima a'r tunica media yn llawer llai, o'u cymharu â wal y rhydweli.

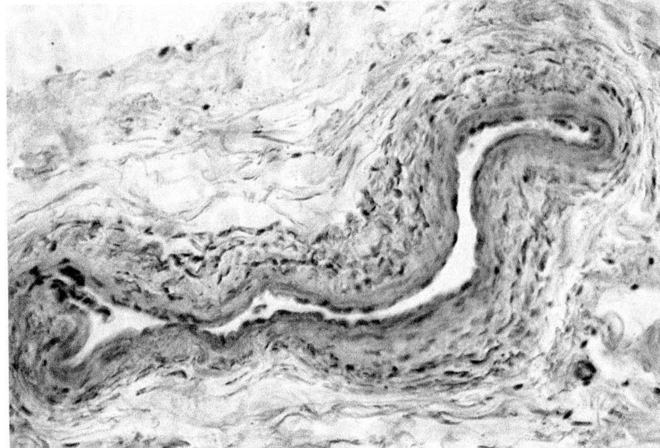

Toriad ardraws drwy wythïen

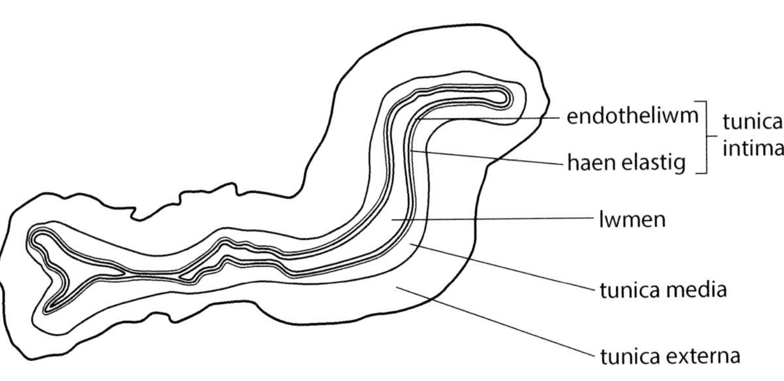

Lluniad o doriad ardraws drwy wythïen

Cyswllt

Gweler t47 am gyfarwyddiadau ar raddnodi'r microsgop a chyfrifo chwyddhad.

Cyswllt

Mae disgrifiad o sut i wirio cyfraneddau lluniad ar t183.

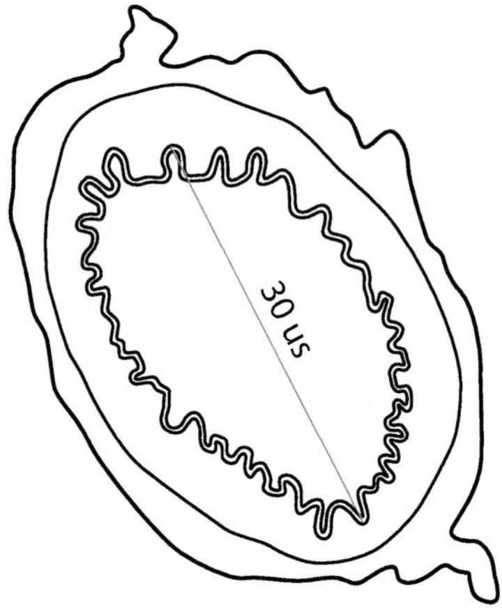

Cynllun chwyddhad isel o doriad ardraws drwy rydweli, i gyfrifo diamedr mwyaf y lwmen

Lluniadu cynllun chwyddhad isel

Mae cynllun chwyddhad isel yn dangos haenau o feinwe ond dim celloedd. Rhaid i gyfraneddau'r haenau fod yn gywir, felly mae'n ddefnyddiol defnyddio'r sylladur graticiwl i fesur trwch yr haenau ar y sbesimen a gwnewch yn siŵr bod cyfraneddau'r haenau ar eich lluniad yr un fath.

Wrth labelu eich diagram, gwnewch yn siŵr bod llinell label pob haen yn diweddu yng nghanol yr haen. Cofiwch labelu'r lwmen.

I ddangos haenau meinwe, gallwch chi luniadu sector, fel sydd wedi'i ddangos ar t203 ar gyfer y rhydweli. Os oes yn rhaid i chi ddangos mesuriadau a chwyddhad, fodd bynnag, bydd angen i chi luniadu'r ffurfiad cyfan.

Mesur

a) Dewiswch nodwedd y gallwch chi ei hadnabod yn ddiamwys, fel diamedr lletaf y lwmen.

b) Cylchdrowch y sylladur fel bod y sylladur graticiwl yn union baralel, a chyfrwch nifer unedau sylladur (us) y ffurfiad rydych chi wedi'i ddewis. Mae hyn i'w weld fel llinell goch ar y diagram ar y chwith.

c) Ar ôl graddnodi eich microsgop, gallwch chi gyfrifo hyd eich ffurfiad:

Gyda sylladur $\times 10$, diamedr mwyaf = 30 uned sylladur (us)

O'r graddnodiad, 1 us = 10 μm

$\therefore$ diamedr mwyaf = $30 \times 10 = 300$ μm = 0.3 mm

Yr hyd hwn yw maint y gwrthrych.

Cyfrifo'r chwyddhad

a) Defnyddiwch eich pren mesur i fesur hyd y ffurfiad ar eich diagram. Dyma faint y ddelwedd. Ar y diagram hwn, mae'n mesur 40 mm.

b) Amnewidiwch y ddau werth hyn yn yr hafaliad:

$$\text{chwyddhad} = \frac{\text{maint y ddelwedd}}{\text{maint gwirioneddol}} = \frac{40}{0.3} = \times 133 \text{ (0 ll.d.)}$$

Dyrannu calon mamolyn ac arsylwi arni

Cyswllt

Gweler t191 am ddisgrifiad o adeiledd y galon.

1. Arsylwch y tu allan i'r galon.
   a) Sylwch os oes braster arni.
   b) Sylwch ar unrhyw bibellau gwaed mawr sy'n dod allan o'r galon. Yr aorta yw'r lletaf. Efallai y gwelwch chi'r rhydweli ysgyfeiniol hefyd. Edrychwch i lawr y pibellau gwaed hyn i mewn i'r galon a sylwch ar y falfiau cilgant yn y gwaelod.
   c) Sylwch ar unrhyw bibellau gwaed ar arwyneb y galon. Mae'n debygol mai'r pibellau coronaidd fydd rhain, yn cludo gwaed i gyhyr wal y galon.
   ch) Sylwch ar apig y galon, y pen pigfain. Dyma waelod y fentriglau, lle mae eu cyfangiad yn dechrau.
   d) Mae'r galon, fel pob organ arall, wedi'i gorchuddio â philen denau. Y bilen o gwmpas y galon yw'r pericardiwm. Fodd bynnag, efallai na fydd i'w weld mewn calonnau gan y cigydd.

2. Defnyddiwch gyllell i dorri trwy'r galon tua 3 cm oddi wrth yr apig. Os ydych chi wedi torri'n ddigon pell i fyny, byddwch chi'n gallu gweld y fentriglau. Gallwch chi ddweud y gwahaniaeth rhwng y ddau; mae wal y fentrigl chwith yn llawer mwy trwchus na wal y fentrigl de.
3. Rhowch roden wydr yn y fentrigl chwith a'i gwthio hi i fyny'n ysgafn. Efallai y daw hi allan drwy'r aorta neu efallai yr aiff hi i fyny drwy'r falf atrio-fentriglaidd (dwylen) i'r atriwm chwith ac allan drwy'r wythïen ysgyfeiniol.
4. Defnyddiwch siswrn i dorri o waelod y fentrigl i fyny drwy'r atriwm a'r wythïen ysgyfeiniol, gan ddefnyddio'r rhoden wydr i'ch tywys chi.
5. Agorwch y galon i arsylwi ar y canlynol:
   a) Mae wal y fentrigl yn llawer mwy trwchus na wal yr atriwm.
   b) Y falf ddwylen.
   c) Y chordae tendineae (tendonau) sy'n cysylltu'r falf atrio-fentriglaidd (dwylen) â wal y fentrigl.
   ch) Dydy arwyneb mewnol y fentrigl ddim yn fflat. Mae'r siâp yn sicrhau llif gwaed llyfn drwy'r galon.
   d) Efallai y bydd tolchenni gwaed yn bresennol yn siambrau'r galon, ond gallwch chi ddefnyddio gefel i dynnu'r rhain allan.
6. Gallwch chi wneud yr un math o beth ag ochr dde'r galon, i ddatgelu'r falf deirlen a'r rhydweli ysgyfeiniol.

Awgrymwch arwyddocâd esblygiadol yr arsylwadau canlynol ar adeiledd y galon:

1. Mae waliau'r atria yn deneuach na waliau'r fentriglau.
2. Mae wal y fentrigl chwith yn fwy trwchus na wal y fentrigl de.
3. Mae'r chordae tendineae yn gryf iawn.
4. Mae gwaed ocsigenedig a dadocsigenedig yn llifo ar hyd llwybrau gwahanol a dydyn nhw ddim yn cymysgu.
5. Dydy waliau'r fentriglau ddim yn llyfn.

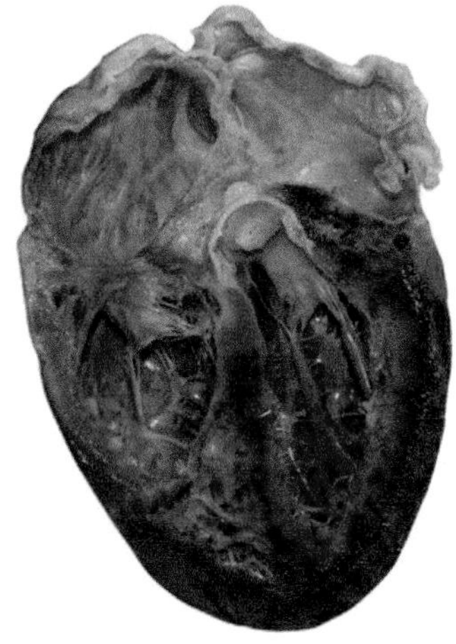

Toriad fertigol drwy galon

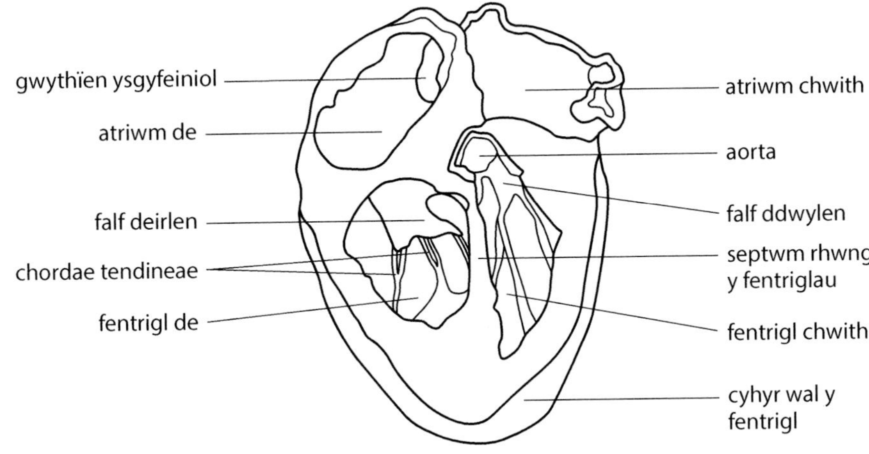

Lluniad o doriad fertigol drwy galon

Profwch eich hun

1 Mae Llun 1.1 yn dangos cromlin ddaduniad ocsigen ar gyfer haemoglobin mewn oedolion dynol normal.

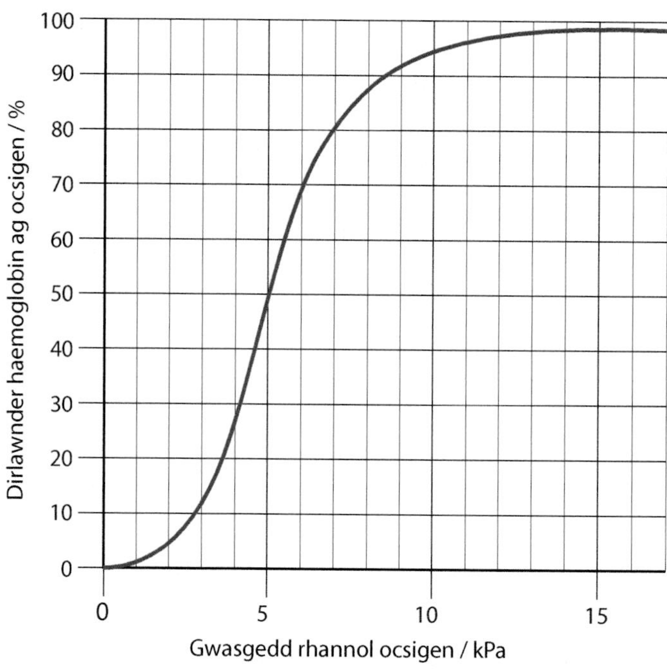

Llun 1.1

(a) Y tyndra llwytho yw'r gwasgedd rhannol ocsigen lle mae'r haemoglobin yn 95% dirlawn ag ocsigen. Y tyndra dadlwytho yw'r gwasgedd rhannol ocsigen lle mae'r haemoglobin yn 50% dirlawn ag ocsigen. Defnyddiwch y gromlin ddaduniad ocsigen, Llun 1.1, i ganfod:

(i) Y tyndra dadlwytho

(ii) Y tyndra llwytho. (2)

(b) Nodwch fanteision siâp S y gromlin ddaduniad haemoglobin i feinweoedd y corff a'r ysgyfaint. (2)

(c) (i) Disgrifiwch yr effaith ar y gromlin yn Llun 1.1 pe bai crynodiad y carbon deuocsid yn cynyddu. (1)

(ii) Enwch yr effaith hon. (1)

(ch) Mae cromlin ddaduniad ocsigen *Arenicola* i'r chwith o gromlin haemoglobin dynol.

(i) Amcangyfrifwch werthoedd y tyndra llwytho a dadlwytho ar gyfer *Arenicola* ac esboniwch eich ateb.

I. tyndra llwytho

II. tyndra dadlwytho (4)

(ii) Awgrymwch beth allai'r gwerthoedd hyn eu hawgrymu am yr amodau lle mae *Arenicola* yn byw. (1)

(Cyfanswm 11 marc)

2 Mae Llun 2.1 yn ddiagram o galon ddynol mewn systole atrïaidd.

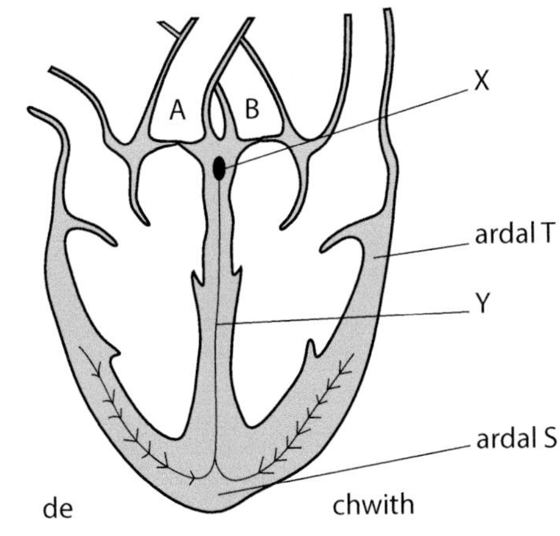

Llun 2.1

(a) (i) Yn ystod y gylchred gardiaidd, mae gwasgedd y gwaed ym mhibell B yn uwch na gwasgedd y gwaed ym mhibell A. Esboniwch beth sy'n achosi'r gwahaniaeth gwasgedd hwn. (1)

(ii) Esboniwch sut mae'r gwasgedd yn yr atria yn cymharu â'r gwasgedd yn y fentriglau ar yr adeg yn ystod y gylchred gardiaidd sydd wedi'i dangos yn Llun 2.1. (1)

(b) Mae rhannau X ac Y yn ymwneud â chyd-drefnu curiad y galon. Enwch rannau X ac Y. (1)

(c) Mae'r don o weithgarwch trydanol sy'n cyd-drefnu curiad y galon yn oedi ychydig yn rhan X. Yna mae'n teithio ar hyd rhan Y at waelod y fentriglau.

(i) Awgrymwch fantais fiolegol i'r oediad byr yn ardal X. (1)

(ii) Esboniwch bwysigrwydd pasio'r gweithgarwch trydanol i waelod y fentriglau. (2)

(ch) Esboniwch pam mae trawiad ar y galon sy'n ymwneud â'r celloedd cyhyr yn ardal S yn debygol o fod yn llawer mwy difrifol nag un sy'n ymwneud â chelloedd yn ardal T. (1)

(d) (i) Mae'r electrocardiogram (ECG) yn Llun 2.2 yn dangos gweithgarwch trydanol calon claf.

Defnyddiwch yr electrocardiogram i gyfrifo cyfradd curiad y galon, gan roi eich ateb i nifer addas o leoedd degol. (3)

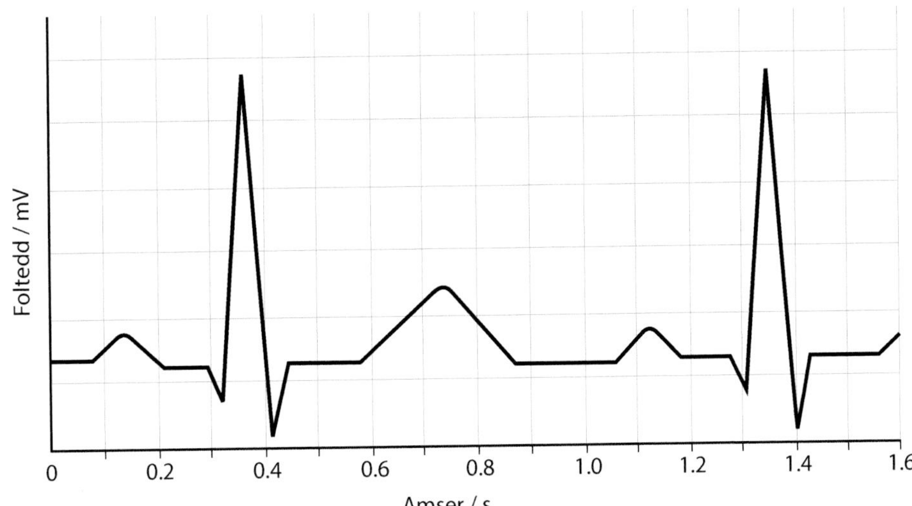

Llun 2.2

(ii) Roedd ECG claf arall yn dangos cyfradd curiad y galon debyg, ond roedd osgled ton y cymhlyg QRS yn llawer mwy. Awgrymwch pam roedd gan y ddau glaf hyn yr un gyfradd curiad y galon ond olinau ECG gwahanol. (1)

(Cyfanswm 11 marc)

2.3b Addasiadau ar gyfer cludiant mewn planhigion

Mae gwreiddiau yn amsugno dŵr a mwynau o'r pridd. Rhaid cludo'r dŵr hwn i'r dail, i gynnal chwydd-dyndra ac i'w ddefnyddio ym mhroses ffotosynthesis. Hefyd, rhaid cludo'r siwgr sy'n cael ei gynhyrchu yn y dail i'r mannau lle mae ei angen. Byddai tryledіad yn rhy araf i fodloni anghenion planhigion amlgellog ac mae dwy system arbennig o bibellau cludiant wedi esblygu: y sylem i gludo dŵr a mwynau sydd wedi hydoddi, a'r ffloem i gludo siwgrau ac asidau amino.

Cynnwys y testun

Erbyn diwedd y testun hwn, byddwch chi'n gallu gwneud y canlynol:

- Esbonio pam mae angen system cludiant mewn planhigion.
- Disgrifio dosbarthiad sylem a ffloem mewn gwreiddiau, coesynnau a dail.
- Disgrifio ymlifiad dŵr a mwynau i'r gwreiddyn.
- Disgrifio'r llwybrau a'r mecanweithiau sy'n gysylltiedig â symud dŵr o wreiddyn i ddeilen.
- Disgrifio adeiledd a swyddogaeth yr endodermis.
- Disgrifio adeiledd sylem a ffloem a'r berthynas rhwng eu hadeiledd a'u swyddogaethau.
- Disgrifio trydarthiad ac esbonio sut mae ffactorau amgylcheddol yn effeithio ar gyfradd trydarthu.
- Esbonio sut mae hydroffytau a seroffytau wedi addasu i'r cyflenwad dŵr sydd ar gael iddynt.
- Esbonio sut mae trawsleoliad hydoddion organig yn digwydd mewn planhigion.
- Deall sut i ddefnyddio potomedr i ymchwilio i drydarthiad.

Adeiledd a dosbarthiad meinwe fasgwlar

Dosbarthiad meinwe fasgwlar

Mae meinwe fasgwlar yn cludo defnyddiau o gwmpas y corff. Mewn anifeiliaid, gwaed yw'r feinwe fasgwlar. Mewn planhigion, **sylem** a **ffloem** ydyw; mae'r rhain yn gyfagos i'w gilydd mewn sypynnau fasgwlar. Mae eu dosbarthiad yn wahanol mewn gwahanol rannau o'r planhigyn.

- Mewn gwreiddiau, mae'r sylem yn ganolog â siâp seren ac mae'r ffloem rhwng grwpiau o gelloedd sylem. Mae'r trefniant hwn yn gwrthsefyll diriant fertigol (tynnu) ac yn angori'r planhigyn yn y pridd.

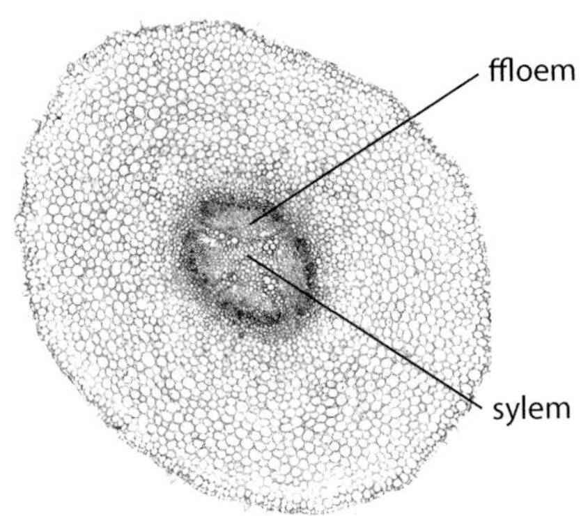

Toriad ardraws drwy wreiddyn ffeuen, *Vicia faba*

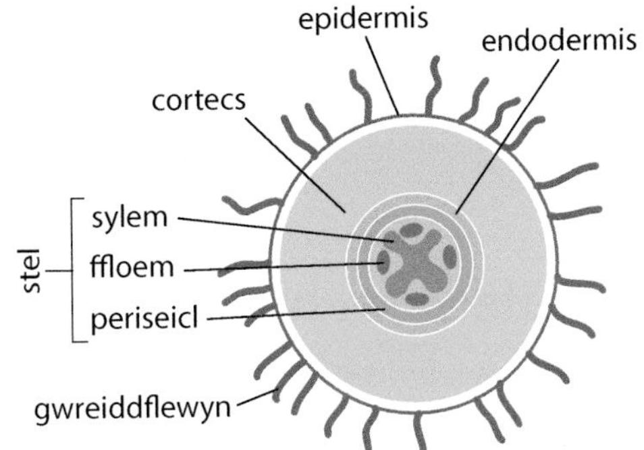

Diagram o doriad ardraws drwy'r gwreiddyn

- Mewn coesynnau, mae cylch o sypynnau fasgwlar ar yr ymylon, â'r sylem tuag at y canol a'r ffloem tuag at y tu allan. Mae hyn yn rhoi cynhaliad hyblyg ac yn gwrthsefyll plygu.

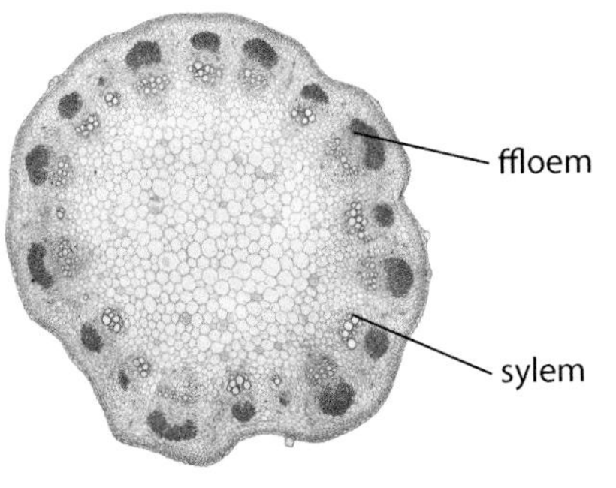

Toriad ardraws drwy goesyn blodyn haul, *Helianthus*

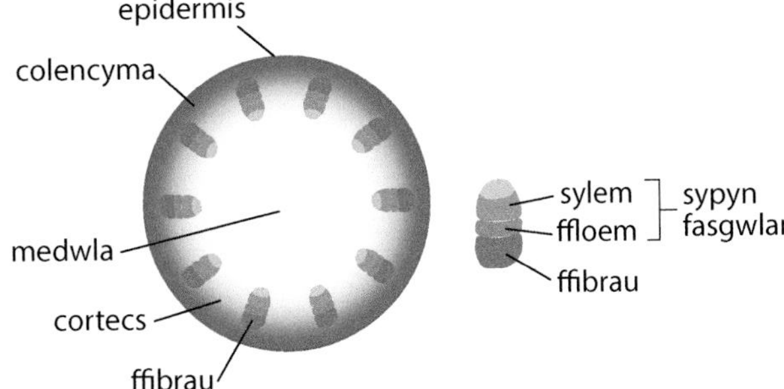

Diagram o doriad ardraws drwy goesyn

- Mewn dail, mae'r feinwe fasgwlar yn y wythïen ganol ac mewn rhwydwaith o wythiennau, sy'n rhoi cryfder hyblyg ac yn gwrthsefyll rhwygo.

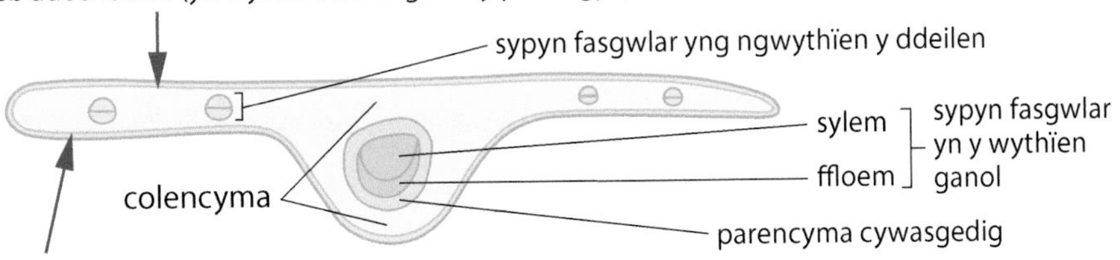

Diagram o doriad drwy ddeilen

Pwynt astudio

Mae tryledíad yn rhy araf i ddosbarthu defnyddiau mewn planhigion. Yn lle hynny, mae sylem yn cludo dŵr a mwynau sydd wedi hydoddi ac mae ffloem yn cludo swcros ac asidau amino.

Termau allweddol

Sylem: Meinwe mewn planhigion sy'n cludo dŵr a mwynau sydd wedi hydoddi, tuag i fyny.

Ffloem: Meinwe planhigion sy'n cynnwys elfennau tiwbiau hidlo a chymargelloedd, i drawsleoli swcros ac asidau amino o'r dail i weddill y planhigyn.

Cyswllt

Mae trafodaeth am adeiledd ffloem o fewn pwnc trawsleoliad, ar t220.

Cyngor

Byddwch yn barod i adnabod sylem a ffloem ar ffotomicrograffau a micrograffau electronau.

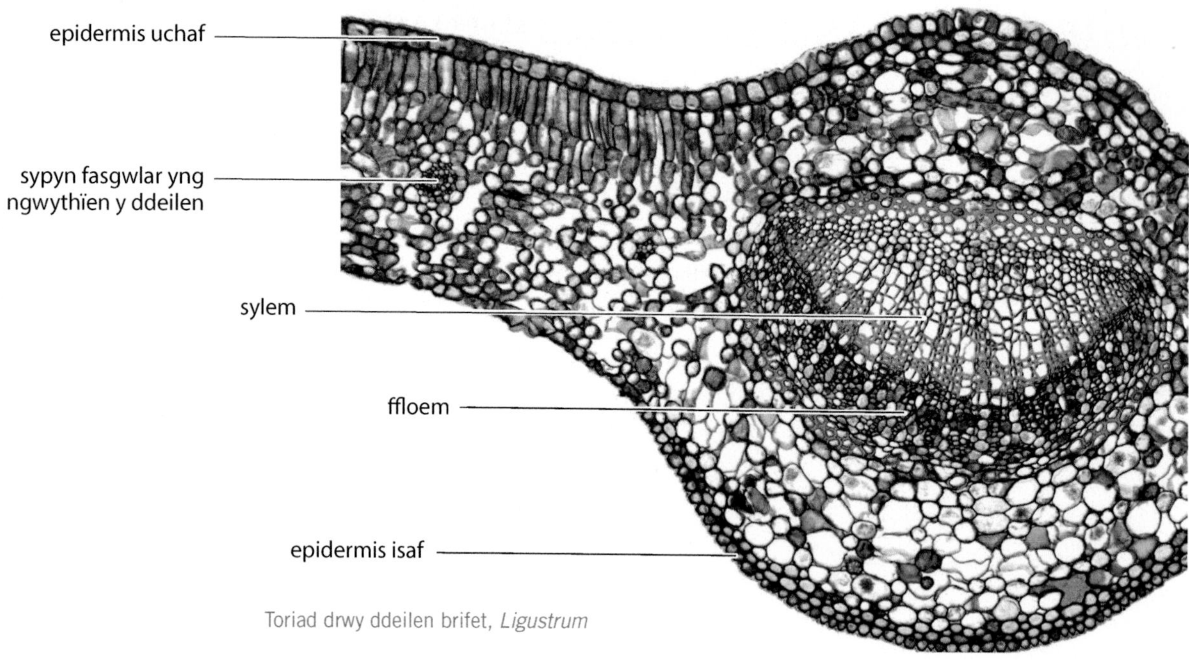

Toriad drwy ddeilen brifet, *Ligustrum*

Termau allweddol

Pibellau: Ffurfiadau i gludo dŵr mewn angiosbermau sy'n cynnwys celloedd wedi'u hasio ben wrth ben i wneud tiwbiau gwag, â chellfuriau trwchus wedi'u ligneiddio.

Traceidau: Celloedd siâp gwerthyd sy'n cludo dŵr yn sylem rhedyn, conwydd ac angiosbermau.

Cyswllt

Gweler y ffotomicrograff ar t44: lignin a chellwlos sy'n rhoi'r lliwiau nodweddiadol i sylem a ffloem mewn toriad ardraws drwy goesyn wedi'i staenio ar gyfer archwiliad â microsgop.

Adeiledd sylem

Y prif fathau o gelloedd mewn sylem yw **pibellau** a **thraceidau**.

- Mae traceidau yn bodoli mewn rhedyn, coed conwydd ac angiosbermau (planhigion blodeuol), ond nid mewn mwsoglau. Does dim meinwe sy'n cludo dŵr mewn mwsoglau, felly dydyn nhw ddim cystal am gludo dŵr a dydyn nhw ddim yn gallu tyfu mor uchel â'r planhigion eraill hyn.
- Dim ond mewn angiosbermau mae pibellau'n bodoli. Wrth i lignin gronni yn eu cellfuriau, mae'r cynnwys yn marw, gan adael lle gwag, y lwmen. Wrth i'r feinwe ddatblygu, mae waliau pen y celloedd yn ymddatod, gan adael tiwb gwag hir, fel pibell draen, ac mae dŵr yn dringo drwyddo ac yn syth i fyny'r planhigyn. Mae'r lignin wedi'i osod mewn patrwm sbiral nodweddiadol ac, yn wahanol i gellwlos mewn cellfuriau ffloem, mae'n staenio'n goch felly mae'n hawdd adnabod sylem mewn toriadau dan ficrosgop.

Mae gan sylem ddwy swyddogaeth:

1. Cludo dŵr a mwynau wedi hydoddi.
2. Darparu cryfder a chynhaliad mecanyddol.

Ymestyn a herio

Mae cellfuriau traceidau'n cynnwys lignin, sy'n galed, yn gryf ac yn wrth-ddŵr. Mae bylchau yn y waliau, sef mân-bantiau, i ddŵr deithio drwyddynt. Mae siâp traceidau fel gwerthyd, felly mae'r dŵr yn dilyn llwybr troellog, nid syth, i fyny'r planhigyn.

Mae symud dŵr yn syth i fyny'r planhigyn mewn pibellau yn llawer mwy effeithlon na'r llwybr troellog drwy draceidau, a dyna pam mai angiosbermau yw'r math trechol o blanhigyn ar y Ddaear.

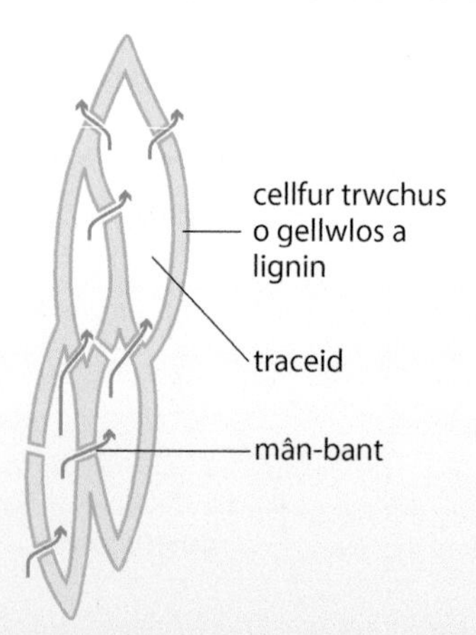

Toriad hydredol traceidau i ddangos dŵr yn dilyn llwybr anuniongyrchol tuag i fyny

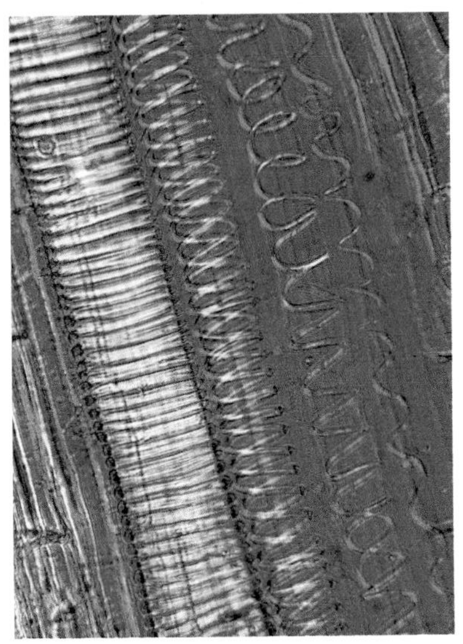
Toriad hydredol drwy bibellau sylem yn dangos tewychu sbiral y lignin yn y cellfur

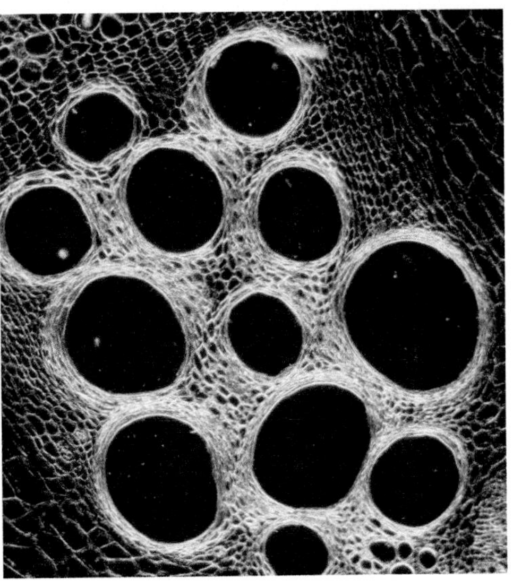
Toriad ardraws drwy bibellau sylem yn dangos pibellau mawr, gwag

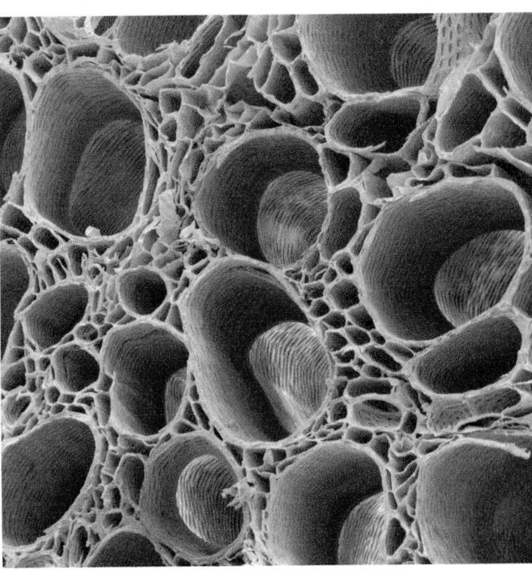
Golwg 3D ar sylem

Cludiant yn y sylem

Ymlifiad dŵr i'r gwreiddiau

Mae planhigion daearol, fel anifeiliaid, yn wynebu risg o ddadhydradu ac mae'n rhaid iddyn nhw arbed dŵr. Mae planhigion yn cymryd dŵr o'r pridd drwy'r gwreiddiau ac yn ei gludo i'r dail, lle mae'n cynnal chwydd-dyndra, ac mae'n un o adweithyddion ffotosynthesis. Ond mae llawer yn cael ei golli drwy'r stomata, mewn proses o'r enw trydarthiad. Rhaid cael mwy o ddŵr yn gyson o'r pridd i wrthbwyso'r colledion. Mae'r ymlifiad dŵr mwyaf yn digwydd drwy'r gwreiddflew, sy'n cynyddu arwynebedd arwyneb y gwreiddyn yn fawr iawn ac yn gallu derbyn llawer o ddŵr drwy eu cellfuriau tenau.

Mae dŵr y pridd yn cynnwys hydoddiant gwanedig iawn o halwynau mwynol ac mae ganddo botensial dŵr uchel. Mae gwagolyn a chytoplasm y gell wreiddflew yn cynnwys hydoddiant crynodedig o hydoddion ac mae eu potensial dŵr yn is, yn fwy negatif. Mae dŵr yn llifo i'r gell wreiddflew drwy gyfrwng osmosis, i lawr graddiant potensial dŵr.

Cyswllt

Mae trafodaeth fanwl am drydarthiad ar t215–216.

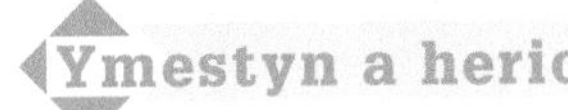
Ymestyn a herio

Mae tua 5% o golledion dŵr planhigyn yn digwydd drwy anweddu drwy epidermis deilen. Mae'r cwtigl, haen o gwyr sy'n cael ei secretu gan y celloedd epidermaidd, yn atal mwy o ddŵr rhag anweddu.

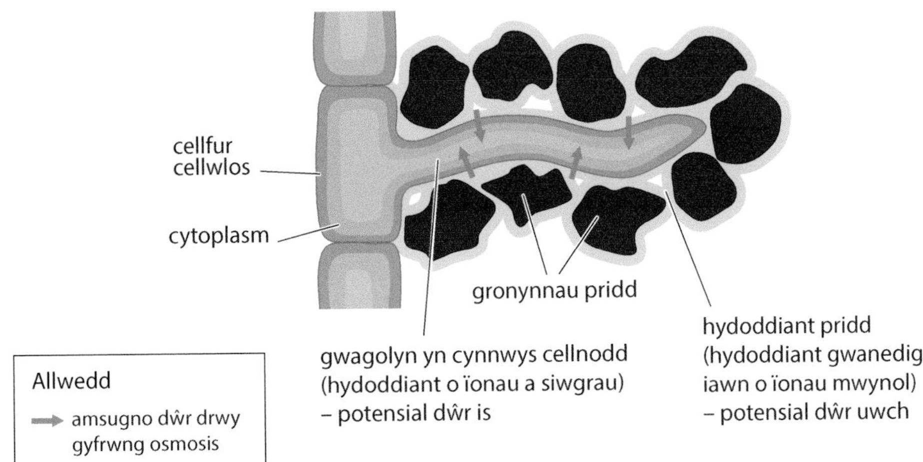

Amsugno dŵr drwy gell wreiddflew

Gwreiddflew ar wreiddyn hedyn radis sy'n egino, *Raphanus sativus*

Termau allweddol

Llwybr apoplast: Llwybr dŵr drwy fannau anfyw, rhwng celloedd ac mewn cellfuriau y tu allan i'r gellbilen.

Llwybr symplast: Llwybr dŵr drwy blanhigyn, o fewn celloedd lle mae moleciwlau'n tryledu drwy'r cytoplasm a'r plasmodesmata.

Pwynt astudio

Mae yna raddiant potensial dŵr ar draws cortecs y gwreiddyn. Mae hwn ar ei uchaf yn y celloedd gwreiddflew ac ar ei isaf yn y sylem, felly mae dŵr yn symud i lawr y graddiant potensial dŵr, ar draws y gwreiddyn.

Symudiad dŵr drwy'r gwreiddyn

Rhaid i ddŵr symud i mewn i'r sylem i gael ei ddosbarthu o gwmpas y planhigyn. Mae'n gallu teithio yno, ar draws celloedd cortecs y gwreiddyn, ar hyd tri llwybr gwahanol:

- Y **llwybr apoplast** – mae dŵr yn symud yn y cellfuriau. Mae'r dŵr yn symud drwy'r gofodau rhwng y ffibrau cellwlos yn y cellfur.
- Y **llwybr symplast** – mae dŵr yn symud drwy'r cytoplasm a'r plasmodesmata. Llinynnau o gytoplasm drwy fân-bantiau yn y cellfur rhwng celloedd cyfagos yw plasmodesmata, felly mae'r symplast yn llwybr parhaus ar draws cortecs y gwreiddyn.
- Y llwybr gwagolynnol – mae dŵr yn symud o wagolyn i wagolyn.

Y ddau brif lwybr yw'r llwybrau symplast ac apoplast. Mae'r llwybr apoplast yn gyflymach, felly mae'n debyg mai hwn yw'r un mwyaf arwyddocaol.

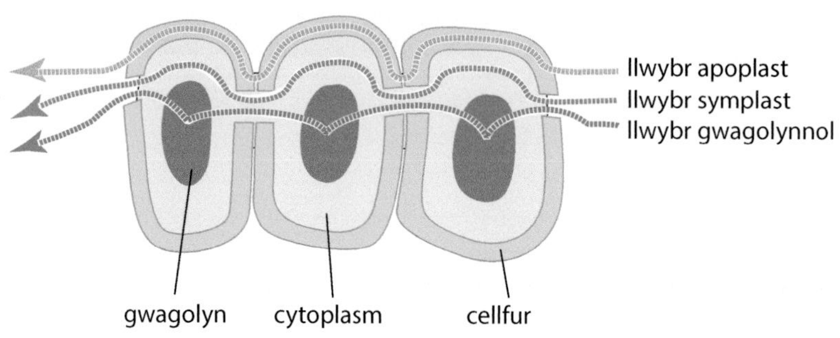

Llwybrau cludiant dŵr ar draws cortecs

Ymlifiad a swyddogaeth yr endodermis

Dim ond o'r llwybr symplast neu'r llwybr gwagolaidd y mae dŵr yn gallu mynd i'r sylem, felly rhaid iddo adael y llwybr apoplast. Mae'r feinwe fasgwlar, yng nghanol y gwreiddyn, wedi'i hamgylchynu â rhan o'r enw periseicl. Mae'r periseicl wedi'i amgylchynu ag un haen o gelloedd, yr **endodermis**. Mae cellfuriau'r endodermis wedi'u trwytho â defnydd cwyraidd, swberin, sy'n ffurfio band amlwg ar y waliau rheiddiol a thangiadol, sef **stribed Caspary**. Mae swberin yn hydroffobig felly mae stribed Caspary yn atal dŵr rhag symud yn bellach yn yr apoplast. Mae'r dŵr a'r mwynau sydd wedi hydoddi ynddo yn gadael yr apoplast ac yn mynd i'r cytoplasm cyn symud yn bellach ar draws y gwreiddyn.

Termau allweddol

Endodermis: Un haen o gelloedd o gwmpas y periseicl a meinwe fasgwlar y gwreiddyn. Mae gan bob cell rwystr gwrth-ddŵr anathraidd yn ei chellfur.

Stribed Caspary: Y band swberin anathraidd yng nghellfuriau celloedd endodermaidd, sy'n blocio symudiad dŵr yn yr apoplast, felly mae'n symud i mewn i'r cytoplasm.

Ymestyn a herio

Mae'r periseicl yn cynnwys yr haen o gelloedd o gwmpas y feinwe fasgwlar mewn gwreiddyn, y mae gwreiddiau ochrol yn tyfu ohoni.

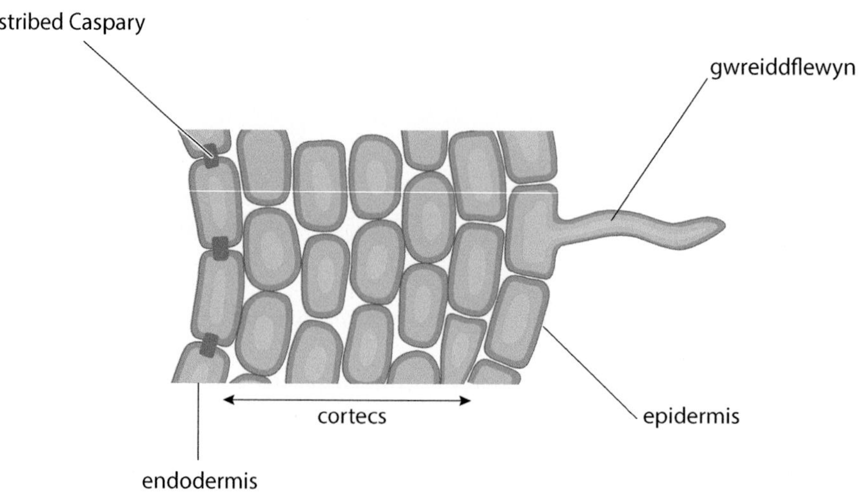

Cortecs gwreiddyn

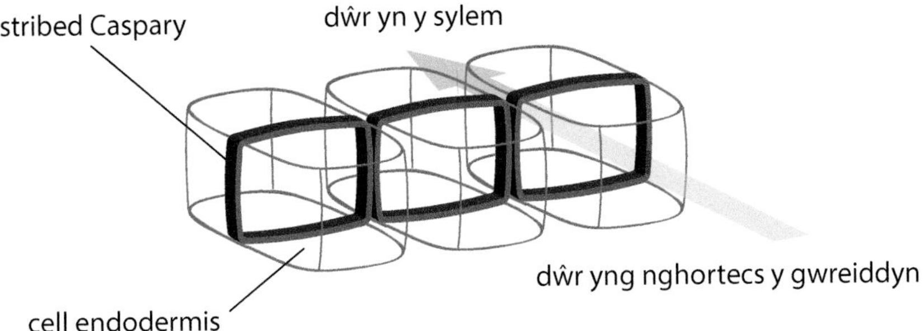

Celloedd endodermaidd yn dangos stribed Caspary

Mae dŵr yn symud o endodermis y gwreiddyn i'r sylem ar draws y cellbilenni endodermaidd. Mae dau esboniad am hyn:

- Mae mwy o wasgedd hydrostatig yng nghelloedd endodermaidd y gwreiddyn yn gwthio dŵr i mewn i'r sylem. Mae'r ffactorau canlynol yn cynyddu'r gwasgedd hydrostatig:
  - Cludiant actif ïonau, yn enwedig ïonau sodiwm, i mewn i'r celloedd endodermaidd, sy'n lleihau eu potensial dŵr ac yn tynnu mwy o ddŵr i mewn drwy gyfrwng osmosis.
  - Y Stribed Caspary yn dargyfeirio dŵr i mewn i gelloedd endodermaidd o'r llwybr apoplast.
- Y potensial dŵr is yn y sylem, yn is na photensial dŵr y celloedd endodermaidd, yn tynnu dŵr i mewn drwy gyfrwng osmosis ar draws cellbilenni endodermaidd. Mae'r potensial dŵr yn mynd yn is na photensial dŵr y celloedd endodermaidd oherwydd:
  - Mae stribed Caspary yn dargyfeirio dŵr i mewn i'r celloedd endodermaidd.
  - Cludiant actif halwynau mwynol, sef ïonau sodiwm yn bennaf, o'r endodermis a'r periseicl i'r sylem.

Gwirio gwybodaeth 

Nodwch y gair neu'r geiriau coll:

Mae dŵr yn mynd o'r celloedd gwreiddflew ar draws cortecs y gwreiddyn i lawr graddiant .... Mae'r dŵr yn dilyn dau lwybr yn bennaf, y .... a'r llwybr apoplast. Ar ôl cyrraedd yr endodermis mae band o swberin o'r enw .... yn ei atal rhag defnyddio'r llwybr apoplast ac mae dŵr yn cael ei ddargyfeirio i gytoplasm yr endodermis.

Ymlifiad mwynau

Mae dŵr y pridd yn hydoddiant llawer mwy gwanedig na chynnwys y celloedd gwreiddflew, ac mae crynodiad y mwynau sy'n bresennol yn isel iawn. Felly'n gyffredinol, caiff mwynau eu hamsugno i'r cytoplasm drwy gyfrwng cludiant actif, yn erbyn graddiant crynodiad.

Mae ïonau mwynol hefyd yn gallu teithio ar hyd y llwybr apoplast, mewn hydoddiant. Ar ôl iddyn nhw gyrraedd yr endodermis, mae stribed Caspary yn atal symudiad pellach yn y cellfuriau. Mae'r ïonau mwynol yn mynd i'r cytoplasm drwy gyfrwng cludiant actif, ac yna'n tryledu neu'n cael eu cludo'n actif i'r sylem. Mae nitrogen, er enghraifft, fel arfer yn mynd i'r planhigyn ar ffurf ïonau nitrad neu amoniwm, sy'n tryledu i lawr graddiant crynodiad yn y llwybr apoplast, ond sy'n mynd i'r symplast drwy gyfrwng cludiant actif yn erbyn graddiant crynodiad ac yna'n llifo yn y cytoplasm drwy blasmodesmata. Mae cludiant actif yn caniatáu i'r planhigyn amsugno'r ïonau'n ddetholus yn yr endodermis.

Pwynt astudio

Mae ocsigen yn hanfodol i wreiddiau. Mae'n caniatáu i gelloedd gynhyrchu ATP drwy gyfrwng resbiradaeth aerobig, sy'n darparu egni ar gyfer cludiant actif.

Ymestyn a herio

Rydyn ni wedi canfod pa broteinau sy'n cludo ïonau penodol yn endodermis rhai rhywogaethau planhigion, e.e. y rhai sy'n cludo potasiwm, haearn, sinc, amoniwm, nitrad, ffosffad a sylffad.

Symudiad dŵr o'r gwreiddiau i'r dail

Rhaid i unrhyw eglurhad o symudiad dŵr i fyny planhigyn allu egluro cludiant i fyny'r goeden dalaf yn y byd, cochwydden, *Sequoiadendron giganteum*, sy'n mesur 115.7 m. Mae dŵr yn symud i fyny ei gwreiddiau, o ddyfnder anhysbys, i'r uchder enfawr hwn uwchben y ddaear. Sut? Mae coed marw'n gallu cludo rhywfaint o ddŵr tuag i fyny, felly dydy'r mecanwaith ddim yn dibynnu'n llwyr ar blanhigyn byw.

Mae dŵr yn symud i lawr graddiant potensial dŵr bob amser. Mae potensial dŵr yr aer yn isel iawn ac mae potensial dŵr y dŵr yn y pridd, hydoddiant gwanedig iawn, yn uchel iawn. Felly mae dŵr yn symud o'r pridd, drwy'r planhigyn i'r aer. Mae tri phrif fecanwaith:

Termau allweddol

Cydlyniad: Atyniad moleciwlau dŵr at ei gilydd, ar ffurf bondiau hydrogen, o ganlyniad i adeiledd deupol y moleciwl dŵr.

Adlyniad: Atyniad rhwng moleciwlau dŵr a moleciwlau hydroffilig yng nghellfuriau'r sylem.

Damcaniaeth cydlyniad-tyniant: Y ddamcaniaeth ar gyfer y mecanwaith sy'n symud dŵr i fyny'r sylem, o ganlyniad i gydlyniad ac adlyniad moleciwlau dŵr a'r tyniant yn y golofn ddŵr, i gyd oherwydd adeiledd deupol dŵr.

Capilaredd: Symudiad dŵr i fyny tiwbiau cul, fel mewn capilarïau.

Gwasgedd gwraidd: Y grym tuag i fyny ar ddŵr mewn gwreiddiau, yn deillio o symudiad osmotig dŵr i mewn i sylem y gwreiddiau.

Cyswllt

Mae trafodaeth am fondio hydrogen ac adeiledd deupol dŵr ar t14.

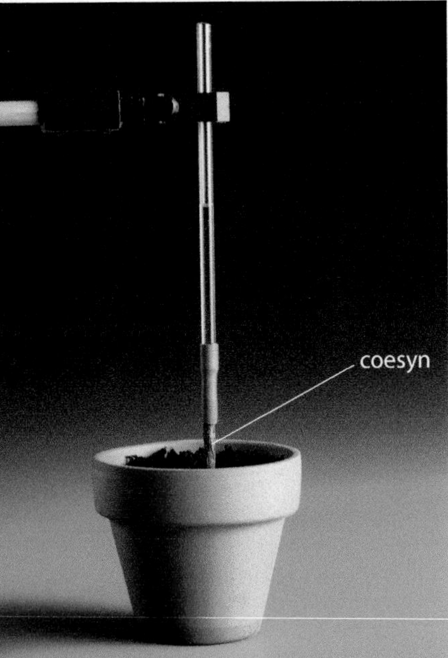

Gwasgedd gwraidd yn gwthio cynnwys y sylem tuag i fyny, i'r tiwb gwydr

Pwynt astudio

Mae dŵr yn symud i fyny'r sylem drwy gyfrwng tri phrif fecanwaith: tyniad trydarthiad, capilaredd a gwthiad gwasgedd gwraidd. Tyniad trydarthiad yw'r mwyaf arwyddocaol.

- Cydlyniad-tyniant: Ym mhroses trydarthiad, mae dŵr yn anweddu o gelloedd dail i'r gofodau aer ac yn tryledu allan drwy'r stomata i'r atmosffer. Mae hyn yn tynnu dŵr ar draws celloedd y ddeilen yn y llwybrau apoplast, symplast a gwagolynnol, o'r sylem. Wrth i foleciwlau dŵr adael celloedd sylem yn y ddeilen, maen nhw'n tynnu moleciwlau dŵr eraill i fyny y tu ôl iddynt yn y sylem. Mae'r moleciwlau dŵr i gyd yn symud am eu bod nhw'n dangos **cydlyniad**. Mae'r tyniad parhaus hwn yn cynhyrchu tyniant yn y golofn ddŵr.

  Mae'r gwefrau ar y moleciwlau dŵr hefyd yn achosi atyniad â leinin hydroffilig y pibellau. **Adlyniad** yw hyn, ac mae'n cyfrannu at symudiad dŵr i fyny'r sylem.

  Mae'r **ddamcaniaeth cydlyniad-tyniant** yn disgrifio symudiad dŵr i fyny'r sylem, drwy'r cyfuniad hwn o adlyniad moleciwlau dŵr a'r tyniant yn y golofn ddŵr oherwydd eu cydlyniad.
- **Capilaredd** yw symudiad dŵr i fyny tiwbiau cul, sef y sylem yn yr achos hwn, drwy weithgarwch capilarïaidd. Mae cydlyniad rhwng moleciwlau dŵr yn cynhyrchu tyniant arwyneb ac mae hwn, ar y cyd â'r atyniad rhwng y moleciwlau a waliau'r pibellau sylem (adlyniad), yn tynnu'r dŵr i fyny. Dim ond dros bellteroedd byr, hyd at fetr, y mae capilaredd yn gweithio. Efallai fod ganddo swyddogaeth o ran cludo dŵr mewn mwsoglau, ond dim ond cyfraniad bach mae'n ei wneud at symudiad dŵr mewn planhigion dros rai centimetrau o uchder.
- Mae **gwasgedd gwraidd** yn gweithredu dros bellteroedd byr mewn planhigion byw, o ganlyniad i symudiad dŵr o'r celloedd endodermaidd i'r sylem yn gwthio'r dŵr sydd yno eisoes, yn bellach i fyny. Mae'n cael ei achosi gan symudiad osmotig dŵr i lawr y graddiant potensial dŵr ar draws y gwreiddyn ac i waelod y sylem.

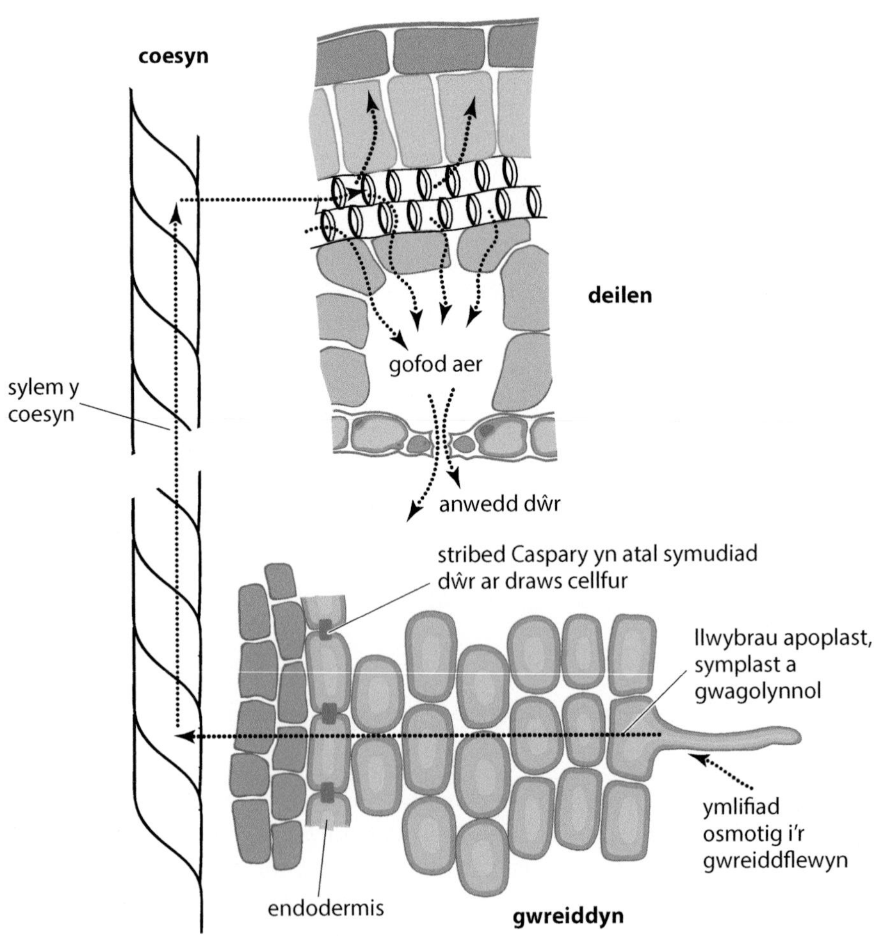

Diagram yn crynhoi cludiant dŵr i fyny'r planhigyn

Trydarthiad

Llif parhaus dŵr i mewn drwy'r gwreiddiau, i fyny'r coesyn i'r dail ac allan i'r atmosffer, yw'r llif trydarthol. Mae tua 99% o'r dŵr y mae'r planhigyn yn ei amsugno yn cael ei golli drwy anweddiad parhaus o'r dail, yn y broses o'r enw **trydarthiad**. Rhaid i blanhigion gydbwyso ymlifiad a cholledion dŵr. Os ydyn nhw'n colli mwy na'r hyn y maen nhw'n ei amsugno, mae'r dail yn gwywo. Os mai dim ond ychydig bach o ddŵr sydd wedi'i golli, bydd planhigyn yn gwella pan fydd dŵr ar gael. Ond os yw'n colli gormod, fydd y planhigyn ddim yn gallu adennill ei chwydd-dyndra ar ôl gwywo a bydd yn marw.

Rhaid i'r stomata fod ar agor yn ystod y dydd i ganiatáu cyfnewid nwyon rhwng meinweoedd y dail a'r atmosffer. Ond mae hyn yn golygu bod y planhigyn yn colli dŵr gwerthfawr. Mae planhigion yn dangos addasiadau esblygiadol sy'n golygu, yn gyffredinol, bod y stomata ar agor yn ddigon hir i gyfnewid digon o nwyon, ond ddim yn ddigon hir i'r planhigion ddadhydradu.

Pwynt astudio

Yn y llif trydarthol, mae dŵr yn cael ei dynnu tuag i fyny gan:

- Y grymoedd cydlynol rhwng moleciwlau dŵr.
- Y grymoedd adlynol rhwng y moleciwlau dŵr a leinin hydroffilig y pibellau sylem.

Term allweddol

Trydarthiad: Anweddiad anwedd dŵr o'r dail ac o rannau eraill o'r planhigyn sydd uwchben y ddaear, allan drwy'r stomata ac i'r atmosffer.

Ffactorau sy'n effeithio ar gyfradd trydarthu

Cyfradd colli dŵr o blanhigion yw'r gyfradd trydarthu. Mae'n dibynnu ar:

- Ffactorau genynnol fel y rhai sy'n rheoli nifer, dosbarthiad a maint y stomata.
- Ffactorau amgylcheddol fel tymheredd, lleithder a symudiad aer. Mae'r tair ffactor hyn yn effeithio ar y graddiant potensial dŵr rhwng yr anwedd dŵr yn y ddeilen a'r atmosffer, felly maen nhw'n effeithio ar y gyfradd trydarthu. Mae arddwysedd golau hefyd yn effeithio ar drydarthiad.

1. **Tymheredd** – mae cynnydd tymheredd yn gostwng potensial dŵr yr atmosffer. Mae'n cynyddu egni cinetig moleciwlau dŵr, gan gyflymu eu cyfradd anweddu o waliau'r celloedd mesoffyl ac, os yw'r stomata ar agor, mae'n cyflymu eu cyfradd tryledu allan i'r atmosffer. Mae'r tymheredd uwch yn achosi i'r moleciwlau dŵr dryledu oddi wrth y ddeilen yn gyflymach, gan ostwng y potensial dŵr o gwmpas y ddeilen.

Pwynt astudio

Agwedd niweidiol ar drydarthiad = colli dŵr.

Agweddau defnyddiol ar drydarthiad = ymlifiad dŵr; dosbarthiad dŵr; dosbarthiad ïonau; oeri drwy anweddu.

Cyswllt

Mae disgrifiad o ddŵr yn symud i lawr graddiant potensial dŵr drwy gyfrwng osmosis ar t60.

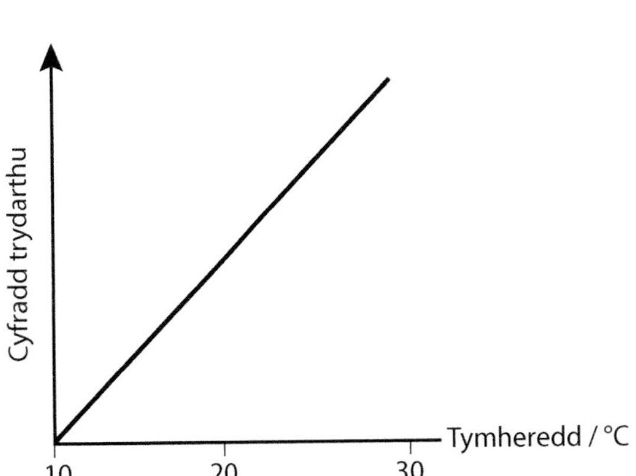

Effaith tymheredd ar gyfradd trydarthu

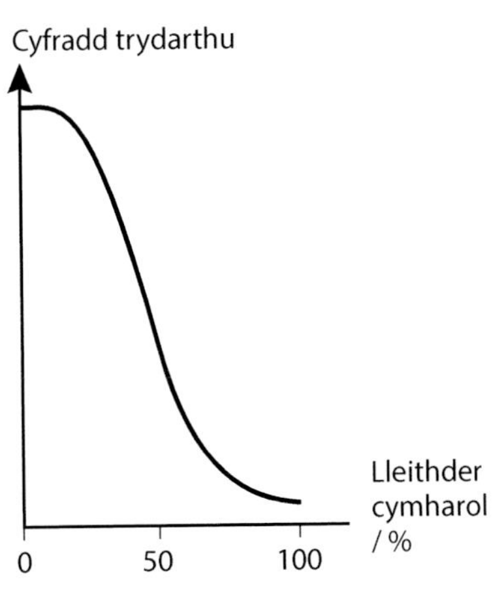

Effaith lleithder ar gyfradd trydarthu

Cyngor

Mae dŵr yn symud i lawr graddiant potensial dŵr bob amser. Mae'n gwneud hynny:

- Drwy gyfrwng osmosis wrth groesi pilen.
- Drwy anweddu pan mae'n trydarthu allan o ddeilen.

2. **Lleithder** – mae'r aer y tu mewn i ddeilen yn ddirlawn ag anwedd dŵr, felly mae ei leithder cymharol yn 100%. Mae lleithder yr atmosffer o gwmpas deilen yn amrywio, ond nid yw byth yn fwy na 100%. Mae yna raddiant potensial dŵr rhwng y ddeilen a'r atmosffer, a phan mae'r stomata ar agor, mae anwedd dŵr yn tryledu allan o'r ddeilen, i lawr y graddiant potensial dŵr.

Mae trydarthiad mewn aer llonydd yn achosi i haen o aer dirlawn gronni wrth arwynebau dail. Mae'r anwedd dŵr yn tryledu i ffwrdd yn raddol, gan adael cylchoedd cydganol (*concentric*) â'u lleithder yn gostwng wrth fynd yn bellach oddi wrth y ddeilen. Weithiau, byddwn ni'n galw'r rhain yn 'blisg tryledu'. Yr uchaf yw'r lleithder, yr uchaf yw'r potensial dŵr. Mae anwedd dŵr yn tryledu i lawr y graddiant lleithder cymharol hwn, sydd hefyd yn raddiant potensial dŵr, oddi wrth y ddeilen.

Cyngor

Mae defnyddio'r term 'plisg tryledu' yn gallu ein helpu i egluro'r ffactorau sy'n effeithio ar gyfradd trydarthu. Mewn aer llonydd, mae'r plisg yn aros wrth arwyneb y ddeilen ond bydd gwynt yn eu chwythu nhw i ffwrdd, gan gynyddu'r graddiant potensial dŵr.

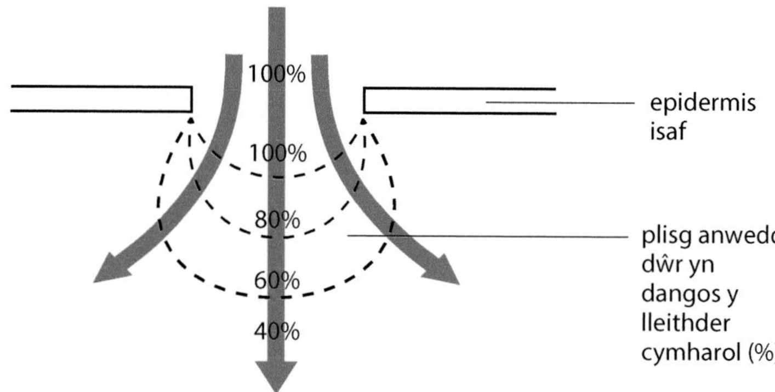

Anwedd dŵr yn tryledu i lawr graddiant lleithder cymharol a photensial dŵr, allan o'r ddeilen

Cyswllt

Mae trafodaeth am fecanwaith agor a chau stomata ar t178–179.

3. **Buanedd aer** – mae symudiad yr aer o gwmpas y ddeilen yn chwythu'r haen o aer llaith oddi wrth ei harwyneb. O ganlyniad, mae'r graddiant potensial dŵr rhwng y tu mewn a'r tu allan i'r ddeilen yn cynyddu, ac mae anwedd dŵr yn tryledu allan drwy'r stomata yn gyflymach. Y cyflymaf y mae'r aer yn symud, y cyflymaf y mae'r plisg cydganol o anwedd dŵr yn cael eu chwythu i ffwrdd, a'r cyflymaf y mae trydarthiad yn digwydd.

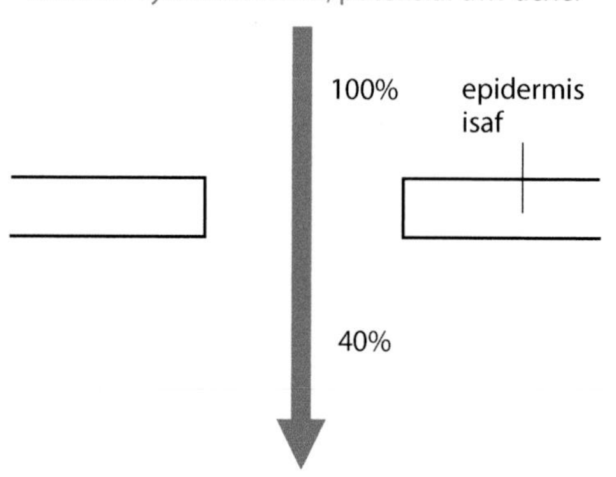

Mae'r plisg anwedd dŵr wedi'u chwythu i ffwrdd, sy'n golygu bod y graddiannau lleithder cymharol a photensial dŵr yn fwy serth, felly mae'r anwedd dŵr yn tryledu allan yn gyflymach

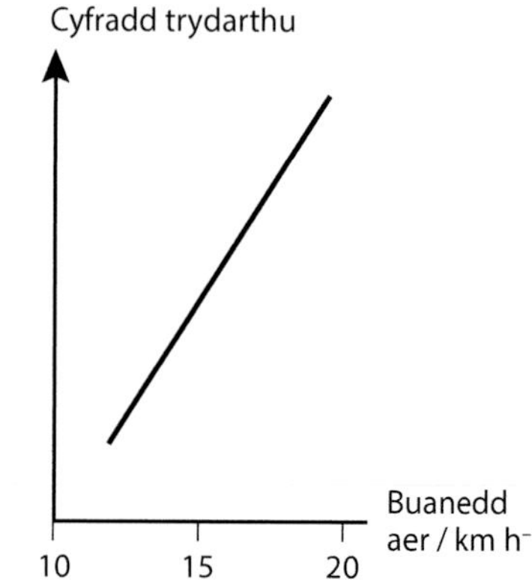

Effaith buanedd aer ar gyfradd trydarthu

3.6 Gwirio gwybodaeth

Cwblhewch y paragraff drwy lenwi'r bylchau.

Trydarthiad yw colled .... o rannau awyrol y planhigyn. Mae'n cynyddu ar dymheredd uwch gan fod gan foleciwlau dŵr fwy o egni .... Mae lleithder uwch yn .... trydarthiad gan ei fod yn lleihau'r graddiant potensial dŵr rhwng y tu mewn i'r ddeilen a'r atmosffer. Mae gwynt cyflymach yn cynyddu trydarthiad drwy gael gwared ar y plisg aer .... o gwmpas y stomata.

4. **Arddwysedd golau** – yn y rhan fwyaf o blanhigion, mae'r stomata'n agor yn lletach wrth i arddwysedd y golau gynyddu, gan gynyddu'r gyfradd trydarthu. Felly, mae stomata'n tueddu i agor fwyaf llydan yng nghanol y dydd, agor yn llai llydan yn y bore a fin nos, a chau dros nos.

Ffactorau amgylcheddol yn rhyngweithio

Dydy'r ffactorau hyn sy'n effeithio ar drydarthiad ddim yn digwydd yn annibynnol; maen nhw'n rhyngweithio â'i gilydd. Mae mwy o ddŵr yn cael ei golli ar ddiwrnod sych, gwyntog nag ar ddiwrnod llaith, llonydd. Mae hyn oherwydd bod waliau'r celloedd mesoffyl sbyngaidd yn ddirlawn â dŵr sy'n anweddu ac yn symud i lawr graddiant potensial dŵr o'r ddeilen i'r atmosffer, sydd â lleithder isel, ar ôl i'r gwynt leihau trwch yr haen o aer dirlawn wrth arwyneb y ddeilen.

Defnyddio potomedr i gymharu cyfraddau trydarthu

Weithiau, caiff y **potomedr** ei alw'n transbiromedr, er nad yw'n mesur trydarthiad yn uniongyrchol. Mae'n mesur ymlifiad dŵr, ond gan fod y rhan fwyaf o'r dŵr sy'n llifo i gyffyn deiliog yn cael ei golli drwy drydarthiad, mae'r gyfradd ymlifiad bron yr un fath â'r gyfradd trydarthu. Gallwn ni ddefnyddio'r potomedr i fesur ymlifiad dŵr i'r un cyffyn dan wahanol amodau neu i gymharu ymlifiad i gyffion deiliog o wahanol rywogaethau dan yr un amodau.

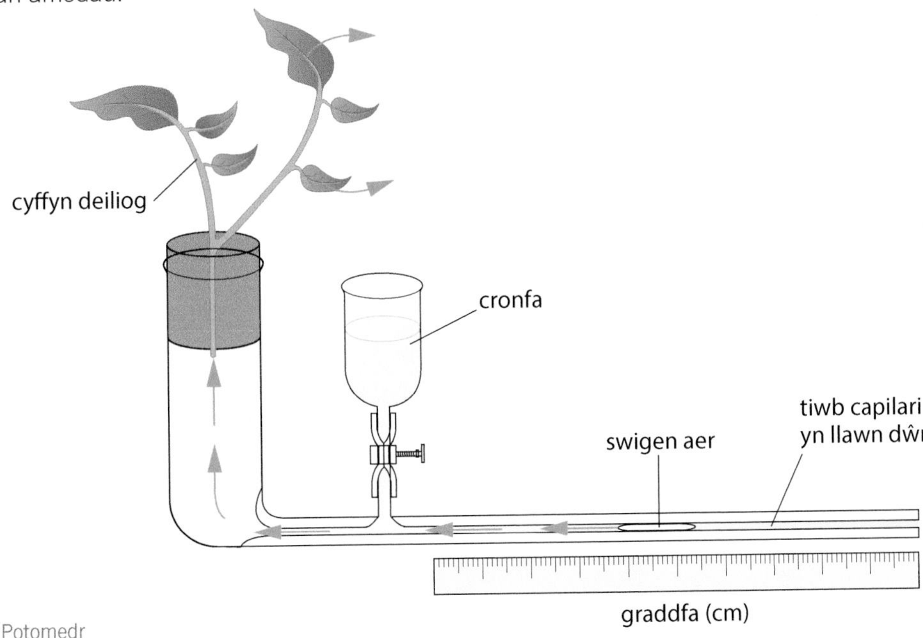

Potomedr

Pwynt astudio

Mae'r potomedr yn mesur cyfradd ymlifiad dŵr i gyffyn. Os yw'r celloedd yn gwbl chwydd-dynn, mae'r gyfradd ymlifiad yn hafal i'r gyfradd trydarthu, namyn y symiau bach sy'n cael eu colli drwy'r cwtigl a'u defnyddio ar gyfer gweithgarwch metabolaidd.

Term allweddol

Potomedr: Dyfais sy'n mesur cyfradd colli dŵr yn ystod trydarthiad yn anuniongyrchol drwy fesur cyfradd ymlifiad dŵr.

Cyswllt

Mae manylion ynghylch sut i gydosod potomedr a'i ddefnyddio ar t224–225.

Pwynt astudio

Gwnewch yn siŵr nad ydych chi'n drysu rhwng potomedr (sy'n mesur ymlifiad dŵr i gyffyn) a ffotomedr (sy'n mesur arddwysedd golau).

Cyngor

Gwnewch yn siŵr eich bod chi'n deall sut i gydosod potomedr.

Addasiadau planhigion blodeuol i faint o ddŵr sydd ar gael

Gallwn ni ddosbarthu planhigion yn ôl eu nodweddion addasol, sy'n dibynnu ar faint o ddŵr sydd ar gael iddynt fel arfer:

- **mesoffytau** – planhigion sydd wedi esblygu mewn amodau â chyflenwad dŵr digonol
- **seroffytau** – planhigion sydd wedi esblygu lle mae dŵr yn brin
- **hydroffytau** – planhigion sydd wedi esblygu nodweddion sy'n eu galluogi nhw i fyw mewn dŵr agored.

Term allweddol

Mesoffyt: Planhigyn tir sydd ddim wedi addasu i amgylcheddau gwlyb na sych.

Seroffyt: Planhigyn tir sydd wedi addasu i amgylcheddau heb lawer o ddŵr hylifol ar gael.

Hydroffyt: Planhigyn sydd wedi addasu i fyw mewn amgylchedd dyfrol.

Mesoffytau

Mesoffytau yw'r rhan fwyaf o blanhigion tir sy'n tyfu mewn ardaloedd tymherus. Mae ganddyn nhw gyflenwad dŵr digonol ac, er eu bod nhw'n colli llawer o ddŵr, mae ymlifiad o'r pridd yn cymryd ei le'n rhwydd, felly does dim angen iddyn nhw ei arbed mewn ffordd arbennig. Os yw un o'r planhigion hyn yn colli gormod o ddŵr, mae'n gwywo ac mae'r dail yn mynd yn llipa. Mae'r stomata'n cau ac mae arwynebedd arwyneb y ddeilen sydd ar gael i amsugno golau yn lleihau, felly mae ffotosynthesis yn mynd yn llai effeithlon.

Mesoffytau yw'r rhan fwyaf o blanhigion cnwd. Maen nhw wedi addasu i dyfu orau mewn pridd sydd wedi'i ddraenio'n dda ac aer cymedrol sych. Mae ymlifiad dŵr yn digwydd yn ystod y nos i gymryd lle'r dŵr sydd wedi'i golli yn ystod y dydd. Mae'r planhigion yn osgoi colli gormod o ddŵr drwy gau'r stomata dros nos pan mae'n dywyll.

Rhosyn gwyllt, *Rosa rugosa* – mesoffyt

Mae mesoffytau'n gorfod goroesi adegau anffafriol y flwyddyn, yn enwedig pan mae'r tir wedi rhewi a does dim dŵr hylifol ar gael:

- Mae llawer yn colli eu dail cyn y gaeaf, er mwyn peidio â cholli dŵr drwy drydarthiad, pan allai dŵr hylifol fod yn brin.
- Mae rhannau awyrol llawer o blanhigion sydd ddim yn brennaidd yn marw yn y gaeaf fel nad ydyn nhw'n gorfod wynebu rhew na gwynt oer, ond mae eu horganau tanddaearol, fel bylbiau a chormau, yn goroesi.
- Mae'r rhan fwyaf o fesoffytau blynyddol (planhigion sy'n blodeuo, yn cynhyrchu hadau ac yn marw yn yr un flwyddyn) yn goroesi'r gaeaf fel hadau cwsg, â chyfradd fetabolaidd mor isel nes nad oes angen braidd dim dŵr.

Pwynt astudio

Mae addasiadau seromorffig fel stomata wedi'u suddo, yn lleihau colledion dŵr o'r ddeilen drwy leihau'r graddiant potensial dŵr rhwng y tu mewn i'r ddeilen a'r atmosffer.

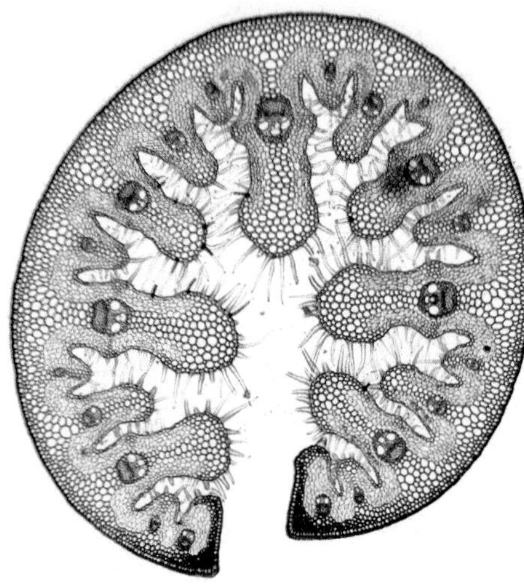

Toriad drwy ddeilen *Ammophila arenaria*, moresg

Seroffytau

Planhigion â nodweddion seromorffig yw seroffytau. Maen nhw wedi addasu i fyw heb fod llawer o ddŵr ar gael ac mae ganddyn nhw ffurfiadau sydd wedi'u haddasu i atal colli gormod o ddŵr. Maen nhw'n gallu byw mewn anialwch poeth, sych, mewn mannau oer lle mae dŵr y pridd wedi rhewi am lawer o'r flwyddyn, neu mewn mannau agored, gwyntog.

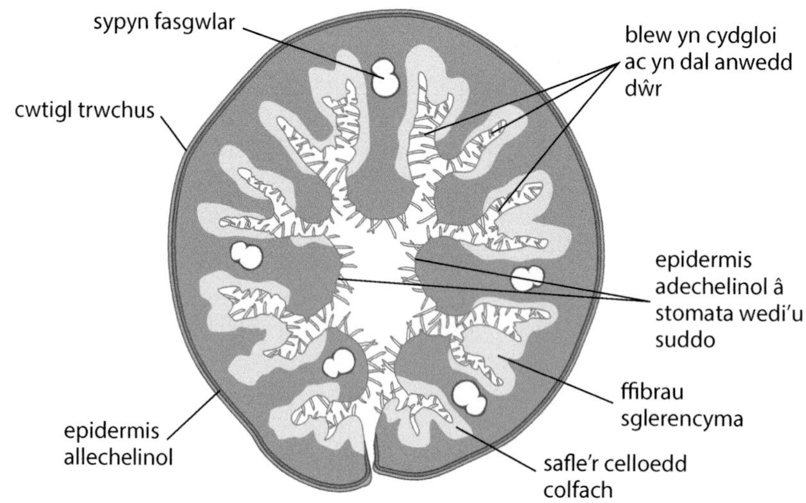

Diagram o doriad drwy ddeilen moresg

Mae *Ammophila arenaria* (moresg), sy'n cytrefu twyni tywod, yn seroffyt. Does dim pridd, mae dŵr glaw yn draenio i ffwrdd yn gyflym, mae'r gwynt yn gryf, mae'r aer yn hallt ac mae yna ddiffyg cysgod oddi wrth yr haul.

Cyngor

Mae wyneb adechelinol y ddeilen yn wynebu tuag at echel ganolog y planhigyn. Hwn yw wyneb uchaf deilen sy'n cael ei dal yn llorweddol.

Mae wyneb allechelinol y ddeilen yn wynebu oddi wrth echel ganolog y planhigyn. Hwn yw wyneb isaf deilen sy'n cael ei dal yn llorweddol.

Mae moresg yn dal ei ddail yn fertigol. Mae gan y dail yr addasiadau canlynol:

- Dail wedi'u rholio – mae celloedd epidermaidd mawr â waliau tenau, o'r enw celloedd colfach, ar waelod y rhigolau, yn plasmolysu wrth golli dŵr o ormod o drydarthiad, ac mae'r ddeilen yn rholio â'i harwyneb adechelinol tuag i mewn. Mae hyn yn lleihau arwynebedd y ddeilen sydd yn yr aer, ac felly'n lleihau trydarthiad.
- Stomata suddedig – mae'r stomata i'w cael mewn rhigolau ar arwyneb adechelinol y ddeilen, ond nid ar yr arwyneb allanol (allechelinol). Mae'r stomata mewn pantiau ac mae aer llaith yn cael ei ddal yn y pant, y tu allan i'r stomata. Mae hyn yn lleihau'r graddiant potensial dŵr rhwng y tu mewn a'r tu allan i'r ddeilen, felly mae'n lleihau cyfradd trydarthu dŵr allan drwy'r stomata.
- Blew – mae blew stiff yn cydgloi i ddal anwedd dŵr, i leihau'r graddiant potensial dŵr rhwng y tu mewn a'r tu allan i'r ddeilen.
- Cwtigl trwchus – gorchudd cwyraidd yw'r cwtigl dros arwyneb allanol (allechelinol) y ddeilen. Mae cwyr yn wrth-ddŵr, felly mae'n lleihau colledion dŵr. Y mwyaf trwchus yw'r cwtigl hwn, yr isaf yw cyfradd trydarthiad drwy'r cwtigl.
- Mae ffibrau sglerencyma yn stiff, felly mae'r ddeilen yn cadw ei siâp, hyd yn oed os yw'r celloedd yn mynd yn llipa.

Pwynt astudio

Mae llawer o blanhigion yn dangos rhythm dyddiol (24 awr) o agor a chau stomata, yn annibynnol ar ffactorau eraill. Mae llawer yn agor eu stomata yn y bore. Os gwnewch chi'r arbrofion yn hwyr yn y prynhawn, gallai'r canlyniadau fod yn ddryslyd.

Cyngor

Mae'n anghywir dweud bod y cwtigl yn atal colledion dŵr; dim ond eu lleihau nhw mae'n ei wneud.

Hydroffytau

Mae hydroffytau yn tyfu'n rhannol neu'n gyfan gwbl dan ddŵr, e.e. lili'r dŵr, sydd â gwreiddiau yn y mwd yng ngwaelod pwll a dail yn arnofio ar arwyneb y dŵr. Mae hydroffytau wedi addasu fel hyn:

- Mae dŵr yn gyfrwng sy'n cynnal y planhigyn felly does dim, neu ddim llawer, o feinweoedd cynnal wedi'u ligneiddio.
- Gan eu bod nhw mewn dŵr, does dim llawer o angen meinwe cludiant, felly dydy'r sylem ddim yn ddatblygedig iawn.
- Does dim ond ychydig neu does dim cwtigl o gwbl ar y dail, gan nad oes angen lleihau colledion dŵr.
- Mae'r stomata ar arwyneb uchaf dail sy'n arnofio, gan fod yr arwyneb isaf yn y dŵr.
- Mae gan goesynnau a dail ofodau aer mawr, sy'n barhaus i lawr i'w gwreiddiau, sy'n ffurfio cronfa o ocsigen a charbon deuocsid, sy'n darparu hynofedd.

Pwynt astudio

Mae rhai hydroffytau dan ddŵr yn llwyr, e.e. *Elodea*, dyfrllys Canada, ac mae gan rai ddail sy'n arnofio, e.e. *Nymphaea*, lili'r dŵr a *Lemna*, llinad y dŵr.

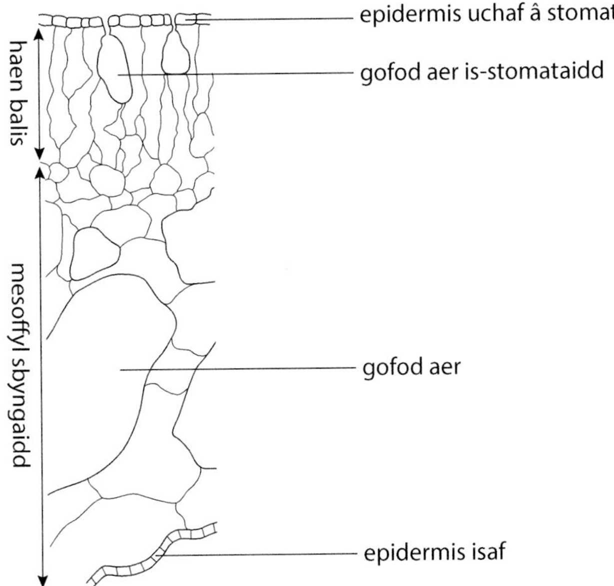

Diagram o doriad drwy ddeilen lili'r dŵr

Gwirio gwybodaeth 3.7

Nodwch y geiriau coll.

Mae dŵr yn anweddu o'r gofodau aer mewn deilen drwy drydarthu, yn bennaf drwy fandyllau o'r enw .... sydd fel arfer i'w cael yn yr epidermis isaf. Mae seroffytau'n byw mewn amodau lle nad oes llawer o ddŵr ar gael. Fel arfer, mae ganddyn nhw stomata .... a .... cwyraidd trwchus, sy'n lleihau colledion dŵr. Yr enw ar blanhigion sy'n tyfu dan ddŵr yw ....

Crynodeb o nodweddion addasol

Planhigyn	Math	Safle'r dail	Stomata		Cwtigl	
			Arwyneb adechelinol	Arwyneb allechelinol	Arwyneb adechelinol	Arwyneb allechelinol
Rhosyn	mesoffyt	llorweddol	ychydig	llawer	trwchus	tenau
Moresg	seroffyt	fertigol	llawer	ychydig	tenau	trwchus
Pinwydden	seroffyt	fertigol	ychydig	ychydig	trwchus	trwchus
Lili'r dŵr	hydroffyt	llorweddol	llawer	absennol	absennol	absennol

Trawsleoliad

Trawsleoliad yw'r broses o gludo defnyddiau organig hydawdd, fel swcros ac asidau amino, mewn planhigion. Mae'r cynhyrchion ffotosynthesis hyn yn cael eu syntheseiddio yn y dail, sef y 'ffynhonnell'. Maen nhw'n cael eu trawsleoli yn y ffloem i rannau eraill o'r planhigyn, y 'suddfannau', lle maen nhw'n cael eu defnyddio ar gyfer twf neu storio. Yn wahanol i sylem, sy'n cludo dŵr a mwynau wedi hydoddi tuag i fyny, mae ffloem yn gallu trawsleoli i fyny, i lawr ac o ochr i ochr, i ble bynnag y mae angen cynhyrchion ffotosynthesis.

Termau allweddol

Trawsleoliad: Symudiad cynhyrchion hydawdd ffotosynthesis, fel swcros ac asidau amino, drwy ffloem, o ffynonellau i suddfannau.

Elfennau tiwbiau hidlo: Un o gydrannau ffloem. Does dim cnewyllyn ynddyn nhw, ond mae tyllau yn y cellfuriau cellwlos a phlatiau hidlo'n mynd drwyddyn nhw, i gludo cynhyrchion ffotosynthesis i fyny, i lawr neu o ochr i ochr drwy blanhigyn.

Adeiledd ffloem

Mae ffloem yn feinwe fyw ac mae'n cynnwys llawer o fathau o gelloedd, gan gynnwys tiwbiau hidlo a chymargelloedd. Tiwbiau hidlo yw'r unig ran o ffloem sy'n amlwg wedi addasu ar gyfer llif defnyddiau. Maen nhw'n cynnwys celloedd sy'n rhedeg o un pen i'r llall o'r enw **elfennau tiwb hidlo**. Dydy'r waliau pen ddim yn ymddatod, fel maen nhw'n gwneud mewn pibellau sylem. Yn lle hynny, mae'r waliau pen, ac weithiau rhannau o'r waliau ochr hefyd, yn cynnwys tyllau, mewn mannau o'r enw platiau hidlo. Mae ffilamentau cytoplasm, sy'n cynnwys protein ffloem, yn ymestyn o un elfen tiwb hidlo i'r nesaf drwy'r mandyllau yn y plât hidlo. Mae elfennau tiwb hidlo'n colli eu cnewyllyn a'r rhan fwyaf o'u horganynnau eraill wrth iddyn nhw ddatblygu, gan adael lle i gludo defnyddiau. Mae o leiaf un gymargell gyfagos yn rheoli eu metabolaeth. Mae cymargelloedd yn actif iawn o safbwynt biocemegol; mae'r cnewyllyn mawr, y cytoplasm dwys sy'n cynnwys llawer o reticwlwm endoplasmig garw a'r nifer o fitocondria yn dangos hyn. Mae plasmodesmata'n eu cysylltu nhw â'r elfennau tiwb hidlo.

Pwynt astudio

Lluniwch dabl i gymharu adeiledd sylem a ffloem.

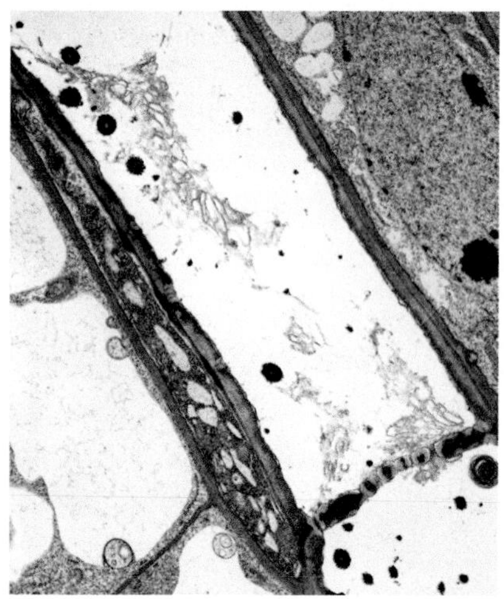

Toriad hydredol drwy ffloem

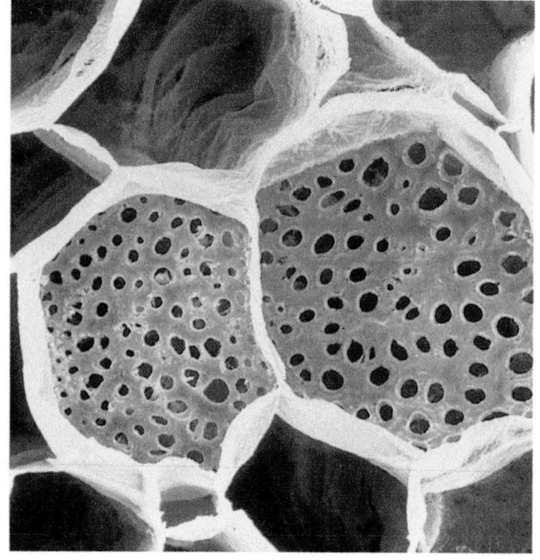

Golwg 3D ar ffloem yn dangos platiau hidlo, wedi'i wneud gan ddefnyddio microsgop electronau sganio

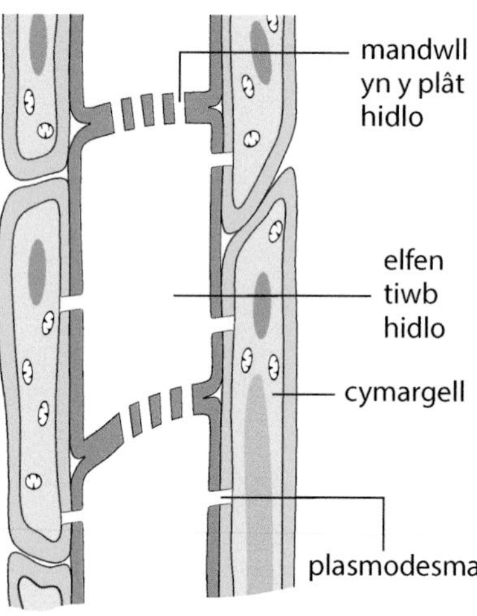

Diagram yn dangos toriad hydredol drwy diwb hidlo

3.8 Gwirio gwybodaeth

Nodwch y gair neu'r geiriau coll:

Trawsleoliad yw cludiant hydoddion organig fel .... ac asidau amino oddi wrth lle maen nhw'n cael eu gwneud, y ffynhonnell, i rannau eraill o'r planhigyn, lle maen nhw'n cael eu defnyddio ar gyfer twf neu storio, y .... Mae'r hydoddion yn cael eu cludo yn y celloedd ffloem o'r enw .... Does dim cnewyllyn yn y celloedd hyn ac maen nhw'n cael eu rheoli gan gelloedd llai, cyfagos o'r enw ....

Cludiant yn y ffloem

Mae tystiolaeth arbrofol yn dangos bod sylweddau organig yn cael eu trawsleoli drwy'r ffloem. Mae llawer o wahanol dechnegau wedi cael eu defnyddio:

- **Arbrofion cylchu**: daeth tystiolaeth gynnar o arbrofion cylchu lle cafodd silindrau o feinwe rhisgl allanol eu tynnu o'r holl ffordd o gwmpas coesyn prennaidd, mewn cylch. Roedd hyn yn cael gwared ar y ffloem. Ar ôl gadael y planhigyn am beth amser, tra ei fod yn cyflawni ffotosynthesis, cafodd cynnwys y ffloem uwchben ac o dan y cylch ei ddadansoddi. Uwchben y cylch, roedd llawer o swcros, sy'n awgrymu ei fod yn cael ei drawsleoli yn y ffloem. O dan y cylch doedd dim swcros, sy'n awgrymu bod meinweoedd y planhigyn wedi'i ddefnyddio ond nad oedd mwy o swcros wedi dod yno, gan fod y cylch yn ei atal rhag cael ei symud i lawr.

Roedd y rhisgl uwchben y cylch wedi chwyddo ychydig bach, gan fod hydoddion yn cronni, gan nad oeddent yn gallu symud i lawr yn is na'r cylch.

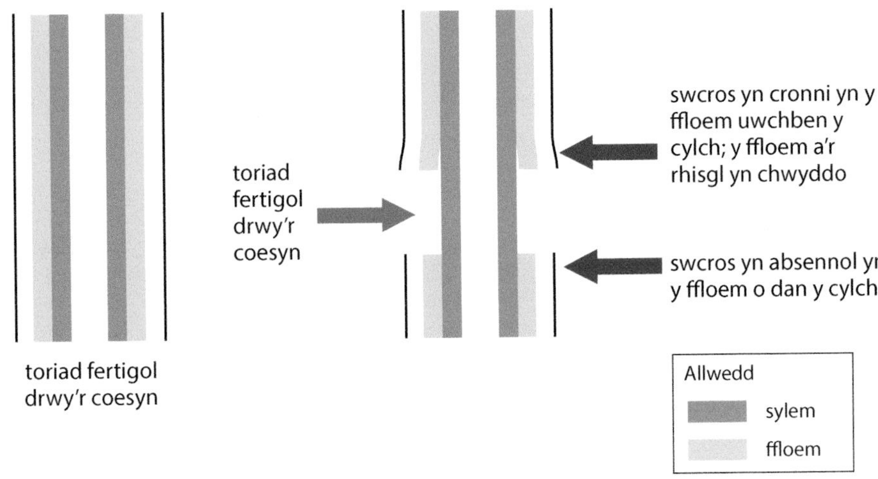

Arbrawf cylchu

- **Olinyddion ymbelydrol ac awtoradiograffeg**: mae planhigyn yn cyflawni ffotosynthesis ym mhresenoldeb isotop ymbelydrol, fel ^{14}C mewn carbon deuocsid, $^{14}CO_2$. Mae toriad drwy'r coesyn yn cael ei osod ar ffilm ffotograffig, sy'n niwlo os oes ffynhonnell ymbelydredd, gan gynhyrchu awtoradiograff. Mae safle'r niwlo, ac felly'r ymbelydredd, yn cyd-daro â safle'r ffloem, sy'n dangos mai'r ffloem sy'n trawsleoli'r swcros a gafodd ei wneud o $^{14}CO_2$ yn ystod ffotosynthesis.

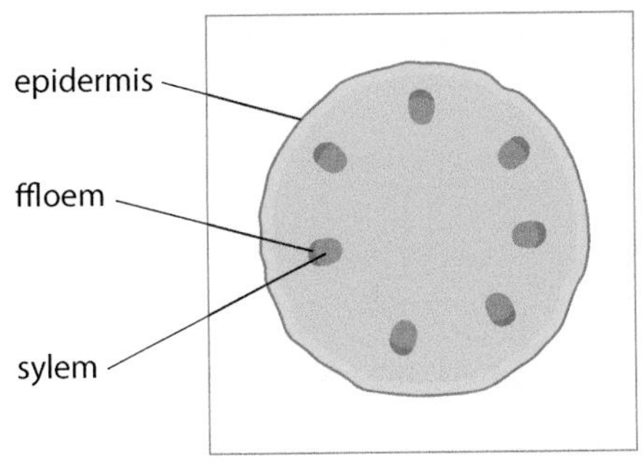

toriad drwy goesyn wedi'i osod yn erbyn ffilm ffotograffig yn y tywyllwch

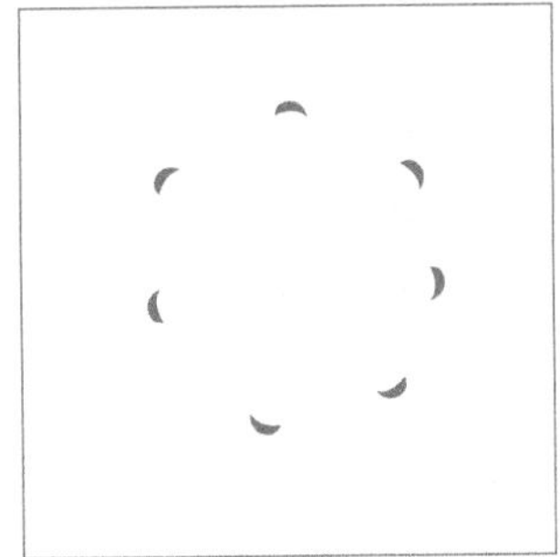

emwlsiwn ffilm wedi'i ddatblygu wedi'i niwlo gan bresenoldeb ymbelydredd yn y ffloem

Diagramau i ddangos awtoradiograff

- **Arbrofion â phryfed gleision**: mae gan y pryf glas ên-rannau gwag, tebyg i nodwydd, o'r enw stylet. Mae hwn yn cael ei roi mewn tiwb hidlo ac mae cynnwys y ffloem, y nodd, yn dod allan dan wasgedd i stylet y pryf glas. Mewn rhai arbrofion, cafodd y pryf glas anaesthetig a chafodd ei dynnu i ffwrdd. Roedd ei stylet yn dal i fod wedi'i fewnblannu yn y ffloem. Gan fod y nodd yn y ffloem dan wasgedd, roedd yn llifo allan o'r stylet a chafodd ei gasglu, a dangosodd dadansoddiad fod swcros yn bresennol.
- **Pryfed gleision ac olinyddion ymbelydrol**: cafodd yr arbrofion â phryfed gleision eu hymestyn i blanhigion a oedd wedi bod yn cyflawni ffotosynthesis â $^{14}CO_2$. Roedd rhain yn dangos bod yr ymbelydredd, ac felly y swcros a gafodd ei wneud ym mhroses ffotosynthesis, yn symud ar fuanedd o 0.5–1 m awr^{-1}. Mae hyn yn llawer cyflymach na chyfradd tryledu'n unig, felly roedd rhaid ystyried rhyw fecanwaith ychwanegol.

Ymestyn a herio

Mae glwcos sy'n cael ei wneud yn ystod ffotosynthesis yn cael ei drawsnewid yn swcros i'w gludo, oherwydd o'i gymharu â swcros, mae glwcos:

- Yn llai adweithiol yn gemegol.
- Yn llai actif yn osmotig – mae dau foleciwl hecsos yn gwneud un moleciwl swcros, felly ar gyfer yr un nifer o foleciwlau hecsos, mae swcros yn cael hanner yr effaith osmotig.

Cyswllt

Mae'r prawf am swcros ar t18.

Gweithio'n wyddonol

I leoli swcros mewn arbrofion labelu radioisotopau, mae'r ddeilen 'ffynhonnell' a'r meinweoedd 'suddfan' yn cael eu rhoi ar ffilm ffotograffig yn y tywyllwch am 24 awr. Mae awtoradiograffau o doriadau ardraws drwy goesyn planhigyn wedi'i drin, a gwreiddyn, yn dangos bod y swcros yn cael ei gludo i fyny, i lawr ac o ochr i ochr.

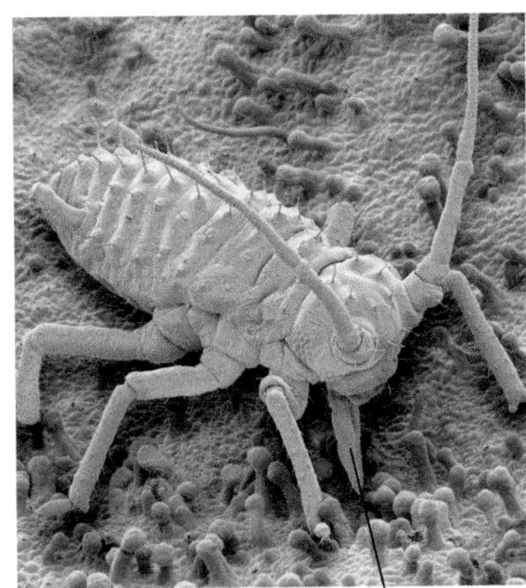

Micrograff electronau sganio o bryf glas â'i stylet wedi'i roi i mewn i ffloem deilen

Cyngor

Wrth ddisgrifio swyddogaethau ffloem, nodwch mai 'swcros' sy'n cael ei drawsleoli, nid 'siwgr'.

Damcaniaethau trawsleoliad

Cafodd y rhagdybiaeth llif màs ei chynnig yn gynnar yn yr 20fed ganrif i esbonio trawsleoliad. Mae'n awgrymu bod siwgrau'n llifo'n oddefol o ffloem y ddeilen, lle mae'r crynodiad ar ei uchaf (y ffynhonnell), i fannau eraill, fel meinweoedd sy'n tyfu, lle mae'r crynodiad yn is (y suddfan).

Mae'r diagram isod yn dangos model llif màs rhwng A, cell ffotosynthetig (y ffynhonnell) ac C, cell arall yn y planhigyn (y suddfan), drwy B, y ffloem a drwy D, y sylem.

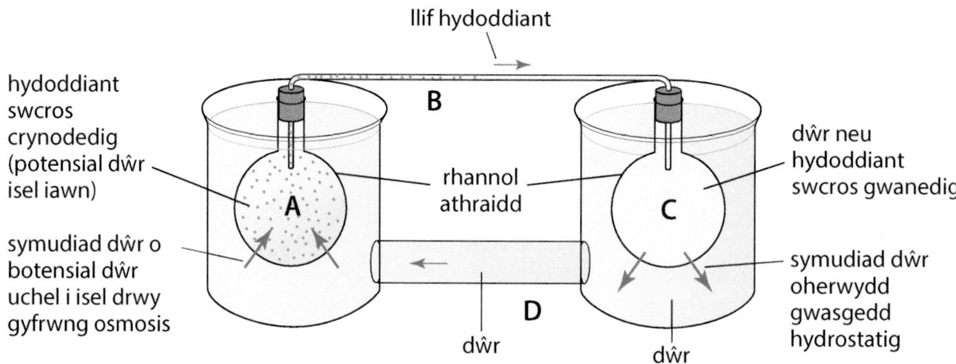

Mecanwaith ar gyfer llif màs

Swcros yw'r carbohydrad sy'n cael ei gludo mewn planhigion, ond glwcos yw'r carbohydrad sy'n cael ei gludo mewn mamolion.

- Mae **A** yn cynrychioli celloedd deilen, ffynhonnell swcros sy'n cael ei wneud yn ystod ffotosynthesis. Mae'r swcros yn gwneud y potensial dŵr yn negatif iawn ac mae dŵr yn llifo i'r celloedd drwy gyfrwng osmosis. Mae dŵr hefyd yn mynd i mewn i **C** ond llai nag sy'n mynd i mewn i **A**, gan nad yw'r potensial dŵr mor isel yno.
- Wrth i ddŵr fynd i mewn i **A**, mae'r gwasgedd hydrostatig yn cynyddu, gan orfodi swcros mewn hydoddiant i mewn i **B**, sy'n cynrychioli'r ffloem yn uno'r ffynhonnell â'r suddfan.
- Mae'r gwasgedd yn gwthio'r hydoddiant swcros i lawr y ffloem (**B**) a llif màs yw'r symudiad hwn. Mae'n symud y swcros o **A**, ar hyd **B** i mewn i **C**. Mae **C** yn cynrychioli suddfan lle caiff swcros ei dynnu allan i wneud un o'r canlynol:
  - Ei resbiradu e.e. mewn celloedd sydd wrthi'n rhannu.
  - Ei storio fel startsh.
  - Ei drawsnewid yn gellwlos a pholysacaridau eraill mewn cellfuriau.
  - Ei storio mewn neithdarleoedd.
- Mae'r gwasgedd uwch yn gorfodi dŵr allan o **C** i mewn i **D**, sydd yn cynrychioli'r sylem yn mynd â'r dŵr yn ôl i'r ffynhonnell (**A**).

Mae'r diagram isod yn dangos sut gallai'r model llif màs sydd wedi'i ddisgrifio uchod weithio yn y planhigyn cyfan:

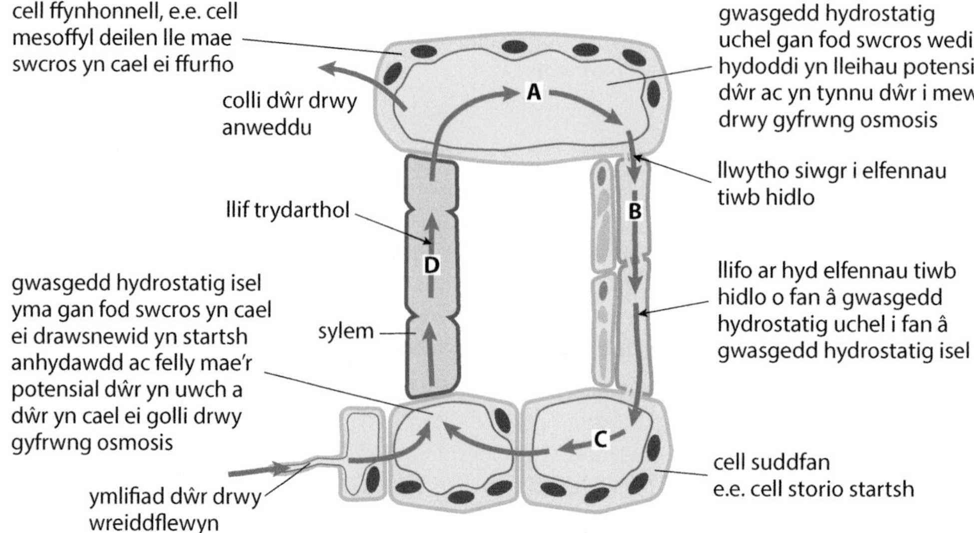

Mecanwaith ar gyfer llif màs yn y planhigyn

Cyfyngiadau'r ddamcaniaeth llif màs

Dydy mecanwaith trawsleoliad mewn planhigion ddim wedi cael ei esbonio'n foddhaol. Mae'r ddamcaniaeth llif màs sydd wedi'i disgrifio uchod yn awgrymu proses oddefol ond mae'n rhaid i unrhyw ddisgrifiad cywir o drawsleoliad ystyried yr arsylwadau canlynol:

- Mae trawsleoliad yn y ffloem tua 10 000 gwaith yn gyflymach na phe bai'r sylweddau'n symud drwy dryledu.
- Mae'r ffloem yn trawsleoli hydoddion i frig coed, ond dydy'r mecanwaith rydyn ni wedi'i ddisgrifio ddim yn gallu datblygu digon o wasgedd i drosglwyddo defnyddiau mor uchel â hynny.
- Mae ffloem yn defnyddio swm cymharol fawr o ocsigen, ac mae trawsleoliad yn arafu neu'n stopio ar dymheredd isel neu ym mhresenoldeb gwenwynau resbiradol, fel potasiwm cyanid. Mae hyn yn awgrymu y gallai fod proses actif yn digwydd, h.y. ei bod hi'n defnyddio egni o resbiradaeth.
- Mae swcros ac asidau amino yn symud ar gyfraddau gwahanol yn yr un feinwe. Mae ffilamentau protein yn mynd drwy'r mandyllau hidlo: efallai eu bod nhw'n cludo gwahanol hydoddion ar hyd llwybrau â gwahanol hydoedd drwy'r un elfen tiwb hidlo.
- Mae swcros ac asidau amino'n symud i gyfeiriadau gwahanol yn yr un feinwe. Mae'r diagram isod yn dangos sut gallai ffrydio cytoplasmig symud hydoddion i gyfeiriadau gwahanol mewn elfennau tiwb hidlo unigol ac o ochr i ochr, rhwng elfennau tiwb hidlo:

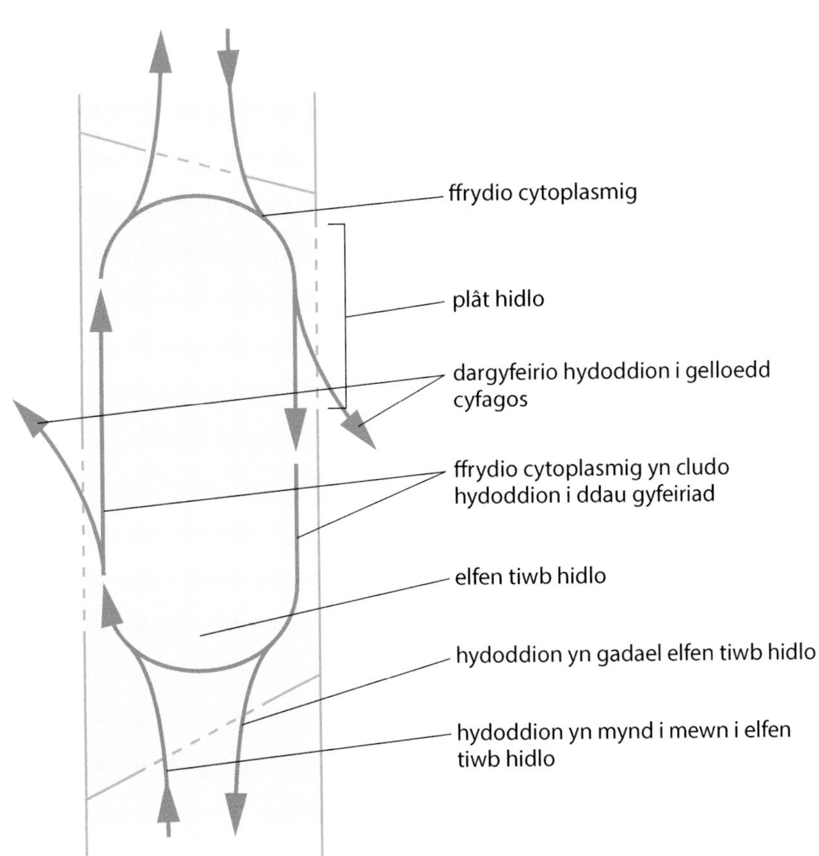

Ffrydio cytoplasmig mewn elfennau tiwbiau hidlo ffloem

Gweithio'n wyddonol

Mae cyflwr presennol ein gwybodaeth am drawsleoliad, a'r llawer o esboniadau sydd wedi'u cynnig, yn dangos sut mae gwybodaeth wyddonol yn datblygu. Mae rhagdybiaethau'n cael eu cynnig. Pan fydd technoleg addas ar gael, gallwn ni brofi rhagdybiaeth ac os yw hi'n anghywir, gallwn ni gael gwared arni. Os nad oes modd gwrthbrofi rhagdybiaeth, caiff hi ei derbyn fel damcaniaeth, nes bod rhywun yn gallu cynnig rhagdybiaeth fwy addas.

Ymestyn a herio

Mae ffloem mewn planhigion yn cyfrannu at ddatblygiad, atgenhedlu, signalau o gell i gell a thwf, ond dydyn ni ddim yn deall yn iawn sut. Mae'n bosibl bod gan y lefel uchel iawn o weithgarwch biocemegol mewn cymargelloedd rywbeth i'w wneud â hyn, ac â thrawsleoliad hefyd.

Gwaith ymarferol

Cydosod potomedr

1. Dan ddŵr, llenwch y potomedr â dŵr, gan sicrhau nad oes unrhyw swigod aer.
2. Dan ddŵr, torrwch gyffyn deiliog oddi ar blanhigyn, gan wneud yn siŵr bod y toriad ar ongl i brif echel y coesyn. Fel hyn, bydd darn mwy o sylem yn y golwg na phe baech chi'n torri'n syth ar draws y cyffyn.
3. Defnyddiwch diwbin rwber i osod y cyffyn deiliog ar y potomedr dan ddŵr, i atal swigod aer rhag ffurfio yn y cyfarpar a'r sylem.
4. Tynnwch y potomedr a'r cyffyn o'r dŵr, seliwch yr uniadau â jeli petroliwm, e.e. Vaseline®, a sychwch y dail yn ofalus.
5. Cyflwynwch swigen aer neu fenisgws i'r tiwb capilari.
6. Mesurwch y pellter y mae'r swigen aer neu'r menisgws yn symud mewn amser penodol neu'r amser y mae'r swigen aer neu'r menisgws yn ei gymryd i symud pellter penodol.
7. Defnyddiwch y gronfa ddŵr i ddod â'r swigen aer neu'r menisgws yn ôl i'r man cychwyn. Ailadroddwch y mesuriad nifer o weithiau a chyfrifwch gymedr.
8. Gallwch chi ailadrodd yr arbrawf i gymharu cyfraddau ymlifiad dŵr dan wahanol amodau, er enghraifft newid arddwysedd y golau neu symudiad yr aer.

Pwynt astudio

Mae llawer o efelychiadau potomedr rhyngweithiol ar gael ar y Rhyngrwyd, lle gallwch chi ddewis amodau amgylcheddol a chanfod eu heffeithiau ar drydarthiad.

Defnyddio potomedr i fesur cyfradd trydarthiad mewn cyffyn deiliog

Pwynt astudio

Mae'n rhaid i organebau gyrraedd ecwilibriwm mewn amodau newydd pan fyddwch chi'n ymchwilio i'w hymateb, er enghraifft, drwy fod yn yr amodau newydd am 5 munud cyn i chi wneud darlleniad.

At ddibenion yr arbrofion hyn, gallwch chi dybio bod cyfradd ymlifiad dŵr yn hafal i gyfradd trydarthiad.

Dull 1 gan ddefnyddio amser cyson:

1. Cydosodwch y potomedr fel sydd wedi'i ddisgrifio uchod.
2. Gwnewch yn siŵr bod y swigen aer yn symud ar hyd y raddfa.
3. Mesurwch y pellter, mewn mm, y mae'r swigen aer yn ei deithio mewn 300 eiliad.
4. Ailadroddwch y darlleniad bedair gwaith eto, gan ddefnyddio dŵr o'r gronfa i symud y swigen aer i ddechrau'r raddfa, yn ôl yr angen, a chyfrifo'r pellter cymedrig.
5. Dyma sut i gyfrifo cyfradd symudiad y swigen aer:

   cyfradd gymedrig symudiad y swigen aer =

$$\frac{\text{pellter cymedrig y mae swigen aer yn ei deithio mewn 300 s}}{300}\ \text{mm s}^{-1}$$

Dull 2 gan ddefnyddio pellter cyson:

Pwynt astudio

Mae ffenomena biolegol yn ganlyniad i dros 3 biliwn o flynyddoedd o esblygiad. Ystyriwch sut gallai dethol naturiol fod wedi achosi'r ffenomen rydych chi wedi ymchwilio iddi; er enghraifft, dylai fod yna berthynas rhwng ymchwiliadau sy'n ymwneud â stomata, a'r amgylchedd lle gwnaeth y planhigyn esblygu.

1. Cydosodwch y potomedr fel sydd wedi'i ddisgrifio uchod.
2. Gwnewch yn siŵr bod y swigen aer yn symud ar hyd y raddfa.
3. Cofnodwch yr amser, mewn eiliadau, y mae'r swigen aer yn ei gymryd i symud 20 mm.
4. Ailadroddwch y darlleniad bedair gwaith eto, gan ddefnyddio dŵr o'r gronfa i symud y swigen aer i ddechrau'r raddfa, yn ôl yr angen, a chyfrifo'r amser cymedrig i symud 20 mm.
5. Dyma sut i gyfrifo cyfradd symudiad y swigen aer

$$\text{cyfradd gymedrig symudiad y swigen aer} = \frac{20}{\text{amser cymedrig i symud 20 mm}}\ \text{mm s}^{-1}.$$

Trawsnewid cyfradd symudiad y swigen aer yn gyfradd trydarthu:

1. Defnyddiwch bren mesur i fesur diamedr y capilari mewn mm. Mae'r radiws (r) yn hanner y diamedr. Arwynebedd y trawstoriad yw πr^2.
2. Rydych chi'n canfod y pellter y mae'r swigen aer wedi'i symud mewn amser penodol (h), fel yr uchod.
3. Mae cyfaint y dŵr sydd wedi llifo i mewn i'r cyffyn = $\pi r^2 h$ mm^3 s^{-1}; gallwn ni dybio bod hyn yn hafal i'r gyfradd trydarthu.

Canfod effaith arddwysedd golau ar drydarthiad

Cynllun yr arbrawf

Ffactor arbrofol	Disgrifiad	Gwerth
Newidyn annibynnol	pellter y lamp oddi wrth y cyffyn	20 cm, 40 cm, 60 cm, 80 cm, 100 cm
Newidyn dibynnol	cyfradd ymlifiad dŵr	mm s^{-1}
Newidynnau rheolydd	tymheredd, buanedd y gwynt, lleithder cymharol	
Rheolydd	dydy cynnal yr arbrawf yn y tywyllwch ddim yn rheolydd oherwydd bod 'dim golau' yn un gwerth (sero) ar gyfer arddwysedd y golau; dylech chi orchuddio dail planhigyn daearol â Vaseline i wneud darlleniad	
Dibynadwyedd	cyfrifo darlleniad cymedrig pump set sydd wedi'u cymryd ar bob pellter lamp, h.y. pob arddwysedd golau	
Perygl	mae bylbiau gwynias yn mynd yn boeth iawn; mae llestri gwydr yn gallu torri'n hawdd	

Gwaith pellach

Darganfyddwch effaith buanedd gwynt ar drydarthiad, fel yr uchod, drwy gysgodi'r cyfarpar rhag symudiad aer a drwy ddefnyddio gwyntyll aer neu sychwr gwallt ar y gosodiad tymheredd isaf, yn pwyntio at y cyffyn. Gallwch chi ddefnyddio gwahanol osodiadau buanedd aer i ddangos yn ansoddol beth yw effaith cynyddu buanedd aer.

Gallech chi ddefnyddio anemomedr i fesur buanedd aer, ond mae'n amhosibl sicrhau bod yr un llif aer yn mynd dros bob deilen, felly does dim modd cynnal arbrawf meintiol dibynadwy.

Cyngor

Mae cyfaint y dŵr sy'n mynd i'r cyffyn ychydig bach yn uwch na'r cyfaint sy'n cael ei golli drwy drydarthiad oherwydd bod ychydig bach o ddŵr:

- Yn cael ei ddefnyddio mewn ffotosynthesis.
- Yn cael ei ddefnyddio i gadw celloedd yn chwydd-dynn.
- Yn anweddu drwy'r cwtigl.

Pwynt astudio

Mae bylbiau gwynias yn cynhyrchu gwres, sy'n cynyddu cyfradd gweithredoedd ffisiolegol, gan gynnwys cyfradd trydarthu a chyfraddau adweithiau. Mae'r effaith amlycaf yn digwydd pan mae'r lamp ar ei hagosaf, ac mae'r effaith yn lleihau wrth i'r lamp fynd yn bellach i ffwrdd, felly allwch chi ddim cymharu darlleniadau ar bellteroedd gwahanol. Mae cafn dŵr ag ochrau fflat, fel tanc cromatograffaeth, yn amddiffyn yn well rhag gwres na bicer mawr o ddŵr, a allai gael effaith lens, a gwneud y broblem yn waeth. Dydy lampau fflwroleuol ddim yn pelydru gwres felly mae'r rhain yn well.

Gwirio theori 

1. Pam dydy cyfaint y dŵr sy'n cael ei drydarthu gan ddeilen a'r cyfaint sy'n cael ei amsugno gan y cyffyn ddim yn hafal?
2. Pam dylech chi wneud yn siŵr bod pob uniad gwydr ar botomedr wedi'i selio'n ofalus?
3. Beth sy'n darparu'r egni sy'n achosi i ddŵr anweddu wrth iddo drydarthu?
4. Beth yw mantais addasol cau stomata mewn golau llachar iawn?
5. Sut mae colli dail oddi ar goed collddail yn yr hydref yn helpu'r goeden i gadw dŵr dros y gaeaf?

Profwch eich hun

1 Mae Llun 1.1 yn dangos lluniad 3-dimensiwn o ddarn o goesyn.

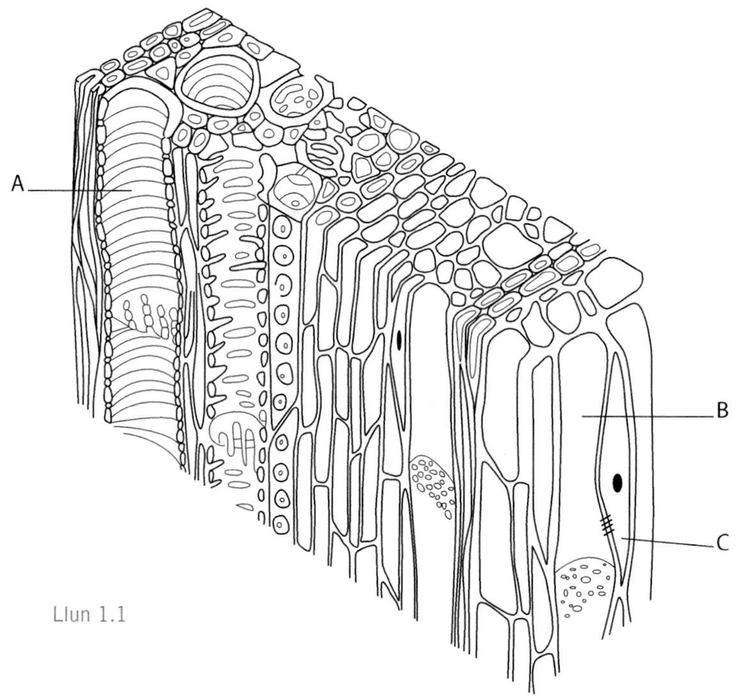

Llun 1.1

(a) Enwch y rhannau A, B ac C a nodwch un o swyddogaethau pob un. (3)

(b) Mae cellfur rhan A yn cynnwys y sylwedd lignin. Esboniwch swyddogaeth y defnydd hwn yn y cellfur. (2)

Mae nifer o rymoedd ynghlwm â symudiad dŵr i fyny'r sylem mewn coesyn. Mae'r ddamcaniaeth cydlyniad-tyniant yn cynnig un esboniad o sut mae'r grymoedd hyn yn gweithio.

(c) (i) Esboniwch beth yw ystyr cydlyniad. (1)

(ii) Esboniwch sut mae tyniant yn cael ei greu. (2)

(iii) Gallwn ni osod chwiliedyddion gwasgedd mewn pibellau sylem i roi darlleniad uniongyrchol o'r gwasgedd. Roedd darlleniadau yn sylem planhigion *Zea mais* (India corn) rhwng –0.7 a 0 MPa. (Mae gwasgedd yr atmosffer tua 0.1 MPa.) Awgrymwch sut mae'r data hyn yn ategu'r ddamcaniaeth cydlyniad-tyniant. (1)

(ch) Mae gwasgedd positif o 0.6 MPa wedi'i ddangos yn y sylem. Enwch ffynhonnell y gwasgedd positif hwn ac awgrymwch sut mae'n cael ei gynhyrchu. (3)

(Cyfanswm 12 marc)

2 (a) Mae *Nerium*, y rhoswydden, yn llwyn sy'n tyfu'n naturiol mewn cynefinoedd sy'n cael llawer iawn o haul, lle mae dŵr ond yn llifo am ran o'r flwyddyn. Mae'n gallu tyfu ar uchder o tua 2500 metr ym Mynyddoedd Atlas yng Ngogledd Affrica ac mae'n tyfu'n agos at un o'r mannau poethaf, sychaf ar y Ddaear, y Môr Marw. Mae Llun 2.1 yn dangos toriad ardraws drwy ddarn o ddeilen llwyn y rhoswydden.

Disgrifiwch dair nodwedd sydd i'w gweld yn Llun 2.1 sy'n awgrymu ffyrdd y mae'r rhoswydden wedi addasu i'w chynefin. (3)

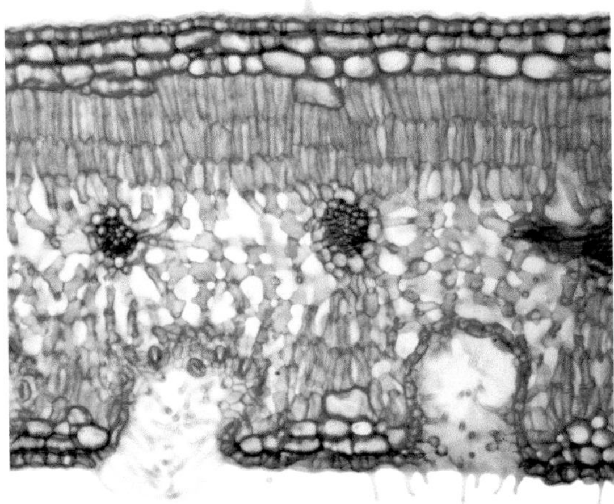

Llun 2.1 Rhoswydden

(b) Gallai'r addasiadau hyn fod yn ddefnyddiol mewn mathau eraill o amgylchedd.

(i) Awgrymwch amgylchedd arall lle gallai'r nodweddion hyn fod yn ddefnyddiol.

(ii) Rhowch enw'r math o blanhigyn sy'n dangos y nodweddion sydd wedi'u disgrifio. (2)

(c) Mae Llun 2.2 yn dangos dail a blodau *Sagittaria*, y saethlys.

Llun 2.2 Saethlys

Planhigyn dŵr croyw yw'r saethlys. Yn ogystal â'r dail awyrol yn Llun 2.2, mae ganddo hefyd ddail sy'n gyfan gwbl dan y dŵr a dail sy'n arnofio ar arwyneb y dŵr. Awgrymwch dri gwahaniaeth posibl rhwng adeiledd y dail dan y dŵr a'r dail sy'n arnofio ar arwyneb y dŵr. (3)

(Cyfanswm 8 marc)

2.4

Addasiadau ar gyfer maethiad

Mae angen egni cemegol ar organebau byw ac maen nhw'n cael yr egni hwn o'u maeth. Mae maetholion yn darparu:

- Egni i gynnal gweithrediadau bywyd.
- Y deunydd crai i adeiladu ffurfiadau a'u cynnal a'u cadw nhw.

Mae organebau awtotroffig, fel planhigion gwyrdd, yn gwneud cyfansoddion organig cymhleth sy'n cynnwys yr egni cemegol sydd ei angen arnynt, gan ddefnyddio'r defnyddiau syml carbon deuocsid a dŵr. Dydy organebau heterotroffig ddim yn gallu gwneud cyflenwad o egni cemegol ac maen nhw'n dibynnu ar organebau awtotroffig i gael yr egni hwn, naill ai'n uniongyrchol neu'n anuniongyrchol, yn eu bwyd. Mae'r organebau hyn yn defnyddio gwahanol strategaethau i gael maetholion hanfodol.

Mae'n rhaid ymddatod defnydd bwyd organig cymhleth cyn ei ddefnyddio. Mae'r system ar gyfer gwneud hyn yn dibynnu ar faint a chymhlethdod yr organeb.

Cynnwys y testun

Erbyn diwedd y testun hwn, byddwch chi'n gallu gwneud y canlynol:

- Disgrifio'r gwahaniaethau rhwng organebau awtotroffig a heterotroffig.
- Disgrifio gwahanol fathau o organebau heterotroffig.
- Disgrifio sut mae saprotroffau'n cyflawni treuliad allgellol.
- Disgrifio strategaethau bwydo anifeiliaid ungellog ac anifeiliaid mwy cymhleth.
- Gwahaniaethu rhwng prosesau amlyncu, treulio, amsugno a charthu mewn bodau dynol.
- Disgrifio treuliad gan gyfeirio at ensymau sy'n ymddatod carbohydradau, proteinau a brasterau.
- Disgrifio adeiledd a swyddogaethau prif rannau'r system dreulio ddynol.
- Disgrifio sut mae'r ilewm wedi arbenigo ar gyfer amsugno.
- Disgrifio sut mae cynhyrchion treuliad yn cael eu hamsugno.
- Disgrifio deintiad a gweithredoedd y coludd mewn anifail cnoi cil ac mewn cigysydd, mewn perthynas â'u deietau.
- Disgrifio sut mae parasitiaid wedi addasu i gael maeth gan organeb letyol.

Dulliau maethiad

Mae angen egni ar organebau byw, ond dydyn nhw ddim yn gallu defnyddio egni golau o'r haul yn uniongyrchol. Dim ond egni cemegol maen nhw'n gallu ei ddefnyddio, ac maen nhw'n cael hwn o foleciwlau organig cymhleth, h.y. bwyd. Un gwahaniaeth mawr rhwng y nifer o fathau gwahanol o organebau byw, yw sut maen nhw'n cael eu bwyd.

- Mae organebau **awtotroffig** yn gwneud eu bwyd eu hunain o'r deunyddiau crai anorganig syml, carbon deuocsid a dŵr.
  - Mae **organebau ffotoawtotroffig** (ffotoawtotroffau) yn defnyddio golau fel ffynhonnell egni ac yn cyflawni ffotosynthesis. Planhigion gwyrdd, rhai Protoctista a rhai bacteria yw'r rhain. Maethiad holoffytig yw'r math hwn o faethiad.
  - Mae **organebau cemoawtotroffig** (cemoawtotroffau) yn defnyddio'r egni o adweithiau cemegol. Procaryotau yw'r organebau hyn i gyd ac maen nhw'n cyflawni cemosynthesis. Mae hyn yn llai effeithlon na ffotosynthesis a dydy'r organebau sy'n gwneud hyn ddim yn ffurfiau trechol ar fywyd erbyn hyn.
- Dydy organebau **heterotroffig** ddim yn gallu gwneud eu bwyd eu hunain ac maen nhw'n ysu (bwyta) moleciwlau organig cymhleth sydd wedi'u cynhyrchu gan awtotroffau, felly maen nhw'n ysyddion. Maen nhw naill ai'n bwyta awtotroffau, neu'n bwyta organebau eraill sydd wedi bwyta awtotroffau. Mae pob anifail yn ysydd ac yn dibynnu ar gynhyrchwyr i gael bwyd. Mae heterotroffau'n cynnwys anifeiliaid, ffyngau, rhai Protoctista a rhai bacteria.
  - Mae pob ffwng a rhai bacteria'n defnyddio maethiad **saprotroffig**. Mae **saprotroffau**, sydd hefyd yn cael eu galw'n **saprobiontau** neu, yn y gorffennol, yn saproffytau, yn bwydo ar ddefnydd sydd wedi marw neu'n pydru. Does ganddyn nhw ddim system dreulio arbenigol ac maen nhw'n secretu ensymau, gan gynnwys proteasau, amylasau, lipasau a chellwlasau, ar ddefnydd bwyd y tu allan i'r corff i'w dreulio'n allgellol. Maen nhw'n defnyddio trylediad a chludiant actif i amsugno cynhyrchion hydawdd treuliad ar draws eu cellbilenni. Saprotroffau microsgopig yw dadelfenyddion ac mae eu gweithgarwch yn bwysig i bydru dail marw ac i ailgylchu maetholion, fel nitrogen. Un enghraifft yw'r llwydni *Rhizopus*, sydd i'w gael ar ffrwythau sy'n pydru.

Termau allweddol

Awtotroff: Organeb sy'n syntheseiddio ei moleciwlau organig cymhleth ei hun o foleciwlau mwy syml, gan ddefnyddio egni golau neu egni cemegol.

Heterotroff: Organeb sy'n cael moleciwlau organig cymhleth drwy fwyta organebau eraill.

Saprotroff/saprobiont: Organeb sy'n cael egni a deunyddiau crai ar gyfer twf drwy gyflawni treuliad allgellol ar ddefnydd sydd wedi marw neu'n pydru.

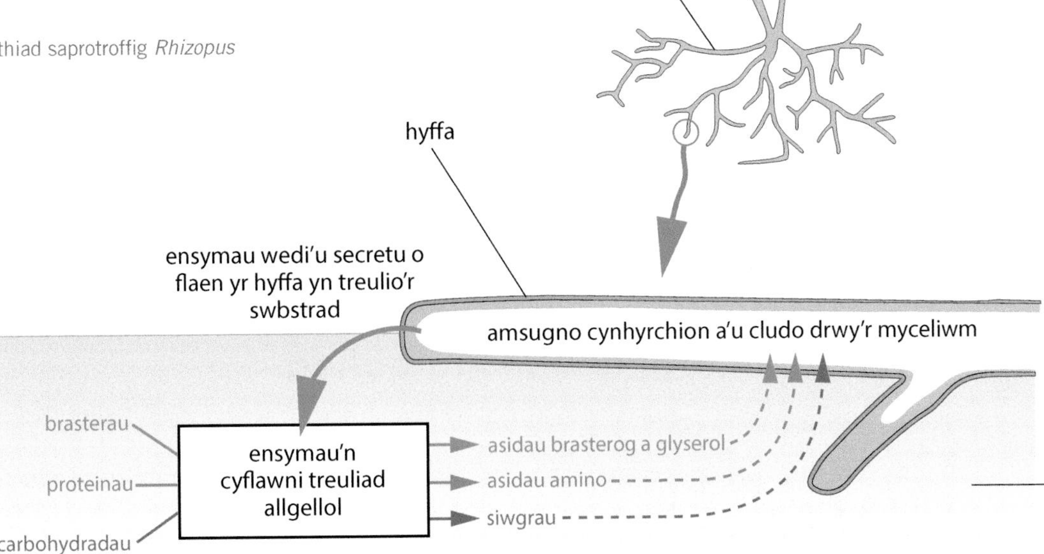

Maethiad saprotroffig *Rhizopus*

Term allweddol

Holosöig: Dull bwydo llawer o anifeiliaid, sy'n cynnwys amlyncu, treulio, amsugno, cymathu a charthu.

Cyswllt

Mae cydymddibyniaeth yn enghraifft arall o faethiad heterotroffig ac mae'n cael ei thrafod ar t242.

4.1 Gwirio gwybodaeth

Nodwch y geiriau coll.

.... yw organebau sy'n methu gwneud eu bwyd eu hunain, ac maen nhw'n defnyddio amrywiaeth o ddulliau maethiad. Er enghraifft, mae anifeiliaid yn .... ac mae ffyngau, sy'n treulio defnydd marw yn allgellol yn .... Mae organebau sy'n cael eu bwyd o organeb letyol fyw yn ....

- Mae maethiad **parasitig** yn golygu cael maeth gan organeb fyw arall, yr organeb letyol. Mae endoparasitiaid yn byw yng nghorff yr organeb letyol, ac mae ectoparasitiaid yn byw ar arwyneb y corff. Mae organeb letyol pob parasit yn dioddef rhyw fath o niwed, ac mae'n aml yn marw. Mae parasitiaid wedi addasu mewn llawer o ffyrdd sy'n arbenigol iawn ar gyfer eu ffordd o fyw. Mae enghreifftiau'n cynnwys y llyngyren borc (*Taenia solium*), llau pen (*Pediculus capitis*, llau pen dynol), y ffwng sy'n achosi malltod tatws a *Plasmodium*, sy'n achosi malaria.
- Mae'r rhan fwyaf o anifeiliaid yn defnyddio maethiad **holosöig**. Maen nhw'n amlyncu bwyd, yn ei dreulio ac yn carthu'r gweddillion dydyn nhw ddim yn gallu eu treulio. Mae'r bwyd yn cael ei brosesu y tu mewn i'r corff, mewn system dreulio arbenigol. Mae'r defnydd wedi'i dreulio yn cael ei amsugno i feinweoedd y corff a'i ddefnyddio gan y celloedd. **Llysysyddion** yw anifeiliaid sy'n bwyta defnydd planhigion yn unig, **cigysyddion** yw'r rhai sy'n bwyta anifeiliaid eraill yn unig a **hollysyddion** yw'r rhai sy'n bwyta defnydd planhigion ac anifeiliaid. Mae **detritysyddion** yn bwyta defnydd sydd wedi marw neu'n pydru.

Maethiad organebau ungellog

Mae Protoctista sy'n debyg i anifeiliaid, fel *Amoeba*, yn defnyddio maethiad **holosöig**. Mae *Amoeba* yn organebau ungellog â chymhareb arwynebedd arwyneb i gyfaint fawr. Maen nhw'n defnyddio trylediad, trylediad cynorthwyedig neu gludiant actif ar draws y gellbilen i gael yr holl faetholion sydd eu hangen arnynt. Maen nhw'n cymryd moleciwlau mwy a microbau i mewn drwy gyfrwng endocytosis, i wagolynnau bwyd, sy'n asio â lysosomau, ac mae ensymau'r lysosomau yn treulio eu cynnwys. Mae cynhyrchion treuliad yn cael eu hamsugno i'r cytoplasm ac mae'r gweddillion sydd ddim yn gallu cael eu treulio yn cael eu carthu drwy gyfrwng ecsocytosis.

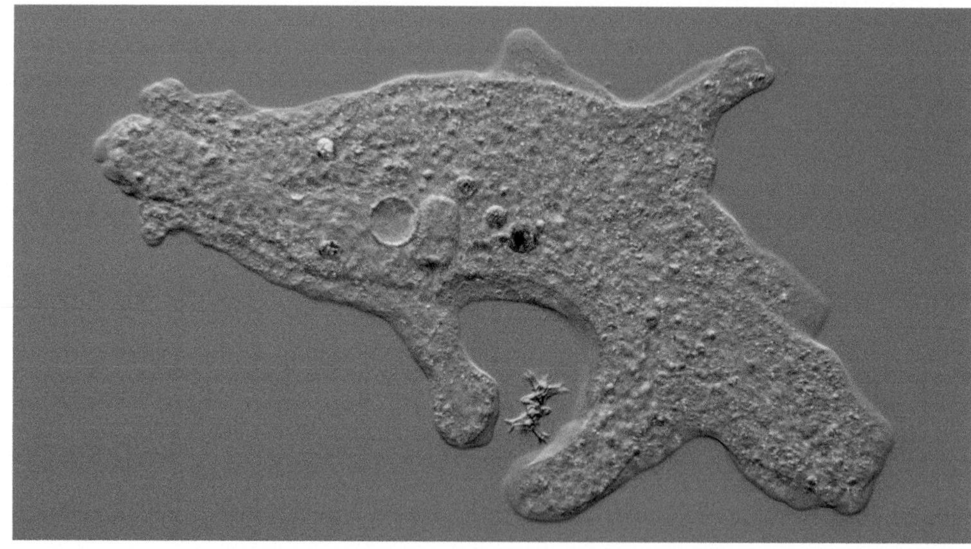

Amoeba proteus yn amlyncu microb

Ymestyn a herio

Mae pH cynnwys gwagolyn bwyd *Amoeba* yn newid yn ystod y broses dreulio o 7 i 2 i 7, sy'n debyg i newid pH bwyd wrth iddo deithio drwy goludd mamolyn.

Cyswllt

Mae disgrifiad o endocytosis ac ecsocytosis ar t64.

Cyswllt

Byddwch chi'n dysgu am y nerfrwyd yn ystod ail flwyddyn y cwrs hwn

Maethiad organebau amlgellog

Un agoriad yn y corff, e.e. *Hydra*

Mae *Hydra* yn fwy cymhleth nag *Amoeba*. Mae'n perthyn i anemoni'r môr ac fel anemoni'r môr, mae'n ddiploblastig, h.y. mae ganddi ddwy haen o gelloedd, ectoderm ac endoderm, a haen jeli rhwng y ddwy haen hyn sy'n cynnwys rhwydwaith o ffibrau nerfol. Mae *Hydra* yn silindrog ac mae ganddi dentaclau (chwech fel arfer) o gwmpas ei cheg, sef yr unig agoriad yn y corff.

Mae *Hydra* yn byw mewn dŵr croyw, ac mae'n defnyddio disg waelodol i lynu at ddail neu frigau. Pan mae'n llwglyd, mae'n ymestyn ei thentaclau a phan mae organebau bach, e.e. *Daphnia*, y chwannen ddŵr, yn brwsio'n eu herbyn nhw, mae eu celloedd colyn yn parlysu'r ysglyfaeth. Mae'r tentaclau'n symud yr ysglyfaeth drwy'r geg i geudod gwag y corff. Mae rhai celloedd endodermaidd yn secretu proteas a lipas, ond nid amylas; mae'r ysglyfaeth yn cael ei dreulio'n allgellol ac mae cynhyrchion treulio'n cael eu hamsugno i'r celloedd. Mae celloedd endodermaidd eraill yn ffagocytig ac yn amlyncu gronynnau bwyd, cyn eu treulio nhw mewn gwagolynnau bwyd. Mae'r gweddillion sydd ddim yn gallu cael eu treulio'n cael eu carthu drwy'r geg.

Ym mhob un o'r tair rhywogaeth *Hydra* sy'n bodoli ym Mhrydain, fel anemoni'r môr, mae'r tentaclau'n cynnwys Protoctista sy'n cyflawni ffotosynthesis. Mae arbrofion yn defnyddio carbon ymbelydrol mewn carbon deuocsid yn dangos eu bod nhw'n pasio siwgrau i *Hydra*.

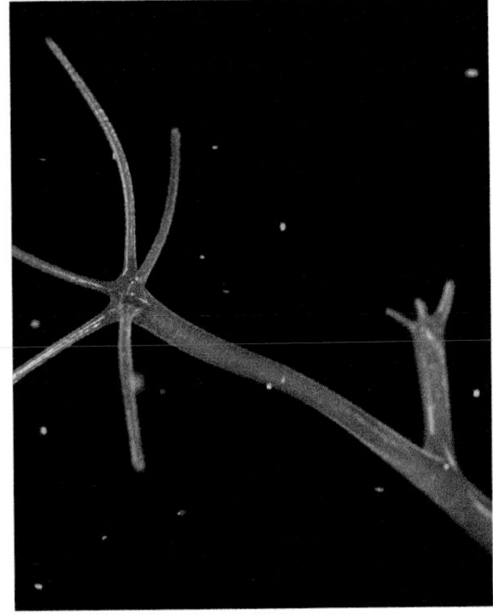

Hydra sydd wedi bwydo'n dda, yn blaguro

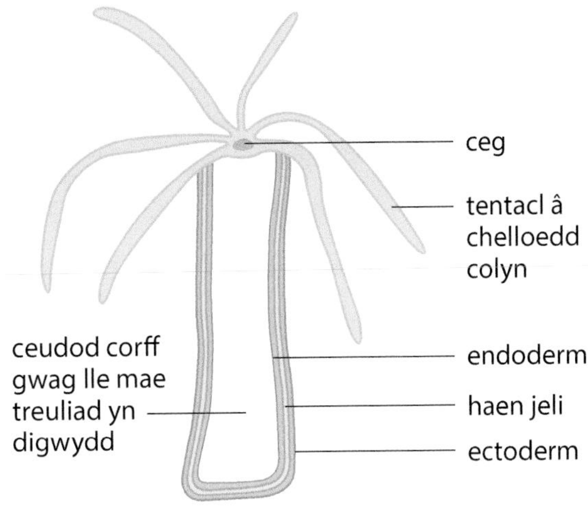

Diagram o *Hydra*

Coludd tiwb

Mae gan lawer o anifeiliaid ben blaen ac ôl amlwg a system dreulio sy'n diwb â dau agoriad. Mae bwyd yn cael ei amlyncu yn y geg ac mae'r gwastraff sydd ddim yn gallu cael ei dreulio yn cael ei garthu yn yr anws. Mae gan anifeiliaid mwy cymhleth goludd mwy cymhleth, sy'n cynnwys gwahanol rannau â gwahanol swyddogaethau.

Ymestyn a herio

Os oes gan anifail ben a chynffon, mae ganddo hefyd ochr chwith ac ochr dde. Mae'r anifeiliaid hyn yn ddwyochrol gymesur, yn wahanol i anifeiliaid sefydlog, fel *Hydra* ac anemoni'r môr, sy'n rheiddiol gymesur.

Gwirio gwybodaeth 4.2

Dewiswch y gair cywir o bob pâr i gwblhau'r brawddegau hyn:

1. Mae *Amoeba* yn amlyncu microbau mewn gwagolyn bwyd, ac yn secretu (**ensymau / bustl**) i mewn iddo.
2. Mae *Hydra* yn treulio ei bwyd mewn (**ceudod corff gwag / coludd tiwb**).
3. Mae gan goludd mwydyn (**un / ddau**) agoriad.

Term allweddol

Peristalsis: Ton rhythmig o gyfangiadau cyhyrog cyd-drefnol yng nghyhyr crwn a hydredol wal y coludd, sy'n anfon bwyd drwy'r coludd i un cyfeiriad yn unig.

Pwynt astudio

Mae cymhlethdod systemau treulio organebau amlgellog yn amrywio – o goludd syml, diwahaniaeth, tebyg i goden ag un agoriad, fel mewn *Hydra*, i goludd tiwb â gwahanol rannau arbenigol i dreulio gwahanol fwydydd, fel mewn mwydod, pryfed a mamolion.

System dreulio bodau dynol

Rhaid treulio bwyd oherwydd bod y moleciwlau:

- Yn anhydawdd ac yn rhy fawr i groesi pilenni a chael eu hamsugno i'r gwaed.
- Yn bolymerau, ac yn gorfod cael eu trawsnewid yn fonomerau er mwyn eu hailadeiladu nhw'n foleciwlau sydd eu hangen ar gorffgelloedd.

Mae treulio ac amsugno yn digwydd yn y coludd, tiwb cyhyrog hir, gwag. Mae'n caniatáu i'w gynnwys symud i un cyfeiriad yn unig. Mae pob darn yn arbenigol ac yn cyflawni camau penodol ym mhrosesau amsugno a threulio mecanyddol a chemegol. Caiff y bwyd ei wthio drwy'r coludd drwy broses **peristalsis**.

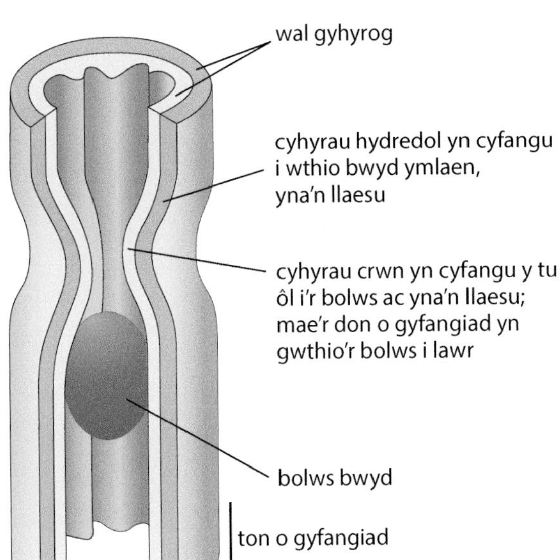

Peristalsis

Swyddogaethau'r coludd

Termau allweddol

Amlyncu: Cymryd bwyd i mewn drwy'r geg.

Treulio: Ymddatod moleciwlau bwyd anhydawdd mawr i ffurfio moleciwlau hydawdd llai sy'n ddigon bach i'w hamsugno.

Amsugno: Moleciwlau ac ïonau'n pasio drwy wal y coludd i'r capilarïau neu'r lactealau.

Carthu: Cael gwared ar wastraff heb ei dreulio sydd ddim wedi'i wneud gan y corff.

Mae'r coludd dynol yn cyflawni pedair prif swyddogaeth:

- **Amlyncu**: cymryd bwyd i mewn i'r corff drwy'r ceudod bochaidd (ceg).
- **Treuliad**: ymddatod moleciwlau anhydawdd mawr yn foleciwlau hydawdd sy'n ddigon bach i'w hamsugno i'r gwaed.
  - Treulio mecanyddol: torri a malu gan ddefnyddio dannedd a chyfangiadau cyhyrau wal y coludd, i gynyddu'r arwynebedd arwyneb y mae ensymau'n gallu gweithredu arno.
  - Treuliad cemegol: ensymau treulio, bustl ac asid y stumog yn torri bondiau cemegol yn y moleciwlau bwyd.
- **Amsugniad**: moleciwlau ac ïonau'n pasio drwy wal y coludd i'r gwaed.
- **Carthu**: gwaredu gwastraff sydd ddim wedi'i wneud gan y corff, gan gynnwys bwyd dydy'r corff ddim yn gallu ei dreulio, e.e. cellwlos.

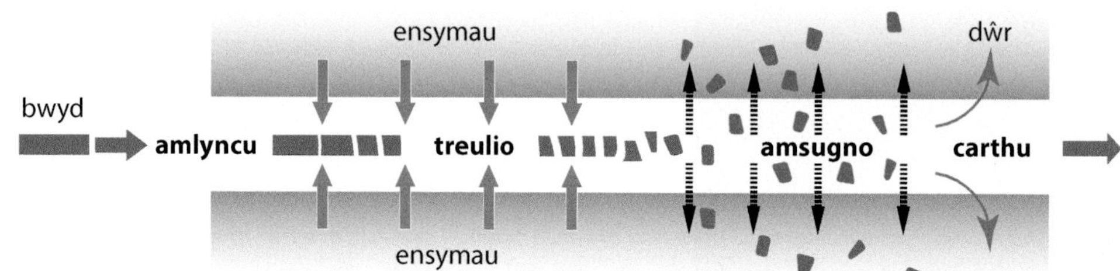

Swyddogaethau'r coludd

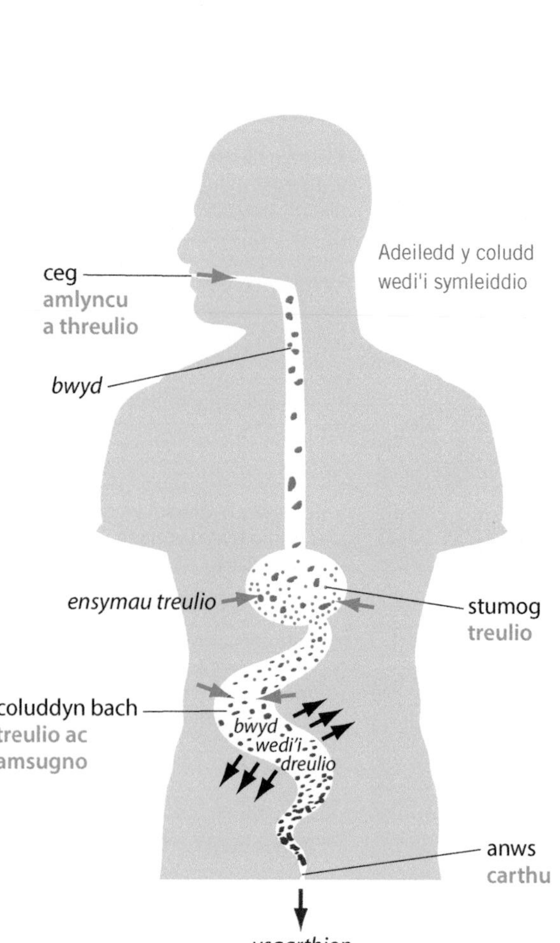

Adeiledd y coludd wedi'i symleiddio

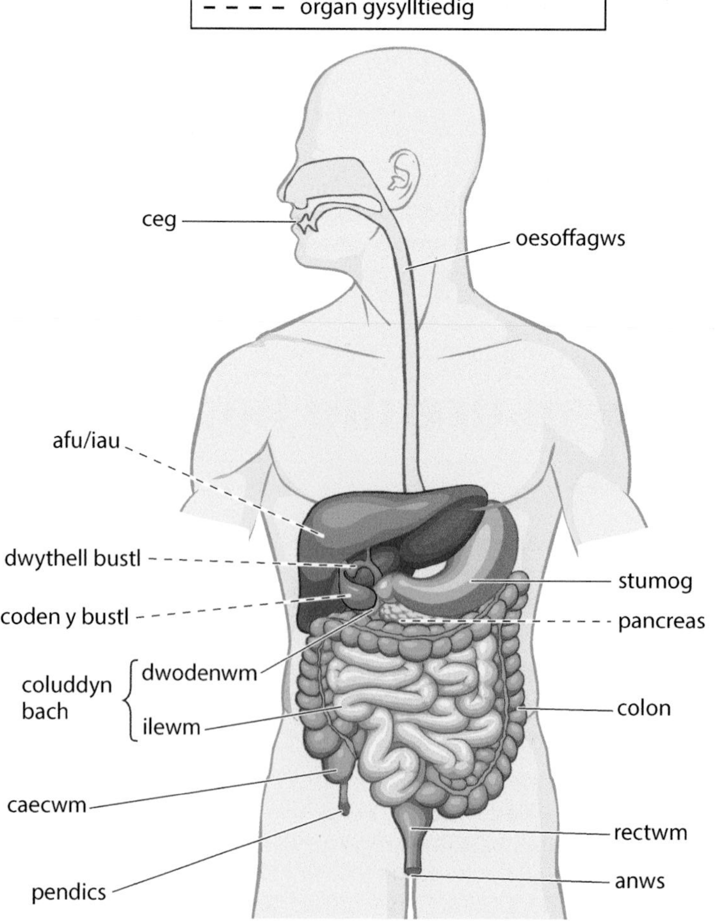

Adeiledd y coludd dynol

Swyddogaethau rhannau o'r system dreulio:

Ffurfiad	Swyddogaeth
Ceg	Amlyncu; treulio startsh a glycogen
Oesoffagws	Cludo bwyd i'r stumog
Stumog	Treulio protein
Dwodenwm	Treulio carbohydradau, brasterau a phroteinau
Ilewm	Treulio carbohydradau, brasterau a phroteinau; Amsugno bwyd wedi'i dreulio a dŵr
Colon	Amsugno dŵr
Rectwm	Storio ysgarthion
Anws	Carthiad

Gwirio gwybodaeth 4.3

Parwch y termau 1–4 â'r disgrifiadau A–Ch.

1. Peristalsis
2. Treuliad
3. Carthiad
4. Amlynciad

A. Cymryd bwyd i'r geg.

B. Ton gydlynol o gyfangu a llaesu cyhyrau'r coludd.

C. Ymddatod moleciwlau mawr anhydawdd yn foleciwlau llai, hydawdd.

Ch. Gwaredu gwastraff dydy'r corff ddim yn gallu ei dreulio.

Adeiledd wal y coludd

Ar ei hyd i gyd, mae wal y coludd yn cynnwys pedair haen o feinwe o gwmpas ceudod, sef lwmen y coludd. Mae cyfrannau gwahanol haenau wal y coludd yn amrywio, gan ddibynnu ar swyddogaeth y rhan o'r coludd.

- Mae'r haen allanol, y **serosa**, yn feinwe gyswllt wydn sy'n amddiffyn wal y coludd. Mae'r coludd yn symud wrth brosesu bwyd ac mae'r serosa'n lleihau ffrithiant gydag organau eraill yr abdomen.
- Mae'r **cyhyr** wedi'i wneud o ddwy haen sy'n mynd i gyfeiriadau gwahanol, y cyhyrau crwn mewnol a'r cyhyrau hydredol allanol. Maen nhw'n gwneud tonnau cydlynol o gyfangiadau, sef peristalsis. Y tu ôl i'r belen o fwyd, mae cyhyrau crwn yn cyfangu ac mae cyhyrau hydredol yn llaesu, i wthio'r bwyd ymlaen.
- Mae'r **is-fwcosa** yn feinwe gyswllt sy'n cynnwys pibellau lymff a gwaed, sy'n cael gwared ar gynnyrch treulio wedi'u hamsugno, a nerfau sy'n cyd-drefnu peristalsis.
- Y **mwcosa** yw'r haen fewnol sy'n leinio wal y coludd. Mae ei epitheliwm yn secretu mwcws, gan iro ac amddiffyn y mwcosa. Mewn rhai rhannau o'r coludd, mae'n secretu suddion treulio ac mewn rhannau eraill, mae'n amsugno bwyd wedi'i dreulio.

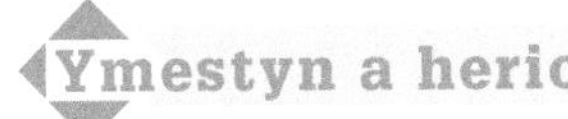

Ymestyn a herio

Islaw epitheliwm y mwcosa mae'r lamina propria, haen o feinwe gyswllt sy'n cynnwys celloedd y system imiwn.

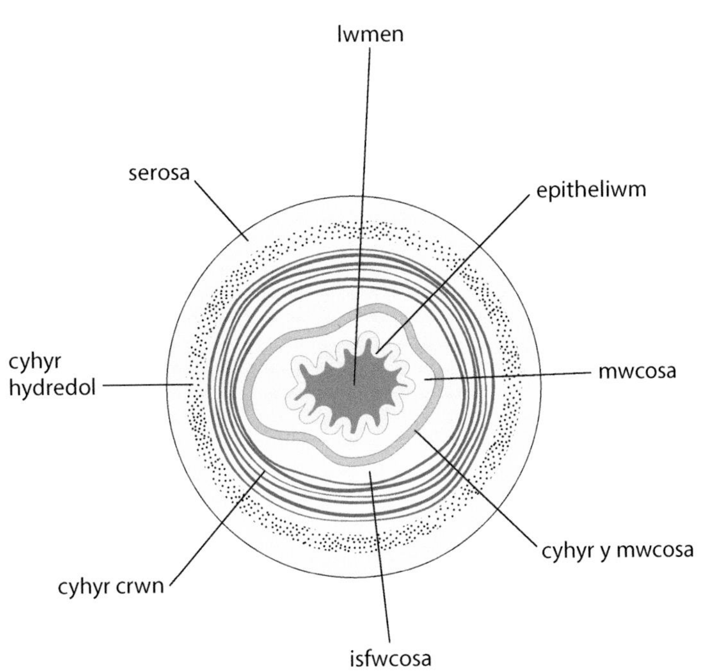

Adeiledd cyffredinol wal y coludd

Treuliad

Er mwyn i gelloedd epithelaidd y coludd amsugno maetholion, yn gyntaf rhaid treulio'r macrofoleciwlau, h.y. carbohydradau, brasterau a phroteinau, yn foleciwlau llai. Mae gwahanol ensymau yn treulio'r gwahanol foleciwlau bwyd ac fel arfer, mae angen mwy nag un math i dreulio bwyd penodol yn llwyr.

 Pwynt astudio

Mae'n hanfodol eich bod chi'n gwybod y tri phrif ddosbarth bwyd a'u cynhyrchion ymddatod terfynol.

- **Carbohydradau**: caiff polysacaridau eu treulio'n ddeusacaridau ac yna'n fonosacaridau. Mae amylas yn hydrolysu startsh a glycogen i ffurfio'r deusacarid maltos ac mae maltas yn treulio maltos i ffurfio'r monosacarid glwcos. Yn yr un modd, mae swcras yn treulio swcros ac mae lactas yn treulio lactos. Yr enw cyffredinol ar ensymau sy'n treulio carbohydradau yw carbohydras.
- Mae **proteinau** yn foleciwlau eithriadol o fawr. Maen nhw'n cael eu treulio i ffurfio polypeptidau, yna deupeptidau ac yna asidau amino. Enwau cyffredinol ensymau sy'n treulio proteinau yw proteas a pheptidas. Mae endopeptidasau yn hydrolysu bondiau peptid o fewn y moleciwl protein, ac yna mae ecsopeptidasau yn hydrolysu'r bondiau peptid terfynol, neu'r olaf ond un, ar ddau ben y polypeptidau byrrach hyn.

Mae disgrifiad o ensymau a'u gweithgarwch ym Mhennod 1.4 Ensymau ac adweithiau biolegol.

 Pwynt astudio

Mae secretu asid yn y stumog a chynhyrchu asidau amino ac asidau brasterog yn yr ilewm yn gostwng y pH o dan 7; mae secretu alcali yn y dwodenwm yn cynyddu'r pH yn uwch na 7. Mae gan wahanol ensymau wahanol optima pH ac maen nhw'n gweithredu mewn gwahanol rannau o'r coludd.

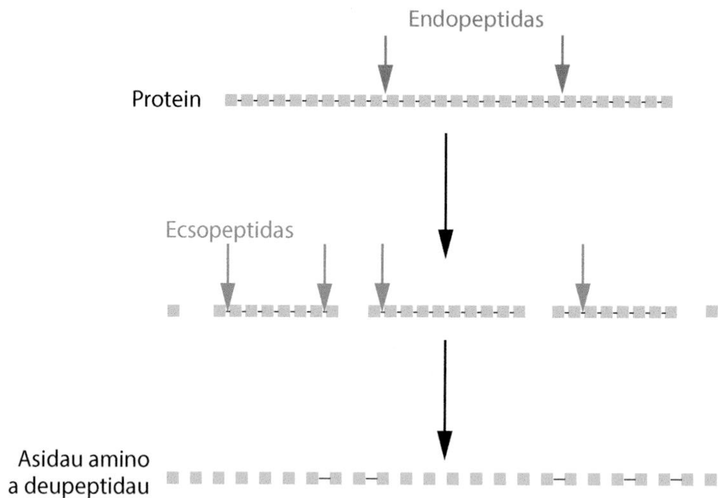

Mae defnyddio ecsopeptidasau ac endopeptidasau yn gwneud treuliad protein yn effeithlon iawn

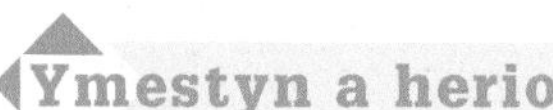

Mae lipas ffwngaidd a'r lipas mewn meinwe brasterog yn hydrolysu triglyseridau i ffurfio tri asid brasterog a glyserol. Mae lipas pancreatig, fodd bynnag, yn cynhyrchu dau asid brasterog a monoglyserid.

- Mae **brasterau** yn cael eu treulio'n asidau brasterog a monoglyseridau gan un ensym, lipas.

Arbenigedd rhannau o goludd mamolyn

Y ceudod bochaidd

Mae treulio mecanyddol yn dechrau yn y geg neu'r ceudod bochaidd, lle mae'r dafod yn cymysgu bwyd â phoer ac mae'r dannedd yn ei gnoi. Mae arwynebedd arwyneb y bwyd yn cynyddu, gan roi mwy o le i ensymau weithredu. Secretiad dyfrllyd yw poer sy'n cynnwys y canlynol:

- Amylas, sy'n dechrau treulio startsh a glycogen i ffurfio maltos.
- Ïonau HCO_3^- a CO_3^{2-}. Mae pH y poer yn amrywio rhwng 6.2 a 7.4, ond y pH optimwm ar gyfer amylas poerol yw 6.7–7.0.
- Mwcws, sy'n iro llwybr y bwyd i lawr yr oesoffagws.

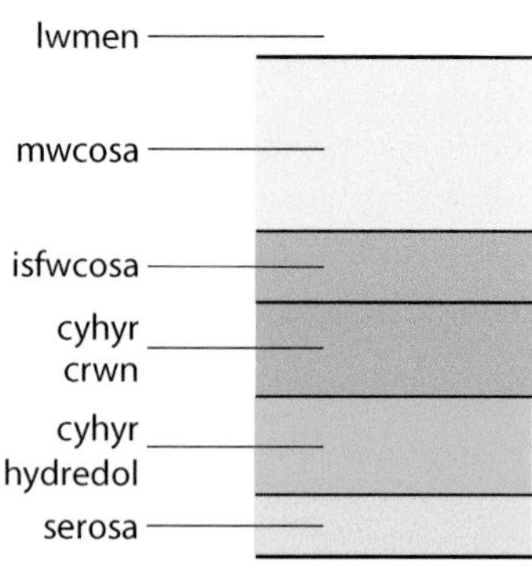

Toriad drwy wal yr oesoffagws

Yr oesoffagws

Dydy'r oesoffagws ddim yn cyfrannu at dreulio, ond mae'n cludo bwyd i'r stumog. Mae ei wal yn dangos haenau'r meinweoedd ar eu ffurf symlaf.

Y stumog

Mae bwyd yn mynd i'r stumog ac yn cael ei gadw yno gan gyfangiadau dau sffincter, sef cylchoedd o gyhyrau.

Mae cyfaint y stumog tua 2 dm^3 ac mae bwyd yn gallu aros yno am lawer o oriau. Mae cyhyrau wal y stumog yn cyfangu'n rhythmig ac yn cymysgu'r bwyd â sudd gastrig sy'n cael ei secretu gan chwarennau yn wal y stumog.

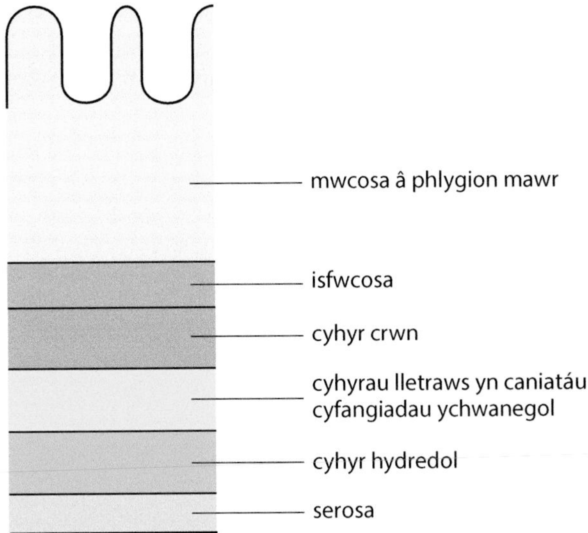

Toriad drwy wal y stumog

Mae sudd gastrig yn cael ei secretu o chwarennau mewn pantiau yn y mwcosa, sef y mân-bantiau gastrig. Mae sudd gastrig yn cynnwys:

- Peptidasau, wedi'u secretu gan gelloedd symogen, neu brif gelloedd, yng ngwaelod y mân-bant gastrig. Mae pepsinogen, ensym anactif, yn cael ei secretu a'i actifadu gan ïonau H^+ i wneud pepsin, sef endopeptidas sy'n hydrolysu protein i ffurfio polypeptidau.
- Asid hydroclorig, wedi'i secretu gan gelloedd ocsyntig. Mae'n gostwng pH cynnwys y stumog i tua pH2, y pH optimwm i'r ensymau, ac yn lladd y rhan fwyaf o'r bacteria yn y bwyd.
- Mwcws, wedi'i secretu gan gelloedd gobled, yn rhan uchaf y mân-bant gastrig. Mae mwcws yn ffurfio leinin sy'n amddiffyn wal y stumog rhag yr ensymau ac yn iro'r bwyd.

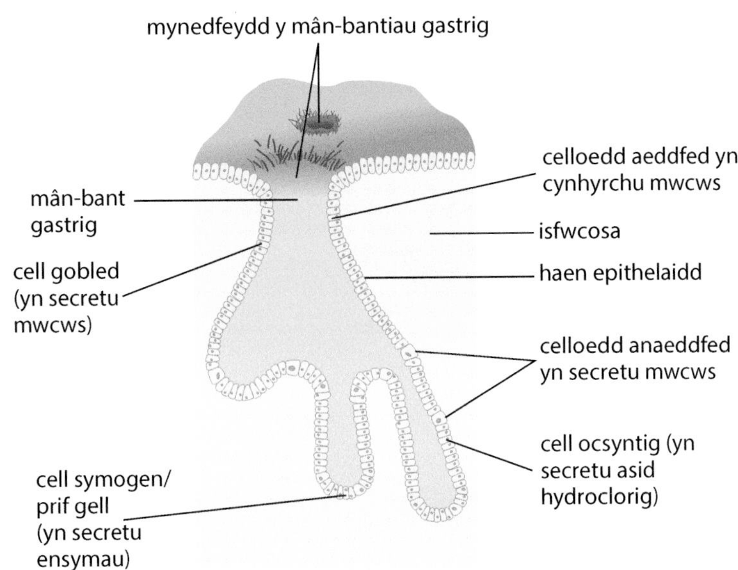

Mân-bant gastrig

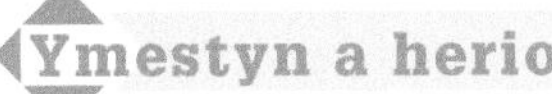

Ymestyn a herio

Mae'r sffincter cardiaidd wrth y cyswllt â'r oesoffagws, ac mae'r sffincter pylorig wrth y cyswllt â'r dwodenwm.

Ymestyn a herio

Mae yna blygion yn wal y stumog, a haen ychwanegol o gyhyrau ar ongl i'r cyhyrau crwn a'r cyhyrau hydredol, sy'n darparu cyfangiadau ychwanegol, gan ychwanegu at dreuliad mecanyddol y bwyd.

Ymestyn a herio

Os yw cynnwys y stumog yn symud i fyny i mewn i'r oesoffagws, mae'r asid yn achosi poen sy'n llosgi ar wal yr oesoffagws, ac rydyn ni'n galw hyn yn 'ddŵr poeth' neu '***heartburn***'.

Ymestyn a herio

Mae dwy gydran mewn bustl, sef yr halwynau bustl, sy'n emwlsio brasterau, a'r pigmentau bustl, sy'n gynhyrchion o ymddatod haemoglobin. Pigmentau bustl yn mynd drwy'r coludd sy'n rhoi lliw i'r ysgarthion. Gan fod bustl yn cael ei wneud yn yr afu/iau, mae lliw'r ysgarthion wedi cael ei ddefnyddio'n hanesyddol i asesu iechyd yr afu/iau.

Pwynt astudio

Mae chwarennau ecsocrinaidd yn secretu ensymau i mewn i ddwythellau.

Mae chwarennau endocrinaidd yn secretu hormonau yn uniongyrchol i mewn i'r gwaed.

Pwynt astudio

Mae'r proteasau pepsin a thrypsin yn cael eu secretu fel y rhagsylweddion anactif pepsinogen a thrypsinogen, felly dydyn nhw ddim yn treulio'r celloedd lle maen nhw'n cael eu syntheseiddio.

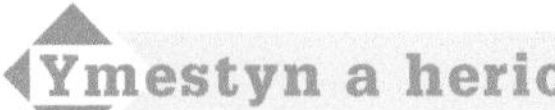

Ymestyn a herio

Dydy'r corff ddim yn gallu treulio'r ffibr yn y deiet ac mae ei swmp yn y coluddyn yn ysgogi peristalsis. Mae cydberthyniad rhwng deietau heb lawer o ffibr a risg uwch o glefyd y colon.

Y coluddyn bach

Mae dwy ran i'r coluddyn bach: y dwodenwm a'r ilewm. Mae cyhyr y sffincter pylorig yng ngwaelod y stumog yn llaesu i ganiatáu i fwyd wedi'i dreulio'n rhannol fynd i'r dwodenwm, ychydig bach ar y tro. Y dwodenwm yw'r 25 cm cyntaf ac mae'n derbyn secretiadau o'r afu/iau a'r pancreas.

- Mae **bustl** yn cael ei wneud yn yr afu/iau. Mae'n cael ei storio yng nghoden y bustl cyn teithio drwy ddwythell y bustl i'r dwodenwm.
  - Does dim ensymau mewn bustl.
  - Mae bustl yn cynnwys halwynau bustl, sy'n amffipathig, h.y. mae gan eu moleciwlau rannau hydroffilig a rhannau hydroffobig. Maen nhw'n emwlsio lipidau yn y bwyd, drwy ostwng eu tyniant arwyneb a thorri globylau mawr yn lobylau llai, sy'n cynyddu'r arwynebedd arwyneb. Mae hyn yn gwneud treuliad gan lipas yn fwy effeithlon.
  - Mae bustl yn alcalïaidd ac yn niwtralu'r asid mewn bwyd sy'n dod o'r stumog. Mae'n darparu pH addas i'r ensymau yn y coluddyn bach.
- Mae **sudd pancreatig** yn cael ei secretu gan gelloedd ynysig, sef chwarennau ecsocrin yn y pancreas. Mae'n mynd i'r dwodenwm drwy'r ddwythell bancreatig. Mae'r tabl isod yn disgrifio sudd pancreatig:

Secretiad pancreatig		Swyddogaeth
Ensymau	Trypsinogen	Ensym anactif sy'n cael ei drawsnewid i ffurfio'r endopeptidas trypsin gan ensym y dwodenwm, enterocinas
	Endopeptidasau	Hydrolysu proteinau a pholypeptidau i ffurfio peptidau
	Amylas	Treulio unrhyw startsh sy'n weddill i ffurfio maltos
	Lipas	Hydrolysu lipidau i ffurfio asidau brasterog a monoglyseridau
Sodiwm hydrogen carbonad		Cynyddu'r pH i wneud sudd pancreatig ychydig bach yn alcalïaidd a chyfrannu at: • niwtralu asid o'r stumog • darparu'r pH priodol i'r ensymau pancreatig allu gweithio'n effeithlon

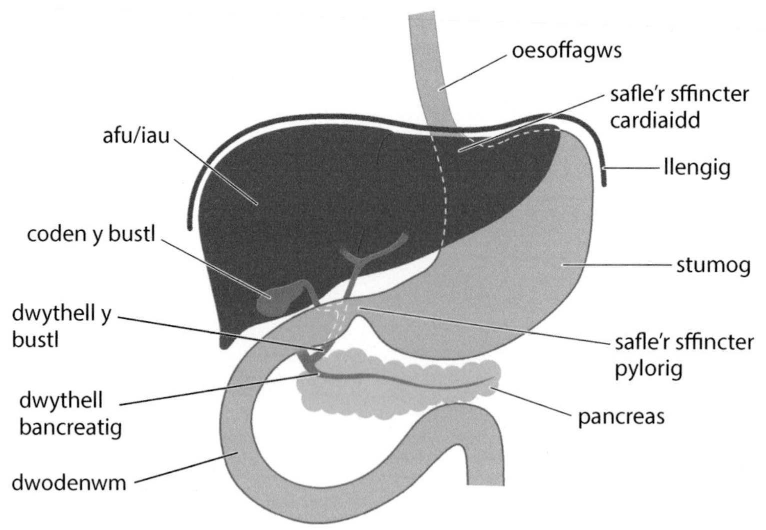

Dwodenwm, coden y bustl a'r afu/iau

Mae'r bwyd sy'n dod o'r stumog yn cael ei iro â mwcws a'i niwtralu â secretiadau alcalïaidd o gelloedd yng ngwaelod cryptau Lieberkühn, sef chwarennau Brunner.

Ar y celloedd epithelaidd sy'n leinio'r ilewm, mae ymestyniadau tebyg i fysedd, o'r enw filysau, sy'n syntheseiddio ensymau treulio:

- Endopeptidasau ac ecsopeptidasau
  - Mae peptidasau'n cael eu secretu gan gelloedd epithelaidd y filysau ac mae treuliad yn parhau yn lwmen y coludd.
  - Mae deupeptidasau ym mhilenni arwyneb y celloedd yn treulio deupeptidau i ffurfio asidau amino.
- Carbohydrasau
  - Mae carbohydrasau'n cael eu secretu ac mae treuliad yn parhau yn lwmen y coludd.
  - Mae carbohydrasau ym mhilenni arwyneb y celloedd yn treulio deusacaridau i ffurfio monosacaridau.
  - Mae rhai deusacaridau'n cael eu hamsugno ac felly'n cael eu treulio'n fewngellol.

Mae secretiadau llawer o chwarennau'n cyfrannu at dreuliad. Mae rhai yn wal y coluddyn bach, e.e. chwarennau Brunner. Mae eraill y tu allan i'r coluddyn ond yn rhyddhau secretiadau i'r coluddyn drwy ddwythell, e.e. chwarennau poer, pancreas, afu/iau.

Amsugniad

Mae amsugniad yn digwydd yn y coluddyn bach yn bennaf, drwy gyfrwng trylediad, trylediad cynorthwyedig a chludiant actif. Mae angen ATP ar gyfer cludiant actif felly mae celloedd epithelaidd yn cynnwys llawer o fitocondria.

Mae'r ilewm, sef rhan o'r coluddyn bach, wedi addasu'n dda i amsugno. Mewn bodau dynol mae'n hir iawn, llawer o fetrau, ac mae ei leinin wedi'i blygu. Ar arwyneb y plygion mae filysau, ac mae ymestyniadau microsgopig ar eu celloedd epithelaidd o'r enw microfilysau. Mae'r plygion, y filysau a'r microfilysau yn darparu arwynebedd arwyneb mawr iawn ar gyfer amsugno.

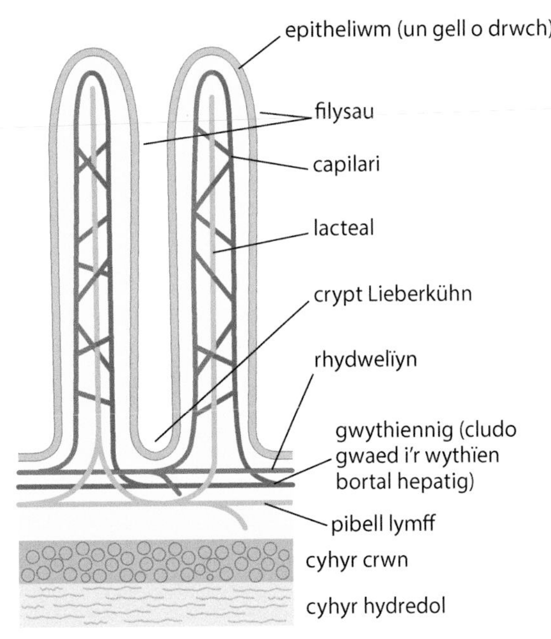

Toriad hydredol drwy wal yr ilewm

Cymharwch gydrannau'r deusacaridau, sydd i'w gweld ar t17, â chynhyrchion eu treulio:

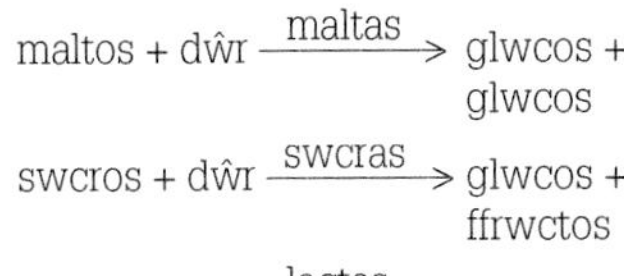

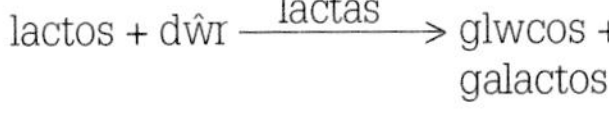

Mae disgrifiad o swyddogaeth mitocondria ar t35.

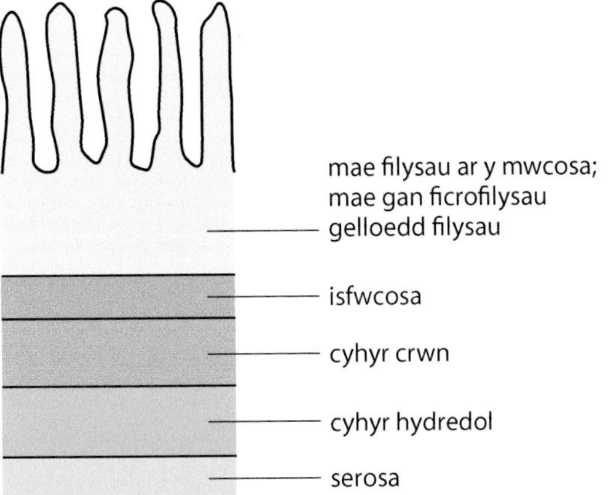

Diagram cyffredinol o adeiledd wal y coluddyn bach

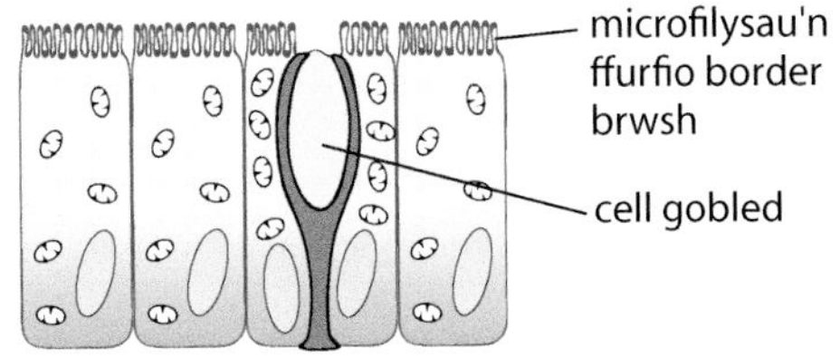

Celloedd epithelaidd y coluddyn bach

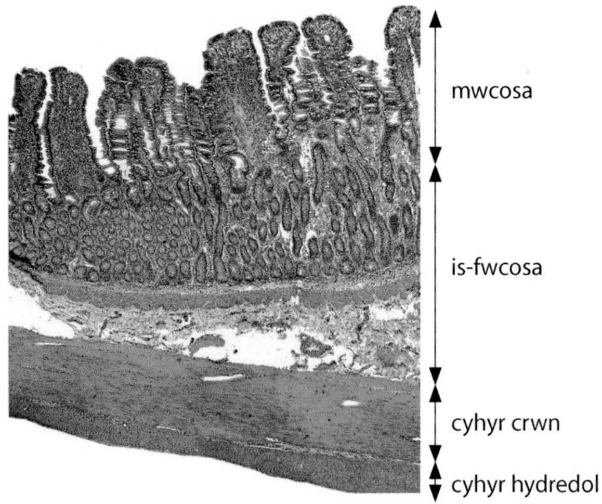

Haenau meinweoedd yn wal y coluddyn bach

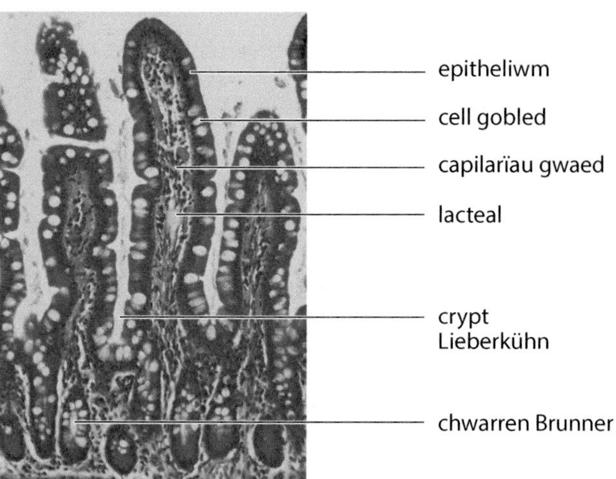

Filysau yn wal y coluddyn bach

- Mae asidau amino'n cael eu hamsugno i'r celloedd epithelaidd drwy gyfrwng cludiant actif ac, fel asidau amino unigol, maen nhw'n mynd i'r capilarïau drwy gyfrwng trylediad cynorthwyedig. Maen nhw'n hydawdd mewn dŵr ac yn hydoddi yn y plasma.
- Mae glwcos yn mynd i'r celloedd epithelaidd gydag ïonau sodiwm, drwy gyfrwng cyd-gludiant. Maen nhw'n symud i mewn i'r capilarïau, sodiwm drwy gyfrwng cludiant actif a glwcos drwy gyfrwng trylediad cynorthwyedig, ac yna'n hydoddi yn y plasma. Mae tryledìad a thryledìad cynorthwyedig yn araf ac nid yw'r holl glwcos yn cael ei amsugno. I'w atal rhag gadael y corff yn yr ysgarthion, mae rhywfaint yn cael ei amsugno drwy gyfrwng cludiant actif.

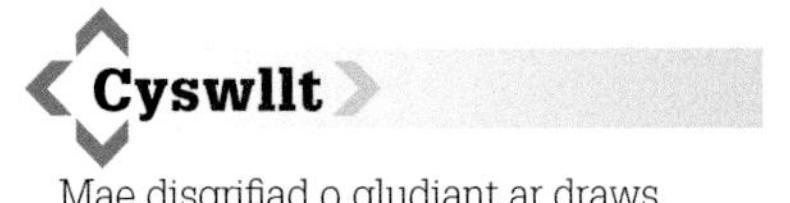

Mae disgrifiad o gludiant ar draws pilenni ar t56–59.

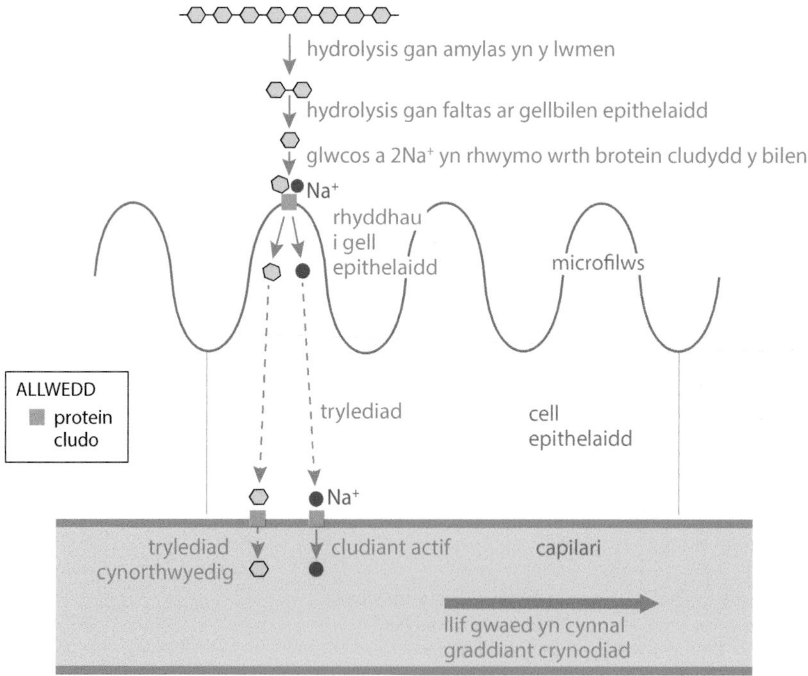

Amsugno sodiwm a glwcos

- Mae asidau brasterog a glyserol yn tryledu i'r celloedd epithelaidd ac i'r lactealau. Capilarïau lymff pengaead yn y filysau yw'r lactealau. Mae'r lactealau'n rhan o'r system lymffatig, sy'n cludo moleciwlau sy'n hydawdd mewn braster i'r wythïen isglafiglaidd chwith sydd wrth y galon.
- Mae mwynau'n mynd i'r gwaed drwy gyfrwng tryledìad, tryledìad cynorthwyedig a chludiant actif, ac maen nhw'n hydoddi yn y plasma.

- Mae fitaminau B ac C yn hydawdd mewn dŵr ac yn cael eu hamsugno i'r gwaed. Mae fitaminau A, D ac E yn hydawdd mewn braster ac yn cael eu hamsugno i lactealau.
- Mae dŵr yn cael ei amsugno i gelloedd epithelaidd yn yr ilewm ac i'r capilarïau drwy gyfrwng osmosis.

Mae'r tabl yn crynhoi hyn:

Moleciwl	Mecanwaith cludo		
	O lwmen i gell epithelaidd	O gell epithelaidd i gapilari	O gell epithelaidd i lacteal
Asidau brasterog, monoglyseridau	Trylediad		Trylediad
Fitaminau hydawdd mewn braster	Trylediad		Trylediad
Glwcos	Tryulediad cynorthwyedig mewn cyd-gludiant	Tryulediad cynorthwyedig	
	Cludiant actif	Tryulediad cynorthwyedig	
Deusacaridau	Cludiant actif	Ar ffurf monosacaridau drwy gyfrwng tryulediad cynorthwyedig	
Asidau amino, deupeptidasau a thripeptidau	Cludiant actif	Tryulediad cynorthwyedig	
Mwynau	Tryulediad cynorthwyedig	Tryulediad cynorthwyedig	
Fitaminau hydawdd mewn dŵr	Cludiant actif		
Dŵr	Osmosis	Osmosis	

Pwynt astudio

Cwblhewch y tabl canlynol:

Rhan o'r coluddyn	Beth mae'n ei dreulio?	Enw'r ensym(au)	Cynhyrchion treulio	Unrhyw nodwedd arbennig arall
Ceg				
Oesoffagws				
Stumog				
Dwodenwm				
Ilewm				
Colon				

Tynged maetholion

- Mae lipidau'n cael eu defnyddio mewn pilenni ac i wneud rhai hormonau, ond mae gormodedd yn cael ei storio.
- Mae moleciwlau eraill yn teithio yn y wythïen bortal hepatig i'r afu/iau, ac yna mae eu tynged yn amrywio.
  - Mae glwcos yn mynd i gorffgelloedd ac yn cael ei resbiradu ar gyfer egni neu ei storio ar ffurf glycogen, yn yr afu/iau a chelloedd cyhyr. Mae gormodedd yn cael ei storio fel braster.
  - Mae asidau amino'n mynd i'r corffgelloedd ar gyfer synthesis protein. Does dim modd storio gormodedd, felly mae'r afu/iau yn dadamineiddio'r asidau amino ac yn trawsnewid grwpiau $-NH_2$ yn wrea, sy'n cael ei gludo yn y gwaed a'i ysgarthu yn yr arennau. Mae gweddillion y moleciwlau asid amino'n cael eu trawsnewid yn garbohydradau i'w storio neu i'w trawsnewid yn fraster.

Y coluddyn mawr

Mae'r coluddyn mawr tua 1.5 metr o hyd ac mae'n cynnwys y caecwm, y pendics, y colon a'r rectwm.

Mae bwyd heb ei dreulio, mwcws, bacteria a chelloedd marw yn mynd i'r colon. Mae llai o filysau yn wal y colon nag sydd yn yr ilewm ac mae gan y filysau hyn swyddogaeth bwysig

Ymestyn a herio

Mae cynhyrchion treulio lipidau yn ailgyfuno ac yn cysylltu â phroteinau i wneud cyrff bach sfferig o'r enw ceulomicronau.

Gwirio gwybodaeth

Nodwch y gair neu'r geiriau coll:

Ar arwyneb filysau mae celloedd epithelaidd ag ymestyniadau o'r enw .... Mae'r rhain yn cynyddu'r .... ar gyfer amsugniad. Mae glwcos ac asidau amino'n cael eu hamsugno i'r ....yn y filysau. Mae defnyddiau hydawdd mewn braster yn cael eu hamsugno i'r ....

Ymestyn a herio

Mae caecwm bodau dynol yn fach iawn ac rydyn ni'n dweud bod y pendics dynol yn 'weddilliol'. Dydy caecwm bodau dynol ddim yn cyfrannu at dreulio. Efallai fod gan y pendics swyddogaeth imiwn. Maen nhw'n llawer llai o'u cymharu â maint y corff nag ydyn nhw mewn cwningod a cheffylau, lle mae'r microbau cydymddibynnol ynddynt yn treulio cellwlos.

wrth amsugno dŵr. Mae micro-organebau cydymddibynnol sy'n byw yn y colon yn secretu fitamin K ac asid ffolig, ac mae mwynau'n cael eu hamsugno o'r colon. Wrth i ddefnydd deithio drwy'r colon mae dŵr yn cael ei amsugno, ac erbyn iddo gyrraedd y rectwm, mae'r defnydd yn lled-solid. Mae'n mynd ar hyd y rectwm ac yn cael ei garthu fel ysgarthion, mewn proses o'r enw carthiad.

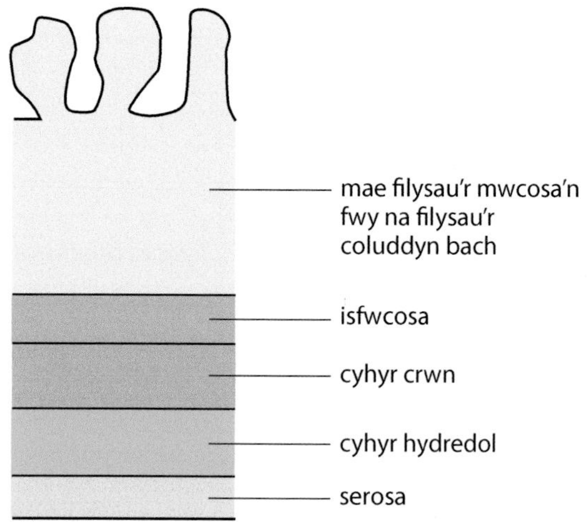

Diagram o doriad drwy wal y colon

Pwynt astudio

Mae pobl â dolur rhydd cronig yn dioddef dadhydradiad a diffyg mwynau gan fod defnyddiau'n symud mor gyflym drwy'r coluddyn mawr nes nad oes digon o amser i amsugno.

Ymestyn a herio

Efallai fod anadlu a phrosesu bwyd ar yr un pryd, yn enwedig wrth redeg i ffwrdd oddi wrth ysglyfaethwyr, wedi bod yn gymaint o fantais, nes mai dyna a arweiniodd yn y pen draw at oruchafiaeth mamolion dros fertebratau eraill.

Pwynt astudio

Dim ond tua pum gwaith hyd y corff yw coludd cigysydd, gan ei bod hi'n hawdd treulio protein. Mae coludd llysysydd tua deg gwaith hyd ei gorff, gan ei bod hi'n anodd treulio defnydd planhigion.

Addasiadau i ddeietau gwahanol

Pan mae ymlusgiaid ac amffibiaid yn amlyncu eu bwyd, maen nhw'n ei lyncu'n gyfan. Mae mamolion yn cadw eu bwyd yn y geg i'w dorri a'i gnoi. Mamolion yw'r unig fertebratau sydd â thaflod yn gwahanu ceudodau'r trwyn a'r geg, felly maen nhw'n gallu dal bwyd yn y geg a'i gnoi, ac anadlu ar yr un pryd.

- Dim ond anifeiliaid mae cigysydd yn eu bwyta, felly protein yw'r rhan fwyaf o'i ddeiet. Mae ei goluddyn bach yn fyr o'i gymharu â hyd ei gorff, sy'n adlewyrchu pa mor hawdd yw treulio protein.
- Dim ond defnydd planhigion mae llysysydd yn ei fwyta. Mae ei goluddyn bach yn hir o'i gymharu â hyd ei gorff, oherwydd dydy hi ddim yn hawdd treulio defnydd planhigion ac mae coludd hir yn rhoi digon o amser i dreulio ac amsugno maetholion.
- Mae coludd hollysydd, fel bod dynol, yn ganolig ei hyd.

Mae coluddyn mawr y cigysydd yn syth ac mae ei leinin yn llyfn. Mae coluddyn mawr llysysydd neu hollysydd yn godog (*pouched*). Mae'n gallu ymestyn i ddal y cyfaint mwy o ysgarthion sy'n cael ei gynhyrchu wrth dreulio planhigion; cellwlos yw llawer o hwn. Mae'r coluddyn mawr hefyd yn hir, ac mae ganddo filysau, lle caiff dŵr ei amsugno.

Deintiad

Gan fod rhaid torri, gwasgu, malu neu rwygo bwyd, gan ddibynnu ar y deiet, mae mamolion wedi esblygu gwahanol fathau o ddannedd, sydd wedi arbenigo ar gyfer gwahanol weithredoedd, i weddu i'r deiet.

Mae gan fodau dynol bedwar math o ddannedd: blaenddannedd, dannedd llygad, gogilddannedd a childdannedd. Mae'r dannedd yn llai arbenigol na dannedd llysysyddion a chigysyddion, oherwydd bod bodau dynol yn hollysyddion.

Deintiad llysysyddion

Mae cellfuriau planhigion yn anodd i'w bwyta gan eu bod nhw'n cynnwys cellwlos a lignin ac, mewn rhai planhigion, silica. Mae dannedd llysysyddion wedi'u haddasu fel bod hyd yn oed y celloedd hyn yn cael eu malu'n drwyadl cyn mynd i'r stumog.

- Mewn llysysydd sy'n pori, fel buwch neu ddafad, mae'r **blaenddannedd** ar yr ên isaf yn unig, ac mae eu siâp a'u maint yn union yr un fath â'r **dannedd llygad**. Mae'r anifail yn lapio ei dafod o gwmpas y gwair ac yn ei dynnu'n dynn ar draws y 'pad cornaidd' lledraidd ar ei ên uchaf, ac yna mae'r blaenddannedd a'r dannedd llygad isaf yn torri drwyddo.
- Mae bwlch o'r enw **diastema** yn gwahanu'r blaenddannedd a'r dannedd ochr, neu'r **gogilddannedd**. Mae'r tafod a'r bochau'n gweithio yn y bwlch hwn, gan symud y gwair newydd ei dorri i arwynebau malu mawr y dannedd boch, neu'r cilddannedd.

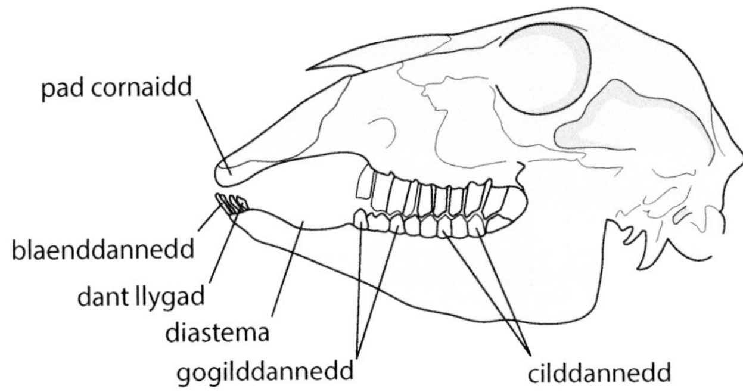

Penglog dafad

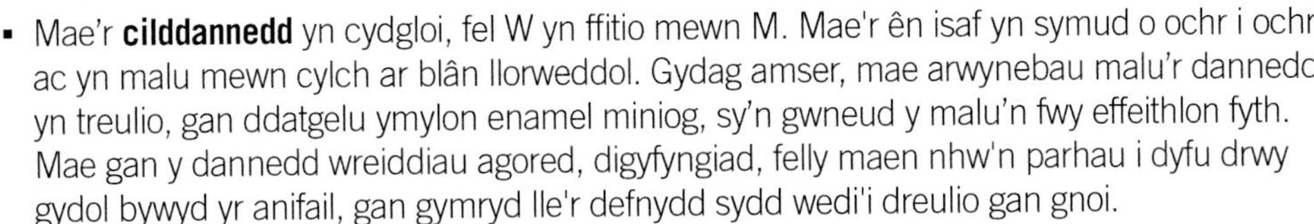

- Mae'r **cilddannedd** yn cydgloi, fel W yn ffitio mewn M. Mae'r ên isaf yn symud o ochr i ochr ac yn malu mewn cylch ar blân llorweddol. Gydag amser, mae arwynebau malu'r dannedd yn treulio, gan ddatgelu ymylon enamel miniog, sy'n gwneud y malu'n fwy effeithlon fyth. Mae gan y dannedd wreiddiau agored, digyfyngiad, felly maen nhw'n parhau i dyfu drwy gydol bywyd yr anifail, gan gymryd lle'r defnydd sydd wedi'i dreulio gan gnoi.

  Does dim angen cyhyrau cryf ar enau llysysydd, oherwydd dydy ei fwyd ddim yn debygol o ddianc. Mae ei benglog yn gymharol llyfn; does dim angen mannau i gyhyrau cryf gydio atynt.

Deintiad cigysyddion

Mae dannedd mamolion cigysol, fel cŵn, wedi addasu i ddal a lladd ysglyfaeth, torri neu falu esgyrn a rhwygo cig:

- Mae'r blaenddannedd miniog yn dal ac yn rhwygo cyhyr oddi ar yr asgwrn.
- Mae'r dannedd llygad yn fawr, yn grwm ac yn finiog i drywanu a dal ysglyfaeth, i rwygo cyhyrau ac i ladd.
- Mae gan y gogilddannedd a'r cilddannedd gysbau (*cusps*), sef pigau miniog sy'n torri ac yn malu.
- Mae gan gigysyddion bâr o ddannedd boch arbenigol, y **cigysddaint** (*carnassials*), ar y ddwy ochr, sy'n llithro heibio i'w gilydd fel llafnau siswrn. Mae'r rhain yn rhwygo'r cyhyr oddi ar yr asgwrn. Maen nhw'n fawr ac yn hawdd eu hadnabod.
- Mae'r ên isaf yn symud yn fertigol, ddim o ochr i ochr fel gên isaf llysysyddion. Mae cigysyddion yn agor eu genau'n llydan iawn wrth ddal ysglyfaeth a gallai symudiad o ochr i ochr ddadleoli eu gên.
- Mae cyhyrau'r ên yn ddatblygedig ac yn bwerus, er mwyn i'r cigysydd allu dal yr ysglyfaeth yn dynn a malu'r asgwrn. Mae yna allwthiadau (*protrusions*) ar y penglog, lle mae'r cyhyrau hyn yn mynd i mewn i'r asgwrn.

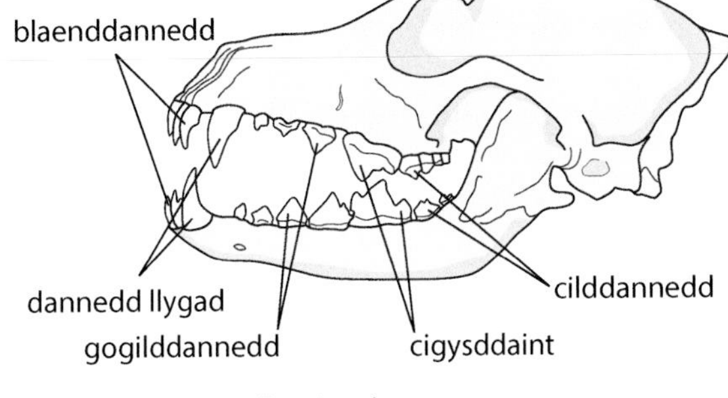

Penglog ci

Pwynt astudio

Cwblhewch y tabl i gymharu llysysyddion a chigysyddion.

Nodwedd	Llysysyddion	Cigysyddion
Prif fath o fwyd		
Hyd y coludd		
Blaenddannedd		
Dannedd llygad		
Diastema		
Gogilddannedd		
Cilddannedd		
Cigysddaint		
Allwthiadau ar y penglog		

Termau allweddol

Diastema: Y bwlch yng ngên isaf llysysyddion rhwng y dannedd llygad a'r gogilddannedd. Mae'r bochau'n cyfrannu at dreulio mecanyddol drwy'r bwlch hwn.

Cigysddaint: Y gogilddannedd uchaf olaf a'r cilddannedd isaf cyntaf ar ddwy ochr ceg cigysydd, sy'n rhwygo cig wrth i'r gogilddant sleisio dros y cilddant pan mae'r genau'n cau.

Gwirio gwybodaeth

Nodwch y geiriau coll.

Mae gên isaf cigysydd yn symud yn fertigol ac mae gên isaf llysysydd yn symud .... Mae gan y llysysydd fwlch o'r enw .... rhwng y blaenddannedd a'r dannedd ochr. Mae gan y cigysydd bâr o ddannedd mawr arbenigol o'r enw .... sy'n llithro heibio i'w gilydd i rwygo cig oddi ar esgyrn ei ysglyfaeth.

Termau allweddol

Anifail cnoi cil: Llysysydd â stumog sydd wedi'i rhannu'n bedair siambr; mae'r siambr fwyaf, y rwmen, yn cynnwys microbau cydymddibynnol.

Rwmen: Siambr yng ngholudd llysysyddion cnoi cil, lle mae microbau cydymddibynnol yn treulio polysacaridau cymhleth.

Cydymddibyniaeth: Perthynas agos rhwng organebau o fwy nag un rhywogaeth sydd o fudd i'r naill a'r llall.

Ymestyn a herio

Cydymddibyniaeth yw perthynas agos rhwng organebau o rywogaethau gwahanol sydd o fudd i'r naill a'r llall. Mae'n fantais i'r fuwch oherwydd bod y microbau'n cynhyrchu'r ensymau i dreulio ei bwyd, ac hefyd yn darparu fitaminau B i'r fuwch. Mae'r fuwch yn darparu cynefin a ffynhonnell bwyd i'r microbau.

Cyswllt

Mae cymaint o wartheg ar ffermydd yn y byd nes bod y methan a'r carbon deuocsid maen nhw'n eu rhyddhau yn cyfrannu'n sylweddol at gynhesu byd-eang. Byddwch chi'n dysgu mwy am hyn yn ystod ail flwyddyn y cwrs.

Ymestyn a herio

Mae ceffylau a chwningod yn llysysyddion sydd ddim yn cnoi cil. Mae eu microbau cydymddibynnol yn y caecwm a'r pendics. Mae maetholion yn cael eu hamsugno yn yr ilewm, cyn i'r microbau weithredu, felly mae cwningod yn gwneud dau fath o belenni ysgarthol: rhai gwyrdd, sy'n cynnwys cellwlos, a rhai brown, sydd ddim. Mae cwningod yn bwyta'r pelenni gwyrdd i gael y maetholion, ac rydyn ni'n dweud eu bod nhw'n 'garthysyddion'.

Anifeiliaid cnoi cil

Grŵp o lysysyddion sy'n cynnwys gwartheg a defaid yw'r **anifeiliaid cnoi cil**. Maen nhw'n defnyddio **rwmen** i dreulio eu bwyd. Defnydd cellfur yw llawer o'u bwyd, sef cellwlos yn bennaf. Dydy anifeiliaid ddim yn gwneud cellwlas a dydyn nhw ddim yn gallu treulio'r bondiau glycosidaidd-β mewn cellwlos. Mae anifeiliaid cnoi cil yn dibynnu ar ficrobau **cydymddibynnol** sy'n byw yn eu coludd i secretu'r ensymau yn lle hynny. Mae'r microbau hyn yn cynnwys bacteria, ffyngau a Protoctista sy'n byw mewn siambr 150 dm^3, y rwmen.

Mae treulio cellwlos yn digwydd fel hyn:

- Mae'r gwair yn cael ei dorri gan y dannedd a'i gymysgu â phoer i ffurfio'r cil, sy'n cael ei lyncu i lawr yr oesoffagws i'r rwmen.
- Y rwmen (A yn y diagram) yw'r siambr lle mae'r bwyd yn cymysgu â microbau. Mae'r microbau'n secretu ensymau sy'n treulio cellwlos i ffurfio glwcos. Mae'r glwcos yn cael ei eplesu i ffurfio asidau organig sy'n cael eu hamsugno i'r gwaed, ac sy'n ffynhonnell egni i'r fuwch. Mae'r cynhyrchion gwastraff, carbon deuocsid a methan, yn cael eu rhyddhau:
  $C_6H_{12}O_6 \longrightarrow 2CH_3COOH + CO_2 + CH_4$

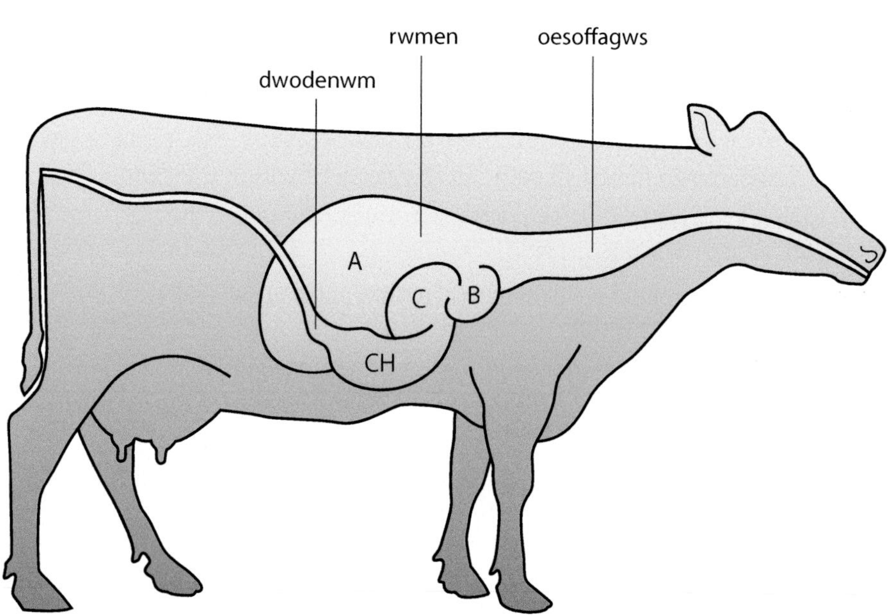

Coludd anifail cnoi cil

- Mae'r gwair wedi'i eplesu yn mynd i'r reticwlwm (B) ac yn cael ei ailffurfio'n gil. Mae'n cael ei ailchwydu i'r geg i'w gnoi eto.
- Mae'r cil yn gallu cael ei lyncu a'i ailchwydu i'r geg sawl gwaith.
- Nesaf, mae'r cil yn mynd i'r omaswm (C) lle mae dŵr ac asidau organig sydd wedi'u gwneud o glwcos wedi'i eplesu yn cael eu hamsugno i'r gwaed.
- Y bedwaredd siambr (CH), yr abomaswm, yw'r 'gwir' stumog, lle mae pepsin yn treulio protein ar pH2.
- Mae'r bwyd sydd wedi'i dreulio'n mynd i'r coluddyn bach, ac oddi yno mae cynhyrchion treulio yn cael eu hamsugno i'r gwaed.
- Mae'r coluddyn mawr yn gweithio mewn ffordd debyg i un bod dynol.

Parasitiaid

Mae **parasitiaid** yn byw ar, neu y tu mewn i organeb o rywogaeth arall, sef yr organeb letyol. Maen nhw'n:

- Cael maeth ar draul yr organeb letyol.
- Yn achosi peth niwed ac yn aml, marwolaeth.

Mae llawer o organebau'n cael eu parasiteiddio am ran o'u bywydau o leiaf. Mae planhigion ac anifeiliaid yn cael eu parasiteiddio gan facteria, ffyngau, firysau, nematodau a phryfed; mae anifeiliaid hefyd yn cael eu parasiteiddio gan brotoctistiaid, llyngyr, a gwiddon (*mites*). Mae hyd yn oed bacteria'n cael eu parasiteiddio gan firysau, sef bacterioffagau. Mae astudio parasitiaid yn economaidd bwysig oherwydd eu bod nhw'n achosi clefydau i fodau dynol, cnydau ac anifeiliaid dof.

Term allweddol

Parasit: Organeb sy'n cael maetholion o organeb fyw arall, yr organeb letyol, gan achosi niwed iddi.

Ymestyn a herio

Mae hyd yn oed firws yn gallu cael firws. Mae'r firws mwyaf rydyn ni'n gwybod amdano, y mamafirws, yn cynnwys firws llawer llai, sef firoffag Sputnik.

Y llyngyren borc – endoparasit yn y coludd

Rhaid i anifeiliaid osgoi cystadleuaeth ag anifeiliaid eraill ac osgoi bod yn ysglyfaeth i anifeiliaid eraill. Mae'r parasit coludd *Taenia solium*, y llyngyren borc, yn enghraifft dda. Does ganddi ddim cystadleuaeth, a gan ei bod hi'n endoparasit, nid yw'n bosibl ei hysglyfaethu.

Mae'r llyngyren yn siâp tebyg i ruban, sy'n rhoi digonedd o le i fwyd yr organeb letyol symud heibio iddi. Mae'r llyngyren hyd at 10 metr o hyd. Ei phen blaen yw'r **sgolecs**, sydd wedi'i wneud o gyhyr sy'n cludo sugnolynau a bachau. Mae ei chorff yn gyfres linol o adrannau o'r enw **proglotidau**. Mae cylchred bywyd y llyngyren yn golygu bod rhaid iddi symud yn ôl ac ymlaen rhwng dwy organeb letyol: Bodau dynol yw'r **organeb letyol gynradd** a moch yw'r **organeb letyol eilaidd**, lle mae'r ffurfiau larfa yn datblygu. Mae mochyn yn cael ei heintio wrth i ysgarthion dynol halogi ei fwyd. Mae bodau dynol yn cael eu heintio drwy fwyta porc sydd ddim wedi'i goginio'n ddigonol ac yn cynnwys ffurfiau larfa byw.

Mae'r llyngyren yn byw mewn ffynhonnell fwyd uniongyrchol, ond mae'n rhaid iddi oroesi amodau anghyfeillgar (*hostile*) yn y coludd:

- Mae wedi'i hamgylchynu â suddion treulio a mwcws.
- Mae'n rhaid iddi allu gwrthsefyll peristalsis.
- Mae'r pH yn newid wrth iddi symud i lawr y coludd i'r dwodenwm.
- Mae'n wynebu system imiwn yr organeb letyol.
- Os yw'r organeb letyol yn marw, mae'r parasit yn marw hefyd.

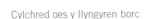

bod dynol
llyngyren lawn dwf yn y coluddyn bach
sgolecs
bachau
sgolecs
sugnolyn
proglotidau aeddfed yn cynnwys y groth ac embryonau
proglotidau terfynol yn syrthio i ffwrdd ac yn cael eu rhyddhau gyda'r ysgarthion
bwyta cig wedi'i heintio
wyau ac embryonau yn fyw yn yr ysgarthion, ond mae'n rhaid i fochyn eu bwyta er mwyn iddyn nhw ddatblygu ymhellach

Cylchred oes y llyngyren borc

Ymestyn a herio

Dim ond fel parasitiaid y mae parasitiaid 'anorfod', fel llyngyr, yn gallu bodoli, ond mae parasitiaid 'amryddawn', fel rhai ffyngau, yn gallu cael maeth fel parasitiaid, neu fel saprotroffau.

Pwynt astudio

Does dim lle yn y coludd i fwy nag un llyngyren, felly mae cyplu yn amhosibl. Mae'r llyngyren yn ddeurywiad – mae yna organau atgenhedlu gwrywol a benywol ym mhob proglotid. Maen nhw felly'n ffrwythloni ei hwyau ei hunain.

4.6 Gwirio gwybodaeth

Nodwch y gair neu'r geiriau coll:

Does dim angen llawer o systemau organau ar y llyngyren borc, ond mae ganddi system .... ddatblygedig iawn. Mae ganddi sugnolynau a .... i lynu at wal y coludd. Mae ganddi hefyd .... trwchus i'w hatal rhag cael ei threulio gan ensymau'r organeb letyol ac i atal system imiwn yr organeb letyol rhag ymosod arni. Mae ganddi gorff tenau iawn ac felly mae'r .... yn fawr i amsugno'r bwyd y mae'r organeb letyol wedi'i dreulio.

Ymestyn a herio

Mae astudiaethau fforensig wedi dangos mai dim ond ar ôl i ddillad gael eu dyfeisio y gwnaeth llau pen esblygu fel rhywogaeth ar wahân. Maen nhw'n cydio wrth wallt, ac mae llau corff yn cydio wrth ddillad. Yn wahanol i lau corff, dydy llau pen ddim yn cludo clefydau.

Pwynt astudio

Does dim angen i chi gael gwybodaeth fanwl am gylchred bywyd parasitiaid.

Mae gan y llyngyren yr addasiadau adeileddol canlynol i'w galluogi hi i fyw fel parasit yn y coludd:

- Sgolecs â sugnolynau a rhes ddwbl o fachau crwm i lynu'n gryf at wal y dwodenwm.
- Gorchudd corff trwchus, y cwtigl, i'w hamddiffyn rhag ensymau ac ymatebion imiwn yr organeb letyol.
- Mae'n gwneud atalyddion ensymau (gwrth-ensymau) sy'n atal ensymau'r organeb letyol rhag ei threulio hi.
- Mae ganddi goludd bach iawn; mae cymhareb arwynebedd arwyneb i gyfaint fawr yn caniatáu iddi amsugno bwyd wedi'i dreulio dros ei holl arwyneb.
- Mae'r llyngyren yn ddeurywiad (*hermaphrodite*) – mae pob proglotid yn cynnwys organau atgenhedlu gwrywol a benywol. Dim ond un llyngyren sydd mewn coludd wedi'i heintio fel arfer, ond mae pob proglotid aeddfed yn gallu cynnwys 40 000 o wyau, sy'n gadael corff yr organeb letyol gyda'r ysgarthion. Mae'r nifer enfawr hwn o wyau yn cynyddu'r siawns o heintio organeb letyol eilaidd.
- Mae gan yr wyau blisg gwydn ac maen nhw'n goroesi nes bod mochyn yn eu bwyta nhw. Yna, mae'r embryonau'n deor ac yn symud drwy wal y coluddyn i gyhyrau'r mochyn. Maen nhw'n aros yn gwsg yno tan fod bod dynol yn bwyta'r cig.

Effeithiau niweidiol y llyngyren borc

Nid yw llyngyren lawn dwf o reidrwydd yn achosi llawer o anghysur, ond mae haint hirdymor yn gallu achosi teniasis, sef clefyd llyngyr, sy'n rhoi poen yn yr abdomen ac yn gwneud rhywun yn wan. Gallwn ni ei drin â chyffuriau. Mae addysg am beth sy'n ei achosi, a mesurau iechyd cyhoeddus, fel gwella iechydaeth ac archwilio cig yn aml, yn hanfodol i leihau nifer yr achosion o haint llyngyr. Os yw unigolyn yn cael ei heintio drwy fwyta'r wyau'n uniongyrchol, yn hytrach na chig mochyn, mae embryonau cwsg yn gallu ffurfio codennau (*cysts*) mewn gwahanol organau, hyd yn oed y llygaid a'r ymennydd, a niweidio'r meinweoedd o'u cwmpas nhw. Mae'n anoddach trin hyn na thrin haint â'r llyngyren lawn dwf.

Mae teniasis yn brin yn y Deyrnas Unedig ond mae'n digwydd ym mhob man lle mae pobl yn bwyta porc, hyd yn oed gwledydd â rheolau iechydaeth caeth. Hyd yn oed yn UDA, mae 25% o'r gwartheg sy'n cael eu gwerthu yn cludo'r llyngyren *Taenia saginata*. Mae teniasis fwyaf cyffredin yn rhannau o Asia, Affrica a De a chanol America, yn enwedig ar ffermydd lle mae moch yn dod i gysylltiad ag ysgarthion dynol. Ble bynnag rydych chi a beth bynnag rydych chi'n ei fwyta, mae hylendid da yn hanfodol.

Pediculus – ectoparasit

Mae yna nifer o rywogaethau llau, ac mae pob un yn parasiteiddio ei rhywogaeth letyol ei hun. Mae rhai hyd yn oed mor arbenigol nes mai dim ond ar un rhan o gorff organeb letyol y maen nhw i'w cael.

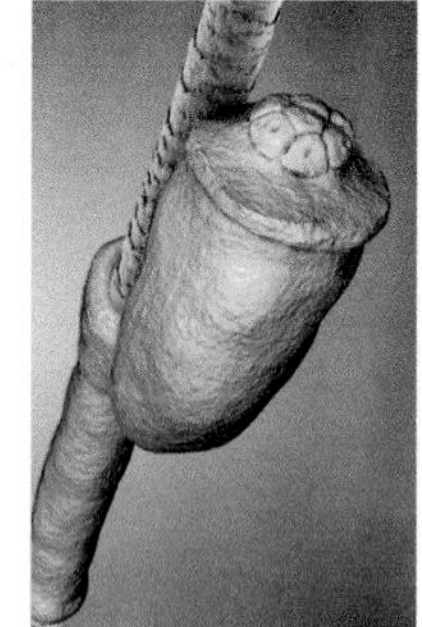

Nedd (*nits*) llau pen ar wallt

Lleuen ben ddynol ar flewyn

Pryfed heb adenydd yw llau. Dydyn nhw ddim yn gallu hedfan, a dydy eu coesau ddim wedi addasu'n dda i neidio a cherdded, felly maen nhw'n cael eu trosglwyddo o un organeb letyol i un arall drwy gyfrwng cyffwrdd uniongyrchol. Os ydyn nhw'n cael eu tynnu oddi ar y bod dynol maen nhw'n byw arno, maen nhw'n marw. Mae bodau dynol yn cael eu heintio gan lau corff a'u perthnasau agos, llau pen. Dydy'r berthynas â llau pwbig ddim mor agos.

Mae yna dri cham yng nghylchred oes lleuen: ffurf lawn dwf, wy a nymff.

Mae lleuen lawn dwf yn dodwy wyau, sy'n deor ar ôl 1–2 wythnos i ffurfio nymffod, gan adael nedd, sef casys gwag yr wyau. Mae'r nymff fel lleuen lawn dwf, ond yn llai. Mae'n tyfu'n llawn ar ôl tua 10 diwrnod ac, fel lleuen lawn dwf, mae'n bwyta gwaed, sydd, yn achos llau pen, yn cael ei sugno o gorun yr organeb letyol.

Profwch eich hun

1 Mae Llun 1.1 yn ddiagram sy'n cynrychioli system dreulio bodau dynol.

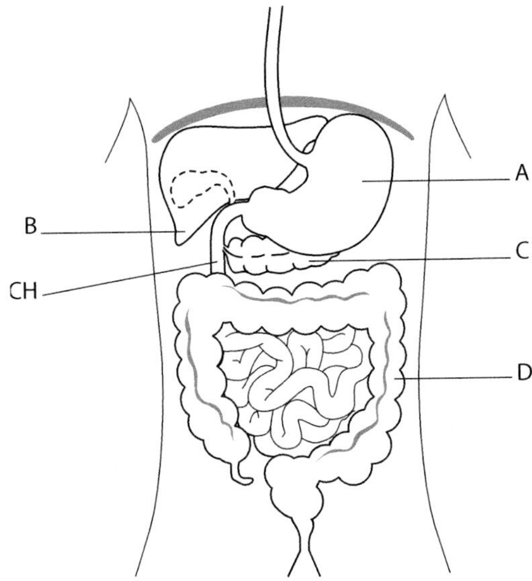

Llun 1.1 Y system dreulio ddynol

(a) Gan ddefnyddio'r llythrennau priodol o'r diagram, nodwch ble mae'r rhannau isod:

(i) Man asidig.

(ii) Y man lle mae hydrolysis protein yn dechrau.

(iii) Y man lle mae'r ensym amylas yn cael ei gynhyrchu.

(iv) Y ffurfiad sy'n cynhyrchu cemegion sy'n emwlsio brasterau. (2)

(b) Esboniwch pam mae treuliad proteinau'n fwy effeithlon os caiff endopeptidasau eu hychwanegu atynt cyn i ecsopeptidasau weithredu arnynt. (2)

(c) Gallwn ni arsylwi bod hyd coludd llysysydd yn hirach o'i gymharu â hyd ei gorff, nag yw hyd coludd cigysydd.

(i) Awgrymwch pam gallai fod llysysyddion wedi esblygu coludd cymharol hirach na chigysyddion. (2)

(ii) Nodwch ddwy ffordd, heblaw'r hyd, y mae arwynebedd arwyneb y coluddyn bach yn cael ei gynyddu. (2)

(iii) Mae mesuriadau o hyd coluddyn bach dynol normal yn dangos ei fod rhwng tua 260 cm ac 800 cm. Os yw anaf neu ddatblygiad diffygiol yn cynhyrchu coluddyn bach byrrach na 200 cm, mae gan y claf 'syndrom perfedd byr' ('*short bowel syndrome*'). Awgrymwch ddwy ffordd y gallai'r cyflwr hwn effeithio ar sut mae'r claf yn prosesu bwyd. (2)

(ch) Siambr yw'r rwmen yng ngholudd llysysydd cnoi cil lle mae treuliad microbaidd yn digwydd. Mewn buwch laeth iach, mae pH y rwmen tua 6.2.

(i) Awgrymwch pam gallai pH y rwmen newid.

(ii) Esboniwch sut mae'r fuwch yn rheoli pH ei rwmen (2)

(Cyfanswm 12 marc)

2 Mae Llun 2.1 yn ffotograff sy'n dangos planhigyn tomato â'r planhigyn parasitig llindag yn tyfu arno. Mae Lluniau 2.2 a 2.3 yn dangos tomatos ar eu rhiant-blanhigion. Mae'r planhigyn tomato yn ffotoawtotroffig ac yn gwneud ei fwyd drwy gyfrwng ffotosynthesis. Dail gweddilliol sydd gan y llindag, a does dim pigmentau ffotosynthetig ynddo.

Llun 2.1 Llindag yn parasiteiddio planhigyn tomato

Llun 2.2 Tomatos â'r pydredd llwyd *Botrytis cinerea*

Llun 2.3 Tomatos a lindysyn y gwyfyn tomato, *Lacanobia oleracea*

Enwch y mathau o faethiad sy'n cael eu defnyddio gan yr organebau heterotroffig sydd i'w gweld yn y tri ffotograff hyn, ac esboniwch sut mae'r organebau hyn yn cael carbohydrad ac yn ei dreulio.

Esboniwch sut mae carbohydradau'n gallu cael eu hymgorffori mewn organebau awtotroffig yn absenoldeb golau.

[9 AYE]

Ateb cwestiynau arholiad

Uned 2

Mae angen darllen y cwestiwn yn ofalus iawn. Dilynwch y cyfarwyddiadau drwy roi atebion uniongyrchol i'r gair gorchmynnol, gan osgoi'r demtasiwn i ysgrifennu popeth rydych chi'n ei wybod am destun.

Edrychwch eto ar y cyngor ar dudalennau 9–10

Mae'r enghraifft isod yn dangos sut mae cymhlethdod yn cynyddu mewn cwestiwn am destunau Uned 2. Mae'r geiriau gorchmynnol mewn **porffor**.

(a) Mae nifer y berdys dŵr croyw mewn nant yn cael ei fonitro dros lawer o flynyddoedd â thechneg samplu cicio, gan ddefnyddio'r un rhwyd bob tro. **Nodwch** ddwy ffactor byddai angen eu rheoli er mwyn safoni'r samplau. [2]

Dylech chi osgoi ailadrodd gwybodaeth sy'n cael ei rhoi yn y cwestiwn: mae'r un rhwyd yn cael ei defnyddio bob tro, felly does dim marciau am arwynebedd y rhwyd nac am faint y rhwyll. Dydy gofyn i'r un unigolyn wneud y cicio i gyd ddim yn sicrhau samplau safonedig.

(b) **Defnyddiwch** y tabl a'r fformiwla isod i gyfrifo Indecs Amrywiaeth ar gyfer nant dŵr croyw. [3]

Rhywogaeth	n	$(n-1)$	$n(n-1)$
Larfâu pryf pric	8	7	56
Nymffod pryf y cerrig	10	9	90
Malwod crwydrol	3	2	6
Larfâu'r chwilen blymio	2	1	2
Berdys dŵr croyw	39	38	1482
Nymffod cleren Fai	22	21	462
	$N = 84$		$\Sigma n(n-1) =$ ....
	$N(N-1) =$		

N = cyfanswm nifer yr unigolion o bob rhywogaeth

n = nifer yr unigolion ym mhob un rhywogaeth

Σ = swm

Indecs Amrywiaeth Simpson, $D = 1 - \dfrac{\Sigma n(n-1)}{N(N-1)}$

Wrth dalgrynnu 0.699, yr ateb yw 0.70, nid 0.69. Gwnewch yn siŵr eich bod chi'n talgrynnu'n gywir.

Gwiriwch eich bod chi'n defnyddio'r hafaliad yn gywir. Peidiwch ag anghofio tynnu'r ffracsiwn o 1.

Mae llawer o wahanol fformiwlâu i gyfrifo Indecs Amrywiaeth Simpson. Pan gewch chi hafaliad mewn cwestiwn arholiad, defnyddiwch ef fel y mae wedi'i ysgrifennu, hyd yn oed os ydych chi'n fwy cyfarwydd â fformiwla wahanol.

(c) Mae allfa o waith trin dŵr yn llifo i'r nant 40 m i lawr y nant o'r safle samplu gwreiddiol, fel mae'r diagram yn ei ddangos. I lawr y nant o'r allfa carthion, mae crynodiad yr ocsigen sydd wedi hydoddi yn y dŵr yn y nant, yn is nag y mae i fyny'r nant.

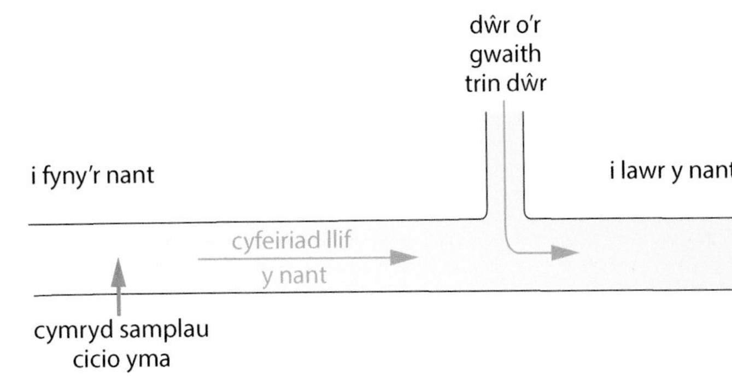

Bydd mwy o ferdys dŵr croyw, nymffod pryf y cerrig a nymffod cleren Fai i'w cael mewn nentydd os yw crynodiad yr ocsigen sydd wedi hydoddi yn uchel, a chrynodiad ïonau mwynol yn isel. Defnyddiwch y wybodaeth hon i **awgrymu** effaith dŵr o'r allfa carthion ar Indecs Amrywiaeth Simpson i lawr y nant o'r allfa, **gan roi un rheswm** dros eich ateb. [2]

Mae'r cwestiwn yn dweud 'Defnyddiwch y wybodaeth hon', felly dylech chi ddefnyddio ffeithiau o'r cwestiwn.

Dydy'r cwestiwn ddim yn gofyn am nifer y berdys ond am yr amrywiaeth gyffredinol, h.y. nifer y rhywogaethau a nifer yr unigolion ym mhob rhywogaeth.

Uned 2

1 Mae'r diagramau isod yn dangos rhannau o systemau resbiradol bodau dynol a phryfed.

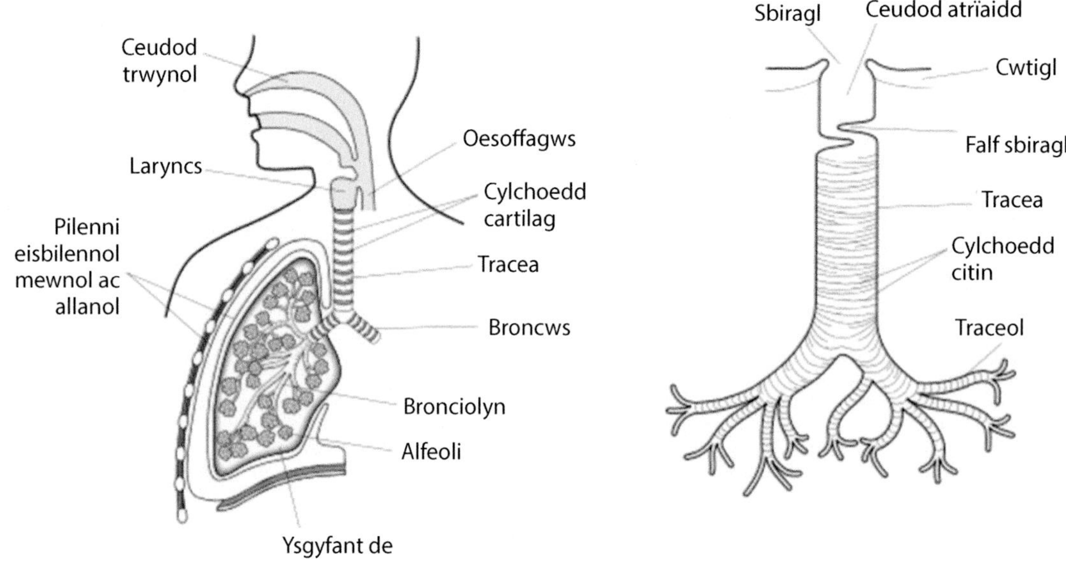

(a) Mae gan y systemau hyn nifer o nodweddion yn gyffredin. Cwblhewch y tabl isod i esbonio diben y nodweddion hyn. [4]

Nodwedd	Esboniad
Mae'r ddwy system yn fewnol	
Mae ceudod y trwyn a'r ceudod atrïaidd yn cynnwys blew	
Un gell yw trwch waliau'r alfeoli a'r traceolau	
Mae'r alfeoli a'r traceolau wedi'u leinio ag arwynebydd	

(b) Mae'r ffotomicrograff isod yn dangos trawstoriad drwy dracea ac oesoffagws mamolyn.

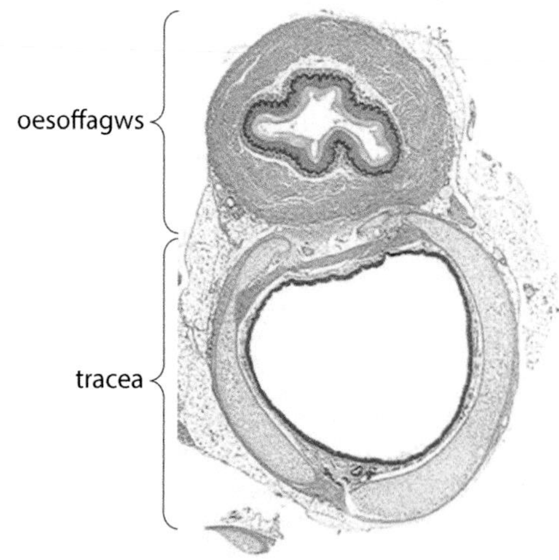

(i) Mae'r cylchoedd citin yn y tracea mewn pryfyn yn gyflawn. Mae'r cylchoedd cartilag yn y tracea mewn mamolyn yn anghyflawn neu'n 'siâp C'. Defnyddiwch y wybodaeth yn y ffotomicrograff i awgrymu pam mae'r cylchoedd cartilag yn y tracea mewn mamolyn yn anghyflawn [1]

(ii) Enwch un math o feinwe planhigion sy'n dangos patrwm tebyg o ddefnydd cynnal, i'r patrwm yn y tracea mewn pryfyn. [1]

(c) Mae'r graff isod yn dangos y newidiadau gwasgedd a chyfaint yn ystod un gylchred awyru mewn bod dynol iach sy'n gorffwys.

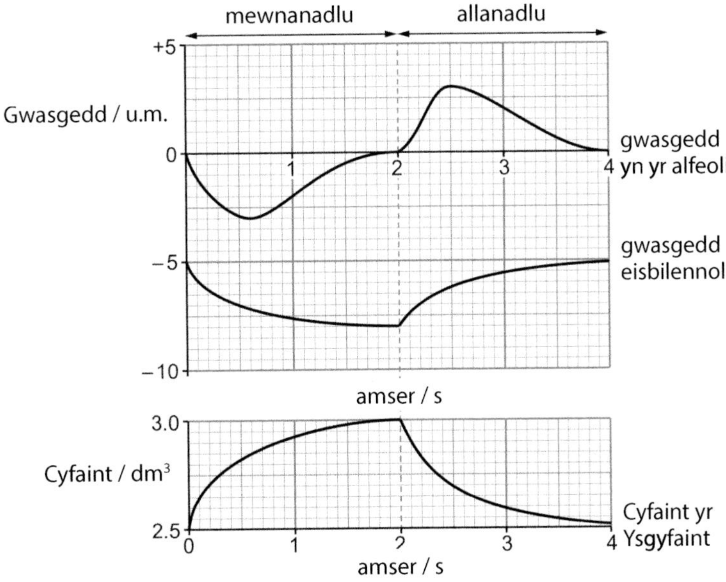

(i) Yn ystod mewnanadliad mae'r cyhyrau rhyngasennol allanol yn cyfangu gan godi'r cawell asennau. Mae hyn yn achosi i'r bilen eisbilennol allanol symud tuag allan. Gan ddefnyddio'r graffiau, esboniwch beth sy'n achosi'r newidiadau gwasgedd a chyfaint sydd wedi'u dangos yn ystod mewnanadliad. [4]

(ii) Awgrymwch un newid y byddech chi'n disgwyl ei weld yn y cromliniau hyn yn ystod ymarfer corff egnïol. [1]

(Cyfanswm 11 marc)

[© *CBAC Uned 2 2017* ***C2***]

2 Mae angen ffynhonnell asidau amino ar bob anifail i dyfu ac atgyweirio meinweoedd. Mae bacteria, sy'n bodoli yng ngholudd llysysyddion, yn gallu ymddatod cellwlos i ffurfio moleciwlau sy'n cynnwys llawer o egni; mae'r llysysydd yn gallu amsugno a defnyddio'r rhain.

Mae gwartheg yn cynhyrchu cyfaint mawr o boer sy'n cynnwys wrea. Mae'r wrea yn darparu ffynhonnell nitrogen sy'n cael ei ddefnyddio gan y bacteria i wneud proteinau.

Mae angen i geffylau fwyta deiet sy'n cynnwys llawer mwy o brotein na deiet gwartheg. Mae tail ceffylau yn cynnwys 3 gwaith cymaint o nitrogen organig â thail gwartheg.

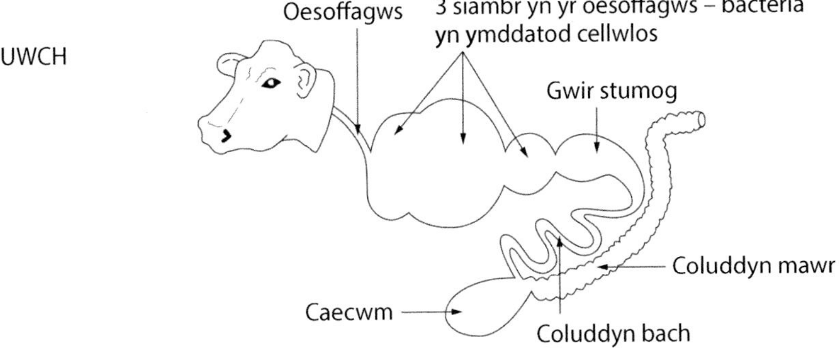

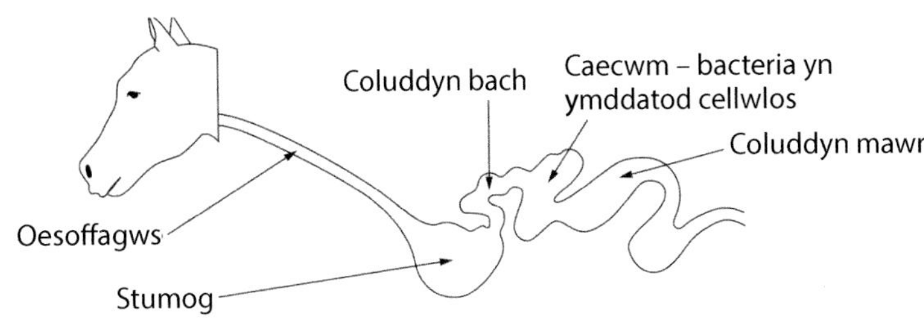

Disgrifiwch sut mae proteinau'n cael eu treulio fel eu bod nhw ar gael i gyhyrau'r llysysydd. Gan ddefnyddio'r diagramau o goludd buwch a cheffyl, eglurwch y gwahaniaeth rhwng swm y protein sydd ei angen ar geffyl a buwch a'r gwahaniaeth rhwng lefel y nitrogen organig yn nhail y ddau anifail. [9 AYE]

(Cyfanswm 9 marc)

[© *CBAC Uned 2 2016* ***C7***]

Atebion y cwestiynau Gwirio gwybodaeth

Uned 1

1.1. 1 – C; 2 – A; 3 – Ch; 4 – B
1.2. 1 – B; 2 – Ch; 3 – A; 4 – C
1.3. cellfur; beta; glycosidaidd; 180; hydrogen; microffibrolion
1.4. 1 – Ch; 2 – A; 3 – C; 4 – B
1.5. glyserol; annirlawn; ffosffad; pilenni
1.6. A – glycosidaidd-α-1,4; B – ester; C – peptid
1.7. A – trydyddol; B – eilaidd; C – cynradd; Ch – cwaternaidd
1.8. A – 2; B – 3; C – 1; Ch – 4
2.1. 1 – 35 µm; 2 – 2.95×10^{-1} m; 3 – 2.85 µm; 4 – 2 nm
2.2. 1 – B; 2 – A; 3 – Ch; 4 – C
2.3. centriolau; gwagolyn; tonoplast; cellfur; cloroplastau
2.4. 1 – B; 2 – A; 3 – C
2.5. meinwe; epithelaidd; cyhyr; cyswllt
2.6. Chwyddhad $= \dfrac{\text{maint y ddelwedd}}{\text{maint y gwrthrych}} = \dfrac{41 \times 1000}{1} = 41\,000$
2.7. Hyd $= \dfrac{\text{hyd y ddelwedd}}{\text{chwyddhad}} = \dfrac{63 \times 1000}{8500} = 7.41\ \mu\text{m}$ (2 l.d.)
2.8. $42\ \text{mm} \equiv 10\ \mu\text{m} \therefore 1\ \text{mm} \equiv \dfrac{10}{42}\ \mu\text{m} \therefore 11\ \text{mm} \equiv \dfrac{110}{42}$
$= 2.6\ \mu\text{m}$ (1 ll.d.)
3.1. ffosffolipid; hydroffobig; anghynhenid; glycoproteinau
3.2. Does dim symudiad dŵr net
∴ potensial dŵr y pridd = potensial dŵr y celloedd gwreiddyn = –100 kPa.
$\Psi_{cell} = \Psi_S + \Psi_P$
$\Psi_S = \Psi_{cell} - \Psi_P = -100 - 200 = -300$ kPa
3.3. 1 – B; 2 – B, Ch; 3 – B, C; 4 – A, Ch
4.1. biolegol; ïonig; safle actif; cymhlygyn
4.2. anactif; hydrogen; trydyddol; dadnatureiddio
4.3. safle actif; swbstrad; cynyddu; Pb^{2+} / As^{3+}
4.4. ansymudol; glwcos; trydanol; lactos
5.1. cyffredinol; ffosfforyleiddiad; mitocondria; resbiradu
5.2. niwcleotidau; deocsiribos; helics dwbl; hydrogen;
5.3. Bydd un rhan o wyth o'r DNA yn y safle rhyngol a saith rhan o wyth yn y safle ysgafn.
5.4. 1 – C; 2 – B; 3 – Ch; 4 – A
5.5. A) GGUCCUCUCUUAAGUAAA B) 6
C) CCAGGAGAGAAUUCAUUU
6.1 cylchred cell; rhyngffas; cromatidau; centromer
6.2. A – metaffas; B – anaffas; C – anaffas; Ch – proffas; D – teloffas
6.3. 1 – B; 2 – A; 3 – C; 4 – Ch
6.4. 1 – Y ddau; 2 – Meiosis; 3 – Y ddau; 4 – Y ddau; 5 – Meiosis
6.5. A) $\dfrac{6}{42} \times 100 = 14.3\%$ (1 ll.d.); B) $\dfrac{14.3}{100} \times 24 = 3.4$ awr

Uned 2

1.1. A – 3; B – 4; C – 2; Ch – 1
1.2. A – 5; B – 3; C – 2; Ch – 1; D – 4
1.3. A – 3; B – 4; C – 2; Ch – 1
1.4. A – 2; B – 3; C – 1
1.5 rhywogaethau; diffeithdiroedd; amser; bodau dynol
1.6. dethol; llyfn; collddail; cyplu
2.1. trylediad; cylchrediad; haemoglobin; ysgyfaint
2.2 gwaed; gwrthgerrynt; graddiant crynodiad; lamela
2.3. 1 – C; 2 – B; 3 – Ch; 4 – A
2.4. cludiant actif; startsh; gadael; llipa
3.1. 1 – C; 2 – B; 3 – A; 4 – Ch
3.2. nod sino-atriaidd; nod atrio-fentriglaidd; Purkinje; rhydweli ysgyfeiniol
3.3. plasma; erythrocytau; ocsigen; ocsihaemoglobin
3.4. 1 – Ch; 2 – B; 3 – A; 4 – C
3.5. potensial dŵr; symplast; stribed Caspary
3.6. anwedd dŵr; cinetig; lleihau; llaith
3.7. stomata; wedi'u suddo; cwtigl; hydroffytau
3.8. swcros; suddfannau; elfennau tiwbiau hidlo; cymargelloedd
4.1. heterotroffau; holosöig; saprotroffig; parasitig
4.2. ensymau; ceudod corff gwag; dau
4.3. 1 – B; 2 – C; 3 – Ch; 4 – A
4.4. microfilysau; arwynebedd arwyneb; capilarïau; lactealau
4.5. llorweddol; diastema; cigysddaint
4.6. atgenhedlu; bachau; cwtigl; arwynebedd arwyneb

Atebion y cwestiynau
Gwirio theori

Gwirio theori 1

1 $Cu^{2+} + e^- \longrightarrow Cu^+$
glas coch

2 Mae eu grŵp aldehyd neu geton yn gallu darparu electronau sy'n cyfuno â grwpiau eraill, ac felly yn eu rhydwytho nhw.

3 (i) glwcos (ii) maltos (iii) ribos (iv) ffrwctos

4 Anrydwythol

5 Naill ai magu gydag asid yna niwtralu ag $NaHCO_3$ neu magu gyda swcras. Mae'r lliw coch mewn prawf Benedict wedyn yn dangos bod y sylwedd gwreiddiol yn siwgr rhydwythol.

Gwirio theori 2

1 Cellbilen; tonoplast

2 Mae pilenni celloedd marw yn gwbl athraidd.

3 Mae'r arwydd negatif yn dynodi grym tuag i mewn i'r gell. Yr hydoddiant yn y gell sy'n cynhyrchu hwn.

Gwirio theori 3

1 Tuedd cell i dderbyn dŵr.

2 Mae potensial dŵr yn mesur tuedd moleciwlau dŵr i symud. Does dim tuedd i foleciwlau dŵr symud i mewn i ddŵr pur, felly mae gan ddŵr pur botensial dŵr o sero. Mae ychwanegu hydoddyn at ddŵr pur yn tueddu i ddod â moleciwlau dŵr i mewn. Gan fod y grym yn tynnu tuag i mewn, mae ganddo arwydd negatif, felly mae ychwanegu hydoddyn at ddŵr pur yn gostwng y potensial dŵr ac yn rhoi gwerth negatif iddo. Y mwyaf o hydoddyn sy'n cael ei ychwanegu, yr isaf yw'r potensial dŵr. Felly y gwerth uchaf ar gyfer potensial dŵr yw gwerth dŵr pur, sef 0.

3 Mae cell chwydd-dynn yn cynnwys mwy o ddŵr. Mae cyfaint cynnwys y gell yn fwy ac mae'n gwthio allan yn gryfach ar y cellfur, gan gynhyrchu potensial gwasgedd uwch.

4 Efallai nad yw rhai wedi cael amser i gyrraedd ecwilibriwm eto; efallai fod rhai wedi marw.

5 Mae'n bosibl bod ei botensial dŵr yn hafal i botensial dŵr y celloedd cyfagos neu'r hydoddiant o'i gwmpas, felly does dim symudiad dŵr net.

Gwirio theori 4

1 Maen nhw'n wrth-ddŵr a bydden nhw'n atal dŵr rhag symud i mewn ac allan o'r feinwe.

2 Mae'r arbrawf hwn yn tybio bod osmosis yn digwydd dros holl arwyneb pob disg, felly mae'r arwynebedd yn gyson i bob prawf. Os yw dwy ddisg yn cyffwrdd, dydy'r rhan sy'n cyffwrdd ddim ar gael ar gyfer osmosis, felly dydy'r arwynebedd ddim yn gyson wedyn.

3 I roi amser i'r pigmentau dryledu allan i'r hydoddiant trochi.

4 Gan mai dŵr yw'r hydoddydd ar gyfer yr hydoddiant pigment.

5 Mae gwyrdd a choch yn lliwiau cyflenwol, felly hidlydd gwyrdd sy'n amsugno'r mwyaf o olau. Hwn sy'n rhoi'r amrediad mwyaf eang o ddarlleniadau colorimedr, sy'n ei gwneud hi'n haws gweld unrhyw wahaniaethau rhwng y darlleniadau.

6 Byddai'r amsugniad yn llai, gan leihau amrediad y darlleniadau a'i gwneud hi'n llai tebygol i rywun sylwi ar unrhyw wahaniaethau rhwng y darlleniadau.

Gwirio theori 5

1 Ffosffolipidau a phroteinau.

2 Byddai'r moleciwlau'n fwy symudol.

3 Byddai'r pilenni'n llai sefydlog.

4 Byddai'r cadwynau asid brasterog yn y ffosffolipidau'n hirach, yn fwy dirlawn ac yn llai canghennog.

5 Byddai'r cadwynau asid brasterog yn y ffosffolipidau'n fyrrach, yn fwy annirlawn ac yn fwy canghennog.

Gwirio theori 6

1 Rhan fach o foleciwl ensym y mae'r swbstrad yn rhwymo wrtho gan ei fod wedi'i ddal mewn trefniant 3D penodol.

2 Mae gan foleciwlau ensym a swbstrad fwy o egni cinetig, felly maen nhw'n gwneud mwy o wrthdrawiadau â mwy o egni, felly mae mwy o wrthdrawiadau'n llwyddo i ffurfio cymhlygion ensym-swbstrad.

3 Mae symudiad mewnol cymharol darnau o'r moleciwl ensym yn ei atal rhag cynnal y safle actif (mae'r ensym wedi'i ddadnatureiddio) a dydy'r swbstrad ddim yn gallu rhwymo'n llwyddiannus wrtho.

4 Mae moleciwl ensym wedi esblygu i roi ei gyfradd adwaith uchaf ar dymheredd mewnol yr organeb lle y gwnaeth esblygu.

Gwirio theori 7

1 Deusylffid, ïonig, hydrogen, rhyngweithiadau hydroffobig.

2 Gallai ïonau H^+ niwtralu gwefrau negatif sy'n cynnal y bondiau ïonig a'r bondiau hydrogen.

3 Gallai ïonau OH^- niwtralu gwefrau positif sy'n cynnal y bondiau ïonig a'r bondiau hydrogen.

4 Byddai'r darn yn torri'n ddarnau gan fod cyfanrwydd ei gellfuriau'n cael ei golli wrth i'r pectin sydd ynddo gael ei dreulio.

Gwirio theori 8

1 Moleciwl neu ïon sy'n derbyn electronau.

2 Mae'r ensym yn y celloedd; mae gan ddisgiau fflat arwynebedd arwyneb mawr ar gyfer cyfaint penodol, felly mae cymaint â phosibl o gelloedd yn y golwg.

3 Mae celloedd un daten fawr yn enynnol unfath, ond dydy celloedd o datws gwahanol ddim, oni bai eu bod nhw'n dod o'r un rhiant-blanhigyn.

4 Mae'r fwred yn gulach felly mae uchder cyfaint penodol yn fwy, sy'n lleihau'r cyfeiliornad yn y darlleniad; mae graddnodau'r fwred yn fwy mân.

Gwirio theori 9

1 Oherwydd bod ei siâp yn gyflenwol i siâp y safle actif.

2 Mae'n rhwymo wrth y moleciwl ensym mewn modd sy'n newid y bondiau yn y moleciwl, felly dydy siâp y safle actif ddim yn cael ei gynnal. Dydy'r ensym a'r swbstrad ddim yn gallu rhwymo mor effeithlon ag y mae yn absenoldeb yr atalydd.

3 Ydy, er eu bod nhw fel arfer yn rhwymo yn rhywle arall, sef y safle 'alosterig'.

4 Lleihau a byth yn cyrraedd màs cynnyrch adwaith heb atalydd.

Gwirio theori 10

1 Proffas, metaffas, anaffas, teloffas

2 Mae DNA yn cael ei gyddwyso a does dim modd gwahaniaethu rhwng cromosomau.

3 Microdiwbynnau/proteinau'r werthyd

4 Meristem

5 Cynnydd yn nifer y celloedd, atgyweirio ac amnewid celloedd, atgynhyrchiad llystyfol

Gwirio theori 11

1 Mae poblogaeth yn cynnwys unigolion o'r un rhywogaeth yn byw ac yn atgenhedlu gyda'i gilydd. Mae cymuned yn cynnwys unigolion o lawer o rywogaethau'n byw gyda'i gilydd.

2 Gallai ymddwyn yn wahanol; gallai aelodau eraill o'i rywogaeth ymddwyn yn wahanol tuag ato; gallai fod yn haws i ysglyfaethwyr ei weld; gallai fod yn haws i'w ysglyfaethau ei weld; gallai'r marc fod yn wenwynig; efallai na chaiff ei roi yn ôl yn yr un lle ag y cafodd ei gymryd.

3 Y mwyaf yw'r rhif, y mwyaf dibynadwy yw unrhyw gyfrifiadau sy'n deillio ohono.

4 Mae'r cyfnod casglu'n gallu digwydd yn ystod yr amser pan maen nhw'n agor neu'n marw, neu pan nad oes unrhyw rai llawn dwf o gwmpas.

Gwirio theori 12

1 Mae'r crynodiad ocsigen uchaf yn debygol o fod ar yr arwyneb.

2 Dydy ysglyfaethwyr ddim yn gallu eu gweld nhw.

3 Maen nhw'n cynhyrfu'r dŵr drwy symud eu cynffonnau ar fuanedd sydd mewn cyfrannedd wrthdro â chrynodiad ocsigen.

4 Cerigos, tywod bras, tywod mân, silt, clai.

Gwirio theori 13

1 I osgoi tuedd.

2 Mae'r rhif mwy yn darparu cymedr mwy dibynadwy.

3 Mae samplu bloc ar hap yn addas mewn ardal heb unrhyw raddiant amgylcheddol: ar hyd llinell o'r coetir i'r llwybr, mae arddwysedd golau'n cynyddu.

4 Defnyddio allwedd.

5 Mae rhedyn yn tueddu i golli dŵr ac mae'r rhan gysgodol yn debygol o fod yn oerach, felly bydd llai o ddŵr yn anweddu. Yn y rhan gysgodol, mae arddwysedd golau is yn awgrymu bod y stomata'n debygol o agor llai, ac felly caiff llai o ddŵr ei golli drwy drydarthu.

Gwirio theori 14

1 Lamela tagell/plât tagell

2 I dryledu cymaint â phosibl o ocsigen i mewn a charbon deuocsid allan.

3 Nofio'n barhaus.

4 4

5 Mae pob tagell wedi'i chynnal gan fwa tagell, neu far tagell, sydd wedi'i wneud o asgwrn. Ar y bwâu tagell mae ymestyniadau tenau o'r enw ffilamentau tagell, ac ar y ffilamentau tagell mae'r arwynebau cyfnewid nwyon, sef y lamelâu tagell, neu'r platiau tagell.

6 Gyda llif gwrthgerrynt, mae cyfnewid nwyon yn digwydd yr holl ffordd ar hyd y ffilament tagell. Gyda llif paralel, dim ond nes bod crynodiad y nwyon yn y gwaed a'r dŵr yn hafal y mae'n digwydd.

Gwirio theori 15

1 Os yw dail yn cael eu dal yn llorweddol, bydd yr haul yn cynhesu'r arwyneb uchaf yn fwy na'r arwyneb isaf; mae cwtigl mwy trwchus yn well am atal anweddu na chwtigl teneuach.

2 Os yw dail yn cael eu dal yn llorweddol, bydd yr haen balis yn cael mwy o arddwysedd golau na'r haen sbyngaidd. I adeiladu mwy o gloroplastau yn yr haen sbyngaidd, byddai angen mwy o egni nag sy'n dod i mewn drwy gyfrwng ffotosynthesis.

3 Maen nhw wedi'u trefnu mewn tri dimensiwn (chwith-dde, fyny-lawr, yn ôl-ymlaen), felly gellir torri drwyddyn nhw i unrhyw gyfeiriad yn yr un toriad drwy ddeilen.

4 Efallai na fydd y toriad yn yr un plân â'r mandwll.

Gwirio theori 16

1 Mae'r atria yn union uwchben y fentriglau ac yn agos atynt, a phan fydd y corff dynol ar i fyny, mae disgyrchiant yn helpu'r gwaed i symud i lawr i'r fentriglau, felly mae angen llai o gyfangiad yn yr atria nag sydd ei angen yn y fentriglau, sy'n anfon gwaed ar wasgedd uchel drwy'r corff i gyd.

2 Mae'r fentrigl de yn pwmpio gwaed i'r ysgyfaint, sy'n agos iawn. Mae'r fentrigl chwith yn pwmpio gwaed ar wasgedd uchel i fynd o gwmpas y corff i gyd.

3 Mae'r galon yn cyfangu, ac felly mae'r chordae tendineae yn cael eu tynnu'n dynn, tua 60 gwaith y funud am lawer o ddegawdau, felly mae angen iddyn nhw fod yn gryf.

4 Pe bai'r gwaed yn cymysgu, byddai cyfran y gwaed ocsigenedig sy'n cyrraedd meinweoedd yn is, ac felly byddai celloedd yn llai effeithlon wrth gynhyrchu ATP.

5 Byddai waliau llyfn yn gwneud llif y gwaed yn llai llyfn (*streamlined*).

Gwirio theori 17

1 Mae'n bosibl bod rhywfaint o'r dŵr sydd wedi'i amsugno gan y cyffyn yn cyfrannu at chwydd-dyndra'r gell ac yn cymryd rhan mewn adweithiau.

2 I atal unrhyw aer rhag mynd i mewn i'r system neu i atal dŵr rhag gollwng allan.

3 Gwres o'r haul.

4 Mae golau llachar iawn o'r haul yn dod gyda gwres; mae stomata wedi'u cau yn atal trydarthu gormodol.

5 Heb ddail, does dim trydarthu drwy stomata yn bosibl.

Atebion Profwch eich hun

Uned 1

1.1

1 (a) (i) Eilaidd;
α;
trydyddol;
wedi'i blygu'n siâp 3D
Enwi adeiledd eilaidd + trydyddol, 1 marc yn unig (4)

(ii) Cysylltu dau neu fwy o bolypeptidau i ffurfio moleciwl gweithredol;
Haemoglobin / protein arall ag adeiledd cwaternaidd (2)

(b) (i)

```
      R       H  H  O
      |       |  |  ||
----N—C—C—N—C—C----
      |  ||   |  |
      H  O    |  R′
           bond peptid
```
(2)

(ii) Hydrolysis (1)

(iii)

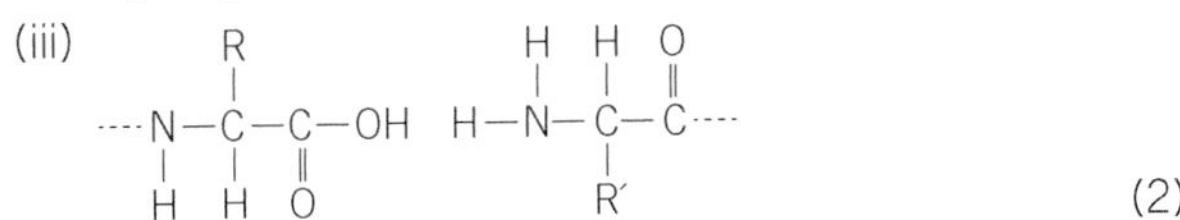

(2)

(c) (i) Unrhyw ddau o blith:
yr un cyfaint sampl;
yr un cyfaint o hydoddiant {biwret / sodiwm hydrocsid a chopr sylffad};
yr un crynodiad o hydoddiannau {biwret / sodiwm hydrocsid a chopr sylffad}
yr un tymheredd;
yr un pH (2)

(ii) 5, 2, 1, 3, 4;
Yr un mwyaf crynodedig sy'n cynhyrchu'r mwyaf o bigment porffor / biwret;
Ac felly'n amsugno'r mwyaf o olau (3)

(Cyfanswm 16 marc)

1.2

1 (a) Meinwe = grŵp o gelloedd â'r un adeiledd a'r un swyddogaeth sy'n gweithio gyda'i gilydd;
Fasgwlar / sylem / ffloem / epidermaidd / daearol;
Organ = grŵp o feinweoedd sy'n gweithio gyda'i gilydd i gyflawni swyddogaeth gyffredin;
Coesyn / deilen / gwreiddyn / briger / anther / ofari / carpel (4)

(b) Cloroffyl / caroten / santhoffyl / ffaeoffytin (1)

(c)

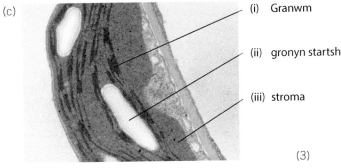

(i) Granwm
(ii) gronyn startsh
(iii) stroma

(3)

(ch) (i) hyd y diagram o'r cloroplast
= 52 mm / 52 × 1000 μm;

$$\text{chwyddhad} = \frac{\text{hyd y ddelwedd}}{\text{hyd y gwrthrych}} = \frac{52 \times 1000}{5}$$

= 10 400 (3 ff.y.) (2)

(ii) Mae'n edrych yn hirgrwn mewn toriad hydredol ac yn grwn mewn toriad ardraws. (1)

(iii) Does dim grana yng nghloroplast *Vaucheria* ond mae grana yng nghloroplast planhigyn blodeuol (1)

(Cyfanswm 12 marc)

2 (a) A = matrics (y mitocondrion); cylchred Krebs;
B = crista; y gadwyn trosglwyddo electronau / ffosfforyleiddiad ocsidiol; (4)

(b) (i) 3–5 μm (1)

(ii) Cell secretu / metabolaidd weithgar yn cyflawni cludiant actif/llawer o synthesis proteinau;
Felly mae angen cyflenwad ATP da;
ATP yn cael ei ddarparu gan y mitocondria (3)

(c) Syntheseiddio proteinau ar D;
Cludo proteinau drwy'r gell yn D;
Yn DD mae'r proteinau'n cael eu haddasu / eu trawsnewid yn glycoproteinau;
Proteinau'n cael eu pecynnu mewn fesiglau yn DD (4)

1 umll = 0.01 mm;
1 us = 1 umll = 1mm/100 = 0.01 mm = 0.01 × 1000 μm = 10 μm; (3)

(ch) (i) $1 \text{ us} = \frac{80}{80} = 1 \text{ umll}$;

(ii) 42 us = 42 × 10 / 420 μm = 0.42 mm (2 l.d.) (2)

(Cyfanswm 17 marc)

3 Cynnwys dangosol

Mae'r gellbilen yn hylifol. Mae'n llifo, e.e. yn ystod endo- ac ecsocytosis, cytocinesis a ffrwythloniad. Mae'r gallu i lifo, selio ei hun ac asio yn golygu bod celloedd eraill yn gallu cael eu hamlyncu mewn fesiglau. Mae'n bosibl bod mitocondria a chloroplastau yn deillio o gelloedd procaryotau wedi'u hamlyncu, oherwydd bod gan yr organynnau hyn a phrocaryotau bilen ddwbl, cylch bach o DNA, ribosomau 70S a ffosffolipidau a phroteinau yn y bilen fewnol sy'n debyg i'r rhai sydd gan rai procaryotau. Maen nhw yr un math o faint, ac yn rhannu drwy gyfrwng ymholltiad deuaidd.

Dydy'r cnewyllyn ddim yn edrych yn debyg i brocaryotau, felly mae tarddiad o'r tu allan i mewn yn annhebygol. Dydy'r model o'r tu allan i mewn ddim yn dangos sut mae'r reticwlwm endoplasmig wedi ffurfio, na pham mae'n barhaus mewn mannau â'r bilen gnewyllol allanol. Yn y model o'r tu mewn allan, y cnewyllyn yw gweddillion y gell a oedd yn gwneud yr amlyncu'n wreiddiol. Mae'r bilen gnewyllol fewnol yn cyfateb i'r gellbilen wreiddiol. Mae'r reticwlwm endoplasmig a'r bilen gnewyllol allanol yn deillio o bilenni'r pothellau, ac mae sisterna'r reticwlwm endoplasmig yn cynrychioli'r gofodau oedd ar ôl wedi i'r pothellau asio.

Mae organynnau mewn celloedd ewcaryotig yn galluogi'r celloedd i grynodi ensymau mewn cyfaint bach, fel bod ensymau a swbstradau'n gallu adweithio â'i gilydd yn gyflymach. Mae organynnau'n rhannu cemegion a allai fod yn niweidiol, e.e. ensymau treulio, i adrannau. Mae rhannu moleciwlau i adrannau yn ei gwneud hi'n annhebygol iawn y byddan nhw'n tryledu allan o gelloedd, felly dydyn nhw ddim yn cael eu colli. Mae mitocondria yn caniatáu i gelloedd ewcaryotig resbiradu'n aerobig, a mantais hynny yw bod mwy o egni ar gael. Mae cloroplastau'n caniatáu i gelloedd ewcaryotig gyflawni ffotosynthesis yn effeithlon, a mantais hynny yw eu bod nhw'n defnyddio egni golau'n fwy effeithlon na chelloedd heb gloroplastau.

7–9 marc – disgrifiad clir o'r tebygrwydd rhwng mitocondria, cloroplastau a phrocaryotau. Dehongli'r diagram i ddisgrifio mai dim ond y ddamcaniaeth o'r tu mewn allan sy'n gallu esbonio tarddiad yr amlen gnewyllol a'r reticwlwm endoplasmig. Manteision rhannu moleciwlau i adrannau i gelloedd ewcaryotig, gydag enghreifftiau.

4–6 marc – disgrifiad cyfyngedig i gymharu mitocondria, cloroplastau a phrocaryotau. Cyfeirio at ddiagramau i wahaniaethu rhwng dau fodel tarddiad ewcaryotau. Cyfeirio at rannu'n adrannau. Neu drafodaeth lawnach am ddau o'r pynciau hyn.

1–3 marc – ychydig o wybodaeth ffeithiol am bob pwnc neu ddisgrifiad llawn o un pwnc.

0 marc – dim gwybodaeth berthnasol.

(Cyfanswm 9 marc)

1.3

1 (a) Y tymheredd y mae'r disgiau betys yn cael eu cadw arno (1)

(b) (i) I sicrhau cysylltiad â'r un arwynebedd arwyneb betys ar bob tymheredd (1)

(ii) Fel bod yr amsugniad yn adlewyrchu màs y pigment sy'n cael ei ryddhau / y crynodiad terfynol yn dibynnu ar fàs y pigment a gafodd ei ryddhau yn unig (nid ar gyfaint y dŵr cafodd y màs ei hydoddi ynddo) (1)

(iii) Rheolydd (1)

(c) Defnyddio tri thiwb profi yn cynnwys disgiau ar bob tymheredd, darllen amsugniad pob un a chyfrifo cymedr (1)

(ch) Trylediad; drwy unrhyw 2 o'r tonoplast, cytoplasm, cellbilen, cellfur (enwi 1 ffurfiad am bob marc) (3)

(d) Mwy o ddirgrynu moleciwlaidd dros 40°C;
Proteinau'n dadnatureiddio;
Tarfu ar drefniant moleciwlau ffosffolipid (3)

(dd) Mae gan organebau sydd wedi esblygu ar dymheredd is fwy o asidau brasterog annirlawn yn eu ffosffolipidau;
Mae'r rhain yn cynyddu hylifedd y bilen;
Felly byddai mwy o darfu ar y bilen ar dymereddau is na 40°C (3)

(Cyfanswm 14 marc)

2 (a) Mae potensial dŵr cynnwys y gell yn is (na'r hydoddiant trochi);
Mae dŵr yn mynd i mewn i gelloedd drwy gyfrwng osmosis;
Felly mae'r celloedd yn ehangu (3)

(b) 6, –8 (2)

(c) (i)

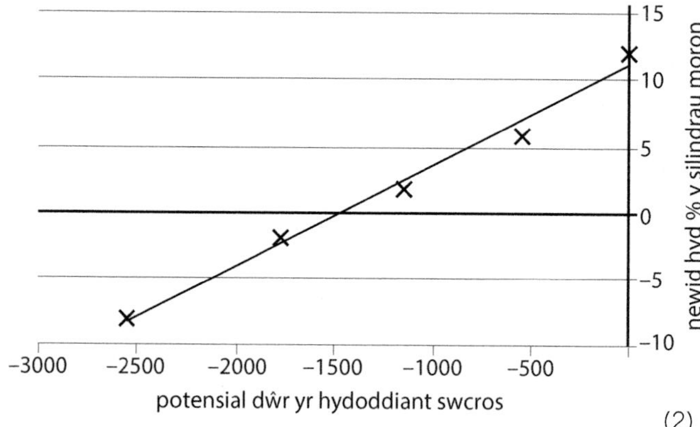

(2)

(ii) Llinell ffit orau â'r pwyntiau'n gytbwys ar y ddwy ochr i'r llinell a dim allosod; (1)

(ch) (i) Mae'r hydoedd cychwynnol yn wahanol felly dydy cymharu drwy ddefnyddio hyd absoliwt ddim yn ddilys. (1)

(ii) Derbyniwch ddarlleniad manwl gywir rhwng –1300 kPa a –1500 kPa (1)

(iii) Dydy'r hyd ddim yn newid;
Felly does dim dŵr wedi mynd i mewn nac allan;
Felly, mae'n rhaid bod y potensial dŵr y tu mewn a'r tu allan i'r celloedd moron yn hafal (3)

(d) (i) Byddai o bwynt i bwynt yn defnyddio'r ddau bwynt data ar y ddwy ochr i'r rhyngdoriad yn unig i ganfod ei safle, ond mae llinell ffit orau yn ystyried y pwyntiau i gyd (1)

(ii) Mae tatws yn llai melys na moron / mae llai o siwgr ynddyn nhw;
Felly mae eu potensial dŵr yn uwch (2)

(Cyfanswm 16 marc)

1.4

1 (a) $\frac{5.8}{0.5}$ = 11.6 cm^3 $munud^{-1}$ (2)

(b) Defnyddio silindr mesur / bwred â graddnodau cul / wedi'i raddio i 0.2 cm^3 yn hytrach nag 1 cm^3 (1)

(c) Drwy gydol 30s, mae nifer y moleciwlau swbstrad yn lleihau / i ddechrau mae mwy o safleoedd actif yn cael eu llenwi;
Felly llai o adweithiau bob uned amser (2)

(ch)(i) Unrhyw 6 o:
20–100°C: mae cynyddu'r tymheredd yn rhoi mwy o egni cinetig i foleciwlau;
Mwy o wrthdrawiadau ensym-swbstrad llwyddiannus;
Felly ffurfio mwy o gymhlygion ensym–swbstrad;
Felly mwy o adwaith bob uned amser;
Dros 100°C, mae dirgryniadau mewnfoleciwlaidd yn torri bondiau hydrogen;
Dinistrio siâp y safle actif / adeiledd trydyddol;
Felly gwneud llai o gymhlygion ensym–swbstrad (6)

(ii) Cymryd llawer o ddarlleniadau ar bob tymheredd a chyfrifo cymedr ar bob tymheredd (1)

(iii) Mae amylas dynol yn dadnatureiddio dros tua 40°C ac mae'r amylas bacteriol hwn yn dadnatureiddio dros 100°C; Felly mae pob ensym yn gallu bod yn actif ar dymheredd ei amgylchedd (2)

(Cyfanswm 14 marc)

2 (a) (i) Wrth i grynodiad plwm clorid gynyddu, mae'r gwreiddyn yn tyfu llai;
Mae'r lleihad mwyaf o ran cyfrannedd rhwng 0 a 0.05 mol dm^{-3} o blwm nitrad;
Ar 0.25 mol dm^{-3} o blwm nitrad dydy'r gwreiddyn ddim yn tyfu (3)

(ii) Atalydd anghystadleuol (1)

(iii) Mae'r ïon plwm yn rhwymo wrth foleciwlau ensym mewn safle alosterig / safle heblaw'r safle actif;
Mae'n effeithio ar fondio hydrogen a bondio ïonig o fewn y moleciwl ensym;
Mae siâp y safle actif yn cael ei ddinistrio / mae'r safle actif yn cael ei ddadnatureiddio / does dim modd gwneud cymhlygion ensym–swbstrad (3)

(b) Unrhyw ddau o'r rhain:
Defnyddio chwistrell â graddnodi mwy mân, e.e. chwistrell 5 cm^3 / pibed raddnodedig / bwred;
Dydy gwreiddiau ddim yn syth felly gosod cotwm ar hyd y gwreiddyn a'i drosglwyddo i bren mesur i'w fesur; (2)

(c) (i) I ddangos bod unrhyw newid i'r newidyn dibynnol yn cael ei achosi gan y newid i'r newidyn annibynnol (1)

(ii) Dal yr hadau mewn dŵr berw am 10 munud a'u hoeri nhw i dymheredd ystafell;
Yna cydosod yr arbrawf yr un fath + un enghraifft o newidyn rheolydd (2)

(Cyfanswm 12 marc)

3 (a) (i) Tymheredd / math o laeth (1)

(ii) Gwneud y gleiniau â lactas wedi'i ferwi a'i oeri (1)

(iii) Mae gan leiniau â diamedr llai fwy o gyfanswm arwynebedd arwyneb (na gleiniau â diamedr mawr);
Felly byddai mwy o siawns i'r moleciwlau swbstrad wrthdaro â safleoedd actif;
Felly byddai mwy o gynnyrch
Neu ateb rhesymol arall (3)

(iv) Mwy o gynnyrch oherwydd bod mwy o amser i gymhlygion ensym–swbstrad ffurfio (1)

(v) Mae'r moleciwlau lactas wedi'u dal yn eu lle gan ddefnydd y gel;
Felly mae'r moleciwlau lactas yn llai rhydd i ddirgrynu wrth i'r tymheredd gynyddu;
Felly dydy'r bondiau hydrogen sy'n dal y safle actif ddim yn torri / caiff siâp y safle actif ei gynnal (3)

(b) Glwcos a galactos (1)

(c) Unrhyw ddau o blith:
Haws adennill y cynnyrch / cynnyrch ddim wedi'i halogi ag ensym;
Gallwn ni ailddefnyddio'r ensym;
Ensym yn sefydlog dros amrediad tymheredd / pH ehangach (nag ensymau mewn hydoddiant);
Mae'n bosibl defnyddio mwy nag un ensym mewn dilyniant (2)

1.5

1 (a) Hyd = 1m = 10^9 nm;
Mae pob tro yn yr helics yn $\dfrac{10^9}{294\,000\,000}$ nm = 3.4 nm;
Pellter rhwng parau o fasau = $\dfrac{3.4}{10}$ = 0.34 nm;
= 3.4×10^{-1} nm (4)

(b) (i) AAU AGA AAG CCC UAC (1)

(ii) asn – arg – lys – pro– tyr (1)

(iii) Intronau;
Torri allan gan endoniwcleas;
Sbleisio'r dilyniannau / ecsonau sydd ar ôl;
Gyda ligas (4)

(iv) Codonau atalnodi / dilyniant cychwyn / dechrau yn cael ei fwydo i'r ribosom yn gyntaf (1)

(v) Dilyniant asidau amino yn cael ei gynhyrchu gan y dilyniant mRNA AAU GAA AGC CCU;
Felly y dilyniant DNA oedd TTA CTT TCG GGA;
Felly, o'i gymharu â'r dilyniant DNA gwreiddiol, mae'r 3ydd T/T yn safle 4/T rhwng A ac C wedi cael ei ddileu (3)

(c) (i) Organigyn / cyfarpar / cymhlygyn Golgi (1)

(ii) Gallai'r gadwyn fod wedi'i phlygu;
Gallai'r asidau amino fod wedi'u glycosyleiddio / â grwpiau siwgr / {carbohydrad/lipid} wedi'u hychwanegu;
Gallai gysylltu â pholypeptidau eraill / moleciwlau sydd ddim yn brotein / cael adeiledd cwaternaidd (3)

(Cyfanswm 18 marc)

1.6

1 (a) (i) Digwyddiadau cellol sy'n ailadrodd mewn trefn rhwng un cellraniad a'r un nesaf (1)

(ii) Mae'r rhan fwyaf o'r cnewyll mewn rhyngffas (1)

(iii) $\dfrac{2}{31} \times 100$; = 6.45% (2 l.d.) (2)

(iv) $\dfrac{6.45}{100} \times 24$; = 1.5 awr (1 ll.d.) (2)

(b) Proto-oncogenynnau;
Gweithredu fel brêc ar gylchred y gell;
Os oes mwtaniad, dim brêc / cylchred yn rhy gyflym / cellraniad afreolus (3)

(c) (i) Wrth i grynodiad cytocinin gynyddu, mae màs y DNA i bob miliwn o gelloedd / i bob cell yn lleihau (1)
(ii) Anaffas / cromatidau'n gwahanu / cytocinesis;
Mwy o gelloedd yn rhannu ar ôl dyblygu DNA yn arwain at lai o gynnwys DNA i bob cell ar gyfartaledd (2)
(ch) Dim gwahanu cromatidau yn ystod anaffas;
Mae'r celloedd yn cadw dwbl nifer y cromosomau / dwbl y màs o DNA (2)
(Cyfanswm 14 marc)

2 (a) (i) 21; Mae sberm yn haploid/ yn cynnwys hanner nifer cromosomau'r corffgelloedd (2)
(ii) 0; Dydy celloedd coch gwaed mamolion ddim yn cynnwys cnewyllyn / cromosomau (2)
(iii) 52; Mae 21 cromosom mewn sberm sebra ac mae ½ x 62 = 31 cromosom mewn wyau asyn; 21 + 31 = 52 (2)
(b) Metaffas mitosis: cromosomau yn eu trefnu eu hunain heb fod mewn parau / ar hap ar blât y cyhydedd; metaffas I meiosis: cromosomau o barau homologaidd yn eu trefnu eu hunain ar y ddwy ochr i blât y cyhydedd / yr un pellter oddi wrtho. (2)
(c) Dydy cromosomau ddim yn gallu ffurfio parau homologaidd;
Felly dydy meiosis ddim yn bosibl;
Felly does dim gametau'n gallu ffurfio (3)
(Cyfanswm 11 marc)

Uned 2

2.1

1 (a) Parth = Eukaryota; Teyrnas = Animalia; Genws = *Acinonyx* (3)
(b) Parth – yn cynnwys celloedd ewcaryotig;
Teyrnas – dim cellfuriau / cyd-drefniant nerfol (2)
(c) (i) Coeden esblygol/coeden ffylogenetig/cladogram (1)
(ii) Mae'r gath ddomestig yn perthyn yn agosach i'r cwgar nag i'r tsita;
Mae'r gath ddomestig a'r cwgar yn rhannu cyd-hynafiad mwy diweddar â'i gilydd nag yw'r gath ddomestig a'r tsita (2)
(iii) Dilyniannodi DNA / olion bysedd DNA / croesrywedd DNA / dilyniannodi proteinau
Mae dilyniant basau DNA / dilyniannau asidau amino y cwgar a'r gath ddomestig yn fwy tebyg i'w gilydd nag yw'r un o'r ddau yn debyg i'r tsita (2)
(Cyfanswm 10 marc)

2 (a) (i) Nifer y rhywogaethau a nifer yr unigolion ym mhob rhywogaeth (1)
(ii) Defnyddio trawslun;
Gosod cwadradau'n rheolaidd / nodi'r bwlch rhyngddyn nhw;
Cyfrif nifer y rhywogaethau / nifer yr organebau o bob rhywogaeth ym mhob cwadrad (3)
(b) Llygredd ac mae'n achosi mwtaniadau anffafriol / niwed biocemegol;
Dinistrio cynefinoedd posibl ac absenoldeb safleoedd nythu addas / mannau i fagu epil;
Presenoldeb ysglyfaethwyr, a phincod yn cael eu hysglyfaethu (felly dim dethol naturiol) (2)

Dau wahaniaeth yn unig, heb esboniad, 1 marc
(c) Allan nhw ddim rhyngfridio i gynhyrchu epil ffrwythlon (1)
(ch) Bydd yr amrywiaeth yn lleihau;
Bydd mantais ddetholus i bincod â nodweddion sy'n addas i dymheredd uwch a llai o law (2)
(Cyfanswm 9 marc)

3 (a) (i) Samplu cicio;
Gosod cwadrad 50 cm × 50 cm / 0.25 m^2 yn y nant;
Tarfu ar wely'r nant;
Am amser wedi'i fesur / enghraifft o amser, e.e. 2 funud;
Casglu infertebratau mewn rhwyd sy'n cael ei dal i lawr y nant o'r tarfu (4)
(ii) Adnabod yn anghywir / cyfrif yn anghywir (1)
(b) (i) $N(N-1) = 89 \times 88 = 7832$;
$\Sigma n(n-1) = 3512$; (2)
$$D = 1 - \frac{3512}{7832} = 1 - 0.45$$
$= 0.55$ (2 ff.y.) (2)
(ii) Mae bioamrywiaeth y Millstream yn fwy na bioamrywiaeth y Shirburn;
tua 50% yn fwy (2)
(iii) Gallai'r Shirburn fod yn fwy llygredig / bod â chrynodiad (nitrad/ffosffad) uwch (1)
(Cyfanswm 12 marc)

2.2

1 (a) Mae dŵr yn cynnwys llai o ocsigen nag aer / mae tryledìad mewn dŵr yn arafach na thrylediad mewn aer / mae dŵr yn fwy dwys nag aer, felly mae'n anoddach ei bwmpio (1)
(b) (i) Llif paralel – dŵr yn llifo i'r un cyfeiriad â'r gwaed yn y capilarïau tagellau A HEFYD llif gwrthgerrynt – dŵr yn llifo i'r cyfeiriad dirgroes i'r gwaed yn y capilarïau tagellau (1)
(ii) Mae llif gwrthgerrynt yn cynnal y graddiant crynodiad dros yr holl bellter y mae'r dŵr yn ei deithio ar draws y tagellau;
Mae llif paralel yn cynnal y graddiant crynodiad nes bod crynodiad yr ocsigen yn y gwaed a'r dŵr yn hafal (2)
(c) (i) 3.6 : 1 (1)
(ii) Wal lamela yn deneuach / lamela teneuach mewn *C. harengus* yn cynhyrchu pellter tryledu byr rhwng y dŵr a'r gwaed;
Mwy o lamelâu yn *C. harengus* yn cynhyrchu arwynebedd arwyneb mawr i dryledu;
Clupea harenga yn cyfnewid nwyon yn fwy effeithlon;
Felly mae'n gallu resbiradu mwy a darparu mwy o egni ar gyfer gweithgarwch (4)
(iii) Unrhyw dri o blith: tymheredd y dŵr; crynodiad ocsigen y dŵr; oed / maint / rhyw y pysgodyn (3)
(Cyfanswm 12 marc)

2 (a) (i) Agor yn y golau i gyfnewid nwyon ar gyfer ffotosynthesis effeithlon mewn golau llachar;
Cau mewn arddwysedd golau is i atal colli dŵr drwy drydarthu pan fydd ffotosynthesis yn llai effeithlon (2)

(ii) *Ficus elastica* – y rhan fwyaf o'r stomata ar agor yn ystod y dydd: hawdd cael mwy o ddŵr yn lle'r dŵr sy'n cael ei golli drwy drydarthu gan fod llawer o ddŵr ar gael;
Aloe vera – y rhan fwyaf o'r stomata ar agor yn ystod y nos: ddim yn hawdd cael mwy o ddŵr yn lle'r dŵr sy'n cael ei golli, felly mae'r rhan fwyaf o'r stomata ar agor pan mae'r tymheredd yn is, felly mae'n colli llai drwy drydarthu (2)

(b) (i) Unrhyw bump o blith:
Peintio dwy haen o farnais ewinedd clir ar ddeilen;
Gadael i bob haen sychu;
Pilio'r ddeilen replica i ffwrdd;
Ei mowntio hi mewn dŵr;
Edrych arni ar ×10 / ×40;
Cyfrif y stomata sydd yn y golwg mewn 10 man a chyfrifo'r cymedr;
O arwynebedd y rhan yn y golwg, cyfrifo'r nifer bob cm^2 (5)

(ii) Mae dail *Tilia* yn cael eu dal yn llorweddol felly byddai golau haul uniongyrchol yn cynyddu trydarthu pe bai stomata ar yr arwyneb uchaf;
Mae'r arwyneb isaf yn cael llai o wres felly byddai stomata yn yr arwyneb isaf yn creu llai o risg o golli dŵr nag ar yr arwyneb uchaf;
Zea yn cael eu dal yn fertigol felly mae'r ddau arwyneb yn cael yr un faint o haul;
Dim pwysau dethol i fod â llai ar un ochr na'r llall (4)

(Cyfanswm 13 marc)

3 Cynnwys dangosol

Dros 40°C, mae cyfradd ffotosynthesis yn lleihau ym mhob math o amodau. Mae tymheredd uwch yn cynyddu cyfradd ffotosynthesis. Ond dros 40°C mae ensymau'n cael eu dadnatureiddio'n thermol, sy'n lladd celloedd, felly cadw'r tymheredd mor uchel â phosibl ond yn is na'r tymheredd lle mae dadnatureiddio'n lleihau cyfradd ffotosynthesis. Mae mwy o anweddu wrth i'r tymheredd gynyddu. O dan 40°C yn atal gormodedd o drydarthu, fyddai'n achosi gwywo.

Ar grynodiad uchel carbon deuocsid, mae cyfradd ffotosynthesis yn lleihau. Wrth i garbon deuocsid dryledu i mewn i'r ddeilen, mae'n hydoddi yn y dŵr yn y cellfuriau mesoffyl. Mae ïonau H^+ yn ffurfio o ganlyniad i ddaduno'r asid carbonig (H_2CO_3) sy'n ffurfio wrth i garbon deuocsid hydoddi mewn dŵr:
$CO_2 + H_2O$ -----> H_2CO_3 -----> $HCO_3^- + H^+$. Mae ïonau H^+ yn mynd i mewn i gelloedd ac yn gostwng y pH. Mae hyn yn dadnatureiddio ensymau ac yn gallu lladd celloedd mesoffyl. Os yw stomata'n cau pan mae crynodiad carbon deuocsid yn yr atmosffer yn uchel (dros tua 1%), fydd pH y celloedd ddim yn gostwng. Ar arddwysedd golau uchel, mae cyfradd ffotosynthesis yn gwastadu. Mae arddwysedd golau uchel fel arfer yn cyd-daro â thymheredd uchel gan mai'r haul sy'n achosi'r ddau, felly mae'r stomata'n cau, gan atal y trydarthiad gormodol a'r gwywo a allai ddigwydd ar dymheredd uchel.

Pan gaiff blodau eu torri, maen nhw'n colli dŵr drwy sylem y coesyn sydd wedi'i dorri. Does dim modd cael mwy o ddŵr o'r gwreiddiau, felly mae'r coesynnau a'r blodau'n gwywo. I atal gwywo, dylid rhoi'r coesynnau mewn amgylchedd claear i arafu anweddu, mewn aer llonydd, fel nad oes ceryntau i chwythu plisg o aer dirlawn i ffwrdd ac mewn amgylchedd llaith, i leihau'r graddiant potensial dŵr rhwng y tu mewn a'r tu allan i'r ddeilen, sy'n lleihau trydarthu.

7–9 marc – effeithiau tymheredd ar adweithiau a chyfaddawd 40°C i ganiatáu adweithiau cyflym ond heb ddadnatureiddio na thrydarthu cyflym. Disgrifiad o CO_2 mewn dail yn cynhyrchu H^+, a chau stomata. Cydberthyniad rhwng arddwysedd golau uchel a thymheredd uchel felly mae'r stomata'n cau os yw'r arddwysedd golau'n uchel, i atal trydarthu. Esbonio gwywo. Aer claear, llaith, llonydd yn lleihau trydarthu.

4–6 marc – sôn am effeithiau tymheredd, CO_2 a golau ond heb esbonio'r canlyniadau'n llawn. Neu drafodaeth lawnach am ddau o'r cysyniadau hyn.

1–3 marc – ychydig o wybodaeth ffeithiol neu drafodaeth lawnach am un o'r cysyniadau hyn.

0 marc – dim gwybodaeth berthnasol.

(Cyfanswm 9 marc)

2.3a

1 (a) (i) 5 kPa (1)
(ii) 10 kPa (1)

(b) Wrth i waed symud i feinweoedd â gwasgedd rhannol ocsigen isel, mae'r ocsihaemoglobin yn rhyddhau ocsigen yn rhwydd / wrth i waed symud i feinweoedd â gwasgedd rhannol ocsigen uchel, mae'r haemoglobin yn rhwymo ag ocsigen yn rhwydd;
Mae haemoglobin yn gwbl ddirlawn ar wasgedd rhannol ocsigen (cymharol) isel. (2)

(c) (i) Byddai'r gromlin yn symud i'r dde / <u>Ar wasgedd rhannol ocsigen penodol</u>, byddai'r dirlawnder canrannol yn is (1)
(ii) Effaith Bohr (1)

(ch) (i) I. Tyndra llwytho: ar wasgedd rhannol ocsigen penodol, mae gan yr haemoglobin fwy o affinedd ag ocsigen felly byddai'r haemoglobin yn 90% dirlawn ar wasgedd rhannol ocsigen is ac e.e. 8 kPa
II. Tyndra dadlwytho: ar wasgedd rhannol ocsigen penodol, mae gan yr haemoglobin fwy o affinedd ag ocsigen felly byddai'r haemoglobin yn 50% dirlawn ar wasgedd rhannol ocsigen is ac e.e. 1 kPa (4)
(ii) Mae'n byw mewn cynefin â chrynodiad ocsigen isel. (1)

(Cyfanswm 11 marc)

2 (a) (i) Mae gan y fentrigl chwith wal gyhyrog fwy trwchus na'r fentrigl de / mae'n cyfangu â mwy o rym (1)
(ii) Mae'r atria'n cyfangu felly mae'r gwasgedd yn fwy yn yr atria/mae'r fentriglau mewn diastole felly mae'r gwasgedd yn is yn y fentriglau (1)

(b) X: nod atrio-fentriglaidd; Y: sypyn His (1)

(c) (i) Mae'r oediad yn caniatáu i waed lifo i'r fentriglau o'r atria/fel bod yr atria'n gallu gwagio cyn i'r fentriglau gyfangu (1)
(ii) Mae'r fentriglau'n cyfangu o'r gwaelod tuag i fyny;
Fel bod y fentriglau'n gwagio'n llwyr (2)

(ch) Tuag i fyny yw cyfeiriad y cywasgiad. Os yw S wedi'i niweidio, does dim cyfangiad yn S ac felly dim byd i ledaenu'r cyfangiad tuag i fyny. Os yw T wedi'i niweidio, mae S yn gallu dechrau'r cyfangiad; dydy hyn ddim yn mynd yn bellach na T ond mae'r galon yn cyfangu'n rhannol. (1)

(d) (i) Un gylchred o S i S mewn 1.40–0.42 = 0.98 s;
$\therefore$ cyfradd curiad y galon = $\frac{60}{0.98}$ = 61 bpm (3)
(ii) Mae fentriglau Claf B wedi'u helaethu (1)

(Cyfanswm 11 marc)

2.3b

1 (a) A: Pibell sylem – cludo dŵr / halwynau mwynol
B: Elfen tiwb hidlo – cludo defnyddiau organig / swcros / asidau amino
C: Cymargell – rhyddhau egni ar ffurf ATP / gwneud proteinau / rheoli'r elfen tiwb hidlo (3)

(b) Dau o:
Cynnal / cryfhau / atal y bibell rhag dymchwel;
adlyniad dŵr yn cyfrannu at symudiad dŵr tuag i fyny yn y llif trydarthol; gwrth-ddŵr (2)

(c) (i) Atyniad moleciwlau dŵr at ei gilydd oherwydd y gwefrau rhannol ar y moleciwl dŵr sy'n ddeupol (1)
(ii) Moleciwlau dŵr yn anweddu drwy'r stomata yn nhop y golofn ddŵr; cydlyniad yn achosi tyniad tuag i fyny (tyniant) ar yr holl golofn o ddŵr (2)
(iii) Gwasgedd negatif yw tyniant felly mae'r gwasgedd yn y sylem yn is na gwasgedd yr atmosffer (1)

(ch) Gwasgedd gwraidd (1)
Cludiant actif ïonau i sylem y gwreiddyn;
Creu graddiant potensial dŵr / mae dŵr yn cael ei dynnu i mewn i waelod y sylem drwy gyfrwng osmosis (2)

(Cyfanswm 12 marc)

2 (a) Cwtigl trwchus wedi'i wneud o gwyr, sy'n wrth-ddŵr;
Mae stomata wedi'u suddo'n cynhyrchu haen o aer dirlawn mewn pant sy'n lleihau'r graddiant potensial dŵr rhwng tu mewn a thu allan y ddeilen, gan leihau trydarthiad;
Blew yn dal anwedd dŵr ac yn cadw aer dirlawn o gwmpas y stomata i leihau trydarthu (3)

(b) (i) Diffeithdir sych (1)
(ii) Seroffyt (1)

(c) Dan ddŵr – dim stomata, arnofio – stomata yn yr arwyneb uchaf
Dan ddŵr – dim cwtigl, arnofio – cwtigl tenau, os o gwbl, ar yr arwyneb uchaf
Dan ddŵr – dim gofodau aer, arnofio – gofodau aer ar gyfer hynofedd (3)

(Cyfanswm 8 marc)

2.4

1 (a) Asidig – A;
Hydrolysis protein – A;
Cynhyrchu amylas – C;
Cynhyrchu bustl – B; (2 farc, 1 marc am 2 neu 3 yn gywir)

(b) Endopeptidasau'n treulio yng nghanol y gadwyn gan gynhyrchu llawer o gadwynau byrrach;
Cynhyrchu llawer o safleoedd i ecsopeptidasau eu treulio (2)

(c) (i) Mae'r rhan fwyaf o ddeiet llysysydd yn gellwlos / yn anodd ei dreulio;
Felly mae coludd hir yn rhoi mwy o gyfle i dreulio (2)
(ii) Filysau; microfilysau (2)
(iii) llai o dreulio; amsugno llai o fwyd wedi'i dreulio / dŵr (2)

(ch) (i) Hydoddiant carbon deuocsid yn cael ei gynhyrchu gan resbiradaeth microbau / cynhyrchu asidau brasterog cadwyn fyr wrth eplesu glwcos, yn gostwng y pH (1)
(ii) HCO_3^- yn y poer yn cael ei lyncu i'r rwmen yn cynyddu'r pH (1)

(Cyfanswm 12 marc)

2 Cynnwys dangosol

Planhigyn yw llindag, ond does ganddo ddim cloroffyl. Mae'n dibynnu ar organeb arall i gael carbohydradau, felly mae'n heterotroffig. Mae'n cael ei faeth gan organeb fyw arall, felly mae'n barasit. Planhigyn tomato yw'r organeb letyol. Mae'r ffotograff yn ei ddangos yn dod i gysylltiad sylweddol â'r organeb letyol, sy'n cynyddu ei allu i gael defnyddiau gan yr organeb letyol. Mae'n cymryd siwgrau, fel swcros, yn uniongyrchol o ffloem yr organeb letyol.

Does dim pigmentau ffotosynthetig yn y llwydni sy'n tyfu ar y tomato ac nid yw'n gallu syntheseiddio ei fwyd ei hun, felly mae'n heterotroffig. Mae'n secretu ensymau ac yn cyflawni treuliad allgellol, felly mae'n saprotroffig. Mae'n secretu ensymau o flaen ei hyffâu i mewn i'r celloedd tomato. Mae'r ensymau hyn yn cynnwys cellwlasau, sy'n treulio'r cellwlos yng nghellfuriau'r tomato i ffurfio ß-glwcos. Mae'r hyffâu hefyd yn secretu amylas, sy'n treulio carbohydradau, fel startsh, i ffurfio monosacaridau, gan gynnwys β-glwcos. Mae'r cynhyrchion treulio hydawdd hyn yn cael eu hamsugno i'r hyffâu drwy gyfrwng trylediad cynorthwyedig a chludiant actif.

Mae'r lindysyn yn heterotroffig. Anifail ydyw, a does ganddo ddim pigmentau ffotosynthetig, felly mae'n rhaid iddo gael ei fwyd o ffynhonnell arall. Mae'n bwyta'r bwyd, sef y tomato yn yr achos hwn, ac yn cyflawni maethiad holosöig, h.y. mae'n bwyta, yn treulio'r moleciwlau bwyd ac yn carthu gwastraff. Mae'r lindysyn yn amlyncu'r tomato yn ei geg ac mae'r bwyd yn symud drwy'r coludd tiwb drwy gyfrwng peristalsis. Mae'n secretu ensymau ar y bwyd. Mae amylas yn treulio carbohydradau i ffurfio monosacaridau fel glwcos, a deusacaridau fel maltos. Mae bondiau glycosidaidd-α-1,4 y deusacaridau'n cael eu hydrolysu, gan gynhyrchu monosacaridau fel glwcos. Mae monosacaridau'n cael eu hamsugno ar draws wal y coludd drwy gyfrwng trylediad cynorthwyedig a chludiant actif.

Mae'r organebau sy'n gwneud carbohydradau yn absenoldeb golau yn awtotroffig, gan eu bod nhw'n gwneud eu bwyd eu hunain. Organebau cemoawtotroffig ydyn nhw, h.y. maen nhw'n cyflawni cemosynthesis, oherwydd yn absenoldeb golau, caiff adweithiau cemegol eu defnyddio i gynhyrchu'r egni sy'n cael ei ymgorffori mewn moleciwlau glwcos. Mae'r organebau hyn yn gallu byw mewn cynefinoedd ymylol, fel agorfeydd yn ddwfn yn y môr, lle mae'r tymheredd a'r gwasgedd yn uchel.

7–9 marc – disgrifio llindag fel parasit, y llwydni fel saprotroff a'r lindysyn fel organeb sy'n dangos maethiad holosöig. Manylion am ffyrdd o gael carbohydradau a'u treulio nhw. Disgrifiad o gemoawtotroffau a'u ffynhonnell egni i syntheseiddio carbohydradau.

4–6 marc – enwi mathau o faethiad yr organebau hyn a rhyw ddisgrifiad o sut maen nhw'n cael carbohydradau ac yn eu treulio nhw, neu ddisgrifio cemoawtotroffau.

1–3 marc – ambell i bwynt perthnasol ond dim llawer o derminoleg gywir.

0 marc – dim pwyntiau perthnasol.

(Cyfanswm 9 marc)

Atebion y cwestiynau ar dudalennau 7–9 sy'n dangos Amcanion Asesu

<table>
<tr><th>AA</th><th>Cwestiwn</th><th>Cynllun marcio</th></tr>
<tr><td>1</td><td>Dangos gwybodaeth</td><td>Unrhyw 3 (x1) o'r canlynol:
<table>
<tr><th>Deunydd genynnol yn Salmonella</th><th>Deunydd genynnol mewn celloedd dynol</th></tr>
<tr><td>Ddim mewn cnewyllyn / yn rhydd yn y cytoplasm</td><td>Yn y cnewyllyn</td></tr>
<tr><td>Un cromosom / moleciwl</td><td>Wedi'i ddosbarthu rhwng cromosomau</td></tr>
<tr><td>Gall fod wedi'i gynnwys mewn plasmidau</td><td>Dim plasmidau felly dim DNA cyfatebol</td></tr>
<tr><td>Dim mitocondria / cloroplastau felly dim DNA cyfatebol</td><td>DNA yn y mitocondria / cloroplastau</td></tr>
<tr><td>Ddim yn gysylltiedig â histonau / proteinau</td><td>Cysylltiedig â histonau / proteinau</td></tr>
</table></td></tr>
<tr><td>1</td><td>Dangos dealltwriaeth o syniadau gwyddonol</td><td>Mae ganddyn nhw yr un (fformiwla gemegol/fformiwla foleciwlaidd/nifer o atomau o bob elfen) ond mae eu (fformiwlâu adeileddol/adeileddau) yn wahanol / mae'r ddau'n $C_{12}H_{22}O_{11}$ ond yn wahanol (fformiwlâu adeileddol/adeileddau)</td></tr>
<tr><td>2</td><td>Mewn cyd-destun damcaniaethol</td><td>Mae ethanol yn hydoddi ffosffolipidau / yn dadnatureiddio proteinau (1)
Creu bylchau yn y bilen (1)</td></tr>
<tr><td>2</td><td>Mewn cyd-destun ymarferol</td><td>Maen nhw mewn cyfrannedd wrthdro â nifer y llyngyr lledog (1)
Gallai llyngyr lledog gael eu golchi i lawr y nant gan gyfradd llif uwch (1)
Gallai llyngyr lledog fod yn methu goddef golau (1)</td></tr>
<tr><td>2</td><td>Wrth drin data ansoddol</td><td>A = cylch o gwmpas un cromosom X neu'r ddau (1)
B = cylch o gwmpas un cromosom 21 neu'r tri (1)</td></tr>
<tr><td>2</td><td>Wrth drin data meintiol</td><td>Arwynebedd y pedair ochr = $3 \times 35 \times 3 = 315$ mm^2 (1)
Arwynebedd y ddau ben = $2 \times 3 \times 3 = 18$ mm^2 (1)
Cyfanswm arwynebedd = $315 + 18 = 333$ mm^2 (1)</td></tr>
<tr><td>3</td><td>Llunio barn a dod i gasgliadau</td><td>Afal – dim trydarthiad o'r arwyneb uchaf a llawer o drydarthiad o'r arwyneb isaf (1)
Byddai'r arwyneb uchaf yn yr haul a gwres uniongyrchol yn anweddu llawer o ddŵr pe bai stomata'n bresennol / Mae'r arwyneb isaf mewn cysgod a byddai gwres uniongyrchol yn anweddu llai o ddŵr (1)
India corn – cyfraddau trydarthu'n hafal o'r ddau arwyneb / llai o drydarthiad nag o arwyneb isaf afal (1)
Mae'r dail yn fertigol felly mae'r ddau arwyneb yn cael yr un faint o haul felly mae'r un faint o ddŵr yn anweddu oddi ar yr arwynebau (1)</td></tr>
<tr><td>3</td><td>Datblygu a mireinio dyluniadau a gweithdrefnau ymarferol</td><td>Mwy o gwadradau (felly cymedr mwy dibynadwy). (1)
Un newidyn rheolydd o blith:
Cyfrif yn y ddau gae (ar yr un adeg o'r flwyddyn / o fewn amser byr i'w gilydd) / caeau â'r un (tymheredd / arddwysedd golau / glawiad) (1)</td></tr>
</table>

Atebion y Cwestiynau enghreifftiol

Uned 1

Ateb cwestiynau arholiad Uned 1

(a) Cromosomau (1)

(b) Staen yn rhwymo wrth y DNA yn y mitocondria (1)
Llawer llai o DNA mitocondriaidd na DNA cnewyllol (1)

(c) Mae mwy o fitosis/mitosis cyflymach mewn trogod iau nag mewn trogod hŷn/ateb arall rhesymol (1)
Trogod iau – angen mitosis ar gyfer twf ac atgyweirio (meinwe cyhyr) (1)
Trogod hŷn – angen mitosis i atgyweirio (meinwe cyhyr) (1)

Cwestiynau enghreifftiol

Mae'r cynllun marcio canlynol yn seiliedig ar gynllun marcio CBAC, ond nid yw CBAC yn gyfrifol am yr atebion sydd wedi'u rhoi yn y cyhoeddiad hwn.

<table>
<tr><th colspan="4" rowspan="2">Manylion marcio</th><th colspan="6">Marciau ar gael</th></tr>
<tr><th>AA1</th><th>AA2</th><th>AA3</th><th>Cyfanswm</th><th>Mathemateg</th><th>Ymarferol</th></tr>
<tr><td>1</td><td>(a)</td><td></td><td>A: cnewyllyn (1) Derbyniwch cnewyllan. B: cloroplast (1)</td><td>1</td><td>1</td><td></td><td>2</td><td></td><td></td></tr>
<tr><td></td><td>(b)</td><td></td><td>hyd sydd i'w weld = 13mm / 13 x 1000 = 13000µm chwyddhad = 13000 / 32.3 µm neu 13 / 0.0323 (1) chwyddhad = 402.48 / 402.5 / 403 / 402
(ateb cywir = 2 farc)
NEU
hyd sydd i'w weld = 13.5mm / 13.5 x 1000 = 13500µm chwyddhad = 13500 / 32.3 µm neu 13.5 / 0.0323 (1) chwyddhad = 417.96 / 418 (ateb cywir = 2 farc)
Rhowch 1 marc am dystiolaeth o'r ffigurau gan ddangos maint y ddelwedd / maint gwirioneddol</td><td></td><td>2</td><td></td><td>2</td><td>2</td><td></td></tr>
<tr><td></td><td>(c)</td><td></td><td>1. cadwynau syth o β-glwcos / bob yn ail foleciwl β-glwcos yn troi drwy 180° / cadwynau wedi'u trawsgysylltu / ffurfio microffibrolion (1)
2. sy'n darparu {cryfder / anhyblygrwydd/anelastigedd} i'r cellfur (1) cynhaliad = niwtral
3. pan mae'r {crynodiad hydoddyn / potensial hydoddyn} yn newid (bydd y potensial dŵr yn newid) gan achosi i ddŵr {symud i mewn / allan} o'r gell (1)
4. cellfur yn atal {lysis osmotig / y gell rhag byrstio} cellfur yn atal y gell rhag crebachu (1) chwydd-dynn / plasmolysu = niwtral
Gwrthodwch os yw cyfeiriad symudiad dŵr yn anghywir</td><td>1

1</td><td>1
1</td><td></td><td>4</td><td></td><td></td></tr>
<tr><td></td><td>(ch)</td><td></td><td>Spirogyra – celloedd ewcaryotig a Nostoc – celloedd procaryotig (1)
Tebygrwydd: Mae'r ddau yn cynnwys ribosomau / cellbilenni / DNA / deunydd genynnol (1)
Gwahaniaeth: unrhyw 2 o'r canlynol: (1 marc)
<table>
<tr><th>Spirogyra</th><th>Deunydd genynnol mewn celloedd dynol</th></tr>
<tr><td>{Organynnau â philen / organyn wedi'i enwi} yn bresennol</td><td>{Organynnau â philen / organyn wedi'i enwi} yn absennol</td></tr>
<tr><td>Dna wedi'i amgau o fewn pilen niwclear</td><td>DNA'n rhydd yn y cytoplasm</td></tr>
<tr><td>DNA llinol</td><td>Dolen o DNA
Derbyniwch plasmid</td></tr>
<tr><td>Ribosomau mwy/ribosomau 80s
Derbyniwch ribosomau'n feintiau gwahanol</td><td>Ribosomau llai/ribosomau 70s</td></tr>
<tr><td colspan="2">Derbyniwch y canlynol</td></tr>
<tr><td>DNA yn gysylltiedig a histonau</td><td>DNA ddim yn gysylltiedig a histonau</td></tr>
<tr><td>Mesosom yn absennol</td><td>Mesosom yn bresennol</td></tr>
</table></td><td></td><td>1
1
1</td><td></td><td></td><td></td><td></td></tr>
<tr><td></td><td></td><td></td><td>Cyfanswm Cwestiwn 1</td><td>3</td><td>6</td><td>2</td><td>11</td><td>2</td><td>0</td></tr>
<tr><td>2</td><td>(a)</td><td></td><td>Magnesiwm – cloroffyl (1) NID cloroplast
Calsiwm – (adeiledd) cellfuriau mewn planhigion (1)
Ffosffad – asidau niwclëig / niwcleotidau / ffosffolipidau / ATP / NADP / NAD / FAD (1)</td><td>3</td><td>3</td><td></td><td></td><td></td><td></td></tr>
<tr><td></td><td>(b)</td><td>(i)</td><td>Cludiant actif (1)
Yn erbyn graddiant crynodiad (1)
Defnyddio data'n gywir (1)</td><td>1</td><td>2</td><td></td><td>3</td><td></td><td></td></tr>
<tr><td></td><td></td><td>(ii)</td><td>A. amodau anaerobig / diffyg ocsigen / mae angen ocsigen (1)
B. cynhyrchu {dim/ llai o} ATP (1)
C. {dim/ llai o} gludiant actif yn gallu digwydd, gallu cludo llai o ïonau (yn erbyn y graddiant crynodiad) (1)
Ch. Llai o dwf oherwydd diffyg ïon sydd wedi'i enwi {e.e. ffosffad, sydd ei angen i wneud DNA a phroteinau sy'n hanfodol ar gyfer twf} (1)</td><td></td><td>3</td><td></td><td>4</td><td></td><td></td></tr>
<tr><td></td><td></td><td></td><td>Cyfanswm Cwestiwn 2</td><td>4</td><td>5</td><td>1</td><td>10</td><td>0</td><td>0</td></tr>
</table>

Parhad ▸

Manylion marcio				Marciau ar gael					
				AA1	AA2	AA3	Cyfanswm	Mathemateg	Ymarferol
3			Startsh • Polymer o α-glwcos • Wedi'i wneud o amylos ac amylopectin • Dim ond bondiau glycosidaidd 1,4 sydd mewn amylos • Mae'n ffurfio adeiledd helics • Mae amylopectin yn cynnwys bondiau glycosidaidd 1,4 a bondiau glycosidaidd 1,6 • Mae'n ffurfio adeiledd canghennog Triglyseridau/lipidau • Yn cynnwys glyserol a thri asid brasterog • Wedi'u cysylltu â bondiau ester • Dim ond bondiau sengl C-C sydd mewn asidau brasterog dirlawn • Mae asidau brasterog annirlawn yn cynnwys o leiaf un bond dwbl C=C • Mae priodweddau triglyseridau yn dibynnu ar yr asidau brasterog sydd ynddyn nhw Swyddogaethau yn yr hedyn • Mae startsh a thriglyseridau'n anhydawdd ac felly'n anadweithiol o ran osmosis • Mae adeiledd helics/canghennog startsh yn gwneud y moleciwl yn gryno • Mae hydrolysis yn darparu glwcos yn rhwydd • Sydd ei angen i resbiradu/cynhyrchu ATP • Mae gan driglyseridau adeiledd cryno hefyd • Mae gan driglyseridau lawer o fondiau egni uchel/maen nhw'n darparu tua dwywaith cymaint o egni â startsh 7-9 marc Cynnwys dangosol y lefel hon yw... • Disgrifiad manwl o adeiledd startsh • Disgrifiad manwl o adeiledd lipidau/triglyseridau • Disgrifiad manwl o'r berthynas rhwng yr adeileddau a'r priodweddau hyn a'u swyddogaeth yn yr hedyn Mae'r ymgeisydd yn llunio disgrifiad clir a chyfannol, gan gysylltu pwyntiau perthnasol yn gywir, fel y rhai yn y cynnwys dangosol, sy'n dangos ymresymu dilyniannol. Mae'n ateb y cwestiwn yn llawn heb gynnwys unrhyw beth amherthnasol na hepgor dim byd o bwys. Mae'r ymgeisydd yn defnyddio confensiynau a geirfa wyddonol yn briodol ac yn gywir. 4-6 marc Cynnwys dangosol y lefel hon yw... Unrhyw ddau o: • Disgrifiad o adeiledd startsh • Disgrifiad o adeiledd lipidau/triglyseridau • Esboniad o'r berthynas rhwng yr adeileddau a'r priodweddau hyn a'u swyddogaeth yn yr hedyn Mae'r ymgeisydd yn llunio disgrifiad gan gysylltu rhai pwyntiau perthnasol yn gywir, fel y rhai yn y cynnwys dangosol, gan ddangos rhywfaint o resymu. Mae'n ateb y cwestiwn gan hepgor ambell beth. Mae'r ymgeisydd gan fwyaf yn defnyddio confensiynau a geirfa wyddonol yn briodol ac yn gywir.	6	3		9		

Uned 2

Ateb cwestiynau arholiad Uned 2

(a) Unrhyw ddau o blith:
(Yr un) arwynebedd samplu (1)
Yr un {amser / grym / pŵer / buanedd / nifer cicio} (1)
Pellter o'r lan (1)

(b) D = 0.7 / 0.699 (3)
Talgrynnu anghywir, e.e.0.69 (2)
Ateb anghywir, e.e. D = 0.3/0.301 (2)

NEU

$N(N_1) = 6972$ (1)
$\Sigma n(n_1) = 2098$ (1)

(c) Byddai Indecs Amrywiaeth Simpson yn is i lawr y nant. (1)
Llai o ocsigen yn y dŵr yn cynnal nifer llai o rywogaethau. (1)

Cwestiynau enghreifftiol

Mae'r cynllun marcio canlynol yn seiliedig ar gynllun marcio CBAC, ond nid yw CBAC yn gyfrifol am yr atebion sydd wedi'u rhoi yn y cyhoeddiad hwn.

Manylion marcio				Marciau ar gael					
				AA1	AA2	AA3	Cyfanswm	Mathemateg	Ymarferol
1	(a)		• Lleihau colledion {dŵr / gwres} (1) NID atal • Hidlo aer / Dal {baw / llwch / gronynnau} (1) Anwybyddwch bacteria / firysau Gwrthodwch gyfeiriad at swyddogaeth cilia • {Llwybr/pellter} tryledu byr (1) • Lleihau tyniant arwyneb / atal (yr alfeoli a'r traceolau) rhag cwympo (wrth allanadlu) / atal (alfeoli/traceolau) rhag mynd yn sownd yn ei gilydd (1)	1	3		4		
	(b)	(i)	Caniatáu i'r tracea gwympo ychydig bach wrth i fwyd fynd i lawr yr oesoffagws / caniatáu peristalsis / maint yr oesoffagws yn cynyddu wrth i fwyd fynd heibio / geiriau eraill â'r un ystyr			1	1		
		(ii)	Sylem		1		1		
	(c)	(i)	Unrhyw bedwar (x1) o A. (ehangu'r cawell asennau / tynnu ar y bilen eisbilennol allanol) Lleihau'r {gwasgedd yn y ceudod eisbilennol / gwasgedd eisbilennol} (1) B. Y bilen eisbilennol fewnol yn tynnu ar yr ysgyfaint (1) C. Sy'n cynyddu cyfaint yr {ysgyfaint / alfeoli / thoracs} (1) Ch. Sy'n lleihau'r gwasgedd yn yr {ysgyfaint / alfeoli} (1) D. Yn is na gwasgedd yr atmosffer / felly mae aer yn symud i mewn / rhowch y marc am gyfeirio'n gywir at anadlu gwasgedd negatif (1) Mae'n rhaid i'r ateb fod yn y drefn gywir (ond gellir hepgor rhai pwyntiau marcio)		4		4		
		(ii)	Unrhyw un o'r canlynol • Gwasgedd {mwy / uwch} / newid gwasgedd cyflymach • Cyfaint {mwy / uwch} / newid cyfaint cyflymach • Mwy o {fewnanadlu / allanadlu} {cyflym / byrrach} / anadlu cyflymach / anadliadau dyfnach / cyfradd anadlu'n cynyddu		1		1		
			Cyfanswm Cwestiwn 1	**1**	**9**	**1**	**11**	**0**	**9**

Parhad ▸

2			• Mae pepsin yn y stumog yn hydrolysu bondiau peptid i ymddatod polypeptidau gan ffurfio cadwynau byrrach o asidau amino. • Mae'r pancreas yn cynhyrchu proteasau fel trypsin sy'n ymddatod cadwynau polypeptid i ffurfio cadwynau byrrach. • Mae celloedd yn y coluddyn bach yn secretu peptidasau sy'n cwblhau'r broses o ymddatod polypeptidau i ffurfio asidau amino. • Sôn am ecsopeptidasau ac endopeptidasau. • Mae asidau amino sydd wedi'u hamsugno i'r gwaed o'r coluddyn bach yn cael eu cludo i'r cyhyrau. • Mae gwartheg yn cynhyrchu niferoedd mawr o facteria yn nhair siambr gyntaf y 'stumog' • yn gwneud protein gan ddefnyddio wrea • pan mae'r bacteria'n cyrraedd y gwir stumog mae'r asid yn eu lladd nhw. • Yna, mae proteinau {yn y/ o'r} bacteria yn cael eu treulio a'u hamsugno • Does dim wrea ym mhoer ceffylau • Mae hyn yn esbonio pam mae angen mwy o brotein yn eu bwyd ar geffylau na gwartheg • Mewn ceffylau, mae'r bacteria yn y caecwm/coluddyn mawr • Mae'r protein yn y bacteria hyn yn cael ei golli yn yr ysgarthion oherwydd does dim treuliad nac amsugniad yn digwydd yn y coluddyn mawr. • Mae hyn yn esbonio pam mae tail ceffylau'n cynnwys lefelau uwch o nitrogen organig.						
Manylion marcio				**Marciau ar gael**					
				AA1	**AA2**	**AA3**	**Cyfanswm**	**Mathemateg**	**Ymarferol**
			7-9 marc Esboniad manwl o dreulio protein Esboniad o sut mae bacteria mewn buwch yn defnyddio wrea / treulio bacteria Esboniad bod mwy o brotein yn neiet ceffyl / mwy o nitrogen mewn tail ceffyl *Mae'r ymgeisydd yn llunio disgrifiad clir a chyfannol, gan gysylltu pwyntiau perthnasol yn gywir, fel y rhai yn y cynnwys dangosol, sy'n dangos ymresymu dilyniannol. Mae'n ateb y cwestiwn yn llawn heb gynnwys dim byd amherthnasol na hepgor dim byd o bwys. Mae'r ymgeisydd yn defnyddio confensiynau a geirfa wyddonol yn briodol ac yn gywir.*						
			4-6 marc Unrhyw ddau o'r canlynol: Esboniad o dreulio protein Esboniad cryno o sut mae bacteria mewn buwch yn defnyddio wrea / treulio bacteria Esboniad cryno bod mwy o brotein yn y deiet / mwy o nitrogen yn y tail *Mae'r ymgeisydd yn llunio disgrifiad gan gysylltu rhai pwyntiau perthnasol yn gywir, fel y rhai yn y cynnwys dangosol, gan ddangos rhywfaint o resymu. Mae'n ateb y cwestiwn gan hepgor ambell beth. Mae'r ymgeisydd gan fwyaf yn defnyddio confensiynau a geirfa wyddonol yn briodol ac yn gywir.*						
			1-3 marc Unrhyw un o: Esboniad cryno o dreulio protein Esboniad cryno o dreulio drwy gnoi cil Esboniad cryno bod mwy o brotein yn y deiet / mwy o nitrogen yn y tail *Mae'r ymgeisydd yn gwneud rhai pwyntiau perthnasol, fel y rhai yn y cynnwys dangosol, gan ddangos ychydig bach o resymu. Mae'n ateb y cwestiwn gan hepgor rhai pethau pwysig. Mae'r ymgeisydd ar adegau yn defnyddio confensiynau a geirfa wyddonol.*						
			0 marc *Nid yw'r ymgeisydd yn gwneud unrhyw ymdrech nac yn rhoi ateb perthnasol sy'n haeddu marc.*						
			Cyfanswm Cwestiwn 2	3	4	2	9	0	0

Geirfa

Actif Angen egni o ATP sydd wedi'i gynhyrchu gan resbiradaeth y gell.

Adenosin triffosffad (ATP) Niwcleotid ym mhob cell fyw; mae ei hydrolysis yn darparu egni ac mae'n ffurfio wrth i adweithiau cemegol ryddhau egni.

Adlyniad Atyniad rhwng moleciwlau dŵr a moleciwlau hydroffilig yng nghellfuriau'r sylem.

Adwaith cyddwyso Proses gemegol lle mae dau foleciwl yn cyfuno i ffurfio moleciwl mwy cymhleth, gan ddileu moleciwl dŵr.

Affinedd Y graddau y mae dau foleciwl yn cael eu hatynnu at ei gilydd.

Amlyncu Cymryd bwyd i mewn drwy'r geg.

Amsugniad Moleciwlau ac ïonau'n pasio drwy wal y coludd i'r capilarïau neu'r lactealau.

Anactifadu Gostyngiad cildroadwy yn actifedd ensymau ar dymheredd isel gan nad oes gan y moleciwlau ddigon o egni cinetig i ffurfio cymhlygion ensym–swbstrad.

Anifail cnoi cil Llysysydd â 'stumog' sydd wedi'i rhannu'n bedair siambr; mae'r fwyaf o'r rhain, y rwmen, yn cynnwys microbau cydymddibynnol.

Anorganig Moleciwl neu ïon heb fwy nag un atom carbon.

Arwyneb resbiradol Lle mae cyfnewid nwyon yn digwydd.

Asid brasterog **annirlawn** Mae yna o leiaf un bond carbon–carbon sydd ddim yn sengl.

Asid brasterog **dirlawn** Mae pob bond carbon–carbon yn fond sengl.

Ataliad cystadleuol Gostwng cyfradd adwaith wedi'i reoli gan ensym oherwydd bod moleciwl neu ïon â siâp cyflenwol i'r safle actif, neu siâp tebyg i'r swbstrad, yn rhwymo â'r safle actif, gan atal y swbstrad rhag rhwymo.

Atalydd Moleciwl neu ïon sy'n rhwymo wrth ensym ac yn gostwng cyfradd yr adwaith y mae'r ensym yn ei gatalyddu.

Atalydd anghystadleuol Atom, moleciwl neu ïon sy'n gostwng cyfradd adwaith wedi'i reoli gan ensym drwy rwymo wrth yr ensym mewn safle heblaw'r safle actif, gan newid siâp y safle actif a chan atal y swbstrad rhag rhwymo'n llwyddiannus wrtho.

Atgynyrchioldeb Pa mor agos at ei gilydd yw darlleniadau mewn arbrawf gan ddefnyddio'r un dull a'r un cyfarpar ar wahanol achlysuron.

Awtotroff Organeb sy'n syntheseiddio ei moleciwlau organig cymhleth ei hun o foleciwlau mwy syml, gan ddefnyddio egni golau neu egni cemegol.

Basau pwrin Dosbarth o fasau nitrogenaidd sy'n cynnwys adenin a gwanin.

Basau pyrimidin Dosbarth o fasau nitrogenaidd sy'n cynnwys thymin, cytosin ac wracil.

Bioamrywiaeth Nifer y rhywogaethau a nifer yr unigolion ym mhob rhywogaeth mewn ardal benodol.

Biosynhwyrydd Dyfais sy'n cyfuno biofoleciwl, fel ensym, â thrawsddygiadur, i gynhyrchu signal trydanol sy'n mesur crynodiad cemegyn.

Bond ester Atom ocsigen sy'n cysylltu dau atom, ac un o'r rhain yn atom carbon sy'n ffurfio bond dwbl ag atom ocsigen arall.

Bond hydrogen Y grym atynnol gwan rhwng y wefr bositif rannol ar atom hydrogen mewn un moleciwl a'r wefr negatif rannol ar atom arall – ocsigen neu nitrogen fel arfer.

Bond peptid Y bond cemegol sy'n cael ei ffurfio mewn adwaith cyddwyso rhwng grŵp amino un asid amino, a grŵp carbocsyl un arall.

Capilaredd Symudiad dŵr i fyny tiwbiau cul, fel mewn capilarïau.

Carthu Cael gwared ar wastraff heb ei dreulio sydd ddim wedi'i wneud gan y corff.

Catalydd Atom neu foleciwl sy'n newid cyfradd adwaith cemegol heb gymryd rhan yn yr adwaith na chael ei newid ganddo.

Cemoawtotroffig Organeb sy'n defnyddio egni cemegol i wneud moleciwlau organig cymhleth.

Centromer Rhan arbenigol o gromosom lle mae dau gromatid yn uno a lle mae microdiwbynnau'r werthyd yn cydio wrtho yn ystod cellraniad.

Ciasma (lluosog = ciasmata) Y safle sydd i'w weld dan y microsgop golau lle mae'r cromosomau'n cyfnewid DNA yn ystod trawsgroesiad genynnol.

Cigysddaint Y gogilddannedd uchaf olaf a'r cilddannedd isaf cyntaf ar ddwy ochr ceg cigysydd, sy'n rhwygo cig wrth i'r gogilddant sleisio dros y cilddant pan mae'r genau'n cau.

Cludiant actif Symudiad moleciwlau neu ïonau ar draws pilen yn erbyn graddiant crynodiad, gan ddefnyddio egni o hydrolysis ATP a gafodd ei wneud gan y gell wrth resbiradu.

Cod genynnol Y dilyniannau basau DNA ac mRNA sy'n pennu'r dilyniannau asidau amino ym mhroteinau organeb.

Codon Tripled o fasau mewn mRNA sy'n codio ar gyfer asid amino penodol, neu signal atalnodi.

Coeden esblygol Diagram yn dangos tras, a'r organebau byw ar flaenau'r canghennau a rhywogaethau hynafol yn y canghennau a'r boncyff. Mae'r pwyntiau canghennu yn cynrychioli cyd-hynafiaid. Mae hydoedd y canghennau yn dangos yr amser rhwng y pwyntiau canghennu.

Cromatid Un o'r ddau gopi unfath o gromosom, wedi'u huno yn y centromer cyn cellraniad.

Cromosom Ffurfiad hir, tenau o DNA a phrotein, yng nghnewyllyn celloedd ewcaryotig, yn cludo'r genynnau.

Cwtigl Gorchudd cwyraidd ar ddeilen, sy'n cael ei secretu gan gelloedd epidermaidd, i leihau colledion dŵr.

Cyd-gludiant Mecanwaith cludo lle mae tryledIad cynorthwyedig yn cludo moleciwlau ac ïonau, fel glwcos ac ïonau sodiwm, ar draws y gellbilen gyda'i gilydd i mewn i gell.

Cydlyniad Atyniad moleciwlau dŵr at ei gilydd, ar ffurf bondiau hydrogen, o ganlyniad i adeiledd deupol y moleciwl dŵr.

Cydraniad Y pellter lleiaf sy'n gallu cael ei wahaniaethu fel dau bwynt ar wahân mewn microsgop.

Cydymddibyniaeth Perthynas agos rhwng organebau o fwy nag un rhywogaeth sydd o fudd i'r naill a'r llall.

Cyfangiad myogenig Mae curiad y galon yn cael ei ddechrau y tu mewn i'r celloedd cyhyr eu hunain, heb ddibynnu ar ysgogiad nerfol neu ysgogiad hormonaidd.

Cyfnewid nwyon Tryledìad nwyon i lawr graddiant crynodiad ar draws arwyneb resbiradol, rhwng organeb a'i hamgylchedd.

Cyfradd fetabolaidd Cyfradd defnyddio egni'r corff.

Cylchred y gell Y dilyniant o bethau sy'n digwydd rhwng un cellraniad a'r un nesaf.

Cylchrediad dwbl Mae'r gwaed yn mynd drwy'r galon ddwywaith ar ei ffordd o gwmpas y corff, e.e. mewn mamolion.

Cylchrediad sengl Mae'r gwaed yn teithio drwy'r galon unwaith yn ystod un gylchred o gwmpas y corff, e.e. mewn pysgod.

Cymhlygyn ensym–swbstrad Ffurfiad rhyngol sy'n ffurfio yn ystod adwaith wedi'i gatalyddu gan ensym, lle mae'r swbstrad a'r ensym yn rhwymo dros dro, fel bod y swbstradau'n ddigon agos i adweithio.

Cynhwysedd gwres sbesiffig Yr egni sydd ei angen i godi tymheredd 1 g o sylwedd 1 C°.

Chwydd-dynn Cell planhigyn sy'n dal cymaint o ddŵr â phosibl. Does dim mwy o ddŵr yn gallu mynd i mewn oherwydd dydy'r cellfur ddim yn gallu ehangu ymhellach.

Chwyddhad Sawl gwaith yn fwy y mae delwedd na'r gwrthrych y mae'n deillio ohono.

Dadnatureiddio Y difrod parhaol i adeiledd a siâp moleciwl protein, e.e. moleciwl ensym, oherwydd, er enghraifft, tymheredd uchel neu pH eithafol.

Damcaniaeth Yr esboniad gorau ar gyfer ffenomen, gan ystyried yr holl dystiolaeth. Damcaniaeth yw'r statws uchaf posibl i gysyniad gwyddonol.

Damcaniaeth cydlyniad-tyniant Y ddamcaniaeth ar gyfer y mecanwaith sy'n symud dŵr i fyny'r sylem, o ganlyniad i gydlyniad ac adlyniad moleciwlau dŵr a'r tyniant yn y golofn ddŵr, i gyd oherwydd adeiledd deupol dŵr.

Dethol naturiol Dyma'r broses raddol lle mae nodweddion wedi'u hetifeddu yn mynd yn fwy neu'n llai cyffredin mewn poblogaeth, mewn ymateb i lwyddiant unigolion â'r nodweddion hynny, i fridio yn yr amgylchedd.

Deufalent Y gydberthynas rhwng y ddau bâr homologaidd o gromosomau yn ystod proffas I meiosis.

Deupol Moleciwl polar sydd â gwefr bositif a gwefr negatif, a'r ddwy wefr yn agos iawn at ei gilydd.

Diastema Y bwlch yng ngên isaf llysysyddion rhwng y dannedd llygad a'r gogilddannedd. Mae'r bochau'n cyfrannu at dreulio mecanyddol drwy'r bwlch hwn.

Diastole Cam yn y gylchred gardiaidd lle mae cyhyr y galon yn llaesu.

Dibynadwyedd Pa mor agos yw gwahanol werthoedd y newidyn dibynnol am werth penodol o'r newidyn annibynnol; y siawns o gael yr un darlleniadau pan fydd yr amodau eraill i gyd yn aros yr un fath.

Diploid Yn cynnwys dwy set gyflawn o gromosomau.

Dosbarthiad Rhoi eitemau mewn grwpiau.

Dŵr metabolaidd Dŵr sy'n cael ei ryddhau yng nghelloedd organeb gan ei hadweithiau metabolaidd.

Dyblygu lled-gadwrol Math o ddyblygu DNA lle mae dau edefyn helics dwbl gwreiddiol (y rhiant) yn gweithredu fel templedi i ffurfio moleciwl newydd, sy'n cynnwys un o edafedd gwreiddiol y rhiant, ac un epil-edefyn cyflenwol newydd ei syntheseiddio.

Ecsocytosis Proses actif lle mae fesigl yn asio â'r gellbilen, gan ryddhau'r moleciwlau sydd ynddo.

Ecson Darn sy'n codio yn nilyniant niwcleotidau DNA a rhag-mRNA. Mae'n dal i fod yn bresennol yn yr mRNA aeddfed terfynol, ar ôl i'r intronau gael eu tynnu.

Effaith Bohr Symudiad y gromlin ddaduniad ocsigen i'r dde ar wasgedd rhannol carbon deuocsid uwch, oherwydd bod gan haemoglobin lai o affinedd ag ocsigen ar wasgedd rhannol ocsigen penodol.

Egni actifadu Isafswm yr egni mae'n rhaid ei roi mewn system gemegol er mwyn i adwaith ddigwydd.

Elfennau tiwbiau hidlo Un o gydrannau ffloem. Does dim cnewyllyn ynddyn nhw, ond mae tyllau yn y cellfuriau cellwlos a phlatiau hidlo'n mynd drwyddyn nhw, i gludo cynhyrchion ffotosynthesis i fyny, i lawr neu o ochr i ochr drwy blanhigyn.

Endocytosis Proses actif lle mae'r gellbilen yn amlyncu defnydd, gan ddod ag ef i mewn i'r gell mewn fesigl.

Endodermis Un haen o gelloedd o gwmpas y periseicl a meinwe fasgwlar y gwreiddyn. Mae gan bob cell rwystr gwrth-ddŵr anathraidd yn ei chellfur.

Ensym Catalydd biolegol; protein sy'n cael ei wneud gan gelloedd ac sy'n newid cyfradd adwaith cemegol heb gael ei ddisbyddu yn y broses.

Ensym ansymudol Moleciwlau ensym wedi'u rhwymo â defnydd anadweithiol er mwyn i foleciwlau'r swbstrad symud drostynt.

Esblygiad cydgyfeiriol Dyma sut mae nodweddion tebyg yn datblygu dros gyfnodau hir mewn organebau sydd ddim yn perthyn, o ganlyniad i ddethol naturiol nodweddion tebyg mewn amgylchedd cyffredin.

Esblygiad dargyfeiriol Dyma sut mae ffurfiadau gwahanol yn datblygu dros gyfnodau hir, o'r ffurfiadau cyfatebol mewn organebau sy'n perthyn.

Esblygol Adlewyrchu perthynasrwydd esblygiadol.

Ewcaryot Organeb sy'n cynnwys celloedd ag organynnau â philen; mae ei DNA mewn cromosomau yn y cnewyllyn.

Ffactor gyfyngol Ffactor sy'n cyfyngu ar gyfradd adwaith os oes cyflenwad prin ohoni. Mae cynyddu gwerth ffactor gyfyngol yn cynyddu cyfradd adwaith.

Ffagocytosis Proses actif lle mae'r gellbilen yn amlyncu gronynnau mawr, gan ddod â nhw i mewn i'r gell mewn fesigl.

Ffit anwythol Y ffordd y mae siâp safle actif ensym yn newid, wedi'i anwytho wrth i'r swbstrad ddod i mewn, fel bod yr ensym a'r swbstrad yn rhwymo'n dynn.

Ffloem Meinwe planhigion sy'n cynnwys elfennau tiwbiau hidlo a chymargelloedd, i drawsleoli swcros ac asidau amino o'r dail i weddill y planhigyn.

Ffosfforyleiddiad Ychwanegu grŵp ffosffad.

Ffotoawtotroffig Organeb sy'n defnyddio egni golau i wneud moleciwlau organig cymhleth, ei bwyd.

Ffurfiadau analogaidd Maen nhw'n gwneud yr un gwaith ac mae eu siâp yn debyg, ond mae eu tarddiad datblygu yn wahanol.

Ffurfiadau homologaidd Ffurfiadau mewn rhywogaethau gwahanol sy'n debyg o ran safle anatomegol a tharddiad datblygu, ac yn deilio o gyd-hynafiad.

Ffylwm (lluosog = ffyla) Israniad teyrnas, yn seiliedig ar gynllun cyffredinol y corff.

Genws Tacson sy'n cynnwys organebau sy'n debyg mewn llawer o ffyrdd, ond ddim yn ddigon tebyg i allu rhyngfridio i gynhyrchu epil ffrwythlon.

Genyn Darn o DNA ar gromosom sy'n codio ar gyfer polypeptid penodol.

Goddefol Proses lle does dim angen i'r gell ddarparu egni.

Gwahaniaethu Proses datblygiad cell i fath penodol.

Gwasgedd gwraidd Y grym tuag i fyny ar ddŵr mewn gwreiddiau, yn deillio o symudiad osmotig dŵr i mewn i sylem y gwreiddiau.

Gwres cudd anweddu Yr egni sydd ei angen i drawsnewid 1 g o hylif yn anwedd ar yr un tymheredd.

Gwrthbaralel Yn baralel, ond yn wynebu i gyfeiriadau dirgroes.

Gwrthgodon Grŵp o dri bas ar foleciwl tRNA, sy'n cyfateb i'r asid amino penodol sy'n cael ei gludo gan y tRNA hwnnw.

Haploid Yn cynnwys un set gyflawn o gromosomau.

Hecsos Monosacarid sy'n cynnwys chwe atom carbon.

Heterotroff Organeb sy'n cael moleciwlau organig cymhleth drwy fwyta organebau eraill.

Hierarchaeth System drefnu lle mae grwpiau llai yn gydrannau sydd wedi'u cynnwys mewn grwpiau mwy.

Holosöig Dull bwydo llawer o anifeiliaid, sy'n cynnwys amlyncu, treulio, amsugno, cymathu a charthu.

Homologaidd Mae'r cromosomau mewn pâr homologaidd yn unfath o ran siâp a maint ac maen nhw'n cludo'r un loci genyn, gyda genynnau ar gyfer yr un nodweddion. Mae'r ddau riant yn cyfrannu un cromosom yr un at bob pâr. Mae rhai parau o gromosomau rhyw, fel yr X ac Y mewn mamolion gwrywaidd, o faint gwahanol i'w gilydd; dydy'r rhain ddim yn barau homologaidd.

Hydroffilig Polar; moleciwl neu ïon sy'n gallu rhyngweithio â moleciwlau dŵr oherwydd ei wefr.

Hydroffobig Amholar; moleciwl neu ïon sydd ddim yn gallu rhyngweithio â moleciwlau dŵr oherwydd nad oes ganddo wefr.

Hydroffyt Planhigyn sydd wedi addasu i fyw mewn amgylchedd dyfrol.

Hydrolysis Y broses o dorri moleciwlau mawr yn foleciwlau llai drwy ychwanegu moleciwl dŵr.

Hylif meinweol Plasma heb y proteinau plasma, sy'n cael ei orfodi drwy waliau capilarïau, gan drochi celloedd a llenwi'r gofod rhwng celloedd. Hylif meinweol = plasma – proteinau plasma.

Intron Dilyniant niwcleotidau sydd ddim yn codio mewn DNA a rhag-mRNA. Mae'n cael ei dynnu o rag-mRNA, i gynhyrchu mRNA aeddfed.

Isomerau Moleciwlau â'r un fformiwla gemegol, ond â'r atomau wedi'u trefnu'n wahanol.

Lymff Hylif sy'n cael ei amsugno o'r gofod rhwng celloedd i gapilarïau lymff, yn hytrach nag yn ôl i gapilarïau.

Llif gwrthgerrynt Mae'r gwaed a'r dŵr yn llifo i gyfeiriadau dirgroes ar y lamelâu tagell, gan gynnal y graddiant crynodiad ac, felly, trylediad ocsigen i'r gwaed, yr holl ffordd ar eu hyd.

Llif paralel Mae'r gwaed a'r dŵr yn llifo i'r un cyfeiriad ar lamelâu'r dagell. Mae hyn yn cynnal graddiant crynodiad i ocsigen dryledu i mewn i'r gwaed, ond dim ond hyd at y pwynt pan mae ei grynodiad yn y gwaed a'r dŵr yn hafal.

Llwybr apoplast Llwybr dŵr drwy fannau anfyw, rhwng celloedd ac mewn cellfuriau y tu allan i'r gellbilen.

Llwybr metabolaidd Dilyniant o adweithiau wedi'u rheoli gan ensymau lle mae cynnyrch un adwaith yn adweithydd yn yr un nesaf.

Llwybr symplast Llwybr dŵr drwy blanhigyn, o fewn celloedd lle mae moleciwlau'n tryledu drwy'r cytoplasm a'r plasmodesmata.

Manwl gywirdeb Pa mor agos yw darlleniad i'r gwir werth.

Mecanwaith awyru Mecanwaith sy'n galluogi organeb i drosglwyddo aer neu ddŵr rhwng yr amgylchedd ac arwyneb resbiradol.

Meinwe Grŵp o gelloedd sy'n cydweithio gan rannu adeiledd, swyddogaeth a tharddiad yn yr embryo.

Meiosis Cellraniad dau gam mewn organebau sy'n atgenhedlu'n rhywiol, lle caiff pedair epilgell â genynnau gwahanol eu cynhyrchu, a phob un yn cynnwys hanner nifer cromosomau'r rhiant-gell.

Metabolaeth Holl brosesau cemegol yr organeb, gan gynnwys llwybrau anabolig a chatabolig.

Mitosis Math o gellraniad lle mae gan yr epilgelloedd yr un nifer o gromosomau, ac maen nhw'n enynnol unfath â'i gilydd a'r rhiant-gell.

Model mosaig hylifol Model ar gyfer adeiledd pilenni biolegol, lle mae haen ddeuol ffosffolipid wedi'i britho â phroteinau, fel mosaig. Symudiad moleciwlau o fewn un o'r ddwy haen sy'n ei wneud yn hylifol.

Monomer Un uned sy'n ailadrodd mewn polymer.

Monosacarid Un moleciwl siwgr unigol.

Newidyn annibynnol Y newidyn sy'n cael ei newid yn fwriadol gan yr arbrofwr er mwyn profi'r newidyn dibynnol.

Newidyn dibynnol Darlleniad, cyfrif neu fesuriad arbrofol, neu gyfrifiad o'r rhain – mae ei werth yn dibynnu ar werth y newidyn annibynnol.

Newidyn rheolydd Ffactor sy'n cael ei gadw'n gyson drwy gydol arbrawf, er mwyn osgoi effeithio ar y newidyn dibynnol.

Niwcleotid Monomer asid niwclëig sy'n cynnwys siwgr pentos, bas nitrogenaidd a grŵp ffosffad.

Nod atrio-fentriglaidd Yr unig ddarn o feinwe sy'n dargludo yn wal y galon rhwng yr atria a'r fentriglau. Mae cyffroad trydanol yn pasio drwyddo o'r atria i feinwe ddargludol yn waliau'r fentriglau.

Nod sino-atriaidd Rhan o gyhyr y galon yn yr atriwm de sy'n cychwyn ton o gyffroad trydanol ar draws yr atria, i wneud i gyhyr y galon gyfangu. Enw arall arno yw'r rheoliadur.

Oncogenyn Genyn sy'n achosi cellraniad afreolus (canser).

Opercwlwm Y gorchudd dros dagellau pysgodyn esgyrnog.

Organ Grŵp o feinweoedd mewn uned adeileddol, sy'n cydweithio i gyflawni swyddogaeth benodol.

Organeb ddaearol Organeb sy'n byw ar y tir.

Organig Moleciwlau â chyfran uchel o atomau carbon.

Organyn Ffurfiad arbenigol sydd â swyddogaeth benodol y tu mewn i gell.

Osmosis Trylediad goddefol net moleciwlau dŵr ar draws pilen athraidd ddetholus o ardal â photensial dŵr uwch i ardal â photensial dŵr is.

Parasit Organeb sy'n cael maetholion o organeb fyw arall, yr organeb letyol, gan achosi niwed iddi.

Parth Y tacson uchaf mewn dosbarthiad biolegol; un o'r tri phrif grŵp rydyn ni'n dosbarthu organebau byw ynddynt.

Pentadactyl Yn cynnwys pum digid.

Pentos Monosacarid sy'n cynnwys pum atom carbon.

Peristalsis Ton rhythmig o gyfangiadau cyhyrog cyd-drefnol yng nghyhyr crwn a hydredol wal y coludd, sy'n anfon bwyd drwy'r coludd i un cyfeiriad yn unig.

Pibellau Ffurfiadau i gludo dŵr mewn angiosbermau sy'n cynnwys celloedd wedi'u hasio ben wrth ben i wneud tiwbiau gwag, â chellfuriau trwchus wedi'u ligneiddio.

Pinocytosis Proses actif lle mae'r gellbilen yn amlyncu defnynnau hylif, gan ddod â nhw i mewn i'r gell mewn fesigl.

Plasma Cydran hylifol y gwaed sy'n cynnwys dŵr a hydoddion. Plasma = gwaed – celloedd.

Plasmodesma (lluosog = plasmodesmata) Llinynnau tenau o gytoplasm sy'n ymestyn drwy fandyllau mewn cellfuriau planhigion, i gysylltu cytoplasm un gell â cytoplasm cell arall.

Plasmolysis Y cytoplasm a'r gellbilen yn tynnu'n ôl oddi wrth y cellfur pan fydd cell yn colli dŵr drwy gyfrwng osmosis.

Plasmolysis cychwynnol Y gellbilen a'r cytoplasm yn tynnu i ffwrdd yn rhannol oddi wrth y cellfur gan nad oes digon o ddŵr i wneud y gell yn chwydd-dynn.

Polymer Moleciwl mawr sy'n cynnwys unedau sy'n ailadrodd, sef monomerau, wedi'u bondio â'i gilydd.

Polymorffedd Mwy nag un ffenoteip yn ymddangos mewn poblogaeth, a'r ffenoteipiau mwy prin yn digwydd yn amlach nag y mae mwtaniad yn unig yn gallu ei esbonio.

Potensial gwasgedd (ψ_P) Y gwasgedd mae cynnwys y gell yn ei roi ar y cellfur.

Potensial dŵr (ψ) Tuedd dŵr i symud i mewn i system; mae dŵr yn symud o hydoddiant â photensial dŵr uwch (llai negatif) i hydoddiant â photensial dŵr is (mwy negatif). Mae ychwanegu hydoddyn yn lleihau'r potensial dŵr. Mae gan dŵr pur botensial dŵr o sero.

Potensial hydoddyn (ψ_S) Mesur o gryfder osmotig hydoddiant. Dyma'r gostyngiad yn y potensial dŵr oherwydd presenoldeb moleciwlau hydoddion.

Potomedr Dyfais sy'n mesur cyfradd colli dŵr yn ystod trydarthiad yn anuniongyrchol drwy fesur cyfradd ymlifiad dŵr.

Procaryot Organeb ungellog heb organynnau â philen, fel cnewyllyn; mae ei DNA yn rhydd yn y cytoplasm.

Proffil neu ôl bys genynnol neu DNA Termau ar gyfer patrwm sy'n unigryw i bob unigolyn, yn ymwneud â dilyniannau basau ei DNA.

Proto-oncogenyn Genyn sydd, ar ôl mwtanu, yn troi'n oncogenyn ac yn cyfrannu at ddatblygiad canser.

Rwmen Siambr yng ngholudd llysysyddion cnoi cil, lle mae microbau cydymddibynnol yn treulio polysacaridau cymhleth.

Rhwymo cydweithredol Y ffordd y mae haemoglobin yn rhwymo'n rhwyddach â'i ail a'i drydydd moleciwlau ocsigen, wrth i gydffurfiad y moleciwl haemoglobin newid.

Rhydd-ddosraniad Un neu'r llall o bâr o gromosomau homologaidd yn wynebu at y naill begwn neu'r llall yn ystod metaffas I meiosis, yn annibynnol ar gromosomau parau homologaidd eraill. Un neu'r llall o bâr o gromatidau'n wynebu at y naill begwn neu'r llall yn ystod metaffas II, yn annibynnol ar gromatidau eraill.

Rhywogaeth Grŵp o organebau sy'n gallu rhyngfridio i gynhyrchu epil ffrwythlon.

Safle actif Y safle tri dimensiwn penodol ar foleciwl ensym lle mae'r swbstrad yn rhwymo iddo â bondiau cemegol gwan.

Saprotroff/saprobiont Organeb sy'n cael egni a deunyddiau crai ar gyfer twf drwy gyflawni treuliad allgellol ar ddefnydd sydd wedi marw neu'n pydru.

Seroffyt Planhigyn tir sydd wedi addasu i amgylcheddau heb lawer o ddŵr hylifol ar gael.

Stomata Mandyllau ar arwyneb isaf deilen, ac ar rannau awyrol eraill planhigyn, â dwy gell warchod arnynt a thrwy'r rheini mae nwyon ac anwedd dŵr yn tryledu.

Stribed Caspary Y band swberin anathraidd yng nghellfuriau celloedd endodermaidd, sy'n blocio symudiad dŵr yn yr apoplast, felly mae'n ei symud i mewn i'r cytoplasm.

Syfliad clorid Trylediad ïonau clorid o'r plasma i gell goch y gwaed, gan gynnal niwtraliaeth drydanol.

Sylem Meinwe mewn planhigion sy'n cludo dŵr a mwynau sydd wedi hydoddi, tuag i fyny.

System finomaidd Y system o roi enw unigryw â dwy ran i organebau, sef y genws a'r rhywogaeth.

Systole Cam yn y gylchred gardiaidd lle mae cyhyr y galon yn cyfangu.

Tacson (lluosog = tacsonau) Unrhyw grŵp o fewn system ddosbarthu.

Tacsonomeg Adnabod ac enwi organebau.

Templed Moleciwl sy'n pennu adeiledd cemegol moleciwl arall o ganlyniad i'w adeiledd cemegol ei hun.

Teyrnas Rydyn ni'n dosbarthu pob organeb fyw mewn pum teyrnas yn seiliedig ar eu nodweddion corfforol.

Traceidau Celloedd siâp gwerthyd sy'n cludo dŵr yn sylem rhedyn, conwydd ac angiosbermau.

Trawsgrifiad Mae segment o DNA yn gweithredu fel templed i gyfarwyddo synthesis dilyniant RNA cyflenwol gyda'r ensym RNA polymeras.

Trawsgroesiad Cyfnewid defnyddiau genynnol rhwng cromatidau cromosomau homologaidd yn ystod proffas I meiosis.

Trawsleoliad Symudiad cynhyrchion hydawdd ffotosynthesis, fel swcros ac asidau amino, drwy ffloem, o ffynonellau i suddfannau.

Treulio Ymddatod moleciwlau bwyd anhydawdd mawr i ffurfio moleciwlau hydawdd llai sy'n ddigon bach i'w hamsugno.

Trios Monosacarid sy'n cynnwys tri atom carbon.

Trosiad Mae'r dilyniant codonau ar yr mRNA yn cael ei ddefnyddio i gydosod dilyniant penodol o asidau amino mewn cadwyn polypeptid, yn y ribosomau.

Trydarthiad Anweddiad anwedd dŵr o'r dail ac o rannau eraill o'r planhigyn sydd uwchben y ddaear, allan drwy'r stomata ac i'r atmosffer.

Trylediad Symudiad goddefol moleciwl neu ïon i lawr graddiant crynodiad, o ardal â chrynodiad uchel i ardal â chrynodiad isel.

Trylediad cynorthwyedig Trosglwyddiad goddefol moleciwlau neu ïonau i lawr graddiant crynodiad, ar draws pilen, drwy foleciwlau cludo protein yn y bilen.

Mynegai

I

L

Ll

M

N

O

P